26th Scientific and Practical Conference on Issues of Geological Exploration and Development Oil and Gas Fields (GEOMODEL 2024)

Gelendzhik, Russia
9-12 February 2024

ISBN: 979-8-3313-0707-3

Printed from e-media with permission by:

Curran Associates, Inc.
57 Morehouse Lane
Red Hook, NY 12571

GEOMODEL LLC
119071 Leninsky Prospect 19
Moscow, Russia

Printed with permission by Curran Associates, Inc. (2025)

Additional copies of this publication are available from:

Curran Associates, Inc.
57 Morehouse Lane
Red Hook, NY 12571 USA
Phone: 845-758-0400
Fax: 845-758-2633
Email: curran@proceedings.com
Web: www.proceedings.com

Геомодель 2024

26-я конференция по вопросам геологоразведки и разработки месторождений нефти и газа

Сборник материалов конференции - 457 листов

ООО «Геомодель Развитие» 2024

Содержание

Количественная оценка неопределённости в разведке и разработке. Анализ рисков

Анализ перспектив нефтеносности пластов неокомского комплекса на примере кластера месторождений ООО «РН-Юганскнефтегаз» 12
Э.Д. Сулейманов* (1), М.С. Алексеев (1), С.Р. Файзуллина (1), Г.И. Хабибуллин (1) (1 - ООО «РН-БашНИПИнефть»)

Учет особенностей геологического строения ачимовских отложений при проведении многовариантной оценки продуктивного объема 17
И.А. Переплеткин* (1,2), А.А. Забоева (2), Б.Ю. Музраева (2), И.И. Алехин (2), Е.М. Викторова (2) (1 - НГУ, 2 - Группа компаний «Газпром Нефть»)

Лучшие практики вероятностной оценки ресурсной базы неструктурных ловушек в зависимости от степени геологической изученности (на примере ачимовской толщи) 22
И.А. Переплеткин* (1,2), И.И. Алехин (2), Е.М. Викторова (2), Д.И. Мингазова (2), А.А. Забоева (2), Б.Ю. Музраева (2), А.С. Мещерякова (1) (1 - НГУ, 2 - Группа компаний «Газпром Нефть»)

Особенности подсчета запасов УВС отложений сложного геологического строения 27
А.А. Галимов* (1), А.М. Садыков (1), А.А. Волошина (1) (1 - ООО «РН-БашНИПИнефть»)

Технология поиска месторождений – аналогов 31
М.Ю. Карпушин* (1,2), А.А. Суслова (1,2), А.В. Ступакова (1,2), А.А. Коршунов (1,2), А.Ю. Беззубов (1,2), Н.В. Белецкая (1,2), Р.С. Сауткин (1,2), В.В. Чернявский (1,2), А.П. Антонов (1,2) (1 - МГУ имени М.В. Ломоносова, 2 - Институт Перспективных Исследований Нефти и Газа МГУ)

ГРР или ползущее ЭБ. Эрозия ценности геологоразведки 34
А.В. Зубаиров* (1), Д.Е. Перминов (2) (1 - НОЦ Газпромнефть-Политех, 2 - Газпромнефть-Гео)

Геология Западной Сибири

Характеристика сейсмогеологической модели и оценка перспектив нефтегазоносности палеозойско-мезозойских отложений севера Западной Сибири на базе сейсморазведки 2D, 3D 38
В.Н. Бородкин* (1), О.А. Смирнов (2), А.В. Лукашов (2), М.В. Комгорт (1) (1 - Тюменский индустриальный университет, 2 - ООО «ИНГЕОСЕРВИС»)

Сейсмогеологическая модель, история формирования и нефтегазоносность Вертолетного поднятия (Томская область) 43
Л.М. Калинина* (1), О.А. Локтионова (2) (1 - ИНГГ СО РАН, 2 - НГУ)

Пример реализации этапов поисково-разведочных работ на объекты нижне-среднеюрского нефтегазоносного комплекса Салымского НГР 48
Д.В. Илюшин* (1), А.И. Макаров (1), Е.Б. Кайгородцев (1), В.В. Супей (2), Г.В. Мохов (2), Е.О. Черкас (2) (1 - ООО «СПД», 2 - ООО «Газпромнефть-НТЦ»)

Раннетриасовый рифтогенез и его влияние на архитектуру и нефтегазоносность осадочного чехла Западной Сибири 53
В.А. Конторович* (1) (1 - ИНГГ СО РАН)

Сейсмофациальное моделирование и восстановление палеоусловий формирования продуктивных толщ тюменской свиты 59
И.Н. Кобяков (1), Д.В. Фёдорова* (1), Л.А. Гумбатова (1), А.З. Карарова (1), М.М. Кулушев (1), Н.М. Кутукова (2) (1 - ООО «РН-БашНИПИнефть», 2 - ПАО «НК «Роснефть»)

Некоторые особенности строения межугольной толщи верхнеюрского комплекса зоны сочленения Усть-Тымской мегавпадины и Парабельского мегавыступа 63
Э.С. Рябова* (1), И.Н. Низамутдинова (1) (1 - ООО НПЦ «Геостра»)

Применение секвентной стратиграфии для повышения качества прогноза геологического разреза неокомских отложений на одной из площадей Западной Сибири 67
А.В. Дердуга* (1), В.Е. Васильев (1), М.Ю. Ярлыков (1), М.Ю. Скузоватов (1), М.В. Шершулина (1), Д.В. Смольянова (1), Ф.Ю. Лескин (2), Е.Н. Климова (2) (1 - АО «ИГиРГИ», 2 - АО «НК «Конданефть»)

Уточнение условий формирования пласта ЮС2 верхнетюменской подсвиты в пределах Широтного Приобья 71
Н.А. Неудачин* (1), Т.В. Жерновкова (1), Э.А. Закирова (1), В.А. Арсланова (1), Р.Р. Аглиуллин (1), Ж.А. Тупикина (1), О.М. Прокопьева (1), Д.С. Хлебников (1), Е.Г. Габдуллина (1) (1 - ООО «РН-БашНИПИнефть»)

Прогнозирование фациальных зон по данным динамической интерпретации на примере одного из пластов клиноформного комплекса 75
Р.Ф. Сафина* (1), Г.Ф. Хасанова (1), М.С. Хлебников (1), С.О. Бруй (1), З.Ф. Мустафин (1), И.Р. Мурзаков (1), Б.Р. Бикметов (1), К.К. Тимергазин (1), А.А. Чернов (1), Д.С. Хлебников (1), М.Ю. Одинцова (1), М.С. Фаттахова (1) (1 - ООО «РН-БашНИПИнефть»)

Концептуальная модель формирования и выявленные генетические типы естественной трещиноватости пород березовской свиты 79
А.А. Калабин (1), А.И. Кудаманов* (1), Л.Р. Дистанова (1) (1 - ООО «ТННЦ»)

Проблемы насыщения Ачимовской толщи Западной Сибири и опыт их изучения 83
А.М. Ибрагимов* (1), Г.В. Волков (1), И.Р. Мукминов (1), Д.А. Кузьмин (1), К.В. Коняшкина (1) (1 - группа компаний «Газпром нефть»)

Сейсмические исследования: Теория сигнала, полевые работы и обработка

Использование гармоник вибросейсмических амплитудно- и нелинейно- частотно модулированных сигналов для расширения спектра сейсмической записи 87
М.С. Денисов* (1), А.А. Зыков (1) (1 - ООО «ГЕОЛАБ»)

Глубинная миграция методом фазового сдвига с интерполяцией (PSPI) против обращенной во времени миграции (RTM) 92
Н.А. Голярчук

Грамотное планирование полевых сейсморазведочных работ – основа успеха предприятия 96
С.Ф. Фатхуллин (1), Р.М. Гафаров (1), Н.В. Денисенко* (1) (1 - АО «Башнефтегеофизика»)

Исследование применимости итерационного алгоритма совместной акустической инверсии и глубинной миграции для восстановления параметров упругой среды 101
Д.К. Дмитрачков* (1), М.И. Протасов (1) (1 - ИНГГ СО РАН)

Рекорды производительности с применением методик Slip-Sweep и ISS в Арктическом регионе 106
Р.Х. Идиятов* (1), А.С. Жужель (1), Р.М. Гафаров (1) (1 - АО «Башнефтегеофизика»)

Нелинейные искажения как дополнительный источник сейсмической информации в вибрационной сейсморазведке 110
И.Р. Ягудин* (1), Р.М. Гафаров (1), А.С. Жужель (1) (1 - АО «Башнефтегеофизика»)

Параметр анизотропии как индикатор газонасыщенности трещиноватых коллекторов 114
Т.И. Чичинина* (1), О.К. Манкенов (2), В.В. Безходарнов (2) (1 - Мексиканский Институт Нефти, 2 - ООО «МанКенГео»)

Создание трехмерной сейсмогеологической модели месторождения со сложным тектоническим строением 119
А.А. Мельник* (1), Д.А. Петров (1), Е.В. Мезенцев (1) (1 - ООО «РН-КрасноярскНИПИнефть»)

Имитационное моделирование при планировании производства сейсморазведочных работ МОГТ-3Д 124
И.И. Исламгареев* (1), И.Р. Ягудин (1), Р.М. Гафаров (1) (1 - АО «Башнефтегеофизика»)

Использование FWI для построения верхней части ГСМ при обработке данных 3D4C, зарегистрированных с помощью донных модулей «КРАБ» 129
Р.Р. Нагаев* (1), А.Г. Казанин (1), А.В. Литвачук (1) (1 - АО «МАГЭ»)

Проектирование систем наблюдения в задачах контроля гидроразрыва с использованием интеллектуального робота «АРИО» 133
А.А. Табаков* (1), Ю.А. Степченков (1), В.Н. Ференци (1) (1 - ООО «Геоверс»)

Подавление волн-спутников за пункт приема с помощью мультисенсорного дегостинга для мелководно-морских ОВС данных 137
Е.В. Валькова* (1), А.В. Матусевич (1) (1 - СЖЖ-Восток)

Применение современных технологий полноволнового моделирования для исследование влияния многолетнемерзлых пород на сейсмические построения 141
А.И. Ботвин* (1), Ю.П. Ампилов (1), К.А. Петровский (2) (1 - МГУ имени М.В. Ломоносова, 2 - ООО «Фидесис»)

Влияние статических поправок на результаты скоростного анализа при сейсморазведке высокого разрешения 146
Р.И. Царев* (1,2), А.М. Пригара (1), А.А. Жуков (1) (1 - АО «ВНИИ Галургии», 2 - ФГАОУ ВО «ПГНИУ»)

Коррекция статических поправок при работах ВСП со взрывами 151
А.А. Шевченко (1), А.Г. Ковалев* (1) (1 - ООО «ПетроТрейс»)

Применение акустического варианта FWI по ныряющим и отраженным волнам на примере данных различных регионов России 155
Н.С. Журавко* (1), И.А. Меркушев (1) (1 - ООО «ГЕОСТРА»)

Искусственный интеллект как один из инструментов для уточнения геолого-сейсмической модели на реальных участках работ 159
Т.Р. Шамсутдинов* (1), А.З. Недоступов (1), Т.Р. Шарафутдинов (1), Р.А.Хафизов (1) (1 - ООО «ПетроТрейс Сервисиз»)

Обработка и интерпретация ГИС. Комплексный анализ керна

Выделение системных трактов в карбонатном разрезе на основании анализа поведения кривых гамма-каротажа и акустического каротажа 163
Е.А. Кудряшов* (1), Л.З. Шарафутдинова (1) (1 - ООО НПЦ «Геостра»)

Влияние петрофизических свойств и литологических особенностей пород на определение подсчетных параметров юрских пластов Западно-Сибирских месторождений 167
Д.В. Фурман* (1), Г.Т. Габдуллина (1), Г.Н. Низамутдинова (1) (1 - ООО «РН-БашНИПИнефть»)

Импульсный нейтронный гамма-каротаж спектрометрический. Опыт применения Решаемые задачи 171
Р.Д. Каразбаев* (1), Р.Ф. Назмутдинов (2) (1 - ООО НПЦ «Геостра», 2 - АО «Башнефтегеофизика»)

Литолого-минералогические особенности, влияющие на область применения петрофизической модели терригенной толщи девона на востоке Восточно-Европейской платформы 175
А.М. Нигматзянова* (1), Р.Х. Масагутов (2,3), Т.В. Бурикова (1), Д.У. Комилов (1), А.А. Николаев (1), В.И. Шавалиев (1) (1-ООО «РН-БашНИПИнефть», 2-НЦМУ «Рациональное освоение жидких углеводородов планеты», 3 - УГНТУ)

Оценка реальных возможностей и способы повышения информативности обработки данных ВСП с использованием интеллектуального робота АРИО 179
А.А. Табаков* (1), Ю.А. Степченков (1), В.Н. Ференци (1) (1 - ООО «Геоверс»)

Геологическое, гидродинамическое и геомеханическое моделирование

Об использовании CAE Fidesys в задачах геомеханического моделирования на основе метода спектральных элементов 183
Ю.П. Ампилов (1), А.В. Вершинин (1,2), В.А. Левин (1) (1 - МГУ имени М.В. Ломоносова, 2 - ООО «Фидесис»)

Современные подходы повышения достоверности моделей континентальных отложений на примере Западно-Усть-Балыкского месторождения 187
В.С. Крикунова* (1), Н.А. Гончарова (1), Р.Д. Вокин (1) (1 - ООО «Технологическая компания Шлюмберже»)

Учет вторичных преобразований карбонатного рифогенного резервуара при построении геолого-гидродинамической модели 191
Д.О. Ширинкин (1), С.Н. Кривощеков (1), А.А. Кочнев (1), Н.Д. Козырев (1), А.Н. Боталов (1), И.С. Путилов (1) (1 - ФГАОУ ВО «ПНИПУ»)

Опыт построения геологических моделей в условиях ограниченности данных 196
Р.М. Кашфутдинова* (1), А.Н. Мингазов (1) (1 - ООО «РН-БашНИПИнефть»)

Инструменты для палеотектонических реконструкций в составе программного комплекса «РН-ГЕОСИМ» 200
Е.Н. Каримова* (1), Е.А. Рыжиков (1), Т.М. Шарипов (1), И.М. Фархутдинов (1), А.П. Завьялова (2), А.В. Ступакова (2), А.А. Суслова (2) (1 - РН-БашНИПинефть, 2 - МГУ)

Исследование влияния факторов, снижающих продуктивность скважин с трещинами ГРП в низкопроницаемых коллекторах 204
В.О. Золотогоров* (1) (1 - ООО РН-БашНИПИнефть)

Детальная седиментологическая модель как основа многовариантного геологического моделирования на стадии доразведки нефтегазовых месторождений 208
Т.Э. Топалова* (1), Н.В. Янкова (1), А.Е. Попов (1) (1 - ООО «ТННЦ»)

Геологическая модель как инструмент минимизации технологических осложнений в процессе бурения 212
Т.А. Медведева (1), М.И. Чикина* (1), Н.К. Ярунова (1) (1 - ООО «ТННЦ»)

Анализ и особенности применения карт прогнозных эффективных толщин пород-коллекторов в геологических моделях 216
А.Н. Мингазов* (1) (1 - ООО «РН-БашНИПИнефть»)

Модель двойной пористости-проницаемости карбонатного коллектора в Восточной Сибири 220
А.А. Чистяков* (1,2), Я.В Снегирева (2) (1 - Центр науки и технологий добычи углеводородов, 2 - Сколтех)

О стимулированном объеме пласта при гидравлическом разрыве пласта 224
В.А. Байков* (1,2), О.С. Борщук (1), Е.Ю. Андреев (1) (1- ООО «РН-БашНИПИнефть», 2- ФГБОУ ВО «Уфимский университет науки и технологий»)

Стохастическо-детерминированный метод распределения коллектора в геологических моделях для целей подсчета запасов 228
В.В. Мирошниченко* (1), Г.Р. Ахметшина (1) (1 - ООО РН-БашНИПИнефть)

Математические методы обработки геологической информации и анализа данных

Учёт условий типа неравенств в интерполяции кригинга 232
А.В. Безруков* (1) (1 - ООО «РН-БашНИПИнефть»)

Разработка сверхглубокого картографа границ пластов 237
И.В. Блинов (1), В.С. Власенко (1), А.А. Горбатенко (1), М.Н. Никитенко (1), Р.Ф. Рамазанов* (1) (1 - ООО «Технологии ОФС»)

Дуальный метод мультимодовой декомпозиции цифровых сейсмо-данных на основе Фурье-сплайн анализа 241
А.С. Горшков* (независимый исследователь)

Подходы к построению объемной минерально-компонентной модели для пород со сложным компонентным составом 247
Г.Г. Елкибаева* (1), И.Д. Латыпов (1), Р.И. Макаев (1) (1 - ООО «РН-БашНИПИнефть»)

Машинное обучение и искусственный интеллект в геонауках

Решение задачи сейсмической инверсии на основе машинного обучения в многовариантной постановке 251
А.Ю. Дегтерев* (1) (1 - ООО «ИРМ»)

Прогноз флюидонасыщения коллекторов викуловской свиты с помощью иерархических нейронных сетей 256
Д.А. Данько* (1), И.И. Приезжев (1,2), А.В. Шубин (1) (1 - Губкинский университет, 2 - ООО «Лаборатория Приезжева»)

Иерархические нейронные сети в задачах интерпретации данных сейсморазведки 260
И.И. Приезжев* (1,2), Д.А. Данько (2), А.В. Трофимук (1), А.Н. Онищенко (1) (1 - ООО «Лаборатория Приезжева», 2 - Губкинский университет)

Комплексный подход интерпретации карбонатного разреза с применением методов машинного обучения в условиях ограниченных данных 264
А.В. Марков* (1), А.А. Казарян (1,2), И.Д. Латыпов (1) (1 - ООО «РН-БашНИПИнефть», 2 - Уфимский Университет Науки и Технологий)

Выделение сейсмических фаций при помощи технологии компьютерного зрения: методология и результаты 268
А.И. Ахмерова* (1), А.А. Тархов (1), П.А. Авдеев (1), А.К. Базанов (1), И.И. Ефремов (1) (1 - ООО «ГридПоинт Дайнамикс»)

Анализ наиболее распространенных сценариев использования искусственного интеллекта в нефтегазовой отрасли 273
В.И. Булаев* (АО НПФ «Геофизика»)

Несейсмические методы

Выделение перспективных золоторудных объектов на территории Российской Федерации – четверть-вековой опыт 277
А.О. Соболев* (1), Е.Н. Зенкевич (1) (1 - ООО «Геоконсалт Групп»)

Геологическая модель формирования Мухановo-Ероховской впадины южного ответвления Камско-Киннельской системы прогибов 281
Е.Б. Сосновская* (1), В.А. Шакиров (1), А.Н. Романюк (1), С.А. Поливанов (1) (1) - (ООО «СамараНИПИнефть»)

Новое направления поиска залежей УВ в карбонатных клиноформах турнейского возраста в пределах Муханово-Ероховского прогиба Оренбургской области 285
В.А. Шакиров* (1), Е.Б. Сосновская (1), С.В. Демин (1), В.И. Соболев (2) (1 - ООО «СамараНИПИнефть», 2 - АО «Оренбургнефть»)

Современная качественная интерпретация площадных гравитационных и магнитных аномалий 289
А.В. Сметанин* (1), А.К. Марченко (2) (1 - к.г.-м.н., пенсионер, 2 - ОП АО «Росгео» «ИГП»)

Геологическая интерпретация по результатам анализа электроразведочных данных ЗСБ на стадии региональных геологоразведочных работ 294
Н.В. Мисюркеева* (1,2), И.В. Буддо (1,2,3), Ю.А. Агафонов (1), В.А. Селяев (1) (1 - ООО «СИГМА-ГЕО», 2 - ИЗК СО РАН, 3 - ФГБОУ ВО ИрНИТУ)

Кинематическая и динамическая интерпретация данных сейсморазведки

Выбор оптимального вейвлета для осуществления спектральной декомпозиции 298
Д.И. Костащук* (1) (1 - Новосибирский государственный университет, Институт нефтегазовой геологии и геофизики им. А.А. Трофимука СО РАН)

Петроупругая инверсия для случая смеси нормальных распределений литотипов в задаче прогноза коллекторских свойств тюменской свиты 303
А.В. Шубин* (1), Д.В. Кляжников (2), В.И. Рыжков (1) (1 - РГУ нефти и газа им. И.М. Губкина, 2 - ООО «Индженикс Груп»)

Восстановление модели плотности распределения трещин на основе машинного обучения и трёхмерного свёрточного моделирования: применение к реальным данным 307
М.И. Протасов* (1), Р.М. Кенжин (1), Е.Н. Павловский (2) (1 - ИНГГ СО РАН, 2 - НГУ)

Оценка устойчивости алгоритмов синхронной сейсмической инверсии стандартных аппроксимаций и решения высокой точности 312
А.А. Архипов* (1), В.А. Соболевский (1), М.А. Миглей (2), И.О. Утусиков (2) (1 - ООО «НПП Геошельф», 2 - ООО «ГеоПрайм»)

Прогнозирование коллекторских свойств пород методом многомерного корреляционно-регрессионного анализа 316
В.В. Безходарнов* (1), О.К. Манкенов (1), Т.И. Чичинина (2) (1 - ООО «МанКенГео», 2 - Мексиканский Нефтяной Институт)

Сейсмический атрибутный анализ с элементами полноволнового моделирования при прогнозе свойств коллекторов 320
Ю.П. Ампилов* (1,2), Д.С. Кунченко (3), К.Р. Сафуанова (1) (1 - МГУ им. М.В. Ломоносова, 2 - ИПНГ РАН, 3 - ООО «Сейсмотек»)

Использование динамических параметров сейсмической записи для уточнения распределения зон газонасыщения пласта ПК1 (на примере месторождений восточного борта Надым-Тазовской синеклизы) 324
С.И. Кулагин* (1) (1 - ООО «Тюменский нефтяной научный центр»)

Интерпретация рассеянной компоненты волнового поля на основе методов Data Science 328
Д.А. Петров* (1), А.А. Мельник (1), П.И. Скрыль (1) (1 - ООО «РН-КрасноярскНИПИнефть»)

Региональная геология нефтегазовых бассейнов России

Структурно-тектоническая характеристика и сейсмогеологическая модель северных районов Сибирской платформы и шельфа моря Лаптевых 332
А.Ю. Калинин* (1,2), В.А. Конторович (1,2), Л.М. Калинина (1) (1 - ИНГГ СО РАН, 2 - НГУ)

Сейсмостратиграфия Лаптевоморского бассейна по результатам бурения малоглубинных стратиграфических скважин в рамках проекта ПАО «НК «Роснефть» 336
Н.А. Малышев (1), В.Е. Вержбицкий (1), И.С. Васильева* (2), С.М. Данилкин (2), А.А. Колюбакин (3), В.Б. Ершова (2), А.А. Бородулин (1), В.В. Обметко (1), Д.К. Комиссаров (1), М.Л. Болдырев (2), М.А. Рогов (2), А.Б. Попова (2), В.Е. Васильев (4), С.С. Новиков (2) (1 - ПАО «НК Роснефть», 2 - ООО «Арктический Научный Центр», 3 - ООО «РН-Эксплорейшн», 4 - АО «Институт геологии и разработки горючих ископаемых»)

Нефтегазоносность Южного Урала: состояние изученности и перспективы 340
А.М. Фазлиахметов* (1), С.В. Хакимова (1) (1 - ООО НПЦ «Геостра»)

Уточнение границ распространения и типов разрезов верхнедевонских и нижнекаменноугольных отложений юго-восточного склона Северо-Татарского свода 344
А.Ф. Сафаров* (1), В.В. Силантьев (2), Д.Н. Мифтахутдинова (2), Г.М. Сунгатуллина (2), А.А. Лутфуллин (3), А.Н. Кольчугин (2), К.Д. Шуматбаев (3), М.Ф. Валидов (2), Р.Р. Абусалимова (1), А.М. Калимуллин (1), А.Ф. Иксанова (1) (1 - институт «ТатНИПИнефть», 2 - КФУ, г. Казань, 3 - ПАО «Татнефть»)

Оползневые структуры в области каньона палео Каланчака 349
С.К. Шельтинг (1), А.А. Шейков* (1) (1 - АО «Южморгеология»)

Использование полевых замеров элементов залегания трещиноватости и слоистости пород для оценки и прогноза коллекторных свойств (на примере территории Абхазии) 352
Е.А. Глазырин* (1) (1 - АО «Южморгеология»)

Опыт литогенетической типизации карбонатных пород келловей-эоценового разреза Абхазии для целей прогнозирования нефтегазовых коллекторов 356
Н.В. Глазырина* (1), Е.А. Глазырин (1) (1 - АО «Южморгеология»)

Условия формирования палеозойских и мезозойских отложений Северо-Карского бассейна по результатам палеогеографических исследований 360
В.Н. Ставицкая* (1), В.А. Пороскун (1), А.Н. Алымов (1), С.С. Новиков (1), А.Б. Попова (1), З.А. Темботов (1), С.М. Данилкин (1), Е.А. Заботин (1), Ю.А. Петриченко (1), Н.А. Малышев (2), В.Е. Вержбицкий (2), Д.К. Комиссаров (2), В.В. Обметко (2), А.А. Бородулин (2), А.А. Колюбакин (3) (1 - ООО «Арктический Научный Центр», 2 - ПАО «НК «Роснефть», 3 - ООО «РН-Эксплорейшн»)

Оценка зон стабильности газовых гидратов в четвертичных отложениях верхней части разреза на основе моделирования термической истории Лаптевоморского бассейна 364
З.А. Темботов* (1), С.С. Новиков (1), А.М. Гончарова (1), М.А. Павлов (1) (1- ООО «Арктический Научный Центр»)

Пленарная сессия

Гибридизация физических моделей и машинного обучения в задачах нефтегазовой отрасли 368
А.Н. Грызлов* (1), Е.Б. Магадеев (1), М. Арсалан (2) (1 - ООО «Арамко Инновейшнз», 2 - Арамко)

Глобальная природа седиментационных процессов с точки зрения геосинклинальной тектоники плит 374
Д.Г. Кушнир* (1) (1 - АО «Таймыргеофизика» (группа компаний Башнефтегеофизика))

4D сейсморазведка в России 25 лет спустя 379
Ю.П. Ампилов* (1,2) (1 - МГУ им. М.В. Ломоносова, 2 - ИПНГ РАН)

Геолого-технологические, геомеханические, гидродинамические и геохимические иследования

Применение динамического симулятора многофазного течения для управления и оптимизации режима работы скважины 383
Д.В. Быков (1), Ю.А. Майоров (1), С.С. Сафонов (1), М. Арсалан (2), А.Н. Грызлов* (1) (1 - ООО Арамко Инновейшнз, 2 - Сауди Арамко)

Анализ химического состава нефти различных возрастных групп для решения нефтепромысловых задач 387
М.С. Шипаева* (1), В.А. Судаков (1), А.А. Шакиров (2) (1 - ФГАОУ ВО К(П)ФУ, 2 - ООО «Геоиндикатор»)

Геомеханическое моделирование как инструмент оптимизаций траекторий в процессе строительства скважин на шельфе Северного Каспия 391
Е.В. Киреев (1), Д.Р. Хамидуллин (1), М.Ф. Завляев (2), М.Ю. Топольян* (3), А.С. Кузнецов (3), Р.Д. Газизов (3), С.В. Завидяев (3) (1 - ООО «ЛУКОЙЛ-Нижневолжскнефть», 2 - ООО «ЛУКОЙЛ-Инжиниринг», 3 - Компания «Шлюмберже»)

Современные методы проектирования и оптимизации разработки

Подбор эффективной технологии разработки эйфельских отложений с учетом геологической доизученности месторождения содержащего трудноизвлекаемые запасы нефти 396
Е.Н. Тараскин* (1), С.Э. Терентьев (1), А.С. Скворцов (2) (1 - ООО «ЛУКОЙЛ-Инжиниринг», 2 - ООО «ЛУКОЙЛ-Инжиниринг», филиал «ПермНИПИнефть» в г. Пермь)

Использование результатов испытаний скважин в низкопроницаемых коллекторах 402
Р.И. Косицын* (1), Л.М. Кадочникова (1) (1 - НОЦ «Газпромнефть-Политех»)

Способ проведения анализа скважин различной конструкции 407
Х.Х. Сулейманов* (1), А.Э. Федоров (1) (1 - ООО «РН-БашНИПИнефть»)

Применение кластеризации для выделения механотипов при проектировании дизайнов ГРП 412
Е.Р. Шамсутдинова* (1), А.И. Федоров (1) (1 - ООО «РН-БашНИПИнефть»)

Сервис по геологическому заканчиванию скважин 416
М.П. Филимонов* (1) (1 - АО «ИГиРГИ»)

Управление заводнением с использованием методов машинного обучения 421
М.Н. Харисов (1) (1 - ООО «РН-БашНИПИнефть»)

Экспертная система «ProБА». Выбор технологических решений для разработки низкопроницаемых турбидитных коллекторов Западной Сибири 425
И.Р. Мукминов* (1), А.Ю. Кондратьев (1), Г.В. Волков (1), А.С. Рыбакова (1), А.С. Трушко (1), Ю.С. Березовский (1), Д.В. Кириллова (1), И.А. Жданов (2), С.В. Вахрушев (3), И.И. Боков (3), О.С. Мерега (4), А.А. Денисенко (5), Д.И. Ситдиков (5), И.П. Кузнецов (5) (1 - группа компаний «Газпром нефть», 2 - ФГАОУ ВО «НГУ», 3 - ФГАОУ ВО «СПбПУ», 4 - ФГАОУ ВО «Казанский (Приволжский) федеральный университет», 5 - ООО «Технологии Доверия-Консультирование»)

Непростые горизонты – системный подход к освоению запасов ачимовской толщи 429
Д.Ю. Власов* (1), С.Д. Крянев* (2), Д.К. Хакимов (2), Е.Б. Кайгородцев (2) (1 - ООО «Газпромнефть-НТЦ», 2- ООО «СПД»)

Эффективное использование CO2 - как ключевая составляющая проектов CCUS 433
Д.Г. Афонин* (1), А.А. Ручкин (1) (1 - ООО «Тюменский нефтяной научный центр»)

КРУГЛЫЙ СТОЛ: Гибридизация физических моделей и машинного обучения в задачах нефтегазовой отрасли

Ускорение гидродинамического моделирования месторождения за счёт прогнозирования в реальном времени начального приближения в итерационном процессе Ньютона-Рафсона 437
М.Т. Петросянц* (1), В.О. Трифонов (1), Е.А. Илларионов (1,2), Д.А. Коротеев (1) (1 - Сколковский институт науки и технологий, 2 - Московский Государственный Университет)

Опыт применения гибридных моделей в группе компаний Газпром нефть 442
М.В. Симонов* (1), Н.С. Марков (1), А.А. Афанасьев (1), К.А. Печко (2), С.П. Бажуков (3) (1 - группа компаний Газпром нефть, 2 - Саратовский государственный университет, 3 - Уфимский государственный нефтяной технический университет)

Петрофизические измерения, зависимости и модели коллекторов

Определение остаточной водонасыщенности в породах коллекторах углеводородных залежей 446
М.Ю. Зубков* (1) (1 - ООО «Западно Сибирский Геологический Центр»)

2D-карты времен релаксации применительно к определению содержания нефти в водонефтяных смесях 450
Т.А. Янушенко* (1,2), М.Й. Шумскайте (1) (1 - ИНГГ СО РАН, 2 - НГУ)

Оценка геологической неоднородности карбонатных пород с применением современных методов анализа керна и ГИС 454
О.Р. Привалова* (1,2), Ю.А. Питюк (1,2), Г.И. Минигалиева (1) (1 - ООО «РН-БашНИПИнефть», 2 - УУНиТ)

Анализ перспектив нефтеносности пластов неокомского комплекса на примере кластера месторождений ООО «РН-Юганскнефтегаз»

Э.Д. Сулейманов* (*ООО «РН-БашНИПИнефть»)*, М.С. Алексеев (*ООО «РН-БашНИПИнефть»)*, С.Р. Файзуллина (*ООО «РН-БашНИПИнефть»),* Г.И.Хабибуллин (*ООО «РН-БашНИПИнефть»)*

Введение

В последние годы эксплуатационное бурение затрагивает всё более сложные, нетипичные объекты и краевые зоны залежей, что, в свою очередь, ставит перед командой исследователей и разработчиков ряд задач. В своей работе мы хотим акцентировать внимание на геологических аспектах таких работ.

Для качественного планирования эксплуатационного фонда необходима подготовка достоверной геологической основы. Проблема актуализации модели и повышения ее достоверности заключается в сложном геологическом строении пласта, которое характеризуется высокой латеральной и вертикальной неоднородностью, а также в отсутствии или частичном отсутствии основы всех геологических моделей – сейсмических исследований исследуемого участка недр.

Совершенствование геологических моделей при мониторинге эксплуатационного бурения является научным фундаментом для дальнейшего планирования и минимизации рисков нового бурения на рассматриваемый объект.

На одном из месторождений Западной Сибири представлен комплексный подход к изучению отложений неокомского комплекса на основе работ мульти профильных групп, исследования которых позволили улучшить качество прогноза запасов углеводородов и получить детализированную модель. Это в свою очередь помогло оптимизировать размещение эксплуатационного фонда, а также выявить перспективы развития залежей в областях, не охваченных бурением.

Особенности формирования пласта БС

Месторождения ООО «РН-Юганскнефтегаз» расположены на территории Западно-Сибирской равнины, в основании которой лежит Западно-Сибирская плита (рис. 1), фундамент которой сложен интенсивно дислоцированными палеозойскими отложениями (PZ). Образование Западно-Сибирская плиты (ЗСП) происходило в юрском периоде (J), когда территория между Уралом и Сибирской платформой опустилась, и образовался огромный седиментационный бассейн, который не раз захватывали морские трансгрессии.

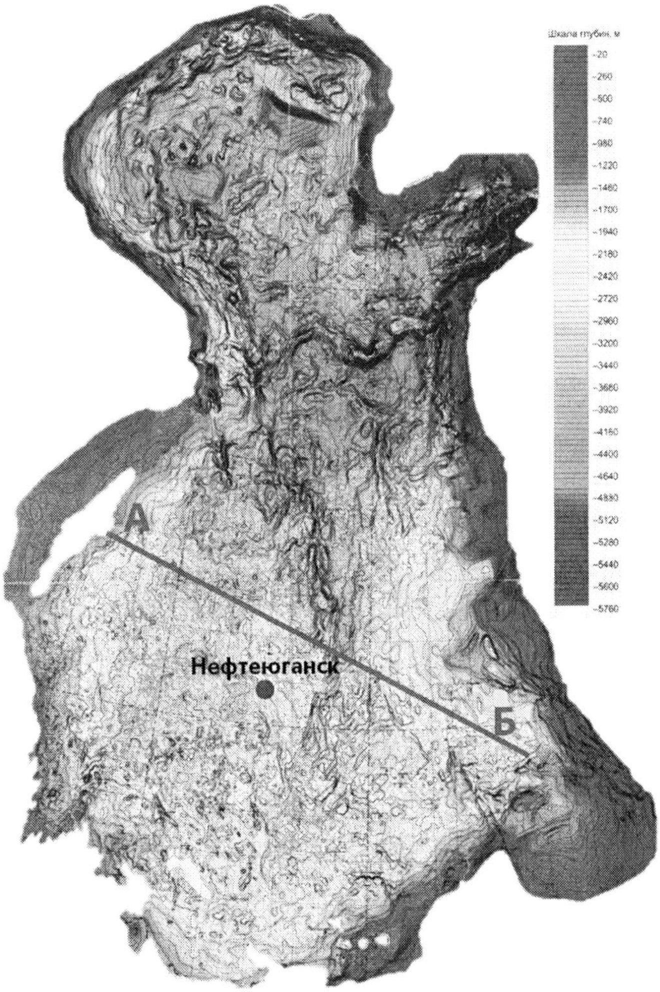

Рис. 1 – Структурная карта Западно-Сибирской плиты по кровле юрского комплекса (А. Э. Конторович).

В разрезе Западной Сибири выделяется три группы продуктивных пластов (рис. 2):

1. Юрская группа приурочена к тюменской и баженовской свитам, представленным как морскими, так и континентальными отложениями.
2. Клиноформные ачимовские отложения, которые формировались в период открытого моря и расширяющегося морского бассейна
3. Группа неокомских отложений наиболее распространена на территории Западной Сибири, так как формировалась в период закрытого локального палеоморя.

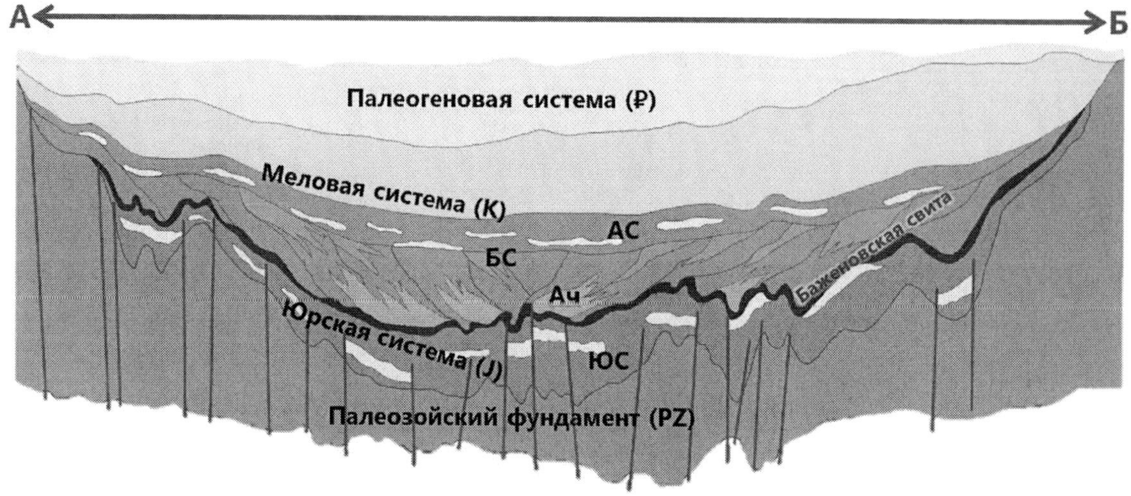

Рис. 2 – Схематический региональный геологический разрез Западной Сибири.

Пласты группы БС в пределах кластера месторождений Х1 формировались в прибрежных и мелководно-морских условиях осадконакопления, в связи, с чем имеют схожее строение. Западнее, за бровкой шельфа, данные пласты относятся к глубоководной группе отложений (пласты группы Ач Х2 кластера месторождений). Восточнее, район Х3 группы месторождений, развиты континентальные отложения (рис.3).

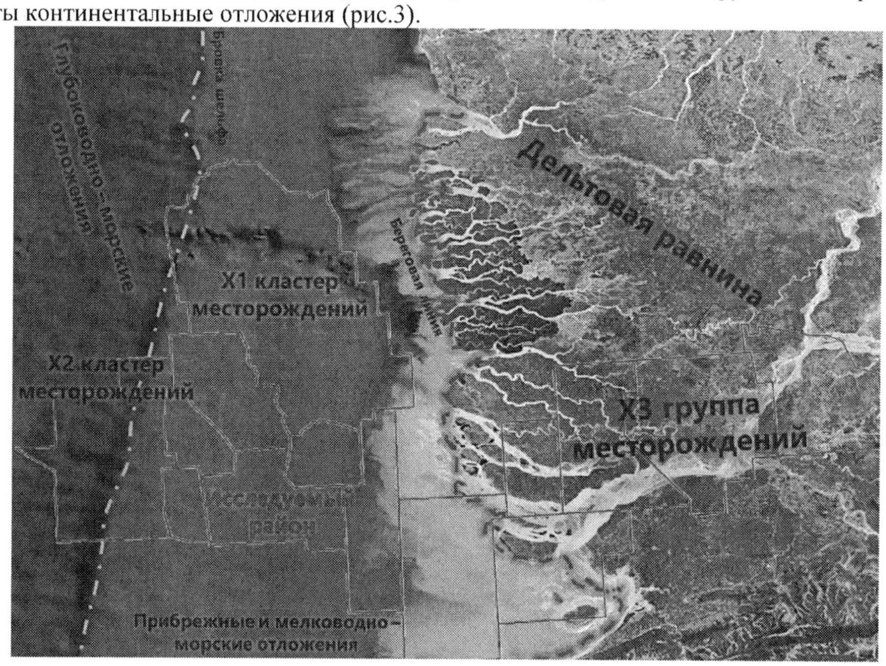

Рис. 3 – Схема условий осадконакопления исследуемого района.

Характерной особенностью данных отложений является то, что формирование песчаных тел контролируется положением береговой линии и геометрией дельтовых рукавов. Для нижней части разреза пласта БС характерно линзовидное строение, толщина непроницаемых прослоев от 0.4 до 12.6 м, их количество увеличивается в западном направлении (рис.4). В кровельной части пласта монолитный песчаный пласт мощностью от 7 до 18м, представленный на всей площади месторождения. Максимальные мощности приурочены к юго-восточной части лицензионного участка. В рассматриваемой зоне предложено кустовое эксплуатационное бурение, которое было сопровождено мульти профильной группой и в результате позволило изменить представление о модель пласта БС.

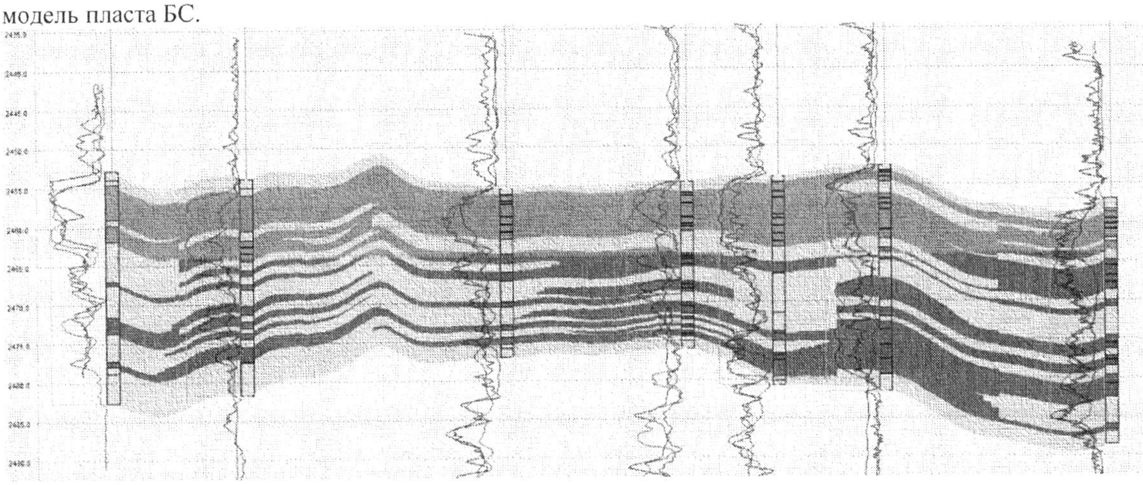

Рис. 4 – Типовой композитный геологический разрез пласта БС месторождения Х.

Заключение

В работе выполнен фациальный, структурный анализ пласта БС. Представлены поэтапные решения при сопровождении кустового эксплуатационного бурения. Описана методика поиска и выявления новых, не охваченных фактическим бурением потенциально нефтеносных участков. Составлена комплексная программа мероприятий, которая включает бурение новых скважин, оценочных скважин, пилотных стволов, а также бурение поисково-разведочного фонда. Предлагается бурение 133 скважин со средним ожидаемым запускным дебитом 92 т/сут.

Библиография:

1. Конторович А.Э., Нестеров И.И., Салманов Ф.К. [и др.]. Геология нефти и газа Западной Сибири. М.: Недра, 1975. 680 с.
2. Конторович А.Э., Конторович В.А., Рыжков С.В. [и др.]. Палеогеография Западно-Сибирского осадочного бассейна в юрском периоде // Геология и геофизика. 2013. Т. 54, № 8. С. 972–1012.
3. Методические рекомендации по подсчету геологических запасов нефти и газа объемным методом / под ред. В. И. Петерсилье, В. И. Пороскуна, Г. Г. Яценко. М.-Тверь: ВНИГНИ, НПЦ "Тверьгеофизика", 2003. 258 с.
4. Муромцев В. С. Электрометрическая геология песчаных тел – литологических ловушек нефти и газа. Л.: Недра, 1984. 260 с.

References:

1. Kontorovich A.E., Nesterov I.I., Salmanov F.K. [and etc.]. Geology of oil and gas of Western Siberia. M.: Nedra, 1975. 680 p.
2. Kontorovich A.E., Kontorovich V.A., Ryzhkov S.V. [and etc.]. Paleogeography of the West Siberian sedimentary basin in the Jurassic period // Geology and Geophysics. 2013. T. 54, no. 8. pp. 972–1012.
3. Methodological recommendations for calculating geological reserves of oil and gas using the volumetric method / ed. V. I. Petersilye, V. I. Poroskuna, G. G. Yatsenko. M.-Tver: VNIGNI, NPC "Tvergeofizika", 2003. 258 p.

4. Muromtsev V. S. Electrometric geology of sand bodies – lithological traps of oil and gas. L.: Nedra, 1984. 260 p.

Учет особенностей геологического строения ачимовских отложений при проведении многовариантной оценки продуктивного объема

Переплеткин И.А.* (НГУ, Группа компаний «Газпром Нефть»), Забоева А.А., Музраева Б.Ю. Алехин И.И., Викторова Е.М. (Группа компаний «Газпром Нефть»)

Введение

При проведении вероятностной оценки начальных геологических запасов УВ объектов со сложным строением, к которым относятся ачимовские отложения, необходимо учитывать совокупность неопределенностей, связанных с особенностями их геологического строения [3]. В частности, необходимо учитывать фациальную зональность и связанную с ним литологическую неоднородность и неоднородность ФЕС по латерали и разрезу. Эти неоднородности влияют не только на оценку ресурсного потенциала месторождения, но и на расчет профилей добычи, планирование дальнейшей программы ГРР [2,4]. Представляемая в работе методика разработана для отложений ачимовской толщи одного из месторождений ЯНАО и учитывает неопределенности связанные с вариацией формы и размера осадочных тел, слагающих рассматриваемые отложения, а также ограничениями разрешающей способности геолого-геофизических методов исследования, результаты которых использованы при создании концептуальной модели.

Концептуальная геологическая модель ачимовских отложений одного из месторождений ЯНАО и особенности ее создания.

Участок работ полностью покрыт сейсмической съемкой 3D, рассматриваемые отложения ачимовской толщи вскрыты девятью поисково-разведочными скважинами, среднее расстояние между которыми 8-10 км. Учитывая низкую плотность скважинных данных на участке работ, результаты создания концептуальной геологической модели рассматриваемых отложений во многом основываются на данные сейсморазведки (СРР), а именно на результаты картирования осадочных тел в межскважинном пространстве. Отличительной особенностью рассматриваемых отложений, является то, что на картах динамических атрибутов данных СРР хорошо прослеживаются системы канальных тел дендровидной формы, в то время как формируемые ими конуса выноса не находят отражения в волновом поле. Эта особенность определила подходы к прогнозу литологической неоднородности по площади и разрезу. Плотность каналов, закартированных по данным СРР с одной стороны определяет распределение песчанистости по площади, с другой напрямую зависит от качества сейсмических данных.

По результатам комплексирования исходной геолого-геофизической информации определено, что в пределах участка работ ачимовская толща сложена отложениями песчано-глинистых конусов выноса. Для них характерна высокая степень извилистости питающих турбидитовых каналов. Конус выноса, сформированный подобным каналом, характеризуется существенно изометричной формой. Условно в строении подводного конуса выноса выделяется три фациальные зоны (ФЗ), различающиеся по количеству, размеру, степени извилистости турбидитовых каналов и песчанистости отложений. ФЗ А формируется в верхней части системы, в ее пределах развивается мощный питающий турбидитовый канал, не формирующий вокруг себя лопастей. Эта зона характеризуется линзовидным развитием коллекторов по латерали и разрезу. ФЗ В – зона развития немногочисленных крупных разветвляющихся турбидитовых каналов и формируемых ими лопастей, характеризующаяся максимальной связностью коллекторов по латерали и разрезу. ФЗ С - зона фронтальных лопастей с многочисленными мелкими разветвляющимися терминальными турбидитовыми каналами и лопастями; зона хорошей латеральной и плохой вертикальной связности коллекторов [6]. Таким образом, в пределах ФЗ В и С интегральный контур развития коллекторов в интервале каждого из рассматриваемых пластов определяется суммарным полигоном развития лопастей закартированных каналов, а песчанистость прямо пропорциональна плотности закартированных каналов.

Особенности учета концептуальных особенностей в рамках оценки эффективного объема

Представленная методика основана на независимом построении карт эффективных толщин для области ФЗ B и C и для области распространения подводящих каналов ФЗ A. На финальном этапе производится объединение карт.

При построении карт эффективных толщин в пределах ФЗ B+C сделан акцент на получение карты тренда песчанистости (NTG) и ее варьированию при проведении многореализационных расчетах.. В рамках получения тренда, последовательно производится вариаций площадей конусов выноса, формируемых отдельными канальными системами, и ширины распределительных каналов, закартированным по данным СРР, что позволяет учесть неопределенности, связанные с разрешающей способностью сейсморазведки, размерами конусов выноса и взаимном расположении в объеме пласта.

Предложенный алгоритм построения карт эффективных толщин в пределах ФЗ B+C включает несколько этапов:

1. Учет неопределенности, связанной с геометризацией конусов выноса. Создан Workflow, в рамках которого каждый из сценариев контуров лопастей и соответствующим им полигонов каналов (максимальный, минимальный и базовый) выпадает равновероятно (Рисунок 1, а).
2. Учет вероятности наличия коллектора в узлах карты исходя из близости к закартированным каналам. Картопостроение проведено методом Artificial algorithms. Ввиду ограничений алгоритма, построено 5 карт с радиусами 1000-3000, 4000-6000, 7000-9000, 10000-12000, 13000-15000 м. Значения радиуса из диапазона выбирались случайно, при условии разницы между радиусами не более 4000 м. Полученные 5 карт просуммированы, проведена нормировка от 0 до 1 (Рисунок 1, б).
3. Учет доли мощности конуса выноса в объеме пласта по анализу седиментационных слайсов (Рисунок 1, в).
4. Учет пересечения в плане нескольких конусов выноса, с целью предотвращения завышения значений эффективных толщин (Рисунок 1, г), появление которых возможно на картах тренда, построенных сложением карт по отдельным лопастям. Для этого в областях перекрытия площадей развития лопастей получены карты долей мощности перекрытия, которые выступили дополнительным делителем при получении финальных карт тренда. Подобные карты отличаются для каждой из реализации по причине независимой вариации площади конусов на первом этапе построения тренда.
5. Применение построенного тренда (Рисунок 1, д) для построения карты коэффициента песчанистости (NTG). Распределение граничных значений NTG формируются на основе собственных скважинных данных с привлечением данных по ближайшим аналогам.

Итоговая карта эффективных толщин строится путем умножения карты коэффициента песчанистости на карту общих толщин, полученной в ходе вариации структурного каркаса. Дополнительно учтена доля фациальной зоны в объеме пласта (Рисунок 1, е).

Для построения карты эффективных толщин в области распространения подводящих каналов последовательно учитывается независимая вариация морфологических характеристик (мощности и ширины) каналов (Рисунок 1, ж).

Вариация продуктивного объема в различных концепциях

Результаты многовариантных расчетов эффективного объема (Рисунок 2, а) легли в основу дальнейшего построения карт продуктивных толщин для двух разных концепций – литологической (насыщение лопастей водой или УВ до подошвы условно закартированного осадочного тела) и структурно-литологической (наличие флюидального контакта в пределах каждой лопасти или группы лопастей).

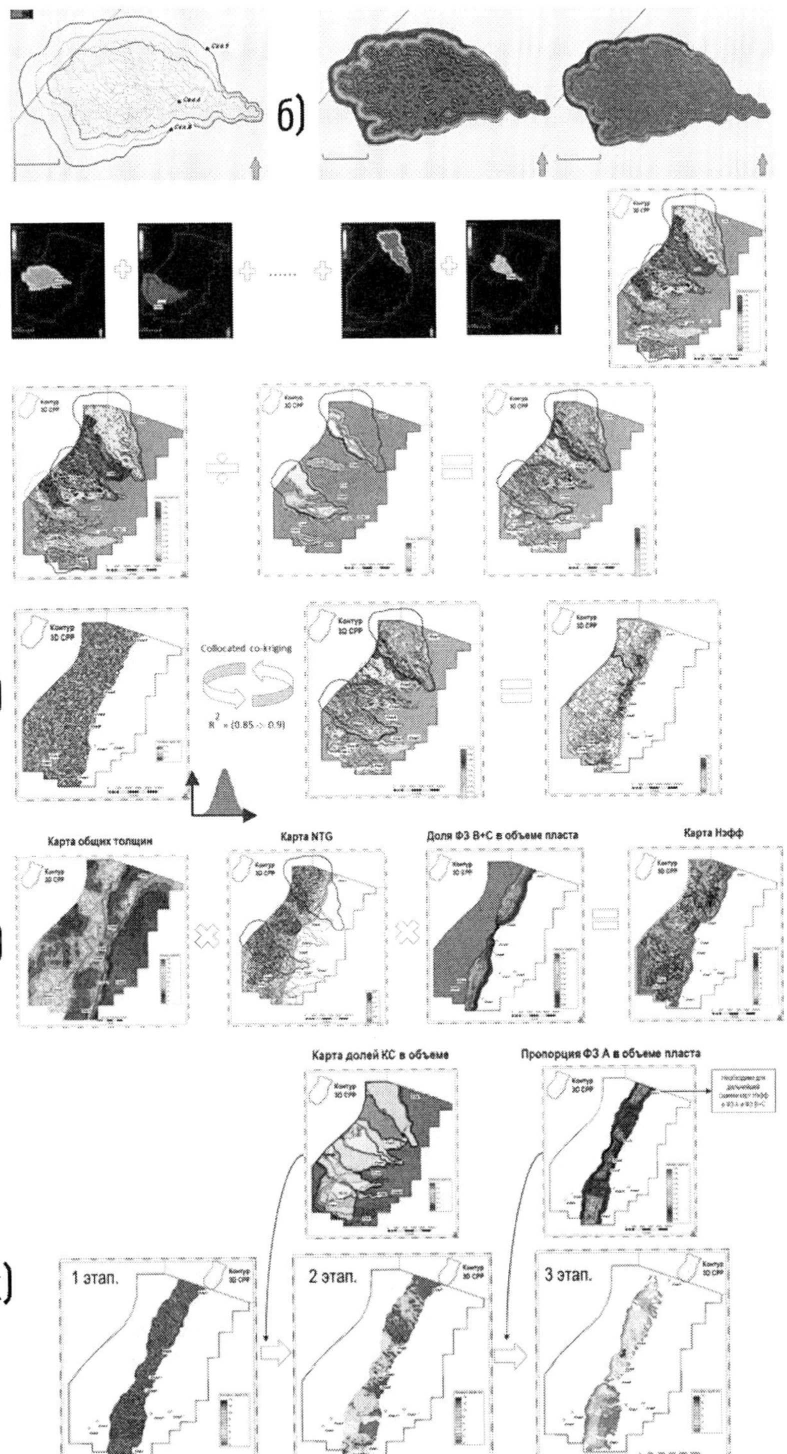

Рисунок 1. *Результаты, получаемые на каждом этапе многовариантных расчетов в рамках этапа вариации эффективного объема*

Литологическая концепция основана на количественном учете геологических рисков (gCoS) каждой лопасти в отдельности [1,5]. Оценка gCoS проведена путем перемножения вероятности наличия каждого из элементов углеводородной системы в пределах рассматриваемого района работ (Рисунок

2, б). Для каждой из лопастей карты эффективных толщин, полученные на предыдущем этапе умножаются на величину gCoS и последовательно суммируются. Итоговая карта продуктивных толщин корректируется по аналогии с этапом вариации эффективных толщин – проводится учет доли мощности канальной системы в пределах пласта и областей перекрытия лопастей по площади. В структурно-литологической концепции проведена оценка условного подсчетного уровня в пределах каждой лопасти. В данном случае проводить учет доли мощности канальной системы в пределах пласта не нужно – оценка сделана в пределах каркаса построенной лопасти в объеме пласта. Однако также, как и на предыдущем этапе необходимо учитывать зоны перекрытия лопастей по площади. На рис. 2, в и рис. 2, г проиллюстрированы результаты по разным концепциям для одной из реализаций.

Выводы

Описанная в работе методика оценки эффективного и продуктивного объемов позволила учесть неопределенности, связанные со сложным геологическим строением ачимовской толщи, прежде всего, геометризацией отдельных конусов выноса и их фациальной дифференциацией по площади. Технические ограничения, связанные с разрешающей способностью СРР при картировании полигонов каналов на седиментационных слайсах также учтены на этапе формирования и вариации трендовых карт песчанистости.

Предложенные методические подходы оценки в 2D формате позволяют получить карты, отражающие основные особенности геологического строения объекта моделирования, а именно - фациальную дифференциацию и связанную с ней литологическую неоднородность по латерали. Степень детальности итоговых карт сопоставима с результатами полномасштабных многовариантных расчетов на основе 3D модели, однако скорость расчетов существенно выше. Полученные карты могут быть использованы для проведения аналитических расчетов по оценке профилей добычи и расстановке эксплуатационного фонда скважин.

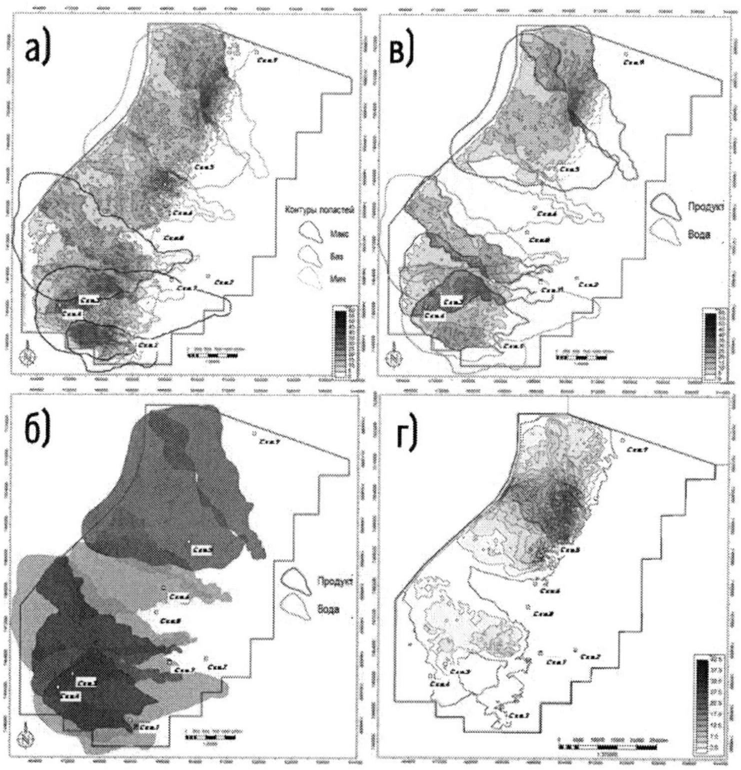

Рисунок 2. *Получение карт продуктивных толщин и примеры карт в двух концепциях*

Библиография / References

1. Алехин И.И., Переплеткин И.А., Викторова Е.М., Мингазова Д.И., Савченко П.Д. [2023] Разработка интегрированного технического подхода к вероятностной оценке ресурсной базы и учету геологических рисков для ачимовских отложений при низкой степени изученности // Актуальные проблемы нефти и газа. Сборник трудов VI Всероссийской молодежной конференции. Москва: ИПНГ РАН. с. 99-102.
2. Ачимовские горизонты. Спецпроект «Газпром нефть» и Neftegaz.RU. URL: https://achimovka.neftegaz.ru/?ysclid=lvanog4eg5767135808 [Электронный ресурс]
3. Белозеров Б.В., Буторин А.В., Кайгородов С.В., Фаизов Р.З. [2018] Практические советы по 3D-геологическому моделированию. Изд. 2-е. Москва-Ижевск: Институт компьютерных исследований, 424 с.
4. Букатов М.В. и др. [2018] Ключевые проблемы освоения ачимовских отложений на разных масштабах исследования. PROНЕФТЬ. Профессионально о нефти. 2018;(2):16-21.
5. Руководство по формированию концептуальной основы крупных проектов ГРР [2022] Санкт-Петербург: ПАО «Газпром нефть». 103 с.
6. Reading H.G., Richards M. [1994] Turbidite system in deep-water basin margins classified by grain size and feeder system AAPG Bulletin. 1994. Vol. 78. P. 792-822.

1. Alekhin I.I., Perepletkin I.A., Viktorova E.M., Mingazova D.I., Savchenko P.D. [2023] Integrated technical approach development for reserves probabilistic assessment taking into account geological risks for the Achimov deposits // Current problems of oil and gas. Proceedings of the VI Youth Conference. Moscow: IPNG RAS. p. 99-102.
2. Achimov horizons. Special project of Gazprom Neft and Neftegaz.RU. URL: https://achimovka.neftegaz.ru/?ysclid=lvanog4eg5767135808 [Electronic resource]
3. Belozerov B.V., Butorin A.V., Kaygorodov S.V., Faizov R.Z. [2018] Practical advice on 3D geological modeling. Ed. 2nd. Moscow-Izhevsk: Institute of Computer Research, 424 p.
4. Bukatov M.V. et al. [2018] Key problems of development of Achimov deposits at different scales of study. PRONEFT. Professionally about oil. 2018;(2):16-21.
5. Guidelines for developing a conceptual framework for large geological exploration projects [2022] St. Petersburg: Gazprom Neft PJSC. 103 p
6. Reading H.G., Richards M. [1994] Turbidite system in deep-water basin margins classified by grain size and feeder system AAPG Bulletin. 1994. Vol. 78. P. 792-822.

Лучшие практики вероятностной оценки ресурсной базы неструктурных ловушек в зависимости от степени геологической изученности (на примере ачимовской толщи)

Переплеткин И.А.* (НГУ, Группа компаний «Газпром Нефть»), Алехин И.И., Викторова Е.М., Мингазова Д.И., Забоева А.А., Музраева Б.Ю. (Группа компаний «Газпром Нефть»), Мещерякова А.С. (НГУ)

Введение

В настоящее время фокус геологоразведочных работ смещается в сторону поиска сложных объектов, ассоциирующихся с неструктурными ловушками углеводородов. Наглядный пример подобного типа объектов – ачимовская толща (АТ), которая занимает промежуточное положение между традиционными запасами и отложениями баженовской свиты [3]. Геологоразведочные работы на АТ связаны с комплексом неопределенностей как при геометризации тел коллекторов, так и при прогнозе свойств и насыщения [3].

В данной работе продемонстрированы некоторые разработанные практики многовариантных расчетов (МВР) при вероятностной оценке ресурсной базы отложений АТ; авторами сделан акцент на дифференциации подходов и частных случаев в зависимости от количества и качества исходных сейсмических данных, с целью получения моделей, соответствующих концептуальным представлениям о геологическом строении изучаемых объектов, на основе которых можно провести подбор оптимальной системы разработки и расстановки эксплуатационного фонда скважин. Применение того или иного подхода технически не ограничено плотностью исходных скважинных данных. При их наличии проводится коррекция значений оцениваемых параметров – общих, эффективных и продуктивных толщин.

Первым шагом в каждом из рассматриваемых подходов является вариация структурного каркаса. Данный этап делится на три основных блока - вариация кровли и подошвы целевого интервала, вариации общих толщин каждого пласта и коррекция полученных карт общих толщин с использованием карт пропорций мощности. Последний шаг необходим для корректировки положения структурных карт ачимовских пластов с учетом ранее проведенной вариации структурного каркаса. При наличии достаточного числа кондиционных скважинных данных учитывается дифференциация ошибок структурных построений в зависимости от фациального районирования (шельф, склон, глубоководная часть). Технические детали на каждом этапе детально описаны в работе [1]. Далее более подробно остановимся на подходах к оценке продуктивных объемов.

Методы

Первый, углубленный, подход рекомендуется к использованию при покрытии рассматриваемого участка сейсморазведкой 3D высокого качества, достаточного для картирования в волновом поле контрастных седиментологических элементов – подводящих и распределительных каналов. Подход основан на оценке эффективного объема с учетом фациального районирования геологического объекта (фондаформа, область развития подводящих каналов) [5]. В рамках методики принят ряд допущений, связанных с разрешающей способностью данных СРР, и степени уверенности картирования границ конусов выноса по латерали и разрезу. Методика позволяет провести оценку продуктивных толщин для разных концепций формирования залежей АТ - литологическая, структурно-литологическая.

На рисунке 1 показана общая схема представляемой методики. Для построения карты эффективных толщин в фондаформе используется «мягкой» тренда. Тренд учитывает вариацию площадей каждого конуса выноса, закартированного по данным СРР и ширину распределительных каналов. Это позволяет учесть неопределенности в процессе картирования канальных систем, связанных с ограничениями разрешающей способности данных СРР. Итоговая карта тренда получена путем сложения отдельных карт по множеству конусов выноса, закартированных в интервале рассматриваемого объекта. Для предотвращения завышения значений песчанистости в зонах перекрытия нескольких конусов выноса по площади, при получении итоговой карты тренда в целом по объекту учитывается доли мощности канальной системы. Для оценки эффективного объема в области распространения подводящих каналов последовательно учитывается независимая вариация мощностей и ширины каналов.

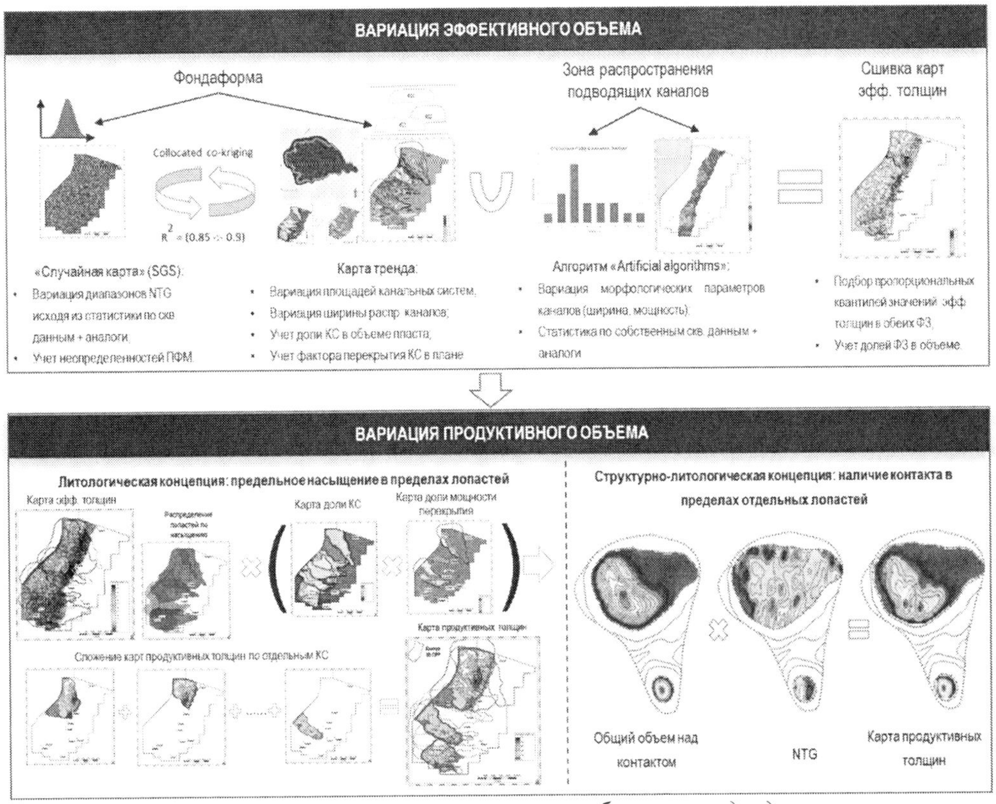

Рисунок 1. *Последовательность расчетов в рамках углубленного подхода*

При получении итоговой карты, путем комбинации карт зон площадного распространения коллекторов и зоны развития подводящих каналов, проводится подбор пропорциональных квантилей эффективных толщин в различных фациальных зонах. Подбор основан на концептуальных представлениях о равномерности распределения осадочного материала между каналами и формируемыми ими конусами выноса.

При построении карт продуктивных толщин разработаны концепций формирования залежей АТ - литологическая, структурно-литологическая. В первом случае проводится оценка геологических рисков (gCoS) формирования залежей в пределах каждого из закартированных конусов выноса [4]. Оценка gCoS проведена путем перемножения вероятности наличия каждого из элементов углеводородной системы в пределах рассматриваемого района работ. Если gCoS больше 0, карта эффективных толщин, полученная на предыдущем этапе домножается на полученный коэффициент и учитывается в дальнейшем при построении итоговой карты продуктивных толщин в интервале рассматриваемого геологического объекта.

Для второй концепции проводится вариация контакта (условного подсчетного уровня) в пределах каркаса отдельных конусов выноса (или групп конусов), в результате получаем карту общих толщин конуса выноса над контактом. Карта продуктивных толщин - есть результатм перемножения карты общих толщин над контактом и карты коэффициента песчанистости, полученной на предыдущем этапе..

Для случая, когда разрешающая способность позволяет закартировать только латеральные границы конусов выноса, а вертикальные границы картируются условно, разработана методика, в основу которой положено допущение о том, что мощности каждого конуса выноса равны друг другу. Вариация мощностей конусов выноса оценивается на палеоаналогах регион. Далее в каждой реализации в рамках МВР проводится вариация этого параметра исходя из оцененного диапазона возможных значений. Данное допущение применяется как на стадии вариации эффективного объема при получении общей карты тренда, так и при получении карты продуктивных толщин (реализовано только в литологической концепции): при пересечении конусов выноса в плане проводится деление на карту числа лопастей, для предотвращения превышения значений продуктивных толщин относительно эффективных.

Упрощенный интегрированный подход предназначен для вероятностной экспресс-оценки менее изученных объектов (покрытие только 2D-профилями или крайне низкое качество 3D-сейсмических данных) с высоким уровнем неопределенности картирования границ конусов выноса. Основным преимуществом инструмента является его гибкость при оценке неопределенностей эффективного и продуктивного объема в зависимости от качества и количества исходной геолого-геофизической информации. Для оценки эффективного объема разработано несколько сценариев в зависимости от исходных данных для прогнозирования потенциальных тел коллектора:

1) Использование регрессионной зависимости значений эффективных толщин от общих (уже после вариации структурного каркаса) или от значений сейсмического атрибута;

2) Стохастическое построение карты песчанистости и ее обновление в каждой реализации исходя из данных аналогов и дальнейшее ее умножение на карту общих толщин, полученную после вариации структурного каркаса (этап I на рис. 2). Параметры вариограмм и диапазоны значений картируемого параметра определяются по аналогам в регионе.

3) Автоматическое выделение перспективных тел на картах атрибутов с заданием шага, граничных значений атрибута и минимальных размеров тел. Методика описана в работе [2] в контексте выделения множества структурных ловушек в пределах оцениваемого участка работ.

При вариации продуктивного объема методика (этап II на рис. 2) позволяет оценить неопределенности положению флюидального контакта по скважинным данным или статистики коэффициента заполнения. Всего рассмотрено 6 возможных сценариев: от характеризующего наибольшей неопределенностью (нет собственной выборки скважинных данных и не найдены аналоги в регионе работ) до хорошо изученного (в пределах объекта вскрыт контакт и интервал его вариации по совокупности данных ГИС и испытаниям скважин– минимален)

Выводы

Разработанные методики позволяют оценить диапазон неопределённостей продуктивного объёма, пропорциональный степени изученности анализируемого объекта в рамках проведения вероятностной оценки ресурсного потенциала объектов АТ.

При возможности выделения контрастных фациальных элементов по данным 3D-сейсмики высокого качества предложен алгоритм, направленной на учет неопределенностей, связанных с ограничениями разрешающей способности сейсморазведки при картировании конусов выноса. Предложенные методические подходы оценки в 2D формате позволяют получить карты, отражающие основные особенности геологического строения объекта моделирования, а именно - фациальную дифференциацию и связанную с ней литологическую неоднородность по латерали. Степень детальности итоговых карт сопоставима с результатами полномасштабных многореализационных расчетов на основе 3D модели, однако скорость расчетов существенно выше.

Для объектов, характеризующихся меньшей степенью изученности предложено несколько методов оценки неопределённостей эффективного и продуктивного объема в зависимости количества и качества исходной геолого-геофизической информации.

Расчеты сопровождаются последовательностью операций картопостроения, связанных с такими типами объектных переменных, как 2D-гриды, точки и полигоны, а также арифметическими операциями. Разработанный функционал Workflow в отечественных ПО (tNavigator) технически позволит реализовать аналогичную последовательность расчетов.

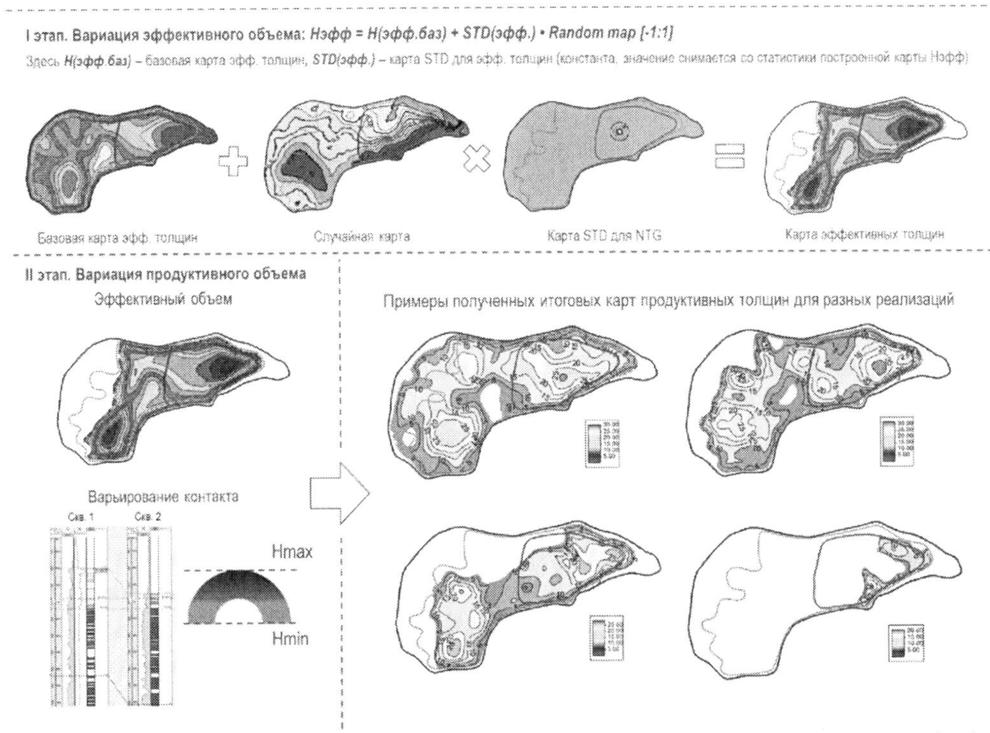

Рисунок 2. *Последовательность расчетов в рамках упрощенного интегрированного подхода*

Библиография / References

1. Алехин И.И., Переплеткин И.А., Викторова Е.М., Мингазова Д.И., Савченко П.Д. [2023] Разработка интегрированного технического подхода к вероятностной оценке ресурсной базы и учету геологических рисков для ачимовских отложений при низкой степени изученности // Актуальные проблемы нефти и газа. Сборник трудов VI Всероссийской молодежной конференции. Москва: ИПНГ РАН. с. 99-102.
2. Асмаев Д.А., Тышкевич А.А., Коваленко И.А., Колесников Д.С., Погребнюк Д.Н. [2023] Применение ПО «Геомейт» с алгоритмами 2D вероятностной оценки на одном из зональных проектов. ПроГРРесс: геологоразведка как бизнес. Материалы 3-й международной научно-практической конференции. Сочи. 4 с.
3. Букатов М.В. и др. [2018] Ключевые проблемы освоения ачимовских отложений на разных масштабах исследования. PROНЕФТЬ. Профессионально о нефти. 2018;(2):16-21.
4. Руководство по формированию концептуальной основы крупных проектов ГРР [2022] Санкт-Петербург: ПАО «Газпром нефть». 103 с.
5. Reading H.G., Richards M. [1994] Turbidite system in deep-water basin margins classified by grain size and feeder system // AAPG Bulletin. 1994. Vol. 78. P. 792-822.

1. Alekhin I.I., Perepletkin I.A., Viktorova E.M., Mingazova D.I., Savchenko P.D. [2023] Integrated technical approach development for reserves probabilistic assessment taking into account geological risks for the Achimov deposits // Current problems of oil and gas. Proceedings of the VI Youth Conference. Moscow: IPNG RAS. p. 99-102.

2. Asmaev D.A., Tyshkevich A.A., Kovalenko I.A., Kolesnikov D.S., Pogrebnyuk D.N. [2023] Application of Geomate software with 2D probabilistic assessment algorithms on one of the zonal projects. ProGRRess: geological exploration as a business. Conference proceedings. Sochi. 4 p.

3. Bukatov M.V. et al. [2018] Key problems of development of Achimov deposits at different scales of study. PRONEFT. Professionally about oil. 2018;(2):p. 16-21.

4. Guidelines for developing a conceptual framework for large geological exploration projects [2022] St. Petersburg: Gazprom Neft PJSC. 103 p.

5. Reading H.G., Richards M. [1994] Turbidite system in deep-water basin margins classified by grain size and feeder system // AAPG Bulletin. 1994. Vol. 78. P. 792-822

Особенности подсчета запасов УВС отложений сложного геологического строения

А.А. Галимов* (ООО «РН-БашНИПИнефть»), А.М. Садыков (ООО «РН-БашНИПИнефть»), А.А. Волошина (ООО «РН-БашНИПИнефть»)

Введение

При выполнении подсчета запасов углеводородного сырья (УВС) используют два основных подсчетных уровня – водонефтяной или газоводяной, определяемые по результатам фактических притоков нефти/газа и воды, и условный подсчетный уровень, принимаемый по подошве последнего продуктивного прослоя, определяемого по результатам интерпретации геофизических исследований скважин (РИГИС) или по подошве перфорации. Подсчетный уровень – это контакт, разделяющий водонасыщенный разрез от продуктивного, который характеризует весь продуктивный объем порового пространства породы.

В залежах шельфовых пластов, которые характеризуются улучшенными фильтрационно-емкостными свойствами, как по геофизическим, так и по промысловым данным, получается, достоверно определить водонефтяной контур, соответственно и нефтенасыщенный объем залежи.

В залежах с низкопроницаемыми породами-коллекторами часто проблематично достоверно определить нефтенасыщенный объем пород, ввиду наличия в таких объектах при испытании и эксплуатации только нефтеводонасыщенных притоков как в сводовой, так и в присклоновой части залежи, без однофазного притока пластовой воды. В связи с этим, для выполнения подсчета запасов в таких объектах принимается условный подсчетный уровень (УПУ) по наиболее низкой установленной отметке подошвы нефтенасыщенного коллектора, либо по подошве интервала перфорации. При этом объем порового пространства ниже принимаемого контакта в подсчет запасов не включаются даже при условии отсутствия однофазного притока пластовой воды.

Объектом исследования является нефтенасыщенная залежь пласта ЮС2 тюменской свиты малышевского горизонта, приурочена к нефтяному месторождению в пределах Салымского района Среднеобской нефтегазоносной области. Предметом исследования является продуктивный объем залежей сложенных низкопроницаемыми породами-коллекторами.

Теория

В работе, собственно рассматривается обоснование нефтенасыщенного объема залежи сложенной низкопроницаемыми породами-коллекторами, по которой принят условный подсчетный уровень, ввиду отсутствия ниже принимаемого контакта однофазного притока пластовой воды и водонасыщенных прослоев по результатам интерпретации геофизических исследований скважин.

По опыту выполнения авторами работ по подсчету запасов, в залежах с низкопроницаемыми породами-коллекторами, в виду сложнопостроенных и расчленённых коллекторов, а главное отсутствия интервалов перфорации с притоком чистой пластовой воды, принимается условный подсчетный уровень по подошве нефтенасыщенного коллектора, объем коллектора ниже уровня не относится к продуктивному и не включается в подсчет запасов.

Согласно Государственному балансу полезных ископаемых РФ на долю низкопроницаемых пород-коллекторов приходится 26 % от всех запасов. К примеру, на территории Ханты-Мансийского автономного округа – Югра, в отложениях тюменской свиты за период 2015 – 2022 года, увеличение добычи составило +13 млн т (+56,2 %) с 23 до 36 млн т [1], что подтверждает необходимость дальнейшего изучения залежей с низкопроницаемыми породами-коллекторами для построения достоверных геологических моделей и подсчета запасов в данных отложениях.

Метод

Для достоверного обоснования нефтенасыщенного объема залежи сложенной низкопроницаемыми породами коллекторами, выполнен сравнительный геофизический анализ и анализ данных разработки.

Рассматриваемая залежь №1, приурочена к пласту ЮС2 тюменской свиты малышевского горизонта. Пласт представлен отложениями континентального типа, аллювиальным комплексом фаций.

Коллектора пласта характеризуются низкими ФЕС, высокой степенью неоднородности, изменчивостью по площади и разрезу. Согласно определению показателей проницаемости и эффективной нефтенасыщенной толщины пласта, изучаемая залежь представлена низкопроницаемыми коллекторами менее 2 мД. Объект ЮС2 введен в промышленную разработку в 2020 году

На момент открытия залежь №1 имела совершенно иную конфигурацию, она включала отдельные самостоятельные залежи со своими подсчетными уровнями (рисунок 1). По мере появления и учета новой геолого-геофизической информации, геологическая модель уточнялась. Ключевым здесь является то, что абсолютная отметка подсчетного уровня – с каждым новым проектом, главным образом ввиду новых данных, полученных в результате эксплуатации, принимался ниже ранее представленного.

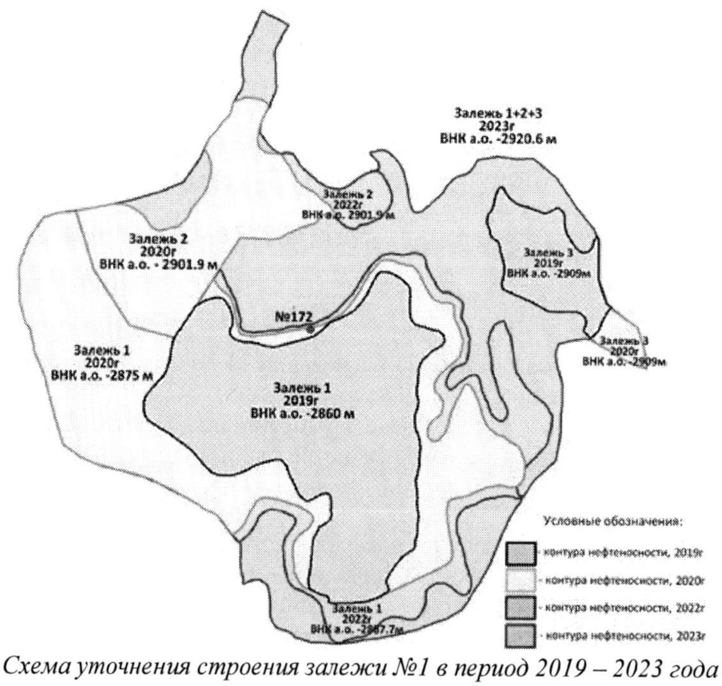

Рисунок 1. *Схема уточнения строения залежи №1 в период 2019 – 2023 года*

Для сравнительного анализа были получены зависимости удельных электрических сопротивлений прослоев и их проницаемости в зависимости от высоты для залежи пласта АС7 и залежи №1 пласта ЮС2 изучаемого месторождения [2].

Залежь пласта АС7 представлена фациями дельтовой системы (фронт дельты), которые характеризуются улучшенными ФЕС коллекторов. ВНК по залежи принят на а. о. -1978,0 м, граничные значения УЭС составляют 6,8 - 7,6 Ом*м, средняя проницаемость по залежи составляет 195,0 мД.

В зависимости УЭС прослоев и их проницаемости от высоты, использовались все скважины в пределах залежи пласта АС7 (рисунок 2). Так на уровне а. о. -1978,0 м наблюдается резкое увеличение УЭС вверх по разрезу, характеризирующий водонефтяной контакт залежи, тогда как проницаемость от высоты не зависит.

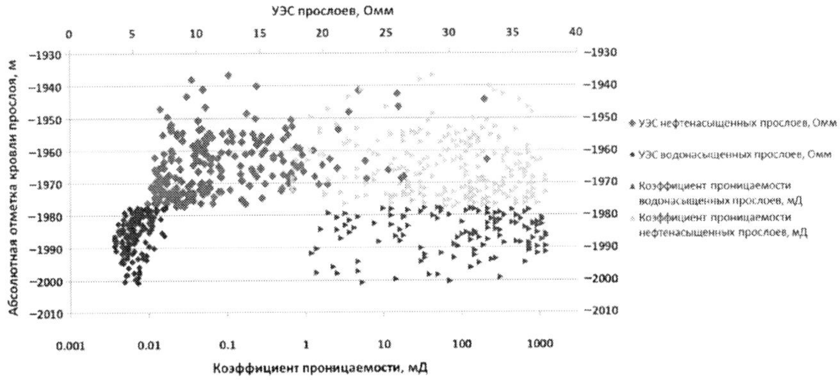

Рисунок 2. *Зависимость УЭС прослоев и их проницаемости от высоты (залежь пласта АС7)*

Аналогичные зависимости были получены для залежи №1 пласта ЮС2 (рисунок 3). Средняя проницаемость по залежи составляет 0,9 мД. Как видно, связи проницаемости от высоты как и для залежи пласта АС7, нет. Также нет зависимости УЭС прослоев от высоты на уровне а. о. -2920,6 м, тогда как по залежи пласта АС7 есть корреляция, характеризующая водонефтяной контакт.

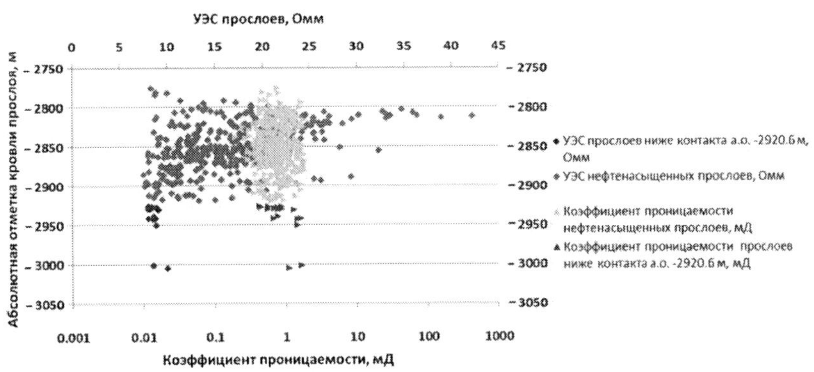

Рисунок 3. *Зависимость УЭС прослоев и их проницаемости от высоты (залежь №1 пласта ЮС2)*

Прослои ниже контакта а. о. -2920,6 м, характеризуются аналогичными УЭС, как и доказанные данными эксплуатации нефтенасыщенные прослои. Это показывает продуктивность интервала ниже а. о. -2920,6 м и необходимость включения данного порового объема в подсчет запасов.

На рисунке 4 представлены скважины и среднемесячные результаты эксплуатации за первые три месяца, вскрывшие различные гипсометрические отметки. Согласно полученным данным средняя обводненность за первые три месяца работы всех скважин составляет 31% и продолжает держаться на этом уровне с небольшим увеличением.

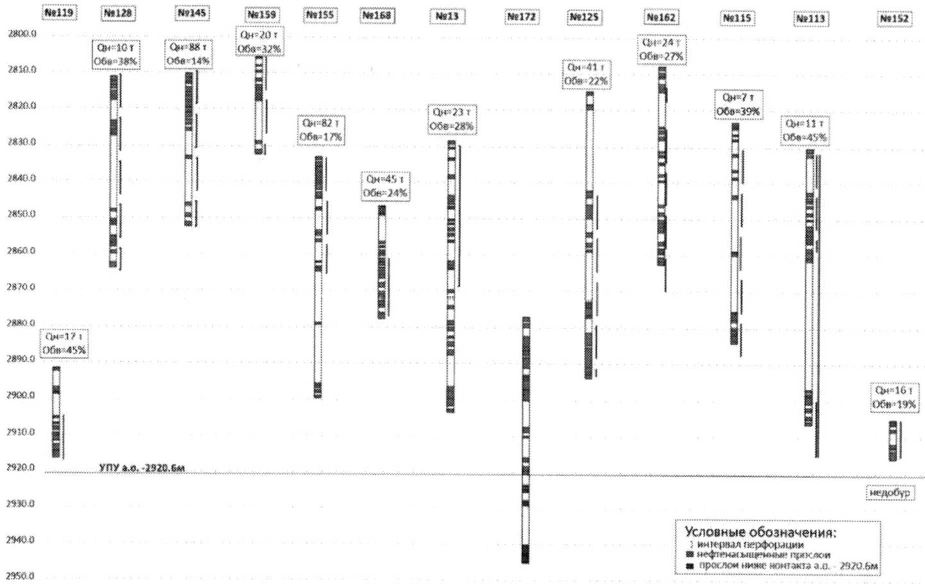

Рисунок 4. *Запускные параметры за первые три месяца эксплуатации (залежь №1 пласта ЮС2)*

Закачка по пласту не осуществляется. Из чего можно сделать вывод о том, что залежь изначально представляет собой смешанную гидродинамическую нефтеводонасыщенную систему, без водонефтяного контакта, что говорит о необходимости учета при подсчете запасов УВС всего объема порового пространства залежи.

Выводы

Актуализирована геологическая модель залежи пласта ЮС2 по результатам комплексного геолого-геофизического и промыслового анализа. Установлено, что залежь с низкопроницаемыми коллекторами представляет собой смешанную нефтеводонасыщенную систему, без водонефтяного контакта, при испытании и эксплуатации которой могут быть получены только смешанные притоки. Это показывает, что весь поровый объем породы может учитываться как продуктивный и включаться в подсчет запасов.

Библиография

1. Соколов А.В., Шубина А.В. Анализ обеспеченности запасами нефти текущей добычи для различных стратиграфических комплексов Западной Сибири. Георесурсы. 2023. 25(1), С. 45–50.
2. Галимов А.А., Котенёв Ю.А., Волошина А.А., Токарева А.В. Обоснование нефтенасыщенного объема залежи при подсчете запасов в коллекторах с низкими ФЕС // Экспозиция Нефть Газ. 2024. № 3. С. 20–25.

References

1. Sokolov A.V., Shubina A.V. Analysis of the availability of oil reserves of current production for various stratigraphic complexes of Western Siberia. Georesources. 2023. 25(1), pp. 45-50.
2. Galimov A.A., Kotenev Yu.A., Voloshina A.A., Tokareva A.V. Justification of the oil-saturated volume of the deposit when calculating reserves in reservoirs with low FCP // Exposure Oil Gas. 2024. No. 3. pp. 20-25.

Геомодель

Технология поиска месторождений – аналогов

М.Ю. Карпушин*, А.А. Суслова, А.В. Ступакова, А.А. Коршунов, А.Ю. Беззубов, Н.В. Белецкая, Р.С. Сауткин, В.В. Чернявский, А.П. Антонов (МГУ имени М.В. Ломоносова, Институт Перспективных Исследований Нефти и Газа МГУ).

Введение

На начальных этапах развития месторождения имеется большое количество неизвестных параметров, влияющих на объем запасов, выбор схемы разработки и экономику проекта. Причем нужно отметить, что большинство проектных решений принимается именно в самом начале в условиях больших рисков и неопределенностей, а полная и достоверная информация о месторождении становится доступна только к концу его эксплуатации. Чтобы снизить риски и неопределенности можно использовать метод аналогий.

Зачастую поиск месторождения - аналога для того или иного эталонного месторождения является достаточно трудоемкой работой и может занять до недели, а то и больше, в зависимости от степени детальности его изученности, сложности геологического строения и других параметров. При этом результат сильно зависит от человеческого фактора, а ключевые примеры могут быть упущены. В качестве месторождений - аналогов специалистами, как правило, используются близлежащие к эталонному месторождению, однако не во всех случаях и не во всех бассейнах это применимо, поскольку коллектора могут попадать в различные зоны с отличными условиями осадконакопления. Например, разновозрастные залежи разных нефтегазоносных бассейнов могут обладать схожими параметрами и быть использованы в качестве месторождений - аналогов, однако они не принимаются в расчет из-за значительной удаленности.

Метод

Для того, чтобы выявить месторождение или определить его прогнозные свойства необходимо провести оценку критериев, которые отвечают за качество месторождения. При наличии параметров этих критериев, или хотя бы для части критериев, возможно их использовать для сопоставления месторождений между собой. Существует большое количество классификаций отражающих различные параметры месторождений. В своей работе мы взяли за основу одну из последних работ (Ступакова и др., 2023), в которой представлены параметры, отвечающие за нефтегазоносность объекта, и применили к ним разные методы машинного обучения, чтобы в автоматическом режиме подобрать аналог эталонного месторождения.

Одно месторождение может содержать несколько залежей, которые могут отличаться как по условиям осадконакопления, так и по другим параметрам. Поэтому мы рассматривали залежь как самостоятельное месторождение с независимыми друг от друга параметрами при этом у каждой залежи имеются все базовые критерии для скопления углеводородов. А характеристики залежи описывают ее дополнительные критерии.

В итоге мы собрали датасет, состоящий из более чем 1000 строк, где одна строка – это одна залежь. Для каждой залежи было определено более 150 категориальных (классификация) и числовых параметров.

Перед применением методов машинного обучения была разработана система фильтров по критериям и параметрам, чтобы можно было выбрать месторождение – аналог в ручном режиме. Такая система имеет огромный функционал для очень гибкой настройки поиска аналогов. Можно задавать любое количество параметров, варьировать их диапазон, а также применять совместный или раздельный фильтр (и/или). После выбора месторождений –

аналогов по всем имеющимся параметрам возможно построить их распределения или другие типы графиков, чтобы в дальнейшем использовать уже в работе (рис. 1).

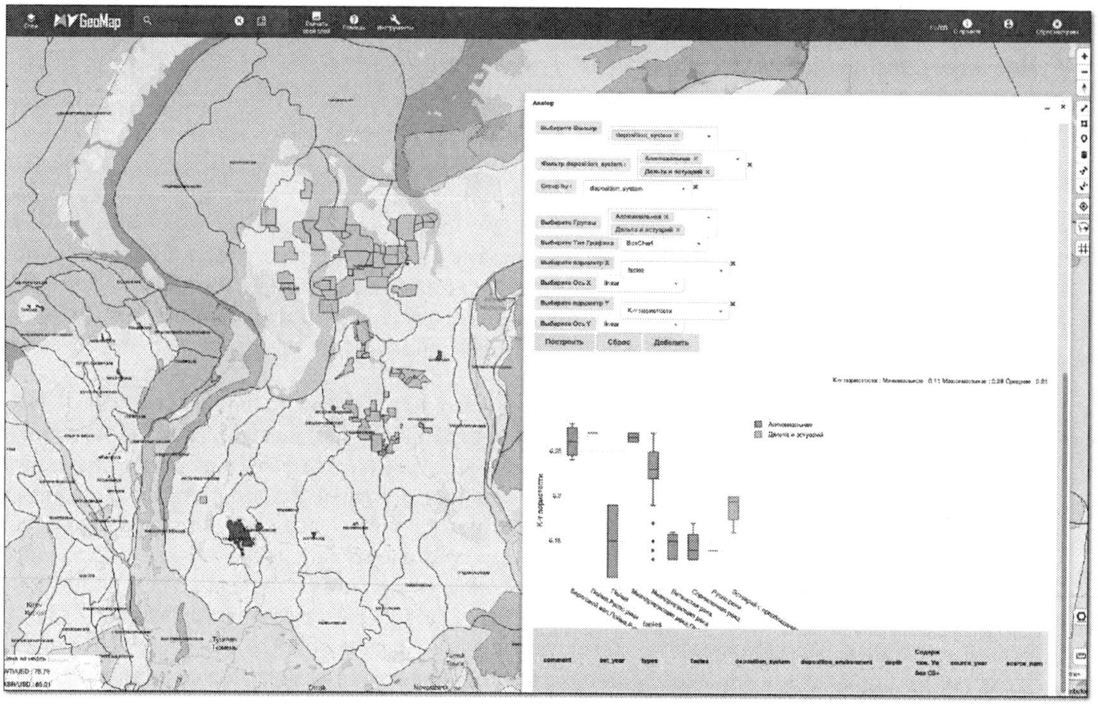

Рис. 1 Пример работы системы выбора месторождения-аналога

Основная концепция поиска месторождений аналогов в автоматизированном формате - это применение модели кластеризации данных. Кластеризация данных — это методика машинного обучения, которая имеет много важных практических областей применения, например группирование данных по определенном признакам. Кластеризация данных также полезна для идентификации аномальных точек данных. Каждая малая группа называется кластером. Кластер формируется на основе какого-то конкретного критерия. Это может быть любая особенность объекта: размер, форма, категория, вид. Внутри одного кластера объекты могут различаться по другим критериям, но хотя бы по одному они должны быть схожи.

Как правило, датасеты состоят из многих атрибутов. Когда этих атрибутов слишком много, то возникает проблема – какие из них выбрать для обучения модели. При недостатке данных может возникнуть недообучение, а при избытке — переобучение. А модель машинного обучения должна обобщать данные, а не подстраиваться под них.

Методы кластеризации еще называют методами машинного без учителя. В своей работе мы тестировали два основных метода кластеризации: k-mean и DB Scan. Метод k-mean разбивает множество элементов векторного пространства на заранее известное число кластеров k. Действие алгоритма таково, что он стремится минимизировать среднеквадратичное отклонение на точках каждого кластера. Проблема обычно заключается в определении количества кластеров. Метод DB Scan основан на плотности пространственной кластеризации для приложений с шумами. При наборе точек в некотором пространстве, алгоритм группирует вместе точки, которые тесно расположены (точки со многими близкими соседями), помечая выбросы точек, которые попадают в области с малой плотностью (ближайшие соседи которых лежат далеко).

Однако методы кластеризации, как и другие методы машинного обучения, не работают с пропусками данных, которые встречаются часто. Поэтому строки с пропусками можно удалить или заполнить значениями. Часто заполнение происходит по средним значениям, что для нашей работы не подходит. Поэтому для заполнения пропусков мы использовали другой алгоритм машинного обучения - метод градиентного бустинга (Gradien boosting). Это продвинутый алгоритм машинного обучения для решения задач классификации и регрессии. Он строит предсказание в виде ансамбля слабых предсказывающих моделей, которыми в основном являются деревья решений. Из нескольких слабых моделей в итоге собирается одна, но уже эффективная. Общая идея алгоритма – последовательное применение предсказателя таким образом, что каждая последующая модель сводит ошибку предыдущей к минимуму.

При этом заполнение пропущенных данных происходило постепенно, где главенствующую роль играло необходимое количество пропущенных значений, физический смысл, параметры для обучения модели и метрики самой модели. Так для заполнения различных параметров использовались индивидуальные настройки и модели, чтобы предсказание было наиболее точным.

Выводы

Нами тестировались различные алгоритмы машинного обучения как с учителем, так и без, однако только объединение разных методов позволило достигнуть результата. В итоге мы разработали систему подбора месторождения-аналога, которая работает по двум сценариям: первый – система фильтров для ручного выбора месторождения - аналога по заданным диапазону и комбинации параметров, вторая – автоматический подбор месторождения-аналога и использованием инструментов машинного обучения.

Библиография / References

1. Ступакова, А. В., Поляков, А. А., Малышев, Н. А., Сауткин, Р. С., Вержбицкий, В. Е., Комиссаров, Д. К., Волянская, В. В., Осипов, С. В., Большакова, М. А., Суслова, А. А., Калмыков, А. Г., Ситар, К. А., Воронин, М. Е., Карпушин, М. Ю., Мордасова, А. В., and Коробова, Н. И. Критерии нефтегазоносности осадочного бассейна. Георесурсы 25, 2 (2023), 5–21.

ГРР или ползущее ЭБ. Эрозия ценности геологоразведки

Авторы доклада: А.В.Зубаиров * (Газпромнефть-Политех), Д.Е.Перминов (Газпромнефть-Гео)

Введение

Топливно-энергетический комплекс страны последние 5 лет подвергается проверке на выносливость, гибкость и адаптацию к новым современным реалиям формирования бизнеса в условиях геополитической ситуации и трансформации отрасли с переориентировкой на новые рынки сбыта.

В условиях ужесточения конъюктуры рынка компании испытывают недостаток в корзине чистого денежного потока, что приводит к ограничениям инвестиций в проекты с длительным циклом возврата инвестиций, к которым относится геологоразведка и восполнение минерально-сырьевой базы.

Метод (и/или Теория)

Ограничения инвестиций и рыночный кризис, с одной стороны, являются новыми возможностями и триггером для поиска новых оптимальных технологий и решений, а с другой стороны, это может привести к худшим последствиям, когда в условиях лимитов инвестиций принимаются решения в ущерб целеполаганию, зачастую жертвуя качеством

Известно, что поисковая или разведочная скважина является капиталоемким решением за счёт увеличенной геологической нагрузки (отбор керна, несколько интервалов испытания на различных режимах, многоколонная конструкция, затраты на обустройство кустовой площадки и ВЖП и т.д.). В таких условиях, особенно в проектах с автономией, вариантом оптимизации (снижения) затрат является отказ от скважин ПРБ в пользу ползущего эксплуатационного бурения или бурения куста ЭБ.

На рисунке схематично показаны 3 варианта – классический ПРБ, ползущее ЭБ, бурение куста ЭБ взамен скважины ПРБ. Геологические условия – 2 объекта: 1) блок №1 - поисковый блок 2) блок №2 – запасы краевой (неуверенной) части залежи под разведочное бурение в зоне отсутствия СРР 3Д и пробуренных скважин. Ключевые неопределенности блока №1 – наличие залежи, свойства PVT, ФЕС и геологическое строение пласта. Ключевые неопределенности блока №2 – наличие толщин в зоне отсутствия 3Д.

Классическим решением является бурение поисковой и разведочных скважин с соответствующими геологическими задачами и нагрузками, альтернативные варианты – отсутствие скважин ННС, постепенное доизучение ползущим ЭБ или бурение опережающего куста ЭБ с целевым заканчиванием скважины – ГС МГРП.

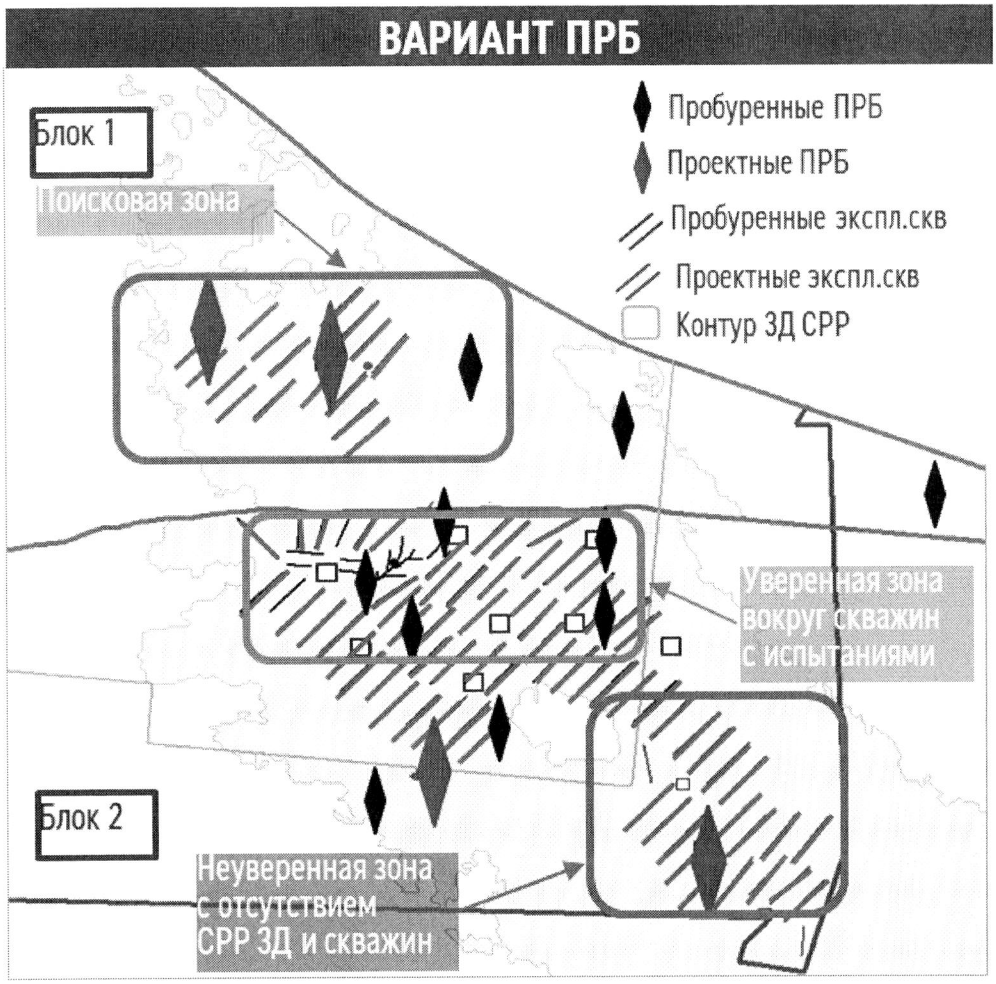

Рисунок 1. *Сценарий классического ГРР*

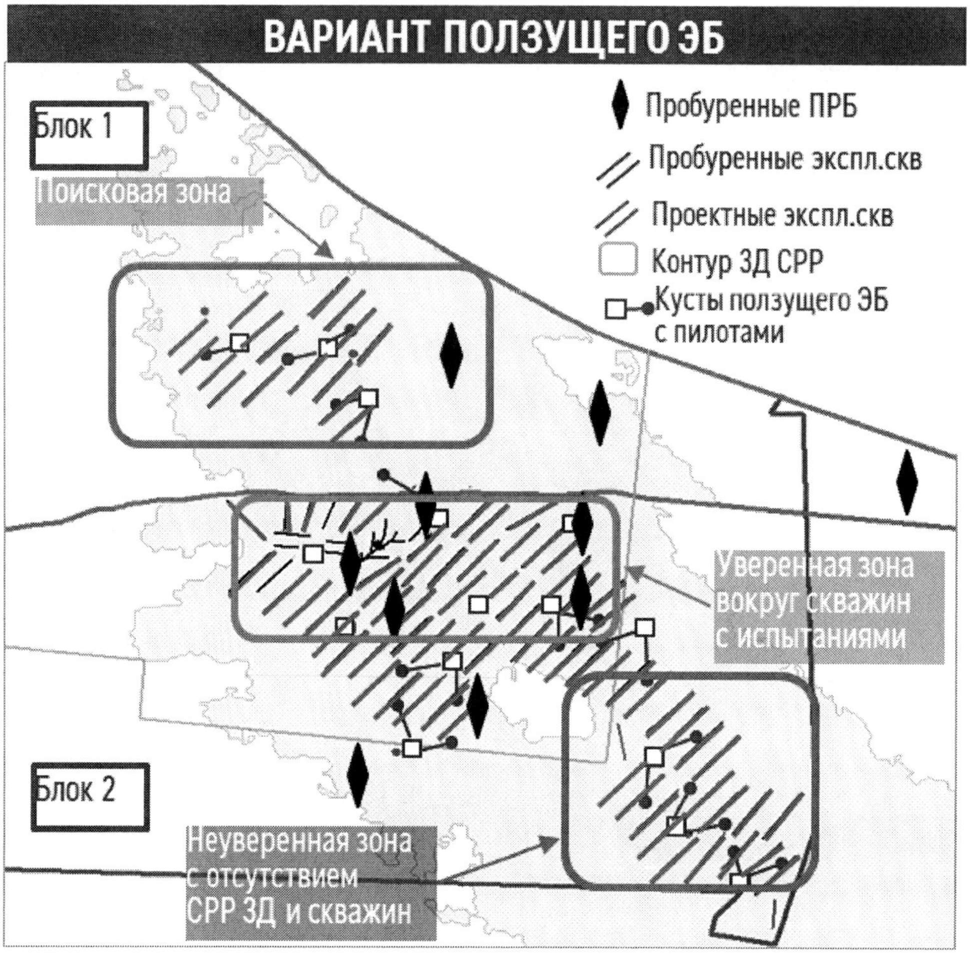

Рисунок 2. *Сценарий ползущего эксплуатационного бурения*

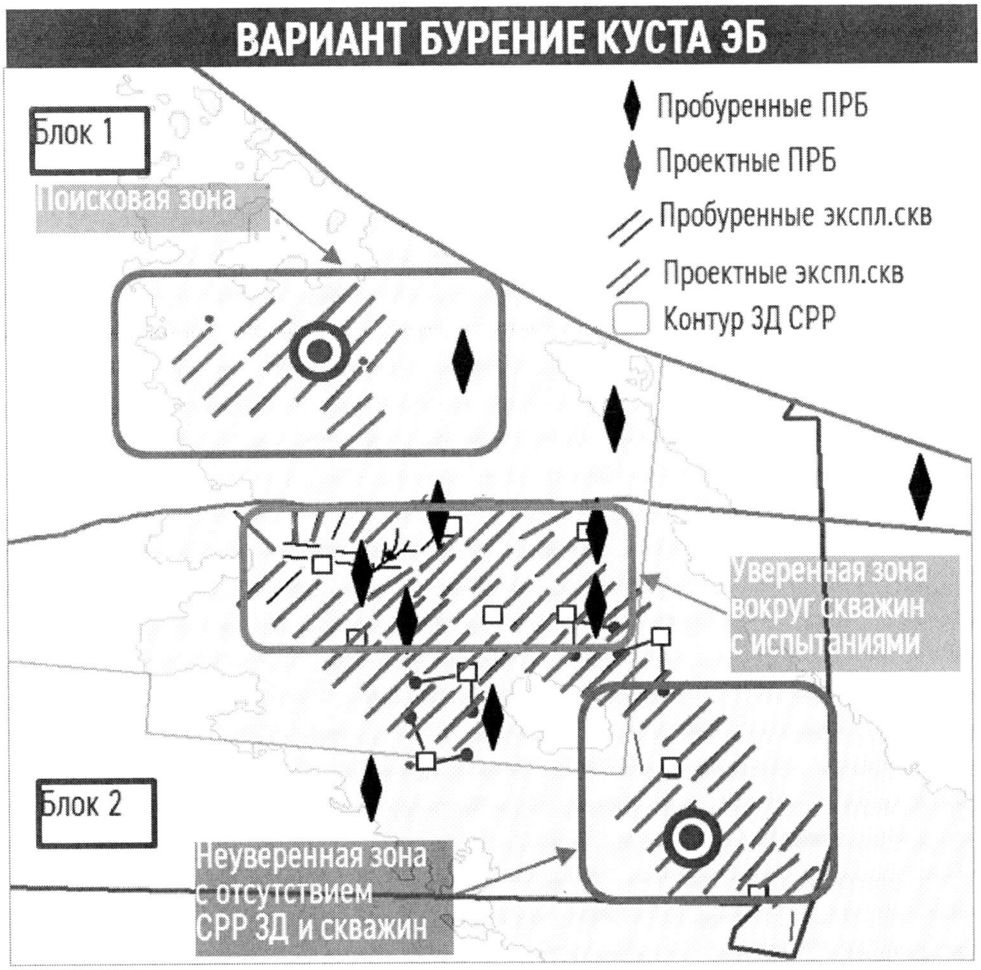

Рисунок 3. *Сценарий замены скважины ПРБ кустом эксплуатационного бурения с бурением эксплуатационной скважины*

Выводы

В результате проведенной работы показано, какие преимущества и недостатки имеет каждый из вариантов. Ключевым при отказе от ПРБ является значительное снижение качества и объема получаемой информации и поздние сроки подготовки запасов. В этих условиях методология геологоразведки даже в условиях ограниченных инвестиций не может быть исключена полностью, а должна рассматриваться только с позиции поиска новых оптимальных технологий и решений.

Библиография / References

1. А.А.Бакиров «Теоретические основы поисков и разведки нефти газа», Москва, 2012

Характеристика сейсмогеологической модели и оценка перспектив нефтегазоносности палеозойско-мезозойских отложений севера Западной Сибири на базе сейсморазведки 2D, 3D

*В.Н. Бородкин (Тюменский индустриальный университет), О.А. Смирнов (ООО «ИНГЕОСЕРВИС»), А.В. Лукашов (ООО «ИНГЕОСЕРВИС»), М.В. Комгорт (Тюменский индустриальный университет)

Район исследований расположен в северной части Западно-Сибирской нефтегазоносной провинции (ЗСНГП), в границах п-ова Ямал и частично примыкающей территории Гыданского полуострова и Южно-Карской синеклизы акватории Карского моря. Территория характеризуется доказанной высокой промышленной нефтегазоносностью, связанной с палеозойским, нижне-среднеюрским и меловым нефтегазоносными комплексами (НГК). В верхнеюрском НГК на Харасавэйском месторождении из баженовской свиты (пласт $Ю_0$) получен фонтан газоконденсата (скв. 42), в нурминской свите на Ростовцевской и Южно-Нурминской площадях установлен нефтенасыщенный керн.

Тем не менее, следует отметить, что выявленные залежи углеводородов (УВ) в составе НГК связаны, в основном, с ловушками УВ структурного типа, фонд которых весьма ограничен. В связи с этим, картирование ловушек УВ сложнопостроенного типа (литологические, структурно-литологические, тектонически-экранированные и т.д.) на базе сейсморазведки 2D, 3D весьма актуально.

Палеозойский НГК в пределах района исследований представлен терригенно-карбонатными образованиями со сложными кавернозно-порово-трещиноватыми коллекторами, продуктивность которых установлена на Новопортовском и Ближненовопортовском месторождениях.

При картировании перспективных объектов в палеозойском НГК, с кровлей которого связан отражающий горизонт (ОГ) А, анализировалась волновая картина в районе продуктивных скважин, характеризующихся неустойчивой частотно-динамической формой отраженных волн. Для выделения перспективных зон за основу приняты такие признаки, как ослабление амплитуды и прослеживаемости ОГ А в зоне прогнозируемой залежи УВ в кровле фундамента. На рис. 1 продемонстрирована волновая картина в районе пробуренной скв. 50 Горелой площади, в которой из палеозойских образований получен фонтан нефти. Из рисунка также видно, что продуктивная скв. 300 попадает в зону хаотичной записи ОГ А и напротив, непродуктивная скв. 305 попала в зону, представленную относительно однородной по амплитудно-частотной характеристике и выдержанной по латерали волновой картиной.

При прогнозе перспектив нефтегазоносности палеозойских отложений также использовался анализ потенциальных полей [1]. Исходя из изложенного методического подхода, в составе комплекса выделены Западно-Арктическая, Северо-Бованенковская, Байдарацкая, Южно-Крузенштернская и Ямальская ловушки УВ.

Триасовый комплекс залегает между ОГ А и Ia, где установлена серия отражений с последовательным подошвенным налеганием на поверхность ОГ А, соответствующая склоновым фациям, где возможно развитие потенциальных коллекторов в зоне рифтогенных структур [2]. По результатам выполненных исследований в разрезе комплекса выделены Западно-Малыгинская, Восточно-Пяседайская, Восточно-Харасавэйская и ряд других ловушек УВ.

В разрезе юрского регионального НГК выделяются нижнеюрский, среднеюрский и верхнеюрский субрегиональные комплексы.

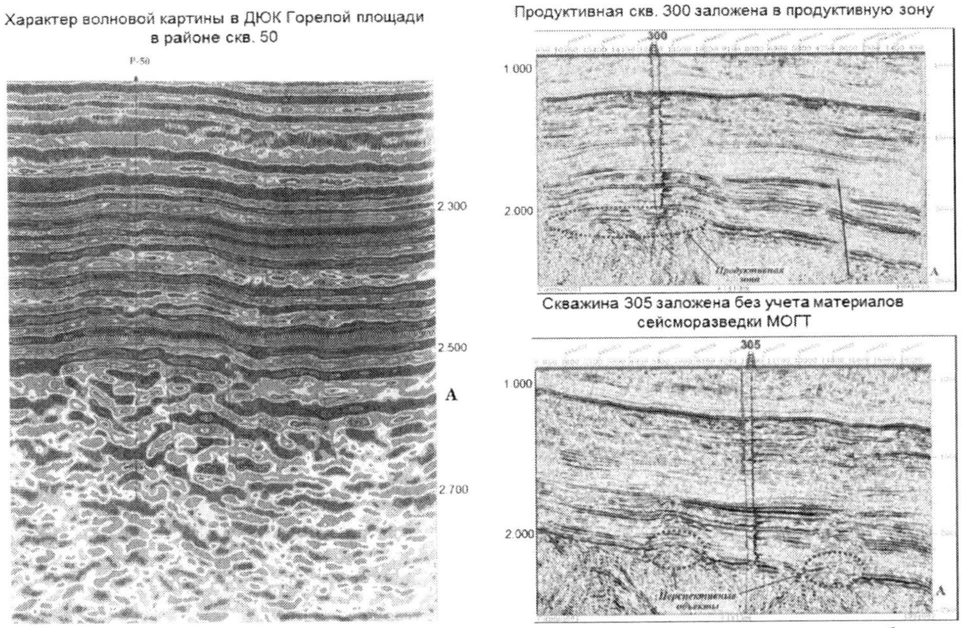

Рисунок 1. *Ранее принятые методические решения по выделению перспективных объектов в карбонатном фундаменте*

В нижнеюрском НГК, с кровлей которого связан ОГ T_4, на сейсмических разрезах в интервале ОГ А – T_4 в пределах Западно-Арктической 1 и Западно-Арктической 2 оконтурены аномалии сейсмической записи типа «яркое пятно», связанные со структурно-литологическими ловушками УВ. Продуктивность комплекса установлена на Новопортовском месторождении (пласт $Ю_{11}$).

Продуктивность среднеюрского НГК в пределах акватории Карского моря выявлена на месторождении Победа, на п-ове Ямал на Малыгинском, Северо-Тамбейском, Западно-Тамбейском, Харасавэйском, Бованенковском и других месторождениях. С кровлей комплекса связан ОГ T_1. По данным сейсморазведки 3D в составе комплекса закартированы новые ловушки УВ: Южно-Нурминская, Мантойская, Яротинская и др. На рис. 2 представлен пример Яротинской структурно-тектонической ловушки.

В верхнеюрском НГК, как ранее отмечалось, в юго-западной части п-ова Ямал и акватории Карского моря прогнозируется развитие песчано-алевролитовых отложений нурминской свиты.

Неокомский НГК включает отложения ахской и танопчинской свит, представленных клиноформным строением разреза. Характерным является разнообразие морфотипов клиноформных образований, связанных с различными источниками сноса терригенного материала [3, 4, 5].

Аптский НГК включает в себя отложения верхней части танопчинской свиты (пласты $ТП_{1\text{-}15}$), с кровлей комплекса связан ОГ $М^{/}$. Продуктивность комплекса установлена на многих площадях района исследований. В частности, на Ленинградском поднятии в пласте $ТП_1$ с учетом структурного фактора и амплитудных аномалий выделена серия ловушек УВ, перспективность которых подтверждена AVO-анализом (рис. 3).

Альб-сеноманский интервал разреза (в кровле ОГ $Г_2$) включает отложения яронгской (пласты $ХМ_{6\text{-}7}$ и $ХМ_{8\text{-}9}$) и марресалинской (пласты ПК) свит, в кровле последней (пласт $ПК_{1\text{-}2}$) на временных сейсмических разрезах наблюдается аномалия типа «залежь» с горизонтальной границей газо-водяного контакта.

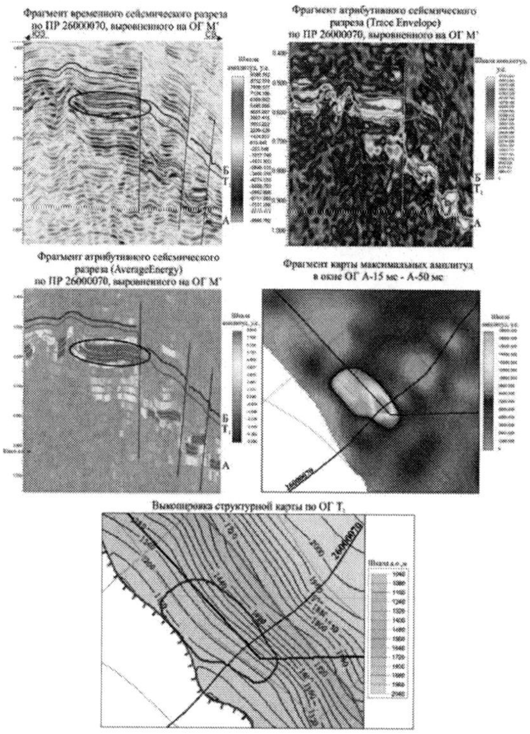

Рисунок 2. *Сейсмогеологическое обоснование выделения перспективного объекта в интервале среднеюрских отложений Яротинской (J_2) ловушки углеводородов*

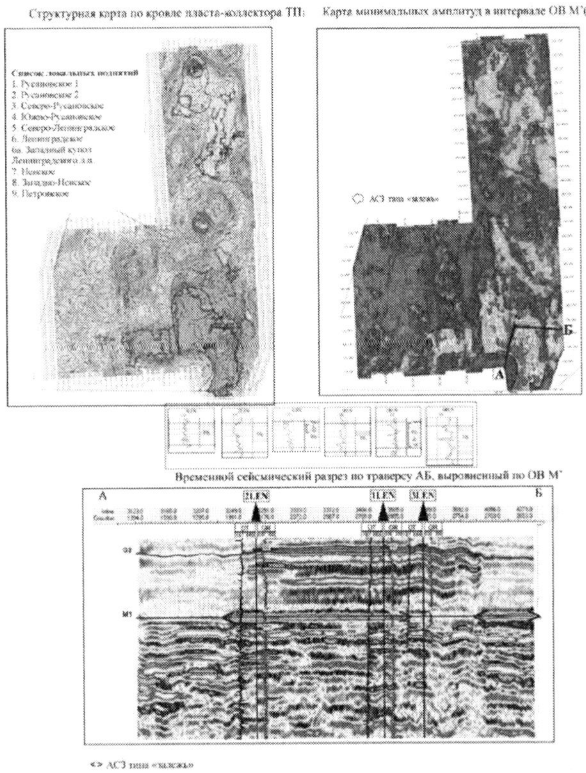

Рисунок 3. *Сейсмогеологическая характеристика пласта ТП$_1$*

Таким образом, в составе НГК подготовлена серия новых перспективных объектов комбинированного типа для постановки поисково-оценочных работ и наращивание ресурсной базы углеводородов.

Библиография

1. Методический подход при локальном прогнозе нефтегазоносности палеозойско-мезозойских отложений полуострова Ямал на базе комплексирования геофизических исследований / О.А. Смирнов, В.Н. Бородкин, А.В. Лукашов [и др.] // Нефтегазовая геология. Теория и практика, СПб, 2023. - Т. 18. - № 1 (электронный журнал).
2. Региональная модель рифтогенеза и структурно-тектонического районирования севера Западной Сибири и Южно-Карской синеклизы по комплексу геолого-геофизических исследований / О.А. Смирнов, В.Н. Бородкин, А.В. Лукашов [и др.] // Нефтегазовая геология. Теория и практика, СПб, 2022. - Т. 17 - № 1 (электронный журнал).
3. Модель строения, перспективы нефтегазоносности клиноформного строения неокома шельфа Карского и Баренцево-Печерского морей на базе сейсморазведки 2D, 3D / В.Н. Бородкин, О.А. Смирнов, А.В. Лукашов [и др.] // Сборник материалов конференции “ЕАГЕ Геомодель”. - Геленджик, 2022. - С. 372-375.
4. Сейсмогеологическая модель и нефтегазоносность берриас-аптских отложений Ямальской, Гыданской и Южно-Карской нефтегазоносных областей (Арктические регионы Западной Сибири и шельфа Карского моря) / В.А. Конторович, Д.В. Аюрова, С.М. Ибрагимова [и др.] // Геология, геофизика и разработка нефтяных и газовых месторождений. - М., 2023. - № 5. - С. 25-39.
5. Бородкин В.Н., Смирнов О.А., Лукашов А.В., Трусов А.И. Характеристика геологического строения, оценка перспектив нефтегазоносности акватории Карского моря на базе современной сейсморазведки 2D, 3D. - Тюмень, Изд-во Вектор Бук, 2023. - 265 с.

Bibliography

1. Methodical approach to the local prognosis of oil and gas potential of the Paleozoic-Mesozoic deposits on the Yamal Peninsula based on the geophysical studies integration / O.A. Smirnov, V.N. Borodkin, A.V. Lukashov [et al.] // Oil and gas geology. Theory and Practice, St. Petersburg, 2023 - Vol. 18. - No. 1 (electronic journal).
2. Regional model of rifting and structural-tectonic zoning of the north of Western Siberia and the South Kara syneclise according to the complex of geological and geophysical studies / O.A. Smirnov, V.N. Borodkin, A.V. Lukashov [et al.] // Oil and gas geology. Theory and Practice, St. Petersburg, 2022. - Vol. 17. - No. 1 (electronic journal).
3. Model of the structure, prospects for oil and gas potential of the Neocomian clinoform structure of the Kara and Barents-Pechersk seas shelf based on 2D, 3D seismic exploration / V.N. Borodkin, O.A. Smirnov, A.V. Lukashov [et al.] // Proceedings of the conference "EAGE Geomodel", Gelendzhik, 2022. - pp. 372-375.
4. Seismogeological model and oil and gas potential of the Berriasian-Aptian deposits in the Yamal, Gydan and South Kara oil and gas regions (Arctic regions of Western Siberia and the Kara sea shelf) / V.A. Kontorovich, D.V. Ayurova, S.M. Ibragimova [et al.] // Geology, geophysics and development of oil and gas fields. - M., 2023. - No. 5. - pp. 25-39.
5. Borodkin V.N., Smirnov O.A., Lukashov A.V., Trusov A.I. Characteristics of the geological structure, evaluation of the prospects for oil and gas potential of the Kara Sea water area on the basis of modern 2D, 3D seismic surveys. Tyumen, Publishing House Vector Buk, 2023 - 265 p.

Сейсмогеологическая модель, история формирования и нефтегазоносность Вертолетного поднятия (Томская область)

Л.М. Калинина* (ИНГГ СО РАН), О.А. Локтионова (НГУ)

Введение

На территории Томской области практически все крупные и средние по запасам месторождения углеводородов (УВ) связаны с хорошо изученными верхнеюрскими и нижнемеловыми отложениями. Открытие и разработка большинства крупных месторождений пришлись на 60-80-е гг. прошлого века, в настоящее время сохранение объемов добычи нефти и увеличение ресурсной базы региона связывают с открытием мелких и средних месторождений УВ в слабоизученных осадочных комплексах. К таким комплексам относятся нижне-среднеюрские отложения, распространенные в погруженных частях области. Определение и картирование конкретных нефтегазоперспективных объектов с высокой вероятностью открытия месторождений УВ с применением современных методов исследования и комплексного подхода является актуальным. В качестве одного из перспективных объектов выбраны геттанг-ааленские отложения Вертолетной площади, расположенной на юго-востоке Западной Сибири на территории Томской области. Район исследования относится к Тымскому району Обь-Тазовской структурно-фациальной области, Усть-Тымскому району Пайдугинской нефтегазоносной области. В тектоническом плане приурочен к положительной структуре IV порядка - Вертолетному локальному поднятию (ЛП), которое находится в пределах Усть-Тымской мегавпадины. Целью исследования является уточнение геологического строения и оценка перспектив нефтегазоносности геттанг-ааленских отложений Вертолетного ЛП.

Фактический материал включает данные по сейсмическим временным профилям МОГТ (метод общей глубинной точки) 2D, данные сейсмического каротажа (СК) и данные глубокого бурения.

Методика исследования

В исследовании применялся комплекс методов, включающий структурно-тектонический анализ и интерпретацию материалов ГИС. Подход, применяемый авторами при интерпретации данных сейсморазведки, включает выделение и корреляцию отражающих сейсмических горизонтов, построение структурных карт, карт изопахит сейсмогеологических комплексов и базируется на принципах сейсмостратиграфии. Успешное применение этих принципов реализовано в ряде работ. Для изучения геологического разреза скважин, выделения продуктивных горизонтов, качественной и количественной оценки их нефтегазоносности и определения коллекторских свойств в скважинах проводилась интерпретация различных методов каротажа. Определение характера насыщения коллекторов проводилось с использованием данных бокового каротажного зондирования (БКЗ), основываясь на анализе радиального профиля удельного электрического сопротивления (УЭС), которое определялось численной инверсией в рамках интерпретационной цилиндрически-слоистой модели пласта бесконечной толщины [Эпов и др., 2013]. Для построения прогнозных карт распределения нефтегазоперспективных объектов использовались современные структурные планы и карты распределение эффективных толщин резервуаров.

Структурная характеристика и история формирования Вертолетной ловушки

В юрском мегакомплексе выделяется геттанг-ааленский комплекс. На временном сейсмическом разрезе, проходящем через Вертолетную площадь, геттанг-ааленский комплекс контролируется отражающими горизонтами $Ф_2$ и I^a (угольный пласт $У_{10}$). Внутри комплекса выделяется отражающий горизонт I^{tg} (тогурская свита), который делит комплекс на два сейсмогеологических подкомплекса: геттанг-нижнетоарский и тоар-ааленский (Рисунок 1).

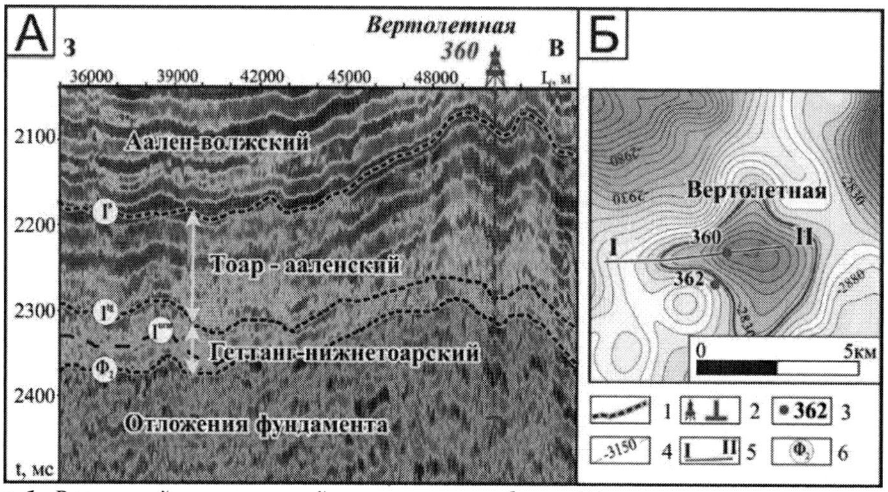

Рисунок 1. *Временной разрез по сейсмическому профилю (А), структурная карта по кровле геттанг-ааленских отложений (Б).*
Условные обозначения: 1 – отражающие горизонты; 2, 3 – скважины; 4 – изогипсы, м; 5 – линия разреза; 6 – индексы отражающих сейсмических горизонтов.

Структурные планы по кровлям геттанг-нижнетоарского, тоар-ааленского и верхнеааленского подкомплексов имеют сходные очертания, в центральной части района исследования выделяется Вертолетное ЛП, в пределах которого пробурены скважины №№ 360 и 362.

Для анализа истории формирования ЛП использовались карты изопахит сейсмогеологических комплексов и мегакомплексов. В рельефе кровли геттанг-ааленского комплекса Вертолетная структура была сформирована в позднеюрское - раннемеловое время. Поднятие наиболее интенсивно развивалось в верхней юре и раннем мелу, а окончательно сформировалось в коньяк-кайнозойское время в результате регионального воздымания юго-восточного обрамления Западно-Сибирской плиты.

Геологическое строение

Геттанг-ааленские отложения на территории исследования представлены урманской, тогурской, салатской свитами и нижней подсвитой тюменской свиты. Урманская свита делится на три подсвиты. Общая мощность свиты достигает 150 - 180 м. Нижнеурманская подсвита (песчаные пласты $Ю_{17}$) имеет фрагментарное распространение, представлена разнозернистыми печаниками, гравелитами, алевролитами, Формирование отложений происходило в надрифтовых долинах и прогнутых изолированных участках в условиях смены русловых, озерных и пойменно-болотных фаций [Конторович и др., 2013]. Среднеурманская подсвита (песчаные пласты $Ю_{16}$) представлена серыми и темно-серыми аргиллитами местами углистыми, с прослоями алевролитов и заглинизированных песчаников. Отложения формировались в условиях заболачиваемых водоемов, озер и лагун, болот. Верхнеурманская подсвита представлена серыми, темно-серыми песчаниками с маломощными прослоями аргиллитов и алевролитов, редкими прослоями углей. Формирование отложений происходило в условиях переходной зоны между морскими и континентальными обстановками осадконакопления, в мелководном бассейне с нестабильной соленостью [Девятов и др., 2011]. Тогурская свита представлена черными тонкослоистыми аргиллитами, обогащенными органическим веществом, с редкими прослоями алевролитов и мелких песчаников, возраст определяется как раннетоарский. Формирование свиты происходило в крупных озерах, временами соединявшихся с морем [Конторович и др., 2013]. На территории исследования тогурская свита находится в главной зоне нефтеобразования (ГЗН) [Локтионова и др., 2019]. Салатская свита делится на две подсвиты. Нижняя подсвита представлена пластами средне- и крупнозернистых песчаников ($Ю_{15}$), разделенных аргиллитами, с прослоями гравелитов, конгломератов, встречаются линзы углей. Толща сформирована на фоне регрессивного цикла в условиях мелководного морского бассейна с периодическим опреснением. Верхняя подсвита (радомская пачка) представлена преимущественно глинисто-углистыми отложениями и имеет сложное строение из-за выклинивания или расщепления углей, появления линзовидных прослоек аргиллитов, алевролитов и песчаников, в кровле содержит угольный пласт $У_{14}$. Органическое вещество, содержащееся в глинах радомской пачки, могло быть источником УВ [Конторович и др., 1995]. Отложения формировались в условиях периодически заливаемых прибрежных равнин и озерно-болотных равнин. В мелководных и прибрежно-морских условиях формировалась песчано-алевритово-глинистая толща. Нижняя подсвита тюменская свиты расчленяется на серию песчаных коллекторов ($Ю_{11}$-$Ю_{14}$), разделенных глинисто-углистыми пачками $У_{10-13}$, представлена переслаиванием серых алевролитов, песчаников, аргиллитов, с прослоями гравелитов, с пластами углистых аргиллитов и углей. В верхней части подсвиты залегает угольный пласт $У_{10}$, который является одним из реперов при корреляции отложений. Отложения формировались в условиях опресненных морских заливов и эстуариев.

Нефтегазоносность

Геттанг-ааленский осадочный комплекс на территории исследования представлен чередованием песчано-алевритистых (потенциальных коллекторов) и глинистых толщ (флюидоупоров), а также наличием нефтепроизводящих пород, что позволяет рассматривать его как нефтегазоперспективный. В качестве коллектора выступают песчаные пласты ($Ю_{11-17}$). Пласты $Ю_{16-17}$ (геттанг-нижнетоарского подкомплекса) имеют мощность от 0 до 4 м, распространены не повсеместно, песчаники глинизируются на северо-востоке от скв. №360. Песчаный пласт $Ю_{15}$ (тоар - нижнеааленский подкомплекс) распространен на всей площади, мощность изменяется от 7 до 12 м. Песчаные пласты $Ю_{11-14}$ (верхнеааленского подкомплекса) распространены повсеместно, мощность изменяется от 10 до 20 м, в пределах скв. №№ 360 и 362 составляют в среднем 12 м. Вертолетное ЛП расположено в области наиболее вероятной миграции жидких УВ из пород тогурской свиты, которая находится в ГЗН, что способствует возможности заполнения ловушки и формирования залежи нефти.

В скважинах №360 и №362 в интервале геттанг-ааленских отложений испытания не проводились. Для определения типа насыщения был использован критерий по значениям истинного УЭС, полученный для нижне-среднеюрских отложений юго-востока Западной Сибири. Детальное картирование и интерпретация данных БКЗ позволили существенно уточнить модель объекта на Вертолетной площади и высказать предположение о возможности открытия здесь нефтяного месторождения.

Выводы

Многопластовая залежь УВ, локализованная в песчаных пластах тоар-ааленских отложений ($Ю_{15}$, $Ю_{11-14}$) на Вертолетной площади контролируется антиклинальными ловушками. В рельефе кровли геттанг-ааленского комплекса Вертолетная структура была сформирована в позднеюрское - раннемеловое время и не связана с эрозионно-тектоническими выступами доюрского основания. Поднятие наиболее интенсивно развивалось в верхней юре и раннем мелу, а окончательно сформировалось в коньяк-кайнозойское время в результате регионального воздымания юго-восточного обрамления Западно-Сибирской плиты.

Вертолетное ЛП расположено в области наиболее вероятной миграции жидких УВ из нефтематеринской тогурской свиты, которая находится в ГЗН, и позволяет предположить о возможности заполнения ловушки и формирования залежи нефти. Детальное картирование и интерпретация данных БКЗ позволили существенно уточнить модель залежи УВ на Вертолетной площади, высказать предположение о возможности открытия здесь нефтяного месторождения.

Результаты выполненных исследований могут быть рекомендованы для проведения поисково-разведочных работ в нижне-среднеюрских отложениях на северо-востоке Томской области.

Библиография

1. Девятов, В.П. Палеогеография Сибири в юрском периоде на этапах основных перестроек / В.П. Девятов, Б.Л. Никитенко, Б.Н. Шурыгин // Новости палеонтологии и стратиграфии. Вып. 16–17 (Приложение к журналу “Геология и геофизика” - Т. 52). - С. 87-101.

2. Конторович А.Э., Андрусевич В.Е., Афанасьев С.А., Вакуленко Л.Г., Данилова В.П., Злобина О.Н., Ильина В.И., Левчук М.А., Казанский Ю.П., Казарбин В.В., Карогодин Ю.Н., Москвин В.И., Меленевский В.Н., Солотчина Э.П., Фомин А.Н., Шурыгин Б.Н. Геология и условия формирования гигантской Талинской зоны газонефтенакопления в континентальных отложениях нижней юры (Западная Сибирь) // Геология и геофизика. - 1995. - Т. 36. - № 6. - С. 5 - 28.

3. Конторович А.Э., Конторович В.А., Рыжкова С.В., Шурыгин Б.Н., Вакуленко Л.Г., Гайдебурова Е.А., Данилова В.П., Казаненков В.А., Ким Н.С., Костырева Е.А., Москвин В.И., Ян П.А. Палеогеография Западно-Сибирского осадочного бассейна в юрском периоде // Геология и геофизика. - 2013. - Т. 54. - № 8. - С. 972 - 1012.

4. Локтионова О.А., Бурштейн Л.М., Калинина Л.М., Конторович В.А., Сафронов П.И. Историко-геологическое моделирование процессов генерации углеводородов в геттанг-ааленских отложениях Усть-Тымской мегавпадины // Геология и геофизика. - 2019. - Т. 60. - № 7. – С. 1014 - 1027.

5. Эпов М.И., Глинских В.Н., Сухорукова К.В., Павлова М.А. Интерпретация данных электрокаротажных зондирований в неокомских пластах-коллекторах Широтного Приобья // Геология нефти и газа. - 2013. - Вып. 3. - С. 21 - 28.

References

1. Devyatov, V.P. Paleogeografiya Sibiri v yurskom periode na etapah osnovnyh perestroek / V.P. Devyatov, B.L. Nikitenko, B.N. Shurygin // Prilozhenie k zhurnalu “Geologiya i geofizika”. – 2011. - T. 52. - S. 87 - 101.

2. Kontorovich A.E., Andrusevich V.E., Afanas'ev S.A., Vakulenko L.G., Danilova V.P., Zlobina O.N., Il'ina V.I., Levchuk M.A., Kazanskij YU.P., Kazarbin V.V., Karogodin YU.N., Moskvin V.I., Melenevskij V.N., Solotchina E.P., Fomin A.N., Shurygin B.N. Geologiya i usloviya formirovaniya gigantskoj Talinskoj zony gazoneftenakopleniya v kontinental'nyh otlozheniyah nizhnej yury (Zapadnaya Sibir') // Geologiya i geofizika. - 1995. - V. 36. - № 6. - P. 5 - 28.

3. Kontorovich A.E., Kontorovich V.A., Ryzhkova S.V., Shurygin B.N., Vakulenko L.G., Gaideburova E.A., Danilova V.P., Kazanenkov V.A., Kim N.S., Kostyreva E.A., Moskvin V.I., Yan P.A. Jurassic paleogeography of the West Siberian sedimentary basin // Russian Geology and Geophysics/ - 2013. – V. 54. – № 8. – P. 972-1012.

4. .Loktionova O.A., Burshtein L.M., Kalinina L.M., Kontorovich V.A., Safronov P.I. Historical and Geological Modeling of the Processes of Hydrocarbon Generation in the Hettangian-Aalenian Deposits of the Ust'-Tym Megadepression // Russian Geology and Geophysics. – 2019. – V. 60. – № 7. – P. 801 - 812.

5. Epov M.I., Glinskih V.N., Suhorukova K.V., Pavlova M.A. Interpretaciya dannyh elektrokarotazhnyh zondirovanij v neokomskih plastah-kollektorah Shirotnogo Priob'ya // Geologiya nefti i gaza. - 2013. - Vyp. 3. - S. 21 - 28.

Пример реализации этапов поисково-разведочных работ на объекты нижне-среднеюрского нефтегазоносного комплекса Салымского НГР

Д.В. Илюшин *, Е.Б. Кайгородцев (ООО «СПД»), В.В. Супей, Г.В. Мохов, Е.О. Черкас (ООО «Газпромнефть-НТЦ)

Введение

Компания Салым Петролеум Девелопмент (ООО «СПД») работает в Ханты-Мансийском Автономном Округе – Югре с 2003 г., и ее основные запасы нефти, как у большинства недропользователей в районе, сосредоточены в пластах группы АС черкашинской свиты нижнего мела. Эти пласты являются основными объектами добычи и характеризуются выработанностью около 50. Помимо пластов группы АС, на площади работ СПД также открыты трудноизвлекаемые запасы в глубоких горизонтах: ачимовской толще ахской свиты нижнего мела, баженовской свиты верхней юры – нижнего мела и тюменской свиты средней юры.

Истощение традиционных черкашинских запасов, относительно легких для освоения в технологическом и экономическом ключе, обуславливает включение в портфель ГРР проектов, нацеленных на глубокие горизонты. Одним из фокусных направлений являются отложения нижней-средней юры, по которым в Компании с 2022 г. реализуется комплексная поисково-оценочная программа.

Реализация программы была разделена на несколько этапов: 1) зональное изучение нижне-среднеюрских отложений – обобщение региональных данных, подбор аналогов, интерпретация и интеграция всего объема геолого-геофизического материала; 2) поисковый этап – подготовка и бурение поисковых скважин, подтверждение выявленных трендов, актуализация моделей; 3) разведочный этап – подготовка опоисковынных залежей к опытному освоению, подтверждение рентабельности освоения юрских запасов; 4) опытно-промышленная эксплуатация. На начальных этапах программы в 2023 г. были обоснованы и реализованы 2 проекта поисково-оценочного бурения, результаты которых снимают поисковые неопределенности по основным целевым пластам Ю3-4 тюменской свиты. Выявлены дополнительные перспективы в низкоизученных пластах Ю11-12 шеркалинской и береговой свит [1]. В 2024 г. проводится разведочный этап, на котором скважины, нацеленные в пределы контуров уже открытых залежей, призваны снять неопределенности по их геометризации, обводненности продукции и динамических характеристик. В рамках этапа уже пробурена 1 разведочная наклонно-направленная скважина 23 (Рисунок 1), также реализуется бурение горизонтальных разведочных скважин с длительной отработкой. При успешности разведочного этапа будут опоискован ряд схожих перспективных объектов, а на разведанных залежах запущены ОПР перед их вводом в разработку.

Теория

Согласно общепринятым представлениям [2, 3], формирование нижне-среднеюрских отложений Салымского НГР происходило в целом при трансгрессивном цикле. Пространство между палеовыступами рельефа, сформированными эрозионной поверхностью доюрского основания, последовательно заполнялось осадками при приближении моря с современного север-северо-востока. Так, в ранней юре в изучаемом районе осадконакопление береговой и шеркалинской свит имело неповсеместный характер и происходило в условиях аккумулятивной и денудационно-аккумулятивной низменной равнины, тогда как приподнятые области представляли собой денудационную сушу. В средней юре произошло выполаживание рельефа, выступы палеорельефа в изучаемом районе были перекрыты отложениями тюменской свиты, и их накопление происходило в переходных условиях от континентальных к прибрежно- и мелководно-морским. К батскому веку морская трансгрессия усилилась, и район оказался в мелководно-морских обстановках осадконакопления, что обусловило глинистый состав абалакской свиты.

Исходя из обстановок осадконакопления, сложившихся в изучаемом районе на протяжении ранней-средней юры, можно сделать общие выводы о распространении геологических тел, сложенных коллекторами, и распределении их свойств. Литотипы и фильтрационно-емкостные свойства (ФЕС) пород оказываются слабо выдержанными по вертикали и латерали, и поэтому расчленение разреза, прослеживание границ пластов по площади и прогноз ФЕС в пределах залежей оказываются крайне затруднительными и связанными с рядом неопределенностей.

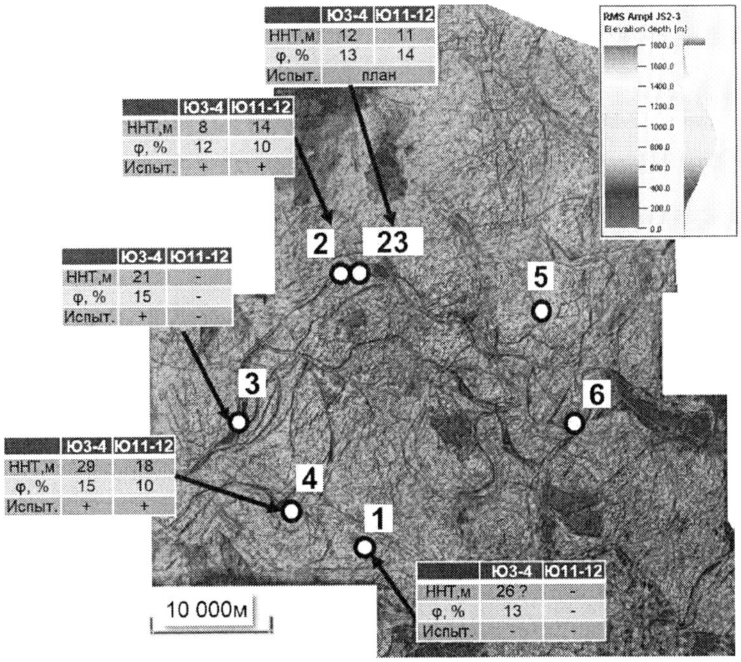

Рисунок 1. *Положение скважин ПРБ на карте средеквадратичных амплитуд пласта Ю3 с нанесением свойств пластов*

Метод

Для снятия неопределенностей нижне-среднеюрских отложений в Компании с 2022 г. реализуется комплексная программа, нацеленная на их снятие. Основой программы стала зональная работа, выполняемая совместно с техническими центрами группы компаний Газпром нефть. Работа направлена на изучение геологического строения, перспектив нефтегазоносности и добычного потенциала отложений нижней и средней юры на площади 36 540 км2, охватывающей Салымский НГР и прилегающие территории. Целью работы является уточнение локального прогноза запасов и ресурсов нижне-среднеюрских пластов на участках СПД и сформировать программу ГРР. Также работа призвана решить вопросы фациального концепта, прогноза ФЕС и добычного потенциала нижней-средней юры.

В начале работы была проведена детальная корреляция пластов в скважинах, составлена петрофизическая модель. Проведена кинематическая и динамическая интерпретация данных сейсморазведки на территории деятельности ООО СПД и прилегающих площадях. На основании динамической интерпретации, интерпретации ГИС и описания керна создан фациальный концепт, в ходе которого были выделены области распространения коллекторов в каждом из пластов. В ходе биостратиграфического анализа керна 4 скважин участков СПД определен относительный возраст и обстановки осадконакопления пород. Составлен геохимический концепт, построены трехмерные бассейновые модели – зональная для всей площади работы и локальная для участков СПД. Проведен стадиальный анализ коллекторов с использованием 120 петрографических шлифов. Выполнен анализ разработки пластов Ю2-4 в районе работ, сформированы предпосылки для разработки объектов СПД, построена трехмерная секторная гидродинамическая модель. Оценены геологические риски; на основании данных испытаний скважин, интерпретации ГИС и прогноза распространения коллекторов из фациальной модели проведен прогноз нефтенасыщенных толщин. Проведена вероятностная оценка ресурсной базы, определены области для постановки поисково-оценочного и разведочного бурения.

С учетом результатов зональной работы в 2023 г. было пробурено 2 поисково-оценочных скважины – 2 и 4 Ранее, в 2019-2021 гг., пробурены скважины 1 и 3 (см. Рисунок 1.). Комплекс исследований в скважинах включает комплекс ГИС с кросс-дипольным АКШ и АИНК, отбор керна в целевых интервалах, его рутинные исследования и изготовление петрографических шлифов, заканчивание с одностадийным ГРП (кроме пластов Ю3-4 в скважине 4) и испытание свабированием (кроме скважины 1). На основании результатов бурения скважин и зональной работы (см. главу Результаты) цели поискового этапа программы снятия неопределенностей приняты выполненными: сложилось понимание о нахождении на площади ключевых залежей в пластах Ю3-4 и Ю11-12 и методике их опоискования. В настоящее время проводится разведочный этап с бурением 1 наклонно-направленной скважины 23 с целями в пластах Ю3-4 и Ю11-12 (см. Рисунок 1; строительство завершено в апреле 2024 г.) и 2 горизонтальных скважин с целями в Ю3-4 длиной 500 м, заканчиванием с 5 стадиями МГРП и длительной отработкой на протяжении 2024-2025 гг. При успешности разведочного этапа и уточнения пространственного расположения залежей, их динамических характеристик и обводненности продукции возникнет целесообразность опоискования оставшихся объектов, а на разведанных запасах – запуска ОПР для уточнения параметров разработки и последующего ввода запасов в добычу.

Результаты

Результаты концептуальной фациальной модели во многом соотносятся с региональными моделями, представленными в публикациях [2, 3] и соотносятся с результатами бурения скважин (Рисунок. 2). Береговая свита (пласт Ю12) формировалась во впадинах между выступами доюрского основания и представлены отложениями пролювия и ветвящихся рек. Литологически представлены галечниками и массивными песчаниками, содержащими гальку. Кровля пласта Ю12 уверенно маркируется в керне скважин 2 и 4 кровлей первой встреченной в разрезе толщей глинистых отложений поймы, отмечающей смену типа рек с разветвленного на меандрирующий. Отложения рек меандрирующего типа представлены в пластах с Ю11 шеркалинской свиты по Ю4 тюменской свиты. Песчаники в них имеют текстуры от неясной пологонаклонной слоистости до косой слоистости, троговых и пологих рябей течения. В шеркалинской свите начинают фиксироваться признаки морской трансгрессии: в верхней части пласта Ю11 появляются двойные глинистые слойки, а выше залегает пачка-аналог тогурской свиты с глинисто-углистым составом и наличием фораминифер. Вверх по разрезу к пласту Ю3 фиксируются обстановки приливно-отливного побережья с коллекторами в фациях приливных каналов и приливно-отливных равнин. Они имеют меньшие, по сравнению с нижележащими пластами, толщины и более расчлененный разрез. К пласту Ю2 с ростом трансгрессии приливно-отливные каналы фиксируются ~~исключительно~~ южнее площади работ СПД.

По результатам стадиального анализа установлено отсутствие межзерновой первичной пористости в песчаниках нижней юры – в них отмечается только внутризерновая пористость выщелачивания. Частично она залечивается кальцитом, который не слагает цемент. Среди объектов нижне-среднеюрского комплекса пласты Ю11-12 более благоприятны для формирования вторичной пористости ввиду их непосредственной близости к доюрскому комплексу, откуда могли поступать гидротермальные растворы, производившие выщелачивание зерен **[2]**.

Бассейновое моделирование показало формирование промышленных нефтяных скоплений в юрском комплексе района преимущественно за счет нисходящей миграции из баженовской свиты там, где ближайший очаг генерации расположен ниже гипсометрической отсечки потенциального коллектора, перекрытого флюидоупором. Скопления углеводородов из углистых нефтематеринских толщ юры хотя и распространены по площади, но по объему значительно уступают баженовским и представлены небольшими залежами.

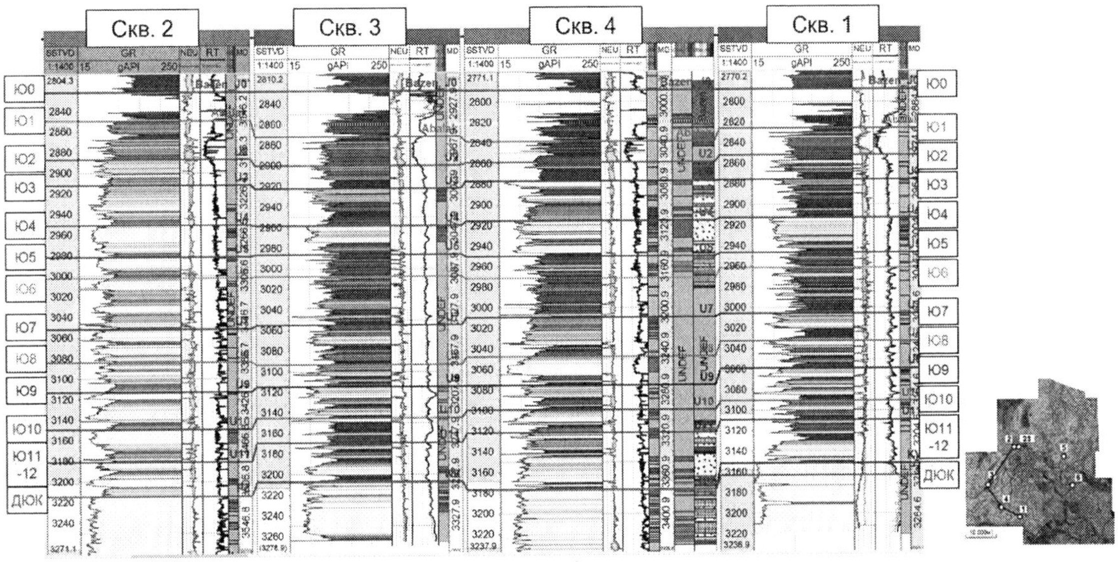

Рисунок 2. *Профиль корреляции скважин 2-3-4-1*

Выводы

Значительно уточнена геолого-геофизическая модель юрских отложений района, прослежены границы распространения нижнеюрских пластов. Результатами ПРБ подтвержден фациальный концепт нижне-среднеюрских отложений: отложения формировались при общем трансгрессивном цикле со сменой обстановок от пролювиальных континентальных до мелководно-морских. Развитие коллекторов связано с прирусловыми отмелями ветвящихся и меандрирующих рек, а также приливно-отливных отмелями. Сформирован и подтвержден скважинными данными уверенный поисковый критерий в виде выделения областей развития данных отложений при помощи сейсмических атрибутов в сочетании со структурным фактором. Подтвержден концепт ловушек выклинивания на фундамент в пластах Ю11-12. Доказана возможность формирования залежей в нижней-средней юре со стороны всех компонентов углеводородных систем. Спланированы дальнейшие действия по планомерному снятию неопределенностей нижне-среднеюрского НГК. Принято решение о бурении горизонтальных разведочных скважин в открытые залежи с целью уточнения их динамических характеристик для планирования дальнейших ОПР, выбора способа разработки и подтверждения рентабельности проектов освоения нижне-среднеюрских залежей.

Благодарности

Особую благодарность авторы хотели бы выразить коллегам из Научно-Технического Центра «Газпром нефти» за экспертную поддержку, интерпретацию 3Д СРР, глубокую проработку кернового материала, шлифов и увязку результатов с региональными данными: Жигулиной Д. И., Тарасенко И.В., Мохову Г.В., Мусралиеву А.Ж., Носовой В.С., Тугаровой М.А., Генераленко О.С., Соколову Ф.С., Морозову Н.В.

Библиография / References

1. Решение 6-го Межведомственного стратиграфического совещания по рассмотрению и принятию уточненных стратиграфических схем мезозойских отложений Западной Сибири, Новосибирск, 2003 г. – Новосибирск: СНИИГГиМС, 2004. – 114 с., прил. 3 на 31 листе.

2. Конторович А.Э., Конторович В.А., Рыжкова С.В., Шурыгин Б.Н., Вакуленко Л.Г., Гайдебурова Е.А., Данилова В.П., Казаненков В.А., Ким Н.С., Костырева Е.А., Москвин В.И., Ян П.А. Палеогеография Западно-Сибирского осадочного бассейна в юрском периоде // Геология и геофизика, 2013, т. 54 (8), с. 972—1012.

3. Atlas of paleotectonic and paleogeological-landscape maps of hydrocarbon provinces of Siberia / Атлас палеотектонических и палеогеологических карт Западно-Сибирской нефтегазоносной провинции, масштаб: 1:5000000, составлена: СНИИГГиМС, 1995 г., редактор(ы): Сурков В.С.

Колтогорско-Уренгойская рифтовая система и его влияние на тектоническое строение и нефтегазоносность осадочного чехла Западной Сибири

В.А. Конторович* (1) (1 – ИНГГ СО РАН)

Введение

Западно-Сибирский осадочный бассейн, площадь которого составляет 3,5 млн. км^2, является одним из крупнейших в мире. На большей части Западной Сибири фундамент сложен дислоцированными палеозойскими отложениями девона-карбона, претерпевшими процессы герцинской складчатости, и раннетриасовыми базальтами, сформировавшимися в процессе рифтогенеза. Осадочный чехол представлен терригенными отложениями среднего триаса-кайнозоя. С этим бассейном связана одна из крупнейших в мире Западно-Сибирская нефтегазоносная провинция.

Западно-Сибирский осадочный бассейн погружался в течение всего мезозоя и кайнозоя, и в нем накопились огромные массы осадков, что наряду с другими геолого-геохимическими факторами предопределило его уникальную нефтегазоносность. В настоящее время глубина бассейна изменяется от 0 км вблизи обрамления до 9 км на севере; объем осадочного выполнения составляет 9550 км^3.

В работах многих исследователей отмечается, что крупные эпиконтинентальные бассейны формируются над рифтовыми зонами. Связано это с тем, что на молодых плитах тектонические процессы, в том числе движения, обусловленные рифтогенезом, не затухают сразу, а в ослабленной форме унаследовано проявляются в течение 200-250 млн. лет [Сурков и др., 1981, 1982]. Настоящая работа посвящена строению и мезозойско-кайнозойской истории тектонического развития Колтогорско-Уренгойской рифтовой системы, ее влиянию на современную архитектуру и нефтегазоносность Западно-Сибирского осадочного бассейна, с которым связана одна из крупнейших в мире нефтегазоносных провинций.

Колтогорско-Уренгойская рифтовая система

Западно-Сибирская раннетриасовая рифтовая система была выделена В.С. Сурковым, О.Г Жеро в начале 80-х гг. прошлого столетия [Сурков и др., 1981, 1982]. Основой для выделения рифтов послужили карты потенциальных полей. В процессе рифтогенеза формировались контрастные грабены, которые заполнялись магматическими породами, обладающими аномально высокими плотностными и магнитными свойствами. На картах гравитационного и магнитного полей грабен-рифтам отвечают линейные зоны аномально высоких значений магнитного и гравитационного поля.

Колтогорско-Уренгойская раннетриасовая рифтовая система рассекает осевую часть бассейна в меридиональном направлении от Омской области на юге до побережья Карского моря на севере; протяженность рифтовой системы составляет 1925 км. В северном направлении Колтогорско-Уренгойская рифтовая система расширяется. На юге она составляет 15-20 км, в центральной части порядка 100 км; на севере достигает 400 км. По оценкам В.С. Суркова и О.Г. Жеро, в северном направлении происходило увеличение амплитуд грабенов от 1 км на юге в Омской и Томской областях до 5 км на севере на полуостровах Ямал и Гыданский [Сурков и др., 1981, 1982].

На большей части Западной Сибири процессам раннетриасового рифтогенеза предшествовала герцинская складчатость, вслед за которой последовал крупный перерыв в осадконакоплении. К раннему триасу на территории современного Западно-Сибирского осадочного бассейна был сформирован пенеплен, на поверхность которого выходили различные по составу и возрасту дислоцированные и метаморфизованные палеозойские породы-герциниды. В раннетриасовое время процессы рифтогенеза привели к тому, что в центральной части палеозойский пенеплен был разорван Колтогорско-Уренгойской рифтовой системой. На юге Западной Сибири в раннем триасе был сформирован один основой узкий Колтогорско-Уренгойский грабен-рифт, который в северном направлении расширяется, разветвляется и формирует систему основных грабенов – Колтогорско-Уренгойского, Худуттейского и Ямальског

о, которые оперяются серией второстепенных рифтов, имеющих различную протяженность и направленность.

Как было отмечено ранее, рифтогенез сопровождался излиянием больших масс магматических пород, изотопный возраст которых составляет порядка 250 млн. лет (рубежь перми и триаса). В южных и центральных частях Западно-Сибирского бассейна раннетриасовые базальты распространены только в узких рифтовых зонах. В северных и арктических регионах Западной Сибири в зоне, где рифтовая система расширяется, базальты заполняли контрастные грабены и изливались на поверхность относительно приподнятых межрифтовых палеозойских блоков, формируя базальтовые покровы. В этой зоне раннетриасовые магматические породы распространены плащеобразно, повсеместно подстилая мезозойско-кайнозойский осадочный чехол.

В южной части бассейна наибольшая мощность раннетриасовых базальтов вскрыта в скважине Саймовская № 1, пробуренной внутри Колтогорско-Уренгойского грабен-рифта, характеризующего аномально высокими значениями потенциальных полей. В этой скважине вскрытая мощность базальтов составляет 502 м; забой скважины находится в грабеновом комплексе. На севере Западной Сибири наибольшие мощности раннетриасового рифтового комплекса изучены скважинами СГ-6 и СГ-7, которые пробурены в Уренгойском фациальном районе, где эти образования сложены преимущественно базальтами и их туфами. Мощности раннетриасовых магматических пород, вскрытых скважинами СГ-6, СГ-7 составляют соответственно 992 м и 1329 м. Скважина СГ-6 пробурена к востоку от Уренгойского месторождения в центральной части Колтогорско-Уренгойского грабен-рифта, в пределах яркой положительной аномалии потенциальных полей.

Скважина СГ-7 расположена в пределах Песцового вала, который осложняет северную часть Уренгойского мегавала. Скважина пробурена к западу от Колтогорско-Уренгойского грабена в межрифтовом блоке, в зоне фоновых (низких) значений гравитационного и магнитного поля. Выше было отмечено, что в скважине СГ-7 вскрытая толща раннетриасовых магматических пород составляет 1329 м, и этой мощности базальтов оказалось недостаточно для формирования гравитационных и магнитных аномалий. Далее на север, по мере погружения кровли домезозойского основания, мощность базальтовых покровов на межрифтовых блоках, вероятно, должна еще более возрастать. В этом случае, вероятно, правомочно предположить, что в пределах основных рифтов амплитуды грабенов и мощность заполнивших их базальтов должны превышать 2-3 км, могут достигать 7-10 км и более.

Строение мезозойско-кайнозойского осадочного чехла

Выше было отмечено, что на молодых плитах тектонические процессы, в том числе движения, обусловленные рифтогенезом, не затухают сразу, а в ослабленной форме унаследовано проявляются в течение 200-250 млн. лет. Процессы раннетриасового рифтогенеза в значительной мере предопределили современную архитектуру мезозойско-кайнозойского осадочного чехла Западно-Сибирского осадочного бассейна и, как следствие, оказали существенное влияние на его нефтегазоносность. Западно-Сибирский бассейн на протяжении всей мезозойско-кайнозойской истории погружался, что предопределило формирование мощной осадочной толщи. В настоящее время в структурных планах мезозойских стратиграфических уровней наиболее погруженная часть Западно-Сибирского бассейна находится в его центральной осевой части над основными грабенами Колтогорско-Уренгойской рифтовой системы. В этой зоне в осадочном чехле выделяется Колтогорско-Уренгойский мегажелоб, который рассекает территорию бассейна, существенно расширяясь и погружаясь в северном направлении. На фоне этого регионального тренда сформированные рифтогенезом грабены интенсивно погружались, а межрифтовые блоки испытывали тенденцию к относительному росту, что привело к формированию в осадочном чехле положительных и отрицательных тектонических элементов различных порядков. Анализ структурных карт по кровлям мезозойско-кайнозойских реперных уровней и схемы Колтогорско-Уренгойской рифтовой системы показал, что все выделенные в осадочном чехле положительные структуры I-III порядков отвечают межрифтовым блокам фундамента, депрессионные зоны – раннетриасовым рифтам.

В южных частях бассейна, где в раннем триасе был сформирован один узкий Колтогорско-Уренгойский грабен-рифт, над которым в рельефе мезозойских реперных уровней выделяется Нюрольско-Колтогорский желоб. К западу и востоку от этой вытянутой в северном направлении депрессии развиты крупные положительные структуры I и II порядков [Конторович, 2001]. В центральной части, в зоне, где расстояние между осевыми частями Колтогорско-Уренгойского и Ямальского грабен-рифтов составляет 50-100 км и выделяется система вытянутых в северном направлении второстепенных рифтов, в разрезе мезозойско-кайнозойского осадочного чехла над межрифтовыми блоками были сформированы линейные вытянутые в северном направлении положительные структуры [Конторович, 2001, 2016]. В северной части бассейна, где рифтовая система существенно расширяется, в рельефе осадочного чехла развиты относительно небольшие по размерам структуры, которые имеют изометричную форму либо вытянуты в северо-восточном направлении. Эти поднятия также сформированы над межрифтовыми блоками фундамента [Конторович, 2001, 2017].

Нефтегазоносность

Раннетриасовый рифтогенез оказал существенное влияние на нефтегазоносность Западно-Сибирского бассейна. В Западно-Сибирской нефтегазоносной провинции подавляющее большинство залежей нефти и газа контролируется антиклинальными структурами. В южных и центральных преимущественно нефтеносных районах Западной Сибири сформированные над межрифтовыми блоками положительные тектонические элементы I-II порядков, которые являются главными зонами нефтенакопления; крупные надрифтовые депрессии отвечают главным зонами нефтеобразования.

В северной преимущественно газоносной части бассейна основные запасы газа сконцентрированы в апт-альб-сеноманских отложениях и контролируются антиклинальными структурами. На рис. 1А для северной части Западной Сибири приведены Колтогорско-Уренгойская рифтовая система и антиклинальные структуры, выделенные в рельефе кровли сеномана; на рис. 1Б показаны рифты и контуры апт-альб-сеноманских газовых залежей.

Эти материалы позволяют сделать вывод о том, что все газовые залежи апт-альб-сеноманского комплекса и контролирующие их антиклинальные структуры-ловушки сформированы над межрифтовыми блоками, которые в мезозое и кайнозое испытывали тенденцию к росту относительно более интенсивно погружавшихся грабен-рифтов. В частности, к таким межрифтовым блокам приурочены уникальные по запасам залежи Медвежьего, Уренгойского, Ямбургского, Заполярного, Харасавейского, Бованенковского и др. месторождений.

Заключение

Подводя итог проведенного анализа, отметим наиболее значимые выводы и результаты:

1. Ключевой рифтовой структурой Западной Сибири является Колтогорско-Уренгойская система, рассекающая осевую часть бассейна в меридиональном направлении; протяженность рифтовой системы составляет 1925 км.

2. На юге Западной Сибири в раннем триасе был сформирован один основой узкий Колтогорско-Уренгойский грабен-рифт, который в северном направлении расширяется, разветвляется и формирует систему основных грабенов, которые оперяются серией второстепенных рифтов, имеющих различную протяженность и направленность.

3. В северном направлении по мере расширения Колтогорско-Уренгойской рифтовой системы и увеличения амплитуд грабенов, произошло региональное погружение территории Западной Сибири. В южных и центральных частях современного бассейна раннетриасовые базальты распространены только в узких рифтовых зонах; в северных и арктических регионах базальты заполняли контрастные грабены и изливались на поверхность относительно приподнятых межрифтовых палеозойских блоков, формируя базальтовые покровы.

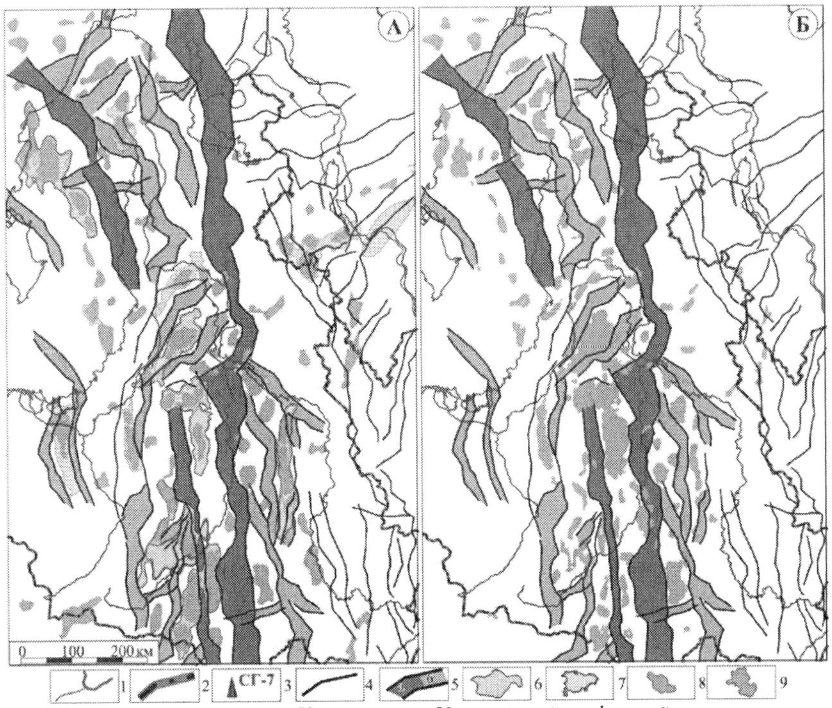

Рисунок 1. *Схемы сопоставления Колтогорско-Уренгойской рифтовой системы с современными положительными структурами в кровле сеномана (А) и апт-альб-сеноманскими газовыми залежами (Б) (Север Западной Сибири)*
1 – береговая линия, реки; 2 – административные границы; 3 – ключевые скважины, вскрывшие базальтовый комплекс, 4 – разломы, 5 – Колтогорско-Уренгойская рифтовая система: а – основные рифты, б – второстепенные рифты. Положительные структуры: 6 – I порядка, 7 – II порядка, 8 – III порядка; 9 – апт-альб-сеноманские газовые залежи.

4. Раннетриасовый рифтогенез предопределил архитектуру мезозойско-кайнозойского осадочного чехла и оказал существенное влияние на его нефтегазоносность: над основными грабен-рифтами Колтогорско-Уренгойской системы в структурных планах мезозойских реперных уровней был сформирован погружающийся и расширяющийся в северном направлении Колтогорско-Уренгойской мегажелоб – надпорядковая вытянутая в меридиональном направлении линейная депрессия, протягивающаяся через всю Западную Сибирь; в южной части бассейна интенсивное мезозойско-кайнозойское погружение раннетриасовых рифтов предопределило формированию в осадочном чехле крупных надрифтовых депрессий – основных зон нефтеобразования; над выступами палеозойского фундамента были сформированы положительные структуры I и II порядка – основные зоны нефтенакопления; на севере бассейна, на территории ЯНАО над межрифтовыми блоками в рельефах меловых горизонтов были сформированы антиклинальные структуры-ловушки, контролирующие апт-альб-сеноманские газовые залежи.

Библиография

1. Сурков В.С., Жеро О.Г. Фундамент и развитие платформенного чехла Западно-Сибирской плиты // Москва: Недра, 1981. 243 с.

2. Сурков В.С., Трофимук А.А., Жеро О.Г., Конторович А.Э., Смирнов Л.В. Рифтовая триасовая система Западно-Сибирской плиты, ее влияние на структуру и нефтегазоносность платформенного мезозойско-кайнозойского чехла // Геология и геофизика. 1982. №8. С. 3-15.

3. Конторович В.А., Беляев С.Ю., Конторович А.Э., Красавчиков В.О., Конторович А.А., Супруненко А.И. Тектоническое строение и история тектонического развития Западно-Сибирской геосинеклизы в мезозое и кайнозое // Геология и геофизика. 2001. Том 42. №11-12. С. 1832-1845.

4. Конторович В.А., Аюнова Д.В., Губин И.А., Ершов С.В., Калинин А.Ю., Калинина Л.М., Канаков М.С., Соловьев М.В., Сурикова Е.С., Шестакова Н.И. Сейсмостратиграфия, история формирования и газоносность структур Надым-Пурского междуречья (Западная Сибирь) // Геология и геофизика. 2016. Том 57. №8. С. 1583-1595. DOI: 10.15372/GiG20160810.

5. Конторович В.А., Аюнова Д.В., Губин И.А., Калинин А.Ю., Калинина Л.М., Конторович А.Э., Малышев Н.А., Скворцов М.Б., Соловьев М.В., Сурикова Е.С. История тектонического развития арктических территорий и акваторий Западно-Сибирской нефтегазоносной провинции // Геология и геофизика. 2017. Том 58. №3-4. С. 423-444. DOI: 10.15372/GiG20170307.

References

1. Surkov V.S., Zhero O.G. Foundation and development of the platform cover of the West Siberian Plate // Moscow: Nedra, 1981. 243 p.

2. Surkov V.S., Trofimuk A.A., Zhero O.G., Kontorovich A.E., Smirnov L.V. Rift Triassic system of the West Siberian plate, its influence on the structure and oil and gas content of the platform Mesozoic-Cenozoic cover // Geology and Geophysics. 1982. No. 8. P. 3-15.

3. Kontorovich V.A., Belyaev S.Y., Kontorovich A.E., Krasavchikov V.O., Kontorovich A.A., Suprunenko A.I. Tectonic structure and history of tectonic development of the West Siberian geosyneclise in the Mesozoic and Cenozoic // Geology and Geophysics. 2001. Volume 42. No. 11-12. P. 1832-1845.

4. Kontorovich V.A., Ayunova D.V., Gubin I.A., Ershov S.V., Kalinin A.Y., Kalinina L.M., Kanakov M.S., Solovev M.V., Surikova E.S., Shestakova N.I. Seismic stratigraphy, formation history and gas potential of the Nadym-Pur interfluve area (West Siberia) // Russian Geology and Geophysics. 2016. Vol. 57. No8. P. 1248-1258. DOI: 10.1016/j.rgg.2016.08.010.

5. Kontorovich V.A., Ayunova D.V., Gubin I.A., Kalinin A.Y., Kalinina L.M., Kontorovich A.E., Malyshev N.A., Skvortsov M.B., Solovev M.V., Surikova E.S. Tectonic evolution of the Arctic onshore and offshore regions of the West Siberian petroleum province // Russian Geology and Geophysics. 2017. Vol. 58. No 3-4. P. 343-361. DOI: 10.1016/j.rgg.2016.09.010.

Сейсмофациальное моделирование и восстановление палеоусловий формирования продуктивных толщ тюменской свиты.

И.Н. Кобяков (ООО «РН-БашНИПИнефть»), Д.В. Фёдорова* (ООО «РН-БашНИПИнефть»), Л.А. Гумбатова (ООО «РН-БашНИПИнефть»), А.З. Карарова (ООО «РН-БашНИПИнефть»), М.М. Кулушев (ООО «РН-БашНИПИнефть»), Н.М. Кутукова, к.г.-м.н. (ПАО «НК «Роснефть»).

Введение

В настоящее время присутствует общемировая тенденция снижения уровня добычи традиционных углеводородов и внимание геолого-разведочных работ смещается в сторону «сложных» запасов, сосредоточенных преимущественно в неструктурных ловушках ачимовской толщи, баженовской и тюменской свит. На рассматриваемом месторождении с 2018 года доля ввода новых скважин на тюменскую свиту составила около 10% и на текущий день количество скважин только увеличивается. [2]

Представленный проект посвящен реконструкции условий формирования продуктивных отложений пластов ЮС2 и ЮС3 с применением сейсмофациального анализа для дальнейшего использования результатов с целью ранжирования фациальных обстановок по фильтрационно-емкостным свойствам. Полученные фациальные схемы использованы в качестве основы при построении цифровой геологической модели с целью выделения перспективных зон для планирования эксплуатационного бурения. Построение детальной фациальной модели актуально для компании, так как бурение новых скважин планируется в зоны со сложным геологическим строением.

Построение сейсмофациальной модели

С целью достоверного прогноза распространения высоко расчленённых коллекторов тюменской свиты, проведено усовершенствование методики поиска ловушек нефти в русловых отложениях. Метод заключается в цифровой обработке сейсмических и геологических данных для дальнейшего построения фациальных схем отложений с улучшенными коллекторскими свойствами. Такая обработка позволяет определять минеральный состав, плотность и пористость горных пород в разрезах пластов со сложным геологическим строением. Это позволило создать детальную петрофизическую модель с оценкой свойств для каждой фациальной обстановки.

В рамках проекта выполнена интерпретация 3Д сейсморазведки с проведением сейсмофациального анализа, подобраны современные аналоги систем осадконакопления, построены фациальные модели по керну, создана петрофизическая модель с учетом фаций и построены 2Д-геологические модели.

Количество скважин, добуренных до пластов ЮС2-3, составляет 300 шт., из которых треть с отбором керна, количество опробований тюменской свиты составляет около 200 шт. Лицензионный участок покрыт 3Д сейсморазведкой на 94%, в ходе работ уточнена корреляция отражающих горизонтов ЮС0, ЮС2, ЮС3 и ЮС4.

При выполнении седиментологического анализа керна установлено, что отложения пласта ЮС2 по набору геологических признаков сформировался в условиях различных участков дельты с влиянием приливов, поэтому он дополнительно разделен на 3 пачки, соответствующих различным этапам развития дельтовой системы, которые совместились на рассматриваемом участке в результате постепенного продвижения моря в западном направлении в сторону континентальной суши.

Нижний интервал (ЮС2/3) – это преимущественно верхняя дельтовая равнина, состоящая из распределительных каналов и отложений межрусловых маршей (паводковые пески и пойменные глины), присутствуют прослои угля, корненосные горизонты. Распределительные каналы предположительно частично переработаны приливами.

Средний интервал (ЮС2/2) в большей степени соответствует нижней дельтовой равнине, состоящей из приливной равнины, приливных каналов и приморских болот. Для ЮС2/2 характерны надежные признаки принадлежности к нижней приливной дельтовой равнине: неравномерная биотурбация, стратифицированный тонкослоистый разрез, наличие корненосных горизонтов, текстуры динамически подвижного мелководья.

Верхний интервал (ЮС2/1) – это продельта, состоящая из баров, подводных валов и глинистых морских отложений. Для разреза характерна интенсивная биотурбация с ихнофоссилиями. [1]

В интервале пласта ЮС2 по данным керна выделяется 11 фаций, которые обобщены в четыре группы макрофаций, в зависимости от динамики водной среды, в которой формировались осадочные горные породы (рисунок 1):

- Группа 1: Фации дельтовых каналов (высоко динамичная среда, коллектор);
- Группа 2: Фации песчаных отмелей и промоин (средне динамичная среда, коллектор);
- Группа 3: Фации маршей и приморских болот (среда с низкой динамикой, формировались не коллекторы);
- Группа 4: Фация фронта дельты и баров (прибрежно-морская среда, коллектор).

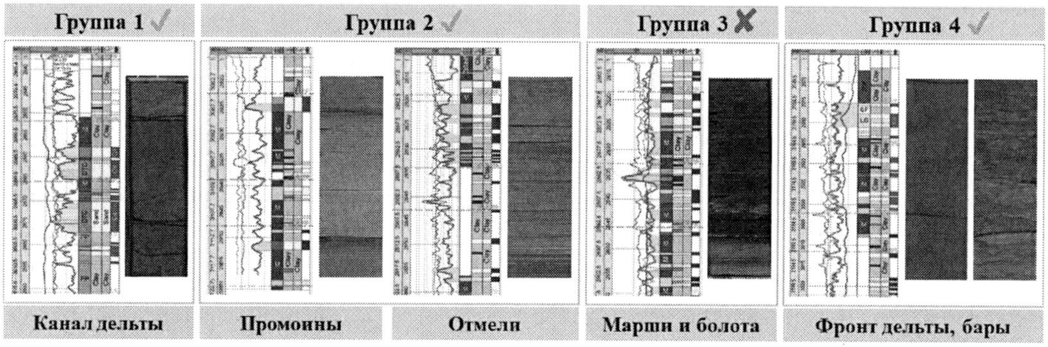

Рисунок 1. *Определение фациальных обстановок по керну и объединение в группы макрофаций. Пласт ЮС2*

Пласт ЮС3 сформировался в условиях континентальной равнины. По данным керна выделяется следующие фации: косы и русла меандрирующей реки, прирусловые валы, конуса прорыва (паводковые пески разливов), поймы и болота. Фации сгруппированы в группы макрофаций, аналогично с пластом ЮС2 (рисунок 2):

- Группа 1: Фации русел реки и кос меандрирования (высоко динамичная среда, коллектор);
- Группа 2: Фации конусов прорыва (средне динамичная среда, коллектор);
- Группа 3: Фации прируслового вала, поймы и болота (среда с низкой динамикой, формировались неколлекторы). Также в эту группу отнесена фация стрежневой части русла реки, которая сложена интракластами размываемых пород, чаще всего представленных глинами.

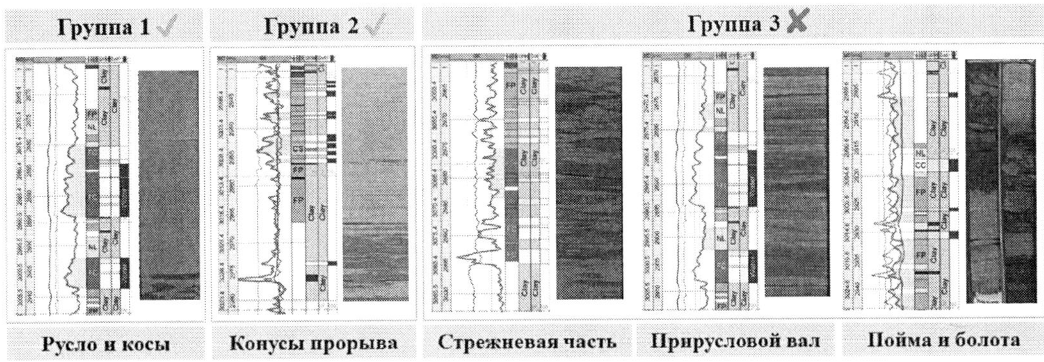

Рисунок 2. *Определение фациальных обстановок по керну и объединение в группы макрофаций. Пласт ЮС3*

Дальнейшей задачей работы было построение петрофизической модели. По результатам седиментологического анализа керна выделено 19 фаций, которые объединили в 7 макрофаций. Объединение проводилось по принципу подобия геологических и петрофизических характеристик. Для каждой группы макрофаций получены собственные петрофизические зависимости для расчета пористости и проницаемости в прослоях коллекторов.

Статистический анализ петрофизических свойств в макрофациях показал, что наиболее высокие значения фильтрационно-емкостных свойств (ФЕС) в отложениях дельтовых каналов и речных русел. Отложения маршей и поймы характеризуются низкими значениями ФЕС. По данным гранулометрического анализа керна также обосабливаются фации дельтовых каналов и речных русел, остальные же фации по гранулометрическому составу практически не отличаются.

В результате комплексирования результатов интерпретации 3Д сейсморазведки с данными керна, ГИС и сопоставления с региональными схемами построены концептуальные фациальные модели. Отложения пласта ЮС3 формировались в условиях аллювиальной равнины, для которой были определены размеры тел и согласно их анализу речная система относится к меандрирующему типу.

По пласту ЮС2 созданы фациальные карты-схемы с учетом трех этапов его формирования. По данным спектральной декомпозиции и набора других атрибутов выделены элементы дельты в интервалах пачек ЮС2/3 и ЮС2/2, определено пространственное положение дельты и ориентация каналов. Согласно анализу песчаных тел пласта ЮС2 отложения каналов соответствуют дельтовым с влиянием приливов или слабо извилистым рекам. Отложения пачки ЮС2/1 сформированы в обстановке продельты. Интервал имеет среднюю толщину 7,5м, а средняя толщина песчаника 3 м. Ввиду низкой мощности пачки карта фаций построена по данным керна и ГИС.

Таким образом, сделан вывод, что пласты ЮС2 и ЮС3 сформированы в условиях постепенной трансгрессии моря в западном направлении с переходом от речных отложений к дельтовым, что соответствует общим региональным представлениям о геологии региона на момент формирования данных отложений (рисунок 3).

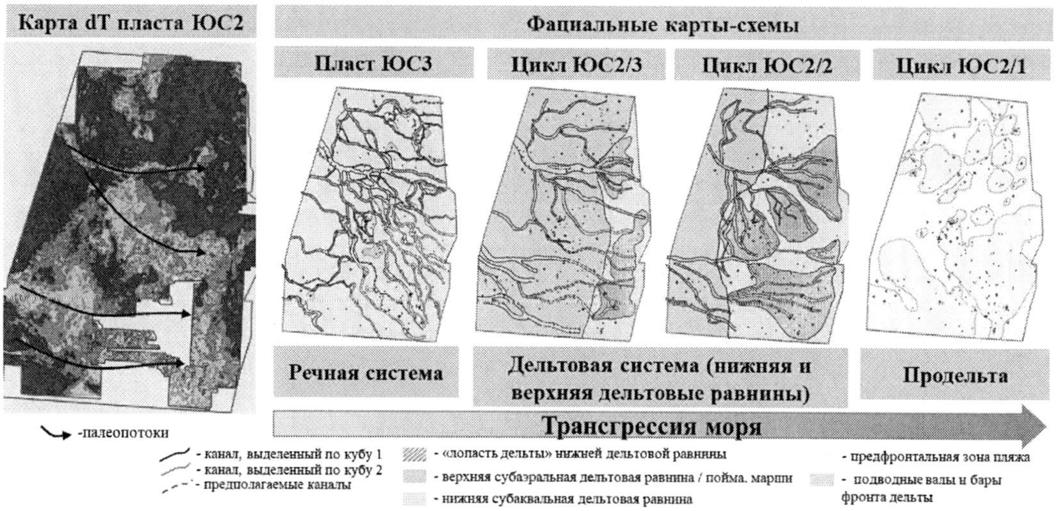

Рисунок 3. *Фациальные карты-схемы по циклам формирования осадочного материала. Пласты ЮС2 и ЮС3*

Выводы

Таким образом, в результате выполненной работы построена сейсмофациальная модель пластов тюменской свиты. Создана петрофизическая модель с учетом разделения на фации. Проведен анализ песчаных тел с целью определения морфометрических параметров и типа речной системы. Созданы детальные концептуальные 2Д-модели. Полученные результаты позволят планировать эксплуатационное бурение с уточненными запускными параметрами скважин, уменьшая риски неподтверждения продуктивных толщин по латерали и приступить к полномасштабной разработке юрских отложений.

Библиография

1. Барабошкин, Е.Ю. Практическая седиментология. Терригенные резервуары. Пособие по работе с керном / Е.Ю. Барабошкин. – Тверь : ООО «Издательство ГЕРС», 2011. – 152с.
2. Е.М. Викторова, Д.И. Жигулина, П.Ю. Киселев, В.Ю. Климов. «Подходы к оценке неструктурных ловушек в условиях ограниченности данных на примере тюменской свиты», Научно-Технический Центр «Газпром нефти» (ООО «Газпромнефть НТЦ»), РФ, Санкт-Петербург, 2021.

References

3. Baraboshkin, E.Yu. Practical sedimentology. Terrigenous reservoirs. Manual for working with core / E.Yu. Baraboshkin. – Tver: GERS Publishing House LLC, 2011. – 152 p.
4. Evgeniia M. Viktorova, Daria I. Zhigulina, Pavel Y. Kiselev, Vladimir Y. Klimov « NEW APPROACH TO APPRAISE NON-STRUCTURAL TYUMEN FORMATION TRAPS IN THE ABSENCE OF HIGH QUALITY OF DATA», Gazpromneft; STC LLC, RF, Saint Petersburg, 2021.

Некоторые особенности строения межугольной толщи верхнеюрского комплекса зоны сочленения Усть-Тымской мегавпадины и Парабельского мегавыступа

Э.С. Рябова* (ООО НПЦ «Геостра»), И.Н. Низамутдинова (ООО НПЦ «Геостра»)

Введение

Нефтегазоносность верхнеюрских отложений на территории Западной Сибири доказана открытием ряда месторождений. Горизонт $Ю_1$ является одним из основных продуктивных объектов в юго-восточной части Западной Сибири. Несмотря на то, что первые месторождения, продуктивные в этом интервале, были открыты во второй половине XX века, вопрос индексации продуктивных пластов горизонта $Ю_1$ на сегодняшний день до сих пор остается открытым.

Зачастую пласты горизонта $Ю_1$ индексируются по-разному даже на соседних площадях. Отсюда возникает путаница в обозначении и прослеживании пластов от месторождения к месторождению. А это, в свою очередь, затрудняет и затягивает построение детальной геологической модели. Соответственно, получение унифицированной индексации пластов-коллекторов является одной из первостепенных задач при проведении обобщающих геолого-геофизических исследований.

В стратиграфическом плане горизонт $Ю_1$ приурочен к отложениям васюганской свиты (келловей-оксфорд), которая по литолого-фациальным особенностям расчленяется на нижнюю (преимущественно глинистую) и верхнюю (песчано-алевролитовую) подсвиты [1]. Горизонт $Ю_1$ относится к верхней подсвите васюганской свиты и имеет достаточно сложное строение. Снизу вверх он разделяется на три толщи, каждая из которых содержит песчаные пласты с доказанной промышленной нефтеносностью. Это – подугольная (пласты $Ю_1^4$, $Ю_1^3$), межугольная (пласт $Ю_1^{му}$) и надугольная (пласты $Ю_1^2$, $Ю_1^1$) толщи.

В 2022 году ООО НПЦ «Геостра» провело комплексирование материалов сейсморазведки МОГТ-2D/3D и бурения на одном из участков Западной Сибири. Промышленная нефтеносность в интервале верхнеюрских отложений, в пределах данного участка работ, установлена на Светлом (пласты $Ю_1^3$, $Ю_1^{му}$, $Ю_1^{1-2}$) и Удачном (пласты $Ю_1^{3+4}$, $Ю_1^{му}$) месторождениях[1] (Рис 1).

В результате комплексной интерпретации сейсмических данных и бурения было выявлено несоответствие индексации пластов верхнеюрского интервала на Удачном и Светлом месторождениях. Так, числящиеся на балансе продуктивные пласты $Ю_1^3$ Светлого и $Ю_1^4$ Удачного месторождений являются одновозрастными. Соответственно, числящийся на балансе продуктивный пласт $Ю_1^3$ Удачного месторождения, который постепенно глинизируется в южном направлении, следует переиндексировать. Межугольные пласты, продуктивные на Удачном и Светлом месторождениях являются разновозрастными, в связи с чем их требуется разделить.

Метод

При решении данной проблемы выполнен детальный анализ геологического строения территории и условий формирования верхнеюрских отложений на основе данных сейсморазведки МОГТ-2D в объеме порядка 2700 км, куба сейсмических данных МОГТ-3D объемом 250 км^2 и бурения. База данных по бурению для юрского комплекса включала 24 скважины. В качестве исходной информации, для создания геологической модели, использовались данные керна, результаты испытаний и опробований скважин, ГИС.

[1] Названия месторождений изменены

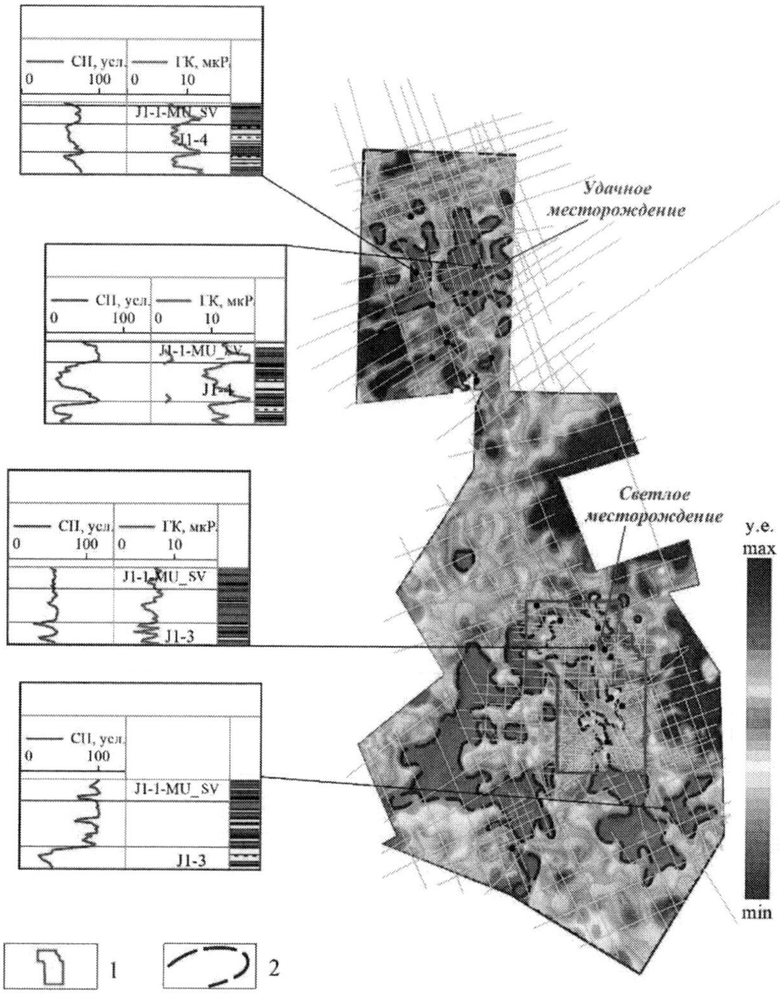

Рисунок 1. *Схема атрибута "Средняя сила отражения" в интервале ОГ Ю1му (вверх 2 мс, вниз 6 мс)*
Условные обозначения: 1 – граница работ МОГТ-3D, 2 – границы преобладания песчаного материала

Для унификации разбивок по двум месторождениям, выбран реперный отражающий горизонт Ю1му, по которому проведена корреляция по всей площади работ. Это позволило идентифицировать региональный межугольный пласт в разрезах скважин разных месторождений. Исходя из положения регионального межугольного пласта (пласт $Ю_1^{МУ-Св}$) проведена детальная разбивка пластов по всей площади.

Кроме того, проведена динамическая интерпретация в интервале данного отражающего горизонта, которая включала: анализ динамических атрибутов сейсмической записи, сейсмофациальный анализ, спектральную декомпозицию и др.

Результаты

По результатам комплексного анализа установлено, что пласт $Ю_1^{Му-Св}$ имеет площадное распространение. В южной части территории он соответствует пласту $Ю_1^{му}$, числящемуся на балансе Светлого месторождения. В северной части, в районе Удачного месторождения, пласт впервые выделен между угольными слоями в интервале пластов $Ю_1^3$ и $Ю_1^4$, в ряде скважин данной зоны пласт нефтенасыщен, в некоторых — заглинизирован.

Накопление осадков пласта происходило в континентальном режиме, в условиях озерно-аллювиальной равнины, которое завершилось формированием региональной угольной пачки У1, залегающей в его кровле. Согласно описанию кернового материала, пачка У1 представлена углями и черными углистыми глинами, иногда с тонкими прослоями алевритового материала.

Согласно описанию керна скважины 20 Удачного месторождения, отложения могут быть отнесены к русловым фациям. Породы представлены песчаниками светло-серыми, мелкозернистыми с редкой косой и косоволнистой слоистостью, с включениями внутриформационной глинистой гальки, растительного детрита и глинистого материала.

В скважинах 178 и 181 Светлой площади, по данным керна, отложения образовались в обстановках временно заливаемых участков пойм. Они представлены горизонтальным переслаиванием аргиллитов темно-серых, плотных, с включениями растительного детрита и алевролитов светло-серых крепкосцементрованных. Присутствуют редкие прослои песчаников, глинистых и углистых пород, угля.

Условия седиментации отложений пласта $Ю_1^{Му\text{-}Св}$ по керновому материалу хорошо сопоставляются с результатом динамического анализа. По данным МОГТ 2D и 3D для изучения строения реперного регионального пласта $Ю_1^{МУ\text{-}Св}$ был выполнен расчет атрибута «Средняя сила отражения» (см. рис. 1) в интервале ОГ Ю1му (вверх 2 мс, вниз 6 мс). При сопоставлении на качественном уровне выявлена зависимость скважина-атрибут, зоны пониженных значений атрибута соответствуют опесчаненным интервалам пласта $Ю_1^{МУ\text{-}Св}$ в разрезах скважин, как в северной, так и в южной части участка.

В южной части участка по результатам атрибутного анализа выделена обширная зона преобладания песчаного материала. По своей морфологии она характеризуется как крупная аллювиальная система, сформированная в континентальных условиях осадконакопления. На данных 3D русловые тела характеризуются рядом критериев: по амплитудным атрибутам и атрибуту «Средняя сила отражения» преимущественно тяготеют к минимальным значениям, на срезе куба RGB-смешивания линейными затемненными зонами северо-западного простирания, на схеме сейсмофаций русловые отложения выделены в классы 4-8. На вертикальных срезах амплитудного куба русла характеризуются увеличением временных толщин ССК Ю1му-Ю1пу, появлением дополнительных осей синфазности.

Дополнительно, для отражающего горизонта Ю1му был выполнен сейсмофациальный анализ по синтезированному кубу (Рис. 2), где зоны развития сейсмофаций классов 6-7 сопоставляются с пониженными значениями по атрибуту «Средняя сила отражения», рассчитанному по данным 2D и 3D, и скважинными данными. Соответственно, результаты сейсмофациального анализа по синтетическому кубу являются еще одним критерием, подтверждающим выделенную зону опесчанивания в пределах аллювиальной системы.

Выводы

Таким образом, площадная корреляция и выполненный атрибутный анализ по данным 2D позволили уверенно закартировать угленосный репер, приуроченный к кровле пласта $Ю_1^{Му\text{-}Св}$. В результате, для северной зоны были уточнены границы залежей по основным подсчетным объектам, также предложена детализированные модели залежей при более расчлененном варианте строения верхнеюрского интервала. Для южной зоны уточнены границы залежи пласта $Ю_1^{МУ\text{-}Св}$ Светлого месторождения. Предполагается, что залежь приурочена к небольшому палеоруслу, которое прослеживается в северном направлении. Южная часть залежи значительно сокращена, чему способствовали результаты петрофизической интерпретации, уточнен уровень ВНК, намечены новые перспективные объекты.

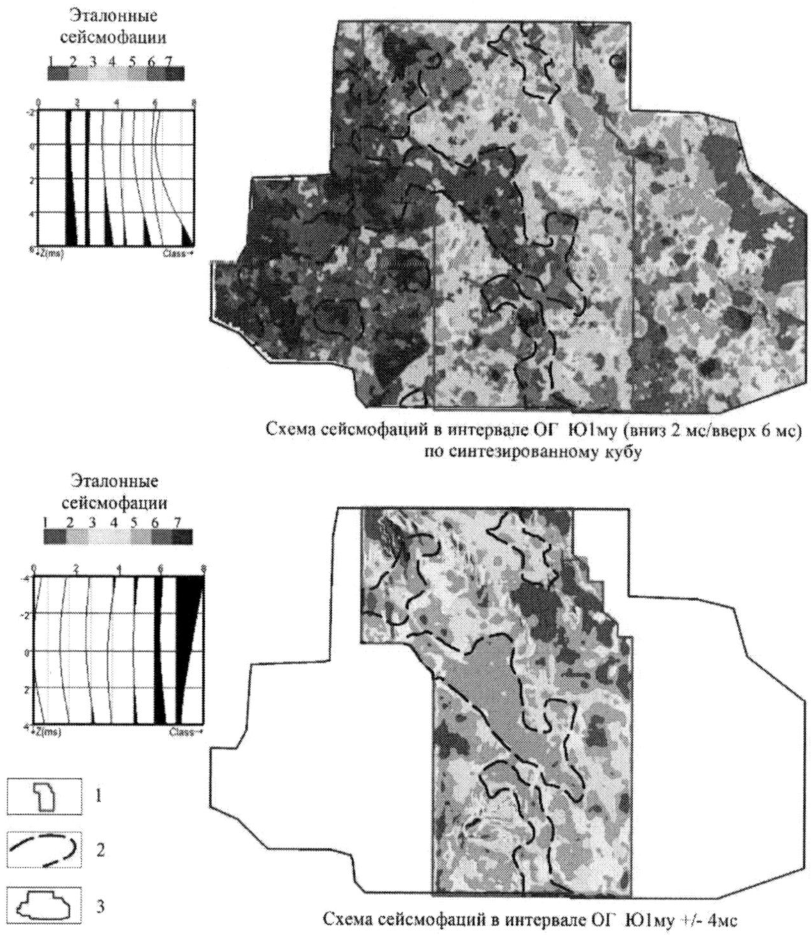

Рисунок 2. *Результаты сейсмофациального анализа по синтетическому кубу в интервале ОГ Ю1му*
Условные обозначения: 1 – граница работ МОГТ-3D, 2 – границы преобладания песчаного материала, 3 – граница синтезированного куба

Все это позволило обеспечить Заказчика оперативной геологической информацией для организации и планирования дальнейшего проведения геологоразведочных работ, с целью восполнения и расширения ресурсной базы компании.

Библиография

1. Даненберг Е.Е., Белозеров В.Б., Брылина Н.А. Геологическое строение и нефтегазоносность верхнеюрско-нижнемеловых отложений юго-востока Западно-Сибирской плиты (Томская область). – Томск: Изд-во ТПУ, 2006. – 291 с.

References

1. Danenberg E.E., Belozerov V.B., Brylina N.A. Geologicheskoe stroenie i neftegasonosnost verkhneyurskikh – nizhnemelovykh otlozheniy yugo-vostoka Zapadno-Sibirskoy plity (Tomskaya oblast) [Geological structure and petroleum potential of the middle-Cretaceous – lower-Jurassic deposits of the Southeast of Western Siberia (Tomsk region)]. Tomsk, TPU Publ. house, 2006. 291 p

Применение секвентной стратиграфии для повышения качества прогноза геологического разреза неокомских отложений на одной из площадей Западной Сибири.

А.В. Дердуга* (АО «ИГиРГИ»), В.Е. Васильев (АО «ИГиРГИ»), М.Ю. Ярлыков (АО «ИГиРГИ»), М.Ю. Скузоватов (АО «ИГиРГИ»), М.В. Шершулина (АО «ИГиРГИ»), Д.В. Смольянова (АО «ИГиРГИ»), Ф.Ю. Лескин (АО «НК «Конданефть»), Е.Н. Климова (АО «НК «Конданефть»).

Введение

Западно-Сибирская НГП является одной из наиболее динамично развивающихся территорий в вопросах поисках и разведки нефти и газа. Здесь сосредоточены основные запасы и ресурсы углеводородов Российской Федерации, а также наиболее крупные месторождения. Однако высокая скорость развития и соответствующая изученность приводит к тому, что крупные объекты встречаются всё реже, толщины коллекторов, которые интересуют недропользователей, зачастую становятся недоступными для разрешающей способности сейсморазведки 3Д – основного метода поисково-разведочных работ.

Наиболее перспективным подходом для интерпретации сейсмических данных с целью обоснованного прогноза фаций, распространения элементов УВ-систем (НГМТ, пород-коллекторов, флюидоупоров) и неструктурных ловушек в таких условиях в мировой практике нефтегазопоисковых работ считается метод секвентной стратиграфии. В работе представлено применение методики в сочетании с использованием мультиатрибутного анализа с помощью нейронных сетей для комплексного прогноза коллекторов.

Метод секвентной стратиграфии

Наиболее часто применяемая в отечественных работах методика интерпретации включает картирование опорных и целевых отражающих горизонтов, сейсмофациальный анализ, динамическую интерпретацию. Прогноз литологии и свойств геологического разреза базируется на физических принципах – различиях в акустическом и упругом импедансах пород с разной пористостью, плотностью, насыщением. Метод хорошо работает для терригенного коллектора с большой пористостью и значительными толщинами и практически не дает результатов для карбонатных пород с небольшой пористостью и\или маломощных коллекторов, с чем и связано применение секвенс-стратиграфического подхода.

В основе секвенс-стратиграфического подхода к интерпретации лежат принципы стратиграфии и физические законы накопления осадков, выделение и картирование ключевых геологических границ (несогласий) и системных трактов для восстановления детальной внутренней архитектуры осадочного бассейна и истории его развития. Свойства пород предсказываются на основе изучения в сейсмике и в скважинах пространственного положения коллекторов и неколлекторов в геологической формации. Понимание их взаимного расположения позволяет воссоздать условия, в которых накопились осадки каждого отдельного слоя. А поскольку в одних и тех же условиях накапливаются отложения со схожими свойствами, позволяет предсказать и эти свойства, для выбора наилучших участков для поискового, разведочного и эксплуатационного бурения. Хотя секвенс-стратиграфическая интерпретация основывается на сейсмических данных, детальность прогноза и точность выше, чем при статистическом и стандартном подходе, за счет использования не случайных, а геологически предопределенных свойств пород. Недостатком метода является его трудоемкость.

Применение методики секвентной стартиграфии

Ключевой задачей представляемой работы являлся уточнённый прогноз перспектив неокомского интервала разреза на одной из площадей Западной Сибири на основании комплексного субрегионального анализа геолого-геофизических материалов недропользователя и соседних участков, результаты ГРР на которых значительно отличались от таковых на целевой площади.

Решение задачи осложнялось разнородностью амплитудно-частотных характеристик сейсмических съёмок 2Д и 3Д, разной по возрасту и доступности скважинной информацией.

Стадия начала работ с применением стратиграфии секвенций мало отличается от стандартных подходов к интерпретации – формируются интерпретационные проекты (Рис. 1) в соответствующих ПО (петрофизическая и сейсмическая интерпретация).

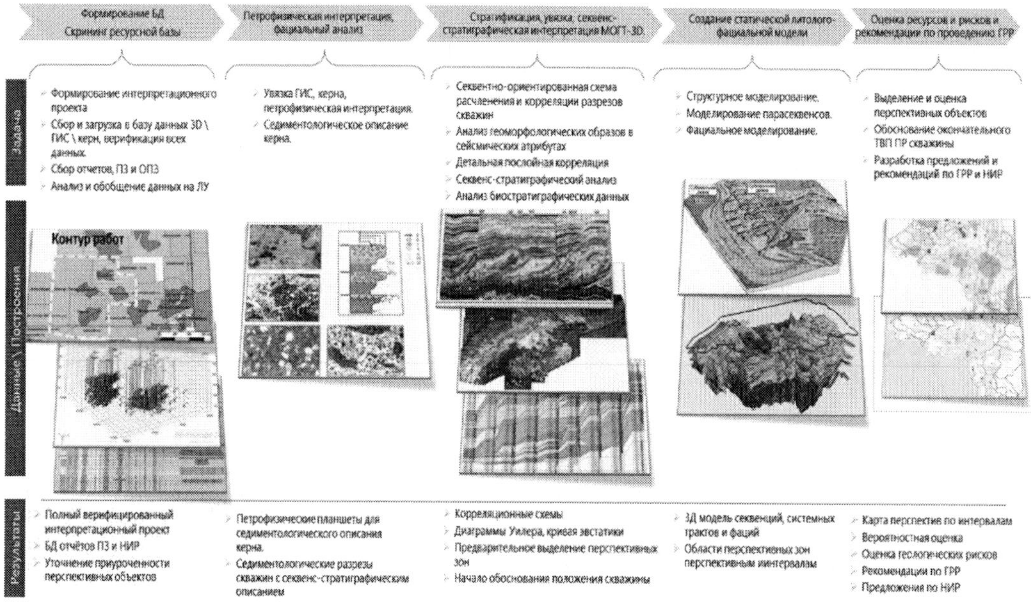

Рисунок 1. *Обобщённая схема выполнения работ.*

Петрофизическая же интерпретация скважинных данных (этап 2) (более 45 скважин) выполнялась итерационно, с учётом установленных в процессе работ условий седиментации пачек коллекторов на основании всего комплекса геолого-геофизических данных – от керна и до сейсмики (этап 3). Для прогноза и распространения фаций были проанализированы формы кривых методов ПС и ГК в скважинах с отбором керна и ***(его)*** седиментологическим описанием на основании секвенс-стратиграфической модели строения неокомского комплекса.

Изначально принятая на территории работ устоявшаяся система номенклатуры пластов-коллекторов значительно корректировалась по результатам стратификации волнового поля и увязки по площади материалов сейсморазведки. И только после окончательной идентификации соответствующих пластов были актуализированы петрофизические зависимости и выполнена комплексная интерпретация данных ГИС, включающая литологическое расчленение разреза, выделение эффективных толщин, определение фильтрационно-емкостных свойств пластов, коэффициента нефтенасыщенности.

Сейсмическая интерпретация началась с увязки разнородной сейсмической информации по площади, где эталоном были приняты материалы 3Д. В проекте было собрано 3 съёмки 3Д (площадь свыше 1400 км.кв.) и 12 съёмок 2Д (протяжённость свыше 4000 пог.км, одна из свежих 2Д съёмок была представлена псевдокубом 3Д). Для стратификации волнового поля использовались 19 скважин, охарактеризованных данными АК и ГГКП.

Учитывая использование секвенс-стратиграфического подхода при интерпретации материалов СРР, требовалось создание объемной глубинно-скоростной модели (ГСМ) для перехода в глубинный домен и прогноза палеоглубин и геометрии бассейна. Для этой цели были использованы результаты привязки (скоростные законы) по всем скважинам, а также основные горизонты и реперные отбивки. Дополнительно к опорным отражающим горизонтам G, M и B было выделено еще два репера, приуроченных к выдержанным на территории шельфовым песчаным пластам. Верхним базовым горизонтом являлся горизонт G, скоростной закон для которого был получен на основе зависимости H=f(t). В качестве модели скоростей использовался скоростной закон с изменяемым с глубиной коэффициентом, который также определялся по значениям в скважинах и экстраполировался между ними с учётом горизонтов.

Ключевым моментом в интерпретации являлось концептуальное разбиение волнового поля и в дальнейшем прослеживание по всей площади работ границ секвенций (Рисунок 2) [1]. На основе анализа характера взаимоотношения сейсмических границ, а также разновидностей сейсмофаций выделены границы секвенций (SB – сплошные чёрные линии), соответствующие кровле трактов форсированной регрессии (FSST) относительного уровня моря (ОУМ) в клиноформной и фондофомной частях. Основным диагностическим признаком для выделения таких границ служило кровельное прилегание сейсмических отражений. В пределах шельфовой части SB выделены по границе тракта высокого стояния уровня моря (HST) путем привязки к скважинным данным (в волновом поле не выделяется в связи с малой толщиной). Прерывистые линии соответствуют кровле тракта низкого стояния относительного уровня моря (LST), в период которого песчаники в большей степени аккумулируются в шельфовой части.

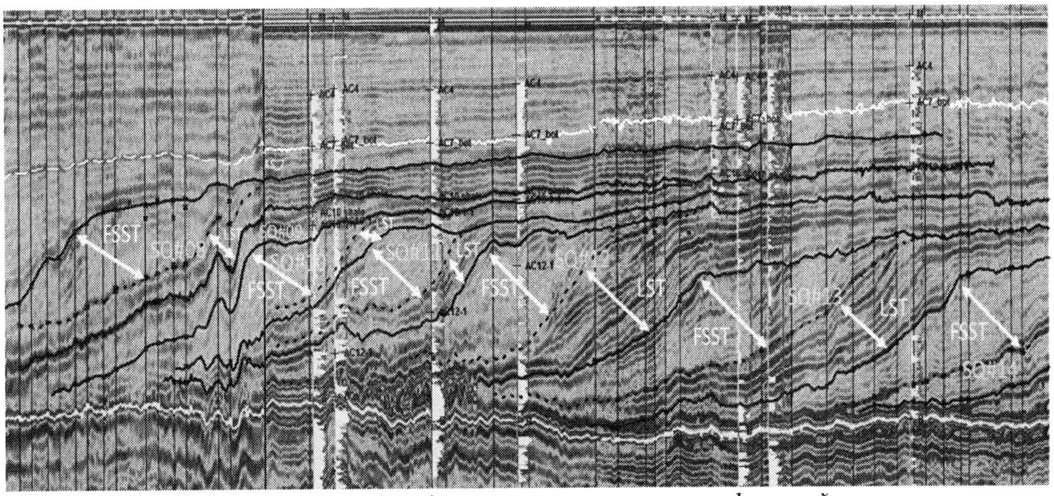

Рисунок 2. *Концептуальная модель секвенс-стратиграфической интерпретации материалов сейсморазведки.*

Далее на основе созданной концептуальной модели секвенций после сшивки 4-х кубов в единый временной домен была создана детальная сеточная модель в целевом интервале с подбором вертикального и пространственного разрешения. На основе последней была построена модель относительного геологического времени, которая в свою очередь использовалась для создания детального набора из 120 стратиграфических горизонтов на секвенс-стратиграфической основе. Затем была выполнена конвертация полученных результатов в хроностратиграфический домен, где с использованием диаграммы Уилера были определены поверхности несогласий, выделены секвенции и тракты (Рисунок 3.). Составлена секвенс-стратиграфическая схема.

В исследуемом интервале рассчитаны различные сейсмические атрибуты. По каждому объемному атрибуту выполнен послойный анализ геоморфологических образов в хроностратиграфическом домене.

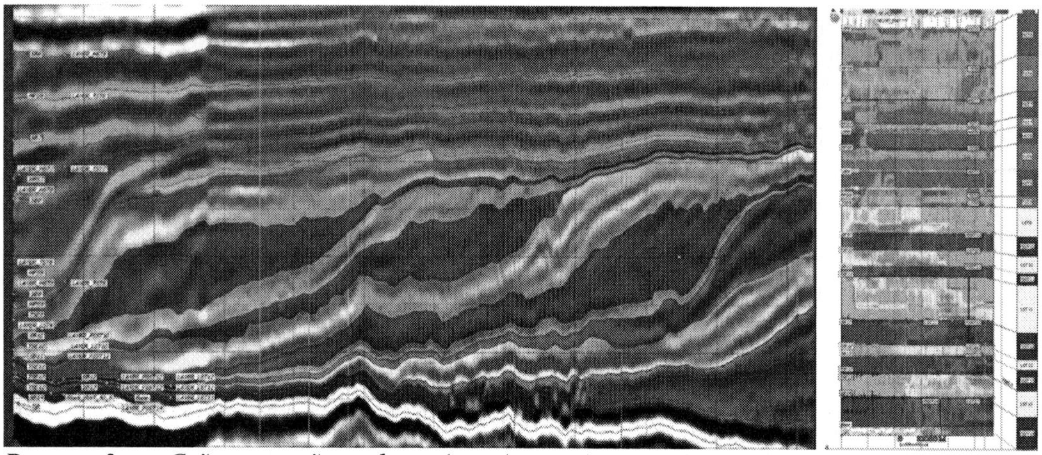

Рисунок 3. *Сейсмический профиль (слева) и модельная диаграмма Уилера (справа) для него. Синий – тракт FSST (форсированная регрессия ОУМ); жёлтый – тракт LST (низкое стояние ОУМ); зелёный – тракт TST (трансгрессия ОУМ); коричневый – тракт HST (высокое стояние ОУМ).*

Для прогноза коллекторов использовался мультиатрибутный анализ. Входные данные включали стратиграфические атрибуты (Относительный возраст; Конформность; Палеоглубины), спектральное разложение (CWT - Непрерывное вейвлет-преобразование, частоты 20-32-50-60-72 Гц), комплексные атрибуты (Мгновенные частоты, Огибающая, Средние амплитуды). Анализ корреляционных связей атрибутов с рассчитанной по каротажу глинистостью показал наличие суммарного коэффициента 0,33, что позволило использовать нейросетевой прогноз этого параметра. Обучение нейросети проводилось по выборке скважин с наиболее уверенной привязкой, контрольная выборка составила 50%. Обученная нейросеть использовалась для построения куба прогнозной глинистости. Средняя ошибка прогноза составила 0,07. Пороговое значение для отсечения коллектора выбиралось исходя из особенностей конкретных песчаных пластов по результатам петрофизической интерпретации.

Выводы

Итогом выполненных исследований стала единая непротиворечивая модель геологического строения района работ для неокомского интервала. Установлены различия в номенклатуре и хроностратиграфии песчаных пластов на соседних ЛУ, ранее считавшихся синхронными друг другу. На основании выполненного прогноза коллекторов в неокомском интервале разреза выявлены новые перспективные объекты, за счет чего существенно увеличившие ресурсный потенциал целевого участка. Подготовлены рекомендации для принятия решения по дальнейшим ГРР.

Библиография / References

1. O. Catuneanu, V. Abreu, J.P. Bhattacharya, M.D. Blum, R.W. Dalrymple, P.G. Eriksson, C.R. Fielding, W.L. Fisher, W.E. Galloway, M.R. Gibling, K.A. Giles, J.M. Holbrook, R. Jordan, C.G.St.C. Kendall, B. Macurda, O.J. Martinsen, A.D. Miall, J.E. Neal, D. Nummedal, L. Pomar, H.W. Posamentier, B.R. Pratt, J.F. Sarg, K.W. Shanley, R.J. Steel, A. Strasser, M.E. Tucker, C. Winker, Towards the standardization of sequence stratigraphy, Earth-Science Reviews, Volume 92, Issues 1–2, 2009, Pages 1-33.

Уточнение условий формирования пласта ЮС2 верхнетюменской подсвиты в пределах Широтного Приобья

Неудачин Н.А.* (ООО «РН-БашНИПИнефть»), Жерновкова Т.В. (ООО «РН-БашНИПИнефть»), Закирова Э.А. (ООО «РН-БашНИПИнефть»), Арсланова В.А., Аглиуллин Р.Р., Тупикина Ж.А., Прокопьева О.М. (ООО «РН-БашНИПИнефть»), Хлебников Д.С. (ООО «РН-БашНИПИнефть»), Габдуллина Е.Г. (ООО «РН-БашНИПИнефть»)

Введение

За последнее десятилетие, при увеличении средней удельной стоимости бурения и сокращения площади проведения сейсморазведочных работ МОГТ-3D в 2 раза, среднее количество поисковых объектов не изменилось. На 1 структуру приходится, как правило, 3 объекта из пластов неокомского комплекса (АС-БС, Ач) и верхнетюменской подсвиты (ЮС2-3).

Особенности геологического строения и литологический контроль залежей углеводородов (УВ) в пластах верхнетюменской подсвиты требуют выделения критериев поиска и детализации потенциальных резервуаров, основанных на условиях их образования.

Рациональным решением, для восполнения минерально-сырьевой базы Компании, в связи с изменением условий ведения геологоразведочных работ (ГРР), является выполнение региональных и зональных работ с уточнением фациальной неоднородности целевых пластов и выделением перспективных участков для доизучения территории, с последующим заложением поисковых и разведочных скважин.

Методика проведения работ

Для создания фациальной модели необходимо комплексировать результаты макро- и микроскопического описания горных пород с данными промыслово-геофизических и сейсмических исследований, а также региональных геологических работ [1].

Для определения основных обстановок осадконакопления, существовавших в пределах изучаемой территории, проанализированы работы специалистов, изучавших вопрос анализа и изменения условий осадконакопления в юрский и меловой периоды в пределах Западной Сибири, в частности, в районе Широтного Приобья. В батский век выравнивание рельефа на территории Западно-Сибирской плиты привело к формированию, в пределах низменных аккумулятивных равнин, аллювиальных систем меандрирующего типа. Продолжались, но уже в меньшем масштабе, процессы торфонакопления [2, 3]. В начале формирования пласта ЮС2 повсеместно накапливались осадки аллювиальной равнины: рек, озер, пойм с признаками зарастания и заболачивания. Начавшаяся, в конце батского века, обширная трансгрессия моря, достигла своего максимума в келловейский век. Морской режим седиментации установился на большей части бассейна. По мере трансгрессии моря на юг, отложения озерно-аллювиальной равнины сменились прибрежно-морскими (в средней части пласта ЮС2), а к концу тюменского времени – мелководно-морскими (верхняя часть пласта ЮС2, рисунок 1). Отмеченные интервалы разреза и соответствующие им фации подтверждены керном из скважин в пределах Широтного Приобья (рисунок 2).

После анализа результатов описания кернового материала проведена фациальная интерпретация ГИС по форме каротажных диаграмм (более 1000 скважин), по методике В.С. Муромцева. С целью повышения достоверности определений, помимо кривых ПС и РК, также учитывались ПЗ, ДС, дополнительно рассчитанные альфа ПС и двойной разностный параметр. Результаты фациальной интерпретации ГИС позволили сделать пространственные реконструкции палеообстановок более достоверными.

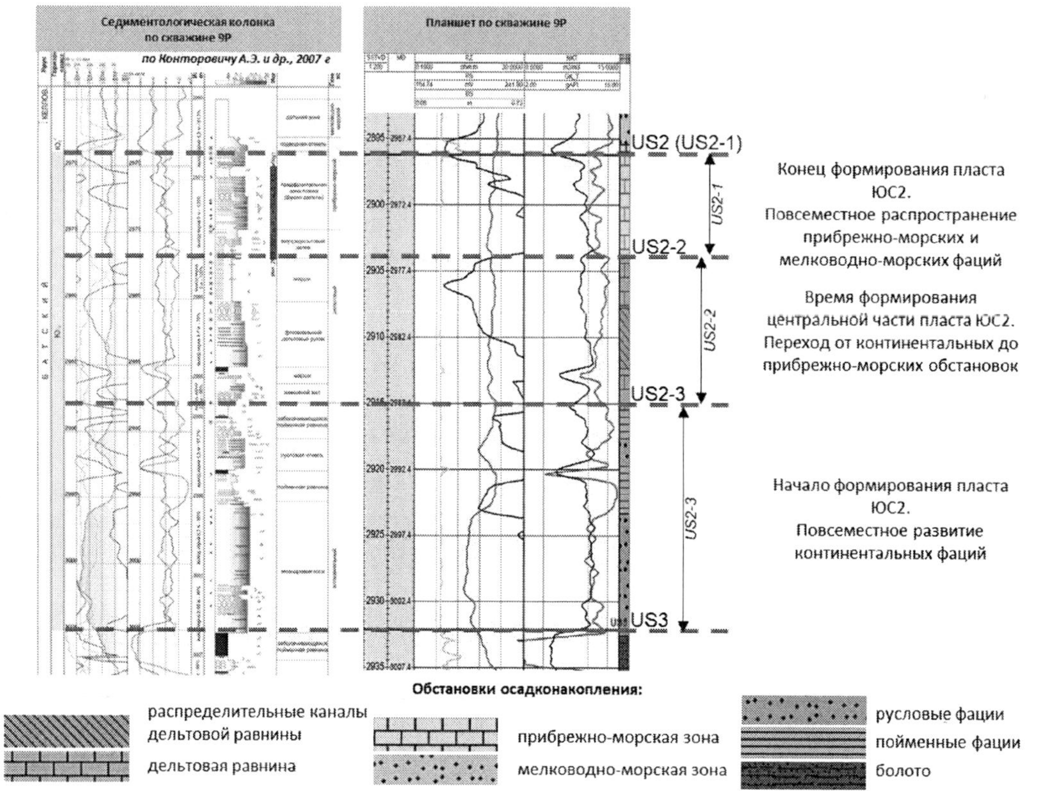

Рисунок 1. *Схема разделения пласта ЮС2 на 3 пачки, с целью последующего построения фациальных схем*

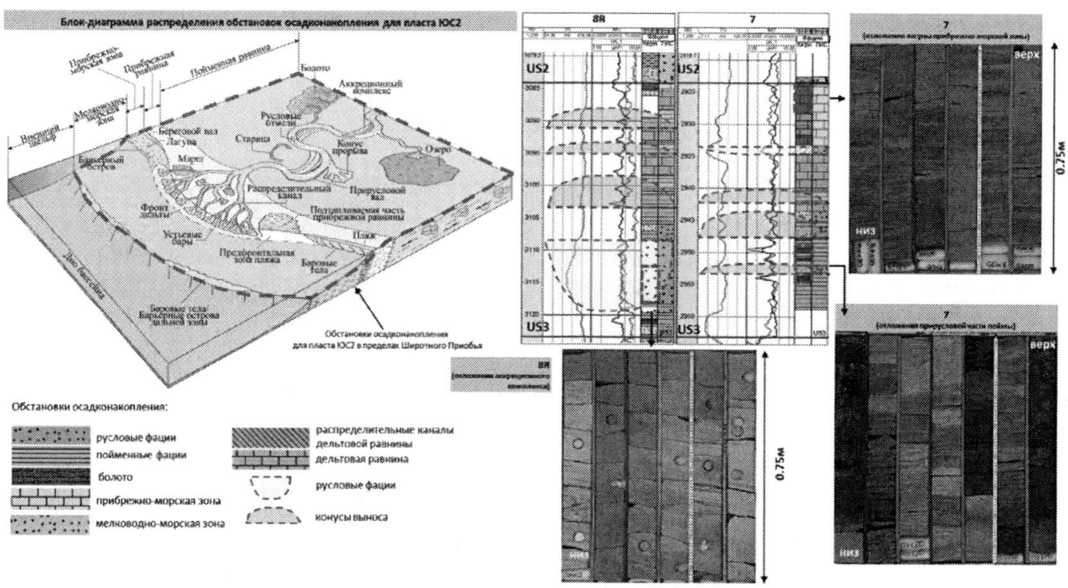

Рисунок 2. *Выделение обстановок осадконакопления в разрез пласта ЮС2*

С целью латерального прослеживания русловых фаций был проведен сейсмофациальный анализ. В ходе динамической интерпретации были рассчитаны кубы сейсмических атрибутов по преобладающей частоте (Dominant Frequency), огибающая сигнала (Envelope (Reflection Strength)), а также выполнена спектральная декомпозиция. Окно исследований расположено в интервале от +10мс до -30мс от ОГ «Т». Погоризонтные слайсы были рассчитаны с интервалом 2 мс, спектральная декомпозиция - в окне от ОГ «Т» до 7-10 мс. Динамический анализ выполнен по сейсмическим данным 32 участков.

Фациальные схемы построены на начало (ЮС2-3) и конец (ЮС2-1) формирования плас та ЮС2. Во время накопления изучаемой части разреза в пределах Широтного Приобья сущест вовали континентальные условия осадконакопления, которые к концу образования целевой час ти разреза сменились на переходные и мелководно-морские. Помимо текстурных и структурных особенностей об изменении условий, в сторону морских обстановок, свидетельствует также появление крупных конкреций пирита, следов активной биотурбации, наличие полых корней растений и прочих признаков.

Нижняя часть горизонта повсеместно представлена отложениями развитой системы рек и речных долин (рисунок 3). Основное направление течения русел, с учетом проанализированной геолого-геофизической информации, определяется как северное- северо-западное.

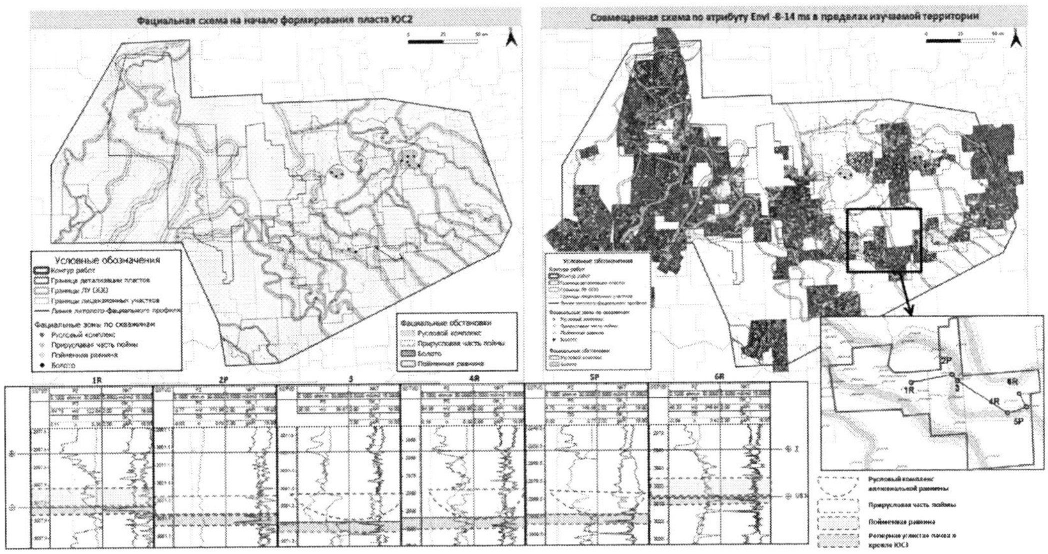

Рисунок 3. *Схема условий осадконакопления в начале формирования пласта ЮС2*

В конце формирования пласта ЮС2, на большей части территории, существовали морские условия осадконакопления (Рисунок 4). Береговая линия постепенно смещалась в южном направлении, за счет начала трансгрессии моря. В прибрежно-морской зоне, в непосредственной близости от распределительных каналов дельтовых равнин, существовали устьевые бары, которые, за счет волнового воздействия, перераспределялись и накапливались в виде широких песчаных полос фронтальной части дельты. В областях, где отсутствовал однонаправленный снос материала речными потоками, потенциальные песчаные резервуары могли накапливаться в зоне пляжа и барьерных островов/баровых тел.

Выводы

Пласт ЮС2 регионально нефтеносен. Коллекторы, содержащиеся в верхнетюменской п одсвите, представлены песчаниками и алевролитами. Содержащиеся в резервуаре залежи разде ляются между собой локальными глинистыми покрышками незначительной мощности, способ ными контролировать только отдельные залежи. Основными флюидоупорами для верхнетюменской подсвиты служат глины васюганского горизонта и баженовской свиты.

Русловые отложения, слагающие горизонт Ю2, могут иметь суммарную мощность до 4 0 м. В междуречье, пласт сложен тонким переслаиванием и неравномерным чередованием песч аников, алевролитов и глин с многочисленными прослойками бурого угля. Картирование основных зон развития русловых комплексов, а также прибрежно-морских песчаных резервуаров, позволит выбрать участки для ранжирования территории, с целью доизучения, покупки новых лицензионных участков, прирезки, по глубине, с последующим опоискованием перспективных объектов и восполнением минерально-сырьевой базы Компании и страны.

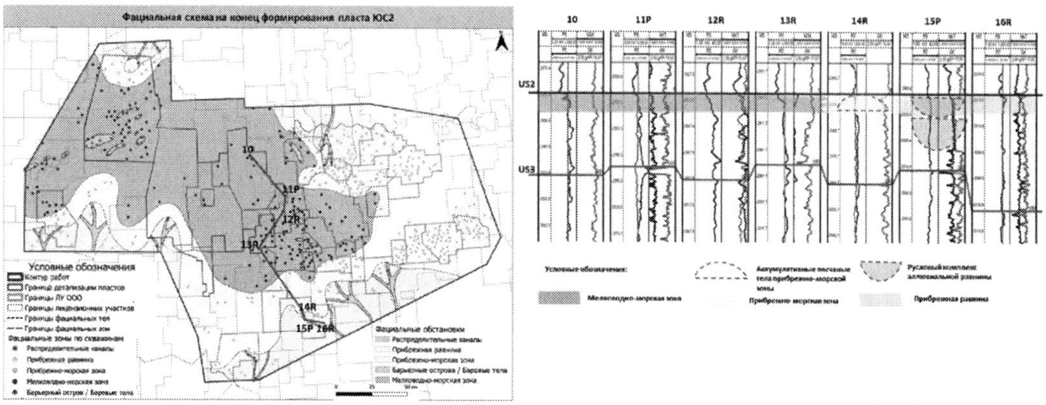

Рисунок 4. *Схема условий осадконакопления в конце формирования пласта ЮС2*

Библиография

1. Методические указания компании «Проведение литолого-фациального анализа терригенных отложений». Москва, 2010. №П1-01.02 М-0004 версия 1.00
2. Конторович А.Э., Казаненков В.А., С.В. Рыжкова, Б. Н. Шурыгин, Л.Г. Вакуленко, Е.А. Гайдебурова, В. П. Данилова, Н.С. Ким, Е.А. Костырева, В.И. Москвин, П. А. Ян Палеогеография Западно-Сибирского осадочного бассейна в юрском периоде // Геология и геофизика, 2013, т. 54, № 8, с. 972-1012.
3. TUMEN FORMATION FACIES ANALYSIS FOR GEOLOGICAL MODELLING Viktorova E.M., Savchenko P.D., Mironenko A.A. В сборнике: Geomodel 2016 - 18th Science and Applied Research Conference on Oil and Gas Geological Exploration and Development. 2016.

References

1. Methodological guidelines the Company no. P1-01.02 M-0004 V. 1.00. Provedenie litologo-fatsial'nogo analiza terrigennykh otlozheniy (Lithofacies analysis of clastic sediments), Moscow, 2010.
2. Kontorovich A.E., Kontorovich V.A., Ryzhkova S.V., Shurygin B.N., Vakulenko L.G., Gaideburova E.A., Danilova V.P., Kim N.S.,. Kostyreva E.A, Moskvin V.I., and Yan P.A. Jurassic paleogeography of the West Siberian sedimentary basin// Geology and Geophysics, 2013, № 8, pp. 972-1012.
3. TUMEN FORMATION FACIES ANALYSIS FOR GEOLOGICAL MODELLING Viktorova E.M., Savchenko P.D., Mironenko A.A. В сборнике: Geomodel 2016 - 18th Science and Applied Research Conference on Oil and Gas Geological Exploration and Development. 2016.

Прогнозирование фациальных зон по данным динамической интерпретации на примере одного из пластов клиноформного комплекса

Р.Ф. Сафина* (ООО «РН-БашНИПИнефть»), Г.Ф. Хасанова (ООО «РН-БашНИПИнефть»), М.С. Хлебников (ООО «РН-БашНИПИнефть»), С.О. Бруй (ООО «РН-БашНИПИнефть»), З.Ф. Мустафин (ООО «РН-БашНИПИнефть»), И.Р. Мурзаков (ООО «РН-БашНИПИнефть»), Б.Р. Бикметов (ООО «РН-БашНИПИнефть»), К.К. Тимергазин (ООО «РН-БашНИПИнефть»), А.А. Чернов (ООО «РН-БашНИПИнефть»), Д.С. Хлебников (ООО «РН-БашНИПИнефть»), М.Ю. Одинцова (ООО «РН-БашНИПИнефть»), М.С. Фаттахова (ООО «РН-БашНИПИнефть»)

Введение

Одной из проблем на поздней стадии разработки месторождений, является падение пластовых давлений, интенсивное поступление подошвенной воды и падение дебитов УВ. Как следствие, затруднение вызывает локализация областей, подверженных более активному обводнению. Применение динамической интерпретации позволяет детализировать фациальные схемы, выявить области снижения гидродинамической связанности коллектора и определить возможные зоны обводненности продукции скважин. Зоны нарушения гидродинамической связанности коллектора, при изменении фациальных обстановок, могут представлять собой области флюидоупоров, ограничивающих (контролирующих) залежь. Анализ (локализация) данных границ может быть одним из способов решения проблемы снижения качества запасов.

В качестве полигона выбрано одно из месторождений Западной Сибири.

В рамках работ рассмотрен район, расположенный в региональном плане в пределах Фроловской мегавпадины [1].

Региональные условия осадконакопления

К середине раннего готерива восточная береговая линия Западно-Сибирского бассейна, в результате продолжающейся регрессии, сместилась к западу. Характерно, что все восточные границы зон морского осадконакопления северо- и северо-восточного простирания стали еще более прямолинейными и закономерно сместились к западу. В это время на юго-западе и юго-востоке Западной Сибири образовались денудационно-аккумулятивные, а на севере — низменные аккумулятивные равнины.

В барремском веке закончился крупный юрско-неокомский трансгрессивно-регрессивный седиментационный цикл. Это был один из двух основных циклов, сформировавших осадочные чехлы молодых платформ Евразии, в том числе и Западно-Сибирской. В результате компенсированного заполнения бассейна осадками море обмелело. На севере и в центральной части Западной Сибири обособились два полузамкнутых опресненных мелководно-морских водоема. В них, во время кратковременных трансгрессий, проникали морские воды [2].

В региональном плане нижнемеловое время характеризуется прогибанием бассейна и некомпенсированным осадконакоплением. В пределах полигона работ рассмотрен один из пластов клиноформного комплекса (далее – пласт Б).

Сейсмофациальный и динамический анализы

Пласт Б в пределах полигона работ представлен ундаформным, клиноформным и фондоформным комплексами.

Исходя из схемы разделения глубоководного комплекса на фации [3], в разрезе по скважинам выделены группы фаций склона, питающих (распределительных) каналов, а также проксимальных, средних и дистальных турбидитов.

Для выполнения сейсмофациального анализа рассчитана серия карт сейсмических атрибутов в различных временных окнах. Для детализации фациальных зон была использована карта песчанистости пласта Б, полученная по результатам динамической интерпретации с использованием атрибутов, по которым получен наиболее высокий коэффициент корреляции со скважинными данными. По совокупности геолого-геофизической информации (временные разрезы, палеопланы, карты атрибутов и карта песчанистости, керновые данные, электрофациальный анализ) уточнено положение бровки шельфа, детализирована линия подножия склона, а также выделен контур фациального тела в глубоководной зоне, с которым связаны повышенные значения коэффициента песчанистости (Рис. 1). Данное тело, вероятно, связано с проксимальной частью одной из лопастей конуса выноса.

Рисунок 1. *Карта песчанистости пласта Б, полученная по результатам динамической интерпретации*

Как видно на рисунке 1, в самой восточной части выделена достаточно узкая шельфовая зона, поскольку отложения приурочены к тракту низкого стояния, в условиях которого осадконакопление смещено в глубоководную область. Западнее шельфовой зоны выделены области склона и конуса выноса.

На полученной итоговой литолого-фациальной схеме показаны вероятные распределительные каналы, выделенные по карте спектральной декомпозиции (Рис. 2).

Рисунок 2. *Фациальная схема пласта Б*

Можно отметить, что полученные данные позволяют, в целом, спрогнозировать области развития предполагаемых фациальных обстановок и выделить вероятную область улучшенных коллекторских свойств, связанную, в основном, с проксимальной зоной конуса выноса.

Пласт Б в пределах полигона работ представлен неоднородным коллектором (что иллюстрирует карта песчанистости (Рис. 1)), предполагается, что граница проксимальной части конуса выноса может являться зоной преобладания песчаных разностей, формирующих единый гидродинамически связанный коллектор. В краевых частях конуса выноса, при переходе к области развития склоновых фаций, происходит уменьшение эффективных толщин коллектора, увеличение его расчлененности и переслаивание с пропластками неколлектора. Эти изменения находят отражение на карте песчанистости пласта Б, по которой возможен прогноз распространения непроницаемых зон спорадического развития коллектора, способных играть роль гидродинамических экранов для залежей УВ. В дальнейшем, выделенные фациальные границы, могут быть использованы для оконтуривания залежей.

При заложении кустов эксплуатационного фонда скважин необходимо учитывать прогноз фациальных областей для выбора наиболее оптимальной системы разработки, в том числе с целью увеличения экономического эффекта.

Анализ изменения насыщенности коллектора по данным ГИС в зоне перехода от фаций склона к фациям конуса

Для оценки характера насыщенности коллекторов использовался распространенный в Западной Сибири эмпирический способ сопоставления значений удельного электрического сопротивления пласта (ρп) и двойного разностного параметра (ΔIγ) по тем интервалам, в которых проводились опробования. Для получения граничного значения удельного электрического сопротивления (УЭС) использованы данные опробований в разведочных скважинах без проведения гидравлического разрыва пласта (ГРП). По пласту Б при значениях УЭС меньше 8,0 Ом·м коллектор принимается как «водонасыщенный»; более 12,0 Ом·м – «нефтенасыщенный». В интервале значений УЭС 8,0-12,0 Ом·м могут быть получены смешанные притоки как нефти, так и воды. Четкая дифференциация значений УЭС между водонасыщенными и нефтенасыщенными коллекторами по геофизическим исследованиям скважин отсутствует, в связи с чем невозможно однозначно спрогнозировать процент обводненности продукции по скважинам.

При анализе данных ГИС совокупно по всем фациям по зависимости «ГИС-ГИС» отмечаются большие области перекрытия значений при оценке характера насыщения (Рис. 3 (а)). Однако, при построении кросс-плота отдельно в области склоновых фаций становится возможным получение зависимости «ГИС-ГИС» с высоким коэффициентом корреляции. Скважины, относящиеся к этим зонам, локализованы в нижней части кросс-плота (Рис. 3 (б)) и имеют характер насыщенности либо «водонасыщенный», либо «неясно». Таким образом, можно предполагать нарушение гидродинамической связанности при переходе от преимущественно водонасыщенных фаций склона к нефтенасыщенным фациям конуса выноса.

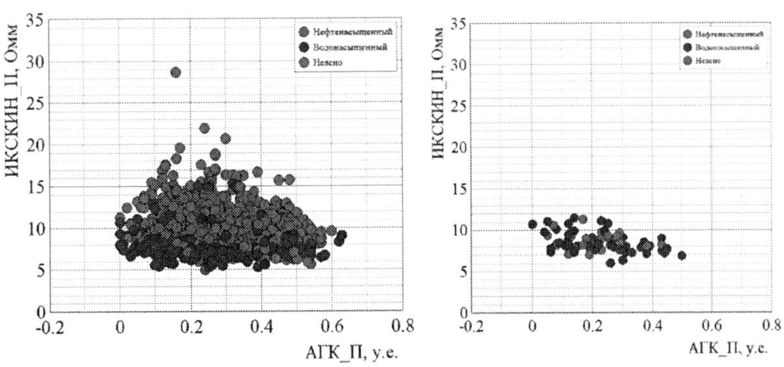

(а) (б)

Рисунок 3. *Зависимость «ГИС-ГИС» двойного разностного параметра и УЭС для коллекторов пласта Б в целом (а) и по фациям области каналов на склоне отдельно (б)*

Таким образом, несмотря на определенные сложности при оценке характера насыщения по данным ГИС, привлечение динамической интерпретации, для целей локализации фациальных областей, способствует более уверенному определению зон ухудшения связанности коллектора и возможных границ залежей. Так, вероятно, продукция скважин, расположенных в склоновой части, может сильнее обводняться, в сравнении с продукцией скважин, расположенных в более глубоководной части пласта (например, проксимальная часть конуса выноса, как в рамках данной работы).

Выводы

1. Результаты динамической интерпретации позволяют значительно детализировать фациальные построения и спрогнозировать распределение коллекторов в межскважинном пространстве.

2. Выделенные фациальные области, в дальнейшем, могут быть использованы при определении границ залежей.

3. Детализация, при фациальных построениях, может иметь практическую значимость для целей разработки, выбора наиболее оптимальных мест заложения проектных кустов, а также при прогнозировании возможных областей обводнения продукции скважин.

Библиография

1. Тектоническая карта центральной части Западно-Сибирской плиты под ред. Шпильмана В.И., Змановского Н.И., Подсосовой Л.Л., 1998.

2. Конторович А.Э., Ершов С.В., Казаненков В.А., Карогодин Ю.Н., Конторович В.А., Лебедева Н.К., Никитенко Б.Л., Попова Н.И., Шурыгин Б.Н. Палеогеография Западно-Сибирского осадочного бассейна в меловом периоде. // Геология и геофизика, 2014, т. 55, № 5—6, с. 745—776.

3. Муромцев В.С. «Электрометрическая геология песчаных тел-литологических ловушек нефти и газа». М., Недра, 1984.

References

1. Tektonicheskaya karta tsentral’noi chasti Zapadno-Sibirskoi plity pod red. Shpilmana V.I., Zmanovskogo N.I., Podsosovoi L.L., 1998.

2. Kontorovich A.E., Ershov S.V., Kazanenkov V.A., Karagodin Ju.N., Kontorovich V.A., Lebedeva N.K., Nikitenko B.L., Popova N.I., Shurygin B.N. Paleogeographiya Zapadno-Sibirskogo osadochnogo basseina v melovom periode. // Geologiya I geophizika, 2014, t. 55, № 5—6, s. 745—776.

3. Muromtsev V.S. «Elektrometricheskaya geologiya peschanyh tel-litologicheskikh lovushek nefti I gaza». M., Nedra, 1984.

Концептуальная модель формирования и выявленные генетические типы естественной трещиноватости пород березовской свиты

А.А. Калабин*, А.А. Кудаманов, Л.Р. Дистанова (ООО «Тюменский нефтяной научный центр»)

Введение

Начиная с 2016 года ПАО «НК «Роснефть» реализует инновационный проект по разработке технологий изучения и освоения нетрадиционного газового объекта в отложениях березовской свиты на территории Западной Сибири.

По текущим оценкам, основные перспективы связаны с опоковидным пластом НБ1 нижней подсвиты. Объект представлен низкопроницаемыми коллекторами (менее $1{,}0 \cdot 10^{-3}$ мкм^2) – высокопористыми (до 0,50 д.ед.) разностями глинистых силицитов (опоками), с содержанием кремнезема (ОКТ+кварц) до 87 %, и суммы глин 13-40 %, активно поглощающих воду. Породы относятся к категории трещинно-поровых коллекторов.

Ключевым фактором при локализации зон, в которых возможно получение промышленных дебитов газа, при столь низких значениях проницаемости матрицы породы, является прогноз трещинной составляющей резервуара в сочетании с литофациальным районированием.

В основу прогноза приняты результаты специальных исследований кернового материала в части изучения естественной трещиноватости и типа порового пространства матрицы породы методом Фокусированного Ионного Пучка на установке Растровый Электронный Микроскоп (ФИП/РЭМ).

Теория

Специальные исследования реализованы на керновом материале из 30 скважин 15 месторождений территории Западно-Сибирской плиты (ЗСП). Естественная трещиноватость изучена на 1500 м пог. кернового материала, через плоскости трещин изготовлено 1250 петрографических шлифов, минеральный состав около трещинного пространства изучен в 320 образцах РЭМ. Основная цель исследований заключалась в определении генетических типов развитых систем трещин и процессов, являющихся ключевыми факторами трещинообразования.

В ходе исследований выявлено четыре основных генетических типа систем макро-трещиноватости развитых в отложениях березовской свиты, на рисунке 1 приведена принятая классификация.

Краткое описание выделенных типов трещиноватости

Тектонические трещины

Тип 1.1. Возникают при смещении блоков породы вдоль поверхности основного разлома, формируются путем роста, сгущения и слияния, существовавших ранее мелких оперяющих трещин. Могут быть как трещины отрыва, так и скалывания.

Тип 1.2. Под трещинами делимости (сосkладчатыми) понимают способность горных пород делиться по параллельным или почти параллельным поверхностям. Представлены системы – субвертикальными трещинами отрыва (разрыв без смещения).

Данный тип трещин показывает связь литологии с тектоническими условиями. Могут развиваться при условии активного неотектонического режима в сочетании с высокими значениями индекса хрупкости пород. Встречены только в пласте НБ1, характеризующимся максимальными значениями индекса хрупкости 0,5-0,8 д.ед.

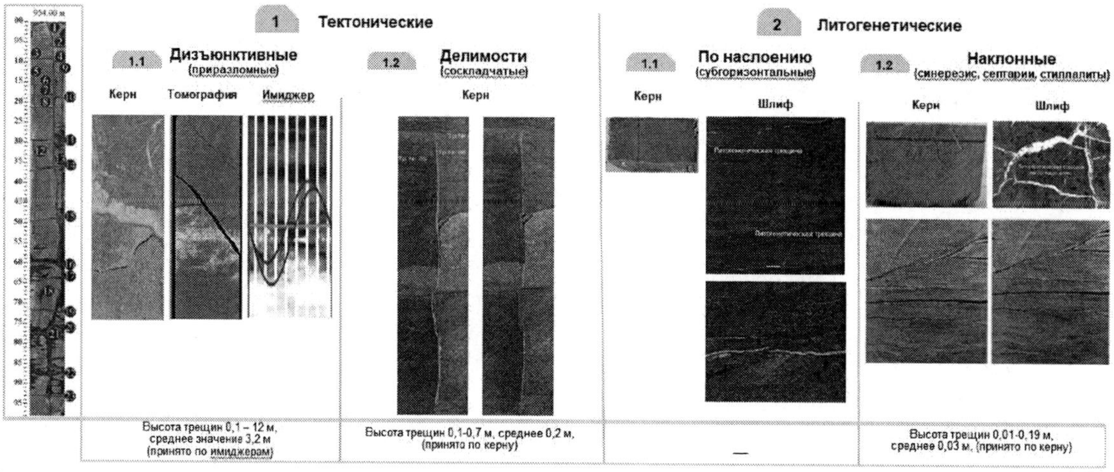

Рисунок 1 – Классификация естественной трещиноватости отложений нижнеберёзовской подсвиты (ООО «ТННЦ», 2024г)

Литогенетические трещины

Тип 2.1. Наиболее интенсивно образуются на стадии диагенеза, при превращении осадка в твёрдую породу. Процесс сопровождается уплотнением под давлением вышележащих пород и отжатием седиментационных вод (растворителя илов/коллоидов). Вода удаляется вдоль поверхности наслоения (разного литологического состава), поэтому трещины ориентированы главным образом параллельно слоистости [1].

Тип 2.2. Образуются при возникновении внутри слоя множества центров стяжения (кристаллизации). В результате слой делится на множество микроблоков, между которыми образуются микротрещины усыхания/гидроразрыва. Ориентированы поперечно или диагонально по отношению к кровле и подошве слоя [1. 2].

Концептуальная модель формирования естественной трещиноватости отложений нижнеберёзовской подсвиты

На протяжении своего развития ЗСП испытывала общую глобальную регрессию, в виде регрессивно-трансгрессивных циклов (эпизодов значительно меньшего масштаба).

В истории формирования осадочного чехла ЗСП были выделены четыре основные стадии трещинообразования, характеризующиеся индивидуальным набором факторов (или – набором степеней влияния одних и тех же факторов), приводящих к растрескиванию пород и формированию развитых систем трещин (Рисунок 2).

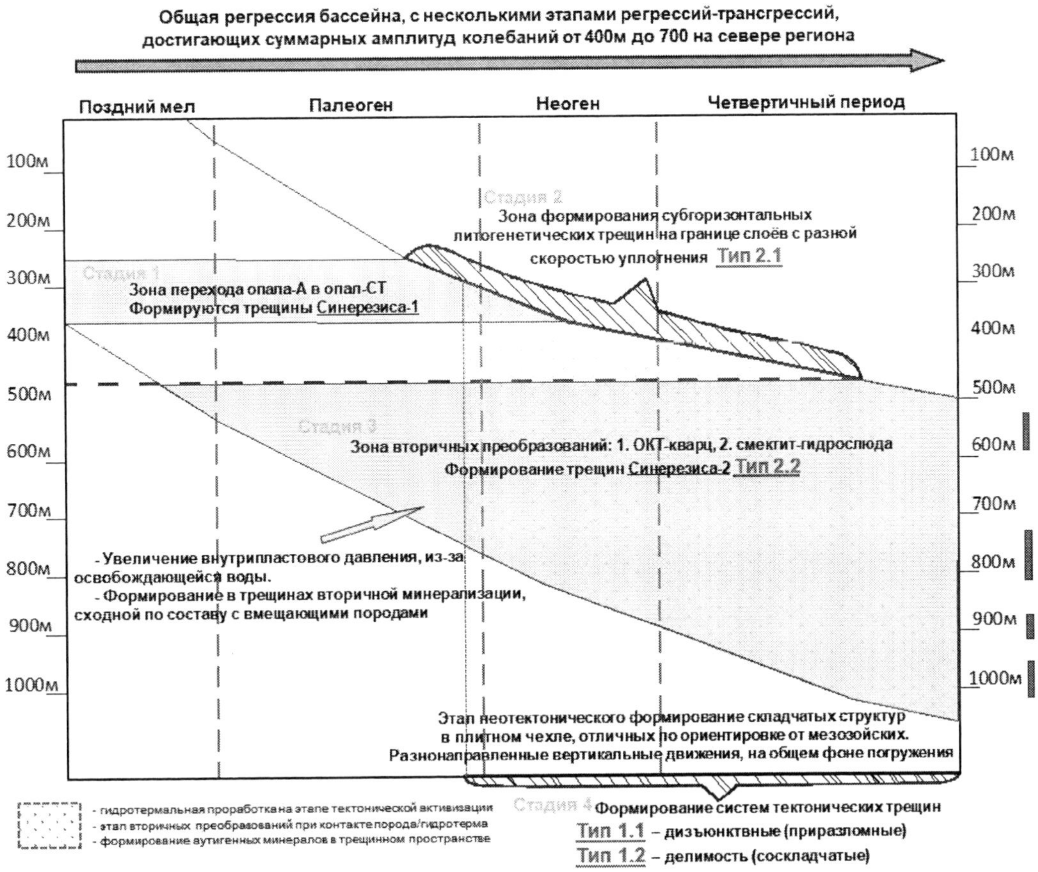

Рисунок 2 – Концептуальная модель формирования естественной трещиноватости отложений нижнеберёзовской подсвиты (ООО «ТННЦ», 2024г)

1-стадия – протекала на глубинах до 400 м, связана с уплотнением пород, переходом первичного опала (А) в аморфный опал, кристобалит, тридимит (опал СТ), в ходе данного процесса происходит растрескивание и заполнение разрывов веществом вмещающей породы, все выявленные трещины данного типа закрыты и не представляют интереса с точки зрения улучшения фильтрационных свойств.

2-стадия – связана с процессом формирования трещин проходящим параллельно, также на стадии диагенеза, с ним связано формирование субгоризонтальных литогенетических трещин на границе слоев с разной скоростью уплотнения, согласно принятой классификации – это трещины типа 2.1, в пластовых условиях они находятся в состоянии максимального вертикального напряжения, преимущественно закрыты и ухудшают вертикальный тензор проницаемости.

3-стадия трещинообразования проходит на этапе позднего диагенеза - раннего катагенеза, в условиях повышения давления и температур. Трещинообразование связано с двумя процессами идущими параллельно. Это процессы вторичных минеральных преобразований, сопровождающиеся перераспределением внутри-капиллярного давления и формированием центров кристаллизации: переход смектита в гидрослюду, и процесс перекристаллизации ОКТ фазы в кварц.

4-стадия связана с неотектонической активностью, формированием систем трещин оперяющих разрывные нарушения, по принятой классификации - это трещины типа 1.1, и формированием трещин делимости (соскладчатых) – тип 1.2, они развиваются в зонах основных напряжений связанных с активными структурообразующими процессами. Данный тип трещин выявлен только в отложениях пласта НБ1, который характеризуется уникальными упруго-прочностными свойствами, средние значения индекса хрупкости составляют порядка 0,5-0,7 д.ед., в связи с чем породы практически не способны испытывать пластичные деформации и неизбежно растрескиваются при упругом воздействии.

Выводы

Основные группы трещин в опоковидных глинах и опоках (коньяк-сантон-кампан) Западной Сибири представлены тектоническим, литогенетическим и техногенным типами, а также – смешанного генезиса. Вероятно, часть напряжённых зон литогенетического происхождения раскрывается на этапах активизации тектонических импульсов – с последующими процессами промывки, растворения и отложения вторичных минералов – это трещины смешанного происхождения.

Нетектонические трещины могут иметь разнообразное происхождение из-за внутренних свойств сланцев, которые обычно определяются тремя факторами: сверхнизкой проницаемостью, в которой вода не может свободно двигаться, но при этом создает внутреннее давление; сложными диагенетическими трансформационными минеральными переходами минералов, зависимых от водной фазы и характером чередования прослоев (или слоистостью).

Последние два фактора напрямую контролируются литологическим составом пород. Эти факторы совместно способствуют облегчению давления жидкости, приводят к искажению местных напряжений и в результате вызывают необратимые изменения в матрице, изменяют пористость и механические свойства горных пород, что, как следствие, приводит к развитию в них в том числе и трещиноватости. Таким образом, этот механизм можно объяснить, как естественный гидроразрыв, происходящий при диагенезе. Предполагается, что такие процессы могут быть вызваны диагенезом глинистых минералов.

Генетические факторы процессов трещинообразования и их характерные маркеры должны являться основными объектами для исследования, четкое понимание интенсивности их развития дает возможность выполнить достоверный площадной прогноз трещинной составляющей.

Библиография / References

1. Карих Т.М., Кудаманов А.И. Мультимасштабный подход к исследованию отложений берёзовской свиты // Геология, геофизика и разработка нефтяных и газовых месторождений – ОАО «ВНИИОЭНГ» – М, 2020, – № 5, С. 15-24.

2. Бурлин, Ю.К. Фазовые переходы кремнезёма в нефтеносных толщах / Ю.К. Бурлин, И.И. Плюснина // Вести Моск. Ун-та. Сер. 4. Геология – 2008 - № 3. С. 24-31.

Проблемы насыщения Ачимовской толщи Западной Сибири и опыт их изучения

А.М. Ибрагимов*, Г.В. Волков, И.Р. Мукминов, Д.А. Кузьмин, К.В. Коняшкина (группа компаний «Газпром нефть»)

Введение

Ачимовский комплекс Западной Сибири является одним из наиболее сложных объектов для изучения и добычи углеводородов за счет сложного строения, низких ФЕС и неоднородного насыщения. Накопленный компанией опыт позволяет успешно решать первые две проблемы, и на сегодня основным вызовом при освоении АТ остается насыщение. Подходам к комплексному решению одной из основных проблем посвящён настоящий доклад.

Метод решения проблемы насыщения АТ

Выполненный анализ проблемы насыщения Ачимовской толщи (АТ) можно разделить на несколько стадий:

Анализ проблем насыщения АТ и разработка алгоритмов их решения

Включает в себя сбор и анализ материалов по фокусной проблематике как в компании «Газпром нефть», так и в компаниях-партнерах. В обсуждение были вовлечены более 30 экспертов и ведущих специалистов из десятка ведущих организаций. Результатом данного этапа стало формирование пула технических и геологических факторов, способных оказывать влияние на насыщение АТ, их группировка и оптимизация по схожей природе и/или методам изучения, выработка подробного плана работ (алгоритма) для проверки каждой гипотезы.

Итоговый перечень включает в себя 11 гипотез (Рис. 1), каждая из которых способна оказывать существенное влияние на насыщение Ачимовской толщи и отражающая различные аспекты условий формирования залежей, вторичных изменений пород, миграции и сохранности УВ.

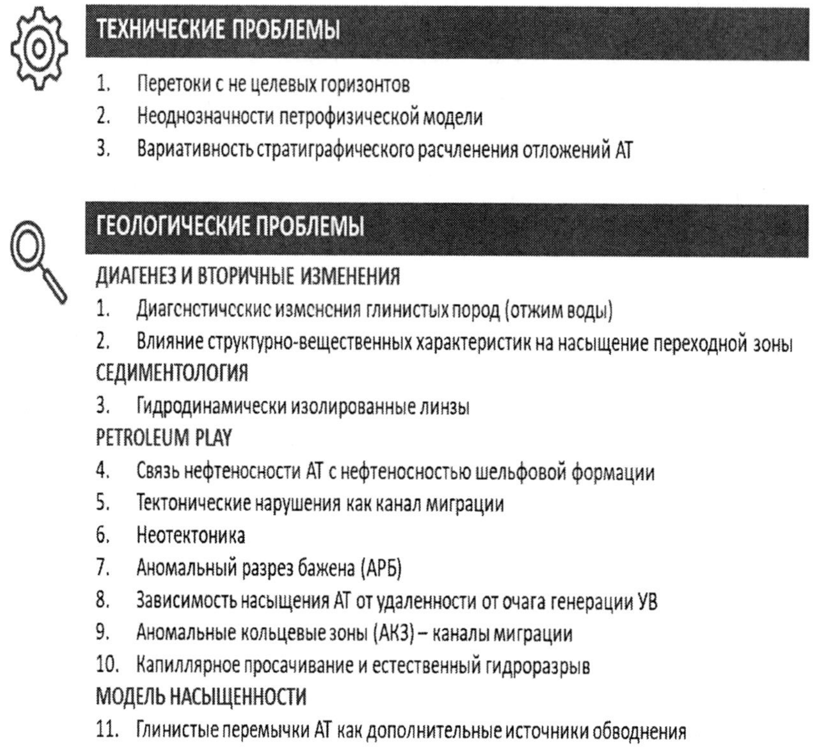

Рисунок 1. *Проблемы насыщения Ачимовской толщи по результатам проведенного анализа*

Выбор оптимальных полигонов для проверки гипотез

Как видно на рисунке 1, ряд гипотез универсален и применим к любому участку с развитой Ачимовской толщей. Другие – приурочены к локальным геологическим условиям (АКЗ, АРБ и т.п.). Кроме того, алгоритмы проверки каждой гипотезы весьма требовательны к изученности участков, в том числе нестандартными видами изысканий.

Для выбора оптимальных полигонов для проработки каждой гипотезы был специально разработан автоматизированный алгоритм, который учитывает следующие факторы:

- Требования алгоритма проверки гипотезы к изученности и геологическим особенностям полигона,
- Геология и изученность более 90 участков с продуктивными или перспективными отложениями Ачимовской толщи,
- Ранжирование востребованности каждой из гипотез.

В качестве полигонов для проверки гипотез выбрано 24 участка. По каждому из них собрана информация об имеющихся и недостающих методах изученности, необходимых для проверки гипотез.

Проработка алгоритмов гипотез на выбранных полигонах

Данная стадия подразумевает практическую реализацию выработанных ранее алгоритмов геологических гипотез и выработку подходов к решению технических проблем насыщения АТ.

На сегодняшний день запущены работы по двум полигонам, но полный цикл проверки гипотез не завершен ни на одном из них. Тем не менее, уже сейчас можно констатировать достаточную проработку сформулированных алгоритмов, так как ни один из них не подвергся существенному пересмотру в процессе практической реализации.

На текущем этапе можно сделать следующие промежуточные выводы:

- Наиболее критической технической проблемой является неоднозначность петрофизических моделей,
- Высокий потенциал инструмента «Цифровой керн» для анализа проблемы насыщения АТ,
- Существенное влияние работ ГРП на рост обводненности АТ.

Пример гипотезы

Аномальные кольцевые зоны (АКЗ) – области разуплотненного газонасыщенного разреза, аномальной записи сейсмического поля, области восходящей субвертикальной миграции флюидов.

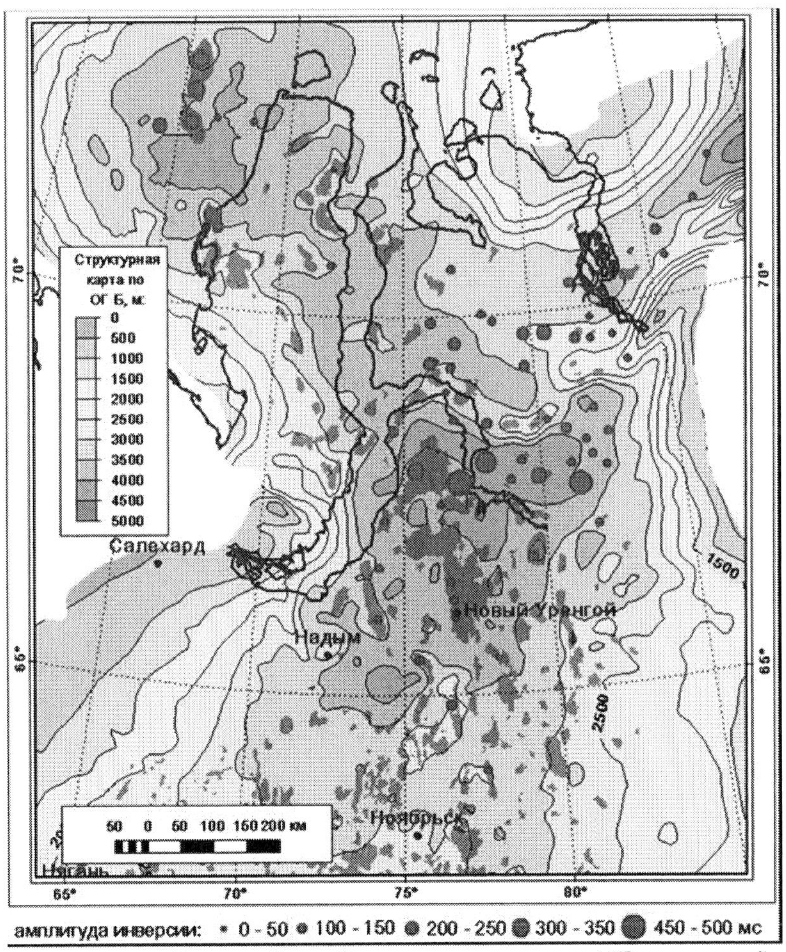

Рисунок 2. *Схема расположения АКЗ в северной части ЗС (подложка – структурная карта ОГ Бажен)*

Выводы

Проблема насыщения Ачимовского комплекса является сложной и многогранной [1], однако усилия проекта имеют хорошие шансы снизить эту критическую неопределённость и сделать запасы Ачимовки доступнее. Сами алгоритмы на данный момент не предназначены для публикации, однако в рамках доклада мы постараемся осветить наиболее интересные результаты изысканий по представленной проблематике.

Библиография / References

1. Плешанов Н.Н, Забоева А.А., Пескова Д.Н и др. Комплексный анализ факторов, влияющих на прогноз зон подвижной воды в ачимовских пластах на лицензионных участках компании «Газпром нефть». ProНЕФТЬ, №3, 2020г.

Геомодель

Использование гармоник вибросейсмических амплитудно- и нелинейно- частотно модулированных сигналов для расширения спектра сейсмической записи

М.С. Денисов* (ООО «ГЕОЛАБ»), А.А. Зыков (ООО «ГЕОЛАБ»)

Введение

При возбуждении колебаний в вибрационной сейсморазведке наряду с основным сигналом порождаются гармоники, которые проходят в глубь среды и, как и основной сигнал, взаимодействуют с целевыми границами. Гармоники характеризуются более широким, чем у основного сигнала, частотным диапазоном, поэтому они могут быть использованы для повышения разрешенности сейсмической записи. Для этого следует предварительно отделить запись, связанную с сигналом, от записей, связанных с гармониками. Задачу успешно решает предложенный ранее алгоритм оптимизационной рекурсивной фильтрации (ОРФ) [2], который, однако, был разработан только для линейно-частотно-модулированных (ЛЧМ) сигналов. Здесь он обобщен на случай амплитудной модуляции и нелинейной частотной модуляции, после чего использован для расширения спектра сейсмической записи.

Модель

Введенная ранее модель дискретного вибросейсмического сигнала $q(t)$ [1] записывается в виде

$$q(t)=\sum_{m=1}^{M} a_m(t)*q_m(t), \quad (1)$$

где $q_m(t)$ - m-я гармоника, $a_m(t)$ - фильтры, M - общее число гармоник, t - индекс дискретного времени. Звездочка обозначает свертку. Все сигналы, с которыми приходится иметь дело при решении практических задач, являются так называемыми квазигармоническими функциями, т.е. описываются формулой $g(t)\sin(tf(t))$, где $f(t)$ - мгновенная частота, $g(t)$ - огибающая. Помимо ЛЧМ, существует много вариантов нелинейно-частотно-модулированных (НЛЧМ), а также амплитудно- и нелинейно- частотно-модулированных (АНЛЧМ) сигналов [3].

Для описания исходной виброграммы $v(t)$ используем традиционную статистическую одномерную сверточную модель

$$v(t)=r(t)*p(t)*q(t), \quad (2)$$

где $r(t)$ - последовательность коэффициентов отражения, $p(t)$ - оператор, описывающий влияние на сигнал $q(t)$ эффектов при прохождении им верхней части разреза (ВЧР), когда преимущественное затухание претерпевают высокочастотные компоненты. Относительно $p(t)$ естественно предположить, что это финитный каузальный оператор малой длины, который близок к минимально-фазовому оператору или является таковым. Считаем, что $r(t)$ является реализацией случайного процесса типа белого шума.

Алгоритм вычисления гармоник

1. Если мгновенная частота задана в виде функциональной зависимости $f(t)$, то получение m-й гармоники не вызывает затруднений: $q_m(t)=g(t)\sin(tmf(t))$.

2. Если в процессе полевых наблюдений производится регистрация толкающего усилия (ground force), то на такой записи сигнал основного тона будет наблюдаться на фоне гармоник. Отделить основной тон от гармоник, а также гармоники разных порядков друг от друга, можно

при помощи так называемой следящей фильтрации, т.е. полосовой фильтрации с нестационарным оператором, настроенным на выделение заданного узкого частотного диапазона в каждый момент времени.

3. Если огибающая и мгновенная частота в явном виде не заданы, а также если не производилась запись толкающего усилия, то можно воспользоваться тригонометрическими формулами, позволяющими получать функцию кратного аргумента. Пусть в момент времени $t=\hat{t}$ имеем мгновенную частоту $\hat{f}=f(t)$. В некоторой локальной ε-окрестности $t\in(\hat{t}-\varepsilon,\hat{t}+\varepsilon)$ основной вибросигнал описывается функцией $g(\hat{t})\sin(t\hat{f})$, и требуется указать способ его преобразования в функцию $g(\hat{t})\sin(tm\{\hat{f})¿$. Воспользуемся формулой понижения степени

$$\sin^2 x=(1-\cos 2x)/2 .$$

Для динамически корректного прогнозирования гармоник также должны быть учтены вариации амплитуды, определяемые огибающей сигнала. В самом деле, с каким амплитудным коэффициентом наблюдается сигнал основного тона, с таким же коэффициентом должны прогнозироваться все его гармоники. Поэтому необходимо ввести в последние выражения множитель d, полагая, что вместо сигнала $\sin x$ имеется сигнал $d\sin x$.

Умножив левую и правую части последнего выражения на d^2, имеем

$$(d\sin x)^2=d^2(1-\cos 2x)/2 ,$$

откуда приходим к

$$d\cos 2x=d-2(d\sin x)^2/d .$$

Так как с учетом введенных обозначений $q_1(\hat{t})=d\sin x$ и $q_2(\hat{t})=d\sin 2x$, то из последнего равенства следует

$$\partial q_2(t)/\partial t=g(t)/2-q_1^2(t)/g(t) .$$

Для квазигармонического сигнала, фигурирующего в левой части, дифференцирование локально сводится к повороту его фазы на величину $\pi/2$ (синус преобразуется в косинус). Поэтому приходим к окончательному выражению

$$q_2(t)=(g(t)/2-q_1^2(t)/g(t))*l(t) , \qquad (3)$$

где $l(t)$ - оператор поворота фазы. Вычисления, производимые в соответствии с (3), подразумевают возведение в квадрат каждого текущего отсчета сигнала $q_1(t)$, деление результата на $g(t)$ с последующим вычитанием из $g(t)/2$. К полученной функции применяется фильтрация с оператором $l(t)$. В результате получим колебание удвоенной частоты с нужной амплитудой. Аналогичные формулы выводятся для расчета гармоник 3-го порядка и выше.

Алгоритм отделения АНЛЧМ сигнала от гармоник

Переход от виброграммы (1) к коррелограмме $z_1(t)$ осуществляется при помощи корреляции функций $v(t)$ и $q_1(t)$, или, что то же самое, – свертки с оператором, заданным в обращенном времени

$$z_1(t)=v(t)*q_1(-t) . \qquad (4)$$

В последнем выражении использование в условном обозначении коррелограммы нижнего индекса 1 подчеркивает, что она может быть получена не только в результате корреляции с 1-й гармоникой. Подставив (1) и (2) в (4), приходим к

$$z_1(t)=r(t)*p(t)*\left(c_{11}(t)+\sum_{m=2}^{M}a_m(t)*c_{m1}(t)\right),$$

где введены обозначения $c_{m1}(t)$ - функция взаимной корреляции, определенная для детерминированных сигналов $q_1(t)$ и $q_m(t)$: $c_{m1}(t)=q_m(t)*q_1(-t)$, а $c_{11}(t)$ - функция автокорреляции, определенная для детерминированного сигнала $q_1(t)$: $c_{11}(t)=q_1(t)*q_1(-t)$. Идеальной, т.е. желаемой, коррелограммой, очищенной от гармоник, является $z_1^{(id)}(t)=r(t)*p(t)*c_{11}(t)$. Тогда оператор, переводящий исходную коррелограмму в желаемую, имеет частотную характеристику $D(\omega)Z_1(\omega)=Z_1^{(id)}(\omega)$, где заглавными буквами обозначены спектры соответствующих временных функций, обозначенных строчными буквами. Таким образом,

$$D(\omega)=\left(1+\sum_{m=2}^{M}A_m(\omega)C_{m1}(\omega)/C_{11}(\omega)\right)^{-1},$$

и нам остается получить оценку операторов $A_m(\omega)$. С этой целью используется адаптация, основанная на методе наименьших квадратов.

Получив оценку оператора, можно вычесть все гармоники из исходной виброграммы, т.е. очистить сигнал. После вычитания посчитаем разность между исходной виброграммой и результатом вычитания, т.е. получим поле гармоник. Используя описанные принципы, можно выделить из него трассу младшей (в данном случае 2-й) гармоники. В остаточной трассе будут находиться гармоники 3-го и более высоких порядков, и вновь можно выделить поле младшей, т.е. 3-й гармоники. Таким образом, трассы, связанные с гармониками разных порядков, будут разделены. После этого сейсмограммы гармоник подвергаются всем традиционным процедурам обработки и формируются разрезы, связанные по отдельности с каждой гармоникой.

Примеры

Работоспособность алгоритма прогнозирования гармоник демонстрируется на примере реального сигнала толкающего усилия, СВАН (спектрально-временной анализ) -колонка которого показана на рис. 1, *а*. На ней выделяются сигнал основного тона и его гармоники 2-го, 3-го и 4-го порядков. Были прослежены траектории сигнала и гармоник до 3-го порядка включительно, в результате чего получены зеленые кривые, наложенные на рисунок. Очевидно, что траектории нелинейные, следовательно, мы имеем дело с НЛЧМ или АНЛЧМ сигналом. Сигнал основного тона был выделен следящей фильтрацией, после чего он поступил на вход преобразования (3). Результат прогнозирования 2-й гармоники представлен на рис. 1, *б*. На основании почти идеального совпадения траекторий прогнозных сигналов с требуемыми траекториями (зеленые кривые), делаем вывод о высоком качестве спрогнозированных гармоник.

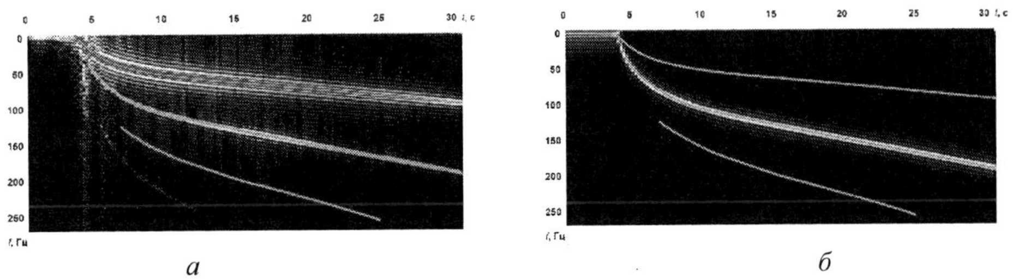

а *б*

Рисунок 1. *СВАН-колонки исходной записи сигнала толкающего усилия (а) и 2-й гармоники, посчитанной при помощи формулы (3).*

Для тестирования алгоритма расширения спектра использовались полевые виброграммы, которые здесь не показаны по причине их малой информативности. Результаты разделения сигнала и гармоник, а также использования гармоник для расширения спектра демонстрируются на суммарных разрезах. После разделения, были получены отдельные наборы данных, относящиеся к 1-й и 2-й гармоникам. К каждому из них применена корреляция со свипом соответствующей гармоники. Для обработки использовался один и тот же граф (полосовая фильтрация, выравнивание амплитуд, коррекция статических поправок, скоростной анализ, деконволюция сжатия сигнала).

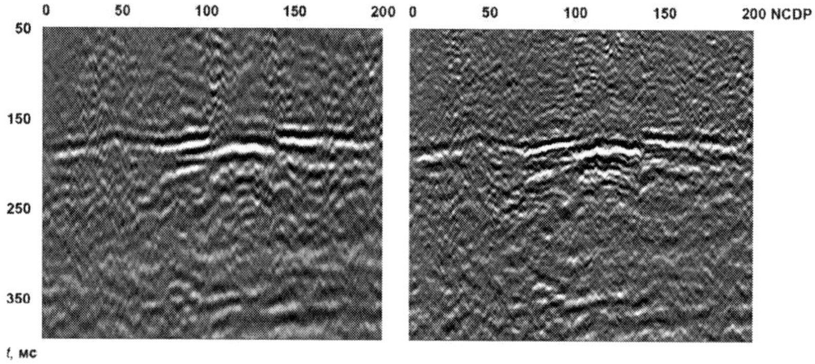

Рисунок 2. *Фрагменты временных разрезов: слева по 1-й гармонике, справа по 2-й гармонике.*

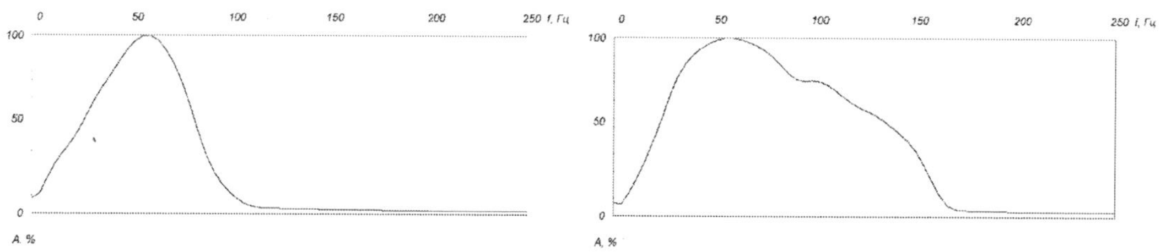

Рисунок 3. *Сглаженные амплитудные спектры фрагментов разрезов, показанных на рис. 2: слева - по 1-й гармонике, справа - по 2-й гармонике. По вертикальной оси отложены относительные амплитуды.*

На рис. 2 сравниваются временные разрезы 1-й и 2-й гармоник. Заметно существенное увеличение разрешенности волновой картины на разрезе, полученном по 2-й гармонике. Наиболее явно это проявляется там, где на разрезе 1-й гармоники на времени 200 мс видно только одно отражение, а на 2-й гармонике выделяется сложная слоистая структура со складками и разломами. Наблюдаемый эффект похож на эффект деконволюции, однако понятно, что средствами обратной фильтрации не удастся так расширить спектр сигнала 1-й гармоники, как мы это видим на разрезе 2-й гармоники (соответствующие оценки спектров приведены на рис. 3). Действительно, верхняя частота диапазона возбуждения основного свипа равна 90 Гц, поэтому никакие линейные преобразования сигнала не смогут добавить к его спектральной характеристике более высокочастотные компоненты. Иначе говоря, применение деконволюции может расширить спектр трассы, но только за счет повышения уровня помех.

Выводы

Предложенный в работе [2] алгоритм ОРФ был получен в предположении, что вибрационная установка излучает ЛЧМ сигнал. Однако, как показывает практика, это допущение зачастую нарушается. Мы обобщили алгоритм, позволив корректно учитывать как амплитудную модуляцию, так и нелинейную частотную модуляцию. Алгоритм отделяет сейсмограмму, связанную с сигналом основного тона, от сейсмограмм, связанных с гармониками, а также отделяет сейсмограммы гармоник различного порядка друг от друга. Работоспособность алгоритма подтверждается примерами обработки полевых виброграмм. Удалось почти вдвое расширить спектр импульса, и, как следствие, значительно повысить разрешенность записи.

Библиография

1. Денисов М.С., Егоров А.А. Построение модели вибросейсмического сигнала, осложненного гармониками // Геофизические технологии. – 2019а. – № 1. – С. 72–83.
2. Денисов М.С., Егоров А.А. Оптимизационная рекурсивная фильтрация как способ подавления гармоник в методе вибросейс // Геофизические технологии. – 2019б. – № 2. – С. 23–53.
3. Теория и практика наземной невзрывной сейсморазведки / Под ред. М.Б. Шнеерсона. – М.: Недра, 1998. – 527

References

1. Denisov M.S., Egorov A.A. Constructing a model of vibroseis signal complicated by harmonics // Russian Journal of Geophysical Technologies. – 2019a. – Vol. 1. – P. 72–83.
2. Denisov M.S., Egorov A.A. Optimization-based recursive filtering for Vibroseis harmonic noise elimination // Russian Journal of Geophysical Technologies. – 2019b. – Vol. 2. – P. 23–53.
3. Theory and practice of ground-based non-explosive seismic exploration / Ed. M.B. Schneerson. – Nedra, Moscow, 1998. – 527 p.

Глубинная миграция методом фазового сдвига с интерполяцией (PSPI) против обращенной во времени миграции (RTM)

Н.А.Голярчук*

Введение

Существуют двупроходные и однопроходные миграции волнового уравнения. Первый тип, известный как обратная временная миграция (RTM) - один из наиболее продвинутых методов построения изображений [1]. Построение изображения идёт в три стадии. Сначала вычисляется волновое поле от каждого источника, затем вычисляется поле от сейсмограмм, запущенных в обратном времени и взятых в качестве источников. Далее выполняется корреляция двух полученных полей и последующее суммирование по всем источникам. Из-за неоднородностей среды некоторые участки изображения "подсвечены" сильнее, некоторые - слабее. Для выравнивания освещенности применяется нормализация финального изображения. В полученных изображениях также зачастую присутствует низкочастотный шум. Чтобы его убрать, применяют высокочастотную фильтрацию.

Однопроходная миграция на основе волнового уравнения является наиболее популярной схемой из-за меньшего времени вычислений и высокой эффективности. Эти методы хорошо известны как фазовая миграция и расщепленный шаг Фурье (SSF). Однако миграция с фазовым сдвигом строго действительна только для горизонтально-слоистых сред. В случае сильной латеральной изменчивости скоростей, подходит метод фазового сдвига плюс интерполяция (PSPI). Поскольку спектр мощности сейсмического источника ограничен полосой частот с частотой среза намного ниже частоты Найквиста, данные изображения в пространственно-частотной области позволяют значительно сжать данные. Алгоритм PSPI отличается своей простотой, эффективностью и меньшими затратами на вычисления. Результаты вполне сопоставимы с RTM. PSPI удобно и целесообразно также применять при тестировании глубинной миграции.

Элементы теории

Алгоритм RTM прекрасно изложен в статье [3].
На рисунке 1 показана схема лучей в однородной среде с одной отражающей границей.

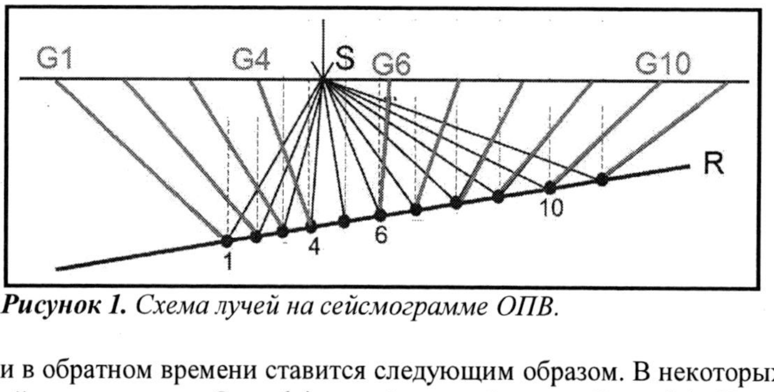

Рисунок 1. *Схема лучей на сейсмограмме ОПВ.*

Задача миграции в обратном времени ставится следующим образом. В некоторых точках среды расположены сейсмоисточники $S = \{s_i\}$ и сейсмоприёмники $R = \{r_i\}$. Известно значение волнового поля $u^j_0\ (r_j, t)$ при $0 \le t \le T$ в точке сейсмоприёмника r_i от источника s_j. Также известна некоторая приближённая модель среды χ. Задача: по имеющимся данным восстановить местоположение отражающих границ, т.е. поверхностей резких градиентов скорости звука c_0; соответственно $\chi_0 = 1/c_0^2$.

Применяется формула.

$$I(x,z) = \frac{\sum_m \sum_n S_m(n\Delta t, x, z) R_m(n\Delta t, x, z)}{\sum_m \sum_n S_m^2(n\Delta t, x, z)} \quad (1)$$

где *Sm(nΔt, x, z)* — волновое поле источника, излучаемое в m-й приемник на n-м временном шаге, а *Rm(nΔt, x, z)* - обратное волновое поле из приемников, а *I(x, z)* — восстановленное изображение.

Блок-схема алгоритма RTM представлена на рисунке 2, взятом из статьи [3].

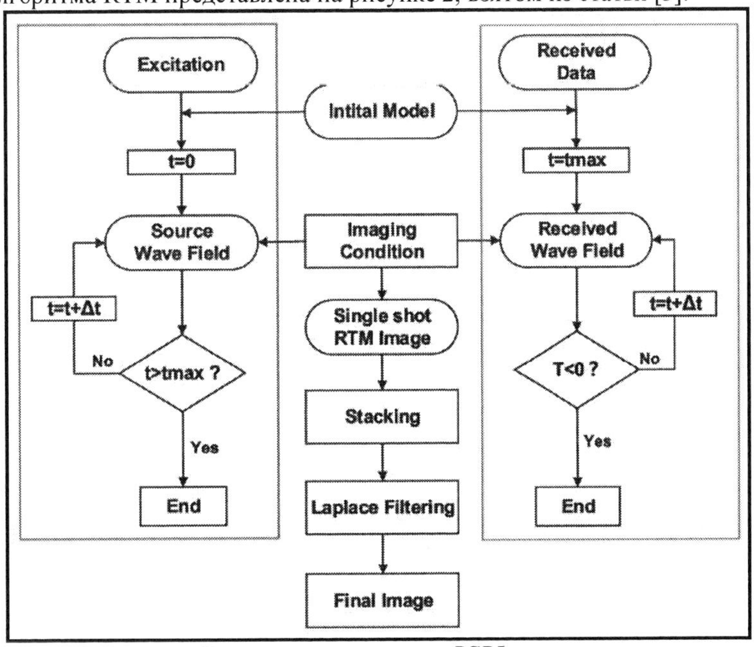

Рисунок 2. *Блок-схема алгоритма PSPI.*

Фактически автором этих тезисов выполнена только работа по программированию алгоритма PSPI, изложенного в прекрасной работе [2]. Отправной точкой фазового сдвига является формула для спектра волны внутри слоя [z, z+Δz] с латерально изменчивой пластовой скоростью.

$$\hat{P}_0(x,y,z+\Delta z,\omega) = \hat{P}(x,y,z,\omega) e^{i\frac{\omega}{v}\Delta z}, \quad v = v_z(x,y). \, (2)$$

Второй член определяет горизонтальную коррекцию набором скоростей.

$$\hat{P}^{(n)}(k_x,k_y,z+\Delta z,\omega) = \hat{P}_0(k_x,k_v,z+\Delta z,\omega) \times \exp\left(i\left(k_z^{(n)} - \frac{\omega}{v_z^{(n)}}\right)\Delta z\right), \, (3)$$

Набор полей $\hat{P}^{(n)}(x,y,z+\Delta z,\omega)$ служить исходными данными, из которых окончательный спектр получается интерполяцией .

$$\hat{P}(x,y,z+\Delta z,\omega) = \hat{P}^{(n)}(x,y,z+\Delta z,\omega) \times \frac{v_z^{(n+1)} - v_z(x,y)}{v_z^{(n+1)} - v_z^{(n)}} + \hat{P}^{(n+1)}(x,y,z+\Delta z,\omega) \times \frac{v_z(x,y) - v_z^{(n)}}{v_z^{(n+1)} - v_z^{(n)}}, \, (4)$$

Применяя обратное преобразование от (2) мы получаем поле на уровне z+Δz. В этом суть метода PSPI, как представлено в статье (2) и в общих чертах показано на блок-схеме Рисунка 3.

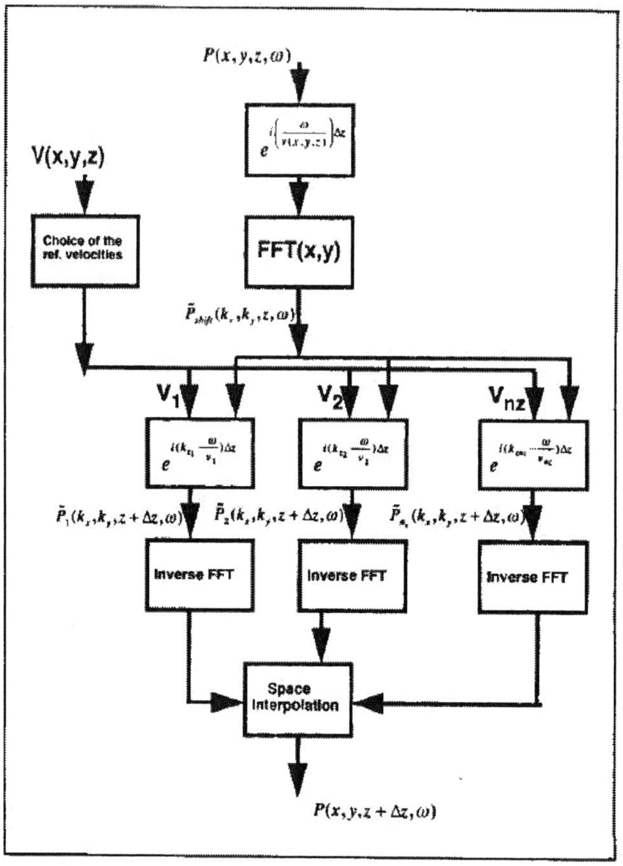

Рисунок 3. *Блок-схема алгоритма PSPI.*

В качестве примера для сравнения двух методов миграции выбрана модель Seam-2D. Модель представляет собой двумерный геологический разрез с заданным распределением скоростей (Рисунок 4). Модель предназначена для сравнительного тестирования программных разработок.

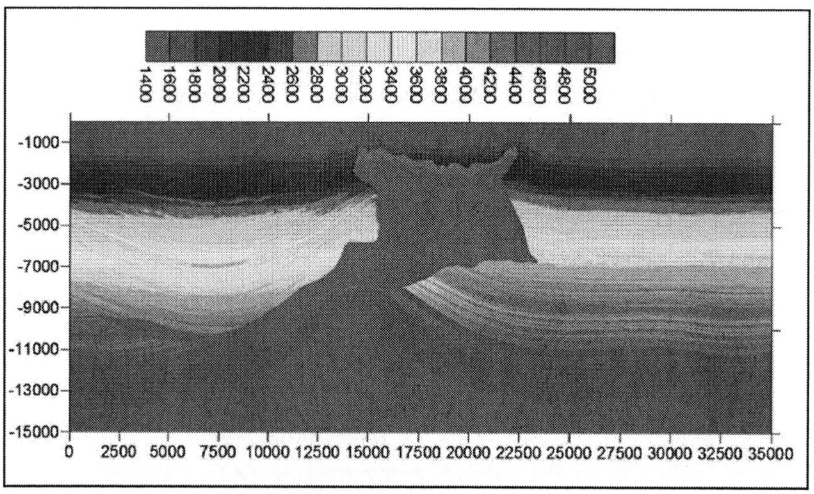

Рисунок 4 *Модель соляного тела Seam 2D.*

На рисунке 5 представлен пример обращенной во времени миграции в этой модели соляного тела.

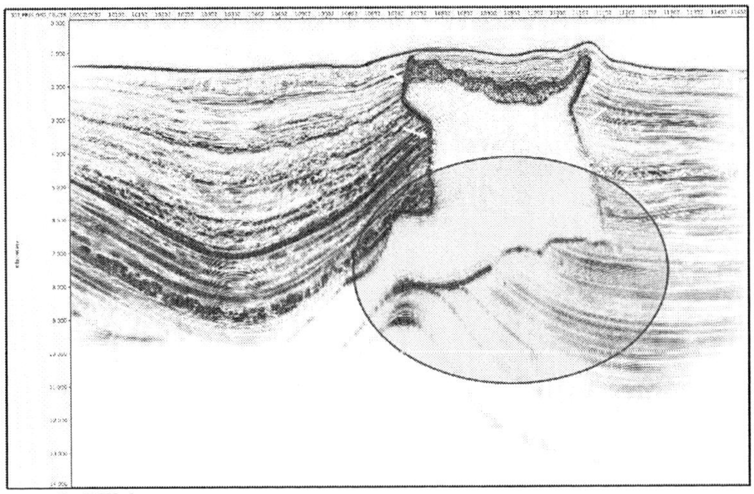

Рисунок 5. *RTM миграция.*

На Рисунке 6 представлен пример глубинной миграции методом фазового сдвига с интерполяцией. Искажения в нижней части волнового поля объясняются недостаточной длиной сейсмической записи.

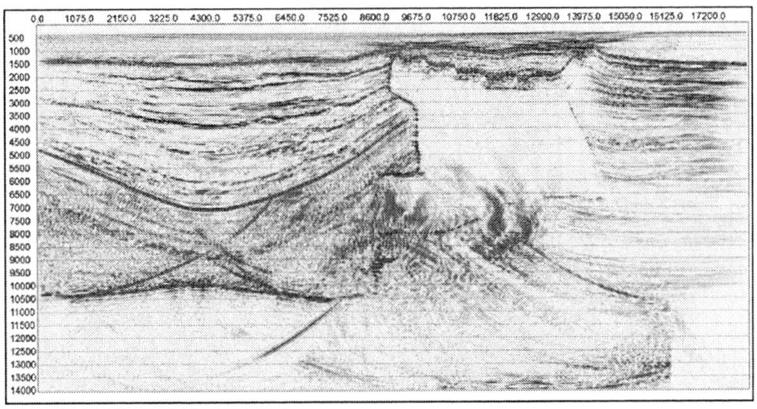

Рисунок 6. *Phase-Shift-Plus interpolation миграция.*

Выводы

Миграция PSPI не уступает по качеству полученного изображения среды миграции RTM. Поскольку PSPI работает в десятки раз быстрее и не нуждается в дальнейшей нормализации и фильтрации, ее рекомендуется применять при тестированиях глубинных миграций и для уточнения скоростной модели среды.

References

1. Baysal E., Kosloff D., Sherwood J. Reverse time migration // Geophysics. — 1983. — V. 48, N Ii. – p/ V1514–V1524.

2. Ernesto Bonomi, Leesa Brieger, Carlo Nardone, et al. Phase shift plus interpolation; A scheme for high-performance echo-reconstructive imaging. Computers in Physics 12, 126 (1998). American Institute of Physics.

3. Hai Liu , Member, IEEE, Zhijun Long, Bo Tian, Feng Han , Guangyou Fang, and Qing Huo Liu, Fellow, IEEE. Two-Dimensional Reverse-Time Migration Applied to GPR With a 3-D-to-2-D Data Conversion.

Геомодель

Грамотное планирование полевых сейсморазведочных работ – основа успеха предприятия

Авторы доклада: С.Ф. Фатхуллин (АО «Башнефтегеофизика»), Р.М. Гафаров (АО «Башнефтегеофизика»), *Н.В. Денисенко (АО «Башнефтегеофизика»)

Введение

Цель доклада – показать необходимость индивидуального подхода к каждому проекту и наличия опыта работ для эффективного планирования. Это важно для понимания существующих проблем проектирования сейсморазведки и формирования стоимости работ.

Методика планирования

Каждый проект полевых сейсморазведочных работ подвержен влиянию множества труднопрогнозируемых факторов, определяющих его сложность [1] [2]. Основные из них:

1) Геологическое строение исследуемой площади.

2) Конфигурация участка работ.

3) Наличие выносов линий приема за контур возбуждения.

4) Климат региона.

5) Наличие природоохранных зон, а также особые требования землепользователей.

6) Инфраструктура района.

7) Разность альтитуд участка работ

8) Объекты и коммуникации на площади работ

9) Залесенность участка и категорийность имеющихся лесов.

Таким образом, на каждом участке работ в разной степени представлены перечисленные, а также и другие факторы. Исходя из их количества, а также учитывая их неоднородное влияние на разных участках, можно утверждать, что существует огромное множество комбинаций этих факторов, что делает каждый проект сейсморазведочных работ в своем роде уникальным.

На рисунке 1 представлен пример различий 2 проектов по одному признаку – залесенности. Двух одинаковых контуров площадей, расположенных на расстоянии 20 км друг от друга. Представленная подложка – это реальный космоснимок поверхности земли. Левый участок почти полностью залесен лесом 3 категории, правый - преимущественно заболочен, лес в большей степени 1 категории. Имеем, что при смещении контура площади слева направо бригад топоразбивки сокращается с 7 до 3, а бригад валки с 28 до 2. И это различия только по топогеодезическому отряду.

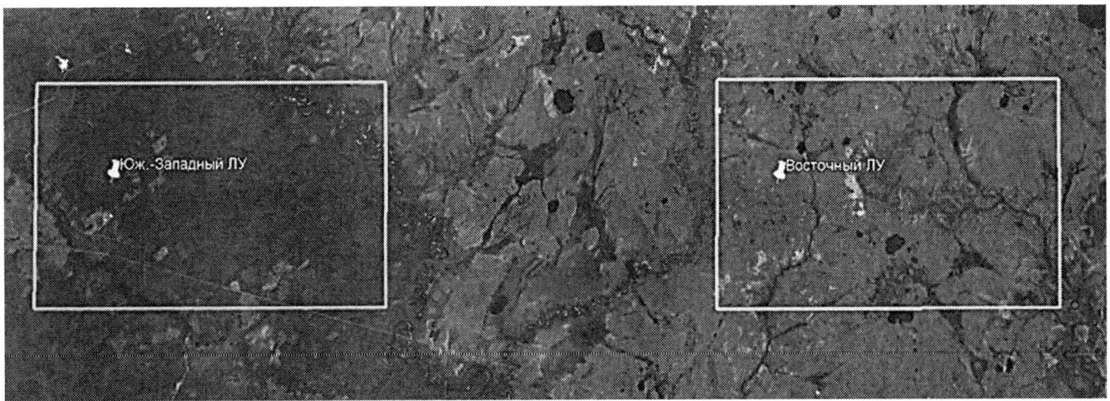

7	бригад топоразбивки	3
28	бригад валки леса	2

Рисунок 1. *Пример различий 2 проектов по одному признаку – залесенности.*

Еще несколько примеров влияния изменения параметров проекта на затраты представлен на рисунке 2. Затраты проектов сейсморазведочных работ в зависимости от наличия или отсутствия вынесенных из контура возбуждения пунктов приема различаются до 20 %. Значительный рост залесенности проекта может вызвать увеличение себестоимости до 40 %. Изменение конфигурации участка работ (т.е. ее геометрической формы) влияет на затраты в пределах 10%.

Некорректная оценка факторов может привести к диспропорции производительности различных бригад и вызвать простои определенных отрядов и, тем самым, нарушить намеченный календарный план работ. Поэтому к планированию полевых работ предъявляются высокие требования

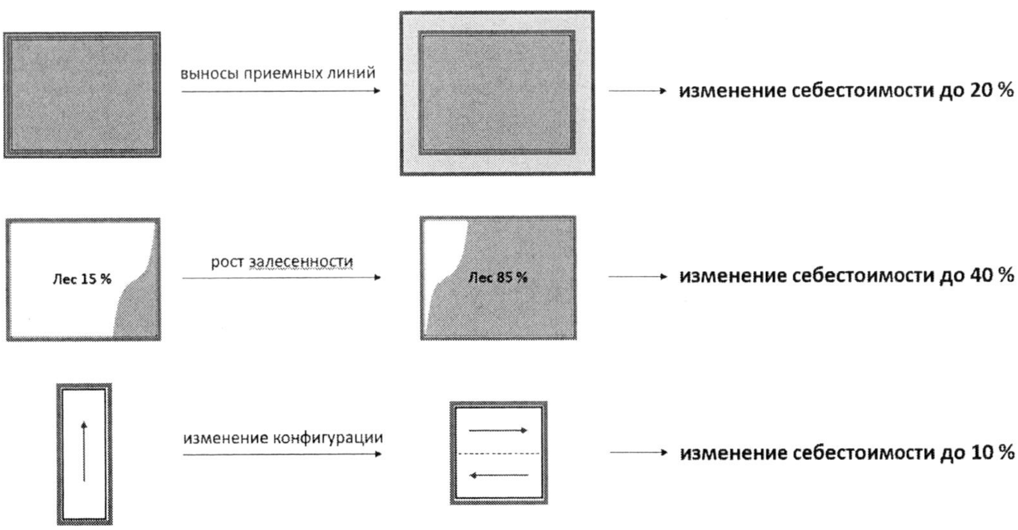

Рисунок 2. *Влияние параметров проекта на себестоимость работ.*

На рисунке 3 представлена схема цикла проектирования работ с основными ее этапами.

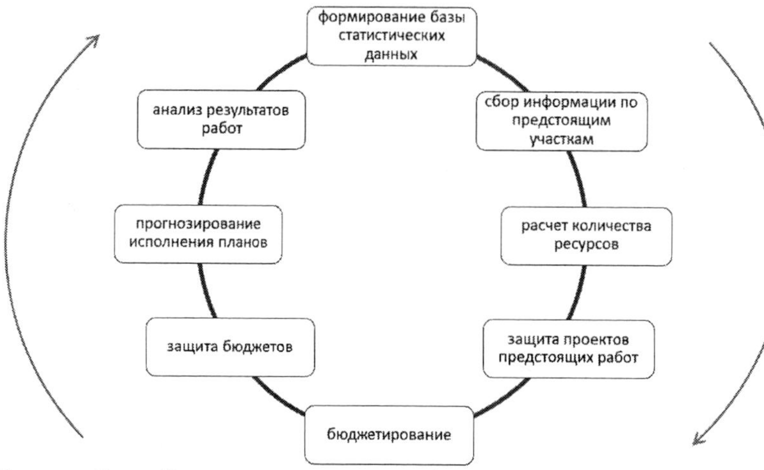

Рисунок 3. *Этапы планирования работ.*

Цикл планирования начинается с формирования базы статистических данных по ранее завершенным работам. На постоянной основе осуществляется сбор и фиксирование трудовых показателей в увязке с характеристикой условий работы. Для этих целей по всем видам технологических переделов (разбивки, валки, бурения) формируются классификации основных параметров, которые определяют трудоемкость того или иного производственного процесса. Подобная классификация позволяет находить корреляционные связи условий работы с производительностью труда. Выстраиваемые корреляционные зависимости служат фундаментальной основой для определения количества ресурсов, необходимого для выполнения проектируемых участков. Вся информация аккумулируется в формализованной базе данных [3].

Следующий элемент системы планирования – это сбор информации по предстоящим участкам работ. Основным способом сбора информации является рекогносцировка участка с выездом на местность. В ходе рекогносцировки кроме визуального наблюдения и фото-, видеофиксации при возможности осуществляются пробные работы, например, бурение для определения геологического строения верхней части разреза, наличие мерзлотных зон и формирования хронометража процесса. При отсутствии возможности подъезда на участок работ может быть произведена фотосъемка участка с применением беспилотных летательных аппаратов (БПЛА). Для более полного сбора данных целесообразно осуществить воздушно-лазерное сканирование (ВЛС). ВЛС позволяет построить модель земной поверхности всего участка работ. Применение ВЛС способствует построению эффективной сетки съемки, минимизирующей переезды техники.

Третий этап – это непосредственно этап проектирования, расчетов. Особенно трудоемкой задачей на данном этапе является расчет необходимого количества бригад одновременно с ежедневной увязкой работ каждого отряда между собой [1][2]. Для выбора оптимального прохода участка всеми отрядами моделируется каждый день полевых работ. Таким образом, скрупулезно подбирается объем ежедневной отработки каждого отряда по профилям. Благодаря этому, исключаются простои бригад из-за ожидания выполнения работ других отрядов.

Одной из особенностью планирования является то, что готовый проект выполнения работ проходит несколько этапов защит на разных уровнях управления сейсморазведочными работами. Это позволяет минимизировать ошибки, допущенные на ранних этапах планирования. Проект может быть возвращен на доработку неограниченное количество раз, пока все эксперты не согласуют расчеты.

В соответствии с проектом сейсморазведочных работ начальник партии формирует бюджет сейсморазведочной партии. Начальники партий планируют каждую статью затрат с большой детализацией расчетов [1][2]. Экономисты в данном случае выступают в роли консультантов, а также оценивают корректность заполнения форм бюджетов. При недостатке техники или оборудования на проектируемые работы формируется также план приобретения основных средств. Данный план включает расчеты экономической целесообразности инвестиций, в том числе оценку срока окупаемости вложений.

Бюджеты доходов и расходов, а также планы приобретения основных средств также подлежат защите на самом высоком уровне в разрезе каждого проекта. При необходимости оптимизации бюджетов проект выполнения работ может быть скорректирован. Как и проект работ бюджеты могут быть возвращены на доработку неограниченное количество раз.

После утверждения всех планов и начала полевых работ процесс планирования не останавливается. По мере выполнения работ и получения объективных данных за прошедший период производится прогнозная оценка возможных результатов проекта. Сопоставляя плановые и фактические значения выполненного этапа, моделируются возможные будущие показатели всего проекта. Исходя из полученных оценочных результатов проекта при необходимости реализуются корректирующие мероприятия с целью достижения поставленных в начале проекта целей.

По завершению производственных работ выполняется аналитическая работа с оценкой результативности проекта. Анализ работ выполняет начальник партии. Отмечаются ключевые особенности проекта, достижения, а также сложности полевого сезона. Определяется достигнутая производительность на участке, тем самым пополняется база статистических данных по завершенным полевым работам, которая будет использована в составлении последующих проектов.

Выводы

Формализация бизнес-процесса и участие всех заинтересованных и участвующих в реализации специалистов, на каждом проекте является наиболее важной чертой системы проектирования работ АО «Башнефтегеофизика». Нужно отметить, что составить качественный план работ, имеющий достижимые и одновременно напряженные цели, возможно только при интенсивном участии основных специалистов и руководителей каждого уровня иерархии управления. Именно всеобщее участие и значительная доля временных затрат ключевых специалистов на проектирование обеспечивают высокое качество планирования.

Развитие системы планирования в АО «Башнефтегеофизика» заключается в автоматизации операций. Накопление больших баз данных по завершенным проектам, формирование моделей поверхностных условий работы посредством проведения ВЛС, наличие формализованных бизнес-процессов планирования в ближайшем будущем должны стать основой для машинного обучения [4]. Это позволит значительно сократить сроки проектирования работ, снизить количество ошибок, а также найти более оптимальные схемы выполнения полевых работ. В конечном счете, машинное обучение должно способствовать построению более эффективных планов работ, минимизирующие риски и простои, с оптимальным соотношением различных типов техники, что в свою очередь дает возможность повышать производительность и снижать стоимость работ.

Библиография / References

1. "Rules for the preparation of project documentation for conducting geological exploration of the subsoil and exploration of mineral deposits by types of minerals", approved by Order No. 352 of the Ministry of Natural Resources of the Russian Federation dated 14.06.2016, as amended by Order No. 226 of the Ministry of Natural Resources of the Russian Federation dated 29.05.2018.
2. Mokin Yu.P., Akhmet V.H., Golubkov A.V., Kostitsyn N.A., Gelepnev K.V. Appendix to the Roskomedr Order No. 108 dated 11/22/93//INSTRUCTIONS for drafting projects and estimates for exploration work, Moscow 1993
3. Gafarov R.M., Siraev I.A., Denisenko N.V., Yagudin I.R., Idiatov R.H. A quality control system for field seismic surveys //Geology, geophysics and development of oil and gas fields. 2021. No 6(354).

4. Bulaev V.I. Features of introducing machine learning models into production // Instruments and systems of exploration geophysics. 2022. No.4

Исследование применимости итерационного алгоритма совместной акустической инверсии и глубинной миграции для восстановления параметров упругой среды

Д.К. Дмитрачков* (ИНГГ СО РАН), М.И. Протасов (ИНГГ СО РАН)

Введение

Сейсмическая инверсия представляет собой процедуру, которая позволяет прогнозировать коллекторские свойства резервуаров. Результатом работы алгоритма сейсмической инверсии является детальная модель упругих свойств среды, тогда как на вход инверсии подаются результаты временной обработки как до суммирования, так и после суммирования [4]. В тех областях, где имеет место сложная геологическая структура среды, необходимо использовать глубинную обработку сейсмических данных вместо временной, и тогда уже применять сейсмическую инверсию к результатам глубинной обработки.

Имеется возможность применять глубинную миграцию и сейсмическую инверсию последовательно, друг за другом, получая итерационный совместный алгоритм [2]. Численные эксперименты показывают, что итерационный алгоритм совместной миграции-инверсии восстанавливает глубинную макро-скоростную модель среды в случае постоянной плотности.

В рамках данной работы исследуется вопрос о применимости совместного алгоритма в случае неизвестной модели плотности среды. Установлено, что глубинная скоростная модель среды может быть уточнена при известной плотности, отличной от постоянной. При неизвестной плотности можно сделать один шаг совместного алгоритма, уточнив детальную глубинную модель акустического импеданса. Расчёты проводились на синтетических данных, полученных с помощью конечно-разностного моделирования, а также с использованием реалистичной модели Marmousi.

Совместная миграция и инверсия

Итерационный совместный алгоритм [2] состоит из сейсмической инверсии и глубинной миграции. В случае постоянной плотности суть его состоит в следующем. Сначала по сейсмическим данным и начальной скоростной модели с помощью миграции строится глубинное сейсмическое изображение. При помощи преобразования «глубина – время» изображение и начальная скорость переводятся во временной масштаб, где в результате инверсии мы получаем детальную модель импеданса и рассчитываем скоростную модель по известной плотности. Восстановленная скорость затем переводится обратно в глубинный масштаб, после чего она сглаживается — так мы получаем обновлённую макро-скоростную модель среды. Следующие итерации совместного алгоритма происходят так же, но уже с обновлённой скоростью.

В совместном алгоритме используется акустическая сейсмическая инверсия полной вариации с ограничениями. В её основе лежит одномерная свёрточная модель сейсмической трассы [1, 3]. В этой постановке сейсмическая трасса представляет собой результат свёртки зондирующего импульса с коэффициентами отражения в виде:

$$s(t)=w(t)*r(t), \tag{1}$$

где $s(t)$ – сейсмическая трасса, $r(t)$ – коэффициенты отражения, $w(t)$ – сейсмический импульс. В свою очередь, коэффициент отражения на границе между слоями i и $i+1$ определяется как:

$$r_i=\frac{Z_{i+1}-Z_i}{Z_{i+1}+Z_i}, \tag{2}$$

где Z_i – акустический импеданс в слое i. Для успешной реконструкции физически адекватного решения необходимо привлекать априорную информацию о свойствах решения. Чтобы этого добиться, от задачи (1) переходят к задачи минимизации целевого функционала, состоящего из нормы невязки и стабилизаторов, позволяющих учитывать априорную информацию о решении.

Во-первых, в предположении, что рассматриваемая среда состоит из конечного числа слоёв с однородными свойствами, более предпочтительными являются разреженные трассы коэффициентов отражения, содержащие минимальное количество ненулевых отсчётов. Во-вторых, поскольку в сейсмических трассах не содержится информации о низкочастотном тренде модели, её необходимо внести в решение. Это можно сделать, построив соответствующий стабилизатор на основе слабоконтрастного приближения [4] для коэффициентов отражения, которое имеет вид:

$$r_i = \frac{1}{2}\left(\ln Z_{i+1} - \ln Z_i\right). \tag{3}$$

В-третьих, поскольку в основе инверсии лежит одномерная свёрточная модель, соседние трассы никак не связаны друг с другом, и необходимо обеспечить пространственную связность решения. Окончательно, целевой функционал для инверсии полной вариации с ограничениями имеет вид:

$$f(r) = \|w * r - s\|_1 + \alpha_1 \|r\|_1 + \alpha_2 \|Tr\|_1 + \alpha_3 \|Cr - \xi\|_1 + \alpha_4 \|C(r - \tilde{r})\|_1, \tag{4}$$

где α_i – параметры регуляризации,

$$T = \begin{pmatrix} -1 & 1 & \dots & 0 & 0 \\ 0 & -1 & & 0 & 0 \\ \vdots & & \ddots & \vdots & \\ 0 & 0 & \cdots & -1 & 1 \end{pmatrix}, C = \begin{pmatrix} 1 & 0 & 0 & \dots & 0 \\ 1 & 1 & 0 & & 0 \\ & \vdots & & \ddots & \vdots \\ 1 & 1 & 1 & \cdots & 1 \end{pmatrix}, \xi = \frac{1}{2} \begin{pmatrix} \vdots \\ \ln\left(Z_i / Z_0\right) \\ \vdots \end{pmatrix}, \tag{5}$$

T – матрица дифференцирования, C – матрица интегрирования, $\tilde{r}$ – вектор коэффициентов отражения для соседней трассы, найденный ранее. Вектор ξ рассчитывается по начальной модели акустического импеданса. Импеданс в верхнем слое Z_0 считается известным.

Другим компонентом совместного алгоритма является глубинная миграция. Важно, чтобы глубинная миграция позволяла строить сейсмическое изображение в истинных амплитудах, то есть чтобы амплитуды изображения были пропорциональны линеаризованному коэффициенту отражения. В выбранном алгоритме миграции изображения строятся по Гауссовым пучкам [5].

Численные эксперименты

Используя итерационный совместный алгоритм для случая заданной модели плотности, отличной от постоянной, удаётся уточнить глубинную макро-скоростную модель среды (Рисунок 1). Рассматривая изменение сейсмического изображения после глубинной миграции в процессе итераций, можно также сказать об уточнении макро-скоростной модели среды (Рисунок 2). Изменение положения границ связано с обновлением скоростной модели в процессе итераций совместного алгоритма. Если же модель плотности неизвестна, то мы можем построить начальную модель импеданса для инверсии, использовав эмпирическую зависимость плотности от скорости продольной волны, например, уравнение Гарднера. После инверсии по восстановленной модели импеданса не удаётся разделить скорость и плотность так, чтобы добиться сходимости совместного алгоритма. Однако один шаг совместного алгоритма сделать возможно, получая при этом глубинную детальную модель акустического импеданса (Рисунок 3).

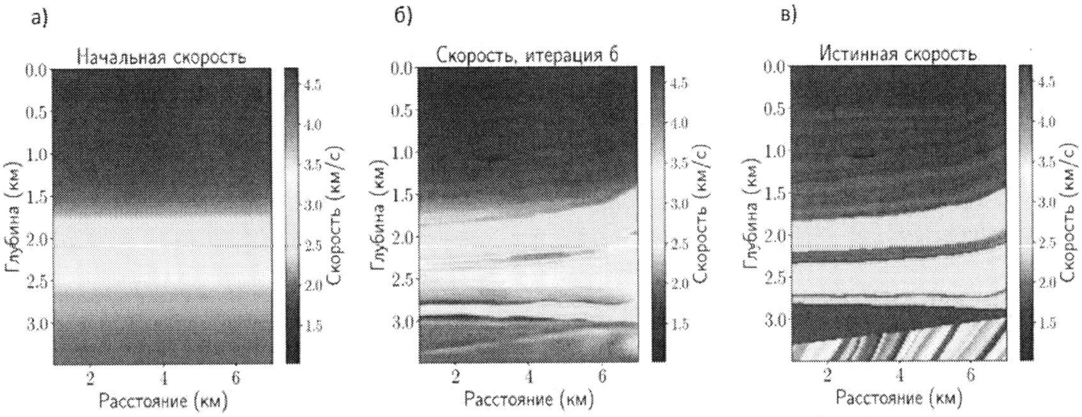

Рисунок 1. *Результат работы совместного алгоритма при известной модели плотности. а) Начальная миграционная скоростная модель. б) Восстановленная глубинная макро-скоростная модель. в) Истинная скоростная модель.*

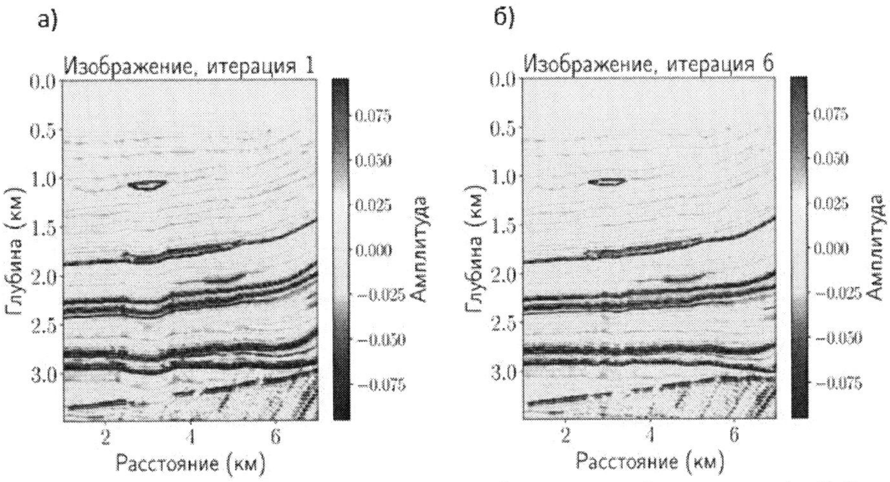

Рисунок 2. *Изменение положения границ глубинного изображения. а) Сейсмическое изображение, построенное в начальной миграционной скоростной модели. б) Сейсмическое изображение, построенное в обновлённой скоростной модели после 6-й итерации совместного алгоритма.*

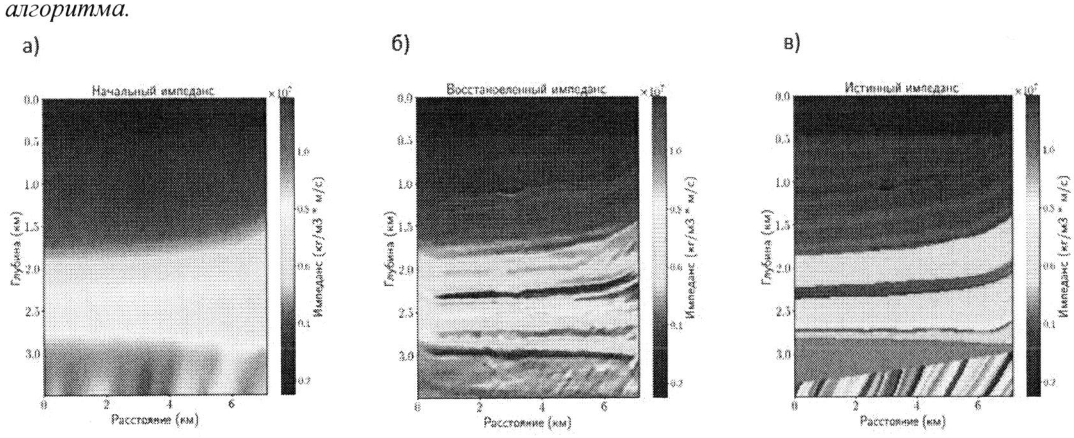

Рисунок 3. *Результат одного шага совместного алгоритма в случае неизвестной плотности. а) Начальная модель импеданса, построенная по эмпирической зависимости плотности от скорости. б) Уточнённая глубинная модель импеданса после одного шага. в) Истинная модель акустического импеданса.*

Выводы

Совместный алгоритм миграции и инверсии способен уточнять глубинную макро-скоростную модель среды при заданной модели плотности. В том случае, когда информация о плотности отсутствует, можно сделать один шаг итерационного алгоритма и уточнить глубинную модель акустического импеданса.

Полученные результаты говорят о том, что при использовании акустического варианта инверсии в связке с миграцией можно извлечь из сейсмических данных полезную информацию. Препятствием для применения совместного алгоритма в случае неизвестной плотности является невозможность отделения плотности от скорости по заданному импедансу. Это создаёт предпосылки для модификации совместного алгоритма и замены акустической инверсии на её упругий вариант.

Благодарности

Данная работа выполнена при частичной поддержке Российского Научного Фонда, грант № 21-71-20002. Численные результаты работы были получены с использованием вычислительных ресурсов суперкомпьютерного центра Санкт-Петербургского политехнического университета Петра Великого (scc.spbstu.ru).

Библиография

1. Ампилов Ю.П., Барков А.Ю., Яковлев И.В., Филиппова К.Е., Приезжев И.И. Почти все о сейсмической инверсии. Часть 1 // Технологии сейсморазведки, 2009. № 4. С. 3–16.
2. Протасов М.И., Дмитрачков Д.К. Акустическая сейсмическая инверсия и миграция в истинных амплитудах для определения глубинно-скоростной модели // Геофизика, 2023. № 4. С. 16–21.
3. Russell B. H. Introduction to Seismic Inversion Methods. Course Notes Series, Society of Exploration Geophysicists. 1988. P. 80-101.
4. Russell B.H. and Hampson D.P. Comparison of poststack seismic inversion methods // SEG Annual Meeting, Expanded Abstracts. 1991. P. 876–878.
5. Protasov M.I., Tcheverda V.A. True amplitude imaging by inverse generalized Radon transform based on Gaussian beam decomposition of the acoustic Green's function // Geophysical Prospecting, 2011. V. 59. P. 197–209.

References

1. Ampilov Yu.P., Barkov A.Yu., Yakovlev I.V., Filippova K.E., Priezzhev I.I. Almost everything is about seismic inversion. Part 1. Seismic technologies, 2009. V. 4. P. 3–16. (in Russian)
2. Protasov M.I., Dmitrachkov D.K. Acoustic seismic inversion and true amplitude migration for depth-velocity model estimation. Geophysics, 2023. V. 4. P. 16–21. (in Russian)
3. Russell B. H. Introduction to Seismic Inversion Methods. Course Notes Series, Society of Exploration Geophysicists. 1988. P. 80-101.
4. Russell B.H. and Hampson D.P. Comparison of poststack seismic inversion methods // SEG Annual Meeting, Expanded Abstracts. 1991. P. 876–878.

5. Protasov M.I., Tcheverda V.A. True amplitude imaging by inverse generalized Radon transform based on Gaussian beam decomposition of the acoustic Green's function // Geophysical Prospecting, 2011. V. 59. P. 197–209.

Рекорды производительности с применением методик Slip-Sweep и ISS в Арктическом регионе

Р.Х. Идиятов* (АО «Башнефтегеофизика»), А.С. Жужель (АО «Башнефтегеофизика»), Р.М. Гафаров (АО «Башнефтегеофизика»)

Введение

В Арктическом регионе, на участках где необходимо выполнить большой объем сейсморазведочных работ за зимний полевой сезон, в связи с высокими требованиями к получаемой геологической и геофизической информации, актуальной становится необходимость внедрения новых и более эффективных технологий для регистрации сейсмических данных. В статье представлен опыт и достижения компании АО «Башнефтегеофизика» в области высокопроизводительной вибрационной сейсморазведки slip-sweep. Были достигнуты высокие показатели производительности работы в сложных природно-климатических условиях Арктического региона. Также в статье приводятся примеры опробования методики ISS. Стоит отметить, что сейсморазведочные работы были проведены виброисточниками «Батыр», выпускаемых компанией в рамках программы импортозамещения. За шесть лет применения этих источников мы с уверенностью можем говорить о их надежности и эффективности в любых климатических условиях, а также об их применимости для работы по различным методикам. В заключении отмечается, что выполнение значительных объемов сейсморазведочных работ за один сезон в условиях Арктического региона становится возможным благодаря вызовам, которые стоят перед компанией, опыту, мастерству и профессионализму сотрудников АО «Башнефтегеофизика».

Метод (и/или Теория)

В последние годы наблюдается постепенное увеличение числа партий, использующих вибрационные источники при сейсморазведке в Арктическом регионе. Рост популярности вибрационной сейсморазведки обусловлен уникальными особенностями этого метода, такими как возможность контролировать спектр возбуждаемых волн, применение корреляционных методов для сжатия сигналов и их извлечения из фонового шума. Сейсморазведочные работы, проводимые с помощью вибрационных методов, практически не оказывают вреда окружающей среде, что является важным аспектом для исследований в Арктике.

Разведочная геофизика является одним из ключевых направлений работы компании АО «Башнефтегеофизика», которая на сегодняшний день занимает лидирующие позиции на рынке сейсморазведочных услуг [1].

В настоящее время выполнение сейсморазведочных работ методом slip-sweep не является чем-то особенным для АО «Башнефтегеофизика», как это было 5-6 лет назад. Данный метод позволяет, за относительно короткий промежуток времени (полевой сезон), выполнить значительный объем геофизических работ. Параллельно с использованием метода slip-sweep, проводится тестирование и опробование технологии ISS.

Сезонность полевых работ требует тщательного планирования с одной стороны и тотального контроля в реальном времени всего процесса регистрации данных с другой стороны. АО «Башнефтегеофизика» с 2018 года успешно проводит сейсморазведочные работы по методике slip-sweep в арктической зоне. С каждым полевым сезоном объём выполняемых работ увеличивается: 1 000 км^2 в первый год, 1 705 км^2 во-второй. На данный момент, наибольший объем выполненных работ составляет 2 150 км^2 за полевой сезон одной сейсмопартией.

Участки работ расположены в ЯНАО и на Таймыре (рисунок 1). Местность - всхолмлённая тундровая равнина с многочисленными озерами. Характерно сплошное промерзание ВЧР, за исключением низменных участков, а также в близи озер и пойм рек, где могут встречаться зоны растепления.

Рисунок 1. Обзорная схема района работ.

За зимний полевой сезон 2023 – 2024 гг. силами одной партии был выполнен рекордный объём 2150 км^2 - 145400 физических наблюдения [2], методика работ: полевые наблюдения проводились по центрально-симметричной схеме с использованием телеметрической регистрирующей аппаратуры Sercel 428XL, активная расстановка – 180 каналов на 30 ЛПП, кратность наблюдений – 225, длина записи – 8 с. Шаг пунктов возбуждения и приема 50 метров. Интервал между линиями возбуждения и приема 300 м. Длина свип-сигнала 40 с, slip-time – 14 с. Возбуждение упругих колебаний осуществлялось вибрационными источниками «Батыр» (рисунок 2), производства АО «Башнефтегеофизика» и Nomad 65T.

Рисунок 2. Установки СВ 30/150МТ «Батыр».

Другая сейсморазведочная партия выполнила не менее внушительный объем в 154600 физических наблюдения на участке площадью в 1541 км^2. Методика работ: шаг пунктов возбуждения и приема 50 метров. Интервал между линиями возбуждения и приема 200 м. Длина свип-сигнала 45 с.

С 2018 года АО «Башнефтегеофизика» выполняет сейсморазведочные работы с применением вибрационного источника возбуждения «Батыр», который по своим характеристикам не уступает зарубежным аналогам. Последние модификации источников «Батыр» (СВ-30/150М и СВ-30/150МТ, рисунок 2) выходят на полную мощность с 4,6 Гц, что является неоспоримым преимуществом данных установок, поскольку среди Заказчиков работ наметилась тенденция расширения излучаемого сигнала в низкочастотную область. На сегодняшний день в работе находятся 20 комплектов виброустановок «Батыр» по 5 единиц в каждом. Имеется несколько вариантов исполнения, включая гусеничный (для работы в арктической зоне).

При производстве работ (рисунок 3) по методике slip-sweep было задействовано от 4 до 7 групп вибрационных установок, которые работали последовательно одна за другой с частичным перекрытием излучаемых свип-сигналов. Группа состояла из 3 виброисточников. Время от начала излучения одной группы вибраторов до начала излучения следующей группы («slip-time») было сопоставимо с длительностью полезного интервала сейсмической записи. Тем самым значительно повысилась производительность работ, сократились сроки их выполнения.

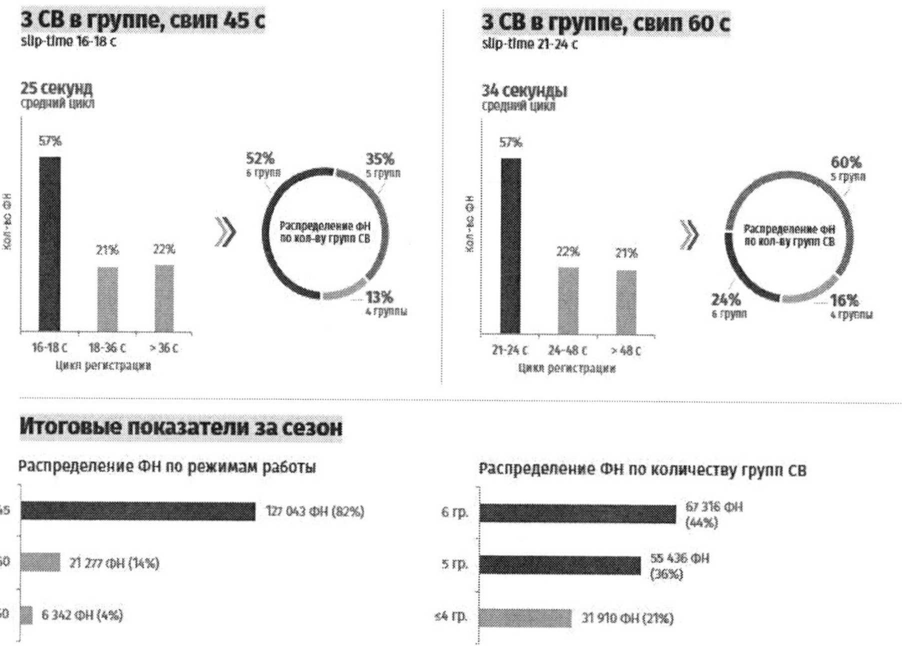

Рисунок 3. *Количество групп в работе и распределение отработанных ФН.*

Регистрация данных производилась в круглосуточном режиме. Для достижения и поддержания производительности выполнялось тщательное планирование всех этапов сейсморазведочных работ. Наибольшая производительность за время полевого сезона составила 2900 ФН/сут. средняя 1300 ФН/сутки. Среднее время регистрации в сутки 12 ч., максимальная – 21 ч. Работы были выполнены на достаточно высоком техническом уровне.

Также были проведены работы по технологии ISS. Первое опробование было проведено по «стандартной» методике на площади 30 км^2. Уникальность данных работ заключается в применении системы синхронизации GDS-II совместно с регистрирующей аппаратурой Sercel 508XT. Второе испытание было проведено на площади 40 км^2 (рисунок 4) с применением одиночных источников и приемников, шаг ПВ 6,25 м, всего ПВ 65000. Плотность трасс составила более 13 млн. на кв.км. Наибольшая производительность за время полевого сезона составила 15000 ФН/сут. средняя 8200 ФН/сутки.

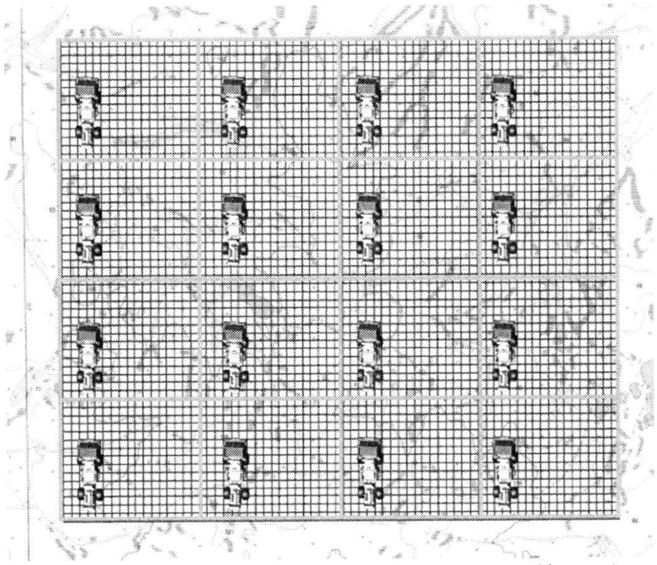

Рисунок 4. *Принципиальная схема расположения секторов (блоков) работы отдельных виброисточников при работах ISS.*

Выводы

Выполнение значительных объемов сейсморазведки с использованием высокопроизводительного метода slip-sweep возможно в условиях Арктического региона. Компания накопила значительный опыт реализации подобных проектов. Осуществляется тестирование в производственном режиме технологии ISS, хотя существуют значительные ограничения для ее применения.

В зимнем полевом сезоне 2023-2024 гг. в Дирекции разведочной геофизики АО «Башнефтегеофизика» сейсморазведочные работы методом slip-sweep проведены на четырёх объектах, общей площадью 6220 км^2. Все проекты были сложными, однако интересными, требующими профессионализма на всех уровнях их воплощения. Работы были выполнены, опережая план. Нет сомнений, что и в будущем компания сможет поддерживать свои рекордные показатели.

Библиография

1. Ахметшин И.Н., Сираев И.А., Гафаров Р.М. Сейсморазведка. Испытание временем. Геофизика №3 – 2017.

2. Идиятов Р.Х. Отчет по объекту: Полевые сейсморазведочные работы МОГТ-3D, 2024

3. Шнеерсон М.Б., Жуков А.П. Современные технологии возбуждения сейсмических волн. Приборы и системы разведочной геофизики – 2013.

References

1. Axmetshin I.N., Siraev I.A., Gafarov R.M. Sejsmorazvedka. Ispy`tanie vremenem. Geofizika №3 – 2017.

2. Idiyatov R.Kh. Otchet po ob``ektu: Polevy`e sejsmorazvedochny`e raboty` MOGT-3D, 2024

3. Shneerson M.B., Zhukov A.P. Sovremenny`e texnologii vozbuzhdeniya sejsmicheskix voln. Pribory` i sistemy` razvedochnoj geofiziki – 2013.

Нелинейные искажения как дополнительный источник сейсмической информации в вибрационной сейсморазведке

И.Р. Ягудин* (АО «Башнефтегеофизика»), Р.М. Гафаров (АО «Башнефтегеофизика»), А.С. Жужель (АО «Башнефтегеофизика»)

Введение

Во время производства СРР с использованием вибрационного источника, в процессе излучения проектного свип-сигнала к нему добавляются так называемые нелинейные искажения, причина возникновения которых связаны с несовершенством передачи сигнала от плиты источника к грунту, а также наличием аппаратурных ограничений в работе самой системы вибрационного источника.

Нелинейные искажения привносят в волновое поле виброграммы такие же сигналы, как и сигналы проектного свипа, но с кратными частотами. После корреляции данные искажения перераспределяются в область отрицательных времен полученной коррелограммы. В данной статье показано, что нелинейные искажения при определенном алгоритме обработки могут привнести дополнительную полезную сейсмическую информацию к исходному волновому полю коррелограмм.

Что такое нелинейные искажения – «Distortion»

Distortion - эффект искажающий сигнал и характеризующий степень отличия формы реального сигнала (выходного) от проектного сигнала (входного). При разложении проектного и реального свип-сигнала в частотно-временной области очень хорошо видно наличие и интенсивность гармонических искажений в реальном свипе (рис.1).

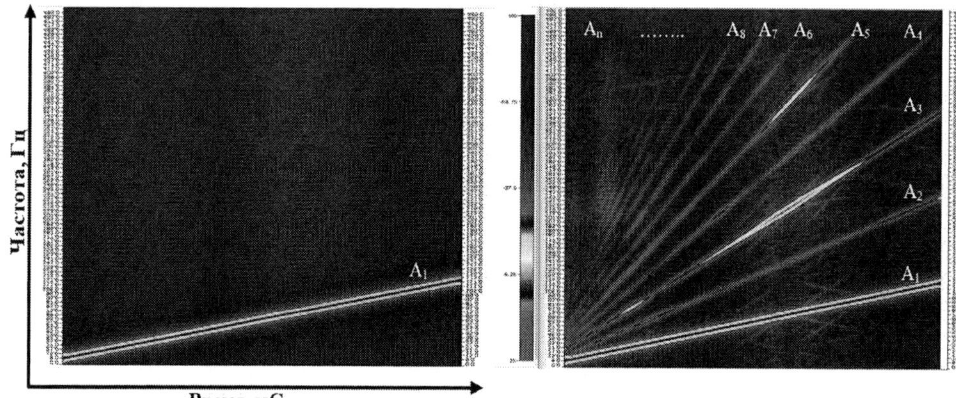

***Рисунок 1.** Разложение проектного (слева) и реального (справа) свип-сигналов на гармоники в области время-частота*

Основной причиной, приводящей к появлению в сигнале четных гармоник $A_{2,} A_{4,} A_{6,} \dots A_{2n,}$ является несимметричность процесса возбуждения на контакте плита-грунт, а именно отрыв излучающей плиты от грунта при повышенных амплитудах воздействий. Появление же нечетных гармоник $A_{3,} A_{5,} A_{7,} \dots A_{2n-1,}$ обусловлено нелинейностью передаточной характеристики дроссельного привода возбудителя вибраций [1].

Исходя из этого следует, что на определенных временах, помимо основной частоты, будут замешаны сигналы со значениями частоты в 2, 3 и т.д. большими, чем частота проектного свип-сигнала (рис.2-3).

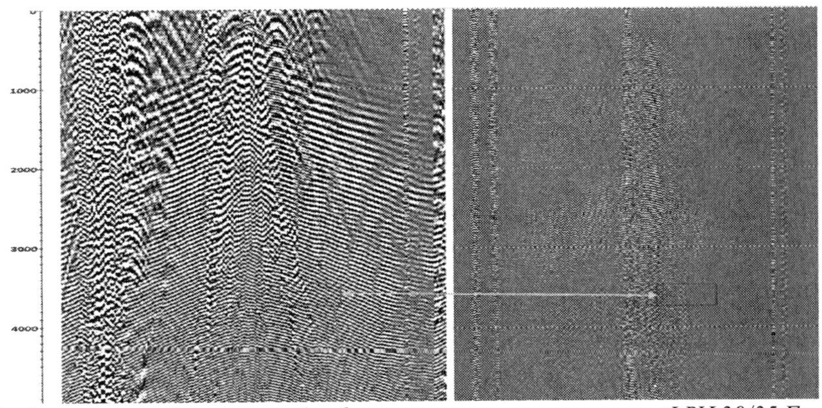

Рисунок 2. *Фрагмент виброграммы без фильтрации и с применением ФВЧ 30/35 Гц*

Амплитудно-частотная характеристика (АЧХ), полученная во временном интервале виброграммы 3.5-3.7сек (рис.2), показывает, что максимальная частота сигнала здесь составляет 22Гц (рис.3, синий цвет), что соответствует частоте проектного свип-сигнала на данном времени излучения. Если к данной виброграмме применить фильтр-высоких частот 30/35Гц для удаления максимальной частоты проектного свип сигнала на этом отрезке времени, то получим АЧХ с максимумами на частотах, соответствующих кратным частотам максимальной частоты 44Гц, 66Гц и 88Гц (рис.3, коричневый цвет). Данный эффект проявляется на всех реальных полевых данных и для каждой проектной частоты свип-сигнала имеются сигналы с частотой в 2, 3, 4 и т.д. раза, превышающие проектную.

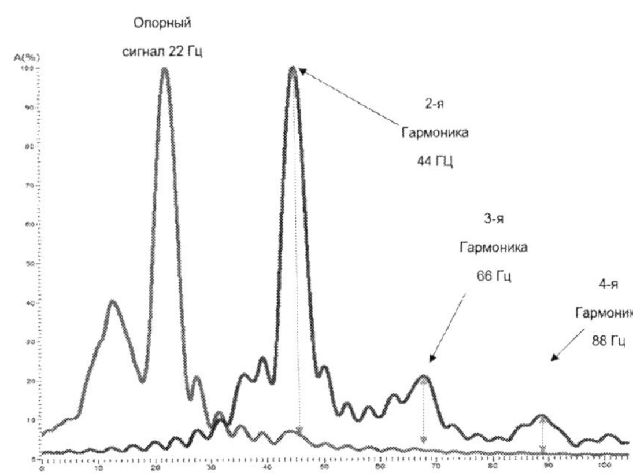

Рисунок 3. *Нормированный спектр АЧХ с побочными максимумами по частоте: синий график показывает АЧХ, соответствующую проектной частоте свип-сигнала; коричневый график показывает побочные максимумы АЧХ после удаления из сигнала проектной частоты свип-сигнала*

Причина возникновения данных кратных частот — «излучатель» этих сигналов. В данном случае это вибрационный источник, так как любая система, преобразующая идеальный сигнал в реальный физический, будет иметь ограничения, как в работе своих систем, так и при передаче данного сигнала в реальную среду, тем самым искажая исходный сигнал.

Чтобы показать эффект влияния кратных гармоник на сейсмический сигнал, применим скользящий фильтр [2] к реальному свип-сигналу, оставляя только частоты кратных гармоник.

Представим полученные результаты в частотно-временной области, после применения скользящего фильтра к реальному свип-сигналу (рис.4). При помощи данного скользящего фильтра удалось удалить с волнового поля все «паразитные» частоты.

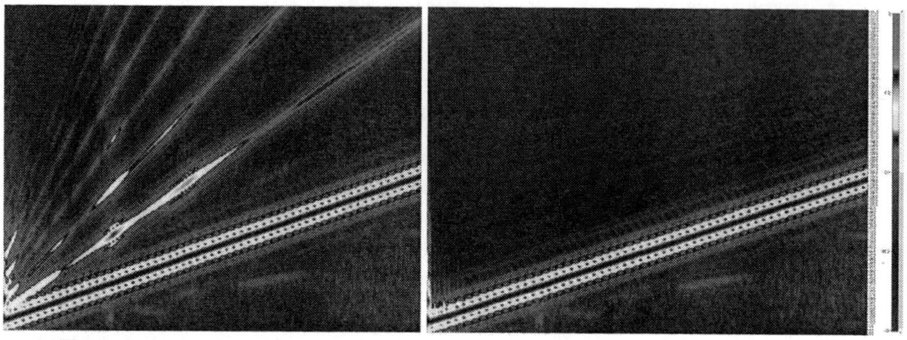

Рисунок 4. *Представление реального свип-сигнала в частотно-временной области до и после скользящей фильтрации*

Применим полученный скользящий фильтр к реальной виброграмме, выполним операцию корреляции и вычтем полученные волновые поля коррелограмм (рис. 5).

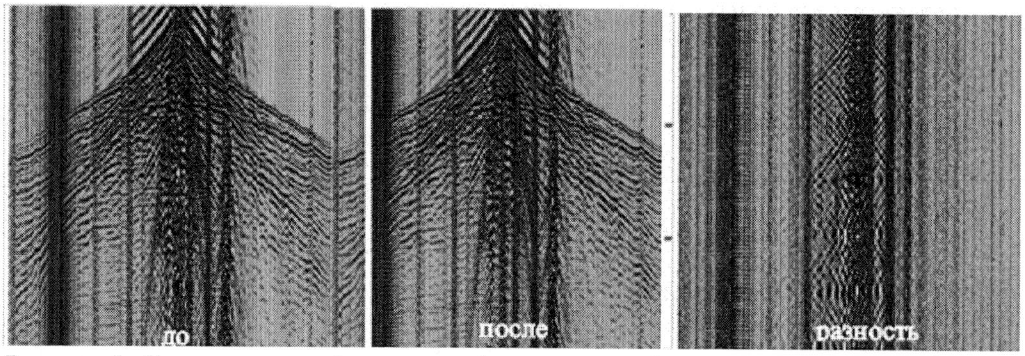

Рисунок 5. *Коррелограммы до и после фильтрации виброграммы скользящим фильтром. Разность волновых полей*

Представленный выше рисунок показывает, что наличие в волновых полях виброграмм нелинейных искажений, после корреляции не несут в себе никакой полезной информации.

Гармонические искажения как дополнительный источник сейсмической информации

Рассмотрим другой подход при работе с гармониками. Выполним селекцию определенных гармоник (2, 3, 4, 5, 6) из волнового поля виброграммы при помощи скользящего фильтра. Для каждой гармоники смоделируем свой теоретический свип-сигнал (рис.6) и проведем операцию корреляции каждой гармоники со своим свип-сигналом (рис.7).

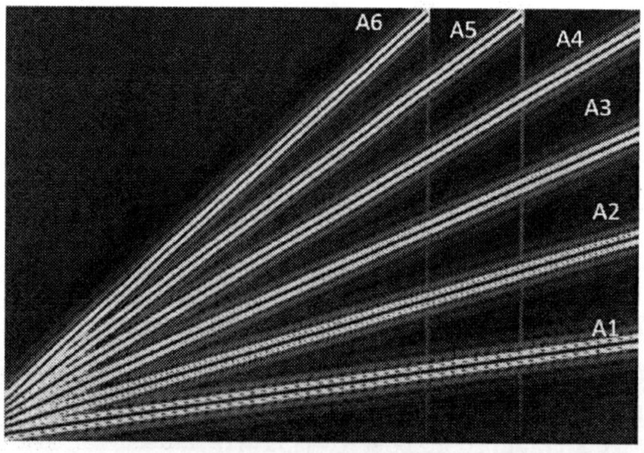

Рисунок 6. *Проектные свип-сигналы для гармоник 1, 2, 3, 4, 5, 6 порядка*

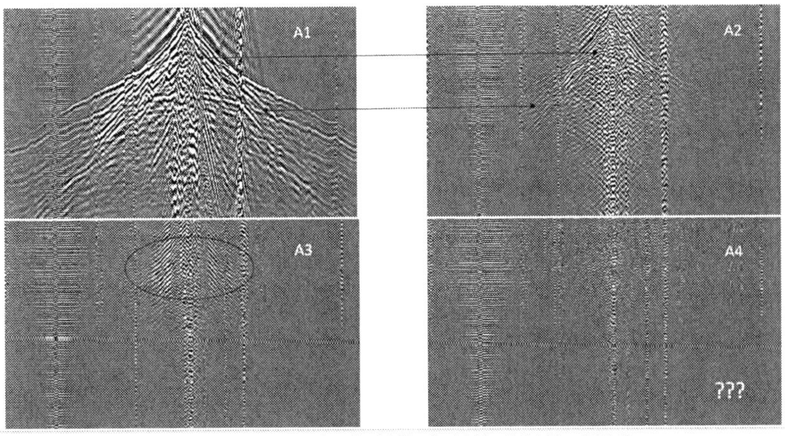

Рисунок 7. *Волновые поля коррелограмм 1-ой (A1), 2 (A2), 3(A3), 4(A4) гармоник*

На волновых полях коррелограмм, полученных при корреляции определенных гармоник со своими свип-сигналами, видны полезные отражающие волны, особенно чётко выделяются на гармонике 2-го порядка. На коррелограммах 3 и 4 гармоники сложно визуально идентифицировать полезные волны.

Однако, при суммировании волновых полей при построении временных разрезов (рис.8) можно видеть проявление отражённых волн даже на 5-6 гармониках.

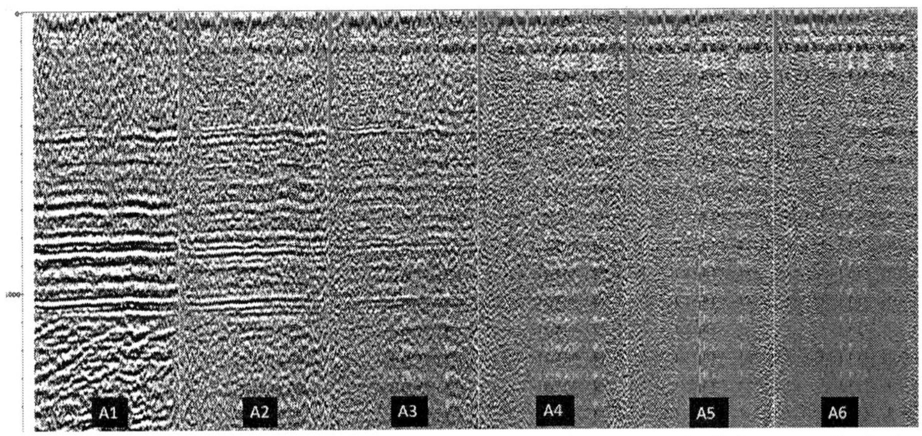

Рисунок 8. *Полевые временные разрезы, полученные отдельно по 1-ой (основной), 2, 3, 4, 5, 6 гармоник*

Выводы

При выполнении любых работ с использованием вибрационного источника можно дополнительно использовать энергию нелинейных искажений. Также необходимо отметить, что привлечение дополнительных аппаратурных средств или усложнение методики работ не требуется, необходимы только волновые поля виброграмм.

References

1. Zhukov A. P., Kolesov S. V., Shekhtman G. A., Shneerson M. B., 2011, Seismic exploration with vibration sources: Tver, Publishing house GERS.

2. Gafarov R.M. Primenenie sledyashchej fil'tracii pri obrabotke dannyh Slip sweep // Geofizika. 2012. № 4. S. 47-53.

Параметр анизотропии δ как индикатор газонасыщенности трещиноватых коллекторов

Т.И. Чичинина* (Мексиканский Институт Нефти), О.К. Манкенов (ООО «МанКенГео») и В.В. Безходарнов (ООО «МанКенГео»)

Введение

Основная цель этого исследования – выявление газонасыщенных трещин. В частности, нас интересует вопрос: «Как по сейсмическим записям определить, какой флюид в трещинах – газ или вода?». Ориентированные вертикальные трещины вызывают азимутальную анизотропию упругих свойств геологической среды. Мы имеем дело с проявлениями азимутальной анизотропии в сейсмических записях P-волн, а именно, из-за наличия параллельных вертикальных трещин скорость волны зависит от азимута (т.е. от направления распространения волны относительно азимута этих трещин). Множество вертикальных плоских трещин можно представить в виде анизотропной модели «HTI», что означает «трансверсально-изотропная модель с горизонтальной осью симметрии» (как это показано на Рис. 1 (b)). Модель HTI характеризуется пятью независимыми параметрами анизотропии: V_{P0}, V_{S0}, ε, δ, и γ; первые два (V_{P0} и V_{S0}) представляют соответственно «вертикальные» скорости продольной и поперечной волн, а ε, δ, и γ — это параметры анизотропии Томсена (Thomsen, 1986). Несмотря на то, что для параметров анизотропии в среде HTI Цванкин ввёл своё обозначение «$\varepsilon^{(V)}$, $\gamma^{(V)}$ и $\delta^{(V)}$» (Tsvankin, 1997), мы всё-таки по-прежнему будем придерживаться их классического обозначения, ε, γ и δ, введенного Томсеным для трансверсально-изотропной среды (VTI).

В методе отражённых волн (который является основополагающим методом в современной сейсморазведке) из всех трёх параметров Томсена главную роль играет параметр δ. Здесь мы не будем касаться методов многоволновой сейсморазведки, где используются поперечные волны (PS) (например, Obolentseva, Gorshkalev, 1986; Obolentseva, Chichinina, 2010). В многоволновой сейсморазведке выходит на первый план параметр анизотропии поперечных волн – параметр Томсена γ. К сожалению многоволновая сейсморазведка в настоящее время почти не используется в разведке на нефть и газ, а только – в научных исследованиях.

Как будет показано ниже, именно параметр δ (а не ε!) может быть получен по данным скоростей продольных отражёных волн (PP), так как δ выражает относительную разницу между минимальной и максимальной скоростями ОГТ. Параметру δ уделяется особое внимание особенно при разведке так называемых нетрадиционных коллекторов нефти и газа, таких, как, например, газовые сланцы (Chichinina, Vernik, 2019); последние представляют собой яркий пример анизотропии в модели VTI из-за своей тонко-слоистой внутренней структуры (т.е., VTI – это трансверсально-изотропная модель с вертикальной осью симметрии для пород с тонкой слоистостью). Ранее мы рассмотрели модель VTI и её параметр анизотропии δ (Chichinina et al., 2021a; 2021b), а в данной работе предметом нашего исследования становится параметр δ в модели HTI (как индикатор газонасыщенности).

Теория

Рассмотрим метод анализа скорости NMO в зависимости от азимута (Grechka et al., 1996; 1999). Под «скоростью NMO» понимается скорость суммирования ОГТ. Зависимость скорости V_{NMO} от азимута (α) можно представить функцией $V(\alpha)$, в виде так называемого «эллипса NMO», который показан на Рис. 1 (a). Этот эллипс лежит в горизонтальной плоскости $\boldsymbol{xy}$; большая ось эллипса (V_{max}) направлена по азимуту трещин (по оси $\boldsymbol{y}$), а его меньшая ось (V_{min}) – по оси симметрии HTI-модели (т.е., по оси $\boldsymbol{x}$). Зависимость скорости (V) от азимута (α) в среде HTI описывается следующей функцией в виде эллипса (Rüger, Tsvankin, 1997):

$$V^2(\alpha)=V_{¿\vee¿^2\frac{1+2\delta}{1+2\delta\sin^2\alpha}¿}, \qquad (1)$$

где δ – это параметр анизотропии Томсена (Thomsen, 1986). $V_{¿\vee¿¿}$— скорость по направлению трещин (это бóльшая ось эллипса); скорость $V_{¿\vee¿¿}$ равна «вертикальной» скорости V_{P0}. Угол α — это азимут линии источник-приемник (который отсчитывается относительно оси симметрии (***x***) HTI-модели), как это показано на Рис. 1(а). Из уравненения (1) при α=0° получаем меньшую скорость $(V¿¿\perp),¿$ на оси симметрии ***x***, т.е., перпендикулярно плоскости трещин (обозначено значком “⊥”):

$$V_{\perp}^2=V_{¿\vee¿^2(1+2\delta)¿}, \qquad (2)$$

где $V_{¿\vee¿¿}$ — это наибольшая скорость при α=90°, т.е., по направлению трещин.

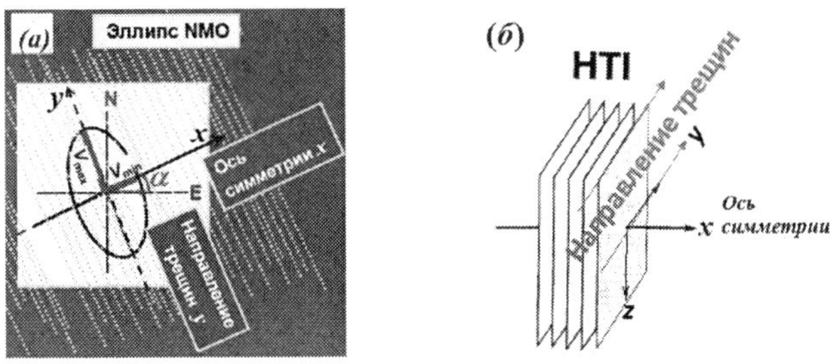

Рисунок 1. *(а): Эллипс NMO. Вид сверху, в горизонтальной плоскости xy. Бóльшая полуось эллипса (по оси y) ориентирована по направлению трещин и равна наибóльшей скорости,* $V_{max}\equiv V_{\parallel}$. *Меньшая полуось эллипса – по оси x, это ось симметрии HTI-модели, и равна наименьшей скорости,* $V_{min}\equiv V_{\perp}$. *Азимут α — это искомый угол, определяющий азимут оси симметрии. «N» — это направление на север, «E» — на восток. (b): Модель HTI.*

Азимут α определяет направление распространения волны относительно оси симметрии HTI-модели; например, на Рис.1(а) волна распространяется в направлении «***E***» (на восток). Если мы найдём угол α, то тем самым мы определим направление трещин (α+90°), как это показано на Рис. 1. Таким образом, зная три скорости, полученные по трём хорошо отстоящим друг от друга азимутам, мы можем построить эллипс, большая ось которого будет ориентирована по направлению трещин, т.е., по азимуту (α+90°). Таким образом, имея скорости хотя бы трём азимутам, находим три неизвестные величины: α, $V_{¿\vee¿¿}$ и δ. «Физический смысл» параметра Томсена δ становится ясен из уравнения (2), то есть:

$$\delta=\frac{(V_{\perp})^2-(V_{\parallel})^2}{2(V_{\parallel})^2}, \qquad (3)$$

а именно, параметр δ выражает относительную разность минимальной и максимальной скоростей ОГТ. Из уравнения (3) следует, что параметр δ в модели HTI всегда отрицателен, δ≤0, поскольку скорость поперек трещин ($V_{\perp}$) всегда меньше скорости вдоль трещин ($V_{\parallel}$).

Газ или вода в трещинах? Анализ параметра δ

Мы построили численную трансверсально-изотропную математическую модель (HTI), прототипом которой была реальная физическая модель породы с трещинами (Chichinina et al. 2024; Silva et al. 2019). На Рис. 2 показаны компоненты тензора упругости $\{C_{ij}^{HTI}\}$ для модели HTI и соответствующие ей параметры анизотропии ε и γ, которые мы используем как исходные данные для расчёта параметра анизотропии δ для модели с газонасыщенными трещинами. Для того, чтобы вычислить параметр δ (по априорно-известным ε и γ), мы используем следующее условие-ограничение на компоненту C_{13} для HTI-модели Linear Slip (Bakulin et al. 2000):

$C_{11}^{\mathrm{HTI}} C_{33}^{HTI} - \left(C_{13}^{HTI}\right)^2 = 2 C_{44}^{HTI} \left(C_{11}^{HTI} + C_{13}^{HTI}\right)$. А именно мы вывели следующую формулу для δ в газонасыщенных трещиноватых породах ($\delta_{газ}$):

$$\delta_{газ} = \frac{1}{\left(1 - g - 2g\gamma\right)} ¿ , \quad (4)$$

где $g = C_{44}^{HTI} / C_{33}^{HTI}$; то есть $C_{44}^{HTI} = \rho V_{S0}^2$ и $C_{33}^{HTI} = \rho V_{P0}^2$.

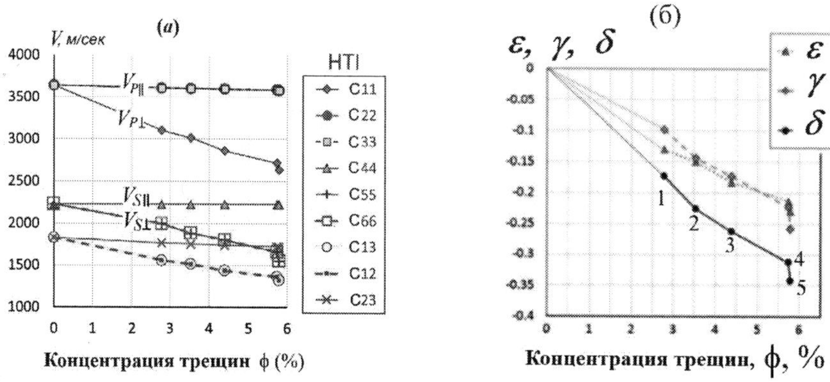

Рисунок 2. *(а): Нормированные компоненты тензора упругости* $\left\{C_{ij}^{HTI}\right\}$ *для модели HTI, приведенные к размерности скорости V, [м/сек], то есть* $V = \left(C_{ij}^{HTI} / \rho\right)^{1/2}$.
(б): Параметры анизотропии ε, γ и δ для модели HTI. Соответствующие контрольные точки для пяти моделей «HTI» пронумерованы на графике «1, 2, ..., 5».

Для трещин, насыщенных жидкостью (например, водой), параметр Томсена ε обращается в ноль, ε=0. Подставив нулевой параметр ε в уравнение (4), получим следующую формулу для δ в водонасыщенной модели ($\delta_{вода}$):

$$\delta_{вода} = \frac{4 g\gamma \left(1 - g\right)}{1 - g - 2 g\gamma}, \quad (5)$$

где g сводится к $g = \frac{\mu}{\lambda + 2\mu} = \frac{V_S^2}{V_P^2}$, а λ и μ – это модули Ламе в скелете породы. Мы рассчитали параметр δ для пяти моделей HTI (отличающихся концентрацией трещин (т.е., φ, [%] на Рис. 3), и оказалось, что δ-параметр стабильно больше в газонасыщенной породе, чем в водонасыщенной (в среднем на 15 % больше по абсолютной величине). Мы подтвердили тот факт, что при газонасыщении абсолютное значение параметра δ больше, чем при насыщении водой. Например, лабораторные измерения параметра δ показали, что газонасыщенные угольные пласты имеют абсолютное значение δ=0,15, тогда как для водонасыщенных углей δ=0,03 (Wang, 2002). По данным NMO-анализа, абсолютное значение параметра δ достигает 0,19 для газонасыщенного карбонатного коллектора, тогда как за пределами этого коллектора оно составляет всего δ=0,05 (Antsiferov et al., 2008).

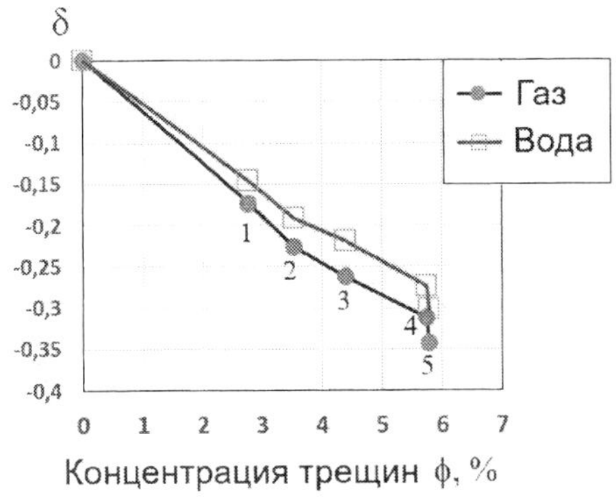

Рисунок 3. *Параметр анизотропии δ для газонасыщенной ("Газ") и водонасыщенной ("Вода") пород с трещинами, в зависимости от концентрации этих трещин, φ [%].*

Выводы

Мы получили формулу для параметра δ и показали, что $\delta_{газ}$ больше, чем $\delta_{вода}$. Таким образом, для обнаружения газонасыщенных трещин (например, в карбонатных коллекторах и/или метансодержащих угольных пластах) мы рекомендуем анализ NMO. Что касается направления трещин, то оно успешно определяется с помощью AVOA-анализа, однако найти параметр δ с помощью AVOA невозможно. Поэтому комплексный анализ NMO и AVOA – это наилучшее решение для обнаружения трещиноватых пород, содержащих газ.

Библиография / References

1. Antsiferov, A.V., Goshovsky, S.V., Zhikalyak, N.V., Marmalevsky, N.Ya., Tirkel, M.G., Tyapkin Yu.K. [2008] World experience and prospects for the use of seismic methods in Ukraine during prospecting, exploration and production methane from coal deposits. Geophysical Journal, 30, 6, 3-22.
2. Bakulin, A., Grechka, V., and Tsvankin, I. [2000] Estimation of fracture parameters from reflection seismic data—Part I: HTI model due to a single fracture set. Geophysics, 65, 1788–1802.
3. Chichinina T. and Vernik L. [2018] Physical bounds on C13 and anisotropy parameter δ for organic mudrocks. Geophysics, 83, 5, A75-A79.
4. Chichinina T. and Romero-Salcedo M. [2021a] Anisotropy parameters δ, ε and γ of fractured media with different type of fracture infill, EAGE, European Association of Geoscientists & Engineers, First EAGE Rock Physics Workshop in Latin America, Volume 2021, p.1–5.
5. Chichinina, T.I., Martyushev, D.A. [2021b] Specific Anisotropy Properties of Fractured Reservoirs: Research on Thomsen's Anisotropy Parameter Delta. EAGE, European Association of Geoscientists & Engineers, Geomodel-2021, Volume 2021, p.1–5.
6. Chichinina, T., De Figueiredo, J.J.S., Bulgakov, I., Avila-Carrera, R. [2024] Anisotropy Models and Parameters of Fractured Rocks by Physical Modeling Data. *In book:* Proceedings of the International Field Exploration and Development Conference 2023. Springer Series in Geomechanics and Geoengineering (SSGG). Springer Nature. J. Lin (Ed.), pp. 1027–1036.
7. Grechka, V., Tsvankin, I., and Cohen, J.K. [1996] Generalized Dix equation and analytic treatment of normal-moveout velocity for anisotropic media. Geophysical Prospecting, 47, 117-148.
8. Grechka, V., and Tsvankin, I. [1999] 3-D moveout inversion in azimuthally anisotropic media with lateral velocity variation: Theory and a case study. Geophysics, 64, 1202–1218.

9. Obolentseva, I. R., and Gorshkalev, S. B. [1986] An algorithm for separating interfering quasi-transverse waves in anisotropic media. Izvestiya — Physics of the Solid Earth, 22, no. 11, 945–948.

10. Obolentseva, I.R., Chichinina, T.I. [2010] Fifty years of seismic anisotropy studies in Russia. Russian Geology and Geophysics, Volume 51, Issue 10, 1133-1146.

11. Rüger, A., and Tsvankin I. [1997] Using AVO for fracture detection: Analytic basis and practical solutions. The Leading Edge, 16, no. 10, 1429-1434.

12. Silva, C., de Figueiredo, J.J.S., Chichinina, T., Nascimento, M.J., Kirchhof, L. [2019] Exprimental characterization of synthetic porous orthorhombic fractured medium: A physical modeling approach. Ultrasonics, 94, 82-91.

13. Thomsen, L. [1986] Weak elastic anisotropy. Geophysics, 51(10), 1954–1966.

14. Tsvankin, I. [1997] Reflection moveout and parameter estimation for horizontal transverse isotropy. Geophysics, 62, 614–629.

15. Wang, Z. [2002] Seismic anisotropy in sedimentary rocks, Part 2: Laboratory data. Geophysics, 67, 5, 1423– 1440.

Создание трехмерной сейсмогеологической модели месторождения со сложным тектоническим строением

А.А. Мельник*, Д.А. Петров, Е.В., Мезенцев Е. В. (ООО «РН-КрасноярскНИПИнефть»)

Введение

С развитием алгоритмов и вычислительных мощностей в сейсморазведке внедряется все больше новых технологий для улучшения эффективности и точности обработки и интерпретации сейсмических данных. Однако, прежде чем применять эти технологии на реальных данных, необходимо провести апробацию на модельных данных. Верификация их на решении прямой задачи позволяет сравнить результаты работы новых технологий с известными данными и оценить их точность и надежность. Решение прямой задачи включает в себя моделирование распространения сейсмических волн и получение данных о геологической структуре. Такие подходы применяются для апробации технологий миграции, выделения дифрагированных волн [4], восстановлению скоростного разреза методом полноволновой инверсии [1]. В последнее время возрастает роль методов машинного обучения для интерпретации сейсмических данных, в том числе на основе сверточных нейронных сетей для выделения разломных нарушений, для апробации которых требуется сейсмические данные с проверенными тектоническими нарушениями.

Задача данной работы заключается в создании реалистичной трехмерной сейсмогеологической модели с развитым набором разломных нарушений. Под этим понимается построение тонкослоистой модели продольных скоростей, моделирование волновых полей конечно-разностным методом и обработка полученных синтетических данных.

В качестве основы для построения модели выбрано месторождение Восточной Сибири в тектоническом плане, расположенное в юго-западной части Сибирской платформы, в пределах Ангарской зоны складок [2]. В результате работ по обработке и интерпретации данных МОГТ-3D на данной площади разломы по кинематическому типу представлены надвигами, взбросами и сдвигами, имеющими формы на вертикальном разрезе – линейные, кривые, листрические, а в горизонтальном срезе – линейные (Классификация тектонических нарушений по Мушину И.А. [3]).

Информация о структурном плане и тектонических нарушениях получена на основе глубинной миграции до суммирования и структурно-кинематического моделирования (СКМ). Последнее является очевидным преимуществом для более объективной структурной сейсмической интерпретации объектов со сложным тектоническим строением. В рамках СКМ решены следующие практические задачи: проверка правильности структурной сейсмической интерпретации, ее корректировка и построение геометрически и кинематически сбалансированной структурной модели; прогноз геометрии горизонтов и разломов в зонах низкой информативности волнового поля. Полученная информация о структурно-тектоническом строении использовалась в качестве каркаса для построения сейсмогеологической модели.

Построение модели продольных скоростей

В пределах контура месторождения выбран участок для построения сейсмогеологической модели 3D площадью 270 км^2. Данный контур включает разломы различной формации и в пределах него находятся две скважины с акустическими исследованиями. Построение сейсмогеологической модели выполнялось в Petrel в модуле «Structural framework», позволяющим интегрировать в модели сложный тектонический каркас. По данному контуру подготовлены карты отражающих горизонтов и тектонические нарушения в глубинном домене Размерность модели по вертикали определена от рельефа до глубины 4100 метров абсолютной отметки. Далее построен тектонический каркас, включающий 25 разломных поверхностей различной формации. На данном этапе важно было не допустить образования Х-образных разломов, а определение главного разлома и оперяющего его, с чем корректно справляется выбранный способ построения модели.

Далее в полученную тектонический каркас интегрированы подготовленные структурные карты. Полученный структурно-тектонический каркас был перенесен в ячеистую модель с шагом по X и Y равным 50 м (Рисунок 1а). На данном этапе модель представляет из себя толстослоистые зоны, определенные входными структурными поверхностями. Для перехода к тонкослоистой модели необходимо сделать нарезание более мелких слоев, в данном случае изменения по Z сделаны с шагом в среднем равным 10 м (Рисунок 1б). Такой шаг выбран из размера ячейки конечно-разностной сетки при дальнейшем сейсмическом моделировании.

Следующим шагом было заполнение слоев модели упругими свойствами. Верхняя зона модели от рельефа до первого горизонта заполнялась скоростями, полученными из сейсмической томографии. Нижележащие зоны заполнялись ремасштабируемыми на слои модели продольными скоростями из скважин методом kriging. Для нижней зоны модели значения скоростей взяты со скважины, находящейся не в контуре модели, но вскрывший данный горизонт. Полученная модель продольных скоростей представлена на рисунке 1в. Для сейсмического моделирования она была переведена в куб в формате SGY.

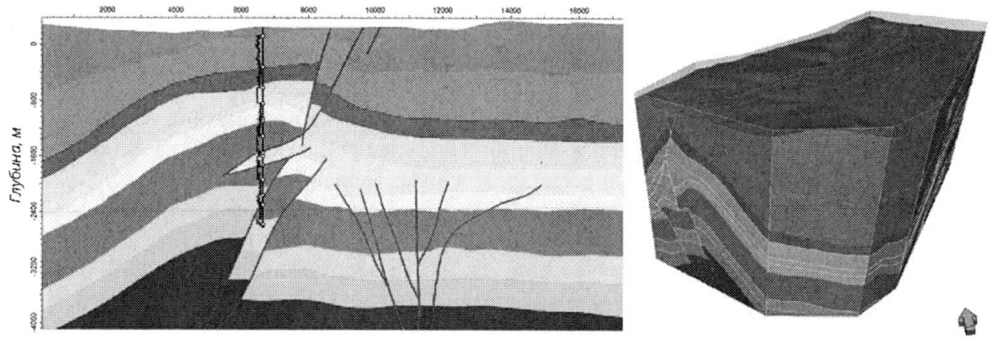

а) Создание структурно-тектонического каркаса и создание ячеистой модели

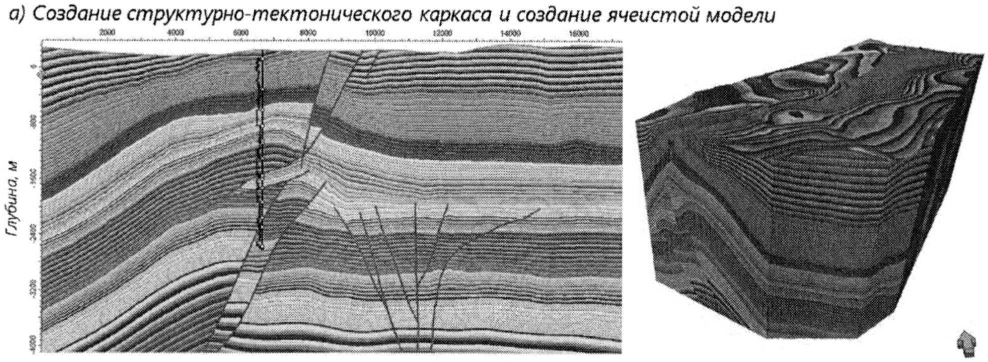

б) Нарезка слоев в ячеистой модели и ремасштабирование упругих свойств

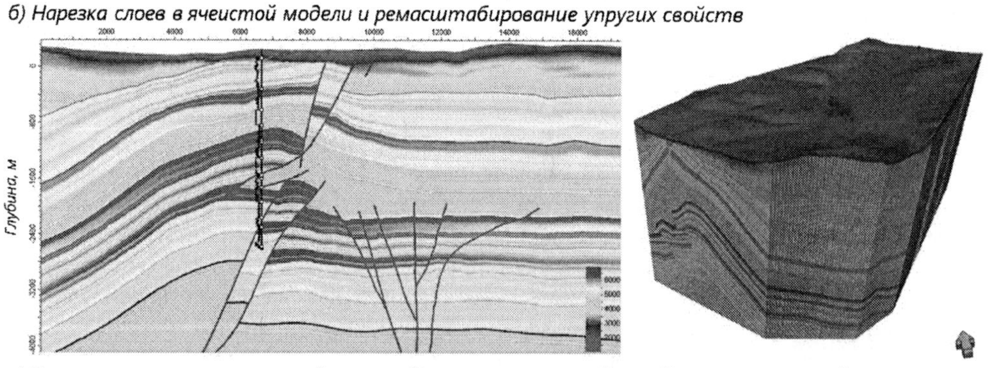

в) Распространение упругих свойств в модели и получение куба продольных скоростей

Рисунок 1. *Этапы создания трехмерной модели продольных скоростей*

Сейсмическое моделирование

Для моделирования волновых полей конечно-разностным методом использовался Tesseral Pro, куда был загружен куб продольных скоростей. На следующем шаге воссоздана система наблюдения в виде SPS-файлов в соответствие с типовой методикой работ МОГТ-3D для данной площади. Расстояние между линиями пунктов взрыва (ПВ) и приема (ПП) – 300 м, шаг между источниками и приемниками – 50 м. Активная расстановка включает в себя 2880 каналов (24 – линии приема в блоке, 120 - активных каналов на линии приема, ЛП в блоке -24). Кратность при бинировании 25 х 25 м – 120.

Непосредственно перед моделированием полного объема данных выполнялось тестирование различных параметров моделирования для оценки получаемого качества сейсмограмм. Моделирование выполнялось в акустическом режиме, свойства плотностей автоматически рассчитывались из загруженного куба продольных скоростей. В качестве входного импульса используется модельный импульс Рикера с частотой 30 Гц. Тип свободной поверхности выбран invisible (дневная поверхность не образует кратные волны), так как при моделировании со свободной поверхностью от рельефа наблюдается возникновение артефактов. Размер ячейки выбран равным 9 м, а также для получения устойчивого решения волнового уравнения такт по времени (dt) – 0,7 мс. В качестве возбуждения колебаний использовался источник типа расширения (omnidirectional). Длина записи сигнала 2с, шаг дискретизации 2 мс.

После выбора оптимальных параметров моделирования выполнен расчет полного объема сейсмограмм количестве 10230 физических наблюдений в объеме 146 км^2 по ПВ и 271 км^2 по ПП. Расчет выполнялся на GPU. В обработку взят набор сейсмограмм Z-компоненты, представлены на рисунке 2.

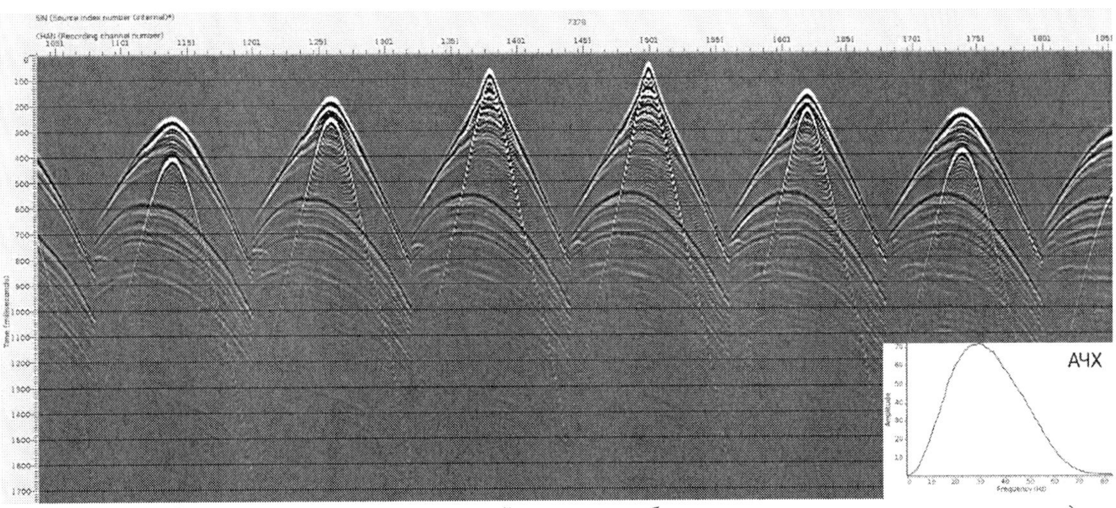

Рисунок 2. *Фрагмент синтетических сейсмограмм общего пункта взрыва и их амплитудно-частотная характеристика*

Обработка синтетических сейсмограмм

Основной задачей графа обработки синтетических сейсмограмм было получение глубинного разреза для решения структурных задач интерпретации, а именно выделения разломных нарушений. Параметры подавления помех подбирались таким, образом чтобы максимально подавить шумовые разрастания и линейные помехи в сейсмических данных. Для улучшения качества суммирования выполнено уточнение остаточных статических поправок.

Миграция до суммирования в глубинной области выполнялась с использованием глубинно-скоростной модели (ГСМ), по которой выполнялось сейсмическое моделирование. Апертура миграции выбрана

равной 4 км. Миграция выполнялась по ансамблям OVT (ансамбли равных азимутальных углов). Далее была выполнена коррекция остаточных сдвигов по сейсмограммам ОСТ, суммирование и структурное сглаживание по суммарному кубу. Сопоставление финального куба после полного графа обработки и ГСМ показало, что основные структурные изменения модели продольных скоростей хорошо прослеживаются на полученном амплитудном кубе, что в свою очередь свидетельствует о корректности выполнения миграции в глубинной области. Пример вертикального разреза финального амплитудного куба приведен на рисунке 3.

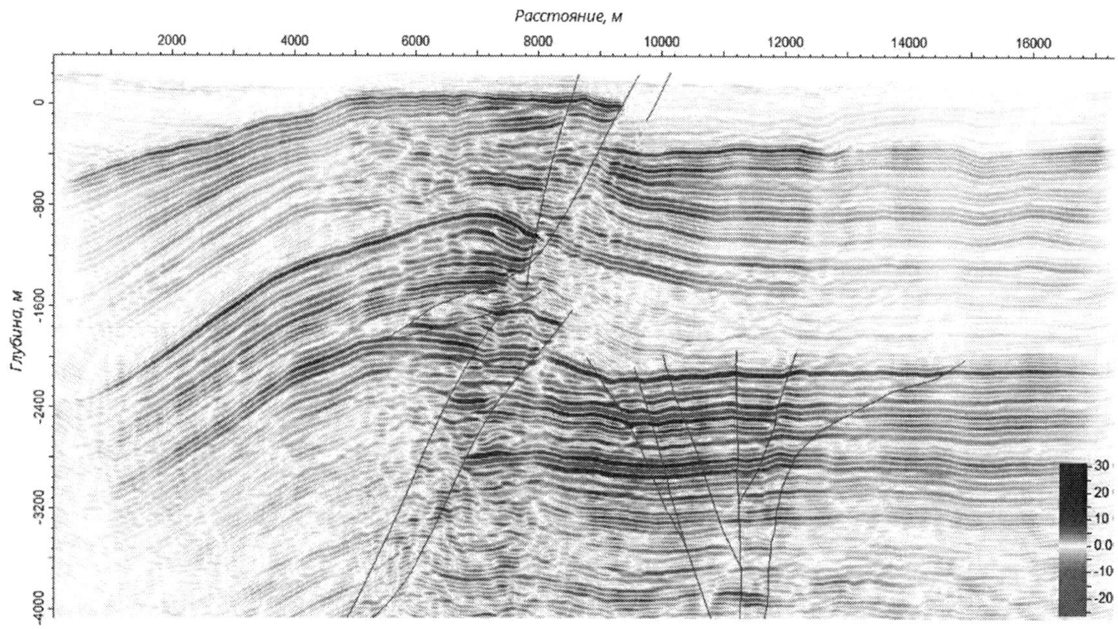

Рисунок 3. *Вертикальный разрез синтетического амплитудного куба*

Выводы

В данной работе описан процесс создания трехмерной сейсмогеологической модели, включающий этапы создания модели продольных скоростей, конечно-разностного моделирования и обработки синтетических сейсмограмм с выполнением глубинной миграции. Данная работа показывает, как можно создать трехмерную сейсмогеологическую модель в коммерческом программном обеспечении, пригодную для дальнейшей апробации новых технологий сейсморазведки.

Библиография

1. Гадыльшин К. Г., Чеверда В. А., Твердохлебов Д. Н. Реконструкция верхней части геологического разреза в Восточной Сибири путем обращения полного волнового поля // Доклады Российской академии наук. Науки о земле. Геофизика. – 2022. – том 502, № 2. – с. 90-94.
2. Мельник А.А., Теслюк А.Н., Мерецкий А.А. (и др.) Методические особенности проведения сейсморазведочных работ МОГТ 3D в пределах акватории р. Ангары // Нефтяное хозяйство. – 2021. – №12. – с. 82-87.

3. Мушин И.А., Корольков Ю.С., Чернов А.А. Выявление и картирование дизъюнктивных дислокаций методами разведочной геофизики // Научный мир. – Москва. – 2001.

4. Чеверда В.А., Протасов М.И., Лисица В.В. (и др.) Трехмерная модель нефтегазовых резервуаров на основе обработки рассеянных сейсмических волн методом гауссовых пучков // Геология и геофизика. – 2022. - №1. – с. 130-146.

Имитационное моделирование при планировании производства сейсморазведочных работ МОГТ-3Д

И.И. Исламгареев* (АО «Башнефтегеофизика»), И.Р. Ягудин (АО «Башнефтегеофизика»),

Р.М. Гафаров (АО «Башнефтегеофизика»)

Введение

Сейсморазведка выделяется большой сложностью и высокой стоимостью выполняемых работ. Поэтому вопросам рациональной организации сейсмических исследований следует уделять особое внимание [1].

Для обоснования и планирования сейсморазведочных работ составляется технический проект, включающий в себя две части – геолого-методическую и производственно-техническую. В первой рассматриваются вопросы методики, техники и технологии основных и вспомогательных работ, реализующих техническое задание. Во второй части приводятся сметные расчеты по всем статьям расходов, определяющие стоимость планируемых работ и структуру затрат на них [1].

Для расчета стоимости планируемых работ необходимо знать, какое количество потребуется персонала, оборудования и механизмов, жилых и производственных помещений, гусеничного, автомобильного и технологического транспорта.

Выполнять все расчеты вручную (даже с использованием электронных таблиц) долго и трудозатратно, велик риск допустить ошибку. Корректность и точность расчетов в большей степени зависят от опыта автора. При этом при изменении входных параметров (например, количество проходок), перерасчеты также занимают продолжительное время.

В целях повышения точности расчетов, а также сокращения времени на перерасчеты при изменении входных параметров для планирования производства сейсморазведочных работ МОГТ-3Д предлагается воспользоваться имитационным моделированием.

Имитационное моделирование сейсморазведочных работ МОГТ-3Д

Имитационная модель – это компьютерная программа, которая описывает структуру и воспроизводит поведение реальной системы во времени. Имитационная модель позволяет получать подробную статистику о различных аспектах функционирования системы в зависимости от входных данных.

Имитационное моделирование – разработка компьютерных моделей и постановка экспериментов на них. Целью моделирования в конечном счете является принятие обоснованных, целесообразных управленческих решений [2].

Имитационная модель в нашем случае представляет собой программное обеспечение планирования производства сейсморазведочных работ (Seismic Survey Planning), в котором реализованы следующие функции:

1) задание входных данных (SPS-файлы, файл подложки и координаты ее привязки);

2) графические инструментарии (выбора параметров проходок, выбора места начала работ, вывод помесячной отработки площади с указанием объема работ);

3) расчет необходимого количества каналов на проект;

4) имитация отработки площади с указанными параметрами (сроки начала и количество бригад по типам работ, количество используемого оборудования);

5) просмотр и выгрузка прогресс-карт за указанный день, за все дни или с конкретным шагом.

В ходе имитационного эксперимента можно выяснить:

1) как влияет на продолжительность работ выбор места начала работ, параметры проходок;

2) не опережают ли одни виды работ другие (например, бурение и зарядка скважин опережает валку леса);

3) какое количество бригад и полевого оборудования будет оптимальным для выполнения работ в указанные сроки.

Результатами имитации отработки площади являются прогресс-карты (схематичное изображение выполненного объема по всем видам работ на карте местности) на каждый день, ежедневная сводка (табличное отображение выполненных объемов работ) и план-график.

Пример имитационного моделирования отработки площади МОГТ-3Д

Для примера возьмем площадь объемом 250 кв. км (рис. 1), шаг ПВ/ПП – 50 м, шаг ЛПП/ЛПВ – 300 м, плотность съемки – 68,69 ф.н./км^2.

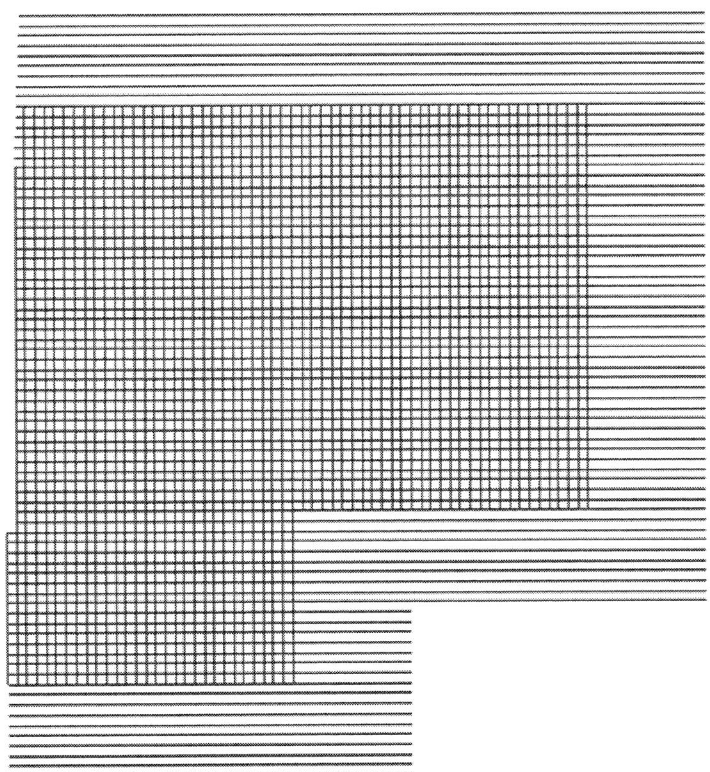

Рисунок 1. *Схематичное отображение профилей приема/возбуждения*

После загрузки в программу «Seismic Survey Planning» подготовленного файл-шаблона с координатами ПВ/ПП, получаем возможность работы с графическим инструментарием для определения места начала работ и задания параметров проходок (рис. 2).

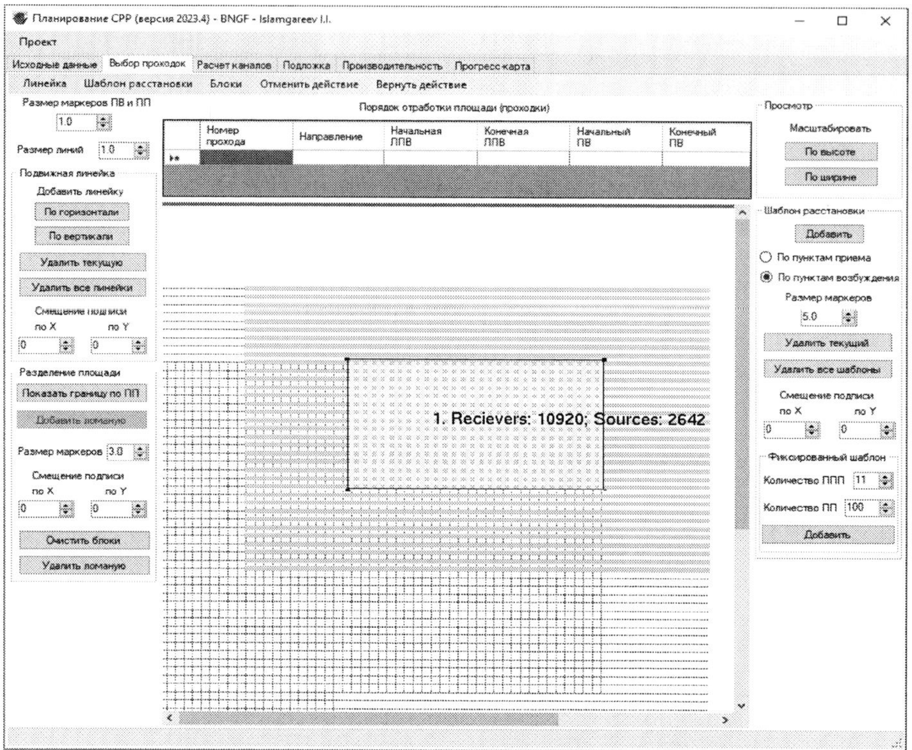

Рисунок 2. *Шаблон расстановки для выбора места начала работ*

Далее задаем даты начала работ, количество бригад по типам работ, их производительности на бригаду по периодам и проводим имитацию отработки площади (рис. 3).

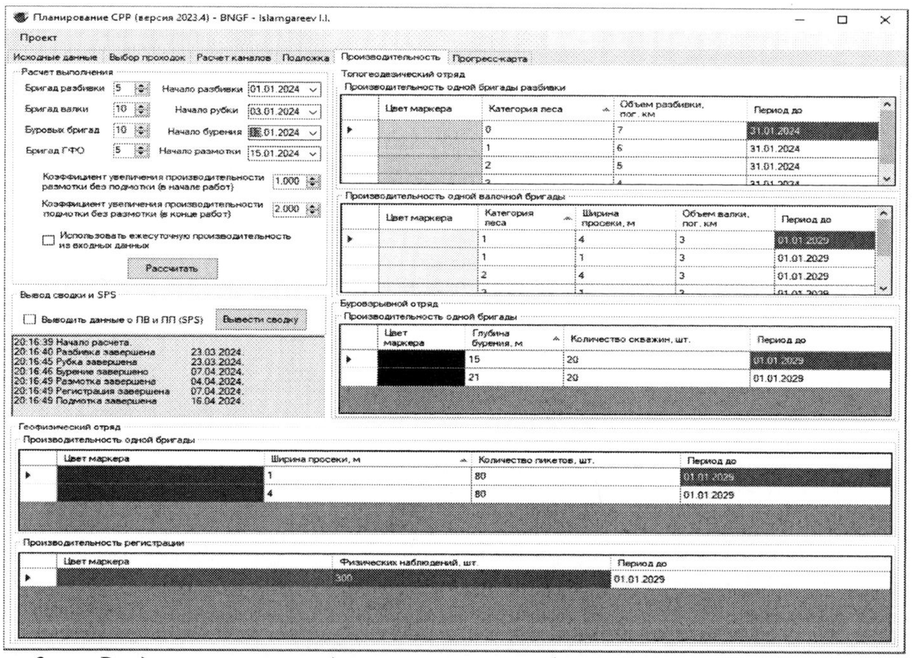

Рисунок 3. *Входные параметры для имитации отработки площади*

В результате получаем прогресс-карты на каждый день (рис. 4), ежедневную сводку и план-график выполнения основных видов работ (рис. 5).

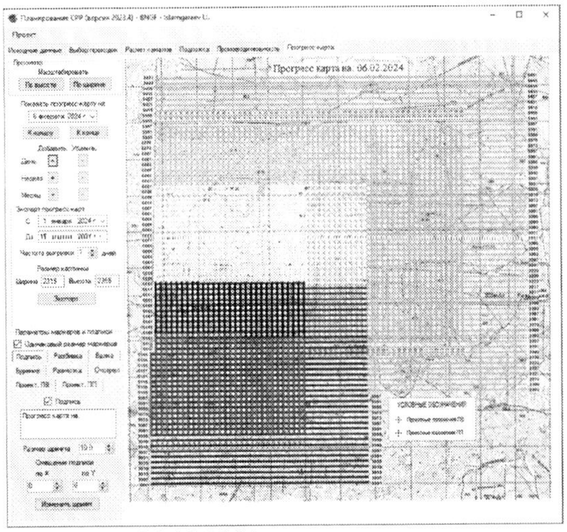

Рисунок 4. *Прогресс-карта на 06.02.2024*

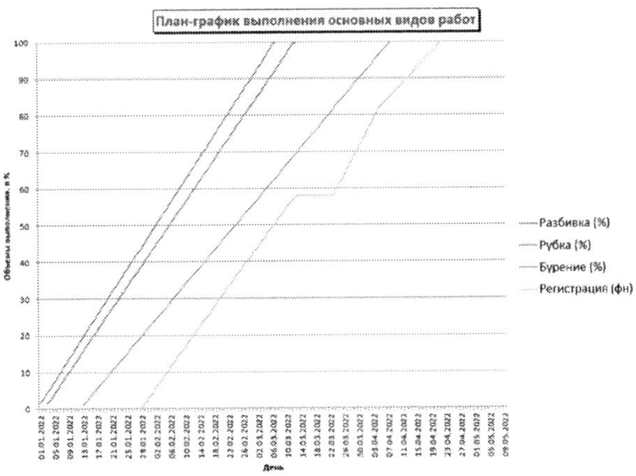

Рисунок 5. *План-график выполнения основных видов работ*

Выводы

Имитационное моделирование сейсморазведочных работ позволяет быстрее получать более полную информацию для составления проекта и сметы СРР, а также в процессе работ наглядно контролировать выполнение планов и принимать управляющие решения для успешного завершения работ.

Библиография

1. Боганик Г.Н., Гурвич И.И. Сейсморазведка: Учебник для вузов. Тверь: Изд-во АИС, 2006. – 744 с.
2. Имитационное моделирование: учеб. пособие / М.С. Эльберг, Н.С. Цыганков. – Красноярск: Сиб. федер. ун-т, 2017. – 126 с.

References

1. Boganik G.N., Gurvich I.I. Seismic exploration. Tver: AIS Publ., 2006, 744 p. (In Russian).

2. Elberg, M.S. Simulation Modeling: Textbook. Manual / M.S. Elberg, N.S. Tsygankov. – Krasnoyarsk: Sib. feder. un-t, 2017. – 126 p.

Использование FWI для построения верхней части ГСМ при обработке данных 3D4C, зарегистрированных с помощью донных модулей «КРАБ»

Р.Р. Нагаев*(АО «МАГЭ»), А.Г. Казанин (АО «МАГЭ»), А.В. Литвачук (АО «МАГЭ»)

Введение

При кинематической обработке данных, полученных в регионах с широким распространением низкоскоростных аномалий в верхней части разреза, часто не удается получить корректные скорости ВЧР привычными нам методами томографической инверсии первых вступлений рефрагированных волн.

Затруднения возникают как при наличии латерально развитых инверсий, ограничивающих глубинность метода, так и при наличии небольших аномалий, которые не позволяет решить чувствительность метода. К регионам с подобным сложнейшим строением в полной мере относиться шельф о. Сахалин (Охотское море), где основные скоростные аномалии находятся в верхней части разреза и приурочены к скоплениям приповерхностного газа. В случае регистрации донными модулями подобные аномалии проблематично решить классическим методами томографии, как по отраженным, так и по преломленным волнам. Игнорирование недоучета указанных аномалий ведет к существенным ошибкам восстановления структурного плана, поэтому в данной работе требовалось разработать и применить на практике эффективный набор методов и методик, способных в достаточной мере обеспечить их учет.

FWI для решения указанных проблем все чаще используется в практике обработки (в первую очередь для морских данных) и уже зарекомендовал себя как достаточно эффективный метод. Однако существует мнение, что для применения FWI требуется предварительная подготовка достаточно хорошей анизотропной модель, что сильно ограничивает возможность использования FWI (ввиду сложной подготовки данных) и часто ставит под сомнение саму целесообразность применения метода (ввиду общей трудоемкости процесса).

В данной работе показаны результаты построения глубинно-скоростной модели с привлечением метода полноволновой инверсии. Показано, что даже при использовании достаточно простой исходной модели (изотропный вариант) алгоритм FWI в приемлемое число итераций приводит к корректному восстановлению скоростных характеристик среды и может рассматриваться не только как инструмент, повышающий детальность ГСМ, подготовленной на основе томографии отраженных/преломленных волн, но и как самостоятельный способ построения модели.

Предлагаемый подход к подготовке модели

Изначально технология FWI [1] предполагала инверсию только преломленных волн и была направлена на построение детальной скоростной модели верхней части разреза, что позволяло исключить искажения нижележащих толщ и в итоге построить более точное сейсмическое изображение. Разумеется, использование только волн первых вступлений приводит к ограничению глубинности метода. Проблему глубинности в общем случае можно решить использованием отраженных волн [2].

В данной работе представлен один из возможных подходов к построению ГСМ с использованием FWI для случая обработки данных 3D4C. Подход показал себя эффективным решением на производственных проектах АО «МАГЭ».

Предлагается следующий граф обработки:

- получение исходной модели из RMS скоростей;

- итерация томографической инверсии первых вступлений (для корректировки тренда верхней части разреза и анализа аномальных зон);
- редакция модели (опционально);
- томографическое обновление по отраженным волнам с большими ячейкам (опционально);
- FWI по преломленным волнам;
- корректировка тренда;

Применение FWI для данных, зарегистрированных донным модулями

Подход был опробован на 3D4C данных, полученных в шельфовой части о. Сахалина. Широкоазимутальная съемка проводилась донными модулями «КРАБ». Для FWI использовались удаления до 6 км, что обеспечило глубину обновления модели до 2 км.

В качестве входной модели использовалась изотропная модель ГСМ после томографической инверсии первых вступлений и итерации глобального обновления. Входные сейсмические данные характеризуются высоким качеством и наличием сигнала на низких частотах - 1-2 Гц, что некоторым образом снижает требования к качеству исходной модели. Первые итерации FWI выполнялись с ограничением частоты в 3 Гц, что позволяет исключить известную проблему схода на фазу получить корректный низкочастотный тренд (Рисунок 1).

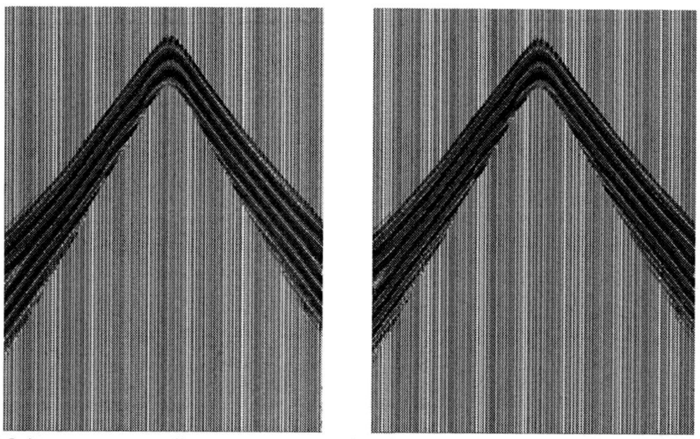

Рисунок 1. *Модельные сейсмограммы (красно-синяя палетка) наложенные на наблюденные до (слева) и после FWI до 3 Гц (справа)*

Дальнейшее постепенное повышение частоты инверсии на последующих итерациях добавляет детальности модели.

В качестве входных данных для FWI использовалась запись Н-компоненты (гидрофон). Подготовка сейсмических данных включала в себя подавление низкоскоростных линейных помех и подавление спайков. Применялся мьютинг ниже годографа прямой волн. Подавление кратных волн и волн спутников не требуется так как они успешно моделируются в рамках алгоритма полноволновой инверсии, подавление линейных помех с кажущейся скоростью равной скорости воды и выше не приемлемо искажает данные и увеличивают разницу между наблюденными и синтезированными данными.

Для описания сигнатуры источника были протестированы извлеченный, синтетический импульс и результат инверсии записей гидрофонов ближней зоны (NFH). Наилучшим образом себя показал последний вариант.

Контроль качества результата FWI выполнялся несколькими способами:

- контроль сходимости по величине ошибки после каждой итерации;
- сравнение синтетических и наблюденных данных;
- анализ карт вероятности пропуска цикла;
- сравнение профиля скорости FWI со скважинными данными;
- PSDM;

TLFWI [3] выполнялся в три этапа с постепенным увеличением частоты до 15 Гц. При 15 Гц модель верхней части разреза уже заметно наследует систему расстановки и дальнейшее увеличение частоты в исследуемом случае оказалось нецелесообразно ввиду необходимости подавления следов расстановки и неизбежной потери деталей модели, полученных за счет увеличения частоты. Сравнение моделей полученных только при помощи томографического обновления и с использованием FWI показано на рисунках 2 и 3.

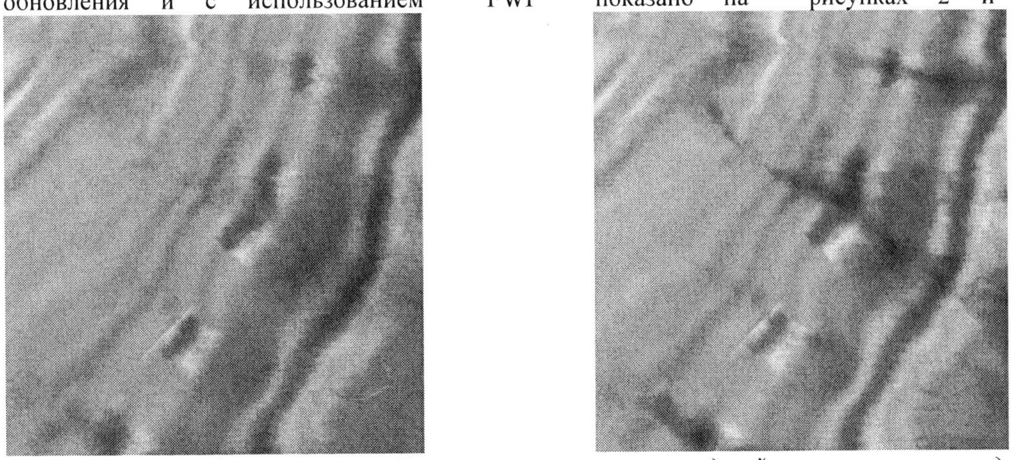

Рисунок 2. *Глубинные срезы. Сравнение скоростных моделей, полученных методами томографической инверсии первых вступлений с последующими 5-ю итерациями томографического обновления по отраженным волнам (слева) с моделью, полученной с применением FWI по преломленным и одной итерацией глобального одновления (справа)*

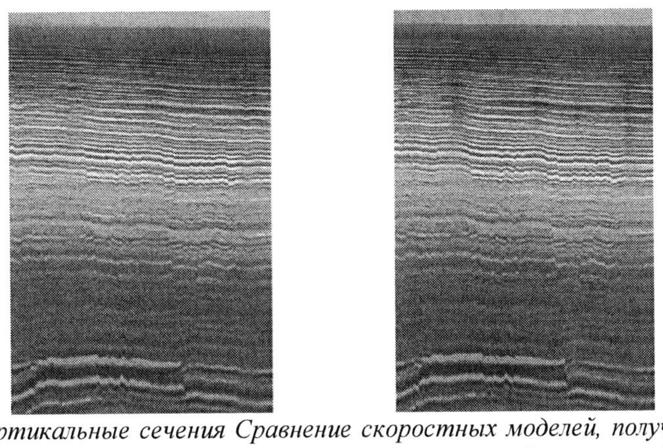

Рисунок 3. *Вертикальные сечения Сравнение скоростных моделей, полученных методами томографической инверсии первых вступлений с последующими 5-ю итерациями томографического обновления по отраженным волнам (слева) с моделью полученной с применением FWI по преломленным и одной итерацией глобального одновления (справа)*

Выводы

На текущий момент в практике обработки существует мнение, что использование FWI сопряжено не только с значительными затратами вычислительных ресурсов, но и существенными затратами временных ресурсов геофизиков-обработчиков для подготовки входных данных и качественной настройки процедуры. Между тем, в случае подготовки ГСМ для данных, зарегистрированных донными модулями, использование FWI как основного инструмента обновления модели может стать более эффективным путем с точки зрения общих затраченных на подготовку ГСМ ресурсов. При этом, полученная таким образом модель будет отличаться существенно большей детальностью в части обнаружения и локализации отдельных аномалий.

Полученная в ходе данной работы глубинно-скоростная модель позволила значительно улучшить прослеживаемость каналов верхней части изображение верхней части разреза конструктивно выравнивает структурный план в аномальных зонах. Высокая точность полученной модели подтверждена скважинными данными.

В ходе работы отмечалось некоторое завышение значения низкочастотного тренда скоростей, которое, однако, легко корректируется глобальным томографическим обновлением.

Используемый подход требует минимального объема ручной работы для выделения низкоскоростных аномалий в верхней части разреза.

Библиография / References

1. Tarantola A (1984) Inversion of seismic reflection data in the acoustic approximation. Geophysics, 49, 1259-1266.
2. Wei Z., Mei J., Wu Z., Zhang Z., Huang R., Wang P. [2021] Revealing unprecedented seismic resolution with FWI Imaging. 82nd EAGE Conference and Exhibition
3. Vandrasi V., Al-Waily M., Mothi S., Vasquez A. [2020] Time-lag FWI based velocity model and image of a coarse shallow water OBC data set. SEG International Exposition and 90th Annual Meeting

Проектирование систем наблюдения в задачах контроля гидроразрыва с использованием интеллектуального робота «АРИО»

А.А. Табаков* (ООО «Геоверс»), Ю.А. Степченков (ООО «Геоверс»), В.Н.Ференци (ООО «Геоверс»)

Введение

Актуальность и востребованность метода микросейсмического мониторинга для контроля образования трещин при гидроразрыве пласта (ГРП) в последние годы существенно возрастает. В то же время в России ощущается недостаток программного обеспечения для проектирования систем наблюдения при работах ГРП с целью выбора оптимальных параметров регистрации, а также для оценки достоверности результатов обработки и интерпретации.

На платформе «ЮНИВЕРС» разработан программный пакет проектирования наземных и скважинных систем наблюдения для моделирования распространения сейсмических волн при образовании трещин, а также локализации микротрещин с оценкой точности и помехоустойчивости определения гипоцентров микросейсмических событий.

Оценка точности и помехоустойчивости результатов локализации микросейсмических событий проводится в автоматическом режиме с использованием интеллектуального робота «АРИО» [1].

Проектирование систем наблюдения

На базе программной платформы «ЮНИВЕРС» разработана интерактивная технология проектирования наземных и скважинных систем наблюдения в задачах микросейсмического мониторинга. К основным функциональным возможностям технологии относится описание геометрии производственной скважины, задание источников микросейсмической активности (портов ГРП), описание поверхностных и скважинных систем регистрации, задание скоростной модели для продольных и поперечных волн, расчет векторных волновых полей продольных и поперечных волн (с возможностью задания импульса, уровня шума), зарегистрированных от заданных источников в соседних скважинах и/или на поверхности, а также автоматическое определение гипоцентров микросейсмических событий по рассчитанным волновым полям. На рис. 1 показан пример интерактивного проектирования геометрии наблюдений для 9-ти заданных в производственной скважине источников микросейсмической активности. Регистрация проводится на поверхности (лучевая расстановка сейсмоприемников на трех профилях) и в соседней наблюдательной скважине. В результате, для указанной расстановки сейсмоприемников, могут быть получены модельные волновые поля с целью последующей локализации источников и оценки точности и помехоустойчивости отклонения рассчитанных гипоцентров от заданных.

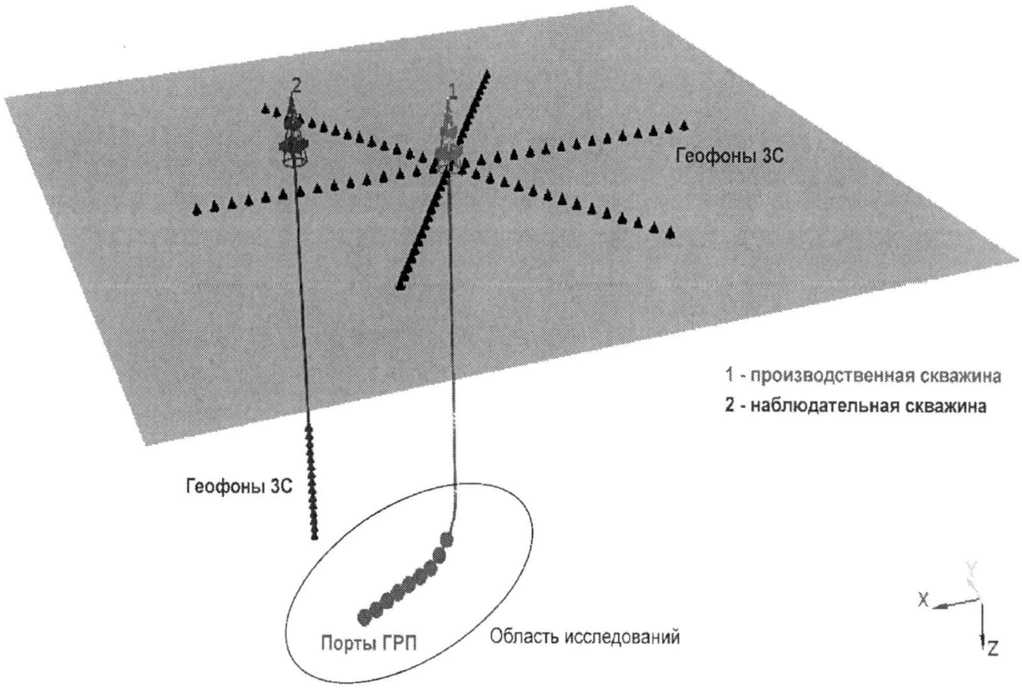

Рисунок 1. *Скважинная и поверхностная системы наблюдения для контроля гидроразрыва.*

Точность и помехоустойчивость локализации

Оценка точности и помехоустойчивости при определении гипоцентров микросейсмических событий выполняется автоматически с использованием концепции интеллектуального робота «АРИО» [1]. В численном эксперименте на глубине 1200 м задавались девять событий с различным отношением сигнал/шум: 10(1), 5(2), 2.5(3), 1.25(4), 0.8(5), 0.6(6), 0.4(7), 0.2(8), 0.1(9). Для регистрации проектировалась расстановка трехкомпонентных сейсмоприемников на поверхности. Среда задавалась однородной (Vp=3500 м/с, Vs=1600 м/с). Для различных апертур наблюдения и разного числа приемников были рассчитаны векторные волновые поля, по которым получены поля вероятностей локализации событий. На рис. 2 показаны проекции полей вероятностей для первого события (сигнал/шум=10) в ортогональных плоскостях для продольных волн, поперечных волн и продольных волн с поперечными совместно при апертуре наблюдения 120^0. Выразительность события в поле вероятности позволяет однозначно делать вывод о достоверности выделения микросейсмического события. На рис. 3 представлены результаты оценки отклонений рассчитанных положений гипоцентров микросейсмических событий от заданных при наблюдениях на поверхности. При совместном использовании продольных и поперечных волн погрешность отклонения до 25 м достигается для 240 сейсмоприемников при отношении сигнала к шуму до 0.04, для 120 приемников при отношении сигнала к шуму 0.08 и для 60 приемников при отношении сигнала к шуму 0.16.

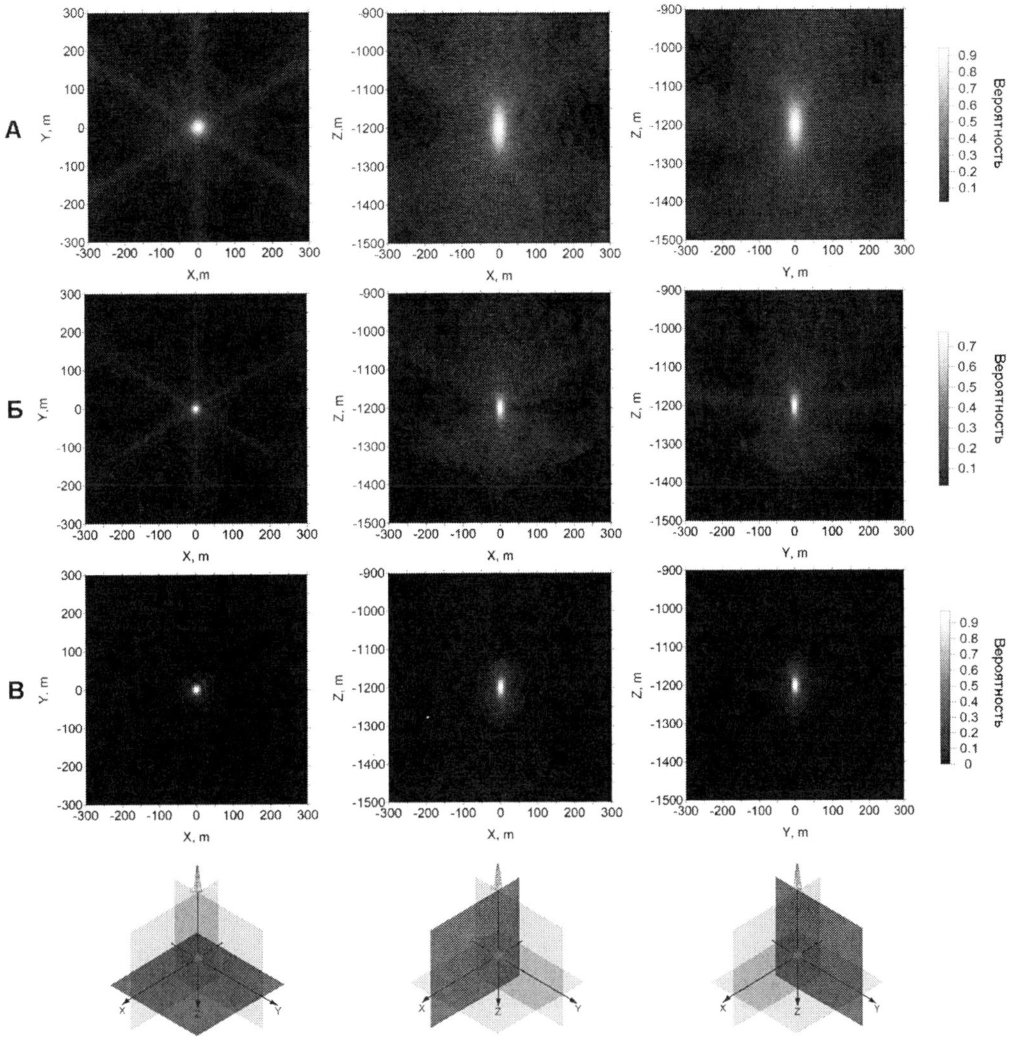

Рисунок 2. *Поля вероятностей в плоскостях XY, XZ и YZ локализации микросейсмического события для системы наблюдения на поверхности, состоящей из 240 сейсмоприемников при апертуре 120⁰ (А – продольные волны, Б-поперечные волны, В – продольные и поперечные волны совместно).*

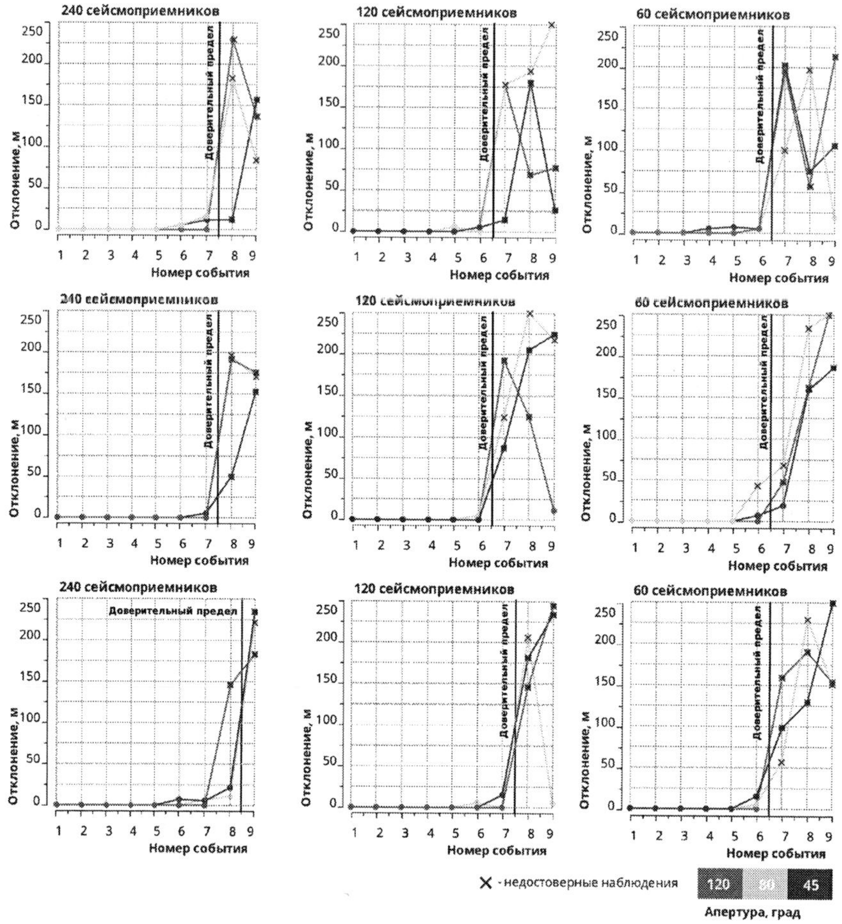

Рисунок 3. *Отклонения рассчитанных положений центров микросейсмических событий от заданных при различных отношениях сигнала к шуму для системы наблюдения на поверхности (А-продольные волны, Б-поперечные волны, В-продольные и поперечные волны совместно).*

Выводы

1. Разработана интерактивная технология для проектирования наземных и скважинных систем наблюдения в задачах контроля гидроразрыва пласта с возможностью оценки точности и помехоустойчивости локализации микросейсмической активности в автоматическом режиме.
2. Рекомендуется использование разработанной технологии для контроля корректности обработки и интерпретации данных сейсмомониторинга.
3. В связи с выявленной в процессе эксперимента высокой точностью и помехоустойчивостью локализации объектов, превышающей мировые аналоги, рекомендуется применять представленную технологию при обработке реальных данных.

Библиография / References

1. А.А.Табаков, Ю.А.Степченков, В.Н.Ференци. Помехоустойчивость и точность локализации микротрещин при гидроразрыве пластов с помощью интеллектуального робота «АРИО» // 11-я международная геолого-геофизическая конференция «Санкт-Петербург 2024.Геонауки: современные вызовы и пути решений», Геомодель, Санкт-Петербург, 2024.

Подавление волн-спутников за пункт приема с помощью мультисенсорного дегостинга для мелководно-морских ОВС данных

Е.В.Валькова* (СЖЖ-Восток), А. В. Матусевич (СЖЖ-Восток)

Введение

Устранение волн-спутников (дегостинг) является важной задачей обработки данных морской сейсморазведки, позволяющей расширить частотный диапазон сейсмической записи и повысить ее вертикальную разрешающую способность [1]. На мелководно-морских сейсмических данных, в результате заглубления источника и приемника, наличия жесткой контрастной границы вода-воздух, коэффициент отражения которой близок к -1, и небольшого периода волн-спутников за ПП проблема интерференции полезного сигнала и волн-спутников стоит наиболее остро, существенно затрудняет интерпретацию сейсмического материала и безусловно требует своего решения.

Существуют различные методики выполнения дегостинга. На этапе обработки данных дегостинг может выполняться с помощью современных алгоритмов, которые используют сейсмическое поле, зарегистрированное на гидрофонах буксируемой косы. На этапе полевых работ для решения этой задачи используется совместная регистрация P (гидрофон) и Z (геофон) компонент. Поскольку волны-спутники, образующиеся в водном слое, приходят на гидрофон и вертикальный геофон строго в обратной полярности, выполнение калибровки и последующего суммирования P и Z компонент позволяет получить сейсмическое поле без волн-спутников со стороны пункта приема (ПП) [3]. Этот метод называют PZ суммированием. Однако, данный подход имеет ряд ограничений. Например, для его успешного осуществления необходимо корректно выполнить калибровку записи с P и Z компонент. Кроме того, сейсмический материал на обеих компонентах должно характеризоваться достаточно высоким качеством, в противном случае в результате PZ суммирования может наблюдаться искажение сейсмической записи. Проблема возникает, например, тогда, когда поле Z компоненты имеет существенно более низкое соотношение сигнал/помеха, чем поле компоненты P. Для решения этой проблемы в компании CGG успешно применяется алгоритм подавления волн-спутников за ПП, комбинирующий данные, зарегистрированные с P компоненты и результат PZ суммирования (восходящее поле, upgoing, UP) – мультисенсорный дегостинг. Данная технология была протестирована на мелководно-морских данных ОВС, полученные результаты были сопоставлены с классическим PZ суммированием. В результате применения мультисенсорного дегостинга было достигнуто эффективное ослабление волны-спутника за ПП и существенно повышено соотношение сигнал/помеха. Технология была использована в производственном графе обработки.

Особенности изучаемых данных и результаты подавления волн-спутников за ПП с помощью мультисенсорного дегостинга

Участок изучаемой площади был расположен на мелководной морской акватории. Глубина моря не превышает 10 м, в результате чего сейсмические данные характеризуются сложной интерференционной картиной однократных отражений, кратных волн и волн-спутников.

Для подавления волн-спутников за ПП был использован двухкомпонентный датчик, состоящий из гидрофона, измеряющий поле объемного давления, и геофона, измеряющего скорость смещения частиц. Во время обработки, после подавления интенсивных шумов (высокоамплитудных случайных помех, низкоскоростных линейных помех) была выполнена калибровка записи за чувствительность гидрофона и геофона, также датчики были приведены к общим единицам измерения и выполнена калибровка по амплитудно-частотным характеристикам (АЧХ). Далее с помощью процедуры PZ суммирования было выполнено разделение полей на восходящее (upgoing, UP) и падающее (downgoing, DOWN). Восходящее поле содержит в себе полезный сигнал (отраженные волны), преломленные волны, восходящие кратные волны и волны-спутники со стороны ПВ, падающее же поле содержит в себе прямую волну, нисходящие кратные волны и волны-спутники со стороны ПП.

Важно отметить, что исследуемые данные были зарегистрированы в сложной геологической обстановке: на разрезах изучаемой площади присутствует большое количество тектонических разломов, поэтому для максимальной сохранности сигнальной компоненты, необходимо было выполнять шумоподавление с мягкими параметрами, в особенности это касалось подавления линейных помех и применения различных когерентных фильтров. К сожалению, на данной съемке Z компонента характеризовалась более низким качеством записи, возможно при съемке геофоны недостаточно контактировали с грунтом, и, кроме того, зарегистрированная запись содержала в себе большое количество помех, часть из которых была ослаблена на этапе шумоподавления, но для сохранения полезных отражений часть случайных и линейных помех оставались в данных.

На рис.1. представлена сейсмограмма с P (а) и Z (б) компоненты после глобальной калибровки датчиков, а также результат PZ суммирования (в). На рисунке видно, что после суммирования часть помех с Z компоненты привносится в восходящее поле, осложняя сейсмический материал, в особенности на ближних удалениях.

В ходе работ был протестирован альтернативный способ подавления волн-спутников за ПП – мультисенсорный дегостинг (рис. 1г), который в качестве входных данных использует поле P компоненты и восходящее поле, UP, полученное в результате PZ суммирования. Данный алгоритм использует обратное τ-px-py преобразование и систему линейных уравнений с взвешенными весами, которое решается с помощью инверсионного подхода [2]. В работу алгоритма добавляется ограничение, что при отношении амплитуд восходящего поля и амплитуд поля гидрофонов выше порогового в заданном окне (там, где данные зашумлены) результат мультисенсорного дегостинга приравнивается результату дегостинга для P компоненты.

Использование мультисенсорного дегостинга, позволяет подавить волну-спутник за ПП, при этом минимизировав внесение шумовой компоненты в данные (рис. 1, г).

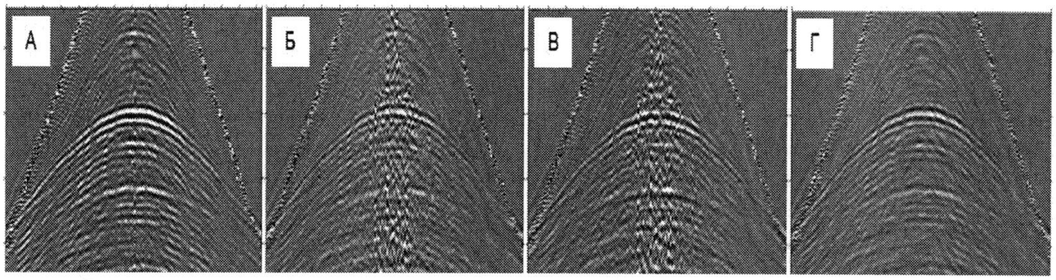

Рисунок 1. *Сравнение сейсмограмм: а) гидрофона (P компонента), б) геофона (Z компонента); в) результат PZ суммирования – восходящее поле г) результат мультисенсорного дегостинга – восходящее поле, характеризующие более высоким соотношением сигнал/помеха*

На рисунке 2 приведено сравнение спектров до подавления волн-спутников за ПП для гидрофона (зеленая линия) и геофона (красная линия) и после PZ суммирования (синяя линия) и мультисенсорного дегостинга (черная линия). Видно, что мультисенсорный дегостнг позволяет так же как и PZ суммирование восстановить провалы в спектре, как для низких, так и для высоких частот, получив при этом более стабилизированный результат.

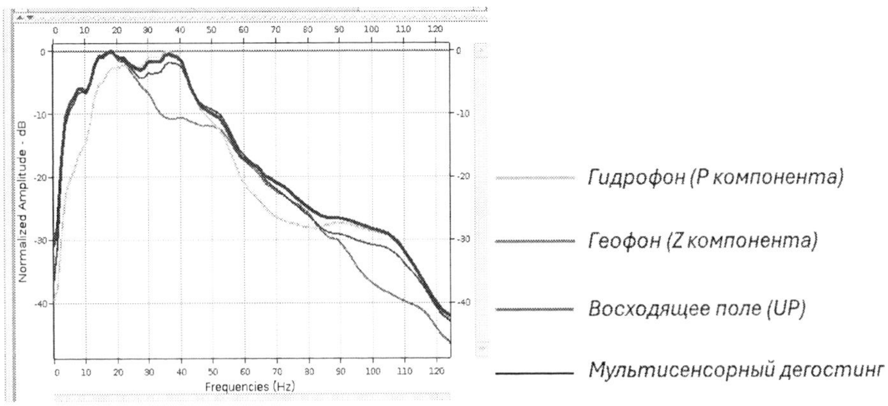

Рисунок 2. *Сравнение спектров данных до PZ суммирования и после PZ суммирования и мультисенсорного дегостинга.*

Стоит отметить, что остаточные помехи на ближних удалениях, остающиеся после PZ суммирования, могут вносить сильные искажения в записи для последующих процедур обработки, например для подавления волн-спутников за ПВ, а также влиять на результаты миграции для ближних удалений, искажать амплитудное распределение в сейсмограмме ОГТ в зависимости от удалений и влиять на качество финального изображения в отрицательную сторону. Использование же мультисенсорного дегостинга позволяет получить восходящее поле без искажений на ближних удалениях.

На рис. 3 представлено сравнение результатов миграции после полной последовательности обработки, где в одном случае для подавления волн-спутников за ПП использовалось только PZ суммирование (рис. 3а), во втором – мультисенсорный дегостинг (рис. 3б). Изображение, полученное с помощью графа обработки, где использовался мультисенсорный дегостинг характеризуется более высоким соотношением сигнал /помеха, на разрезе лучше выделяются тектонические разломы, улучшается прослеживаемость горизонтов, динамическая выраженность, ярче выделяются геологические детали.

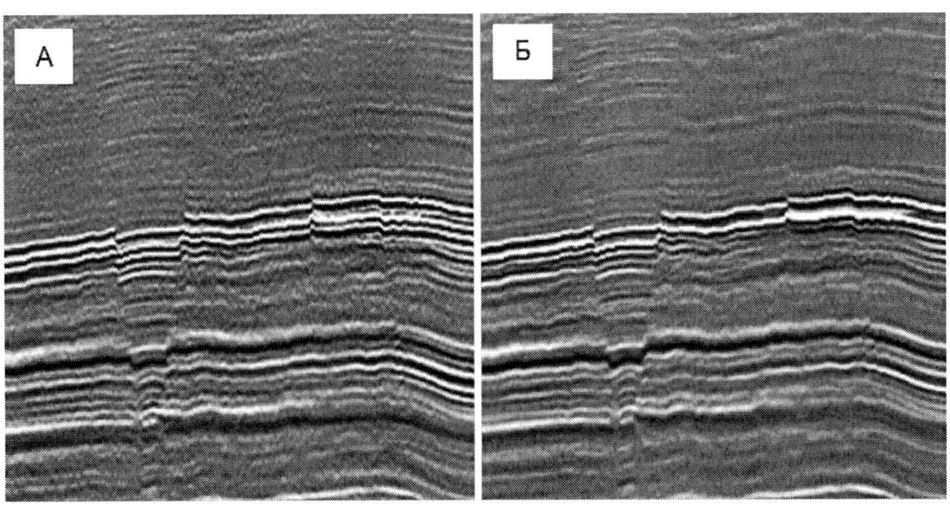

Рисунок 3*. Сравнение результатов миграции, где в графе подавления волн-спутников за ПП использовалось: а) PZ суммирование, б) мультисенсорный дегостинг*

Выводы

С момента внедрения технологии дегостинга в граф обработки морских сейсмических данных происходит непрерывное совершенствование ее алгоритмов, что позволяет получать более корректное и реалистичное изображение геологической среды.

Использование алгоритма PZ суммирования позволяет ослабить волны-спутники за ПП, но при низком качестве исходных данных может также привнести искажения в волновое поле. В данной работе использовался альтернативный подход для подавления волн-спутников за ПП – мультисенсорный дегостинг. Эта технология позволила ослабить волну-спутник за ПП и повысить вертикальную разрешающую способность сигнала, не осложнив при этом выходные данные остаточными шумами с Z компоненты. Тем самым было повышено соотношение сигнал/помеха и улучшена прослеживаемость горизонтов по сравнению с результатом стандартного PZ суммирования. Использование данного подхода позволило получить более качественное сейсмическое изображение и, в итоге, геологическую информативность результатов обработки.

Отметим также, что мультисенсорный дегостинг часто используется в графах обработки наших зарубежных коллег, в том числе и при работе с сейсморазведкой 4D, где минимизация влияния шумов играет огромную роль для получения достоверного 4D отклика.

Благодарности

Выражаем благодарность коллегам из компании Лукойл, Лукойл-Нижневолжскнефть и Лукойл-Инжиниринг за возможность использования сейсмических данных для представленной работы и интерпретационное сопровождение для оценки полученных результатов: Кунину К.Н., Оболенской А. А., Алексееву А. Г., Аристархову А. В. и внешнему супервайзеру проекта – Гречишниковой Т. А.

Библиография / References

1. Popova A.B., Gorbachev S.V., Samarkin M.A., Kurin E.A. Features of 3D seismic data processing data in solving complex problems, associated with gas anomalies in Sakhalin shelf // Oil industry, 4, 2019

2. G. Poole (CGG), J. Cooper (CGG) Multi-Sensor receiver deghosting using data domain sparseness weights, EAGE Conference & Exhibition, 2018

3. Jo Firth1, Gordon Poole, Federico Buriola, Steve McDonald, Paul Fallon, Steve Hollingworth, James Cooper and Gaetan Mellier Benefits of multi-sensor streamers for broadband acquisition, FIRST BREAK, 2018

Геомодель

Применение современных технологий полноволнового моделирования для исследование влияния многолетнемерзлых пород на сейсмические построения

Ботвин А.И. * (МГУ имени М.В. Ломоносова), Ампилов Ю.П. (МГУ имени М.В. Ломоносова), Петровский К.А. (ООО "Фидесис")

Введение

Предлагается использовать новые методы и алгоритмов моделирования и обработки сейсмических данных, получаемых в зонах распространения многолетнемерзлых пород.

Приведены результаты методического подхода, который позволит не только выявлять и компенсировать артефакты, вызванные мерзлотой, но и использовать особенности распространения волн в ММП для получения дополнительной информации о геологической среде. Это должно повысить достоверность геологической построений и способствовать более эффективному поиску и разработке месторождений полезных ископаемых при наличии криолитозоны.

Подбор графа обработки включает в себя выбор оптимальных фильтров, методов подавления поверхностных волн, скоростного анализа, которые способны компенсировать влияние многолетнемерзлых пород (ММП) и улучшить качество и надежность сейсмической интерпретации.

Методы моделирования и результаты

Традиционные методы сейсмической обработки часто основываются на упрощенных моделях и предположении о преобладании однократных продольных волн в волновом поле. Однако теория и практика указывают на существенную роль обменных, отраженных и волн-спутников, которые могут значительно усложнять интерпретацию сейсмических данных, особенно при наличии ММП на относительно мелких глубинах. [1]

Цель данной работы – исследовать влияние различных эффектов, связанных с неоднородностью геологической среды и наличием ММП, на волновую картину и разработать улучшенные методы обработки сейсмических данных, чтобы максимально точно учитывать реальные условия под поверхностью.

Для достижения этой цели потребовалось решить ряд задач:

1. Подготовка данных для моделирования путем частичного апскэйлинга каротажных кривых с сохранением основных коэффициентов отражения

2. Моделирование сейсмических данных инновационным методом спектральных элементов

3. Подбор и оптимизация графа обработки в сложных геокриологических условиях региона.

Данное исследование направлено на решение актуальных задач сейсморазведки, связанных с особенностями криолитозоны, и ожидается, что его результаты будут способствовать более глубокому пониманию процессов, происходящих в подземных слоях, и улучшению технологий поиска и добычи углеводородов в этих условиях.

Исследование проводилось в два основных этапа. На первом этапе осуществляется моделирование полного поля сейсмических волн, включая продольные, обменные и поверхностные волны, для характерного терригенного разреза Тимано-Печорской нефтегазоносной провинции с учетом наличия ММП. На втором этапе выполняется анализ синтетических сейсмограмм и подбор оптимальной последовательности обработки с учетом сейсмогеологических условий.

В качестве инструмента для моделирования использовался отечественный программный комплекс "Фидесис", разработанный под эгидой ученых и специалистов механико-математического факультета МГУ. Он предполагает применение метода спектральных элементов, описанного выше, для задач сейсморазведки, что является новаторским подходом по сравнению с традиционными лучевыми методами, ограниченными монотипными волнами.

На рис. 1 приведены примеры разной параметризации мерзлоты для одномерных сейсмограмм. Всего было параметризировано и смоделировано 5 моделей. Все они между собой существенно отличаются волновой картиной.

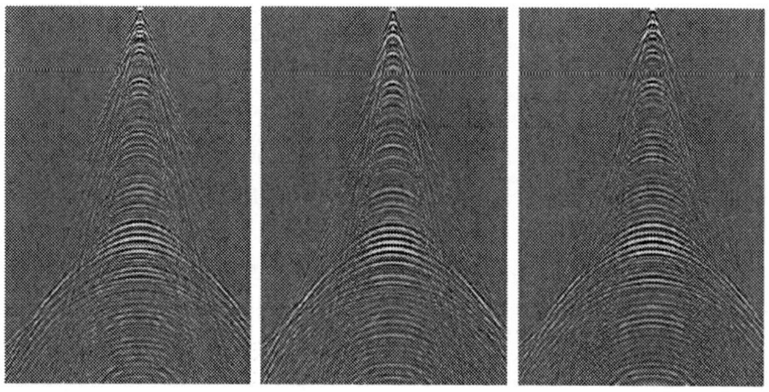

Рисунок 1 *Модель 3: ВЧР сложен глинами, зона мерзлоты сложена песками*
Модель 4: ВЧР и зона мерзлоты сложена песками и Глинами
Модель 5: большая часть ВЧР сложена песками

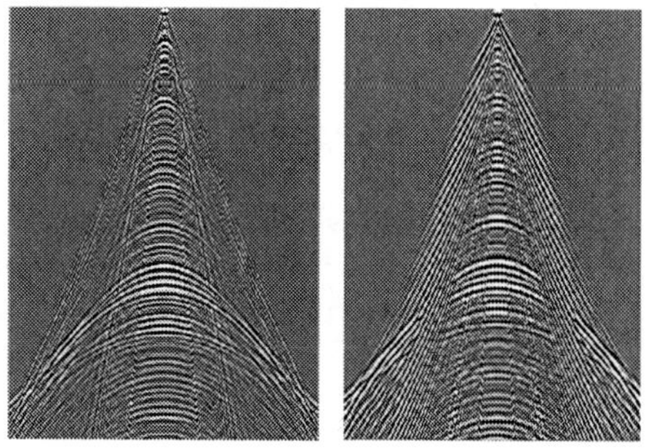

Рисунок 2 *Модель 1 ВЧР и зона мерзлоты сложена Глинами*
Модель 2: ВЧР и зона мерзлоты сложена Песками

Использование спектральных элементов высокого порядка и явной схемы интегрирования по времени позволило, с одной стороны, сократить общее число степеней свободы в дискретной модели (в сравнении с классическим методом конечных элементов достаточно 1-2х спектральных элементов на минимальную длину волны), а с другой – повысить шаг интегрирования по времени (определяемый из условия Куранта) за счет использования более крупных элементов.[2,3,4]

Для проведения численных расчетов волновых полей использовались расчетные ядра в составе пакета CAE Fidesys [5] на базе технологии CUDA [8], позволяющей задействовать вычислительные возможности массивно- параллельных вычислительных устройств – для проведения расчетов использовалась рабочая станция HPE Mercury на базе 4х графических ускорителей NVIDIA Tesla A100, установленная на кафедре вычислительной механики механико-математического факультета МГУ имени М.В. Ломоносова.[6,7]

Далее, был параметризирован и применен разработанный граф обработки. Граф обработки включал в себя: Медианную, полосовую фильтрации, FX подавление линейных волн-помех NUCNS. Был произведен скоростной анализ для каждой из моделей (Рисунок 2) Так, успешно удалось подавить поверхностную волну, которая закрывала большое количество осей синфазности. Также удалось подавить амплитудные выбросы. Удалось избавиться от низкочастных и высокочастотных помех. Повысить вертикальную и горизонтальную разрешенность. [9]

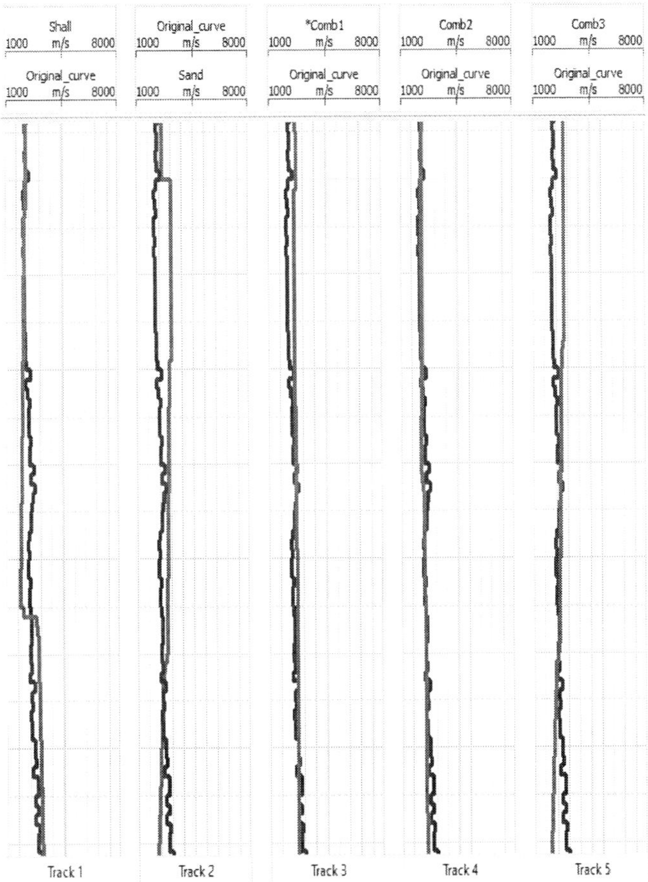

После преобразования данные о скоростях были загружены в систему HRS (Рис. 3). На графике синим цветом представлены кривые скоростей Vp, полученные по данным плотностного каротажа (ГГК), заданные в исходных моделях, а красным цветом — кривые, полученные вышеописанным методом из скоростного анализа соответствующих модельных полноволновых сейсмограмм. Визуальное сравнение этих кривых позволило получить первичное представление о возможностях сейсморазведки в определении скоростей продольных волн в среде в данных конкретных сейсмогеологических условиях. В определенном смысле это похоже на обратную кинематическую задачу для Vp.

Рисунок 3 Сравнение исходных кривых Vp с полученными из скоростного анализа, для каждой из моделей. Track1- Комбинация 1 (Рис.18), Track2 -Комбинация 2(Рис.19), Track3-Комбинация 3 (Рис. 20), Track4- Пески (Рис.21) , Track5- Глины (Рис.22).

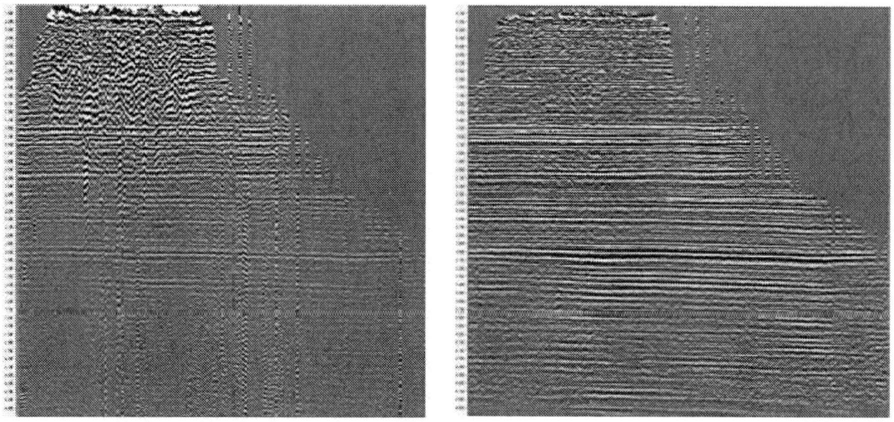

Рисунок 4 *Разрез реальных данных района Тимано-Печороской нефтегазоносной провинции до(слева) и после(справа) применения процедур графа обработки*

Выводы

В данной работе были решены следующие задачи при помощи полноволнового моделирования методом спектральных элементов для детальной модели:

1. Подготовка данных для сейсмического моделирования, анализ скважинной информации и оценка Vp, Vs, плотности.

2. Изучение упругих характеристик мерзлых и растепленных пород.

3. Расчет синтетических сейсмограмм методом спектральных элементов для различных условий мерзлоты.

4. Оптимизация графа обработки в сложных геокриологических условиях.

Исследования имеют научную новизну, впервые применены новейшие алгоритмы полноволнового моделирования для изучения влияния мерзлых пород на волновую картину. Испытаны современные графы обработки для устранения помех.

Направления исследований

- Определение фона обменных волн и их интерпретация.
- Сравнение традиционного и полноволнового моделирования.
- Анализ фоновых обменных волн с горизонтальной компонентой Vx.
- Восстановление скоростных параметров среды в 2D и 3D.
- Анализ первых вступлений и сейсмическая томография.
- Полноволновая инверсия на модельных и реальных данных.

Библиография / References

1. Левин В. А., Вершинин А. В. Численные методы. Параллельные вычисления на ЭВМ Т.2 (Нелинейная вычислительная механика прочности. Цикл монографий в 5 томах под. ред. В.А. Левина). — ФИЗМАТЛИТ Москва, 2015. — 544 с.
2. Konovalov D., Vershinin A., Zingerman K., Levin V. The implementation of spectral element method in a CAE system for the solution of elasticity problems on hybrid curvilinear meshes // Modelling and Simulation in Engineering. 2017. V. 2017. Article ID 1797561. P. 1–7.
3. Charara M, Vershinin A, Deger E, Sabitov D and Pekar G, 3D spectral element method simulation of sonic logging in anisotropic viscoelastic media SEG Expanded Abstracts 30 pp 432–437, 2011.

4. Charara M, Vershinin A, Sabitov D and Pekar G, SEM wave propagation in complex media with tetrahedral to hexahedral mesh 73rd European Association of Geoscientists and Engineers Conference and Exhibition pp 41–45, 2011.
5. www.cae-fidesys.com
6. Ампилов Ю.П., Вершинин А. В., Левин В. А., Петровский К.А., Приезжев И.И., Штейн Я.И. Полновое моделирование в сейсморазведке на основе цифровой геологической модели с использованием метода спектральных элементов. // Геология и геофизика, издательство СО РАН, 2024. DOI: 10.15372/GiG2024115
7. Ампилов Ю.П. Поглощение и рассеяние сейсмических волн в неоднородных средах/ М., «Недра», 1992 г., 160 с.
8. Ampilov Yu P., Vershinin A.V., Levin V.A., Petrovskii K.A., Priezzhev I.I., Shtein Ya I. Full-Waveform Seismic Modeling Based on Digital Geological Model Using Spectral Element Method: Applications to Seismic Exploration //Russian Geology and Geophysics, 2024, ELSEVIER SCIENCE BV, DOI: 10.2113/RGG20244728

Влияние статических поправок на результаты скоростного анализа при сейсморазведке высокого разрешения

Р.И. Царев* (АО «ВНИИ Галургии», ФГАОУ ВО «ПГНИУ»), А.М. Пригара (АО «ВНИИ Галургии»), А.А. Жуков (АО «ВНИИ Галургии»)

Введение

При проведении наземных сейсморазведочных работ 2D методом отраженных волн (МОВ) по методике общей глубинной точки (МОГТ) на этапе эксплуатационной разведки Верхнекамского месторождения солей (ВКМС) особую роль в получении достоверного изображения геологической среды играет расчет априорных статических поправок. Это связано со сложным строением верхней части разреза (ВЧР) и пересеченным рельефом местности. Целью проведённых исследований является определение априорных статических поправок, недоучет которых может привести к снижению достоверности результатов сейсморазведочных работ.

В последние годы при сейсморазведочных работах 2D на ВКМС применяется система наблюдений высокого разрешения с шагом пунктов приема (ПП) 5 м и шагом пунктов возбуждения (ПВ) 10 м. Группирование ПП и ПВ не применяется. При регистрации используются вертикально-ориентированные сейсмоприемники, при возбуждении применяются заряды взрывчатого вещества весом от 100 до 200 г [8].

Основанием для проведения исследований является установленный факт несоответствия гипсометрии пластов по результатам наземной сейсморазведки, форме границ, полученной по результатам шахтной сейсморазведки (рисунок 1) на поперечных SH-волнах с разделением отражений (ПВРО) [4, 6] на участке совпадения профильных линий в пространстве.

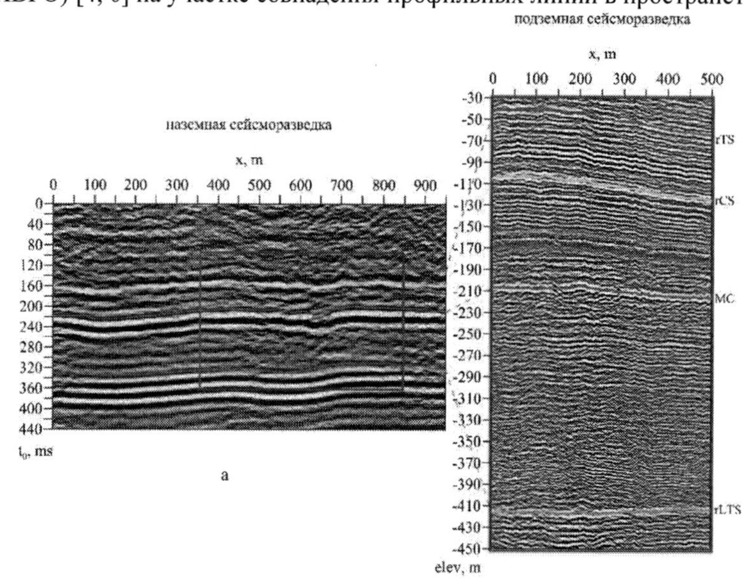

Рисунок 1. *Разрезы по результатам сейсморазведочных работ (а – наземные исследования МОВ МОГТ; б – подземные исследования МОВ МОГТ способом ПВРО)*

ВКМС относится к месторождениям калийных солей пластового типа, имеющего форму линзы и вытянутого с юга на север. Галогенная формация залегает в интервале глубин от 100 до 800

м. В настоящее время фронт горных работ продвигается от центральной части месторождения к краевым, где в геологическом строении появляются интенсивные внутрисоляные деформации. Они представлены преимущественно пликативными дислокациями. Складки и складчатые области отличаются не только по размерам, но и по глубинам распространения [3]. Наличие и характер крупных дизъюнктивных дислокаций являются предметом острых дискуссий среди геологов.
ВЧР на ВКМС представлена четвертичной системой (Q), состоящей из рыхлых образований различного происхождения: эоловые пески (мощностью до 3 м), торфяно-болотные отложения (до 5 м), аллювиальные пески, глины, галечники (до 30 м), озерно-аллювиальные (до 25 м) и перигляциальные (до 10 м) супеси, суглинки и глины, флювиогляциальные, моренные и другие образования (до 10 м). В отдельных случаях (переуглубления палеодолин, зоны выщелачивания солей и др.) мощность четвертичных отложений достигает 80 м [5].

Метод

Априорные статические поправки при наземных сейсморазведочных исследованиях рассчитываются на основе скоростных моделей ВЧР и данных высокоточной топографо-геодезической съемки положения каждого ПП и ПВ. Скоростная модель строится по результатам обработки методом преломленных волн (МПВ) в модификации сейсмотомографии с использованием программы ZondST2D. Расчёт статических поправок производится в программе собственной разработки StatPopr [9]. Априорные статические поправки рассчитываются до уровня приведения, который выбирается ниже зоны малых скоростей (ЗМС).

С теоретической и методической точки зрения [1, 2] поправки рассчитываются корректно и достаточно точно, что зачастую подтверждается соответствием положения и наклона выделенных по сейсморазведке границ, результатами бурения скважин и проходки горных выработок. Но присутствуют и сложные участки, на которых восстановить гипсометрию пластов в отсутствии результатов прямых методов удается лишь с некоторыми погрешностями.

Для изучения влияния ошибок при расчете статических поправок на определение скоростей ОГТ проведено сейсмическое моделирование [7]. В синтетические сейсмограммы, полученные при разном положении отражающей границы (ОГ), вводились постоянные статические поправки, после чего проводился скоростной анализ по годографам отраженных волн на суперсейсмограммах ОГТ. Конечно-разностное численное моделирование проведено в программе Tesseral Pro. В качестве базовой модели среды выступает двухмерная модель двухслойной среды, состоящей из двух однородных пластов со скоростями $V_{пласт}$ 2000 м/с и 2500 м/с. Глубина акустически жесткой границы между двумя пластами изменялась от 50 до 2500 м. Система наблюдений выбрана аналогично той, что применяется при натурных исследованиях. Центральная частота исходного импульса составляла 60 Гц, источник – всенаправленный, сферической волны. Построено 9 моделей геологической среды.

По результатам моделирования (рисунок 2, а) получены синтетические сейсмограммы (рисунок 2, б), которые обрабатывались в программе SeisPro. Обработка заключалась во введении геометрии системы наблюдений и проведении скоростного анализа по суперсейсмограммам ОГТ (рисунок 2, в).

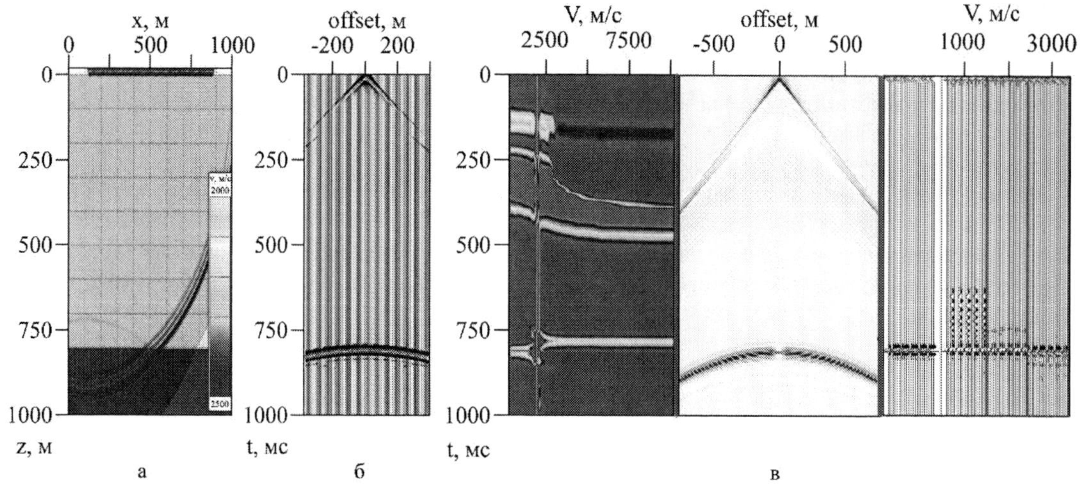

Рисунок 2. *Исходная модель и обработка синтетических данных (а – скоростная модель; б – синтетическая сейсмограмма ОПВ; в – окно скоростного анализа)*

Результаты

Как говорилось ранее, исходная модель представлена средой с одной границей. Скоростной анализ сейсмограмм ОГТ до ввода статических поправок позволил точно определить скорость до этой границы (рисунок 3, а), соответствующую скорости, заложенной в исходной модели. Далее в сейсмограммы были введены положительные поправки от 10 до 100 мс с шагом 10 мс. По результатам проведенного скоростного анализа установлены значительные искажения скоростей ОГТ после введения статических поправок. Например, для статической поправки 30 мс (рисунок 3, б) теоретический годограф в зависимости от глубины отражающей границы (ОГ) может аппроксимироваться со скоростями от 2000 до 2350 м/с, что соответствует искажению скорости на 17,5 %. Помимо этого, от величины поправки зависит искажение формы годографа, который уже не будет описываться уравнением гиперболы.

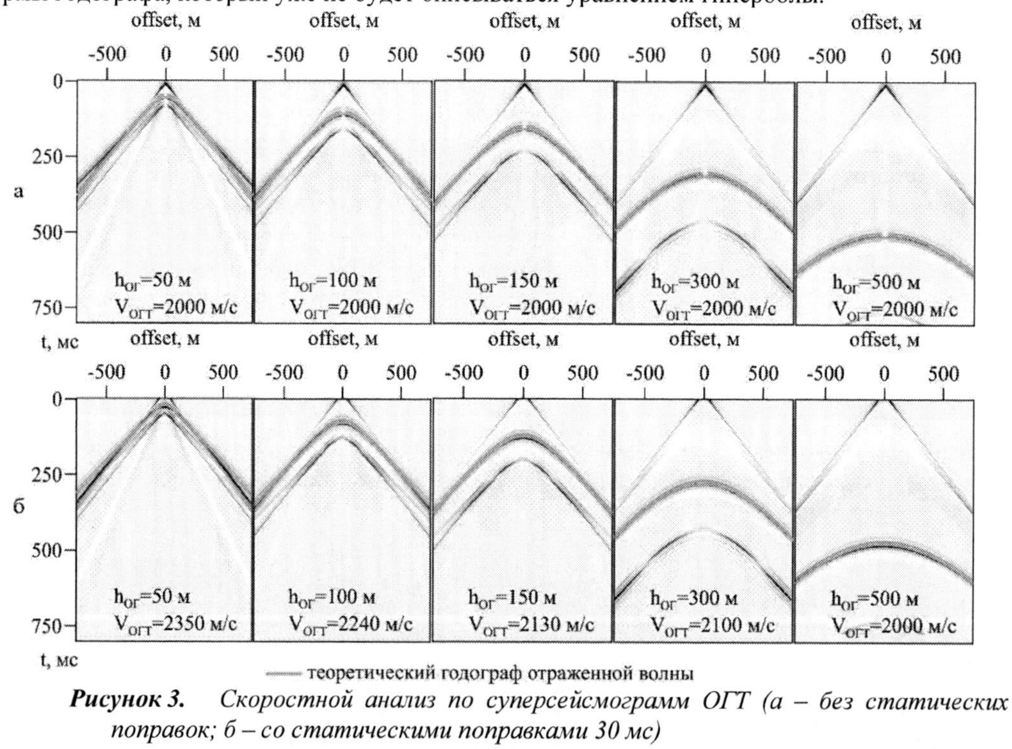

Рисунок 3. *Скоростной анализ по суперсейсмограмм ОГТ (а – без статических поправок; б – со статическими поправками 30 мс)*

По результатам проведенных исследований построены графики отклонения скоростей ОГТ от истинных скоростей в зависимости от глубины залегания отражающей границы для разной величины статической поправки (рисунок 4). Анализ графиков показывает, что искажение скоростей зависит прямо пропорционально от значений статических поправок и обратно пропорционально от глубины отражающих границ. Максимальные отклонения происходят в интервале глубин от 50 до 500 м, где искажения могут достигать от 5 до 50 %. Можно предположить, что искажения скоростей будут увеличиваться при снижении скоростей в ВЧР.

Для отражающих границ, залегающих на глубинах более 1000 м статические поправки, оказывают значительно меньшее влияние на ошибки в определении скоростей или не оказывают его совсем. Это связано с уменьшением отношения (относительного веса) значений статических поправок к величине времен прихода отраженных волн от глубоких горизонтов.

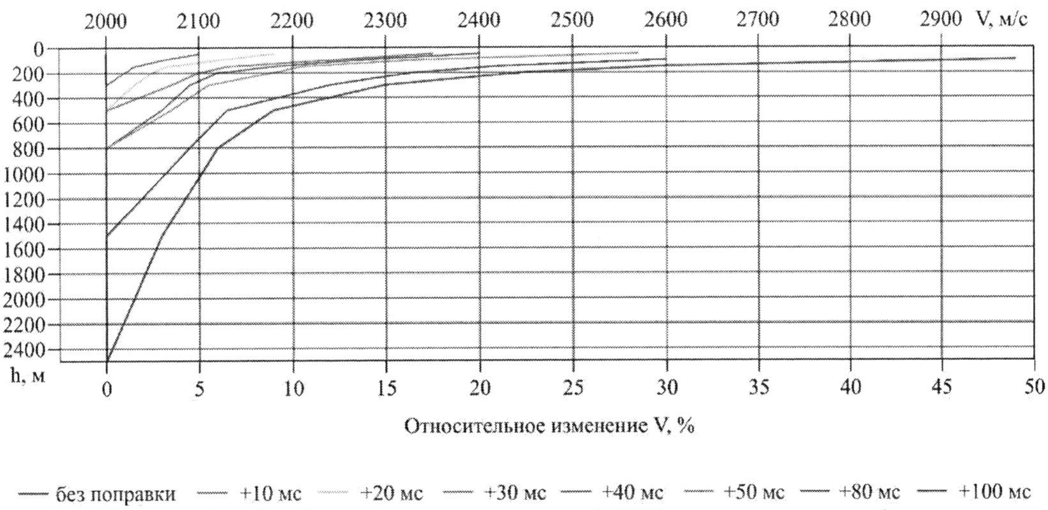

Рисунок 4. *Графики изменения скоростей ОГТ относительно глубины залегания отражающей границы в зависимости от величины статической поправки*

Выводы

В результате проведенных исследований на основе сейсмического моделирования выявлена зависимость между значениями статических поправок, глубиной залегания отражающей границы и искажением результатов скоростного анализа. Показано, что для интервала глубин до 500 м ошибки в определении статических поправок могут приводить к значительным искажениям скоростей, вплоть до 50 %. Эти искажения могут влиять на определение истинной гипсометрии пластов. Так как интервал глубин до 800 м является целевым при исследованиях соляной толщи на ВКМС, исследования в данном направлении будут продолжены.

References

1. Boganik, G.N. Seismorazvedka / G.N. Boganik, I. I. Gurvich.–Tver':Izdatel'stvo AIS.–2006.–375 s.
2. Bondarev, V.I. Seismorazvedka / V.I. Bondarev. – Ekaterinburg: izdatel'stvo UGGU.– 2007.– 704 s.
3. Golubev, B.M. Stroenie solyanoj tolshchi Verhnekamskogo mestorozhdeniya. Avtoreferat dissertacii na soiskanie uchenoj stepeni kandidata geologo-mineralogicheskih nauk. Permskij gosudarstvennyj universitet im. A.M. Gor'kogo, g. Perm', 1972.

4. Zhukov, A. A., Prigara, A. M., Tsarev, R. I., Shustkina, I. Yu. Method of mine seismic survey for studying geological structure features of Verkhnekamskoye salt deposit. Gornyy informatsionno analiticheskiy byulleten'. 2019;4:121-136.

5. Kudryashov, A.I. Verhnekamskoe mestorozhdenie solej. Izd. 2-e, pererab / A.I. Kudryashov. – M: «Epsilon Plyus». – 2013. – 368 s.

6. Tsarev, R.I. The Possibilities of Mine Seismic Survey on Shear Waves/ R. I. Tsarev, A. M. Prigara, A. A. Zhukov // Engineering and Mining Geophysics 2019 15th Conference and Exhibition. – 2019.

7. Tsarev, R.I. Obosnovanie vybora modeli geologicheskoj sredy pri reshenii pryamoj zadachi sejsmorazvedki MOV OGT na VKMS / R. I. Tsarev // Geofizika. – 2018. – №5. – S. 18 23.

8. Tsarev, R.I. Technology and specificity of surface seismic in the Upper Kama Potash Salt Deposit / R.I. Tsarev, A.A. Zhukov, A.M. Prigara, D.N. Shkuratskij // Gornyj zhurnal. – 2021. – №4.–S. 17-26.

9. Tsarev, R.I. Svidetel'stvo o gosudarstvennoj registracii programmy dlya EVM StatPopr № 2023614450 Rossijskaya Federaciya. Raschyot staticheskih popravok StatPopr: № 2023613088: zayavl. 16.02.2023: opubl. 01.03.2023 / R. I. Tsarev, V. A. Voroshilov, A. A. Zhukov, A. M. Prigara.

Коррекция статических поправок при работах ВСП со взрывами

А.А. Шевченко*, А.Г. Ковалев (ООО «ПетроТрейс»)

Введение

Вопрос о коррекции статических поправок при работах ВСП с одного или нескольких пунктов взрыва не считается наиболее важной проблемой современной сейсморазведки. Как правило работы ВСП проводятся для выполнения интерпретационных задач сейсмических данных 2Д или 3Д. Привязка сейсмических данных к скважинной информации на первый взгляд выполняется достаточно легко и без больших ошибок. Однако при использовании взрывного источника аккуратное определение времени пробега сейсмической волны составляет проблему полевых работ ВСП, которую решить не просто (А.А.Шевченко 2002). Цена ошибки привязки в несколько миллисекунд может существенно повлиять на привязку данных наземной сейсморазведки. Кроме этого коррекция статических поправок при использовании взрывного возбуждения сейсмического сигнала для работ ВСП и коррекция статики при наземных сейсмических работах имеют много общего. Цель работы предложить методику коррекции статических поправок при использовании взрывного возбуждения в работах ВСП.

Источник проблемы

При работе со взрывами подрыв заряда осуществляется с помощью электродетонатора. Согласно техническим характеристикам электродетонатор сейсмический (ЭДС) срабатывает с небольшой задержкой, которая определяется конструктивными особенностями детонатора (Рис.1).

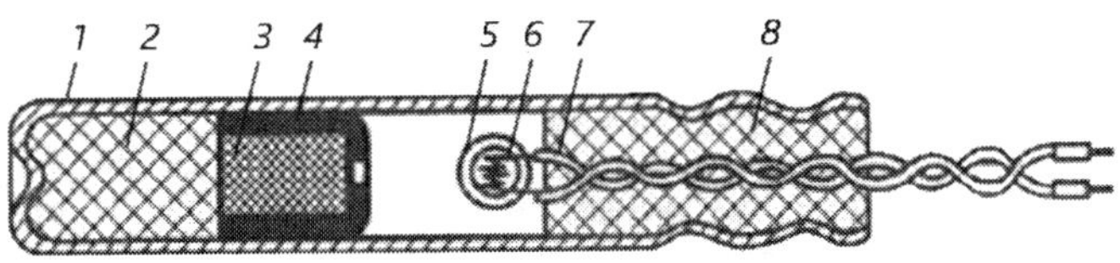

Рисунок 1. *Электродетонатор. 1 - гильза; 2 - вторичный заряд; 3 - первичный заряд; 4- чашечка; 5 - воспламенительная головка; 6 - мостик накаливания; 7 - выводные провода; 8 - пластмассовая пробка.*

Электродетонатор представляет собой капсюль-детонатор, в гильзу которого введены два медных проводника. К концам проводников припаяна нихромовая или константановая проволочка, на которую нанесен воспламеняющий состав. Электрический ток нагревает спираль, которая воспламеняет зажигательный состав, от пламени которого инициирует первичный заряд, возбуждая взрыв электродетонатора. Время задержки срабатывания детонатора, то есть время от подачи тока на выводные провода до момента взрыва вторичного заряда может меняться. Конструктивно задержка зависит от электрического сопротивления мостика накаливания. Больше сопротивление, быстрее нагрев и раньше воспламенение головки. При выполнении работ со взрывами на время прихода отраженных сейсмических сигналов (на статические поправки) влияют два фактора. Первый фактор – это изменение положения заряда во взрывной скважине. Второй фактор – задержка срабатывания ЭДС. Регистрация времени прихода вертикального времени ($t_в$) контрольным прибором на поверхности Земли не позволяет определить с чем связано изменение времени (статическая поправка). При уменьшении глубины заложения заряда время прихода полезного отраженного сигнала увеличивается, а время прихода первого вступления на прибор $t_в$ наоборот уменьшается. Поправка за изменение времени срабатывания ЭДС одинаковая для первого вступления на контрольном приборе и для времени регистрации полезного сигнала. Различие по знаку двух статических сдвигов приводит к тому, что практически всегда ввод временных поправок по контрольным приборам не решает проблему компенсации априорных статических сдвигов.

Методика полевых наблюдений и коррекции статических поправок

По технологии проведения сейсморазведочных работ ВСП требуется регистрировать дополнительные контрольные каналы. Для регистрация вертикального времени на пикете возбуждения используется сейсмоприемник, расположенный около устья взрывной скважины. Для того чтобы контролировать форму падающей волны обычно используется один или несколько сейсмоприемников, устанавливаемых на поверхности Земли на расстоянии 50-200 метров от взрывной скважины. В зависимости от строения ВЧР в районе работ такие контрольные каналы регистрирует всевозможные типы поверхностных волн и отраженных сигналов. Постоянство формы сигнала на записях контрольных каналов говорит о стабильности условий возбуждения.

Приведем пример определения статических сдвигов за пункт взрыва для наблюдений ВСП, выполненных на скважине с использованием перекрытий уровней наблюдений. Скважинный зонд состоял из 12 приборов с шагом 10 метров. Изменение положения 12 точечного прибора выполнялось таким образом, что положение верхнего регистрирующего модуля для одного уровня совпадала по глубине с положением нижнего модуля для следующего уровня регистрации. На Рис.2 приведено положение двух соседних уровней установки прибора в скважине. Такая схема наблюдений дает возможность сравнивать времена прихода падающей прямой волны для двух различных взрывав. Одинаковая позиция сейсмоприемника в скважине позволяет контролировать статические поправки за пункт взрыва, так как различие времен прихода прямой волны определяет временную задержку между двумя последовательными взрывами.

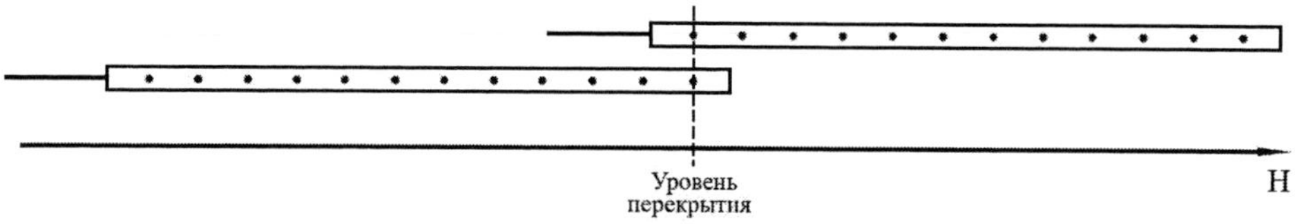

Рисунок 2. *Схема расположения скважинного прибора для двух соседних стоянок, регистрируемых от различных взрывов.*

Для каждого взрыва выполнялись записи волновой картины на двух контрольных приборах (Рис.3А). Один сейсмоприемник (КП) был расположен на расстоянии $L_{КП}$=50 м от пункта взрыва. Второй сейсмоприемник, предназначенный для регистрации вертикального времени ($t_В$) был установлен в непосредственной близости от устья взрывной скважины. Расстояние ПВ от устья глубокой скважины с приборами ВСП составляло $L_{ПВ}$=175м. Для каждого пункта взрыва прибор, стоящий у взрывной скважины и прибор, расположенный на расстоянии около 50 метров от ПВ составляют пару точек наблюдения, которые надо анализировать, чтобы определить значения статических поправок. На сейсмоприемнике $t_В$ регистрировалось вертикальное время пробега от взрыва. На контрольном приборе может регистрироваться прямая волна (Рис.3Б) либо преломленная волна (Рис.3В). Для контроля статических поправок важно различать два данных варианта регистрации. При регистрации преломленной волны на контрольном приборе задержки в приходе прямой волны коррелируются по знаку, но могут различаться по величине с задержками, наблюдаемыми на глубинном приборе ВСП ($H_{ВСП}$). Точно определить какой тип волны регистрируется на контрольном приборе можно по записям наблюдения МСК во взрывной скважине.
Статическая поправка при возбуждении сейсмического сигнала взрывами складывается из двух частей, характеризующих изменение положения прибора в скважине и время задержки срабатывания детонатора. На приборе $t_в$ вертикальное регистрируются вертикальное время, которое включает в себя обе задержки. При регистрации записи на приборе $t_в$ около ПВ обе поправки складываются со своими знаками. Если детонатор срабатывает быстрее или заряд всплывает или помещен на меньшую глубину то обе временных задержки имеют знак минус. При задержке срабатывания детонатора или погружении заряда на большую глубину, чем определено проектом работ, обе поправки имеют знак плюс.

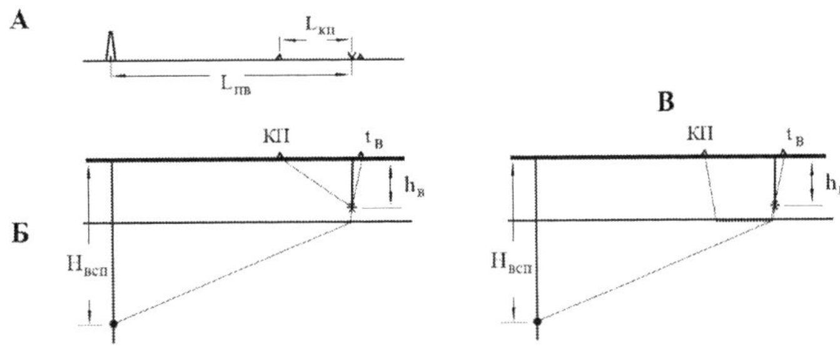

Рисунок 3. *Схема наблюдения (А) и ход лучей при наблюдении ВСП. Б – на контрольном приборе первой регистрируется прямая волна; В – на контрольном приборе первой регистрируется преломленная волна.*

На фрагменте Рис.4А показана запись прибора ВСП в скважине для которой из каждой стоянки из 12 приборов выбран только один верхний прибор. В запись наблюденной волновой картины введены поправки, спрямляющие падающую волну. Изменение положения оси синфазности падающей волны на фрагменте А отражает только изменение статических сдвигов за ПВ. На фрагменте Б и В приведены волновые поля, зарегистрированные на контрольном приборе и на сейсмоприемнике $t_в$.

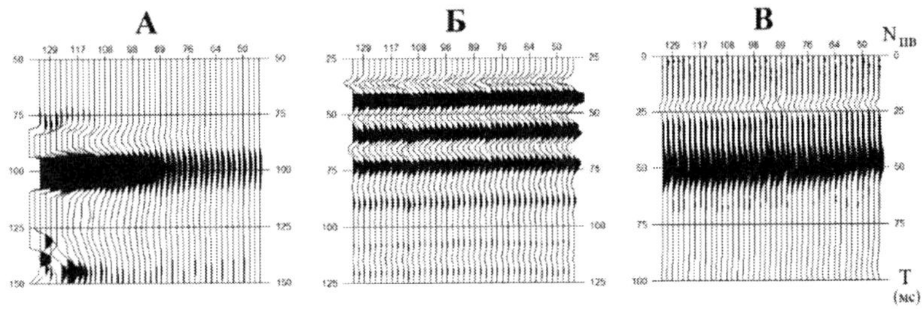

Рисунок 4. *Контрольные наблюдения при работах ВСП. А – Волновое поле прямой падающей волны, зарегистрированное скважинным прибором после спрямления. Б – Записи поверхностного контрольного прибора. В – записи прибора, регистрирующего вертикальное время.*

Для сравнения значений временных сдвигов между соседними взрывами на Рис.5А приведены графики сдвигов прихода первого вступления на прибор ВСП, прибор tв и КП. Сдвиги различаются и для отдельных номеров взрыва различия существенные. Просуммировав сдвиги для каждого взрыва (Рис.5Б) мы получим графики накопленной ошибки на всю длину наблюдательной скважины. На графиках хорошо видны закономерности изменения временных задержек (Рис.4). Все три графика коррелируются между собой, хотя различные линейные тренды, указывают на то, что ни один из двух графиков ($t_В$ или КП) нельзя применять в качестве статической поправки для компенсации сдвигов во временах падающей волны на данных ВСП. Для коррекции сдвигов на перекрытиях можно использовать задержки прямой волны, измеренные для всех уровней перекрытия. При этом сначала в наблюденные трассы ВСП вводятся поправки , определенные для каждого уровня перекрытия (кривая ВСП, Рис.5А), затем с обратным знаком вводится линейный тренд (кривая Линейная(S_ВСП), Рис.5Б). Такой методический прием не влияет на определение скоростей, сохраняя абсолютные времена годографа прямой волны для первой и последней точек измерения.

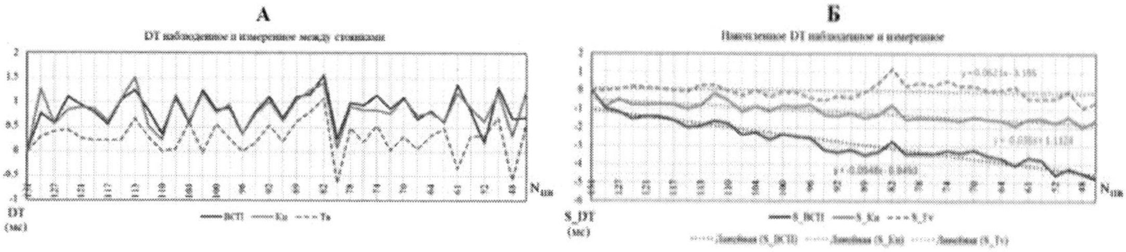

Рисунок 5. *Сравнение времен регистрации прямой волны для соседних ПВ.*

Определение статической поправки с использованием МСК во взрывной скважине

Проведение работ МСК дает возможность определения скорости распространения сейсмических волн в ВЧР. Скоростная модель служит для перерасчета зарегистрированных на контрольных приборах сдвигов в величину статической поправки. Для этого, используя численные методы подбора находятся корректные значения статических поправок за глубину заряда и за задержку срабатывания детонатора.

Выводы

Выполненные исследования показали, что возможно повышения качества работ ВСП за счет дополнения стандартного комплекса полевых работ контрольными измерениями. Решение задачи определения статических поправок за пункт взрыва при работах ВСП возможно только в том случае если есть дополнительная информация, зарегистрированная в ходе полевых работ. В первом приближении это могут быть наблюдения полей в скважинах с перекрытиями. Для более корректного расчета статики за пункт взрыва требуется дополнительно выполнить наблюдения МСК во взрывной скважине, при регистрации поля МСК и наблюдений ВСП в нескольких контрольных точках.

Благодарности

Авторы выражают благодарность начальнику отдела скважинной сейсморазведки ООО НПЦ «Геостра» Александру Горшенину за мотивацию решения задачи и конструктивное обсуждение практических результатов расчета статических поправок ВСП.

Библиография

1. Шевченко А.А. Скважинная сейсморазведка. М.: РГУ нефти и газа им. И.М.Губкина, 2002.

References

1. Shevchenko A.A. Borehole seismic exploration. M.: Russian State University of Oil and Gas named after. I.M.Gubkin, 2002

Применение акустического варианта FWI по ныряющим и отраженным волнам на примере данных различных регионов России

Н.С. Журавко* (ООО НПЦ «Геостра»), И.А. Меркушев (ООО НПЦ «Геостра»)

Введение

Полноволновая инверсия (FWI) на сегодняшний день все чаще становится производственным инструментом для восстановления скоростных свойств среды с целью дальнейших задач миграции сейсмических данных, получения качественного сейсмического изображения и геологической интерпретации данных. В мировой геофизической практике FWI имеет доказанную репутацию инструмента для уточнения и повышения детализации глубинно-скоростной модели (ГСМ). Однако применение FWI к наземным сейсмическим данным представляет собой сложный итерационный процесс, и при его реализации возникают вопросы, связанные как с упругими эффектами среды и наличием приповерхностных неоднородностей, так и с качеством исходных данных и содержанием полезных частот в них. Это объясняет почему технология FWI для наземных данных остается столь чувствительной и не всегда может быть обоснована для применения в любом нефтегазоносном регионе России. В настоящей работе демонстрируются примеры успешного восстановления скоростной модели высокого разрешения на основе FWI по данным различных регионов России. Использование акустического варианта FWI по ныряющим и отраженным волнам с инвертированием частот до 20-22 Гц сделало возможным получение детальных моделей среды на этапе построения ГСМ, а также значительно повысило качество сейсмического изображения при выполнении глубинной миграции данных.

Теория

Метод FWI основан на итерационном сопоставлении реальных и модельных данных, построенных на основе начальной ГСМ, исходного сейсмического импульса и последовательного внесения детальных изменений в модель с постепенной линейной коррекцией. Переводя на математический язык, вышесказанное заключается в решении нелинейного операторного уравнения [1]:

$$\boldsymbol{F}(\boldsymbol{m}) = \boldsymbol{d}, \quad (1)$$

где $F: M \rightarrow D$ нелинейный оператор прямой задачи, описывающей процесс распространения волн в среде, отображающий пространство моделей M в пространство данных D. Метод FWI или обращения полного волнового поля при этом сводится к применению нелинейного метода наименьших квадратов для уравнения (1). Для этих целей вводится следующий целевой функционал:

$$\boldsymbol{E}(\boldsymbol{m}) = \frac{1}{2}\|\boldsymbol{d}^{obs} - \boldsymbol{F}(\boldsymbol{m})\|_D^2, \quad (2)$$

где $\boldsymbol{d}^{obs}$ — наблюденные данные, $\boldsymbol{F}(\boldsymbol{m})$ — синтетические данные, рассчитанные для текущей модели $\boldsymbol{m}$. Отыскание точки минимума этого функционала в пространстве допустимых моделей и составляет основу метода обращения полного волнового поля (FWI).

Уточнение модели начинается с низких частот для построения трендовой модели и затем увеличивается до более высоких частот, повышая детальность ГСМ. При этом в процессе уточнении модели на каждом этапе важно контролировать сходимость и корреляцию наблюденных и модельных данных, чтобы избежать проблему решения локального минимума и как следствие получение ошибок ГСМ. Классический метод FWI, предложенный авторами (Tarantola, 1984) по ныряющим волнам направлен на получение детальных скоростных моделей в верхней части разреза. Однако при использовании в методе только ныряющих волн мы неизбежно будем сталкиваться с проблемами различия скоростей распространения преломленных и отраженных волн из-за отличия распространения их волновых фронтов. Также глубинность исследований и как следствие глубина построения ГСМ при использовании только ныряющих волн будет лимитирована максимальными выносами источник-приемник. Благодаря широкому распространению крупных вычислительных центров и появлению сторонних облачных ресурсов, появилась возможность достаточно быстро осуществлять решение кинематической задачи сейсморазведки и использовать не только область сейсмической записи в зоне первых вступлений, но и отраженные волны. Отраженные волны содержат в себе большое количество информации о кинематических свойствах скоростной модели, проникают глубже, чем преломленные волны и стабилизируют решение уравнения (2) (Chavent et al., 1994; Xu et al., 2012).

Процесс построения ГСМ с использованием FWI разбивается на несколько этапов:

- построение и уточнение модели ВЧР (3D Eikonal Tomography, FWI по ныряющим волнам);
- построение толстослоистого каркаса ГСМ на всю глубину изучаемой площади по основным опорным отражающим горизонтам (ОГ) с учетом обновленной модели ВЧР;
- уточнение ГСМ высокочастотной акустической инверсией FWI и/или плотной CIP-томографией.

Уточнение модели ВЧР с помощью FWI по ныряющим волнам

В приповерхностной зоне разреза, где кинематика отраженных волн еще не работает, на помощь геофизикам приходят преломленные волны. О значимости метода построения верхней части сейсмического разреза по преломленным волнам можно ознакомиться в многочисленных опубликованных научно-исследовательских работах [2]. В основном подобные исследования относятся к учету верхней части разреза для расчета априорных статических поправок в процессе временной обработки. Методика заключается в пикировке годографов времен первых вступлений преломленных волн и построении скоростных моделей ВЧР на основе сеточного решения томографии с целью получения объемной модели верхней части разреза. Такая стартовая модель служит хорошим началом для проведения акустической инверсии FWI по ныряющим волнам.

В качестве контроля получаемой методом FWI ГСМ выполняется миграция PSDM Кирхгофа (Рисунок 1), а также при необходимости рассчитываются карты статических поправок за ПВ и ПП с целью сравнения статических решений во временной области исходной томографической модели и модели, уточненной через FWI.

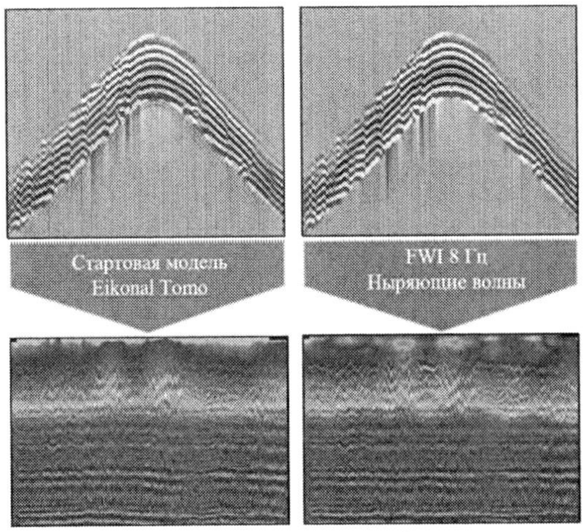

Рисунок 1. *Модель ВЧР: начальная после томографии первых встплений (слева) и после инверсии FWI 8Гц по нырящим волнам. Сверху изображены реальная сейсмограмма ОПВ (черно-белая палитра) с наложением синтетической сейсмограммы ОПВ (сине-красная палитра) соттветсвующие моделям ниже*

Уточнение ГСМ высокочастотной акустической инверсией FWI и/или плотной CIP-томографией

Используя когерентную инверсию при определении скоростных характеристик ГСМ, удается с хорошей точностью учитывать длинно-, среднепериодные особенности распространения скоростей в среде. Тем не менее, на практике при использовании такого подхода остаются недоучтенные скоростные особенности, которые приводят к уменьшению когерентности отражений на суммарном волновом поле, а также неопределённости структурного плана. Томография с использованием пикировок отражённых волн (CIP-томография) используется для уточнения глубинно-скоростной модели. Минимизируя остаточные кинематические невязки, томография позволяет получить модель, учитывающую неоднородности среды, тем самым повысить когерентность отражений и уменьшить неопределенности структурного плана. Особенно важно уменьшать значение остаточной кинематики перед выполнением сложной и ресурсоемкой технологии rFWI (FWI по отраженным волнам). Иными словами, на вход последней технологии стоит подавать модель как можно более точно подходящую сейсмическим данным, а также имеющую хорошую близость к фактическому низкочастотному распространению скоростных характеристик в среде (АК, ВСП) в точках скважин.

Полученная ГСМ после CIP-томографии ГСМ является хорошей стартовой точкой для выполнения инверсии rFWI. Комбинация подходов томографии и rFWI обеспечивает более быструю сходимость волновых полей и решение уравнения (2) во временной области (Рисунок 2).

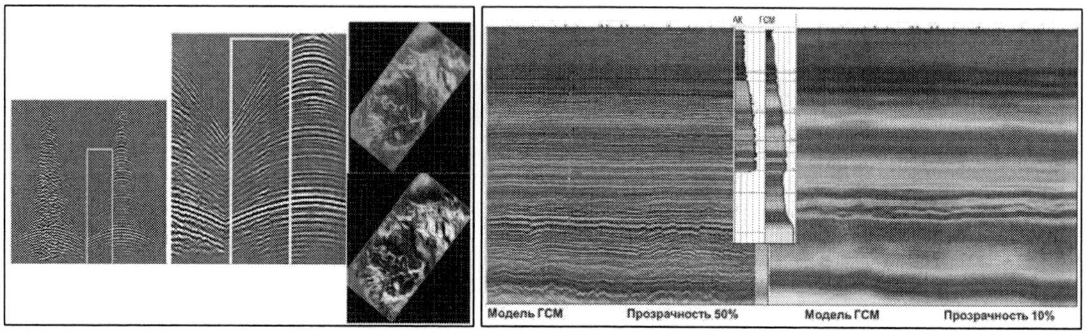

Рисунок 2. *Сопоставление реальных и синтетических данных после второго раунда инверсии rFWI 22Гц. Желтым прямоугольником выделено место пересечения. Справа – финальная ГСМ после второго раунда инверсии rFWI до 22Гц. В точке скважины приведено сопоставление акустического каротажа и скоростной кривой ГСМ*

Выводы

Были предложены варианты решения FWI как на рефрагированных, так и отраженных волнах, чтобы улучшить точность модели и проявить геологические особенности среды, латеральные скоростные неоднородности в верхней части разреза, а также детализировать толстослоистую модель, которая зачастую используется при выполнении этапа PSDM.
Использование таких моделей для глубинной миграции Кирхгофа повышает качество сейсмического результирующего изображения.

Библиография / References

1. Гадыльшин К.Г., Чеверда В.А. Решение обратной динамической задачи сейсмикипутемобращения полного многокомпонентного упругого волнового поля // Доклады РАН. –2018. – Т. 482. – № 6. – С. 708-712
2. Archer S. H. and Heathcote C. Can refraction arrival times be used to solve the longwavelength statics problem? SEG Technical Program Expanded Abstracts, 1985.
3. Peng C., Wang M., Chazalnoel N., Gomes A. [2018] Subsalt imaging improvement possibilitiesthrough a combination of FWI and reflection FWI. The Leading Edge 37(1):52-57
4. Allemand, T., A. Sedova, A. and Hermant, O. [2017]. Flattening common image gathers after full-waveform inversion. The challenge of anisotropy estimation. SEG Technical Program Expanded Abstracts, 1410-1415.

Искусственный интеллект как один из инструментов для уточнения геолого-сейсмической модели на реальных участках работ

Т.Р. Шамсутдинов* (ООО «ПетроТрейс Сервисиз»), А.З. Недоступов (ООО «ПетроТрейс Сервисиз»), Т.Р. Шарафутдинов (ООО «ПетроТрейс Сервисиз»), Р.А.Хафизов (ООО «ПетроТрейс Сервисиз»)

Введение

С развитием искусственного интеллекта и повсеместного его внедрения в нашу жизнь, становится очевидно, что его влияние затронет многие сфера нашей жизни. Считалось, что при работе нейронных сетей на ранних этапах её развития, можно было не ожидать серьёзных результатов, так как алгоритмы были несовершенны и не подходили для решения профильных задач. За последние пять лет, произошёл значительный скачок вычислительных мощностей, а именно графических ускорителей, что подвигло к стремительному развитию и распространению нейросетей, способных адаптироваться для многих сложных задач. Исходя из опыта коллег-специалистов в области разработки месторождений, скважинной интерпретации, интерпретации сейсмических данных, складывается ощущение, что современные алгоритмы нейросетей и машинного обучения позволяют решать серьёзные задачи, находясь в правильных руках [1, 2, 3, 4, 5].

Задача

На данный момент в некоторых программных пакетах уже внедрены алгоритмы работы на основе нейронных сетей, например, для интерпретации сейсмических данных, позволяющие облегчить поиск геологических структур, прогнозировать сейсмические атрибуты и тектонические нарушения [2]. Для целей обработки сейсмических данных существуют реальные рабочие алгоритмы, помогающие специалистам существенно сократить время, требуемое для разных задач, к примеру в работе по учету верхней части разреза (ВЧР).

В рамках работы, рассматриваются реальные результаты использования программ и методик, использующих нейронные сети и машинное обучение на реальных участках работ.

В работе рассмотрены модули и приложения, использующие подход нейросетей, машинного обучения для решения задач уточнения результатов обработки и интерпретации. Будет приведено сравнение результатов работы методов на основе нейросетей и автоматических программных методов.

Главная задача работы – рассмотреть возможность практического применения методов на основе нейронных сетей, машинного обучения для уточнения сейсмо-геологических моделей для решения производственных задач.

Методика

В рамках работы использовался комплексный подход для уточнения сейсмо-геологической модели, что подразумевает использование целого спектра приложений, использующих алгоритмы нейросетей. Среди них, адаптивная пикировка сейсмических горизонтов, пикировки скоростей и первых вступлений в рамках задач расчёта и коррекции статических и кинематических поправок, алгоритмы для прогнозирования корреляции отражающих горизонтов, местонахождения разломов. Для реализации работы, к исходным данным применяется полный цикл обработки и интерпретации.

В результате комплексного подхода к решению задачи уточнения сейсмико-геологической модели, выявлено, что процедуры, основанные на алгоритмах нейросетей и машинного обучения, дают качественный прирост информации. Методы обработки и интерпретации с внедрёнными алгоритмами машинного обучения уже способны демонстрировать отличные результаты при комплексном подходе. На Рисунок 1, Рисунок 2, Рисунок 3 представлены результаты применения комплексного применения процедур и методик, в том числе при использовании основанных на работе нейросетей. По результатам применения нейросетей наблюдается улучшенная прослеживаемость горизонтов и структур в сложных зонах отсутствия мощного сигнала.

Применение нейросетей в рамках работы так же оптимизирует и уточняет структурно-кинематическую интерпретацию по корреляции отражающих горизонтов и выделению тектонических нарушений, что повышает эффективность интерпретации, уточняя сейсмо-геологическую модель среды.

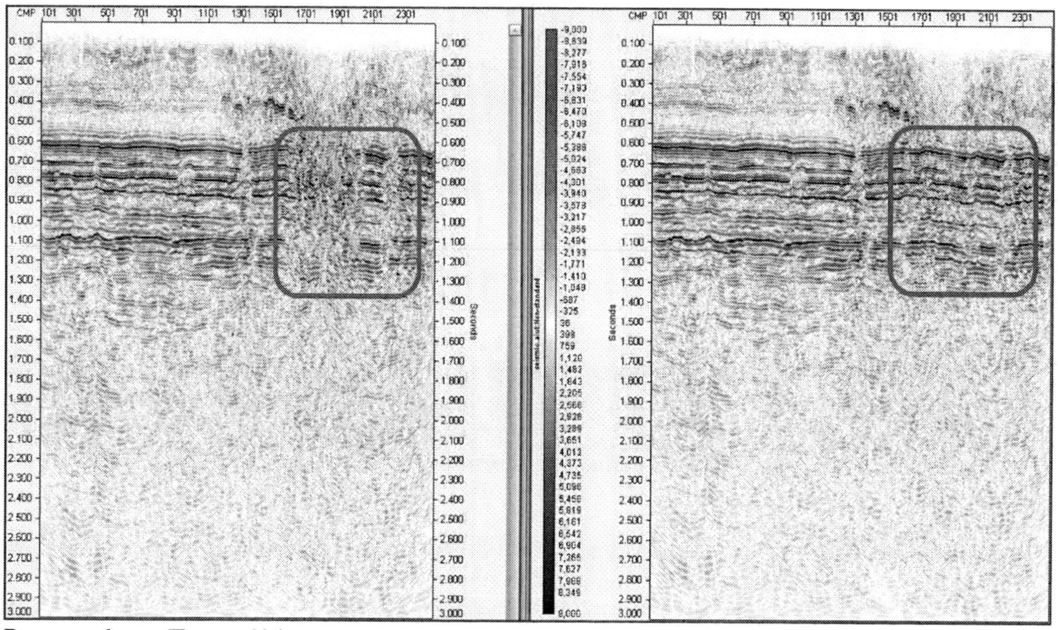

Рисунок 1. *Пример№1 результатов использования алгоритмов нейронных сетей при комплексном подходе к обработке и интерпретации.*

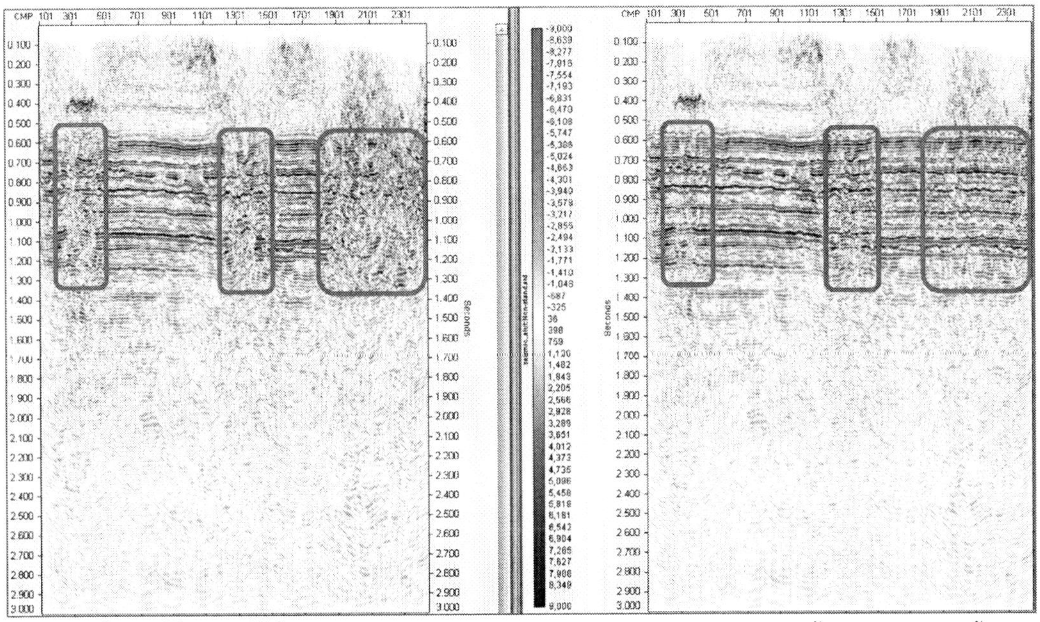

Рисунок 2. *Пример№2 результатов использования алгоритмов нейронных сетей при комплексном подходе к обработке и интерпретации.*

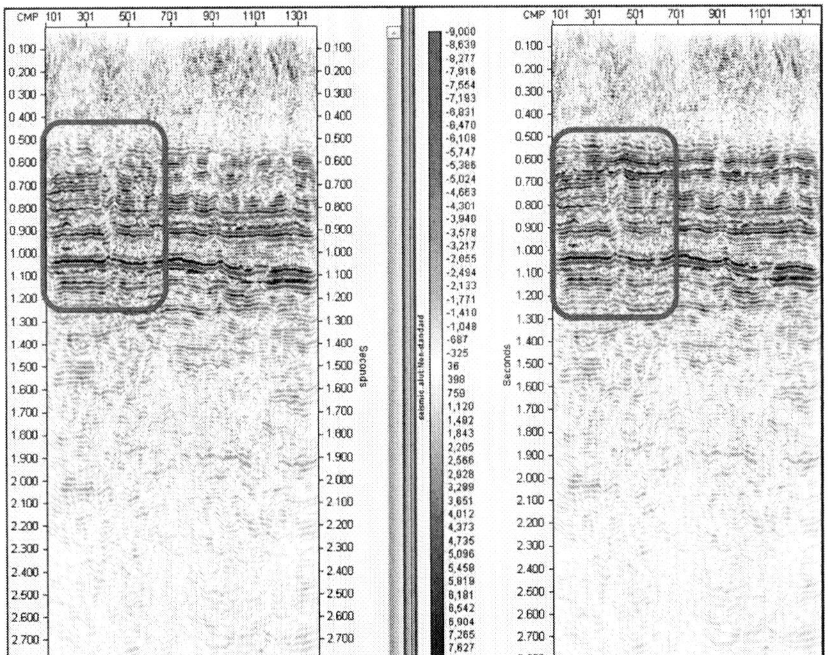

Рисунок 3. *Пример№3 результатов использования алгоритмов нейронных сетей при комплексном подходе к обработке и интерпретации.*

Выводы

Применение инструментов искусственного интеллекта позволило уточнить результаты обработки и интерпретации сейсморазведочных данных, что положительно сказывается на уточнении сейсмо-геологической модели.

Исходя из сравнительного анализа полученных результатов, наблюдается преимущество варианта методов искусственного интеллекта. Алгоритмы корректно справляются с пикированием первых вступлений, корреляцией отражающих горизонтов, выделении тектонических отражений, показывая хорошие результаты в простых условиях, а также позволяет улучшить ситуацию в сложных участках данных, путём обучения нейронных сетей на заданных эталонах.

Несоизмеримое преимущество в использовании искусственного интеллекта является получение более точной сейсмо-геологической модели в сложных условиях.

Библиография / References

1. Anifowose F., Ayadiuno C., Rashedian F. [2017] Carbonate reservoir cementation factor modeling using wireline logs and artificial intelligence methodology. 79th EAGE Conference and Exhibition 2017 - Workshops, Jun 2017, cp-519-00017
2. H. Di, M.A. Shafiq, G. AlRegib [2017] Seismic-fault detection based on multiattribute support vector machine analysis. SEG technical program expanded abstracts 2017, Society of Exploration Geophysicists (2017), pp. 2039-2044
3. Houl S., Hoeber H. [2020] Seismic Processing with Deep Convolutional Neural Networks: Opportunities and Challenges. EAGE 2020 Annual Conference & Exhibition Online, Dec 2020, Volume 2020, p.1 – 5.
4. Lowell J., Paton G. [2018] Application of deep learning for seismic horizon interpretation SEG Technical Program Expanded Abstracts 2018
5. Peters B., Haber E., Granek J. [2019] Neural networks for geophysicists and their application to seismic data interpretation. July 2019, The Leading Edge 38(7):534-540, 38(7):534-540

Выделение системных трактов в карбонатном разрезе на основании анализа поведения кривых гамма-каротажа и акустического каротажа

Е.А. Кудряшов* (ООО НПЦ «Геостра»), Л.З. Шарафутдинова (ООО НПЦ «Геостра»)

Введение

Секвенс-стратиграфия в последние годы стала одним из наиболее востребованных направлений комплексной интерпретации данных сейсморазведки. Широкое использование принципов секвенс-стратиграфии при изучении Западно-Сибирской провинции позволило упорядочить все предшествующие знания о строении, условиях формирования и стратификации неокомского клиноформного комплекса. В связи с этим условие использования этих принципов стало неотъемлемой частью многих геолого-технических заданий на работы по интерпретации данных сейсморазведки.
Для нефтегазоносных провинций, запасы углеводородов в которых по большей мере связаны с карбонатными комплексами (Волго-Уральская, Тимано-Печорская, Прикаспийская), интерес недропользователей и научно-исследовательских организаций к секвенс-стратиграфии остаётся низким. Причинами этого следует считать недостаточность методологической базы секвенс-стратиграфии при интерпретации строения карбонатных разрезов, а также отсутствие широко известных кейсов успешного применения стратиграфии секвенций для решения задач в данных геологических условиях. Одним из шагов к решению этой проблемы могло бы стать выявление закономерностей в поведении кривых каротажа, связанных с изменением относительного уровня моря при развитии карбонатных систем. Данные закономерности были выявлены в рамках работ по комплексной интерпретации данных 2D и 3D сейсморазведки, проводившейся НПЦ «Геостра» на территории Тимано-Печорской провинции.

Метод

Основным объектом изучения в карбонатных разрезах выступают секвенции III порядка, в которых колебания относительного уровня моря представлены вариациями мелководных и относительно глубоководных обстановок, поскольку именно эти колебания отвечают за структуру и свойства карбонатных резервуаров [1]. Длительность цикла колебаний уровня моря III порядка, по устоявшимся представлениям, составляет от 0,2 до 5 млн. лет. Это можно сопоставить с длительностью формирования одного или нескольких ярусов, горизонтов или подгоризонтов. Такие колебания характерны для крупных осадочных бассейнов и являются отражениями процессов региональных масштабов. В разрезе скважин одна секвенция будет достигать мощности в десятки – первые сотни метров.

Согласно O. Catuneanu и W.E. Galloway, в секвенции выделяется четыре системных тракта: форсированной регрессии, низкого стояния, трансгрессии и высокого стояния [2]. Описанные в докладе закономерности отражают именно эти четыре тракта при наиболее благоприятных геологических и технических условиях (наличие 3D сейсморазведки в пределах бровки и подножья палеошельфа и хорошая изученность бурением). При менее благоприятных условиях, системные тракты могут рассматриваться совместно (например, возможно выделение нерасчлененных трактов трансгрессии и высокого стояния). Кроме того, системные тракты могут отсутствовать в разрезе при перерыве осадконакопления во время рассматриваемой фазы стояния моря или же из-за проявления крупных размывов, связанных с секвенциями I и II порядков.

В классическом понимании секвенс-стратиграфическая модель строится на комплексировании информации, полученной по керну, с результатами геофизических исследований скважин и сейсморазведки. Однако зачастую имеющееся в наличии описание керна оказывается малоинформативным для определения условий седиментации на уровне секвенций III порядка. Это связано с тем, что главным при описании, как правило, считается указание литотипа породы, а текстурно-структурным особенностям породы уделяется меньше внимания. В свою очередь классификация карбонатных пород Данхема, решающая данную задачу и отражающая гидродинамические условия среды, не получила повсеместного распространения из-за необходимости применения микроскопических исследований. Описанные же в керне литотипы, отражают условия седиментации на уровне секвенций более мелкого порядка и охватывают слишком малые интервалы разрезов. Например, по результатам проведенных нами сопоставлений кривых относительного уровня моря с описаниями керна во время подъема уровня моря могут формироваться: плотные известняки, седиментационные доломиты, глинистые известняки и прослои мергелей. На это накладывается также неравномерность отбора керна, что ещё больше понижает информативность его описаний в секвенс-стратиграфии карбонатов. Таким образом, на первый план выходят геофизические методы, а результаты описания керна в свою очередь могут использоваться для подтверждения выводов, сделанных на основе геофизических данных.

В качестве исходных данных были привлечены результаты геофизических исследований 40 скважин, данные керна по 25 скважинам, сейсморазведка 2D и 3D, а также априорные данные региональных исследований в пределах Тимано-Печорского бассейна [3]. Были рассмотрены карбонатные отложения трех систем: силурийской, девонской и пермской. Всего основываясь на данной методике в разрезе выделено 17 секвенций III порядка. Рассматривались отложения, формирующиеся как в обстановках окаймленной карбонатной платформы, так и в обстановках рампа.

В основе методики лежит рассмотрение поведения двух кривых: гамма-каротажа (ГК) и акустического каротажа (АК), а также положение скважины относительно элементов шельфа. Положение определяется по данным сейсморазведки и указывает на характерные для данной области системные тракты (в мелководных условиях преобладают отложения трансгрессивного тракта и тракта высокого стояния, в относительно депрессионных – трактов форсированной регрессии и низкого стояния). Кривая гамма-каротажа отражает глинистость карбонатных осадков и характеризует привнос взвешенных пелитовых частиц в бассейн. Кривая акустического каротажа отражает гранулометрический состав карбонатных осадков и характеризует долю кластических частиц в осадке.

Тракт форсированной регрессии начинает разрез секвенции и формируется в относительно депрессионных впадинах. Тракт характеризуется наиболее активной эрозией поверхности шельфа, сносом карбонатного кластического материала с мелководного шельфа в относительно глубоководные части бассейна и транспортировкой терригенного кластического материала с континента. Типичными осадочными телами являются конусы выноса, которые характеризуются пониженными значениями АК и наиболее амплитудными аномалиями по ГК. Самым надёжным признаком тракта является наличие тел конусовидной формы, фиксируемое по динамическим атрибутам 3D сейсмики. Во время данного тракта на мелководном шельфе из-за понижения уровня моря образование карбонатов прекращается, на наиболее высоких участках шельфа формируется эрозионная поверхность.

Тракт низкого стояния продолжает разрез секвенции и также формируется в относительно глубоководных впадинах. Тракт характеризуется нормальной регрессией во время низкого стояния и представлен карбонатно-глинистыми клиньями низкого стояния. По ГИС тракт отличается наиболее низкими значениями АК и отсутствию выраженных пониженных аномалий по ГК. Во время данного тракта на мелководном шельфе продолжается формирование эрозионной поверхности.

Трансгрессивный тракт формируется преимущественно на мелководном шельфе, представлен карбонатными органогенными постройками и глинисто-карбонатными шельфовыми пластами. Во время трансгрессии наступает пик биопродуктитвности и происходит вертикальный рост органогенных построек. По ГИС тракт отличается низкими значениями АК и низкими значениями ГК с редкими интервалами повышенных значений. Органогенные постройки характеризуются чистыми известняками и на ГК выражены в виде интервалов сплошных наиболее низких значений. В депрессионных частях бассейна трансгрессивные отложения затруднительно выделить в отдельный самостоятельный тракт, по большей части из-за их малой мощности. В связи с этим трансгрессивные отложения рассматриваются совместно с отложениями тракта высокого стояния. Такие отложения депрессионных частей бассейна представлены доманикитами и их аналогами. Они не имеют характерной записи ГИС и выделяются по керну при наличии в описании битуминозных и тёмноцветных пород.

Тракт высокого стояния также формируется преимущественно на мелководном шельфе, представлен глинисто-карбонатными шельфовыми пластами и продуктами размыва органогенных построек. Происходит нормальная регрессия, в бассейн увеличивается привнос глинистых частиц. Во время тракта постройки прекращают свой вертикальный рост и находятся в равновесии со стабилизировавшимся уровнем моря, развиваясь преимущественно в ширину. По ГИС характеризуется низкими значениями АК с небольшими положительными аномалиями записи в интервалах повышенной глинистости. По ГК характеризуется относительно низкими значениями естественной радиоактивности, встречаются аномалии записи как с положительными, так и с отрицательными значениями.

Таким образом, основываясь на приведенных закономерностях, можно установить приуроченность стратиграфических комплексов к системным трактам, выделить дополнительные границы в пределах этих комплексов и на основании этого установить в разрезе секвенции III порядка. Проведение секвенс-стратиграфического анализа позволяет более детально понять процессы седиментации в бассейне и на основании этого дать более обоснованные выводы о строении осадочных систем. Приведенное описание системных трактов можно отобразить в виде характерных кривых записи ГИС, представленных на рисунке 1.

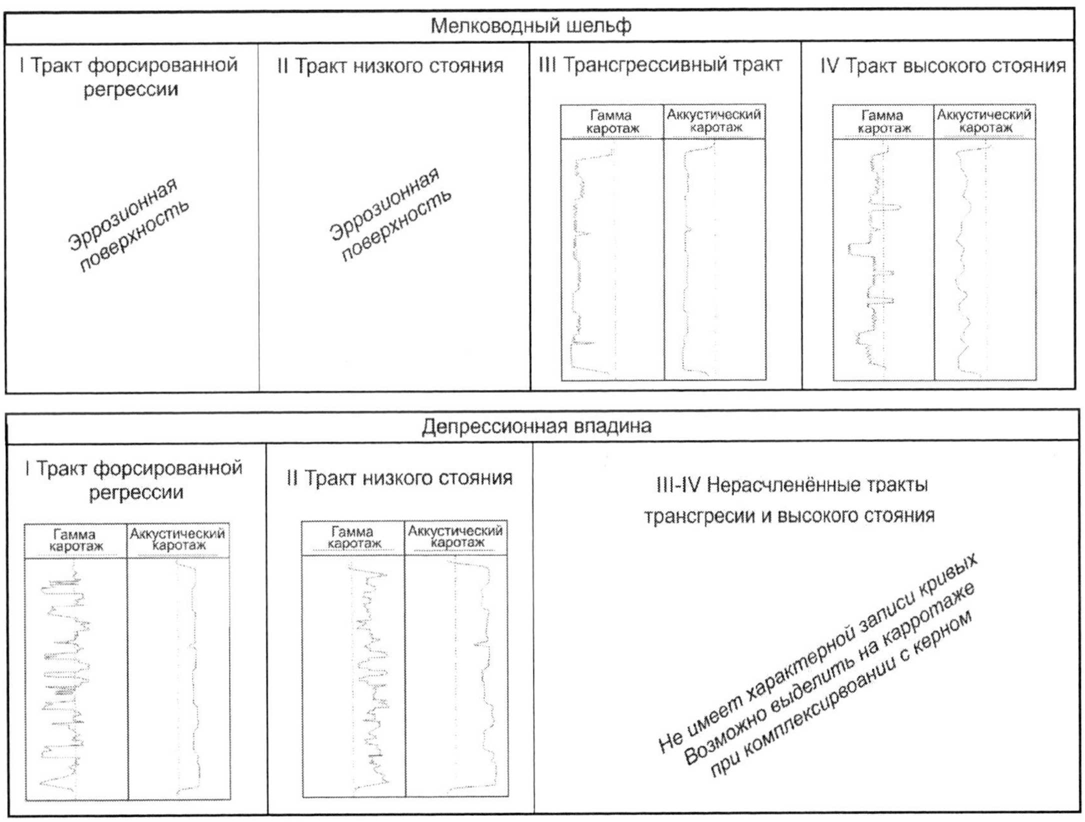

Рисунок 1. *Характерное поведение кривых гамма-каротажа и акустического каротажа для выделяемых системных трактов*

Выводы

В докладе проведено сопоставление данных исследований скважин и сейсморазведки с теоретическими представлениями о процессах, протекающих в карбонатных бассейнах. В результате установлены закономерные особенности в конфигурации кривых АК и ГК, которые можно связать с изменением относительного уровня моря. Эти особенности могут лечь в основу универсальной методики, позволяющей выделять системные тракты для секвенций III порядка на основании анализа поведения кривых гамма-каротажа и акустического каротажа с привлечением данных сейсморазведки и керна. На основе представительного объема данных показано, что системные тракты имеют свои характерные черты, позволяющие проводить секвенс-стратиграфический анализ карбонатных разрезов. Представленные закономерности следует опробовать на других площадях Тимано-Печорской провинции, а также в Волго-Уральском и Прикаспийском регионах.

Библиография

1. Жемчугова В.А. Резервуарная седиментология карбонатных отложений. – Москва: ООО «ЕАГЕ Геомодель», 2014. 232 с.

2. O. Catuneanu, W.E. Galloway. Sequence stratigraphy: methodology and nomenclature // Newsletters on Stratigraphy. 2011. P 173–245.

3. Ларионова З.В., Богацкий В.И., Довжикова Е.Г., Галкина Л.В., Ермакова О.Л., Костыгова П.К., Куранова Т.И., Мартынов А.В., Москаленко К.А., Никонов Н.И., Шабанова Г.А. Тимано-Печорский седиментационный бассейн (объяснительная записка к «Атласу геологических карт», 2000) /– Ухта: Изд-во ТП НИЦ, 2002. – 233 с.

References

1. Zhemchugova V.A. Reservoir sedimentology of carbonate sediments. - Moscow "EAGE Geomodel". 2014. 232 p.

2. O. Catuneanu, W.E. Galloway. Sequence stratigraphy: methodology and nomenclature // Newsletters on Stratigraphy. 2011. P 173–245.

3. Larionova Z.V., Bogatsky V.I., Dovzhikova E.G., Galkina L.V., Ermakova O.L., Kostygova P.K., Kuranova T.I., Martynov A.V., Moskalenko K. A.A., Nikonov N.I., Shabanova G.A. Timan-Pechora sedimentation basin (explanatory letter the “Atlas of Geological Maps”, 2000 - Ukhta: TP NIC. 2002. 233 p.

Влияние петрофизических свойств и литологических особенностей пород на определение подсчетных параметров юрских пластов Западно-Сибирских месторождений

Г.Н. Низамутдинова* (ООО «РН-БашНИПИнефть»), Г.Т. Габдуллина (ООО «РН-БашНИПИнефть»), Г.Ф. Саяхова (ООО «РН-БашНИПИнефть»)

Введение

Отложения васюганской свиты имеют региональное распространение на территории Западно-Сибирской нефтяной провинции. В качестве объекта исследования взят пласт ЮС1 двух месторождений Сургутского свода. Он характеризуется рядом свойств, затрудняющих проведение достоверной оценки пористости и нефтенасыщенности коллекторов стандартными методами интерпретации результатов ГИС.

Целью данной работы является поиск альтернативных способов оценки подсчетных параметров. Проведен анализ фракционного и минералогического состава пород, радиоактивности коллекторов, исследование причин снижения показаний УЭС в продуктивных коллекторах, влияния минерализации модели пластовой воды на результаты экспериментов по определению УЭС на керне, неподтверждения прогноза характера насыщенности коллекторов по стандартной методике ГИС и испытаний скважин. Такой комплексный подход позволил повысить достоверность петрофизической модели.

Построение петрофизической модели пласта ЮС1

В работе использовалась информация по двум месторождениям Западной Сибири – результаты лабораторных исследований кернового материала, геофизические исследования практически всех скважин месторождений, результаты испытаний, анализ данных разработки.

- **Проблема 1. Радиоактивность разреза**

В последние годы большая часть новых наклонно-направленных скважин бурится на минерализованных растворах, что приводило к сокращению комплекса и значительно снижало информативность традиционных методов ГИС, предназначенных для работы в скважинах, пробуренных на глинистых, пресных растворах. Для выделения коллекторов метод ГК на данных месторождениях неинформативен: наблюдаются завышения показаний кривой ГК относительно кривой ПС (рисунок 1), которые могут быть связаны с радиоактивностью горных пород, однако, записи СГК в скважинах отсутствуют.

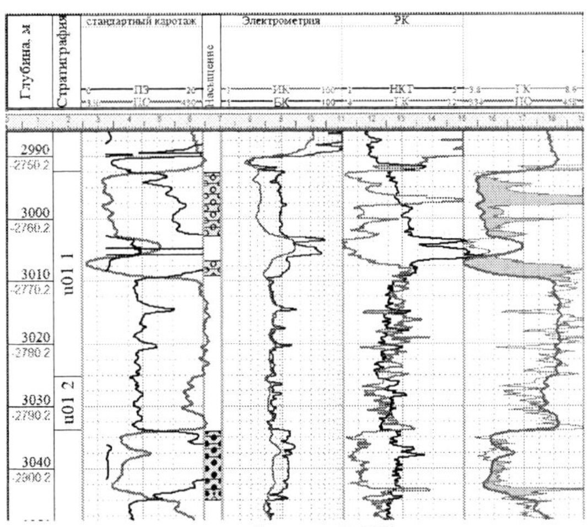

Рисунок 1. *Пример завышения показаний кривой ГК относительно метода ПС*

Запись метода ГГКп проведена в ограниченном количестве скважин, остается проблема определения Кп в современных условиях бурения.

С целью изучения влияния повышенной радиоактивности на показания метода ГК проанализированы скважины с расширенным комплексом и записи СГК на полноразмерном керне. Радиоактивность в пласте ЮС1-1 обусловлена наличием мелкозернистого песчаника и алевролита (до 62 %), а также капиллярно-связанной воды. По описанию шлифов в породах пласта ЮС1-1 преобладают тонко-мелкозернистой фракции. По данным ЯМК наблюдается увеличение Кво от кровли к подошве пласта ЮС1-1, что объясняется повышением капиллярно-связанной воды и при этом прослеживается корреляция с кривой ГК (рисунок 2).

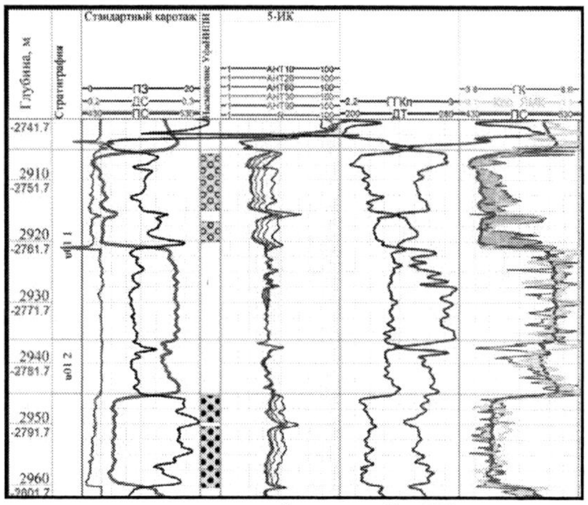

Рисунок 2. *Пример завышения показаний кривой ГК относительно метода ПС и корреляция с данными ЯМК*

В дальнейшем рекомендована обязательная запись метода ГГКп, в опорных скважинах – метод СГК и ЯМК. Радиоактивность по методу ГК наблюдается по всей площади месторождения и не связана с занижением сопротивлений в продуктивных коллекторах, вследствие чего локализовать определенную область не представляется возможным.

- **Проблема 2. Занижение УЭС в продуктивных коллекторах**

Неоднозначность минерализации пластовой воды и пониженные показания УЭС в продуктивных коллекторах приводят к ошибке определения Кн и недостоверной оценке запасов. Наибольший интерес представляют пласты ЮС1-1 в локализованной области месторождения, для которых характерно снижение УЭС в продуктивных коллекторах. Такие прослои обычно интерпретируются по кривым ГИС как водоносные коллекторы. По этой причине расчет коэффициента нефтенасыщенности по стандартной методике приводит к получению заниженных значений Кн. Однако это противоречит данным испытаний и добычи.

По результатам испытания пластов получены притоки нефти с низкими показаниями обводненности. Скважины с низкоомными продуктивными коллекторами локализованы по фактическим данным эксплуатации скважин и граничным значениям сопротивлений. Для корректной оценки геологических запасов коэффициент нефтенасыщенности в данных скважинах определялся по модели переходной зоны. Пример сравнения Кн по J функции и по формулам Арчи-Дахнова в скважине с низкими значениями УЭС в продуктивном коллекторе показан на рисунке 3а, без снижения УЭС – на рисунке 3б. Так занижение средневзвешаного значения Кн по методике Арчи-Дахнова относительно Кн по J-функции Леверетта в области с низкоомными продуктивными коллекторами составляет 20,9% и равна 49,9% при фактической работе скважин до 5% обводненности.

Керн, отобранный из скважин, был подвергнут комплексному исследованию, которое помимо традиционных видов (определение емкостных, фильтрационных свойств пород) включало и изучение гранулометрического и минералогического составов, капиллярных, электрических, механических свойств, эксперименты по вытеснению нефти. К сожалению, из низкоомной части разреза керновый материал не отобран.

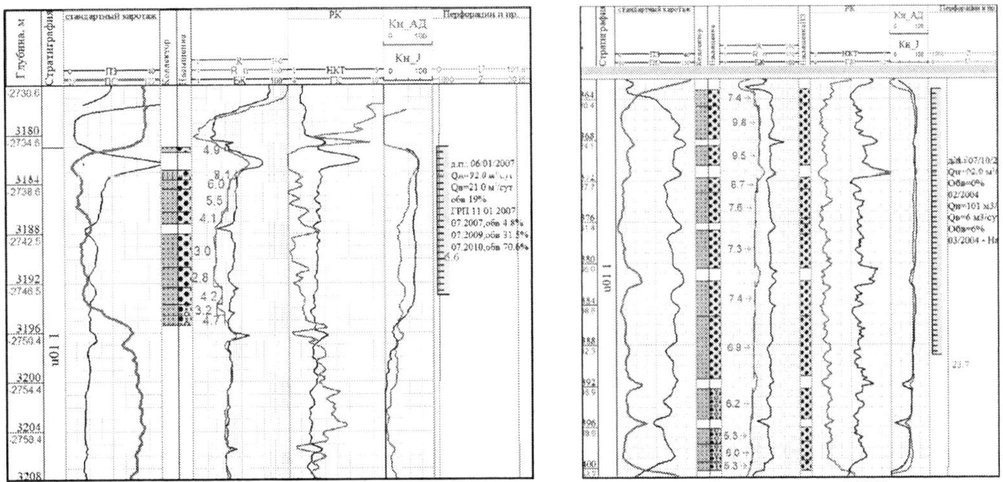

а –скважина с низкоомным коллектором *б – скважина без занижения УЭС*

Рисунок 3. *Сравнение Кн по J функции и по формуле Арчи-Дахнова*

Низкие значения сопротивления продуктивных коллекторов обусловлены как физико-механическими и химическими свойствами пород, так и геологическими условиями залегания. Фактический материал проанализирован на наличие причин неоднозначности показаний ГИС, таких как изменение технологии бурения скважин, литологические особенности пород, минерализация пластовых вод и влияние разработки. По результатам обзора специализированной литературы, анализа вводных данных для изучаемых месторождений выделена основная причина снижения сопротивления продуктивного коллектора-фракционный состав пород-коллекторов.

На удельное сопротивление глинистых пород существенно влияет их адсорбционная способность. Повышение содержания тонкодисперсного глинистого материала увеличивает удельную поверхность и адсорбционную способность пород, следовательно, изменяет и их поверхностную проводимость.

Породы пласта ЮС1-1 представлены мелко-тонкозернистыми, реже среднезернистыми песчаниками различного состава и алевролитами. Отмечается повышенное содержание мелкозернистого песчаника.

Также проведён анализ влияния разработки пласта на его электрические свойства. Снижение УЭС не связано с работой скважин.

- **Проблема 3. Влияние минерализации пластовой воды на оценку коэффициента нефтенасыщенности**

При проведении экспериментов на определение электрических свойств кернового материала использовалась модель пластовой воды с минерализацией от 17.9 г/л до 30г/л при принятой 30г/л. На параметр пористости это влияет незначительно, а параметр насыщенности с уменьшением минерализации модели пластовой воды увеличивается, что приводит к занижению Кн, рассчитанным по формуле Арчи-Дахнова.

Такое расхождение в условиях экспериментов приводит к значительной разнице в оценке подсчетного параметра Кн.

Проанализировав имеющийся материал – пробы пластовой воды, сравнение Кн по стандартной методике и по J-функции, приняли решение провести дополнительные исследования электрических экспериментов с принятой минерализацией модели пластовой воды – 30г/л.

Выводы

Фактический материал проанализирован на наличие причин неоднозначности показаний ГИС, таких как изменение технологии бурения скважин, литологические особенности пород, минерализация пластовых вод и влияние разработки. Изучены литолого-петрографические свойства пород толщи васюганской свиты, условия осадконакопления и природа формирования разных типов коллекторов в одном разрезе, выявлено влияние фракционного состава на ФЕС коллекторов верхней и нижней частей разреза.

Радиоактивность в пласте ЮС1-1 обусловлена совокупностью факторов: высоким содержанием тория и калия, наличием мелкозернистого песчаника и алевролита (до 62 %), а также капиллярно-связанной воды.

Наиболее вероятной причиной неоднозначности показаний УЭС в продуктивных коллекторах на рассматриваемом месторождении является фракционный состав пород. Для однозначности необходимо увеличить статистику гранулометрии, дополнительно провести исследования минерального состава глинистых пород пласта ЮС1-1.

Создана модель переходной зоны для оценки Кн коллекторов пласта ЮС1-1. Модель условная ввиду значительного колебания уровня ВНК на месторождении, использовалась для оценки Кн в локальной области в скважинах с низкоомными продуктивными коллекторами.

Библиография

1. Методические рекомендации по подсчету геологических запасов нефти и газа объемным методом / под ред. В. И. Петерсилье, В. И. Пороскуна, Г. Г. Яценко. М.-Тверь: ВНИГНИ, НПЦ «Тверьгеофизика», 2003. 258 с.
2. Никитин И.А. Факторы, влияющие и определяющие характер насыщения низкоомных коллекторов на примере месторождения Сургутского свода // East European Scientific Journal. 2021 № 12(76) С. 43-42.
3. Ошлакова А.С. Анализ геофизических и эксплуатационных данных низкоомных коллекторов // Известия Томского политехнического университета. 2011 Т. 318. №1 С. 68-72.

References

1. Methodological recommendations for estimating of geological reserves of oil and gas by the volumetric method /pod red. V.I. Petersile, V.I. Poroskuna, G.G. Yatsenco. M.-Tver: VNIGI, NPC «Tvergeophizica», 2003. 258 c.
2. Nikitin I.A. Factors affecting and determining the nature of saturation of low-resistance reservoirs on the example of the Surgut vault // East European Scientific Journal. 2021 № 12(76) C. 43-42.
3. Oslakova A.C. Analysys of geophysical and operational data of low-resistance reservoirs //Izvestia Tomskogo politehniczeskogo universiteta 2011 T. 318. №1 C. 68-72.

Импульсный нейтронный гамма-каротаж спектрометрический. Опыт применения Решаемые задачи

Р.Д. Каразбаев* (ООО НПЦ «Геостра»), Р.Ф. Назмутдинов (АО «Башнефтегеофизика»)

Введение

Современные темпы строительства скважин вынуждают отказаться от проведения ГИС в нецелевых горизонтах. К тому же на сегодняшний день практически все бурение ведется с использованием датчиков гамма-каротажа и инклинометрии, которые входят в состав телесистемы, что позволяет выделить основные реперные горизонты и принять решение о спускс колонны. Послс обсадки ствола скважины получить информацию о наличии коллекторов и фильтрационно-емкостных свойствах породы практически невозможно. Однако на сегодняшний день специалистам ВНИИА им. Н.Л. Духова удалось разработать аппаратурный комплекс АИНК-ПЛ, позволяющий решать множество задач в обсаженном стволе скважины, который успешно применяется специалистами ООО НПЦ «Геостра» для решения множества задач на повседневной основе.

Физические основы метода

Импульсный нейтронный гамма-спектрометрический каротаж (ИНГКС) относится к методам определения массового содержания породообразующих элементов и элементов для оценки насыщения. В основе ИНГКС – изучение энергетических и временных распределений плотности потока гамма-излучения, возникающего в результате различных нейтронных реакций на ядрах элементов в породе. При ИНГКС с помощью высокочастотного генератора нейтронов порода облучается импульсами нейтронов с энергией 14,1 МэВ. В результате специально организованного режима измерений раздельно регистрируются энергетические спектры гамма-излучения, возникающие в результате гамма-излучения неупругого рассеяния (ГИНР) и гамма-излучения радиационного захвата (ГИРЗ) нейтронов. Энергетические спектры ГИНР и ГИРЗ являются индивидуальными характеристиками ядра-мишени. Моноспектры этих элементов являются основными составляющими суммарных спектров ГИНР и ГИРЗ. Обработка спектров ИНГКС позволяет определять массовые содержания элементов породы Si, Al, Fe, Ca, Na, K, Mg, S, Mn, Ti, Gd, P, C, Cl, H, O. Под углеродом (C) понимается общий углерод, который входит в состав матрицы породы и в состав флюида. Под элементами хлор (Cl), водород (H), кислород (O) понимаются общий хлор, водород и кислород, которые входят как в состав минералов, слагающих горные породы, так и в состав флюидов, заполняющих поровое пространство или ствол скважины. Оценка нефтенасыщенности коллекторов может быть осуществлена различными способами: через определение органического углерода (Сорг), путем вычитания из общего углерода углерод матрицы породы, через определения макроскопического сечения поглощения тепловых нейтронов Σa, а также с помощью так называемой, оконной методики C/O каротажа [1].

Аппаратура АИНК-ПЛ

Аппаратура АИНК-ПЛ предназначена для проведения геофизических исследований скважин методами импульсного нейтронного гамма-спектрометрического каротажа и гамма-спектрометрического каротажа естественной радиоактивности. В блоках детектирования ближнего и дальнего зондов модуля ИНГКС используются самые современные быстродействующие спектрометрические кристаллы $LaBr_3$ размерами Ø25×25 мм и Ø50×60 мм, обладающие высоким разрешением и не требующие термостатирования до +150 °C, которые также обеспечивают регистрацию гамма-излучения до восьмого уровня загрузок 2,5×106 имп./с, что, в свою очередь, существенно уменьшает погрешность измерения. АИНК-ПЛ содержит два независимых прибора: прибор скважинный ГК-89С, прибор скважинный ИНГК-89С-2 (далее по тексту ИНГК-89С-2). Состав ИНГК-89С-2 представлен на рисунке 1.

***Рисунок 1**. Конструкция ИНГК-89С-2*

Исследования проводятся в скважинах с диаметром проходного отверстия более 122 мм, глубиной до 5000 м, максимальным гидростатическим давлением 80 МПа и максимальной температурой до 120 °С. В качестве источника нейтронов используется генератор импульсного потока нейтронов ИНГ-062. Имеются эксплуатационные ограничения:

-максимальный диаметр исследуемой скважины 245 мм;

-исследование в двух и более обсадных колоннах [2].

Интерпретация данных ИНГКС

На одном из месторождений в Восточной Сибири нецелевые горизонты вскрывают бурением с использованием телесистемы. По ГК хорошо отбивается кровля и подошва горизонта. Геофизические исследования в открытом стволе не проводят. По окончании строительства скважины проводят исследование ИНГКс в обсадной колонне. Обработка данного исследования проводится с помощью программы MW 2.0. В данной программе осуществляется предварительная обработка данных, включающая определение энергетической шкалы спектров, введение поправок за наложения и мёртвое время, получение «чистых» спектров ГИНР и ГИРЗ, разложение измеренных спектров ГИНР и ГИРЗ на спектры элементов породы с весовыми коэффициентами по каждому элементу относительно базовых значений и определение концентраций по калию, торию и урану. Эта процедура полностью автоматизирована. В выходном las-файле содержатся отклики элементов C, O, Cl H, Cd, Ca, Mg, S, Si, Al, Na, Fe и т.д., интегральные параметры по ГИРЗ и ГИНР. Для преобразования «откликов» в абсолютные массовые доли применяется геохимическая модель оксидов. Модель основана на допущении, что сумма всех оксидов в матрице породы равна единице, так что сумма процентов сухой массы всех оксидов должна составлять 100% [3]:

$$F \times \sum X_i \times \frac{Y_i}{S_i} = 1$$

$$W_i = F \times \frac{Y_i}{S_i}$$

Где F – коэффициент пропорциональности; W_i – абсолютный процент сухого веса; S_i – чувствительность измеренного спектра элемента; X_i – коэффициент ассоциации оксида; Y_i – измеренный спектральный выход гамма-излучения («отклик» элемента).

По полученным элементам горной породы строится объемно-литологическая модель в программном обеспечении Techlog модуль Quanti Elan рисунок 2.

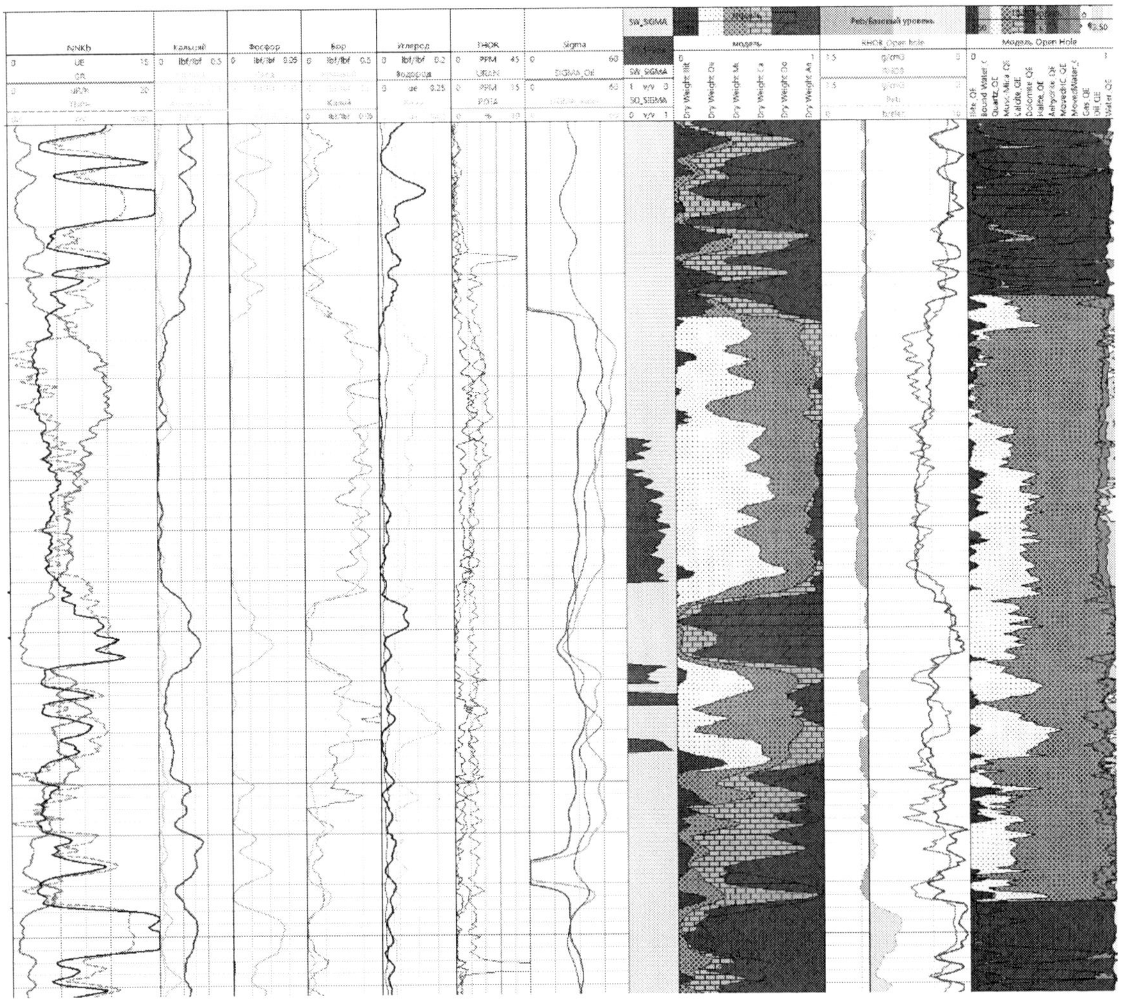

Рисунок 2. *Пример объемно-литологической модели по данным ИНГКс*

По сопоставлению данных ИНГКс зарегистрированных в обсадной колонне с данными ГИС стандартного комплекса в открытом стволе видна хорошая корреляция в сульфатно-карбонатной части, а также видно, что по данным ГИС в открытом стволе не совсем корректная модель в терригенной части горизонта. По данным ИНГКс терригенная часть разделена карбонатным прослоем состоящем из доломита известковистого (подтверждается увеличением отклика кальция и магния), ниже идет совсем небольшой терригенный прослой, дальше снова карбонатно-сульфатная пачка. Таким образом данные ИНГКс позволяют нам решать следующие задачи:

- количественное определение минералогического (с определенной условностью) и элементного состава скелета горных пород;
- количественная оценка объемных параметров пластов и фильтрационно-емкостных свойств коллекторов.
- количественная оценка различных свойств скелета (плотность, водородосодержание, объёмный фотоэлектрический фактор)
- уточнение насыщения пластов на качественном уровне и поиск пропущенных залежей нефти и газа.

Выводы

В результате использования ИНГКс нам удалось уточнить и получить данные о фильтационно-емкостных свойствах пласта в обсаженном стволе скважины, уточнить литологический состав горных пород, обнаружить пропущенные ранее залежи нефти и газа. Данный метод является одним из немногих позволяющих проводить исследования через металлическую обсадную колонну в целях определения литологического состава пород, оценки насыщения горных пород.

Библиография / References

1. Методические рекомендации по применению ядерно-физических методов ГИС, включающих углерод-кислородный каротаж для оценки нефте- и газонасыщенности пород-коллекторов в обсаженных скважинах. Под редакцией В.И. Петерсилье, Г.Г. Яценко, Москва-Тверь, 2006 г.
2. Методические рекомендации по определению элементного состава горных пород на основе импульсного нейтронного гамма-спектрометрического каротажа аппаратурного комплекса АИНК-ПЛ. Москва, 2023 г.
3. HertzogR., Colson L., Seeman O. et al. Geochemical Logging with Spectrometry Tools. SPE. 1989. Vol. 4. # 02. P. 153-162.

Литолого-минералогические особенности, влияющие на область применения петрофизической модели терригенной толщи девона на востоке Восточно-Европейской платформы

А.М. Нигматзянова*(ООО «РН-БашНИПИнефть»), Р.Х. Масагутов*(НЦМУ «Рациональное освоение жидких углеводородов планеты». УГНТУ), Т. В. Бурикова*(ООО «РН-БашНИПИнефть»), Д.У. Комилов*(ООО «РН-БашНИПИнефть»), А.А.Николаев*(ООО «РН-БашНИПИнефть»), В.И. Шавалиев*(ООО «РН-БашНИПИнефть»)

Введение

Достоверная оценка пористости и проницаемости пород-коллекторов по данным ГИС во все времена имела и имеет, на ряду с другими факторами, высокое значение при оценке запасов углеводородов, на основе которых принимаются решения при проектировании эффективных схем разработки месторождений.

.

Ранее была создана литолого-петрофизическая модель отложений терригенной толщи девона (ТТД) в пределах месторождений платформенной части Башкортостана [1]. Однако, полученные в последние годы новые данные показывают, что учет влияния лишь традиционной глинистой фракции в алевро-песчаных коллекторах на петрофизические параметры, имеет ряд ограничений, что требует дополнительного изучения и анализа состава пелитовой размерности.

Метод

Работа по созданию упомянутой выше петрофизической модели отложений ТТД включала в себя три важных этапа: во-первых, литологическая типизация по керну изучаемых коллекторов, во-вторых, выявления связей между выделенными литотипами и их петрофизическими свойствами, а в третьих, последующая апробация полученной модели по данным ГИС.

Для создания петрофизической модели по скважинам, в которых по результатам описания керна выполнена литологическая типизация, был выполнен комплекс лабораторных исследований на стандартных образцах керна: определение пористости, проницаемости, остаточной водонасыщенности, электрических параметров а также гранулометрического и минералогического состава. Как известно, большое влияние на петрофизические параметры оказывает глинистость, поэтому породы по результатам гранулометрического состава были разделены по интервалам размера зернистости, с учетом содержания пелитовой фракции[2]. Отмечено закономерное увеличение содержания глинистой фракции с уменьшением зернистости пород.

Основу первого петрофизического класса составили песчаники мелко-среднезернистые слабо алевритистые с низким содержанием глинистой фракции (Сгл < 5%). Во второй петрофизический класс объединены песчаники алевритовые и алевролиты слабоглинистые (Сгл < 10%). Алевролиты и песчаники глинистые выделены в третий петрофизический класс (Сгл > 10%). Прослои вмещающих пород в коллекторах, в петрофизической типизации не принимали участие. К ним относятся аргиллиты (не относятся к плотным породам) и глинисто-карбонатные породы, известняки.

Впоследствии, при ранжировании пород, величина глинистости использовалась как основной параметр при выделении петрофизических классов[3]. Такой подход обоснован тем, что глинистость пород, в отличие от зернистости, может быть определена геофизическими методами и может в дальнейшем использоваться при дифференциации пород.

Однако, данная методика имеет ограничения при дифференциации коллекторов, на которых оказали эпигенетическое воздействие движущиеся по тектоническим нарушениям минерализованные и гидротермальные воды. Обнаружено, что, в этом случае, минералогический состав пелитовой фракции, определенным по данным гранулометрии ситовым методом, не имеет зависимости с замеренными фильтрационно-емкостными свойствами, что в первую очередь определяется отсутствием глинистых минералов по данным рентгено- структурного анализа (РСА).

Проведенные нами исследования пелитовой фракции сканирующим электронным микроскопом (СЭМ) определили, что пелитовая фракция представлена кварцевыми минералами, а не глинистыми, состоящими из зерен размерности от 1 до 10 мкм по длинной оси. Таким образом, опираясь лишь на результаты гранулометрического анализа, можно сделать ошибочный вывод относительно условий формирования пашийских терригенных коллекторов и постседиментационных процессов, происходивших в них(рисунок 1).

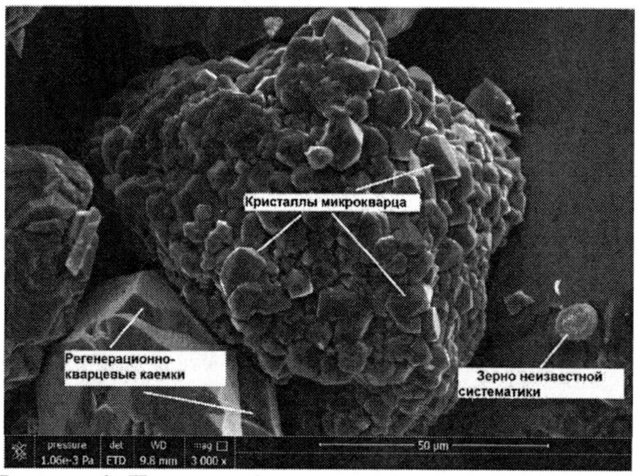

Рисунок 1- Пример выделения микрокристаллов кварца в скв.1, пашийский горизонт

На рисунке 2 представлены неглинистые интервалы песчаных пород, которые, согласно существующей типизации, относятся к первому петрофизическому классу (характеризующимся значением глинистости до 4%). Однако, установлено, что, в данном случае, уменьшение пористости и проницаемости связано с наличием текстурных особенностей пород: мульдообразная косая слоистость в большей степени снижает проницаемость пород, чем косая однонаправленная.

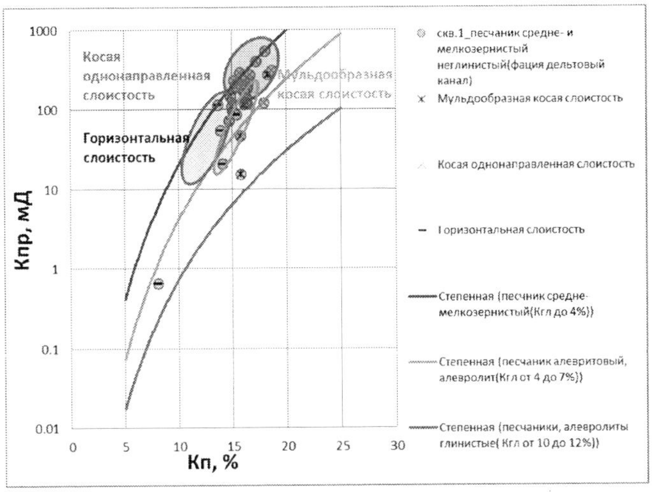

Рисунок 2-Влияние текстурных особенностей на изменения фильтрационных свойств пород первого и второго петрофизических классов на примере скв.1.

В связи с этим необходимо включать в комплекс ГИС методы, способные фиксировать текстурные особенности пород, в частности разные модификации микроимиджеров.

К примеру, в скважине 3 по данным электрического сканера отмечается наличие биотурбации – коллекторы переведены в III петрокласс, что подтверждается данными керна (алевролит биотурбированный). В интервалах 1995,6-1997,7 м, 1998,3-1999,6 м и 2001,6-2004,1 м также уточнены типы коллекторов по данным ЯМК. Коллектора в интервале 1998,3-1999,6 м и 2001,6-2004,1 м определены как II петрокласс, при этом по условию определения типов коллекторов по стандартному комплексу ГИС они относятся к I петроклассу

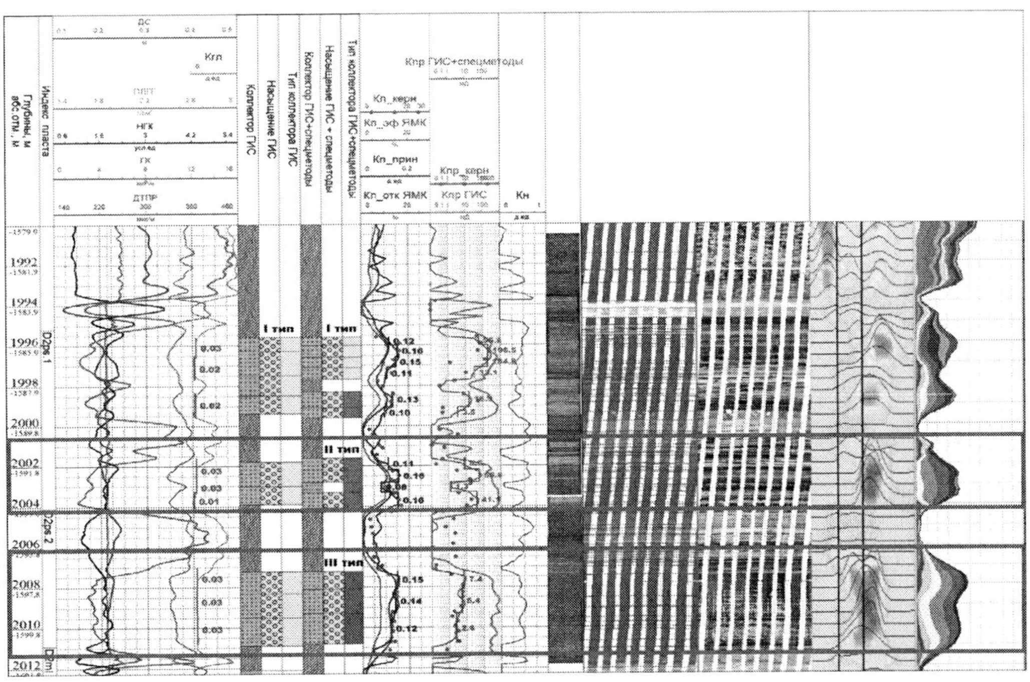

Рисунок 3-Влияние текстурных и структурных особенностей на изменения фильтрационных свойств пород первого и второго петрофизических классов напримере скв.3

Выводы

Согласно существующей петрофизической модели отложений терригенного девона установлено, что увеличение содержания глинистой фракции при одновременном уменьшении размера зерен пород позволяет использовать данный критерий для более уверенной дифференциации отложений стандартным комплексом методов ГИС.

Однако, приведенные в данной статье примеры показывают, что модель, созданная на основе влияния глинистости отложений на петрофизические параметры, имеет ряд ограничений, что требует дополнительного изучения и анализа литологии данных пород. В частности, представлены литолого-минералогические особенности, влияющие на область применения петрофизической модели песчано-алевролитовых пород:

-помимо глинистости, которая в настоящий момент является определяющим критерием при ранжировании пород терригенной толщи девона методами стандартного комплекса ГИС, необходимо учитывать текстурно-структурные особенности пород, с привлечением специального комплекса ГИС(электрические микросканеры и метод ЯМР);

-анализ структурного состава пород по данным исследования керна должен кроме традиционных исследований граннулометрического состава включать исследования РСА и СЭМ.

Таким образом, в работе представлены особенности песчано-алевролитовых пород терригенного девона, влияющие на возможность применения существующей петрофизической модели, и позволяющие достоверно оценивать коллекторские свойства не только в этом регионе, но и в соседних областях, со схожим геологическим строением.

Библиография

1. А.М. Нигматзянова, Т.В. Бурикова и др. «Классификация коллекторов по петрофизическим параметрам отложений терригенной толщи девона платформенной части Республики Башкортостан» //Нефтяное хозяйство – 2018.- №4.- 22-26с
2.. Методические рекомендации по подсчету геологических запасов нефти и газа объемным методом. Под ред. Петерсилье В.И., Пороскуна В.И., Яценко Г.Г. – Москва-Тверь: Изд-во ВНИГНИ. 2003. – 259 с.
3. Дональдсон Д. Т. Петрофизика. Теория и практика изучения коллекторских свойств горных пород и движения пластовых флюидов. – Москва: ООО «Инжиниринг», 2009. – 864 с.

References

4. A.M. Nigmatzyanova, T.V. Burikova et al. “Classification of reservoirs according to petrophysical parameters of sediments of the Devonian terrigenous strata of the platform part of the Republic of Bashkortostan” - Oil Industry No. 10-2017
2. Ed. Petersilye V.I., Poroskuna V.I., Yatsenko G.G. Methodological recommendations for calculating geological reserves of oil and gas using the volumetric method. Publishing house VNIGNI. Moscow-Tver, 2003. – 259 p.
3. Donaldson D.T. Petrophysics. Theory and practice of studying reservoir properties of rocks and the movement of formation fluids. – Moscow: Engineering LLC, 2009. – 864 p

Оценка реальных возможностей и способы повышения информативности обработки данных ВСП с использованием интеллектуального робота АРИО

А.А. Табаков* (ООО «Геоверс»), Ю.А. Степченков (ООО «Геоверс»), В.Н.Ференци (ООО «Геоверс»)

Введение

Оптимальная обработка данных сейсморазведки является трудоемким процессом, требующим выполнения большого количества операций при высокой компетенции обработчика. В работе представлена концепция автоматической обработки данных ВСП с использованием интеллектуального робота «АРИО» [1], которая заключается в воплощении интеллектуальной деятельности обработчика.

На примере коррекции статики и формы импульса по контрольному прибору (КП) сопоставляются результаты ручной и автоматической обработки реальных данных ВСП. Демонстрируется возможность достижения частотного диапазона 0-300 Гц, существенно повышающая информативность результатов.

Достоверность полученных с применением робота «АРИО» результатов обработки подтверждается сопоставлением отражательной характеристики и импеданса по ВСП с данными ГИС и с данными наземной сейсморазведки.

Метод

Обработка данных ВСП проводится по технологии СВЧ [2], которая, в присутствии сильных помех, дает наиболее достоверный результат в максимально широком диапазоне частот. Применяется итеративный аддитивный анализ волновых полей методом проектирования коррелируемости полезных волн на область допустимых значений с применением последовательности процедур предсказывающей и пиковой деконволюции. На каждой итерации, за счет применения оригинального алгоритма Поликор [3], выделенные проекции полезных волн на фоне помех и помех на фоне регулярных волн постепенно уточняются. Аддитивность обработки обеспечивает равенство суммы выделенных полезных волн и помех исходному волновому полю на всех этапах расширения спектра.

Интеллектуальный робот «АРИО» применяется на стадии предварительной обработки данных ВСП для автоматической коррекции времен и формы импульса в записях глубинного зонда, а также при динамической обработке для разделения волнового поля на полезные волны, регулярные и нерегулярные помехи и остатки после селекции. При этом оптимальные параметры селекции, частотного и амплитудного редактирования волновых полей выбираются на основе решений, принятых роботом.

Обработка реальных данных ВСП с применением робота «АРИО»

Коррекция времен и формы импульса записей зонда ВСП по КП выполняется интеллектуальным роботом на основе анализа исходных волновых полей и принятия решения о выборе наилучшего КП, а также эталонной трассы для построения корректирующих операторов в автоматическом режиме. На рис. 1 показаны результаты коррекции реальных данных ВСП в ручном режиме, а также роботом «АРИО». В последнем случае отмечается более высокая разрешенность результирующего волнового поля.

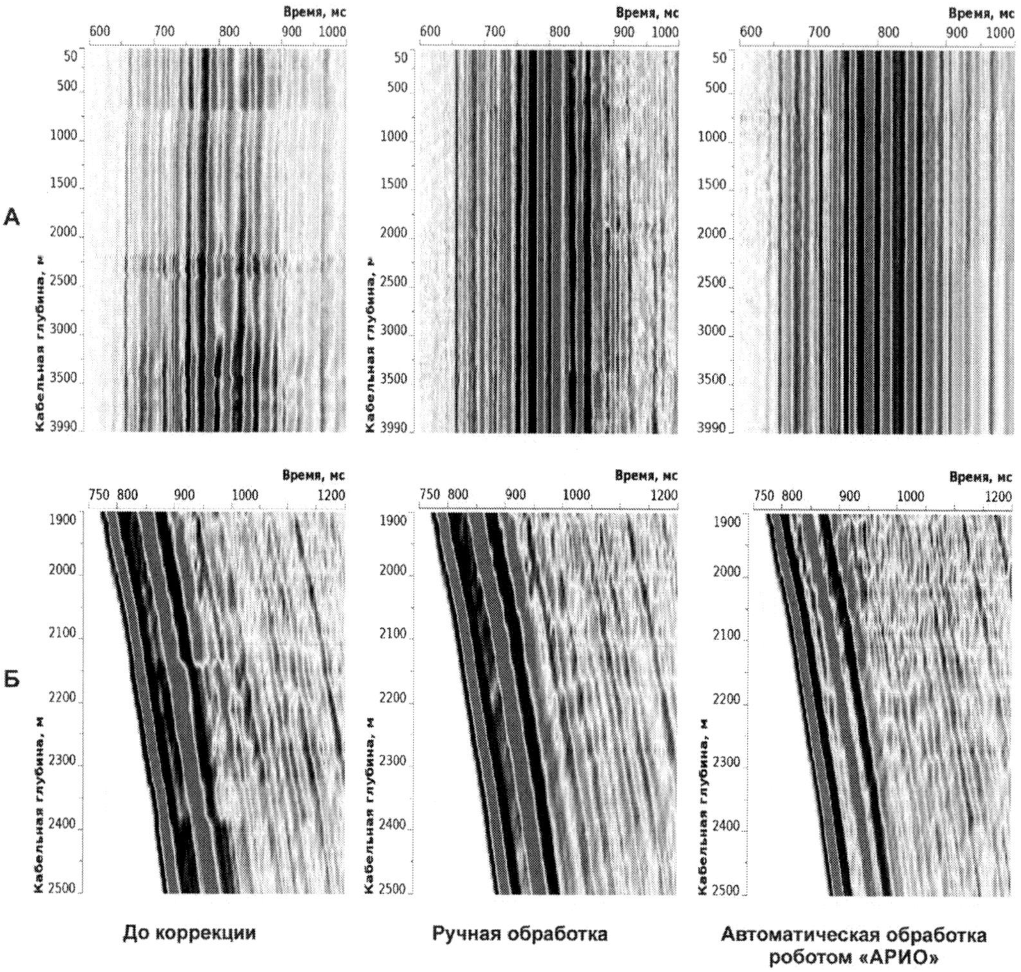

Рисунок 1. *Сопоставление результатов коррекции статики и формы импульса по контрольному прибору в ручном и автоматическом режиме с применением интеллектуального робота «АРИО». А – записи поверхностного КП, Б – фрагмент вертикальной компоненты зонда ВСП.*

На рис. 2 представлены волновые поля падающей продольной волны, выделенной из вертикальной компоненты исходного волнового поля после предсказывающей и пиковой деконволюции, которые демонстрируют изменение формы импульса ВСП в процессе обработки и постепенное расширение спектра полезного сигнала. Пиковая деконволюция рассчитывается по падающей волне на каждой глубине наблюдения с желаемым выходом – единицей на времени годографа первых вступлений с фильтром 0-300 Гц для шага дискретизации 1 мс.

На рис. 3 показана увязка данных ВСП с данными ГИС и наземной сейсморазведки. Сопоставление с ГИС проводится по инверсии отражательной характеристики с добавлением околонулевых частот из модельной импульсной сейсмограммы. При этом устраняется произвол при выборе сигнала для свертки. Привязка отражений на поверхности проводится с точностью до 1 м.

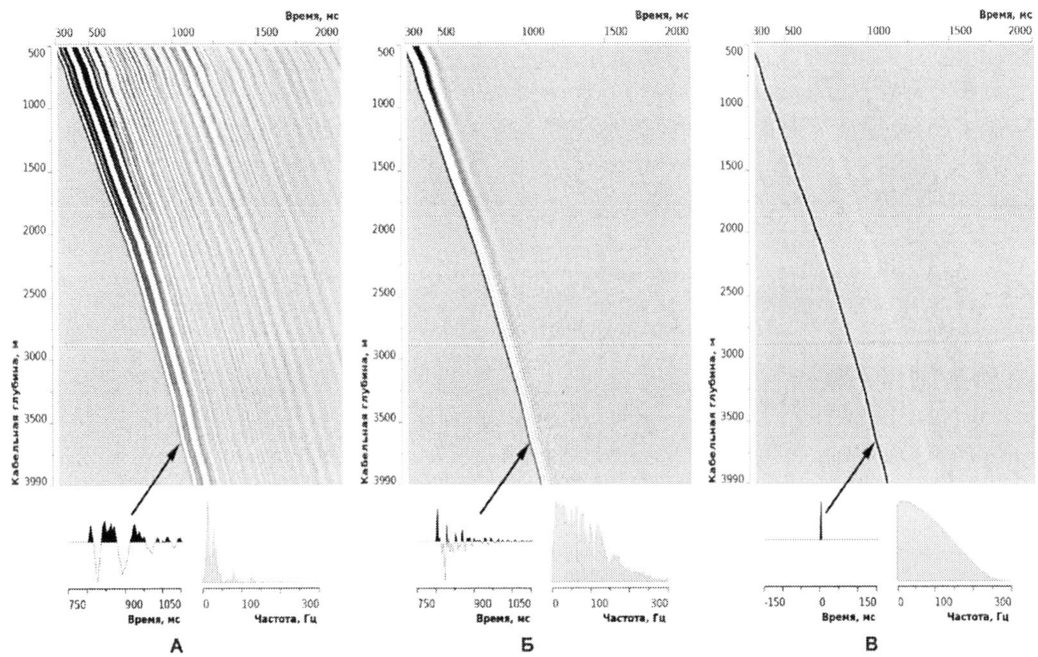

Рисунок 2. *Вертикальная компонента падающей продольной волны, выделенной из исходного волнового поля ВСП, ее форма импульса и АЧХ (А). Результат применения предсказывающей деконволюции (Б) и пиковой деконволюции по форме падающей волны (В).*

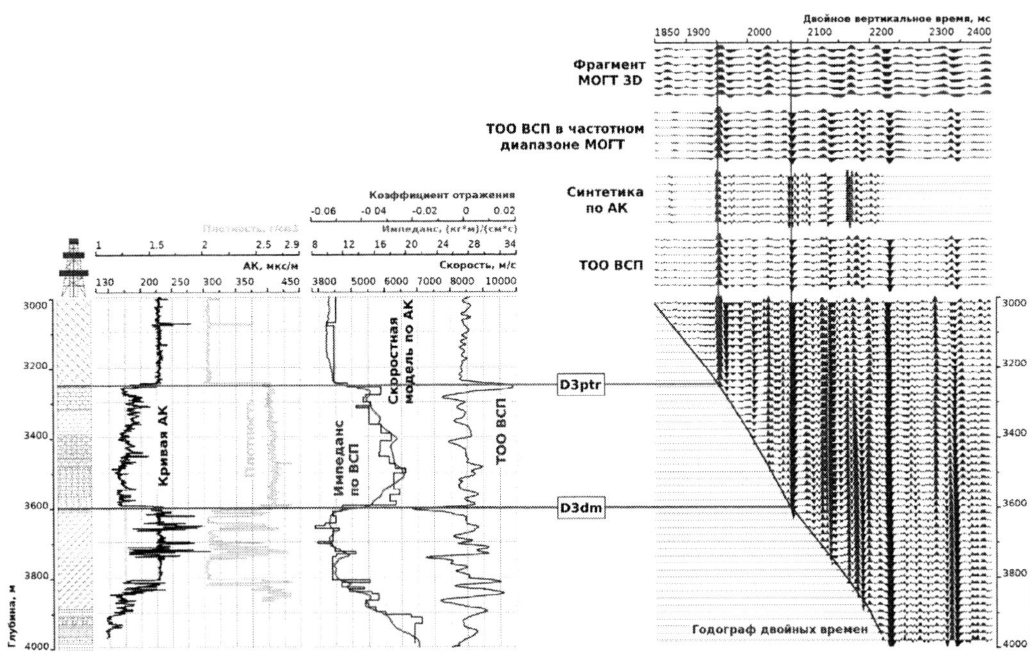

Рисунок 3. *Фрагмент увязки результатов обработки ВСП с данными ГИС и данными наземной сейсморазведки.*

Выводы

1. Обработка данных ВСП по технологии СВЧ с применением интеллектуального робота «АРИО» существенно повышает информативность сейсморазведки за счет расширения спектра до 300 Гц при шаге дискретизации 1 мс.
2. Автоматизация обрабатывающих процедур, требующих больших временных затрат и высокой компетенции обработчика, значительно повышает производительность и сокращает расходы на обработку.
3. Рекомендуется расширить применение робота «АРИО» до полного графа обработки данных ВСП по технологии СВЧ.

Библиография / References

1. А.А. Табаков, Ю.А. Степченков, В.Н. Ференци. Помехоустойчивость и точность локализации микротрещин при гидроразрыве пластов с помощью интеллектуального робота «АРИО» // 11-я международная геолого-геофизическая конференция «Санкт-Петербург 2024.Геонауки: современные вызовы и пути решений», Геомодель, Санкт-Петербург, 2024.
2. А.А. Табаков, В.Н. Ферененци, Л.В. Калван, Ю.А. Степченков, А.С. Колосов. Сейсморазведка Высокой Четкости (СВЧ) – бескомпромиссный подход к регистрации и обработке сейсмических данных: основные положения, регистрация данных, анализ волновых полей // Научно-технический журнал «Нефть. Газ. Новации». 2014. № 1. С.35-39.
3. А.В. Копчиков, В.Н. Ференци, А.А. Табаков, А.В. Решетников. Выделение регулярных волн на фоне интенсивных помех методом ПОЛИКОР. «Гальперинские чтения - 2004». Тезисы докладов. Москва, 25-27 октября 2004г. Стр.70-74.

Об использовании CAE Fidesys в задачах геомеханического моделирования на основе метода спектральных элементов

Ю.П. Ампилов (МГУ имени М.В. Ломоносова), А.В. Вершинин* (МГУ имени М.В. Ломоносова), В.А. Левин (МГУ имени М.В. Ломоносова)

Введение

Высокоточное моделирование взаимодействия горной породы и насыщающей ее жидкости в процессе разработки месторождения играет важную роль в моделировании различных многомасштабных и мультифизических процессов, таких как деформирование геологических пластов, оседание свободной поверхности, устойчивость ствола скважины, пескопроявление, закрытие/раскрытие пор, сдвиговое деформирование вдоль разлома, гидроразрыв пласта, выделение метана в процессе горнопроходческих работ и добыча углеводородов. В моделировании добычи углеводородного сырья можно выделить следующие основные области, в которых учет геомеханических процессов и их корректное описание на основе современных численных методов может значительно повысить эффективность технологических операций, проводимых на месторождениях: моделирование процессов бурения, гидроразрыв пласта и геомеханическое моделирование месторождения в процессе его разработки. В докладе будут представлены модели и методы для многомасштабного геомеханического моделирования, позволяющие описывать упругие, термоупругие, термоупругопластические и пороупругопластические деформации в пласте, которые интегрированы в полнофункциональную систему инженерного анализа CAE Fidesys для решения различных задач в области нефтегазового и горнорудного инжиниринга.

Метод

Математическое моделирование в задачах геомеханики может быть разделено на три масштаба: микромасштаб (масштаб керна), мезомасштаб (масштаб скважины) и макромасштаб (масштаб месторождения). На масштабе керна оцениваются эффективные свойства горных пород, которые в дальнейшем используются при моделировании на более крупных масштабах (при моделировании процессов бурения, гидроразрыва пласта или моделировании месторождения в процессе его разработки). В докладе будет представлена численная оценка эффективных характеристик керна путём проведения численных экспериментов на его цифровой модели. Обсуждается применение двух способов расчёта эффективных свойств: напрямую на цифровой воксельной модели (содержащей до миллиарда вокселей и больше) с применением распараллеливания с помощью технологии CUDA и путём снижения размерности задачи за счёт построения неструктурированной сетки на базе воксельной модели с последующим проведением расчётов методом конечных либо спектральных элементов. Актуальность данного моделирования обусловлена развитием компьютерной томографии и широким использованием технологии "цифровой керн", предполагающей построение цифровой модели керна с помощью его компьютерной томографии. Такая технология используется не только в интересах нефтяной отрасли, но также в горнодобывающей отрасли и в строительстве (анализ свойств кернов необходим, например, при строительстве тоннелей). Научная новизна заключается в модификации модели эффективных свойств керна с включением в неё, помимо упругих, ещё и транспортных характеристик (пористость, коэффициент Био, проницаемость), а также в разработке новых вычислительных алгоритмов оценки эффективных свойств, использующих распараллеливание с помощью технологии CUDA.

На масштабе скважины рассматривается численное моделирование пороупругопластической задачи в окрестности ствола скважины и численный анализ устойчивости ствола скважины во время буровых работ. Обсуждается модификация упругопластической математической модели и численного алгоритма на её основе с включением в модель пороупругих характеристик горной породы в окрестности скважины и возможности задания порового давления. Такая модификация позволяет более точно моделировать напряжённо-деформированное состояние в окрестности ствола скважины и оценивать его устойчивость. Актуальность и практическая значимость данного моделирования обусловлена необходимостью избежать нестабильности ствола скважины и улучшить условия в стволе скважины, чтобы избежать потерь бурового раствора, особенно в истощенных пластах - а также снизить риски избыточного и пониженного давления во время бурения. Научная новизна заключается в использовании сопряжённой нелинейной модели пороупругопластичности.

На масштабе месторождения предлагается численное сопряжение процессов моделирования на макромасштабе и на микромасштабе. Процесс разработки месторождения полезных ископаемых вызывает изменения в напряжённо-деформированном состоянии горного массива, прежде остававшегося неизменным на протяжении долгого времени. Для проведения моделирования на масштабе месторождения необходимо вычислить механические и транспортные свойства горных пород, для чего проводится анализ свойств керна (на микромасштабе). Однако свойства породы, оцениваемые на микромасштабе, зависят также и от напряжённо-деформированного состояния на макромасштабе. Обсуждается алгоритм для макро-микро-сопряжения на основе подходов, апробированных при проведении гидро-гео-сопряжения.

Модифицированные модели и алгоритмы, позволяющие описать вышеупомянутые геомеханические процессы, происходящие в горных породах на разных масштабах при разведке и разработке месторождений, реализованы в рамках программного обеспечения CAE Fidesys - в докладе приводятся примеры его использования для решения промышленных задач геомеханики.

Примеры

Для численного решения поставленной задачи используются вариационная постановка на основе метода Галеркина и изопараметрический разрывный метод спектральных элементов (МСЭ) для дискретизации геометрической модели и уравнений по пространству на неконформных (в общем случае) неструктурированных МСЭ-сетках, позволяющих, в том числе, аппроксимировать криволинейную геометрию тела с высоким порядком точности и разгрублением сетки (увеличением размера спектральных элементов) по мере удаления от концентратора напряжений, а также корректно моделировать напряженно-деформированное состояние тела при наличии разломов/разрывов в модели и использовать переменный МСЭ-порядок аппроксимации по пространству. В рамках данного метода расчетная область разбивается на подобласти, внутри которых возможно осуществить дискретизацию конформными спектрально-элементными сетками. На границах подобластей ставятся контактные граничные условия первого и второго рода, обеспечивающие непрерывность решения (напряженно-деформированного состояния) во всей области, включая внутренние границы. Связанный контакт между граничными элементами внутри области контакта обеспечивается выполнением условий непрерывности перемещений и скоростей/ускорений (в случае нестационарных задач) на граничных МСЭ-элементах. Данный подход является прямым обобщением классического подхода для учета условий Дирихле на перемещения в методе конечных элементов. Непрерывность нормальных напряжений в областях контакта обеспечивается соответствующими дополнительными членами в вариационной постановке, полученными от граничных интегралов по зонам контакта в рамках слабой формулировки краевой задачи по методу Галеркина (непрерывность нормальных напряжений в слабом смысле). Описанный алгоритм позволяет получить корректное численное решение на неструктурированных неконформных сетках, состоящих из криволинейных спектральных элементов, с возможностью задания различных порядков пространственной аппроксимации в подобластях, а также обеспечить непрерывность решения по C-норме для основных переменных задачи (перемещений) и непрерывность по L2-норме для нормальных напряжений в зонах контакта (границах подобластей). При проведении расчетов модельных задач использовались порядки спектральных элементов до 15го.

Рассмотрены верификационные примеры для проверки реализованного в CAE Fidesys алгоритма численного решения задач на криволинейных неконформных сетках путем сравнения результатов компьютерного моделирования с аналитическими решениями и решениями аналогичных задач для случая конформной дискретизации: статические и динамические задачи для составных тел с криволинейными поверхностями. В докладе приводятся результаты численного решения задачи о зарождении и развитии полос локализации упругопластической деформации в окрестности кругового концентратора напряжений в пористой среде, насыщенной жидкостью, в результате пошагового снижения давления на границе концентратора по отношению к поровому давлению в теле на границах расчетной области (Рис. 1). Рассмотрено изменение пористости и проницаемости в результате накопления пластических деформаций. Расчеты для модельных и прикладных задач проведены на высокопроизводительных вычислительных станциях HPE Apollo на основе графических ускорителей NVIDIA Tesla V100 и A100.

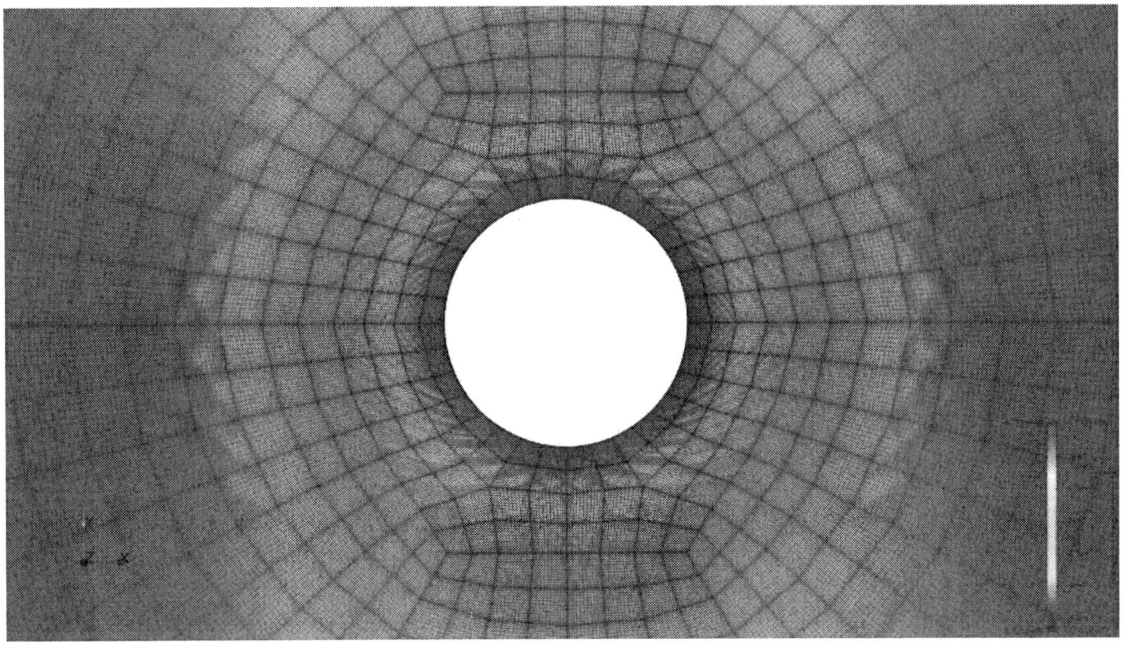

Рисунок 1 Локализация полос пластических деформаций вблизи отверстия на криволинейной МСЭ-сетке 15го порядка.

Выводы

В настоящее время разработка математических моделей, подходов и алгоритмов многомасштабного моделирования является активно развивающимся и перспективным направлением науки. Пока отсутствуют единые общепринятые модели, однако очертания принципов и подходов к решению данной задачи становятся понятными. В основе представленного подхода лежит решение классической системы уравнений поро-упругопластичности с учетом изменений макропараметров в процессе развития деформации в результате эволюции внутренней структуры геосреды в ходе деформирования. Важной его особенностью является отсутствие фиксированного мезообъема, на котором осуществляется расчет и уточнение макропараметров. Этот мезообъем определяется в зависимости от напряженно-деформированного состояния. Это позволяет также применять общий подход для многомасштабного моделирования с рассмотрением вложенных масштабных уровней, а также обеспечивает снижение вычислительных затрат до приемлемого. Полученные предварительные результаты применения изложенного подхода показали его адекватность и перспективность.

Благодарности

Работа выполнена при финансовой поддержке грантов РНФ (проекты 19-71-10008, 22-11-00110).

Библиография / References

1. V.A. Levin, K.M. Zingerman, A.V. Vershinin, M.Ya. Yakovlev. Numerical analysis of effective mechanical properties of rubber-cord composites under finite strains // Composite Structures, V. 131, 2015. – P. 25–36.
2. A.V. Vershinin, V.A. Levin, K.M. Zingerman, A.M. Sboychakov, M.Ya. Yakovlev. Software for estimation of second order effective material properties of porous samples with geometrical and physical nonlinearity accounted for // Advances in Engineering Software, V. 86, 2015. – P. 80–84.
3. M. Yakovlev, D. Konovalov. Multiscale geomechanical modeling under finite strains using finite element method // Continuum Mechanics and Thermodynamics, V. 35, No. 4, 2022. – P. 1223–1234.
4. Miftakhov R.F., Myasnikov A.V., Vershinin A.V., Chugunov S.S., Zingerman K.M. On a hydro-geomechanical modelling of shale formations.Tekhnologii seismorazvedki (Seismic Technologies), 2015, N4, pp. 97-108.
5. M.Ya. Yakovlev, A.A. Semykin, V.A. Levin. Method and Some Results of Numerical Estimation of Effective Biot's Coefficient of Rocks // Chebyshevskii Sbornik, V. 23, No. 4, 2022. – P. 382–393.
6. Ph. Renard, G. de Marsily, Calculating Equivalent Permeability: a Review. Advances in Water Resources, V. 20, N. 5–6, P. 253–278, 1997.
7. C. L. Farmer, Upscaling: a Review. Int. J. Numer. Meth. Fluids, 40, P. 63–78, 2002.
8. L. J. Durlofsky, Upscaling and Gridding of Fine Scale Geological Models for Flow Simulation. 8 International Forum on Reservoir Simulation, Italy, 2005.
9. O. Boe, Analysis of an Upscaling Method Based on Conservation of Dissipation. Transport in Porous Media, 17, P. 77–86, 1994.
10. L. J. Durlofsky, Numerical Calculation of Equivalent Grid Block Permeability Tensors for Heterogeneous Porous Media. Water Res., V. 27, P. 699–708, 1991.
11. G. E. Pickup, P. S. Ringrose, J. L. Jensen, K. S. Sorbie, Permeability Tensors for Sedimentary Structures. Mathematical Geology, V. 26, N. 2, 1994.
12. A. Kh. Pergament, V. A. Semiletov, M. Yu. Zaslavsky, Multiscale Averaging Algorithms for Flow Modeling in Heterogeneous Reservoir, Proceedings of 10th European Conference on the Mathematics of Oil Recovery, P014, 2006.
13. Jaber J. Hasbestan, Inanc Senocak. Binarized-octree generation for Cartesian adaptive mesh refinement around immersed geometries // Journal of Computational Physics, V. 368, 2018. – P. 179–195.
14. Hua Ji, Fue-Sang Lien, Eugene Yee. A new adaptive mesh refinement data structure with an application to detonation // Journal of Computational Physics, V. 229, 2010. – 8981–8993.
15. Jianming Zhang, Baotao Chi, Krishna M. Singh, Yudong Zhong, Chuanming Ju. A binary-tree element subdivision method for evaluation of singular domain integrals with continuous or discontinuous kernel // Engineering Analysis with Boundary Elements, V. 116, 2020. – P. 14–30.
16. Denise Burgarelli, Mauricio Kischinhevsky, Rodney Josué Biezuner. A new adaptive mesh refinement strategy for numerically solving evolutionary PDE's // Journal of Computational and Applied Mathematics, V. 196, 2006. – P. 115 – 131.
17. L. Freret, L. Ivan, H. De Sterck, C. P. T. Groth. High-Order Finite-Volume Method with Block-Based AMR for Magnetohydrodynamics Flows // Journal of Scientific Computing, V. 79, 2019. – P. 176–208.
18. Magnus Grandin. Data structures and algorithms for high-dimensional structured adaptive mesh refinement // Advances in Engineering Software, V. 82, 2015. – P. 75–86.

Современные подходы повышения достоверности моделей континентальных отложений на примере Западно-Усть-Балыкского месторождения

В.С. Крикунова* (ООО «Технологическая компания Шлюмберже»), Н.А. Гончарова (ООО «Технологическая компания Шлюмберже»), Р.Д. Вокин (ООО «Технологическая компания Шлюмберже»), С.М. Игитов (ПАО «Славнефть-Мегионнефтегаз»)

Введение

Поиск методов эффективной разработки трудноизвлекаемых запасов нефти в России – один из стратегических приоритетов нефтегазодобывающей отрасли. Западно-Сибирский нефтегазоносный бассейн, несмотря на долгую историю нефтедобычи, сохраняет свой ресурсный потенциал. Ранее, ввиду недостаточного объема данных и отсутствия современных технологий, многие объекты были слабо исследованы, а заложение скважин сопровождалось высокими рисками и затратами. Сейчас районы, имеющие сложное геологическое строение, становятся приоритетными для изучения.

Отложения тюменской свиты (пласт $ЮС_2$) средней юры формировались в континентальных условиях осадконакопления, из-за чего характеризуются литологической неоднородностью как по латерали, так и по разрезу, а кроме того значительной изменчивостью их свойств. Сложность моделирования аллювиальных отложений заключается в восстановлении геометрии песчаных тел, особенно в зонах с низкой плотностью бурения. Наибольшие неопределённости связаны с маломощными телами, которые трудно отследить стандартными методами обработки и интерпретации.

В работе изложена инновационная методика постобработки сейсмических данных, позволяющая увеличить контрастность геологических объектов в сейсмическом волновом поле, представлено нестандартное решение комбинированного подхода при моделировании выделенных объектов и их типизация с целью уточнения прогноза показателей работы скважин для каждого типа объектов.

Метод (и/или Теория)

В пределах Западно-Усть-Балыкского месторождения пласт $ЮС_2$ преимущественно представлен отложениями развитой системой палеорек, региональный снос которых осуществлялся с юга на север, а локальный – разнонаправленно. В пределах аллювиальных равнин русла обладают различной извилистостью, что определяет формирование двух типов речных систем: прямолинейный и меандрирующий (Рис. 1).

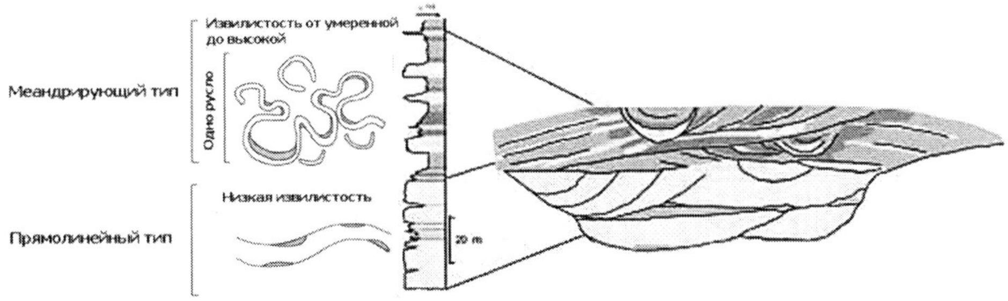

Рисунок 1. *Типы русловых систем (по Chernova O.S., 2008 и Mayall M. at al, 2006).*

Прямолинейный тип русла формируется при латеральном перемещении песчаных осадков, что осуществляется за счёт мигрирующих во времени донных наносов, в результате чего образовываются русловые пески повышенной мощности, в то время как меандрирующие речные системы представлены отмелями (барами) и старичными телами. Прослеживание последних позволяет закартировать пояс меандрирования палеореки. Принцип аккумуляции в барах заключается в скоплении обломочного материала у фронтального борта отмели и размывом противоположного. В связи с вышесказанным мощность и свойства коллектора могут значительно отличаться в зависимости от формы, протяженности и распределения осадка в баровом теле.

В процессе работы было отмечено, что коллектора выделенных речных систем обладают отличными друг от друга фильтрационно-ёмкостными свойствами. При одинаковых значениях коэффициента пористости (Кп) коллекторов коэффициент проницаемости (Кпр) прямолинейного типа русла значительно выше порядка 10-100 мД, чем у меандрирующего типа <10 мД (Рис.2). Исходя из такой неоднородности пород-коллекторов были определены подходы геологического моделирования.

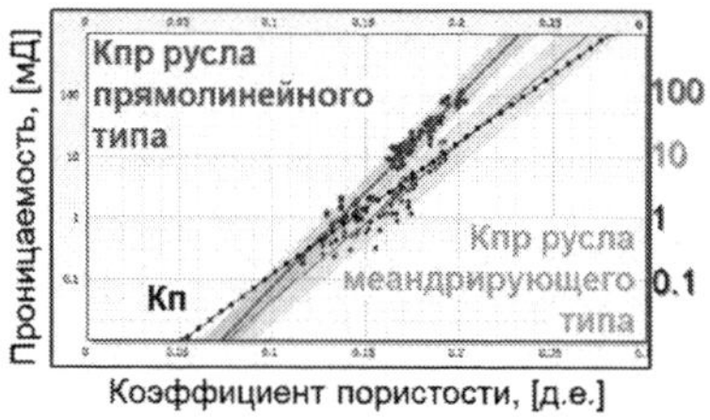

Рисунок 2. *Сравнение зависимостей коэфициента проницаемости от пористости по керновым данным в системе меандрирующего и прямолинейного типов русел.*

Создание детальной концептуальной геологической модели, максимально приближенной к реальным условиям, – основная задача моделирования. Для интерпретации фациальных элементов применялась хроматическая технология извлечения геологических объектов - eXchroma^{SG}. Благодаря которой не только значительно увеличилась контрастность геологических объектов в сейсмическом волновом поле, но и представилась возможность закартировать объекты в разрезе, - таким образом, геометризовать объекты в пространстве.

В технологии eXchroma^{SG} сейсмический куб преобразуется в непрерывную цветовую модель с использованием поточечной обработки данных без применения вертикального осреднения. С целью прослеживания схожести или гетерогенности амплитуд проводится преобразование цветовой RGB-модели в HSV-модель по степени соответствия амплитуд, что приводит к повышению вертикальной и латеральной разрешенности и позволяет проследить трудно выделяемые маломощные геологические тела. (Andreas Laake, 2017)

По аналогии с дешифрованием космоснимков на основании тел аллювиального генезиса в разрезе пласта ЮС$_2$ послойно выделены границы трех типов фациальных элементов: прямолинейные речные потоки (Рис. 3), русловые отмели и границы старичных тел.

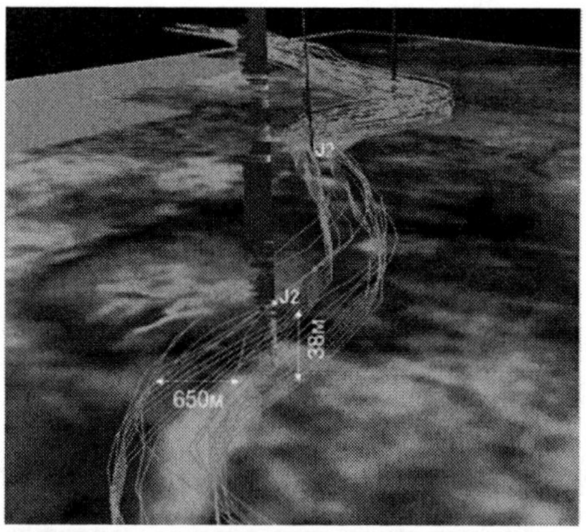

Рисунок 3. *Послойно выделенные границы русла прямолинейного типа на седаментационном срезе сейсмического куба eXchroma^{SG}.*

При создании геологической модели пласта ЮС$_2$ авторы придерживались основных принципов сохранения первичной геометрии песчаных тел и их взаимного положения в пространстве: отражения латеральной и вертикальной изменчивости резервуара.

Литолого-фациальное моделирование было реализовано в два основных этапа:

- Создание трендовых кубов на основе интерпретации eXchroma^{SG};
- Создание кубов литологии двух аллювиальных систем.

При создании фациальной модели русла прямолинейного типа использовался метод объектного моделирования. Такой подход сохраняет геометрические и морфологические характеристики согласно принятой концепции осадконакопления. В дополнение, при моделировании свойств прямолинейным объектам заданы собственные петрофизические зависимости, отличные от других типов русловых систем.

Система меандрирующих русел использована при моделировании как детализация аллювиальной обстановки и выполнена пиксельным алгоритмом с заданием трендов направления потока (азимутальный куб) и распределения коллектора в пространстве (куб вероятности коллектора). Моделирование пиксельным методом выполнялось алгоритмом TGS, который используется при наличии четкого порядка фациальных зон.

Для получения итоговой модели объектная и стохастическая модели объеденены в одну. При этом подходе удается получить максимально состоятельную модель, в которой больший вес имеет геологическая информация, а не принципы реализации математических алгоритмов. Применяемая методика сейсмогеологического моделирования позволила ранжировать залежь по степени уверенности: прямолинейные объекты стали приоритетными в стратегии разработки.

Примеры

На рисунке 4 представлены примеры наклонно-направленных скважин, пробуренных в русло прямолинейного типа и русловую отмель меандрирующей системы.

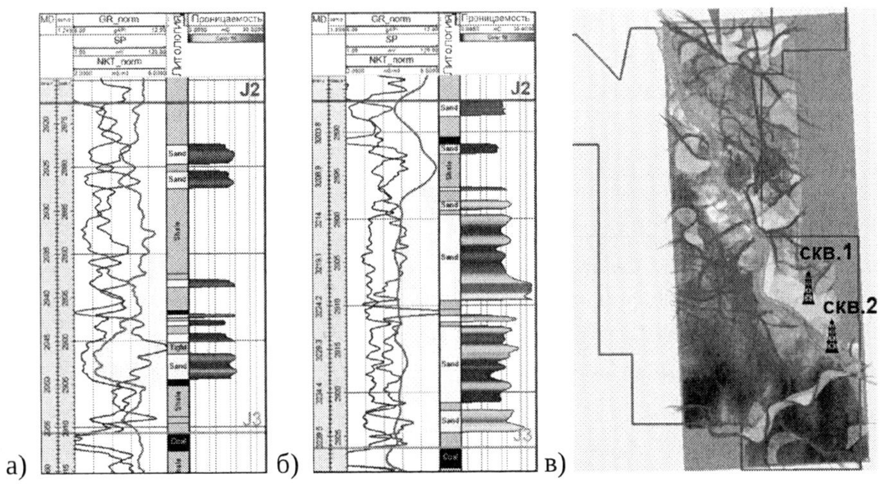

Рисунок 4. *Центральный район эксплутационного бурения: а) – планшет скважины 1; б) – планшет скважины 2; в) – седиментационный срез eXchromaSG в диапазоне пласта Ю$_2$ с нанесененным объектами: прямолинейное русло, русловые отмели и отмершими руслами на момент окончания цикла осадконакопления.*

Выводы

Подтверждение бурением концептуального представления о строении пласта $ЮС_2$ указывает не только на успешность применяемой методики сейсмогеологического моделирования, но и позволяет снизить риски при планировании эксплуатационного и поисково-разведочного бурения. Горизонтальные добывающие скважины, пробуренные в прямолинейный типа русла, вводятся в эксплуатацию с фонтанным притоком нефти и средним дебитом >90т/сут с обводненностью ~30%. Скважины, пробуренные в меандрирующие системы русел, достигают максимального дебита нефти <25т/сут при обводненности до 68%.

По утвержденной концепции расставлены приоритеты по разработке и доизучению месторождения. Зона русел прямолинейного типа определена как основной объект разработки при подтверждаемости модели в >98%. По мере разбуривания основного перспективного объекта даны рекомендации на проведение доисследования системы меандрирующего типа в связи с высокой неоднородностью литотипов и ФЕС в них с дальнейшей корректировкой и реализацией эксплуатационного фонда скважин.

Успех разработки и доразведки Западно-Усть-Балыкского месторождения позволил транслировать представленную методику на другие площади. В результате на срезах eXchroma^{SG} авторами выделены четыре типа сейсмообразов различных русловых систем с характерными признаками геометрии объектов и сопутствующих дополнительных элементов. Для каждого типа русловой системы выявлены их основные характеристики: морфологические параметры фациальных элементов и их фильтрационно-ёмкостных свойства. Определение характеристик каждого типа русловой системы допускает уточнение прогноза ожидаемых дебитов при проектировании бурения в каждый отдельный объект.

Представленная методика стала основой при формировании универсального подхода для сейсмогеологического моделирования континентальных отложений.

Благодарности

Авторы выражают благодарность сотрудникам ПАО «Славнефть-Мегионнефтегаз» (С.М. Игитов, И.Н. Есипёнок, А.М. Ишкинов) за предоставленные материалы и разрешение их публикациии и сотрудникам ООО «Технологическая компания Шлюмберже» (К.Г. Ольховский, С.А. Любимов, О.А. Пономарёв) за ценные рекомендации при планировании исследования.

Библиография / References

1. Andreas Laake. (2017). Color-processing of omnidirectional sampled seismic data provides detailed insight for geologic interpretation of 3D seismic data. SEG International Exposition and 87th Annual Meeting. http://library.seg.org/
2. Chernova O.S. (2008). Reservoir Sedimentology. Tomsk. Pages 213-214.
3. Mayall M., Jones E., Casey M. (2006). Turbidite channel reservoirs - Key elements in facies prediction and effective development. Marine and Petroleum Geology. 23. Pages 821–841.
4. Sevastyanov A.A., Korovin K.V., Zotova O.P., Zubarev D.I. (2016). Geological features and assessment of the oil potential of the deposits of the Tyumen formation. Bulletin of Perm University. Volume 16, No. 1
5. Tsymbalyuk Yu. A., Shpurov I. V. (2008). Prospects of oil and gas potential of southern regions of Western Siberia. State, trends and problems of development of oil and gas potential of Western Siberia. Russia, Tyumen. Pages 35-41

Геомодель

Учет вторичных преобразований карбонатного рифогенного резервуара при построении геолого-гидродинамической модели

Д.О. Ширинкин* (ФГАОУ ВО «ПНИПУ»), С.Н. Кривощеков (ФГАОУ ВО «ПНИПУ»), А.А. Кочнев (ФГАОУ ВО «ПНИПУ»), Н.Д. Козырев (ФГАОУ ВО «ПНИПУ»), А.Н. Боталов (ФГАОУ ВО «ПНИПУ»), И.С Путилов, (ФГАОУ ВО «ПНИПУ»)

Введение

В процессе формирования карбонатные рифогенные породы претерпевают множество вторичных преобразований, таких как: образование трещиноватости, выщелачивание, доломитизация, перекристаллизация, что оказывает весомое влияние на распределение фильтрационно-емкостных свойств коллекторов [5]. Высокая интенсивность диагенетических изменений карбонатов способна формировать зоны с аномально высокими фильтрационно-емкостными свойствами – суперколлекторы [2-4]. Осложнение залежи наличием зон интенсивного выщелачивания является важнейшим фактором неопределенности, который во многом контролирует разработку объекта, поскольку определяет фильтрацию флюида. Это несет, с одной стороны, высокие риски преждевременного обводнения добывающих скважин и формирование зон запасов, не охваченных процессом дренирования, с другой стороны, такие зоны характеризуются высокими фильтрационно-емкостными свойствами и существенно увеличивают продуктивность скважин. Поэтому выявление и учет вторичных изменений при моделировании сложнопостроенных карбонатных коллекторов является актуальной проблемой. В данной работе предлагается методика решения данной проблемы, основанная на анализе трендов распределения вторичных изменений и комплексирования разномасштабных исследований (керн, ГИС, ПГИ), позволяющие выявить аномальные свойства коллектора [1].

Метод и теория

Объектом исследования является месторождение Альфа, располагающимся в пределах Тимано-Печорской провинции.

Нефтеносносность месторождения Альфа связана с нижнефаменскими рифовыми массивами, которые образовывались последовательно друг на друге в ходе одного задонского сиквенса и трех елецких сиквенсов рифостроения. Нефтесодержащими коллекторами являются как карбонатные отложения собственно рифовой фации, так и отложения зарифового шельфа.

Литологическое описание продуктивного интервала проведено по керну, полученного в результате бурения двенадцати скважин. Отложения рифовой постройками представлены известняками и среднезернистым вторичным доломитом с реликтами детритово-водорослевых известняков, вторично сгустковато-комковатых, биогермных. Отложения зарифового шельфа сложены известняками микробиально-детритовыми серого, темного-серого, светло-коричневого цвета, мелко-скрытокристаллическими, доломитизированным, с включением аргиллитов (до 15%).

Карбонатный резервуар рассматриваемого месторождения характеризуется сложным типом пустотного пространства, представляющего собой компиляцию межзерновых, кавернозных и трещиноватых пустот, взаимоувязанных между собой. На формирование такого рода пустотного пространства оказывает высокую степень влияния различные вторичные изменения карбонатов. Высокая степень вторичных преобразований карбонатов, напрямую отражается на фильтрационно-емкостных свойствах коллектора и способна приводить к образованию высокопродуктивных прослоев с аномальными фильтрационно-емкостными свойствами (ФЕС)-суперколлекторами.

С целью выделения вторичных преобразований по разрезу скважин было выполнено изучение керна месторождения Альфа. В совокупности изучено 982 шлифа из керна 10 скважин.

Отдельно по всем скважинам составлены таблицы, состоящие из столбцов: № шлифа, глубина отбора и виды вторичных преобразований. При выполнении исследования для каждого шлифа задавалась соответствующая глубина отбора с привязкой по ГИС, и все шлифы индивидуально изучались на наличие в них вторичных изменений. В ходе рассмотрения шлифов при выявлении признаков вторичных преобразований напротив глубинной отметки привязки шлифа ставилась «1», в случае отсутствия – «0», что позволило проследить изменения карбонатов вдоль стволов скважин и сформировать las-файлы для распределения в геологической модели.

Во всей совокупности изученных шлифов определены следующие виды вторичных процессов: выщелачивание, трещинообразование, кальцитизация, доломитизация, перекристаллизация, окремнение, сульфатизация, стилолитизация. Наиболее часто встречающимся изменением в карбонатных породах задонского и елецкого горизонтов являются выщелачивание, трещинообразование, доломитизация и перекристаллизация. Примеры вторичных преобразований представлены на рисунке 1.

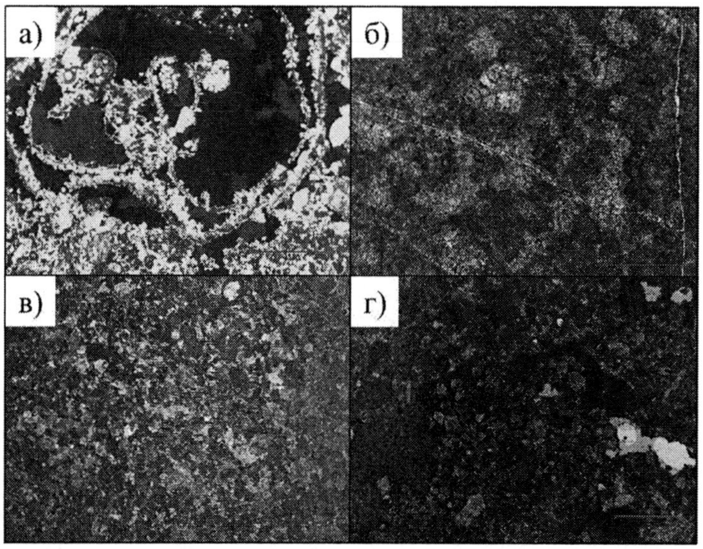

Рисунок 1. *` Примеры вторичных преобразований карбонатов: а) выщелачивание; б) трещинообразование; в) доломитизация; г) перекристаллизация.*

Для дальнейших исследований выбраны вторичные изменения, которые преобладают в объеме продуктивного резервуара и которые оказывают наибольшее влияние на изменение фильтрационно-емкостных свойств породы, а именно: выщелачивание, трещинообразование, доломитизация и перекристаллизация.

С целью последующего выделения суперколлектора в объеме резервуара необходимо выявить и определить пространственные тренды развития основных вторичных изменений карбонатов, благодаря которым происходит формирование интервалов с аномальными фильтрационными свойствами. Для этого полученные распределения трещиноватости, выщелачивания, доломитизации, перекристаллизации и их суммы, характеризующих интенсивность вторичных изменений в целом, по стволу скважины в формате las-файлов загружены в проект геологической модели и произведено осреднение кривых на ячейки геологической сетки. На последующем этапе скважинные данные при помощи стохастического метода интерполяции распределены в межскважинном пространстве, в результате чего получены трехмерные кубы распределения вторичных изменений карбонатов в объеме резервуара и суммарный куб интенсивности вторичных изменений (рис. 2).

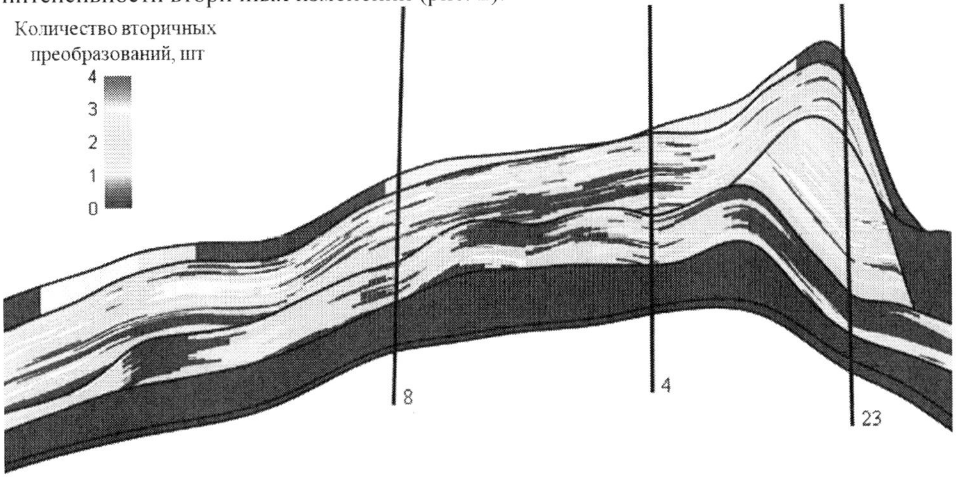

Рисунок 2. *Разрез суммарного куба вторичных преобразований карбонатов.*

Далее, получены тренды распределения вторичных преобразований резервуара, влияющих на фильтрационно-емкостные свойства коллектора, на основании которых разработана методика выявления и моделирования интервалов суперколлекторов. Методика также включает в себя комплексирование разномасштабных исследований (керн, ГИС, ПГИ), в ходе которого выделены интервалы с аномально высокими ФЕС и построены кривые вероятности наличия суперколлектора в разрезе скважин. Далее использованы различные граничные значения критерия выделения суперколлектора на кривых вероятности (минимум – Р90, максимум – Р10 и оптимум – Р50), на основании которых смоделированы три варианта реализации суперколлектора в объеме резервуара. При распределении суперколлекторов в межскважинном пространстве в качестве тренда использован куб интенсивности вторичных преобразований. На основе этих реализаций рассчитаны три массива распределения проницаемости, а также, для сравнения, использован куб, полученный по стандартной петрофизической зависимости «проницаемость-пористость» (рис.3).

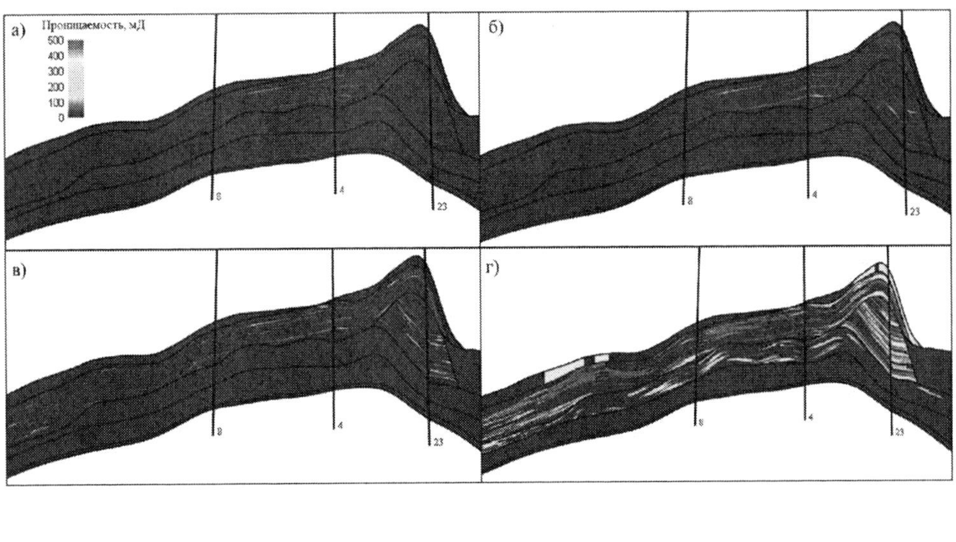

Рисунок 3. *Сравнение полученных кубов проницаемости: а) стандартная петрофизическая зависимость; б) P90; в) P50; г) P10 На следующем все четыре куба проницаемости прошли проверку при помощи воспроизведения истории разработки месторождения в гидродинамической модели.*

Далее для всех полученных кубов проведены одноитерационные расчеты исторического периода разработки месторождения. Наилучшей сходимости с исторической добычей нефти и жидкости удалось добиться с использованием куба проницаемости с суперколлектором, распределенным, согласно вероятности P50 (отклонение по накопленной добыче жидкости - - 9.0 %, отклонение по накопленной добыче нефти – - 8.6 %).

Выводы

В ходе работы проведен анализ керна и шлифов, выделены основные вторичные преобразования карбонатов, такие как: трещиноватость, выщелачивание, доломитизация и перекристаллизация; высокая плотность которых склонна к формированию высокопродуктивных интервалов - суперколлекторов. С целью снижения неопределенности распределения высокопродуктивных интервалов в объеме модели была предложена методика вероятностного выявления суперколлекторов в результате которой получены модели суперколлектора с разной степенью неопределенности: P10, P50 и P90. На следующем этапе все три варианта выделения суперколлектора распределены в объеме модели с использованием тренда преимущественного развития вторичных преобразований и рассчитаны кубы проницаемости для каждого варианта. Полученные кубы загружены в действующую геолого-гидродинамическую модель, и по результатам одноитерационных расчетов произведено сравнение сходимости расчётных и фактических показателей разработки месторождения Альфа. Наилучшую сходимость с фактической добычей нефти и жидкости показал расчет с использованием куба проницаемости P50, отклонения по накопленной жидкости и нефти составили -9.0 % и -8.6 % соответственно, что указывает на наиболее корректное распределении проницаемости в объеме модели.

Благодарности

Исследование выполнено за счет гранта Российского научного фонда № 22-17-00111.

Библиография / References

1. Beltiukov D. A., Kochnev A. A., Galkin S. V. The combining different-scale studies in a reservoir simulation model of a deposit with a fractured-cavernous type of carbonate reservoir //IOP Conference Series: Earth and Environmental Science. – IOP Publishing, 2022. – Т. 1021. – №. 1. – С. 012027

2. Chen, Py. et al. (2024). Characteristics of High Permeability Streak of Mishrif Formation in B Oilfield and Its Influence on Waterflood Development. In: Lin, J. (eds) Proceedings of the International Field Exploration and Development Conference 2023. IFEDC 2023. Springer Series in Geomechanics and Geoengineering. Springer, Singapore. https://doi.org/10.1007/978-981-97-0468-2_36

3. Feng Q. et al. Characterization of high-permeability streak in mature waterflooding reservoirs using pressure transient analysis //Journal of Petroleum Science and Engineering. – 2013. – Т. 110. – С. 55-65.

4. Shirinkin, D.; Kochnev, A.; Krivoshchekov, S.; Putilov, I.; Botalov, A.; Kozyrev, N.; Ozhgibesov, E. High Permeability Streak Identification and Modelling Approach for Carbonate Reef Reservoir. Energies 2024, 17, 236. https://doi.org/10.3390/en17010236

5. Yang, L.; Yu, L.; Chen, D.; Liu, K.; Yang, P.; Li, X. Effects of Dolomitization on Porosity during Various Sedimentation-Diagenesis Processes in Carbonate Reservoirs. Minerals 2020, 10, 574. https://doi.org/10.3390/min10060574

Опыт построения геологической модели в условиях ограниченности данных

Р.М. Кашфутдинова* (ООО «РН-БашНИПИнефть»), А.Н. Мингазов (ООО «РН-БашНИПИнефть»)

Введение

На территории Республики Башкортостан насчитывается около двухсот месторождений. Некоторые из них открыты относительно недавно, другие же являются довольно старыми, хронология жизни которых покрыта различными этапами развития методов их изучения. Полнота комплекса исследований, качество, соответствие современным стандартам зависят от года их проведения.

Объектами исследования являются карбонатные пласты уникального месторождения Республики Башкортостан. Предметом исследования является методика построения геологической модели карбонатных отложений в условиях неоднородности данных.

Записанные в разные временные периоды комплексы ГИС приводят к разной достоверности определения коллектора. Вклад каротажных кривых в изучение рассматриваемого в работе объекта оказался наиболее критичным. В группе скважин с отсутствием записи радиоактивного каротажа в интервале карбонатных пластов интерпретация не выполнена, что составляет **38-40 %**. В группе скважин с записью РК, пробуренных после 1972 г., определены подсчетные параметры (Нэф, Кп, Кн), что составляет порядка **92 %**(рисунок 1). Скважины без записи РК, только со стандартным каротажем, не позволяют выделить коллектор для карбонатных отложений. Скважины с РК в колонне с использованием нестандартизированной аппаратуры позволяют выделить коллектор только по качественным признакам. Скважины с РК на новой аппаратуре позволяют выделить коллектор как по качественным, так и по количественным признакам.

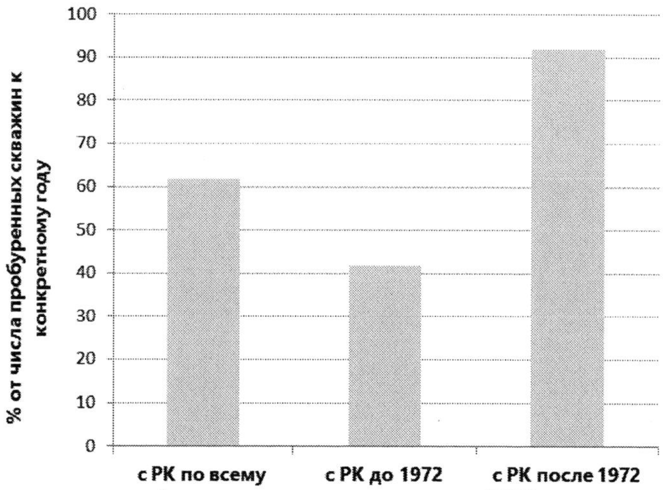

Рисунок 1. *Гистограмма информативности комплекса ГИС по группам скважин в карбонатных пластах*

Метод

В работе рассматривается собственно выработанный адресный принцип построения модели, максимально вовлекающей имеющиеся данные в условиях их неоднородности, при этом обладающей достоверностью, прогнозной силой и решающей прикладные вопросы. Для этого при создании модели коллектора был проведен анализ ГСР на разных участках месторождения, что позволило выявить единую закономерность распределения ГСР в зависимости от степени изученности района (рисунок 2). Хуже всего ГСР проявлялся на участках с наименьшей степенью равномерности скважинной информацией. Наиболее оптимальным ГСР для дальнейшего моделирования коллектора был выбран с участка 2, разбуренный в основном скважинами после 1972 года с достаточно большой плотностью данных (рисунок 3). Этот тренд и использовался при распределении коллектора в модели.

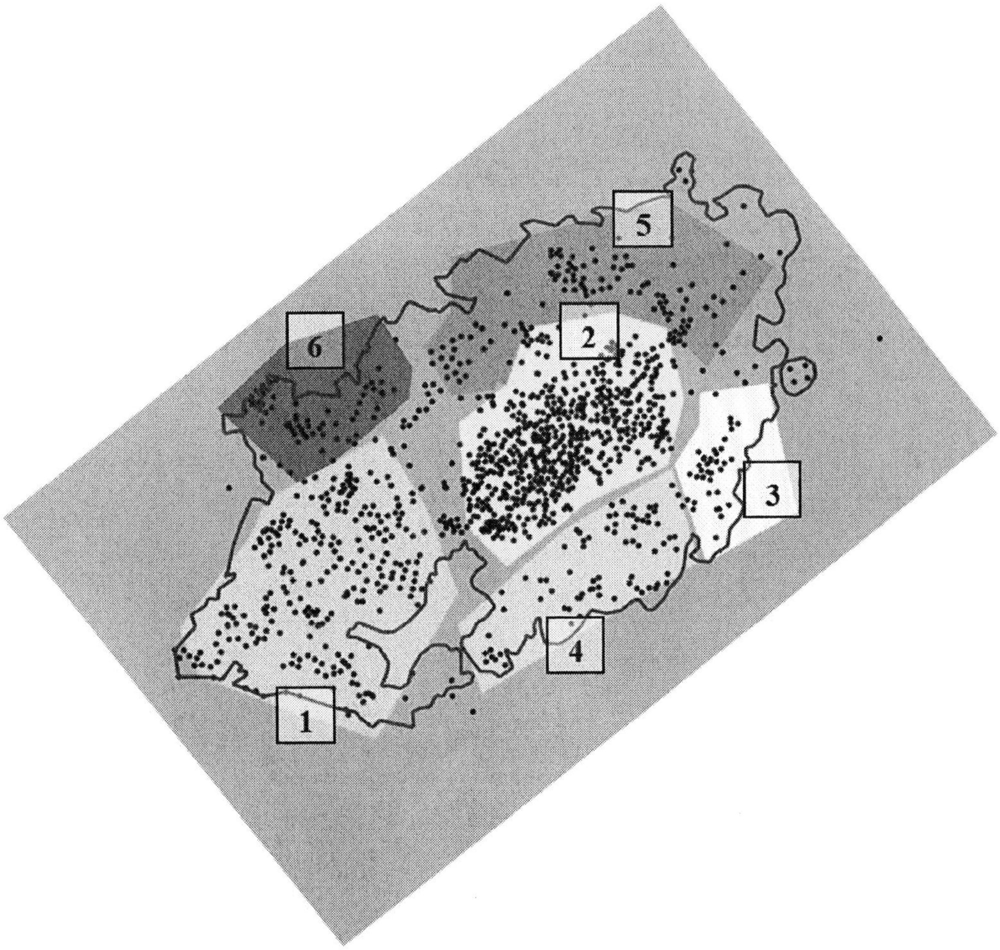

Рисунок 2. *Схема участков анализа*

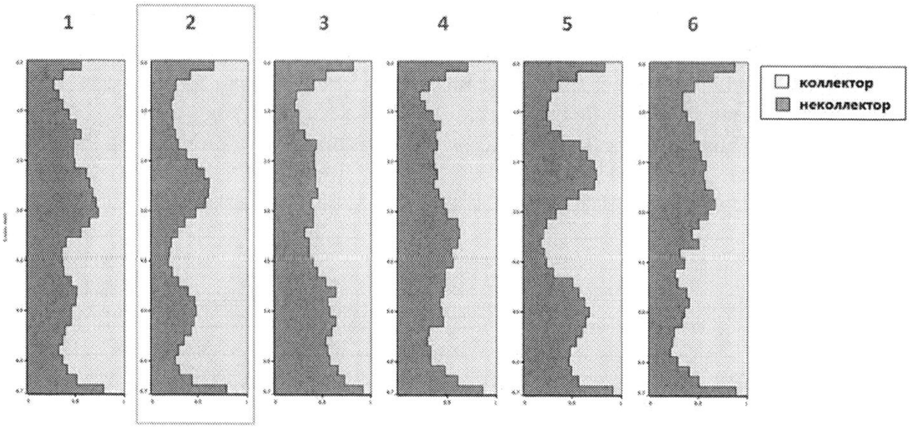

Рисунок 3. *Геолого-статистический разрез участков по параметру распределения коллектор/неколлектор*

В данных условиях была достигнута хорошая сходимость значений коллектор-неколлектор между исходными данными и спрогнозированными на основе площадного и вертикального тренда.

На основе смоделированного куба литологии была сформирована петрофизическая модель свойств проницаемых пород, представленная в виде куба пористости. Карта-тренд пористости задавалась в качестве управляющего тренда при петрофизическом моделировании. Она учитывала скважинные данные, площадную неоднородность их размещения. В качестве контроля сравнивались гистограммы по осредненным скважинным данным и итоговым кубам, а также проводился визуальный контроль полученной карты средней пористости и площадного тренда пористости (рисунок 4).

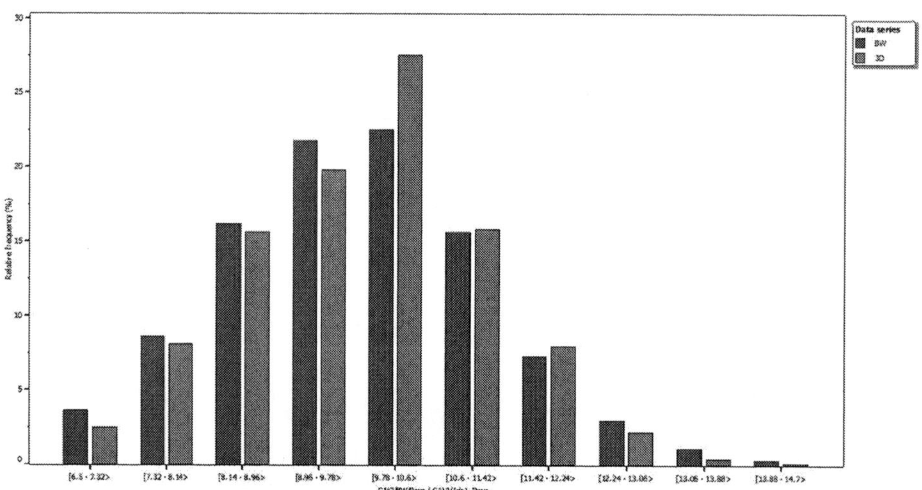

Filter information							
Series	Zone	Discrete	Discrete 2	Wells	Sample	Value	No. of observations
BW	All	1		3022/3022	100.00 [Auto]	[On]	15186
3D	All	1	1		15.50 [Auto]	[On]	499894
Statistical information							
Series	Min	Max	Mean	Median	Mode	Std	Skewness
BW	6.5	14.7	9.76951	9.7		1.38768	0.230741
3D	6.5	14.7	9.82741	9.81464		1.26262	0.003591

Рисунок 4. *Гистограмма распределения пористости по скважинам и кубу*

В связи с недостаточным охватом современным комплексом ГИС параметр нефтенасыщенности для подсчетного объекта рассчитывался с учетом модели переходной зоны на основе собственных данных капилляриметрии, а также с привлечением данных капилляриметрии из материалов петрофизического районирования (рисунок 4). Модель переходной зоны настраивалась на данные Арчи-Дахнова по самым представительным по скважинной статистике залежам по количеству скважин без влияния разработки с определениями. В результате была оценена начальная нефтенасыщенность по кубу в условиях недостаточности скважинной информации по площади, которая адекватно согласуется с данными разработками.

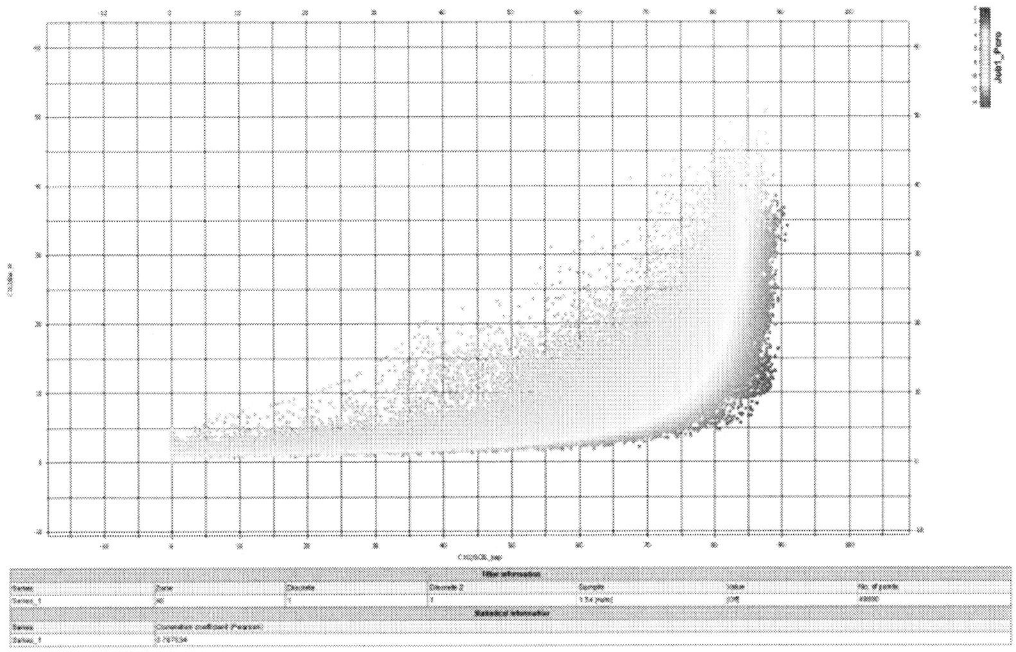

Рисунок 5. *Распределение Кн(высота от ЗСВ) в 3D кубе*

Путем анализа ошибок, возникающих из-за различной степени неоднородности используемых данных, были скорректированы как объемные тренды параметра распределения коллектора, так и тренды петрофизических параметров. Качество построений верифицировалось инструментами статистики, а также контролировалось визуально.

Выводы

Таким образом, в условиях неравномерности по площади скважинной информации выработан собственный адресный принцип построения модели, позволяющий и задействовать их одновременно и в то же время избежать ошибок, и в результате распределить запасы, которые согласуются с результатами разработки данного объекта. Использование данной методики позволило повысить достоверность геологической модели, тем самым решив проблему доизучения изначально менее перспективных и более сложных в исследовании объектов.

Инструменты для палеотектонических реконструкций: «Тектонические реконструкции» и «Моделирование палеотектонических профилей и схемы вертикальных движений»

Е.Н. Каримова* (РН-БашНИПИнефть), Шарипов Т.М. (РН-БашНИПИнефть), Фархутдинов И.М. (РН-БашНИПИнефть), Завьялова А.П., (МГУ), Ступакова А.В. (МГУ), Староверов В.М. (МГУ).

Введение

В связи с тем, что крупные месторождения нефти и газа находятся на завершающей стадии эксплуатации, возникает потребность в поиске и оценке новых нефтегазоносных участков, что требует привлечения новых идей и алгоритмов для усовершенствования существующих инструментов для комплексного бассейнового анализа. Уникальный инструмент для комплексного бассейнового анализа состоит из 15 взаимосвязанных модулей. Создаваемые модули направлены на комплексный анализ перспектив нефтегазоносности различных объектов, которые включают этапы от формирования осадочных тел, их преобразования в ходе литогенетических и тектонических процессов, процессов образования углеводородов, формирования залежей, а также последующего перераспределения УВ в разрезе осадочного чехла. В настоящей работе описаны прототипы первых двух модулей, предназначенных для палеотектонических реконструкций.

Метод (и/или Теория)

Модуль «Тектонические реконструкции» предназначен для построения геометрически достоверных интерпретаций при реконструкции доскладчатого геологического разреза. Результатом моделирования является расчетная модель разреза исходного латерального размера до складчато-надвиговых деформаций. Полученные результаты могут быть использованы в качестве основы для палеогеографического или лито-фациального моделирования, для проверки качества сейсмической интерпретации, палеотектонического и тектонофизического моделирования, а также задач реконструкции размеров и развития палеоконтинентов.

Алгоритм работы модуля (Рисунок 1) включает в себя 7 последовательных этапов, основанных на наиболее оптимальном подходе в работе с геологическими объектами сложнопостроенных складчато-надвиговых поясов и позволяющих пользователю оперативно проводить анализ влияния тектонических процессов на формирование современного облика моделируемых зон.

Интерпретация реперных структурных поверхностей (горизонтов) и выделение структурно-тектонических этажей (комплексов горных пород различного состава и стратиграфического диапазона, связанных между собой единством структурного плана и тектонических деформаций) и ярусов, проводятся на основании анализа региональной истории развития бассейна самим пользователем с использованием данных предыдущих исследователей. Наличие региональных угловых и стратиграфических несогласий позволит определить реперные границы, к которым приурочены основные тектонические перестройки и изменения структурного плана.

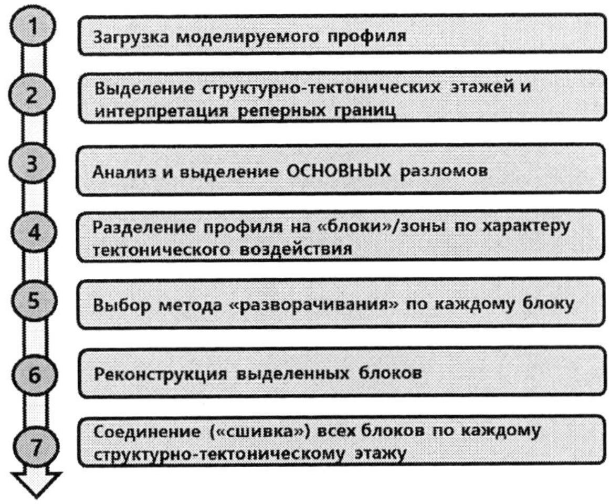

Рисунок 1. *Алгоритм работы ПМ «Тектонические реконструкции»*

Последовательное выравнивание реперных горизонтов снизу-вверх позволяет в оперативном режиме оценить распространение современных мощностей каждого комплекса, а также определить, какие разломы являются основными, а какие – второстепенными. Основные разломы, фиксирующие резкое изменение мощностей каждого комплекса и залегание горизонтов внутри комплексов, будут ограничивать и разделять блоки друг от друга. Каждому блоку, в зависимости от типа и интенсивности тектонического воздействия, выбирается метод моделирования для его реконструкции. Отдельно реконструированные блоки сшиваются/соединяются с соседними, в результате чего получаем реконструированный разрез до складчато-надвиговых деформаций.

Результат реконструкции и сшивки всех блоков профиля показан ниже на рисунке.

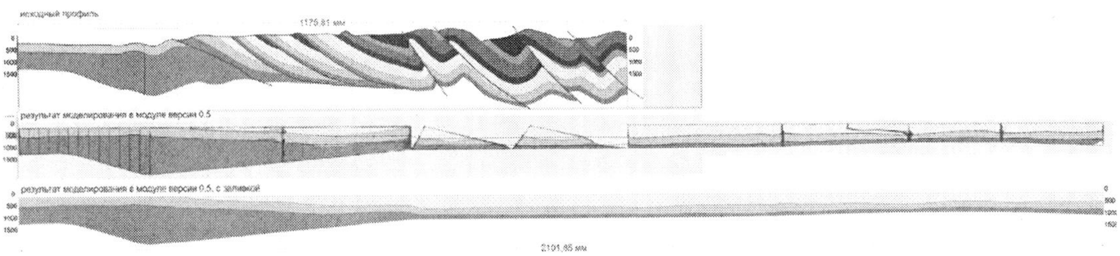

Рисунок 2. *Результат реконструкции и сшивки всех блоков профиля*

Модуль «Моделирование палеотектонических профилей и схемы вертикальных движений» предназначен для построения палеотектонических профилей и карт вертикальных движений для отображения интенсивности вертикальных тектонических движений. Результатом палеотектонического анализа являются палеопрофили и соответствующие им схемы (карты), на которых генерализованно показаны зоны тектонической активности для основных этапов развития палеобассейна. Палеотектонические профили и схемы вертикальных движений предназначены для выявления зон и периодов разной тектонической активизации бассейна осадконакопления, которые могли привести к изменению конфигурации объекта по площади, смещению осей прогибания и воздымания в разное геологическое время.

Полученные результаты в рамках реализации данного модуля могут быть использованы для задач палеогеографического моделирования, выделения зональных и локальных разломов, моделирования изостатических уровней для анализа палеомиграций углеводородов и унаследованности развития тех или иных структур, а также определения зон, подвергшихся процессам эрозии. Преимуществом методики построения палеопрофилей является его простота в изображении палеотектонической истории изучаемых территорий и наглядность. Алгоритм работы модуля включает 9 последовательных этапов, позволяющих провести палеотектонический анализ, основываясь на методе мощностей. Алгоритм позволяет автоматически строить палеопрофили от самого древнего до самого молодого снизу вверх, при этом в зонах, где предполагается, что отсутствие отложений связано с более поздним размывом, можно добавить (палео)мощности еще не размытого слоя. Учет уплотнения пород при увеличении глубины позволяет восстановить палеомощности и вдоль профиля рассчитать скорости прогибания/воздымания, на основании которых строятся карты вертикальных движений (с учетом продолжительности геологического времени и мощности пласта на данное время), показывающие развитие бассейна на каждый этап его эволюции.

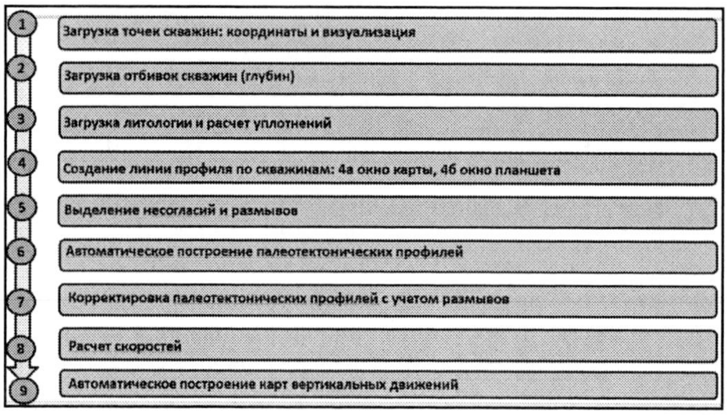

Рисунок 3. *Алгоритм работы ПМ «Моделирование палеотектонических профилей и схемы вертикальных движений»*

По данным, измененным геологом в ходе работы в окне корреляции, строятся карты вертикальных движений по точкам скважин с учетом продолжительности геологического времени и мощности пласта на данное время.

Выводы

Модули для палеотектонических реконструкций позволяют решать комплекс задач для геологических реконструкций и бассейнового моделирования – восстановление доскладчатого геологического разреза, определение скоростей и зон вертикальных движений, выявление областей, подвергшихся процессам эрозии и др. Результаты работы модулей можно использовать при палеогеографическом, лито-фациальном, палеотектоническом моделировании, анализе миграции углеводородов, для проверки качества сейсмических интерпретаций, что в свою очередь позволит строить более детальные бассейновые модели. Активное тестирование и предложения о развитии модулей в 7 организациях говорит о востребованности и общей заинтересованности в разработке подобного функционала. Таким образом, разрабатываемые модули для палеотектонических реконструкций позволят повысить точность прогноза нефтегазоносности и станут основой для наращивания ресурсной базы Компании.

Исследование влияния факторов, снижающих продуктивность скважин с трещинами ГРП в низкопроницаемых коллекторах

В.О. Золотогоров (ООО «РН-БашНИПИнефть»)

Введение

Гидравлический разрыв пласта (ГРП) является наиболее используемым методом интенсификации добычи при разработке низкопроницаемых коллекторов и в ближайшие годы сохранит важнейшую роль в разработке ТРИЗ низкопроницаемых коллекторов. В процессе работы скважин с трещинами ГРП, полученными при использовании сшитого геля наблюдается, что реальная рабочая полудлина трещины (определяемая по ГДИС) зачастую меньше той, которая была получена по дизайну ГРП – примерно в 2.4 раза по рассмотренной выборке скважин месторождения (Рисунок 1).

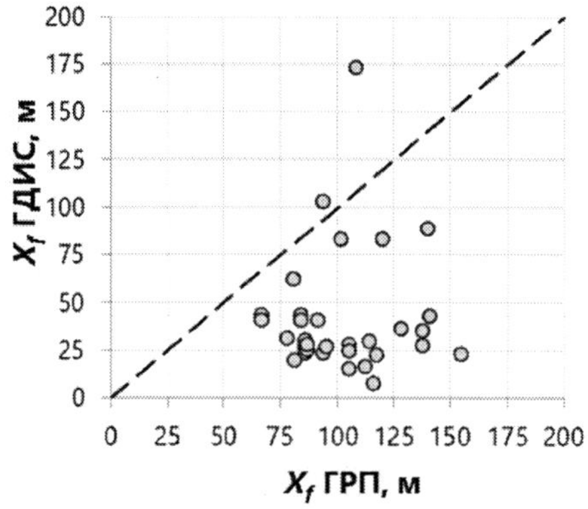

***Рисунок 1** - Кроссплот X_f по ГДИС/X_f по дизайну ГРП*

Отличие в полудлине трещины и продуктивности скважины может быть связано с неучитываемыми при проектировании дизайнов ГРП осложняющими факторами. Исследование этих факторов и является целью работы. В рамках работы решались следующие задачи:

1. обзор и систематизация отечественного и мирового опыта (статьи, диссертации, патенты и т.д.) по обозначенной проблематике для выделения влияющих факторов и оценки диапазонов значений характеризующих их параметров;
2. проведение численных экспериментов для оценки влияния выделенных факторов на продуктивность скважин;
3. разработка рекомендаций по учёту осложняющих факторов для скважин с ГРП;
4. предложение мер по повышению продуктивности скважин с ГРП.

Метод

На основании литературного обзора и опыта компании была выделена группа осложняющих факторов:

При фильтрации жидкости ГРП, некоторая ее часть выносится в притрещинную зону, ухудшая её проводимость, таким образом, образуется скин-зона некоторой ширины [4, 9, 11].

Также при фильтрации жидкости ГРП внутри трещины образуется корка пониженной проницаемости, снижающая ширину трещины [3, 8]

Пропантная пачка кольматируется гелем из-за его проникновения, что формирует реальную или остаточную проницаемость трещины ГРП [2, 5].

В результате воздействия горного давления на трещину часть пропантной пачки вдавливается в песчаник, тем самым снижается ширина трещины [1, 12].

Сшитый гель, используемый при создании трещин ГРП, является бингамовской жидкостью, имеет нелинейный закон фильтрации, характеризуется предельным градиентом давления [6, 7, 10].

Далее степень влияния выделенных факторов оценивалась на синтетической гидродинамической модели одиночной вертикальной скважины с явно заданной трещиной ГРП, работающей на истощение с условием постоянного давления на границе, где свойства модели заданы на основе параметров рассматриваемого месторождения (Рисунок 2)

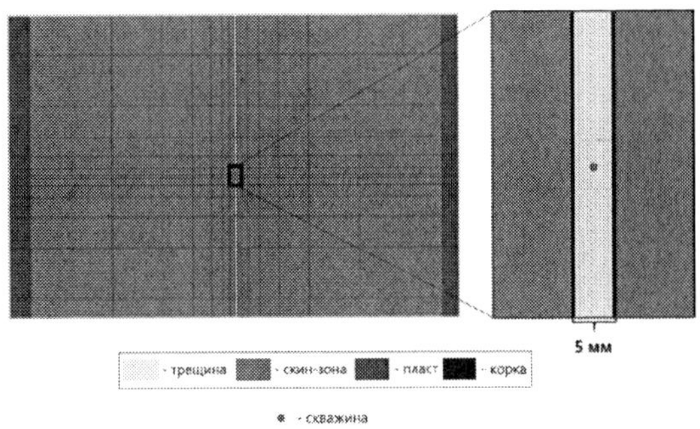

***Рисунок 2** – Общий вид гидродинамической модели для оценки влияния выделенных факторов на продуктивность скважин*

Уникальной особенностью данной работы использование ключевого слова NLF6 в РН-КИМ для задания предельного градиента давления в трещине, функциональность которого была расширена следующим образом:

1. задание предельного градиента по регионам;
2. привязка к концентрации трассера (в предыдущем варианте можно было привязать предельный градиент только к водонасыщенности);
3. задание NLF отдельно/совместно для любой из фаз по отдельности или совместно.

В используемой ГДМ предельный градиент задается только для геля и получаемый закон фильтрации геля в трещине представлен на Рисунок 3

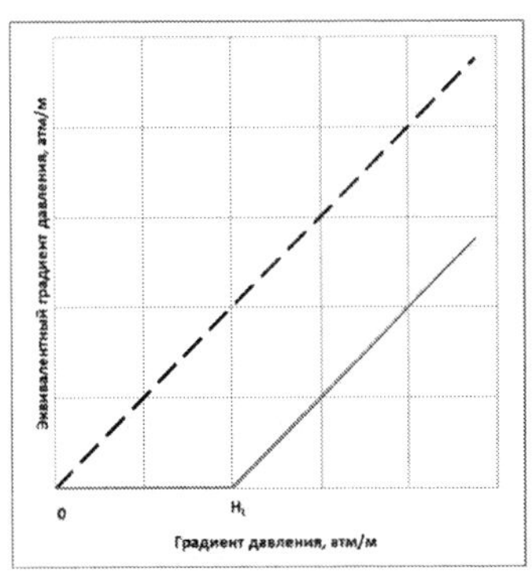

***Рисунок 3** - Закон фильтрации для геля с предельным градиентом давления*

Результаты оценки параметров выделенных факторов сведены в Таблица 1

***Таблица 1** - Свод осложняющих факторов, моделируемых параметров и значений этих параметров*

№	Фактор	Моделируемый параметр	Диапазон	
1	Влияние фильтрата жидкости ГРП на ФЕС породы	k_s(проницаемость скин-зоны)	$k_r*¿$(0,4-0,68) мД	
2	Ширина скин-зоны	w_s (ширина скин-зоны)	2*(15-70) см	
3	Вдавливание пропанта	w_e (ширина трещины)	<0.6-2 мм	
4	Загрязнение пропантной пачки	k_f*w_f (проводимость трещины)	Сшитый	32-41 %
			Линейный	58-64 %
			Понизитель трения	83-88 %
			Полиакриламид	94 %
5	Предельный градиент давления	$grad\ p_{crit}(предельный\ градиент)$	0,01-1 атм/м	
6	Фильтрационная корка	w_{fc} (ширина трещины), k_c (проницаемость корки)	2*(0,2-1) мм, ≥0.001 мД	

Выводы

1. Выделены основные факторы, снижающие проводимость трещин ГРП, как следствие, и продуктивность скважин. Оценены диапазоны значений параметров, характеризующих эти факторы.
2. Обновлена опция NLF6 в симуляторе РН-КИМ (расчет по фазам, по зонам, привязка к концентрации трассера).
3. Получена и верифицирована в РН-КИМ аналитическая модель нестационарного линейного потока жидкости с предельным градиентом в трещине
4. При помощи расчётов на ГДМ оценена степень независимого и совместного влияния выделенных факторов в рамках физически возможных значений характеризующих их параметров
5. Получены универсальные палетки для оценки влияния остаточного геля в трещине ГРП на продуктивность скважин
6. Предложено использование ГРП на жидкостях без предельного градиента давления (сшитого геля) в низкопроницаемом коллекторе для повышения эффективности работы скважин с трещинами ГРП с учётом осложняющих факторов
7. Приведены результаты ОПР по сравнению скважин с ГРП на разных составах жидкостей ГРП
8. Оценен потенциальный экономический эффект предложенных мер повышения эффективности

Библиография

1. A.A. Osiptsov, I.A. Garagash, S.A. Boronin, K.I. Tolmacheva, K.E. Lezhnev, G.V. Paderin, Impact of Flowback Dynamics on Fracture Conductivity, Journal of Petroleum Science and Engineering, Volume 188, 2020,
2. Brannon, H. D., and R. J. Pulsinelli. "Breaker Concentrations Required To Improve the Permeability of Proppant Packs Damaged by Concentrated Linear and Borate-Crosslinked Fracturing Fluids." SPE Prod Eng 7 (1992): 338–342.
3. Ghosh, Bisweswar & Abdelrahim, Mumin & Ghosh, Debayan & Belhaj, Hadi. (2021). Delayed Breaker Systems To Remove Residual Polymer Damage in Hydraulically Fractured Reservoirs.
4. Hawkins, G.W. «Laboratory Study of Proppant-Pack permeability reduction caused by fracturing fluids concentrated during closure». Paper presented at the SPE Annual Technical Conference and Exhibition, Houston, Texas, 1988.
5. I.D. Latypov [i dr.] Raschet fil'tracionnyh parametrov pri proektirovanii gidravlicheskogo razryva plasta // Neftyanoe hozyajstvo. - 2014. - № 11. -S. 70-72
6. McGowen, J.M., and S. Vitthal. "Fracturing-Fluid Leakoff Under Dynamic Conditions Part 1: Development of a Realistic Laboratory Testing Procedure." Paper presented at the SPE Annual Technical Conference and Exhibition, Denver, Colorado, October 1996.
7. Mohammad Salehi, Mehdi & Omidvar, Pouria & Naeimi, Fatemeh. (2016). Salinity of injection water and its impact on oil recovery absolute permeability, residual oil saturation, interfacial tension and capillary pressure. Egyptian Journal of Petroleum.
8. Uchuev R., Prutsakov, A., Chebykin N.... "New Milestone in Russian Fracturing – Low Viscous Frac Fluids Based on Synthetic Polymer Gazpromneft-Khantos Case Study." Paper presented at the SPE Russian Petroleum Technology Conference, Virtual, October 2020.
9. V.O. Polezhaev, B. O. Mihajlov, D. V. Logachev [i dr.] Metodika vybora optimal'noj geometrii treshiny dlya povysheniya effektivnosti provedeniya gidrorazryva plasta na mestorozhdenii Zapadnoj Sibiri /// Neftyanoe hozyajstvo. – 2020. – № 8. – S. 50-53.
10. V.A. Mashorin. Issledovanie i razrabotka tekhnologii povysheniya koefficienta vytesneniya nefti vodoj razlichnoj mineralizacii. Tyumen' – 2015.
11. Vitthal, S., and J.M. McGowen. "Fracturing Fluid Leakoff Under Dynamic Conditions Part 2: Effect of Shear Rate, Permeability, and Pressure." Paper presented at the SPE Annual Technical Conference and Exhibition, Denver, Colorado, October 1996.
12. Yuan Li, Fujian Zhou, Bojun Li, Tao Cheng, Mengchuan Zhang, Qing Wang, Erdong Yao, and Tianbo Liang. Optimization of Fracturing Fluid and Retarded Acid for Stimulating Tight Naturally Fractured Bedrock Reservoirs. *ACS Omega* 2022 *7* (29), 25122-25131

Детальная седиментологическая модель как основа многовариантного геологического моделирования на стадии доразведки нефтегазовых месторождений

Т.Э. Топалова*(ООО «ТННЦ»), Н.В. Янкова (ООО «ТННЦ»), А.Е. Попов (ООО «ТННЦ»)

Введение

Одна из основных стратегических задач современных технологий геологического и гидродинамического моделирования – повышение точности прогноза и адаптивности статических моделей матрицы горных пород, создаваемых на этапе низкой изученности района работ сейсмическими и скважинными исследованиями. В докладе рассматриваются два аспекта решения данной задачи: первый – это комплексный анализ региональных и детальных скважинных (керн, ГИС. ГДИ) исследований с целью построения не противоречивой концептуальной модели продуктивного пласта, и второй – учет наиболее значимых геологических и гидродинамических неопределенностей в создании цифровой модели объекта разработки и расчете проектных профилей добычи углеводородов.

Метод (и/или Теория)

В ходе седиментологических исследований керна определяется обстановка накопления пласта, по комплексу наиболее характерных вещественных признаков выделяются фации. Актуальность и востребованность лито-фациальных моделей заключается в том, что фациальная основа позволяет уточнить, детализировать, строение пласта и спрогнозировать распределение пород-коллекторов и фильтрационных свойств по площади, еще не охваченной поисково-разведочным бурением.

Основной закон Вальтера – Головкинского говорит о строгой закономерности развития и чередования фаций, как по латерали, так и по разрезу. При достаточном выносе керна из изучаемого пласта, основываясь на положение, что распространение и залегание фаций идет в закономерном порядке, появляется возможность получить ценную информацию о строении пласта в районе исследований. Остается только расположить скважины с отбором керна в той последовательности, которая соответствует закону расположения фаций в обстановке накопления, и построить керновую седиментологическую модель.

В представляемой работе седиментологическая модель построена по пласту $БТ_{14}$ одного из месторождений ПАО «НК «Роснефть». По данным седиментологических исследований керна пласт формировался в прибрежно- мелководных условиях в пределах подводного берегового склона, лишенного влияния дельт (рисунок 1)

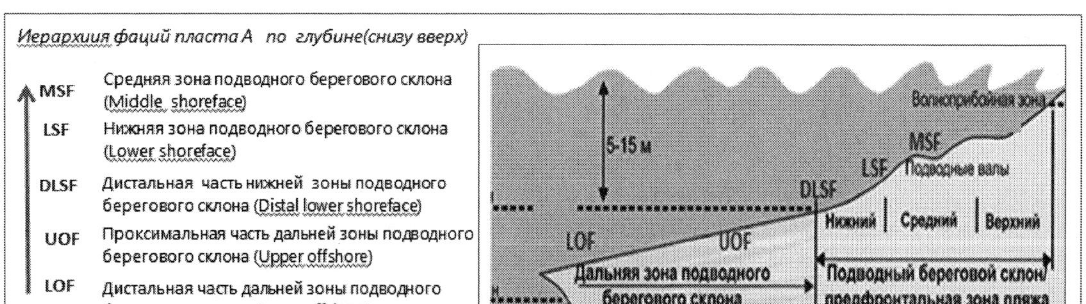

Рисунок 1. *Строение берегового склона с указанием определенных фаций*

Керновая седиментологическая модель пласта $БТ_{14}$ представлена на рисунке 2

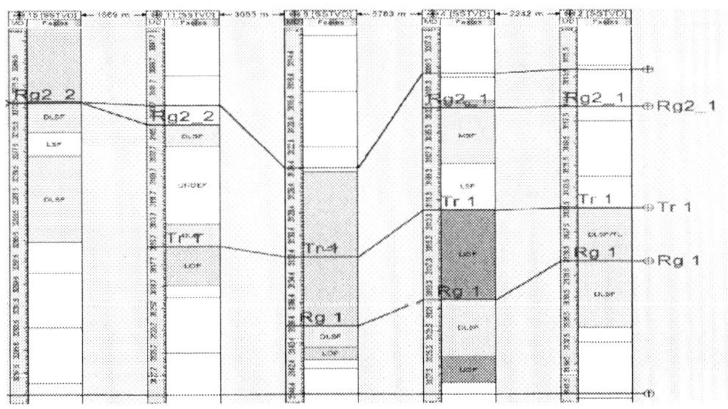

Рисунок 2. *Керновая седиментологическая модель пласта $БТ_{14}$. Регрессивные циклы индексированы как Rg1 и Rg2, трансгрессивный – Tr1.*

Закономерности изменения фаций по латерали и разрезу в скважинах с отбором керна позволили установить историю развития пласта:

- характер цикличности отложений;
- количество проградационных циклов;
- наличие зон глинизации;
- форма и геометрия седиментологических тел;

Информация из керновой модели использовалась как некая руководящая идея при проведении сейсмической корреляции и детальной геологической корреляции:

Сейсмические данные

Установленные в керновой модели проградационные циклы подтвердились сейсмическими исследованиями.

На карте сейсмического атрибута обозначены зоны развития глинизаций, которые являются границами фаз проградаций (F) регрессивных циклов (рисунок 3).

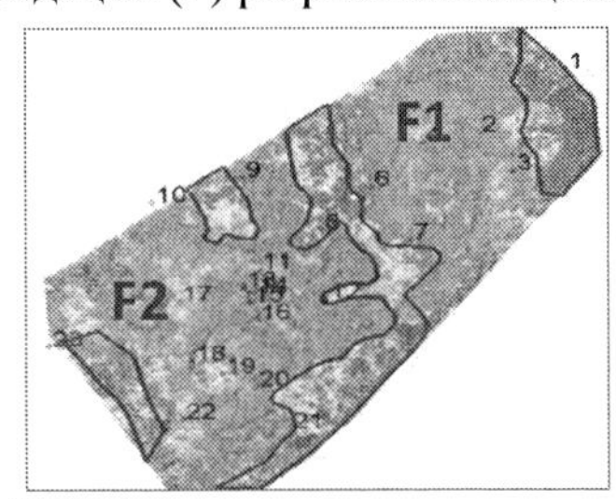

Зона глинизации

F1,F2- Фазы проградации

Рисунок 3. *Карта сейсмического атрибута с фазами проградации*

Известно, что проградационные отложения берегового склона имеют черепичный характер залегания тел (линз) песчаника.

Детальная сейсмическая корреляция позволила выделить песчаные тела баровой морфологии черепичного строения и определить границы их развития в пределах участка исследований (рисунок 4).

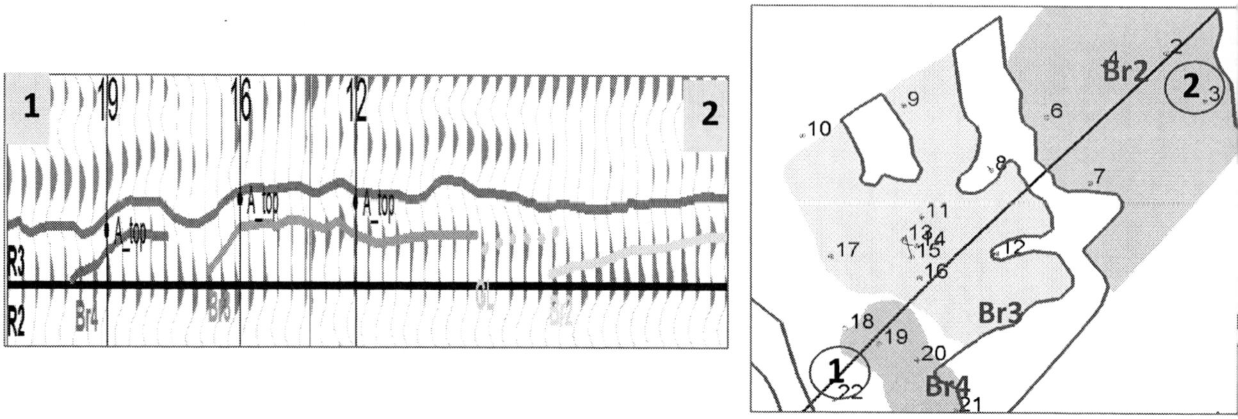

а) сейсмический разрез по линии 1-2

б) пример распространения баровых систем Br по площади

***Рисунок 4.** Результаты детальной сейсмической корреляции*

С учетом результатов керновых исследований, детальной сейсмической интерпретации в ходе корреляции в стратиграфическом объеме пласта БТ$_{14}$ выделены баровые системы и установлены границы их развития по площади. В ходе детальной корреляции определены разбивки баровых систем. Определились два сценария развития баровых систем регрессивного цикла Rg2, на основе которых выделены три возможных варианта распределения геологических тел в этих системах. В первом варианте предполагается слияние в единое целое геологических тел в продуктивных баровых системах Br2 и Br3. Во втором варианте тела в баровых системах разделены глинами локального распространения и гидродинамически не связаны, либо связаны частично. В третьем варианте строения пласта БТ$_{14}$ песчаные тела полностью изолированы друг от друга глинистыми отложениями и гидродинамически не связаны (рисунок 5).

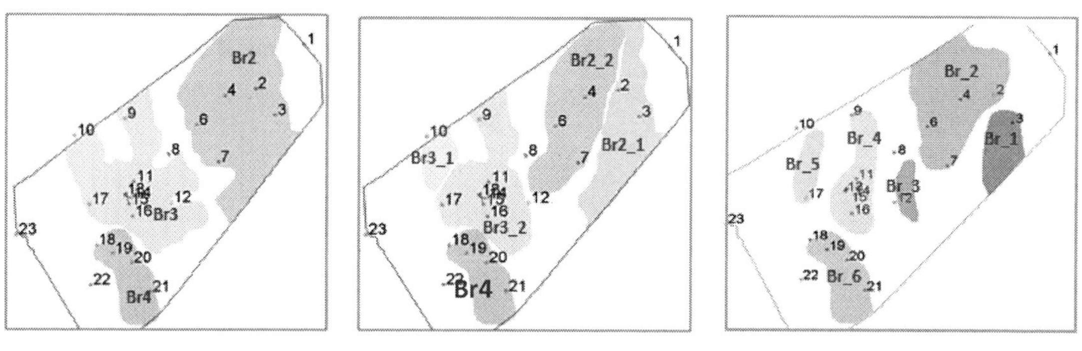

а) б) в)

***Рисунок 5.** Строение пласта БТ$_{14}$: а) первый вариант – баровые системы Br2 и Br 3 как монолитные тела, б) второй вариант – баровые системы Br2 и Br 3 разделены на тела, в) третий вариант-пласт представлен отдельными барами*

Далее, при расчете цифровой геологической и гидродинамической модели пласта было принято, что первый вариант подтверждается с вероятностью 0,1 (P10), второй вариант-с вероятностью 0,5 (P50), третий- с вероятностью 0,9 как (P90). С учетом выявленных дополнительных структурных, петрофизических и гидродинамических неопределенностей были рассчитаны 300 реализаций модели пласта и выполнена вероятностная оценка профилей добычи нефти, что позволило сформулировать наиболее вероятный (P50), пессимистичный (P90) и оптимистичный (P10) прогноз ожидаемой суммарной добычи нефти из исследуемого объекта.

Выводы

1. Отложения пласта $БТ_{14}$ сформировались в прибрежно-мелководных морских условиях в пределах подводного берегового склона. Построена керновая седиментологическая модель, информация по которой способствовала более точному, целенаправленному характеру выполнения последующей сейсмической интерпретации и геологической корреляции

2. Детальная сейсмическая корреляция позволила выделить линзовидные песчаные тела баровой морфологии черепичного строения и определить границы их развития в пределах участка исследований

3. Концептуальная модель пласта $БТ_{14}$ представлена тремя возможными сценариями развития линзовидных тел, существенно отличающихся размерами по площади и степени сообщаемости, которые были далее включены в граф расчета многовариантной геологической модели.

4. Выполненный на основе детального лито-фациального и сейсмо-фациального анализа расчет многовариантной цифровой геологической и гидродинамической модели позволил существенно уточнить объем наиболее вероятной суммарной добычи нефти из нового объекта эксплуатации и оценить возможные экономические риски от не подтверждения принятой проектной модели пласта.

Библиография / References

1. Палеогеография Западно-Сибирского осадочного бассейна в меловом периоде. Конторович А.Э, Ершов С.В. и др. Геология и геофизика, 2014 г.
2. Литология. Ежова А.В. Томск, 2014 г.

References

1. Palaeogeography of the West Siberian Sedimentary Basin in the Cretaceous Period. Kontorovich A.E, Ershov S.V. et al. Geology and Geophysics, 2014.
2. Lithology. Ezhova A.V. Tomsk, 2014.

«Геологическая модель как инструмент минимизации технологических осложнений в процессе бурения»

Т.А. Медведева* (ООО «ТННЦ»), М.И. Чикина (ООО «ТННЦ»), Н.К. Ярунова (ООО «ТННЦ»)

Введение

В настоящее время разрабатываемые месторождения углеводородов в Западной Сибири характеризуются значительной истощенностью. С целью поддержания постоянной добычи ведется интенсивное бурение эксплуатационного фонда скважин на основные разрабатываемые объекты месторождения. Одним из самых тяжелых осложнений, встречающихся при бурении скважин, является поглощение бурового раствора. Это приводит к нарушениям в процессе бурения вплоть до полной остановки работ и ликвидации скважины, повышению экономических затрат. Несмотря на то, что разработано большое количество технологий своевременного отслеживания осложнений и их предотвращения, специалисты по бурению до сих пор сталкиваются с проблемой поглощения промывочной жидкости. Решение вопроса можно найти в устранении не только технологических факторов, но и геологических, которые учитывают глубину залегания, фильтрационно-емкостные свойства (ФЕС) пласта и величину пластового давления. Поэтому необходимо не оставлять без внимания второстепенные объекты, моделирование которых совместно с основными объектами разработки позволит минимизировать технологические осложнения в процессе бурения проектных скважин. Ведь «легче предупредить аварию в скважине, чем ее ликвидировать» [1]. Что мы понимаем под второстепенными объектами? Это маломощные пласты с низкими эффективными толщинами и ФЕС. Площадь распространения таких объектов обычно слабо изучена скважинами, поскольку их геологические запасы заведомо считаются нерентабельными.

Объектом исследования данной работы является пласт БУ18, залегающий на отложениях ачимовской толщи и являющийся генетическим аналогом пласта Ач3-4. Пласты группы Ач характеризуются аномально-высоким пластовым давлением (АВПД) пласта, в связи с этим для создания противодавления бурение скважин в этом интервале осуществляется на утяжеленных растворах [2]. Однако утяжелив раствор раньше времени, в интервале выше лежащих пластов, можно столкнуться с потерей его циркуляции в скважине, что приведет к аварийной ситуации.

Теория

Рассматриваемое месторождение расположено в Пуровском районе Ямало-Ненецкого автономного округа Тюменской области. По величине начальных извлекаемых запасов углеводородов месторождение относится к уникальным, по сложности геологического строения – к очень сложным. Промышленная нефтегазоносность месторождения установлена в терригенных отложениях пластов групп ПК, БУ и АЧ мелового возраста, пластов Юг верхнеюрского и среднеюрского возраста. Основными объектами разработки являются пласты БУ16-17 и пласты группы Ач.

Пласт БУ18 относится к валанжинскому ярусу, вскрыт 15 разведочными скважинами и распространяется в восточной части лицензионного участка (ЛУ). В интервале рассматриваемого пласта испытания проведены в четырех скважинах, в одной скважине проведены гидродинамические исследования с отбором проб на кабеле (ГДК/ОПК), результаты которых указывают на двухфазное насыщение залежи. В интервале пласта отобран керн в двух скважинах из глинистой части разреза, что не позволяет оценить изменчивость ФЕС пласта по площади и разрезу. Основные закономерности геолого-геофизических характеристик пласта можно воспроизвести с учетом особенностей лито-фациального осадконакопления и пластов-аналогов с более высокой изученностью.

Для оценки распространения пласта по площади выполнена корреляция отражающего сейсмического горизонта с учетом данных соседних ЛУ, приуроченного к кровле изучаемого объекта, проведен мультиатрибутный анализ.

Ранее на основании керновых, геолого-промысловых и сейсмических данных создана лито-фациальная модель для интервалов пластов БУ16-18 на ЛУ [4]. Согласно этой модели отложения валанжинского яруса формировались в условиях шельфа. Вследствие продвижения фронта дельты с востока на запад осадки накапливались вблизи бровки шельфа. По сейсмическим атрибутам прослеживаются тела вытянутой линзовидной формы, напоминающие регрессивные бары (рисунок 1). В восточной части ЛУ наблюдается свечение в виде двух крупных распределительных каналов, расположенных перпендикулярно линзовидным телам, что указывает на обстановку дельты волнового типа. Следовательно, песчаный материал перерабатывался береговыми течениями и откладывался субпараллельно береговой линии.

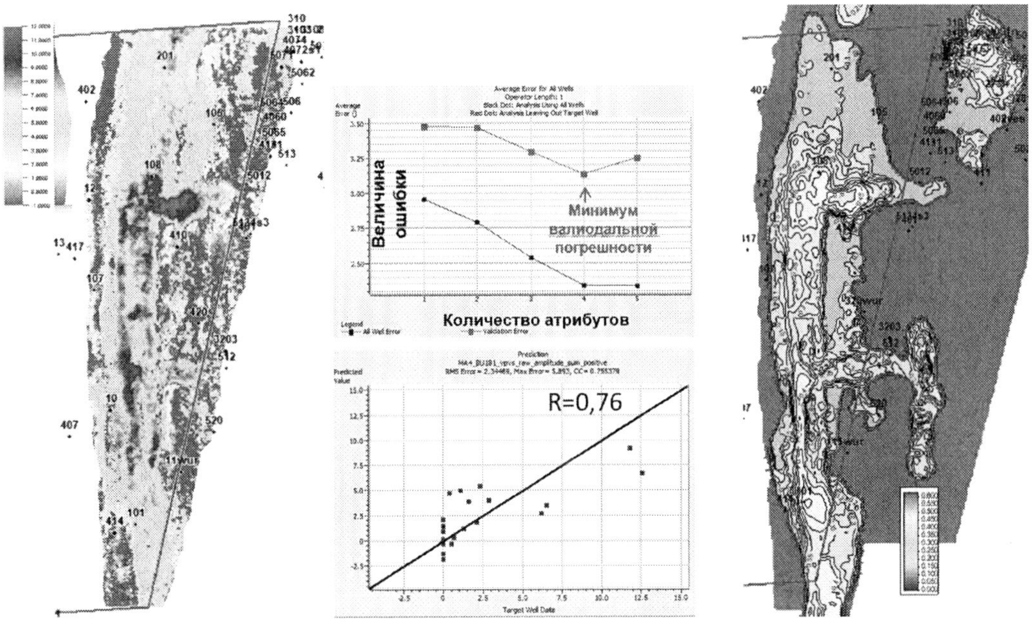

А) Б) В)

Рисунок 1. *Карта мультиатрибутного параметра (а), графики валиодальной погрешности в зависимости от числа атрибутов (б), карта песчанистости (в) пласта БУ18.*

Согласно лито-фациальной обстановке в геологической модели пласта воспроизведены два распределительных канала и три разобщенные линзы (рисунок 2). Распределение эффективных толщин пласта осуществлялось отдельно в каждой линзе с использованием скважинных данных, ГСР, вариограммного анализа. С целью корректного распределения эффективных толщин пласта в межскважинном пространстве в качестве тренда использована сейсмическая прогнозная карта коэффициента песчанистости, полученная по результатам мультиатрибутного анализа, для которого были использованы четыре атрибута с коэффициентом корреляции 0,76. Также с использованием сейсмических атрибутов была определена граница глинизации пласта коллектора, уточненная по скважинным данным. С тем же набором данных проведено распределение литотипов. Согласно петрофизической модели коллектор валанжинского яруса характеризуется четырьмя литологическими типами породы - «1 литотип» песчаник средне- и мелкозернистый, «2 литотип» песчаник мелкозернистый, «3 литотип» алевролит крупнозернистый, «4 литотип» алевролит мелкозернистый. Первый литотип обладает лучшими свойствами, четвёртый литотип самыми плохими фильтрационно-емкостными свойствами породы. Породы пласта БУ18 характеризуются третьим и четвертым литотипом.

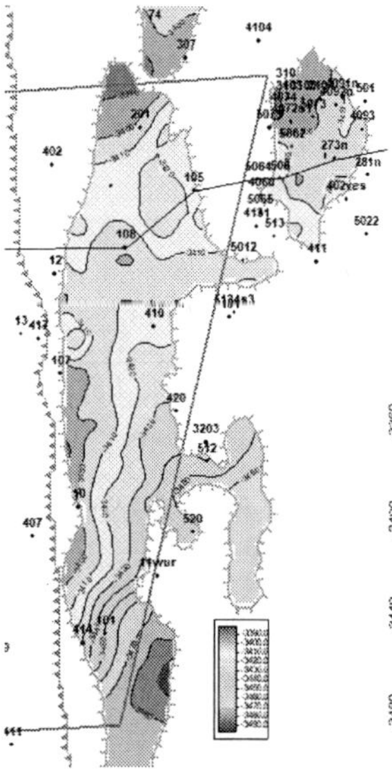

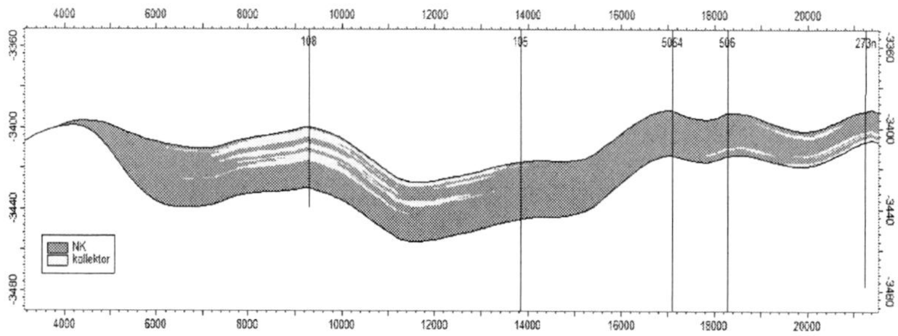

А) Б)

Рисунок 2. *Распределение коллектора пласта БУ18: структурная карта кровли коллектора (а), геологический разрез куба литологии (б)*

Для моделирования коэффициента пористости использовалась прогнозная карта-тренд коэффициента песчанистости, так как условия осадконакопления подразумевают наличие корреляционной связи между повышенной долей коллектора и его лучшими свойствами. По результатам анализа зависимости коэффициента пористости в скважинах от сейсмической прогнозной карты песчанистости коэффициент корреляции составил 0,83. Это позволило пересчитать по уравнению зависимости прогнозную карту песчанистости и использовать ее в качестве двумерного тренда при распределении пористости в межскважинном пространстве [3]. Куб коэффициента проницаемости рассчитан по петрофизическим зависимостям от коэффициента пористости с учетом выделенных литотипов.

Завершающим этапом построения трехмерной геологической модели является построение куба водонасыщенности. При построении куба водонасыщенности в качестве тренда использовался куб капиллярной водонасыщенности, рассчитанный методом Брукса-Кори от пористости и проницаемости, с учетом высоты над зеркалом чистой воды (ЗЧВ). Уровень ЗЧВ обоснован высоким коэффициентом корреляции между кубом капиллярной водонасыщенности и водонасыщенностью, рассчитанной электрическими методами ГИС. С учетом полученного куба водонасыщенности реализован куб нефтегазонасыщенности, учитывающий величину остаточной (реликтовой) нефти в газовой шапке, составляющую 3%.

Выводы

В ходе работы разработана и обоснована концептуальная модель пласта БУ18, его особенности осадконакопления и модель насыщения. Геологическое строение пласта согласовано с данными соседних лицензионных участков, что позволило увидеть особенности формирования в целом.

Понимание детального осадконакопления объекта позволило более точно воспроизвести его строение в трехмерном пространстве, спрогнозировать наличие зон распространения коллектора, зон потенциального поглощения промывочной жидкости.

Геологические характеристики разреза месторождения значительно меняются с глубиной, что может привести к проблемам в процессе бурения. Наличие геологических моделей второстепенных объектов дает возможность более эффективно планировать бурение и сократить риски геолого-технологических осложнений.

Библиография

1. Калинин, А.Г. Разведочное бурение/ А.Г.Калинин, О.В. Ошкордин, В.М. Питерский, Н.В. Соловьев//Учебник для вузов. - М.: ООО «Недра-Бизнесцентр», 2000. – 748 с.: ил.
2. Куличихин, Н.И. Разведочное бурение/ Н.И. Куличихин, Б.И. Воздвиженский// М.: ООО «Недра», 1966. – 452 с.
3. Закревский, К. Е. Геологическое моделирование/К.Е. Закревский //М.: ООО «ИПЦ „Маска“», 2009 – 376 с.
4. Храмцова, А.В. Создание седиментологических моделей пластов БУ16-БУ18 Восточно-Уренгойского ЛУ на основе данных по керну, ГИС и сейсморазведки: отчет о НИР/ АО «РОСПАН ИНТЕРНЕШНЛ», А.В. Храмцова и др., Тюмень, 2020 – 273 с.: ил.

References

1. Kalinin, A.G. Exploratory drilling/ A.G.Kalinin, O.V. Oshkordin, V.M. Petersky, N.V. Solovyov//Textbook for universities. - M.: LLC "Nedra-Businesscenter", 2000. – 748 p.: ill.
2. Kulichikhin, N.I. Exploratory drilling/ N.I. Kulichikhin, B.I. Vozdvizhensky// Moscow: Nedra LLC, 1966. – 452 p..
3. Zakrevsky, K. E. Geological modeling /K.E. Zakrevsky // M.: LLC "CPI "Mask", 2009 – 376 p.
4. Khramtsova, A.V. Creation of sedimentological models of the BU16-BU18 formations of the Vostochno-Urengoysky LU based on core data, GRW and seismic exploration: research report/ JSC ROSPAN INTERNATIONAL, A.V. Khramtsova et al., Tyumen, 2020 – 273 p.: ill.

Анализ и особенности применения карт прогнозных эффективных толщин пород-коллекторов в геологических моделях

А.Н.Мингазов* (ООО «РН-БашНИПИнефть»)

Введение

На текущий момент значительная часть нефтяных месторождений находится на поздних стадиях разработки, и как следствие, снижается доля извлекаемых запасов нефти. Для уточнения геологического строения месторождений, а также вовлечения остаточных запасов в разработку привлекаются данные современных сейсморазведочных работ.

Однако сейсмическое волновое поле до сих пор является не до конца изученным источником информации, при достаточном обширном объеме данных. Данные сейсморазведочных работ являются основным источником пространственной информации как на стадии геологоразведочного изучения недр, так и стадии разработки месторождения. Результаты сейсморазведочных работ позволяют не только получить информацию о пространственном положении исследуемых продуктивных интервалов, но и получить информацию о физических свойствах изучаемых пластов в межскважинном пространстве.

В процессе создания геологических моделей месторождений данные о гипсометрическом распространении залегающих интервалов используются как априорные и служат для обоснования геометрии залежей нефти и газа(рисунок 1). Прогнозные карты распределения свойств пород коллекторов, в частности распределение эффективных толщин, в свою очередь подвергаются более детальному предварительному анализу, так как от использования этой информации возможны сильные изменения утвержденных объемов запасов нефти и газа.

Объектом исследования является терригенный пласт одного из месторождений Республики Башкортостан. Предметом исследования является анализ применимости данных сейсморазведочных работ на разных этапах жизни месторождения, а также влияния прогнозных карт эффективных толщин порол-коллекторов при распределении поля литологии в геологической модели.

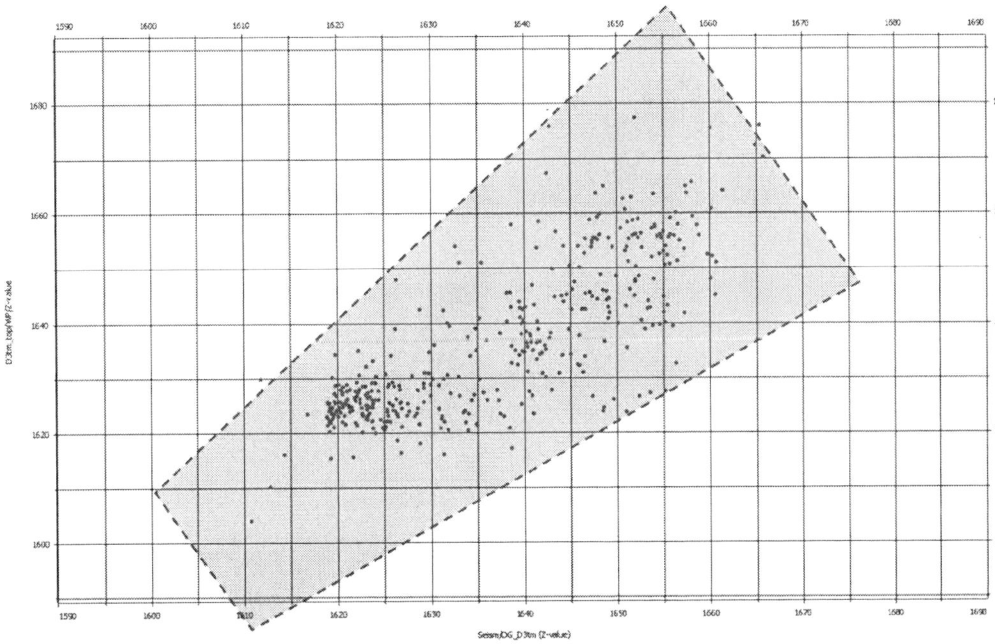

Filter information			
Series	Sample	Value	No. of points
Series_1	100.00 [Auto]	[Off]	409
Statistical information			
Series	Correlation coefficient (Pearson)		
Series_1	0.801516		

Рисунок 1. *Кросс-плот сопоставления маркера, соответствующего ОГ и структурной карты по сейсмике*

Метод

В данной работе проанализировано месторождение на завершающей стадии разработки. Данное месторождение приурочено к Волго-Уральской нефтегазоносной провинции. Месторождение по геологическому строению относится к сложным, разрабатывается уже более 50 лет. В качестве анализа был выбран пласт D2ard, приуроченный к отложениям ардатовского горизонта нижнего отдела среднедевонской системы. Вещественный состав горизонта представлен песчаниками, алевролитами, аргиллитами и известняками.

На территории месторождения в последние годы проведены сейсморазведочные работы МОГТ-3Д с объемом покрытия более 200 км^2. Область покрытия почти полностью охватывает залежи месторождении (более 70% залежей находится в области 3Д съемки).

Одним из важнейших этапов работ по интерпретации данных МОГТ-3Д является построение объемной геологической модели, объединяющей в себе информацию о характере седиментации, сейсмофациальной обстановке, а также петрофизических характеристиках пород, слагающих разрез. Достоверное прогнозирование распределения коллекторских свойств по площади предполагает комплексный анализ всей имеющейся геолого-геофизической информации на изучаемой территории с применением различных вариантов атрибутного анализа, позволяющего диагностировать изменение литологии, а также фильтрационно-емкостных свойств пород.

В работе был рассмотрен исходный сейсмический атрибут для прогноза эффективных толщин, а также его сходимость с данными скважин, пробуренных в различные периоды (рисунок 2). Как можно судить основное бурение было в промежутке с 1970 по 1980 года.

Рисунок 2. *Распределение по годам пробуренных скважин*

Прогноз распространения эффективных толщин построен на основе корреляционной зависимости скважинных параметров и сейсмического атрибута. При сопоставлении данных РИГИС по скважинам и исходного атрибута по годам, в интервале основного бурения была получена наилучшая зависимость от сейсмического атрибута (Ккор>0.7)(рисунок 3).

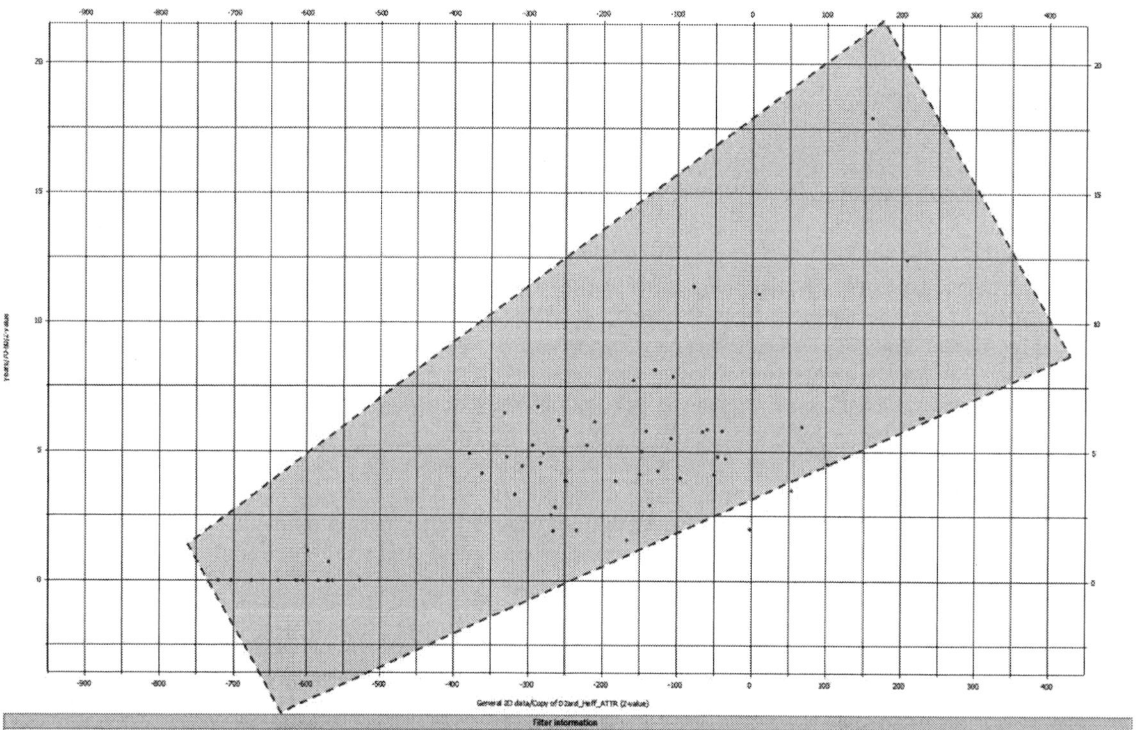

Filter information			
Series	Sample	Value	No. of points
Series_1	100.00 (Auto)	(Off)	82
Statistical information			
Series	Correlation coefficient (Pearson)		
Series_1	0.73052		

Рисунок 3. *Сопоставление данных РИГИС и исходного сейсмического атрибута*

Путем анализа корреляционных связей были выявлены зоны ухудшенного прогноза, которые подтверждаются данными РИГИС и фациальной обстановкой. Скважины, пробуренные в последующие годы в данных зонах подтвердили отсутствие пород-коллекторов. В свою очередь, уже на этапе разработки месторождения, учет данных прогноза распределения эффективных толщин, позволил уточнить линию зон-неколлекторов. При использовании в геологической модели этих данных было выявлено более градиентное изменение толщин в межскважинном пространстве к зонам ухудшенного прогноза – зонам неколекторов. Прогноз распределения коллектора закладывался как объемный тренд параметра распределения коллектора. Качество построений итогового поля литологии верифицировалось инструментами статистики, а также контролировалось визуально.

Выводы

Таким образом, проведение современных сейсморазведочных работ на стадии геологической разведки месторождений позволяют более тщательно планировать распределение фонда скважин и учитывать особенности геологического строения месторождения для более эффективной разработки. Использование кондиционных прогнозных данных сейсморазведочных работ также позволяет повысить достоверность геологической модели и минимизировать риски изменения в меньшую сторону запасов нефти и газа согласно принятым ранее методикам.

Модель двойной пористости-проницаемости карбонатного коллектора в Восточной Сибири

А. А. Чистяков* (Центр науки и технологий добычи углеводородов, Сколтех), Я. В. Снегирева (Сколтех)

Введение

Целевой пласт газового месторождения в Восточной Сибири сложен трещиноватыми доломитовыми известняками кембрийского возраста. Первоначально прогноз добычи рассчитывался на основе модели одинарной пористости. Однако уже на начальной стадии разработки месторождения выяснилось, что фактические дебиты скважин, забойные давления и обводненность значительно отличаются от прогнозируемых. Попытки привести модель в соответствие с историей разработки путем изменения параметров матрицы модели, включая проницаемость и точки относительных фазовых проницаемостей, не дали удовлетворительной сходимости. Более того использование мультипликаторов для проницаемости может приводить к существенной ошибке в долгосрочном прогнозе профиля добычи.

Методика

Для целевого объекта была построена модель сетки дискретных трещин (Discrete Fracture Network - DFN), в которой трещины представляются в виде отдельных плоскостей. Не смотря на то, что всегда существуют неопределенности в параметрах трещин, модели двойной пористости-проницаемости, построенные на основе DFN, более точно воспроизводят историю добычи по сравнению с однопоровыми моделями (Watson et al, 1990; Chaedi et al, 2015).

Для построения модели DFN используются следующие характеристики: угол и азимут падения, раскрытость, распределение трещин, концентрация и длина. Первые три параметра были получены на основании результатов интерпретации данных FMI. Остальные параметры подобраны в ходе моделирования.

Этапы построения модели DFN показаны на Рисунке 1. Сначала, на основе азимута падения, все трещины группируются в три класса, четко различимые на роза-диаграммах. Затем для каждой скважины рассчитывается диаграмма интенсивности трещиноватости по глубине. Параметр интенсивности рассчитывается как производная от кумулятивной функции количества трещин в пределах заданного окна.

Далее каротаж интенсивности масштабируется на ячейки 3Д модели для каждого класса азимутов падения вдоль ствола скважины. На следующем этапе свойство интенсивности распространяется на весь структурный каркас пласта методом Гаусса. В результате создается непрерывная модель трещин, кубы которой содержат все необходимые для построения модели DFN атрибуты, включая интенсивность, ориентацию и раскрытие для каждого класса трещин.

Качество сгенерированной DFN оценивается путем сравнения сгенерированных классов распределения с исходным набором данных FMI. Например, при моделировании ориентации трещин для рассматриваемого объекта метод Кента дает наилучшее совпадение с исходными данными при решении обратной задачи по сравнению с методом Фишера.

После построения исходной модели DFN свойства трещин масштабируются внутри ячеек 3D структурного каркаса, заполняя ячейки значениями трещинной пористости, проницаемости и коэффициента формы (sigma-фактор) (M. Oda, 1985). 3D сетка трещинных свойств модифицируется и загружается в программное обеспечение для гидродинамического моделирования, где количество ячеек в направлении Z удваивается. Удвоенная сеточная модель представляет независимо матричную и трещинную пористости, что позволяет моделировать процесс миграции флюидов между ними (Рисунок 2).

Рисунок 1. *Построение дискретной сети трещин (DFN)*

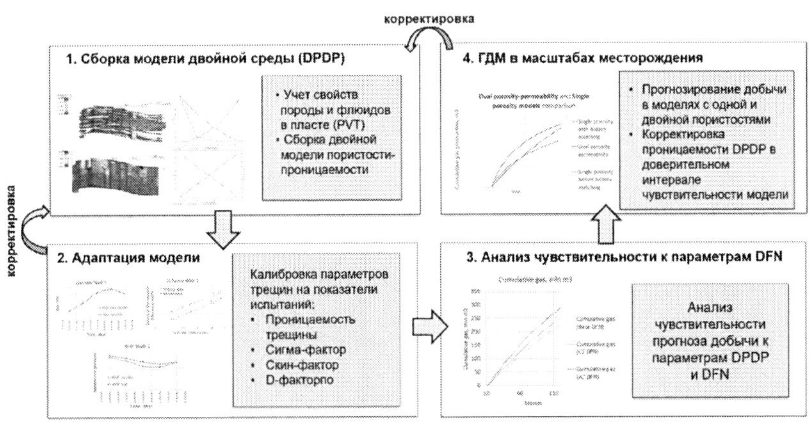

Рисунок 2. *Построение модели двойной пористости-проницаемости*

Пласт характеризуется большим количеством непроницаемых разломов, препятствующих перетоку флюидов между соседними тектоническими блоками. Основные запасы газа сосредоточены в центральном блоке, который был выбран для прогноза добычи. Поскольку центральный блок изолирован от остальной части пласта непроницаемыми границами, его геологическая и фильтрационная модели были обособлены от исходной модели всего месторождения. Это позволило сократить размер сетки, применяемой далее для истории разработки, которая проводится на основе данных притока в 3 скважинах, пробуренных в целевом интервале.

Результаты

В процессе адаптации модели двойной пористости-проницаемости на исторические данные испытаний скважин параметры трещин корректируются, в то время как параметры матрицы остаются неизменными. К характеристикам трещин относятся проницаемость, скин-фактор скважины, D-фактор и сигма-фактор. Проницаемость трещин означает способность трещин пропускать через себя жидкость. Скин-фактор скважины представляет собой дополнительное сопротивление потоку жидкости вблизи ствола скважины (Everdingen, 1953; Abobaker et al, 2021). D-фактор учитывает отклонение от потока Дарси при высоких скоростях газа. Сигма-фактор учитывает проводимость между матрицей породы и трещинами в трех направлениях (Nitao, 1991; Chang, 1993; Lang, 2018).

На первом этапе проницаемость трещин и сигма-фактор корректируются путем последовательного увеличивающихся множителей для каждого из этих параметров для достижения наилучшего соответствия в добыче газа. Затем настраиваются значения скин-фактора и D-фактора для скважин с целью согласования забойного давления, предсказанного моделью, с наблюдаемым в скважинах. Как показали расчеты, D-фактор оказывает гораздо менее значительное влияние на прогнозируемое забойное давление.

Сопоставление профилей добычи, прогнозируемых по основе моделей двойной и одинарной пористости показывает, что модель двойной пористости дает более оптимистичный прогноз добычи по сравнению с моделью одинарной пористости, не калиброванной по скважинным данным, за счет учета притока из трещинной сети (Рисунок 3). В то же время модель двойной пористости показывает более реалистичный прогноз относительно модели одинарной пористости, калиброванной по скважинным данным путем умножения проницаемости в пять раз, которая значительно переоценивает качество фильтрационно-емкостных свойств коллектора и соответственно значения накопленной добычи.

При расчете профиля добычи для модели с двойной пористостью-проницаемостью свойства матрицы остаются неизменными, равными тем, которые были оценены по данным каротажа керна и скважин. Существуют неопределенности в характеристиках трещин. Однако они в основном служат переходными каналами для флюидов, просачивающихся из матрицы (Masihi et al, 2008). Таким образом, неопределенности в параметрах трещин оказывают основное влияние на краткосрочные показатели скважины, в то время как изменение проницаемости матрицы гораздо сильнее влияет на экстраполяцию долгосрочной добычи.

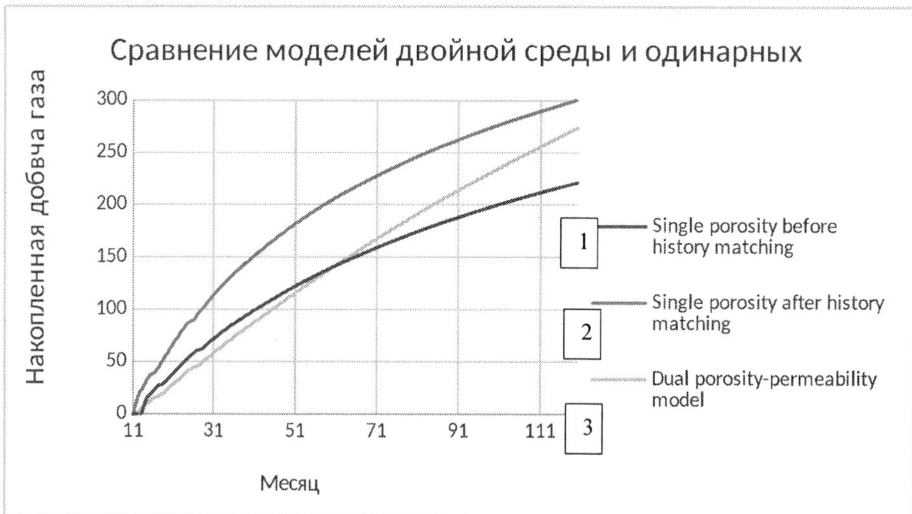

Рисунок 3. *Кумулятивная добыча газа, рассчитанная на основании трех моделей пористости-проницаемости. 1- исходная модель одинарной пористости-проницаемости; 2- одинарная модель пористости -проницаемости, настроенная на данные испытаний скважин; 3 – модель двойной пористости-проницаемости.*

Выводы

В результате проведенных исследований для нового перспективного объекта, приуроченного к карбонатной формации Восточной Сибири, были построены геологические модели с одинарной и двойной пористостью-проницаемостью. Модель двойной пористости-проницаемости была выполнены с применением методов дискретной (DFN) и непрерывной сети трещин. Калибровка модели по показателям работы скважин проводилась путем корректировки параметров трещин, включая проницаемость, скин-фактор, сигма-фактор и D-фактор. Прогноз добычи на основании модели двойной пористости-проницаемости показывает наилучшую сходимость с данными испытаний скважин.

Благодарности (на ваше усмотрение)

Работа выполнена при поддержке Министерства науки и высшего образования Российской Федерации по договору № 075-15-2020-119 в рамках программы развития исследовательского центра мирового уровня. Мы благодарим Министерство науки и высшего образования Российской Федерации за поддержку.

Библиография / References

1. Watson, A. Ted, J. Michael Gatens, W. John Lee and Zillur Rahim. "An Analytical Model for History Matching Naturally Fractured Reservoir Production Data." (1990).
2. Ghaedi, M., Masihi, M., Heinemann, Z. E., & Ghazanfari, M. H. (2015). History matching of naturally fractured reservoirs based on the recovery curve method. Journal of Petroleum Science and Engineering, 126, 211–221. https://doi.org/10.1016/j.petrol.2014.12.002
3. Oda, Masanobu. "Permeability tensor for discontinuous rock masses." Geotechnique 35 (1985): 483-495.
4. Everdingen, Allart van. "The Skin Effect and Its Influence on the Productive Capacity of a Well." Journal of Petroleum Technology 5 (1953): 171-176.
5. Abobaker, Ekhwaiter, Abadelhalim Elsanoose, F. Khan, Mohammad Azizur Rahman, Amer Aborig and Khalid Noah. "A New Evaluation of Skin Factor in Inclined Wells with Anisotropic Permeability." Energies (2021): n. pag.
6. Nitao, John J.. "Theory of Matrix and Fracture Flow Regimes in Unsaturated, Fractured Porous Media." High Level Radioactive Waste Management (1991): 845-852.
7. Chang, Ming-ming. "Deriving the shape factor of a fractured rock matrix." (1993).
8. Lang, Philipp S., Adriana Paluszny, Morteza Nejati and Robert W. Zimmerman. "Relationship Between the Orientation of Maximum Permeability and Intermediate Principal Stress in Fractured Rocks." Water Resources Research 54 (2018): 8734 - 8755.
9. Masihi, M., & King, P. R. (2008). Connectivity prediction in fractured reservoirs with variable fracture size: Analysis and validation. SPE Journal, 13(1), 88–98. https://doi.org/10.2118/100229-PA

О стимулированном объеме пласта при гидравлическом разрыве пласта.

Байков В.А.[1,2], д.ф.-м.н., Борщук О.С.[1], Андреев Е.Ю.[1] (1- ООО «РН-БашНИПИнефть», 2- ФГБОУ ВО «Уфимский университет науки и технологий»)

Введение

При текущем уровне добычи «традиционных» запасов нефти хватит на 50-70 лет. В настоящее время уже принято считать, что основные запасы в мире относятся к «нетрадиционным». Одним из примеров «нетрадиционных» запасов является Баженовская свита, которую принято считать главной нефтематеринской свитой Западной Сибири.

«Сланцевая революция» в США связана с тем, что жидкие углеводороды научились добывать из формаций с сверхнизкой проницаемостью благодаря двум крупным технологическим достижениям: бурению протяженных скважин с горизонтальным окончанием с проведением в них многостадийного гидравлического разрыва пласта (ГРП) и увеличению закачки технологической жидкости ГРП, позволяющей создать «разветвленную» систему трещин. Синергия этих достижений обеспечила промышленно значимые дебиты скважин.

Постановка задачи

Главной задачей ГРП является получение одиночных, множественных или даже сети трещин с достаточно высокими фильтрационными свойствами. Около трещин создается трехмерный объем с измененными фильтрационными свойствами. Этот объем рассматривается как стимулированный объем пласта (SRV).

Для решения задачи о зоне SRV предложены модели геометрической сложности трещины ГРП. Трещины ГРП рассматриваются в рамках модели Перкинса-Керна-Нордгнера (PKN), а модель пласта в рамках нелинейной трещиновато-пористой среды. Пластовая жидкость рассматривается в двухфазном приближении.

В настоящее время не существует программных продуктов, позволяющих решать эту задачу, а именно, описывать динамику развития трещины ГРП одновременно с динамикой многофазной фильтрации в пласте. В коммерческих программных продуктах, используемых для расчета дизайна ГРП, для описания фильтрации жидкости гидроразрыва в пласт, т.е. утечки из трещины в пласт, используют эмпирическую формулу Картера [1], и его разные модификации. Соответственно в гидродинамических симуляторах, призванных описывать динамику добычи, динамику развития трещин ГРП обычно вообще не рассматривают.

В рамках ПК «РН-КИМ» реализован алгоритм совместного геомеханическо-гидродинамического моделирования. Система уравнений, описывающая динамику развития макротрещин, выписана для случая их слабого взаимодействия через упругость. Предложена модель геометрической сложности трещины, позволяющая, в рамках вышесказанных допущений, самосогласованно описывать динамику роста макротрещин и соответствующей им зоны SRV.

Инициализация модели

Геометрическая концепция трещин представлена на рис.1., где трещины – это сплошные прямые линии на рисунке и зона SRV – заштрихованная часть рисунка. Геометрическая сложность, представленная на рис.1., возникла благодаря сложному процессу образования и взаимодействия микротрещин, который дает возможность развития лишь части трещин, которые слабо взаимодействую между собой.

Геомеханическая модель, как и фильтрационная, была трехслойной, с постоянными значениями параметров в каждом слое. Геомеханические и фильтрационные параметры для модели брались с одного из месторождений Баженовской свиты, где проводилось ГРП, и усреднялись в трехслойную модель. Матрица рассматривалась в рамках модели нелинейной микро трещиновато-пористой среды с нелинейной фильтрацией по микротрещинам и линейной по матрице[2, 3]. Зона SRV – это возникший при ГРП объем пласта с измененными фильтрационно-емкостными свойствами, в частности, пористостью и проницаемостью. В нашем случае зона SRV эквивалентна объему, где происходит фильтрация в пласте в рамках нелинейно трещиновато-пористой среды. Моделирование проводилось в ПК «РН-КИМ». Сетка бралась в зоне моделирования с измельчением вдоль черных линий (см. рис.1) с минимальным размером сетки 0.01 м. Динамика закачки жидкости ГРП бралась из промысловых данных. Зависимость проницаемости и пористости матрицы от давления бралась по аналогии с зависимостью проницаемости от давления для поперечной сети макротрещин. Адаптация проводилась на реальные промысловые данные, а параметром адаптации были параметры нелинейной фильтрации в трещиновато-пористой среде или зоны SRV.

Отметим, что полученная проницаемость матрицы всегда меньше проницаемости поперечной трещины. В рамках нашей модели это говорит о существенном взаимодействии микротрещин при их развитии.

Считая, что проводимость матрицы после закрытия микротрещин изменилась, можно определить динамическую зону с измененными фильтрационными свойствами в матрице, которую мы и определили как зону SRV. Геометрическая концепция зоны SRV и сама зона SRV, полученная из расчета на модели, представлены на рис.1.

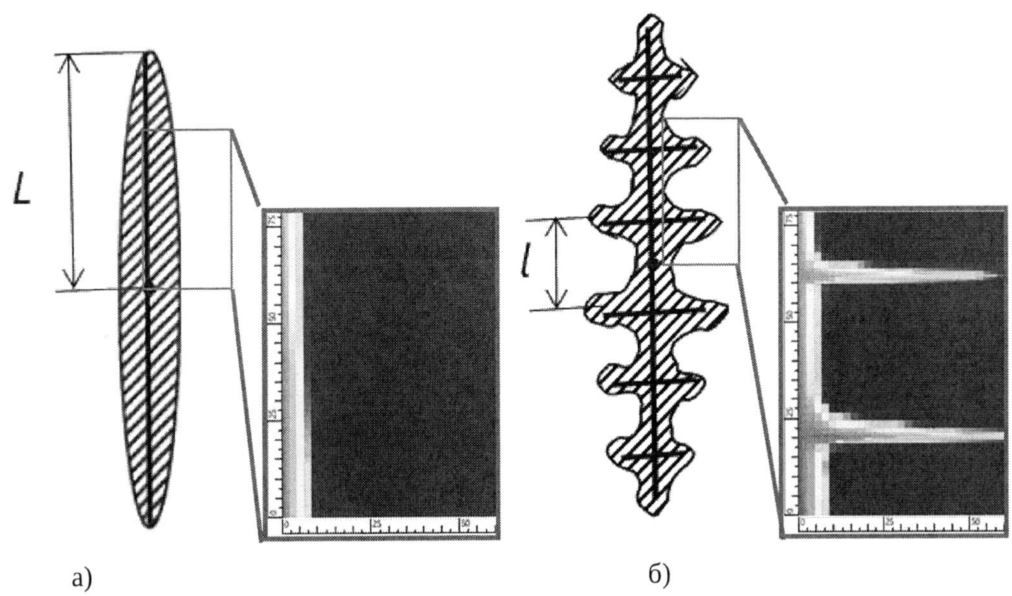

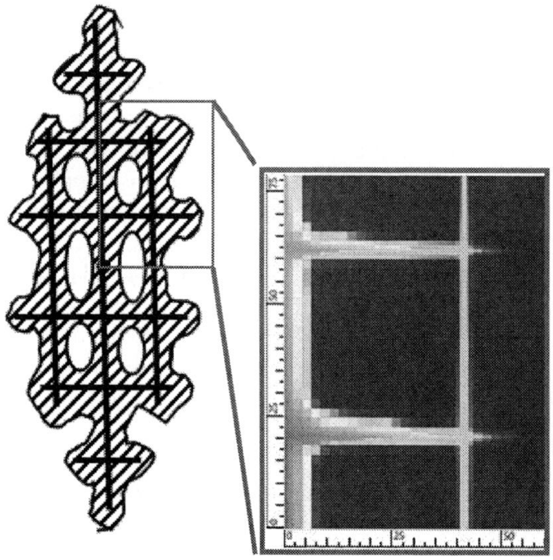

в)

Рисунок 1. Геометрическая концепция трещин (сплошные прямые линии на рисунке) и зоны SRV (заштрихованная часть рисунка); зоны SRV полученные из расчетов на модели (вид сверху). а) классическое представление трещины гидроразрыва с зоной SRV, б) сложный вид трещины гидроразрыва с зоной SRV, в) сложная сеть трещин гидроразрыва с зоной SRV.

Таблица 1. Параметры зоны SRV и трещин гидроразрыва.

Модель	Площадь зоны SRV, м2	полудлина магистральной трещины, м.	полудлина поперечных трещин, м.	полудлина продольных трещин, м.
классическое представление трещины гидроразрыва	3384	588	-	-
сложный вид трещины гидроразрыва	2876	470	0.5-64	-
сложная сеть трещин гидроразрыва	2840	465	0.5-40	93

В таблице 1 представлены динамические параметры зоны SRV и трещины ГРП, полученные на момент отключения насосов флота ГРП. Ясно, что динамика этих параметров во времени даст важную информацию об остаточной проводимости трещины, ее длине и т.д., что чрезвычайно важно для описания динамики добычи, обводненности продукции, изменению зоны SRV и т.д.

Выводы

Проведен прямой расчет в ПК «РН-КИМ» стимулированного объема пласта (SRV) при гидравлическом разрыве пласта с различной геометрической сложностью трещин. Получено, что зона SRV развивается динамически. Расчет производился для слабовзаимодействующих трещин, в рамках модели трещин PKN.

Библиография

1. Есипов Д.В., Куранаков Д.С. Лапин В.Н., Черный С.Т. Математические модели гидроразрыва пласта. Вычислительные технологии. Том. 19, №2, 2014.
2. T.T. Lugumanov To Modeling of Dual-Porosity Reservoirs / SPE Russian Petroleum Technology Conference, Moscow, Russia, October 2018. SPE-191740-18RPTC-MS
3. Байков В.А., Колонских А.В., Макатров А.К., Политов М.Е., Телин А.Г., Якасов А.В. Нестационарная фильтрация в сверхнизкопроницаемых коллекторах при низких градиентах давлений // Нефтяное хозяйство. 2013. № 10. С. 52–56.

Стохастическо-детерминированный метод распределения коллектора в геологических моделях для целей подсчета запасов.

В.В. Мирошниченко* (ООО РН-БашНИПИнефть)

Г.Р. Ахметшина (ООО РН-БашНИПИнефть)

Введение

В настоящее время на государственную экспертизу ежегодно направляются сотни проектных документов и отчетов по пересчету начальных геологических запасов нефти и газа. Все эти документы, за исключением некоторых отчетов по оперативному изменению запасов, сопровождаются трехмерными геологическими моделями месторождений.

Особое внимание в таких моделях уделяется распределению литологии (т.н. кубу признака коллектор/не коллектор) со стороны экспертов как по геологическому моделированию, так и по геологии. Таким образом, не только куб литологии должен соответствовать исходным данным по статистическим показателям, но и разрез и карты толщин должны соответствовать графическим приложениям отчета, а также распределение должно иметь достаточно высокую связность для корректных гидродинамических расчетов.

На сегодняшний день отдельно взятые алгоритмы, такие как интерполяционные методы кригинга или стохастические методы моделирования, не решают сразу все эти задачи. Для получения удовлетворительного результата имеющимися средствами в программах геологического моделирования приходится использовать комбинации методов и алгоритмов.

В данной работе представлен универсальный метод, позволяющий решить все эти задачи. Метод основан на комбинации стандартных алгоритмов, что позволяет использовать его в любом программном комплексе для геологического моделирования.

Метод

Для начала рассмотрим результат распределения коллектора методом индикаторного кригинга, выполненного с учетом 2Д тренда (Рисунок 1) и геолого-статистического разреза (ГСР). Как видно на разрезе, несмотря на использование трендов, сохраняются резкие изменения на середине расстояния между скважинами (Рисунок 2). Карта толщин, полученная из данного куба, плохо соотносится с трендовой основой из-за артефактов алгоритма (Рисунок 3).

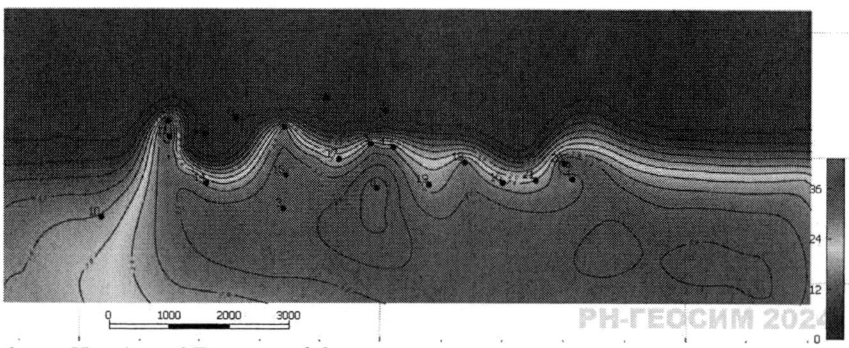

Рисунок 1. Исходная 2Д карта эффективных толщин

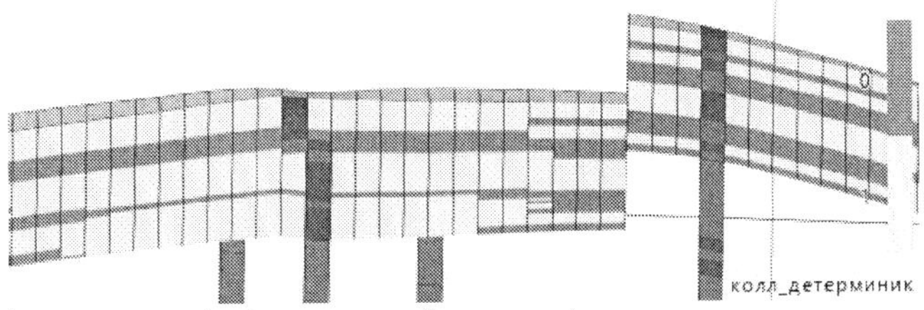

Рисунок 2. *Куб литологии (индикаторный кригинг)*

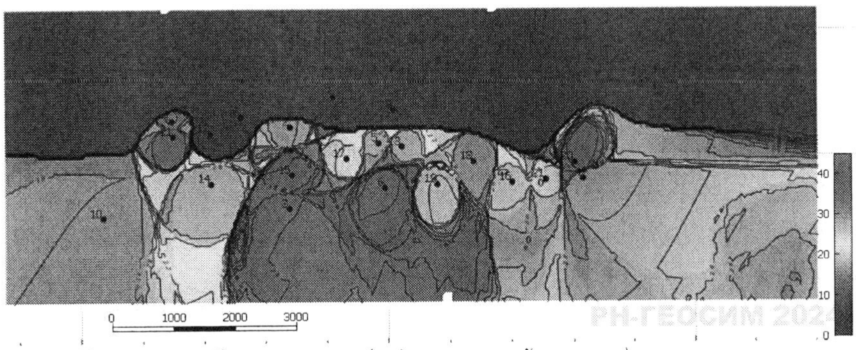

Рисунок 3. *Карта по кубу литологии (индикаторный кригинг)*

Появление данных артефактов объясняется ограниченным количеством исходных данных и локальным характером интерполятора, имеющего ограничения по размеру области поиска данных.

Интерполятор индикаторного кригинга рассчитывает вероятность появления коллектора в ячейке и затем выбирает наиболее вероятный исход. В областях отсутствия скважинных данных (на расстоянии больше радиуса вариограммы до ближайшей скважины) интерполятор присваивает ячейке априорные значения, заданные в виде тренда. Это приводит к необоснованному сглаживающему эффекту (даже для ненулевой вероятности коллектора или неколлектора появление менее вероятных событий исключается).

В стохастических алгоритмах вероятность интерпретируется иначе, а именно вместо выбора наиболее вероятного исхода симулируется случайная величина, что приводит к адекватному распределению долей коллектора и неколлектора, особенно в зонах, удаленных от скважин, и тем самым компенсируется сглаживающий эффект кригинга (Рисунок 4).

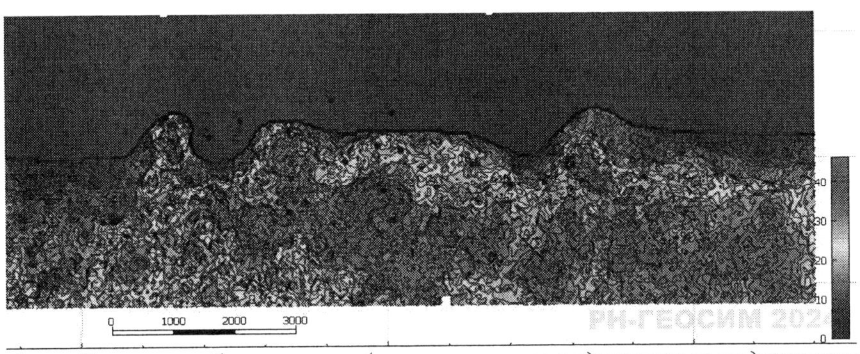

Рисунок 4. *Карта по кубу литологии (стохастическое индикаторное моделирование)*

Для интерполяционных и стохастических алгоритмов целесообразно использовать 3Д тренды, так как они позволяют более точно детализировать разрез и ожидаемое латеральное распределение коллектора. Для того чтобы подготовить такой тренд, возможным решением является использование результата петрофизического распределения литологии, полученного с использованием 1Д+2Д трендов. В отличие от алгоритмов фациального моделирования, где тренды определяют значения вероятностей, в петрофизическом моделировании они воспринимаются как значения. Также при настройке алгоритма необходимо проанализировать ранги вариограммы. (Рисунок 5)

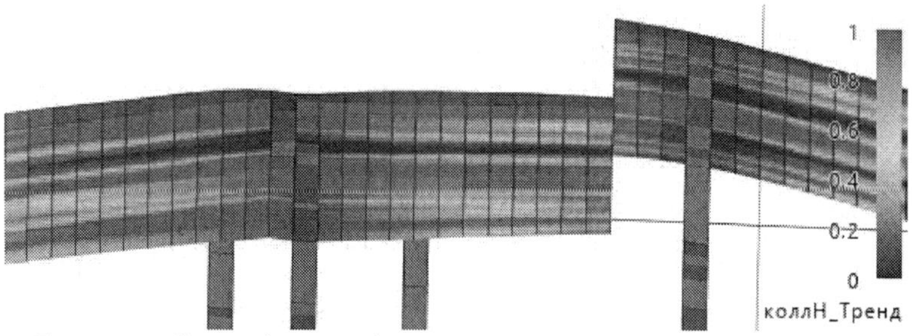

Рисунок 5. *Трехмерный тренд распределения литологии*

Полученный куб используется в качестве 3Д тренда для стохастического индикаторного моделирования. После интерполяции в данном распределении мы избавляемся от ячеек с критическими значениями тренда (в зависимости от ситуации, больше 0.8 и меньше 0.2). В результате мы получим стохастическое распределение, больше устраивающее геолога. Однако карта эффективных толщин по данному распределению все еще далека от целевого тренда (Рисунок 6). Также стоит отметить, что в карте полностью отсутствует эффект выклинивания на границе зоны отсутствия коллекторов.

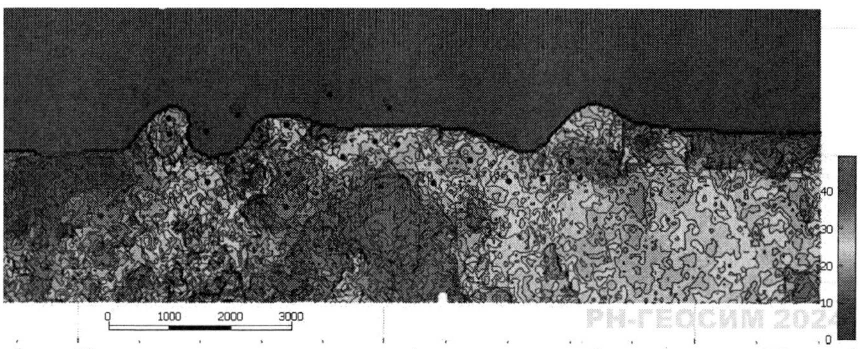

Рисунок 6. *Карта по стохастическому индикаторному моделированию с 3Д трендом*

Для приведения распределения в строгое соответствие с 2Д картой воспользуемся алгоритмом плавающей отсечки. Данный алгоритм принимает на вход куб песчанистости и устанавливает отсечку в каждом столбике ячеек таким образом, чтобы сумма толщин ячеек коллектора равнялась значению толщины в исходной карте. Выполнив непрерывное сглаживание нашего стохастического распределения, получаем необходимый куб. Размер окна сглаживания подбирается в зависимости от размерности сетки, плотности скважин и толщины прослоев. В данном примере использовалось окно IJ=5 K=3. (Рисунок 7).

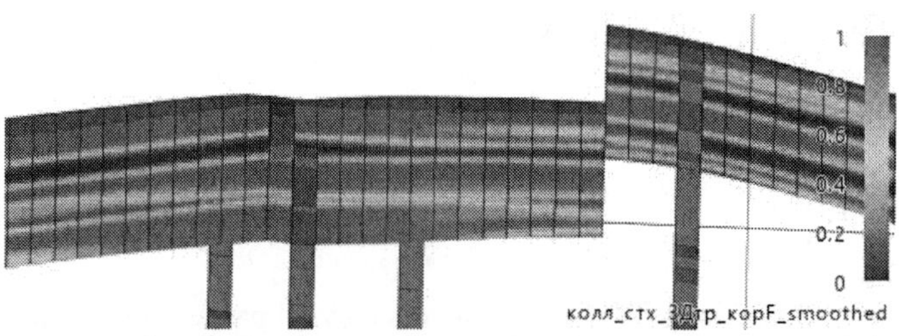

Рисунок 7. *Сглаженный куб песчанистости из стохастического распределения*

В результате работы алгоритма получаем финальное распределение литологии. На разрезе хорошо видно, что пропластки коллектора корректно коррелируются между скважинами и отсутствуют резкие изменения эффективных толщин, а сами прослои строго соответствуют скважинным данным. (Рисунок 8)

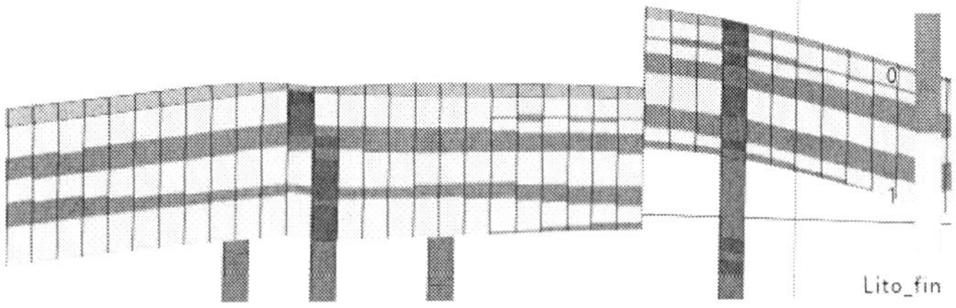

Рисунок 8. *Финальный куб литологии*

Стандартный контроль качества показывает высокую степень корреляции между исходной картой и полученной из 3Д куба картой, равную 0.99. Также был сохранен эффект выклинивания (Рисунок 9). Наблюдается хорошая сходимость ГСР и гистограммы с отклонением в пределах 1.3%. (Рисунок 10)

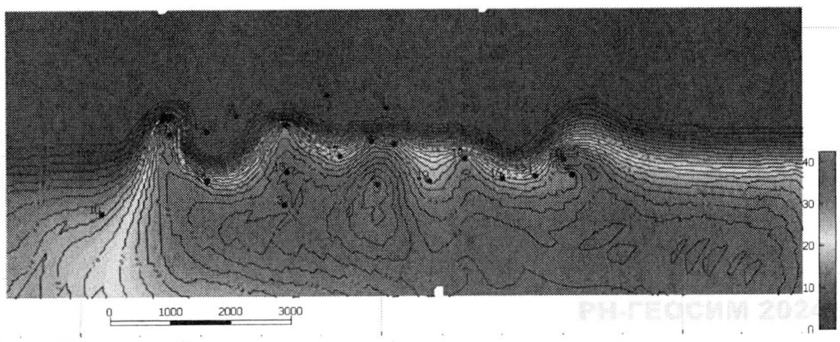

Рисунок 9. *Карта по финальному распределению литологии*

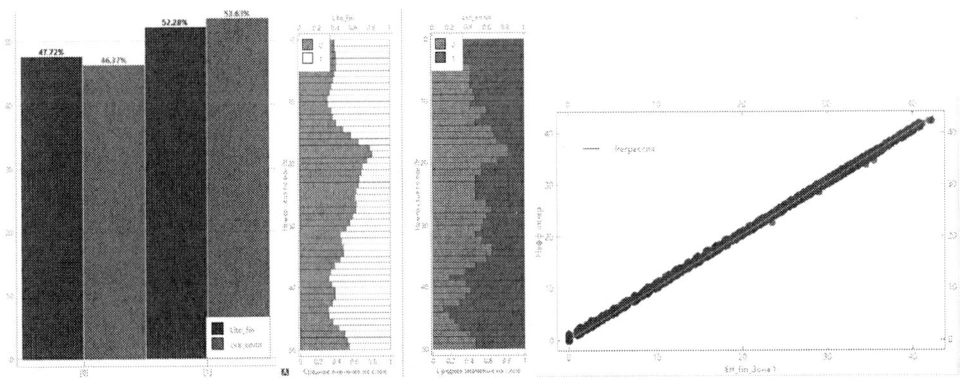

Рисунок 10. *Сопоставление итогового распределения литологии с исходными данными*

Выводы

Данный метод хорошо зарекомендовал себя на различных моделях. Он использует стандартные методы и алгоритмы, поэтому может применяться в любом программном комплексе. Позволяет с высокой точностью моделировать выклинивания коллекторов. Хорошо связывает прослои коллектора, повышая связность. Не протягивает прослои от краевых скважин до границ модели. Не требует ручных корректировок и может быть включен в workflow для автоматического обновления модели. Имеет широкую область применения: не менее 3х скважин, не менее 5 ячеек между скважинами.

Учет условий типа неравенств в интерполяции кригинга

А.В. Безруков* (ООО «РН-БашНИПИнефть»)

Введение

Кригинг – общее название семейства методов линейной пространственной регрессии, применяющихся для интерполяции геофизических данных. Интерполяция кригинга предполагает задание модели пространственной зависимости данных в виде ковариационной функции и модели априорного среднего значения. В зависимости от принятых статистических гипотез, относительно априорного среднего значения, выделяют простой кригинг, обыкновенный кригинг, универсальный кригинг. В зависимости от учитываемых данных, выделяют обычные методы кригинга, если данные задаются в точках, блочный кригинг, если присутствуют данные, заданные в виде средних значений в некоторых объемах, и т.д.

В прикладных задачах бывает необходимо учитывать не только данные в точках, но и условия на неравенства, которые могут вытекать из естественных физических ограничений. Например, в задачах интерполяции структурных поверхностей горизонтальные скважины и скважины, не вскрывающие подошву пласта, для подошвы пласта выступают ограничениями вида неравенств.

В данной работе стоится естественное обобщение методов интерполяции кригинга на случай учета данных в виде неравенств. Подобные обобщения строились в работах зарубежных авторов [2], предлагаемые алгоритмы используют метод Монте-Карло. В данной работе приводятся точные формулы интерполяции кригинга с учетом неравенств.

Кригинг как условное математическое ожидание многомерного гауссовского распределения

Рассматривается интерполяция функции $f(u)$, значения которой известны в некотором наборе точек $f(u)=x$. Интерполяция кригинга рассматривает интерполируемую величину как случайное поле, для которого задано математическое ожидание $E(f(u))=m(u)$ и ковариационная функция $cov(f(u),f(v))=c(\|u-v\|)$. Оценка $y=f(v)$ в точке v строится как линейная комбинация $f^*(v)=m(v)+\sum \lambda_i(f(u_i)-m(u_i))$,

коэффициенты которой определяются из принципа минимума среднеквадратичной ошибки $\lambda=argmin\left(E\left(\left(f^*(v)-f(v)\right)^2\right)\right)$. Это оказывается возможным для вероятностной модели $f(u)$, для которой задано математическое ожидание и ковариационная функция.

Математическое ожидание может быть задано в виде линейной комбинации известных функций с неизвестными коэффициентами $m(u)=\sum \alpha_k g_k(u)$. Кригинг предполагает несмещенность оценки $f^*(v)$, для чего накладывают дополнительные ограничения на веса $\sum_j \lambda_i g_k(u_i)=g_k(v)$. Оптимизационная задача с данными ограничениями приводит к системе линейных уравнений $\sum_j \lambda_i cov(f(u_i),f(u_j))+\sum_k \alpha_k g_k(u_i)=cov(f(u_i),f(v))$.

Будем дополнительно предполагать, что случайное поле $f(u)$ является гауссовским, тогда совместное распределение случайных величин x является многомерным гауссовским распределением с плотностью, задающейся формулой

$$p_{m_x,C_{x,x}}(x)=\left((2\pi)^{n_x}\left|C_{x,x}\right|\right)^{-\frac{1}{2}}e^{-\frac{1}{2}(x-m_x)^T C_{x,x}^{-1}(x-m_x)}.$$

Блочную ковариационную матрицу совместного гауссовского вектора x, y обозначим, как $C_{xy,xy}=\begin{pmatrix} C_{x,x} & C_{x,y} \\ C_{y,x} & C_{y,y}\end{pmatrix}$. Обозначим дополнение Шура $C_{y,y\vee x,x}=C_{y,y}-C_{y,x}C_{x,x}^{-1}C_{x,y}$. После некоторых вычислений можно получить тождество

$$p_{m_{x,y},C_{xy,xy}}(x,y)=p_{m_x,C_{x,x}}(x)\cdot p_{m_{y\vee x},C_{y,y\vee x,x}}(y),$$

где $m_{y\vee x}=m_y+C_{y,x}C_{x,x}^{-1}(x-m_x)$. Таким образом, условная плотность распределения y при условии x вычисляется по формуле

$$p(y\vee x)=\frac{p(x,y)}{p(x)}=p_{m_{y\vee x},C_{y,y\vee x,x}}(y),$$

откуда видно, что условное распределение также является гауссовским, и его математическое ожидание равно $E(y\vee x)=m_y+C_{y,x}C_{x,x}^{-1}(x-m_x)$, что соответствует известным формулам интерполяции кригинга.

Определим коэффициенты α из принципа максимума правдоподобия. Функция правдоподобия имеет вид $\Phi(\alpha)=p_{g_x\alpha,C_{x,x}}(x)$. Приравнивая производные функции правдоподобия по параметрам α, получим систему уравнений $g_x^T C_{x,x}^{-1} g_x\alpha=g_x^T C_{x,x}^{-1}x$.

Полагая $\gamma=C_{x,x}^{-1}(x-g_x\alpha)$, можем получить $C_{x,x}\gamma+g_x\alpha=x$, а также $g_x^T\gamma=0$. Объединяя эти уравнения в одну систему, получаем окончательную формулу универсального кригинга в матричном виде:

$$E(y\vee x)=C_{y,x}\gamma+g_y\alpha=\begin{pmatrix}C_{y,x} & g_y\end{pmatrix}\begin{pmatrix}\gamma\\ \alpha\end{pmatrix}=\begin{pmatrix}C_{y,x} & g_y\end{pmatrix}\begin{pmatrix}C_{x,x} & g_x\\ g_x^T & 0\end{pmatrix}^{-1}\begin{pmatrix}x\\ 0\end{pmatrix}.$$

Обобщение интерполяции кригинга на условия с неравенствами

Выше было показано, что интерполяция кригинга совпадает с условным математическим ожиданием гауссовского случайного поля $f(u)$, при условии равенства поля в точках данных $f(u)=x$: $f^*(v)=E(f(v)\vee f(u)=y)$. Параметры модели математического ожидания при этом определяются из принципа максимума правдоподобия.

Естественным обобщением кригинга на случай с неравенствами является условное математическое ожидание гауссовского случайного поля с учетом равенств и неравенств. При этом неизвестные коэффициенты априорного математического ожидания также будут определяться из принципа максимума правдоподобия, с учетом равенств и неравенств.

Итак, в точках u известны значения $f(u)=x$. В точках v заданы условия на неравенства $y=f(v)\le\bar{y}$. В точках w нас интересует оценка поля $z=f(w)$, а именно, мы хотим построить условное математическое ожидание $f^*(w)=E(z\vee f(u)=x, f(w)\le\bar{y})$. Для краткости будем использовать обозначение $E(z\vee x, y\le\bar{y})$.

Заметим, что распределение $P(z\vee x, y\le\bar{y})$ не является гауссовским. Выпишем основной вывод, позволяющий вычислить искомое условное математическое ожидание:

$$E(z\vee x, y\leq\overline{y})=\int\int z\cdot p(z, y\vee x, y\leq\overline{y})\,dzdy=¿¿\int\int z\cdot p(z\vee x, y)\,p(y\vee x, y\leq\overline{y})\,dzdy=¿$$
$$¿\int p(y\vee x, y\leq\overline{y})\int z\cdot p(z\vee x, y)\,dzdy=¿¿\int p(y\vee x, y\leq\overline{y})\,E(z\vee x, y)\,dy=¿$$
$$¿E\left(z\vee x, \int y\cdot p(y\vee x, y\leq\overline{y})\,dy\right)=¿¿E\left(z\vee x, E(y\vee x, y\leq\overline{y})\right)$$

Внесение внешнего интеграла под знак условного математического ожидания возможно благодаря линейности интерполятора кригинга.

Приведенные преобразования показывают, что интерполяция кригинга с учетом равенств и неравенств может быть построена заменой неравенств на равенства условному математическому ожиданию также с учетом равенств и неравенств. Возможность такой замены существенно упрощает задачу построения интерполяции благодаря тому, что $y^{\bullet}=E(y\vee x, y\leq\overline{y})$ не зависит от точек w, в которых мы хотим получить оценку $f(w)$. После расчета $y^{\bullet}$, задача сводится к обычной интерполяции кригинга $z^{\bullet}=E(z\vee x, y^{\bullet})$.

Отметим также, что поскольку распределение $P(z\vee x, y\leq\overline{y})$ не является гауссовским, аналог формулы для апостериорной ковариации $C_{y,y\vee x,x}$ не является верным. Условное математическое ожидание $y^{\bullet}=E(y\vee x, y\leq\overline{y})$ удается вычислить аналитически.

Расчет условного математического ожидания с учетом неравенств

Распределение y при условии x является многомерным гауссовским распределением с математическим ожиданием $m_{y\vee x}=m_y+C_{y,x}C_{x,x}^{-1}(x-m_x)=\mu$ и ковариационной матрицей $C_{y,y\vee x,x}=C_{y,y}-C_{y,x}C_{x,x}^{-1}C_{x,y}=\sigma$. Распределение с условием $y\leq\overline{y}$ есть обрезанное многомерное гауссовское распределение

$$p(y|x, y\leq\overline{y})=\frac{1}{M}p_{\mu,\sigma}(y)1(y\leq\overline{y}),$$

где 1 – индикаторная функция, $M=P(y\leq\overline{y}|x)=F_{\mu,\sigma}(\overline{y})$. Простых формул математического ожидания многомерного обрезанного гауссовского распределения не существует.

Математическое ожидание обрезанного многомерного гауссовского распределения можно рассчитать с помощью производящей функции моментов $m_y(t)=E\left(e^{t^T y}\right)$, рассчитав значение её производной в нуле $m_y'(0)$ [1].

$$M\,m_y(t)=\frac{1}{\sqrt{(2\pi)^{n_y}|\sigma|}}\int_{-\infty}^{\overline{y}}e^{t^T y}e^{-\frac{1}{2}(y-\mu)^T\sigma^{-1}(y-\mu)}dy=¿¿$$

$$¿e^{\frac{1}{2}t^T\sigma t+t^T\mu}\int_{-\infty}^{\overline{y}-\sigma t}p_{\mu,\sigma}(\eta)\,d\eta.$$

Используя тождество $p_{\mu,\sigma}(\eta)=p_{\mu_j,\sigma_{j,j}}(\eta_j)\,p_{\mu_{(j\vee\eta)},\sigma_{(j)}}(\eta_{(j)})$, где (j) означает пропуск индекса j, $\mu_{(j\vee\eta)}=\mu_{(j)}+\sigma_{(j),j}\sigma_{j,j}^{-1}(\eta-\mu)_j$, $\sigma_{(j)}=\sigma_{(j),(j)}-\sigma_{(j),j}\sigma_{j,j}^{-1}\sigma_{j,(j)}$, после некоторых вычислений можно получить

$$E(y_i\vee x, y\leq\overline{y})=M\left.\frac{\partial m_y(t)}{\partial t_i}\right|_{t=0}=\mu-\frac{1}{M}\sum_j\sigma_{i,j}\cdot p_{\mu_j,\sigma_{j,j}}(\overline{y}_j)\cdot F_{\mu_{(j\vee\overline{y})},\sigma_{(j)}}(\overline{y}_{(j)}).$$

Принцип максимума правдоподобия для расчета априорного среднего в задаче с неравенствами

Рассматрим модель априорного математического среднего в виде линейной комбинации введенных выше функций $g_k(u)$. Формально функцию правдоподобия можно представить, как $\Phi(\alpha)=E(\delta(f(u)-x)\cdot 1(f(v)\leq\overline{y}))$.

Приравнивая $\frac{\partial\Phi(\alpha)}{\partial\alpha}=0$, после некоторых преобразований получаем систему уравнений:

$$g_x^T C_{x,x}^{-1}(x-g_x\alpha)=\frac{1}{M}\sum_j (g_y - C_{y,x}C_{x,x}^{-1}g_x)_j\cdot p_{\mu_j,\sigma_{j,j}}(\overline{y}_j)\cdot F_{\mu_{|j\vee\overline{y}|},\sigma_{|j|}}(\overline{y}_{(j)}).$$

Данная система уравнений нелинейная, поскольку вероятности M, p и F нелинейно зависят от параметров α.

Пример

Альтернативным способом приближенного расчета кригинга с условием на неравенства является метод Монте-Карло, который заключается в осреднении большого числа стохастических реализаций гауссовского случайного процесса, с отбрасыванием тех реализаций, которые не удовлетворяют заданным ограничениям. На рисунке 1 представлен одномерный пример со сравнением аналитического расчета с методом Монте-Карло.

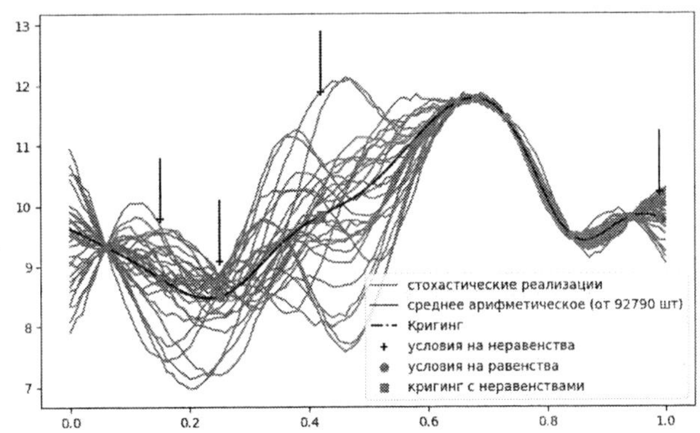

Рисунок 1. *Пример одномерной интерполяции кригинга с учетом неравенств и сравнение с методом Монте-Карло.*

Выводы

Несмотря на то, что распределение условных гауссовских случайных полей с условиями на неравенства уже не является гауссовским, оказывается возможным получить точные аналитические формулы кригинга с учетом неравенств. Удобство формул заключается в том, что условия на неравенства можно заменить равенствами, сводя задачу к стандартным процедурам интерполяции кригинга.

Библиография / References

1. G. M. TALLIS, The Moment Generating Function of the Truncated Multi-normal Distribution, Division of Animal Genetics, C.S.I.R.O., Glebe, N.S. W. 1960.

2. Petter Abrahamsen, Fred Espen Benth, Kriging with Inequality Constraints, Mathematical Geology, Vol. 33, No. 6, 2001.

Геомодель

Разработка сверхглубокого картографа границ пластов

И.В. Блинов (ООО «Технологии ОФС»), В.С. Власенко (ООО «Технологии ОФС»), А.А. Горбатенко (ООО «Технологии ОФС»), М.Н. Никитенко (ООО «Технологии ОФС»), Р.Ф. Рамазанов* (ООО «Технологии ОФС»)

Введение

Развитие геонавигационных технологий отвечает растущим требованиям к эффективности и безопасности бурения наклонно-направленных скважин. Современные исследования направлены на повышение точности систем, интеграцию данных и создание комплексных геологических моделей.

Особую роль в решении задачи оптимальной проводки ствола скважины играют приборы сверхглубокого картирования, позволяющие детально исследовать электрические свойства горных пород на больших глубинах. Эти данные помогают точно выявлять продуктивные горизонты, зоны разломов и управлять траекторией бурения.

В условиях санкций разработка отечественного аналога таких приборов становится критически важной. Ограничения на поставки импортного оборудования создают серьезные вызовы для нефтегазовой отрасли, затрудняя проведение геологоразведки и бурения.

Создание импортозамещающего решения позволит сохранить эффективность геонавигационных работ, расширить присутствие на рынке и снизить зависимость от зарубежных поставок. Успешная разработка отечественного аналога укрепит позиции и обеспечит технологический суверенитет, что особенно актуально в условиях геополитической напряженности.

Технико-экономические аспекты разработки

На мировом рынке геофизического оборудования для нефтегазовой отрасли представлен ряд высокотехнологичных приборов сверхглубокого картирования пластов ведущих международных нефтесервисных компаний, предназначенных для решения задач геонавигации при бурении скважин.

Несколько ведущих мировых нефтесервисных компаний предлагают передовые приборы для детального картирования пласта в процессе бурения. Schlumberger GeoSphere™, Halliburton EarthStar™, Weatherford GuideWave™ и Baker Hughes VisiTrak™ позволяют измерять электрические свойства пород, определять границы пластов и геологические структуры с высоким разрешением. Эти технологии применяются для геонавигации, оптимизации траектории скважины, повышения эффективности бурения и добычи углеводородов.

Сверхглубокий азимутальный электромагнитный каротаж – эксклюзивная технология, доступная лишь ограниченному кругу компаний. Производители намеренно сдерживают масштабирование производства, чтобы сохранить уникальность и высокую стоимость своих разработок.

Разработка отечественного аналога прибора для сверхглубокого картографирования, с учетом его преимуществ, позволит - получить значительные тактические и стратегические преимущества в разведке и добыче ресурсов; - укрепить энергетическую безопасность страны; - обеспечить технологическую независимость компании и государства в целом. Важным фактором успешного внедрения и эффективного использования технологии сверхглубокого картирования является наличие опытного персонала, имеющего глубокие знания и практический опыт работы с данной технологией.

Моделирование откликов разрабатываемого прибора и расчет инверсии на собственном расчетном модуле

С целью оценки применимости технологии сверхглубокого картографа границ было проведено моделирование откликов и расчет инверсии на геофизических данных с различных месторождений России и ближнего зарубежья. Расчеты выполнялись с использованием прямого решателя собственной разработки компании Технологии ОФС.

1. Пример моделирования на газоконденсатном месторождении в северной части России: терригенный разрез состоит из переслаивания песчано-алевролитовых и глинистых пород с преобладанием первых. Удельное электрическое сопротивление (УЭС) разреза варьируется от 4 до 10 Ом·м в кровле и глинистых прослоях, и от 35 до 100 Ом·м в песчаных коллекторах. Разрез в незначительной степени осложнен плотными пропластками или линзами. С точки зрения геометрии, мощность коллекторов достигает 50 м и разделяется глинистыми перемычками мощностью до 5 м. Основной целью бурения является максимальное вскрытие разреза с минимизацией проходки по неколлекторам в мощных глинистых перемычках и подошве. Результаты моделирования показывают, что в этих условиях прибор достигает максимальной эффективности и позволяет детектировать глинистые прослои и подошву на расстоянии 7-10 м, что допускает своевременную корректировку траектории для достижения поставленной цели (рис.1, 2).

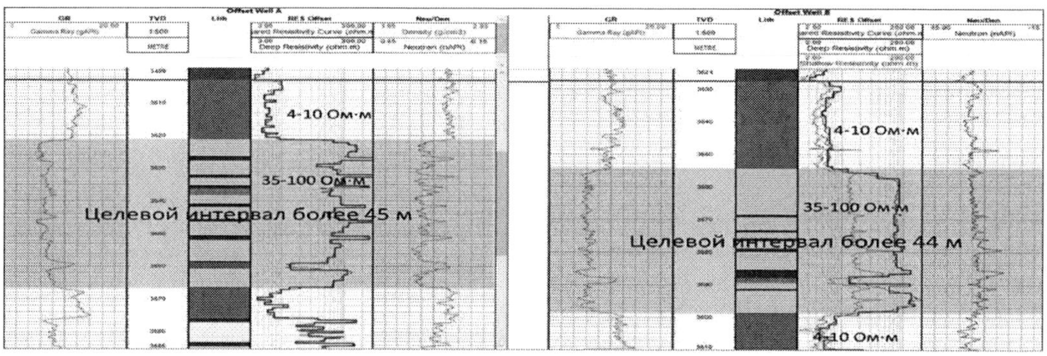

Рисунок 1. *Корреляционная схема по ближайшим опорным скважинам*

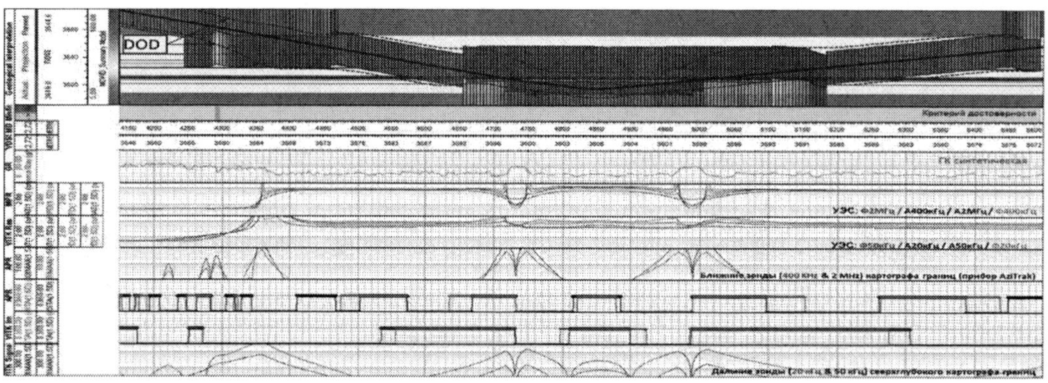

Рисунок 2. *Модель геонавигации и отклики приборов*

2. Пример моделирования на газонефтяном месторождении в Западной Сибири: терригенный разрез представлен песчано-глинистым переслаиванием, осложненным множественными линзами плотных высокоомных пород. Мощности коллекторов варьируются от 3 до 20 м и разобщены глинистыми перемычками мощностью до 5 м. Удельное электрическое сопротивление

(УЭС) разреза изменяется от 15 до 20 Ом·м в кровле, от 40 до 200 Ом·м в песчаном коллекторе и от 10 до 15 Ом·м в подошве разреза (рис. 3а). Цель бурения – обеспечить максимальную проходку по продуктивным интервалам пласта, исключив выход траектории в кровлю и подошву для предотвращения технологических проблем. Как показала практика, использование картографов малого радиуса действия (до 5 м) неэффективно на этом месторождении ввиду большого количества контрастных по УЭС линз. В то же время моделирование откликов, получаемых сверхглубоким картографом границ, показывает, что максимальная сила сигнала выше приборного шума и позволяет детектировать низкоомную кровлю и подошву за 5-7 м по вертикали. Необходимо отметить, что построение многопластовой инверсии с приемлемой величиной ошибки затрудняется из-за множества контрастных по УЭС линз, вносящих влияние в показания прибора (рис.3б).

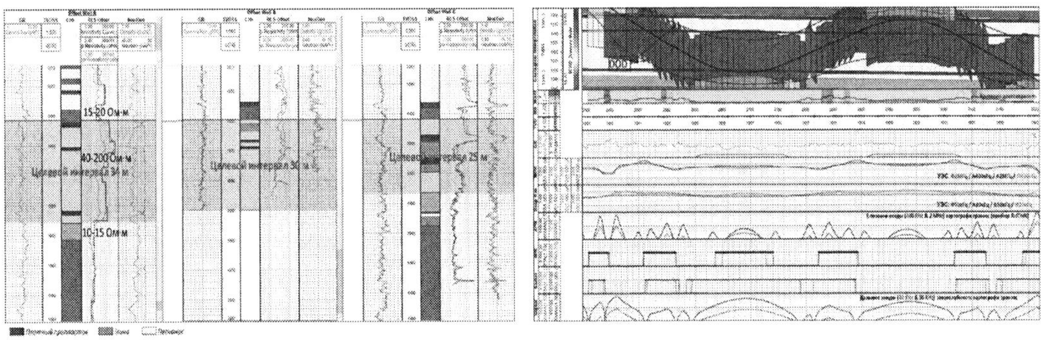

Рисунок 3. *а) Корреляционная схема по ближайшим опорным скважинам; б) Модель геонавигации и отклики приборов*

3. Пример моделирования на нефтяном месторождении ближнего зарубежья: терригенный разрез, представлен песчано-аргиллитистым переслаиванием, мощностью около 20 м, наиболее перспективные для бурения проницаемые песчаники сосредоточены в верхней и средней части пласта, в нижней части обводненный интервал (рис. 4а). Удельное электрическое сопротивление (УЭС) разреза варьируется от 1 до 3 Ом·м в кровле, от 6 до 20 Ом·м в песчаном коллекторе и менее 4 Ом·м в обводненном интервале. Цель бурения – обеспечить максимальную проходку по проницаемым песчаникам, избежать выхода траектории в обводненный интервал и кровлю. Результаты моделирования показывают, что в этих условиях прибор позволяет детектировать подошву и кровлю на расстоянии до 10-11 м (рис. 4б), что допускает своевременную корректировку траектории для выполнения поставленной задачи.

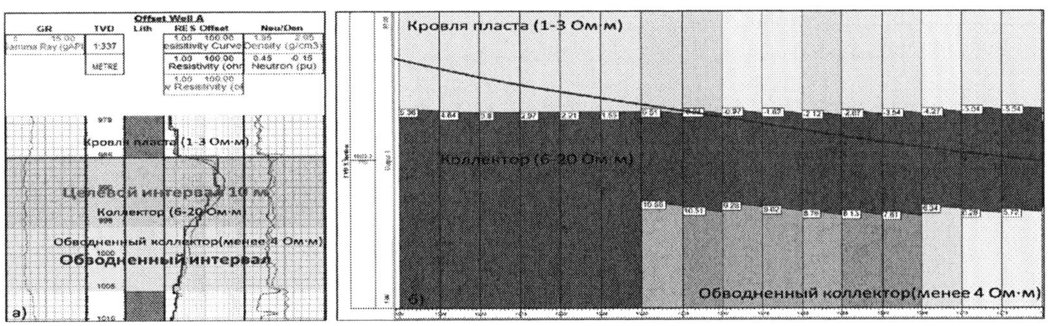

а) Корреляционная схема по опорной скважине; б) Детализированная инверсия

В настоящее время в компании Технологии ОФС ведется разработка собственного программного обеспечения (ПО) для обеспечения геонавигации и выполнения исследований для создания новой аппаратуры электромагнитного каротажа, в частности, картографов границ. На данный момент уже разработан решатель для моделирования сигналов электромагнитной аппаратуры. Пример результатов расчета приведен на рисунке 5. Для расчетов применяется алгоритм, основанный на решении системы уравнений Максвелла в трансверсально-изотропной слоистой среде с параллельными границами [Табаровский, 1975, Могилатов, 2014]. Решатель учитывает ориентацию каротажного прибора относительно модели, что крайне важно в геонавигации для правильного учета влияния вмещающих пород на измерения УЭС, а также для вычисления азимутальных сигналов. Программа позволяет задавать конфигурацию каротажного прибора, включая расположение, ориентацию источников и приемников и их магнитные моменты. Это позволяет не только вычислять сигналы для уже существующей аппаратуры, но и использовать программу для разработки новых приборов.

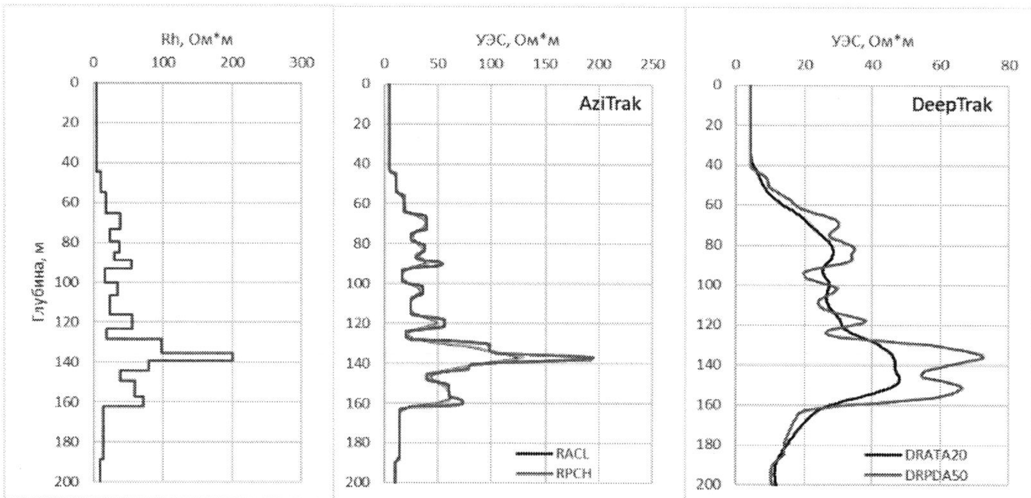

Рисунок 4. *Результат моделирования кажущихся УЭС AziTrak™ и DeepTrak™ для вертикального ствола скважины*

Выводы

Приведённое исследование показало высокую эффективность технологии сверхглубокого картографа для определения границ мощных пластов и их продуктивной толщи. Результаты моделирования подтверждают, что технология сверхглубокого картографа границ является целесообразной для использования на месторождениях, обладающих мощными пластами (более 5 м), где стоит задача вскрыть продуктивную толщу разреза и исключить выход траектории в подошву или ВНК. Кроме того, технология применима в пластах, сильно осложненных плотными линзами, где традиционные картографы малого радиуса действия демонстрировали неудовлетворительную работу. Применение технологии позволит своевременно корректировать траекторию бурения, минимизируя проходку по неколлекторам, в частности, в мощных глинистых перемычках и подошве. Это не только улучшает эффективность бурения, но и ведет к снижению затрат.

Библиография / References

1. Seydoux et al. (2014), Full 3D deep directional resistivity measurements optimize well placement, SPE-166476-MS.

2. Могилатов В. С., Потапов В. В. (2014) Универсальное математическое обеспечение для индукционного каротажа, НТВ "Каротажник", № 12 [246]. - С. 76-90.

3. Табаровский Л.А. (1975), Применение метода интегральных уравнений в задачах геоэлектрики, «Наука», Сибирское отделение, Новосибирск

Геомодель

Дуальный метод мультимодовой декомпозиции цифровых сейсмоданных на основе Фурье-сплайн анализа

А.С. Горшков*, PhD (независимый исследователь)

Введение

Материал настоящего доклада содержит завершающее обобщение метода мультимодовой декомпозиции данных на основе нового математического аппарата «Фурье–сплайн анализ» [1-6,8-10,12] как расширение Фурье-анализа, впервые представленное в докладе на «Геомодели-2018» [6].

Решение базируется на приведении спектральных полос сигнала к интервалу нижних частот вокруг нуля посредством модуляции с последующим преобразованием в коэффициенты сплайн-базиса, причем для области средних частот имеет место принципиальное различие, потребовавшее разработки двух альтернативных вариантов решения, в чем и заключается дуализм метода.

В задачах геофизики полученные результаты особенно актуальны, в том числе, поскольку массивы сейсмических данных достигают десятков Гбайт (и более), т.к это позволяет применить компрессию данных отбрасыванием малозначных спектральных компонент. Также этот метод особенно важен для автоматического коррелирования горизонтов на Фурье–сплайн базисе, представленный в докладах [3-5,8], поскольку следует отфильтровывать зашумленные (как правило, высокочастотные) компоненты.

Вычислительная эффективность полученных решений поддерживается с помощью аппаратного GPU-ускорения (технология параллельных вычислений GLSL/NVIDIA CUDA).

Теоретическое содержание метода

Цифровые данные, например, сейсмотрассы согласно новому математическому аппарату «Фурье–сплайн анализ» могут быть аппроксимированы на конволюционном базисе

$$f(x)=N-\underset{\square}{1}\sum^{k=0}\square A(k)\phi(x-k) \qquad (1)$$

специального класса финитных функций «Фурье–сплайны», синтезированных на основе рядов Фурье малого порядка, с общей формулой:

$$\phi(x)=2^{2-1}\cos^2\left(\frac{\pi x}{4}\right) \qquad (2)$$

При *N=2* имеет место наиболее простой выбор, практически универсальный в силу непрерывности первой и второй производных:

$$\varphi(x)=\cos^4\left(\frac{\pi x}{4}\right)\theta_0\left(\frac{x}{4}\right)=\{\,]\theta_0\left(\frac{x}{4}\right)\}/8 \qquad (3)$$

а также с использованием ортогонального дополнения (известное как «преобразование Гильберта», путем исключения постоянной компоненты и замены *cos->-sin, sin->cos*):

$$\varphi^{\bullet}(x)=-\{ \qquad (4)$$

Посредством конволюции результата преобразования с данными сплайн-функциями далее возможно выполнить следующие операции:

- дифференцирование,

- интегрирование,
- интерполирование,
- преобразование в иные функции или функционалы (в частности: огибающая, фаза, частота),
- аппроксимацию решений обратных задач (например, преобразование координат, получение изолиний и изоповерхностей) [4-6,8].

Классификация нового подхода среди известных классических может быть представлена следующей **Таблицей 1**.

Таблица 1.

	Алгебраические полиномы	Тригонометрические полиномы (ряды Фурье)
Полиномы $P_N(x)=\sum_{k=0}^{N-1} a(k)x^k$	$P_N(x)$	$P_N(e^{jx})$
Сплайн-конволюция $f(x)=\sum_{k=0}^{N-1} a(k)\varphi(x-k)$	В-сплайн (N=0...3)	Фурье-сплайн: $\varphi(x)=\cos^4(\pi x/4)$

Конволюция с финитной базисной сплайн-функцией действует как НЧ-фильтр, таким образом, регулируя величину носителя этой функции (минимальная равна 4, что соответствует критерию дискретизации) можно выделять из сигнала большую либо меньшую НЧ-полосу.

Идея мультимодовой декомпозиции сигнала базируется на том факте, что шаг дискретизации, а с тем и число выходных отсчетов определяется верхней границей спектра [1], так что сдвигая все более верхние полосы к нулю, можно обеспечить минимум отсчетов на выходе, не превосходящий число исходных. Таким образом, мультимодовая декомпозиция сигнала может быть выполнена посредством модуляции для спектрального сдвига соответсвующей полосы частот к нулю и преобразования в Фурье–сплайн коэффициенты параллельно для всех полос. Число полос выбирается как степень 2, что упрощает вычислительные операции.

Так, если представить сигнал в виде ряда Фурье:

$$f(x)=\sum_{k=0}^{N-1}\left[A(k)\cos(2\pi kx)+B(k)\sin(2\pi kx)\right] \qquad (5)$$

то при спектральном сдвиге на Δk он преобразуется к виду:

$$f(x)=f(x)\cos(2\pi\Delta kx)+f^{\bullet}(x)\sin(2\pi\Delta kx) \qquad (6)$$

где $f^{\bullet}(x)$ - ортогональное дополнение (преобразование Гильберта).

При наиболее простом случае $\Delta k=1/2$для сдвига ВЧ-компонент спектра (в окрестности частоты π) к нулю имеет место лишь изменение знака нечетных дискретов:

$$f(n)=f(n)(-1)^n \qquad (7)$$

так что ортогональное дополнение $f^{\bullet}(x)$ при этом не требуется.

Общий же случай (6) легче реализуется при обратном восстановлеиии из сплайн-коэффициентов заменой базиса (3) на (4) для получения $f^{*}(x)$, при этом возможна дополнительная реализация фазовращения, если необходимо [6].

Итак, НЧ-составляющая модуляции не требует, ВЧ – упрощенно согласно (7), обработка же среднечастотных-компонент (СЧ) представляет определенную сложность ввиду изначального отсутствия ортогонального дополнения в (6), которое может быть получено подстановкой (4) в (1), но это чрезмерно усложняет вычислительный процесс. При этом следует разделять СЧ-компоненты, относящиеся к НЧ и ВЧ как НСЧ и ВСЧ (по частотной границе π/2), поскольку ВСЧ могут быть приведены к НСЧ с помощью того же преобразования (7), что далее упрощает конечную стадию.

Проблема обработки СЧ заключается в том, что эта часть спектра содержит внутри себя либо НЧ-полосу (для НСЧ), либо ВЧ-полосу (для ВСЧ), которые уже отдельно обработаны. Анализ данной ситуации привел к возможности предложить два варианта, составляющих дуальность метода.

Идея первого варианта заключается в возможности избежать необходимости получения ортогонального дополнения в (6) путем кратного преобразоваиия (7). Так для случая четырех полос СЧ необходимо преобразовывать дважды, далее (для восьми плос и более) соответственно больше. Такой подход эффективно реализуем фактически только для 1D данных (например, вдоль сейсмотрасс в профиле или кубе),

Более общий вариант (для более сложных 2D и 3D случаев) достигается уже только с помощью преобразования Фурье:

$$ff(x)=\sum_{n=0}^{M-1}\exp(j2\pi nx/M)\sum_{k=0}^{[(N+M-1)/M]-1}A(k,n)\varphi((x-k)/M)$$

где $ff(x)$ – комплексное преобразование сигнала, M-число спектральых полос.

Этот вариант может быть упрощен на основе преобразования Хартли [6], однако это не снижает практической сложности вычислений. В итоге окончательному результатом обработки являются компоненты $ff(x)$.

Практические результаты обработки сейсмо-профиля представлены на **Рис.1** (типичные спектры сейсмотрасс, из которых можно видеть резервы для спектральной отбраковки) и **Рис.2** (мультимодовое разбиение с выделением эффективных компонент).

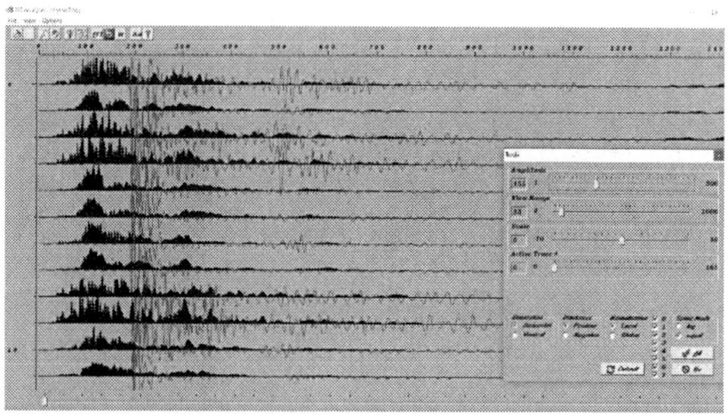

Рисунок 1. *Типичные спектры сейсмотрасс.*

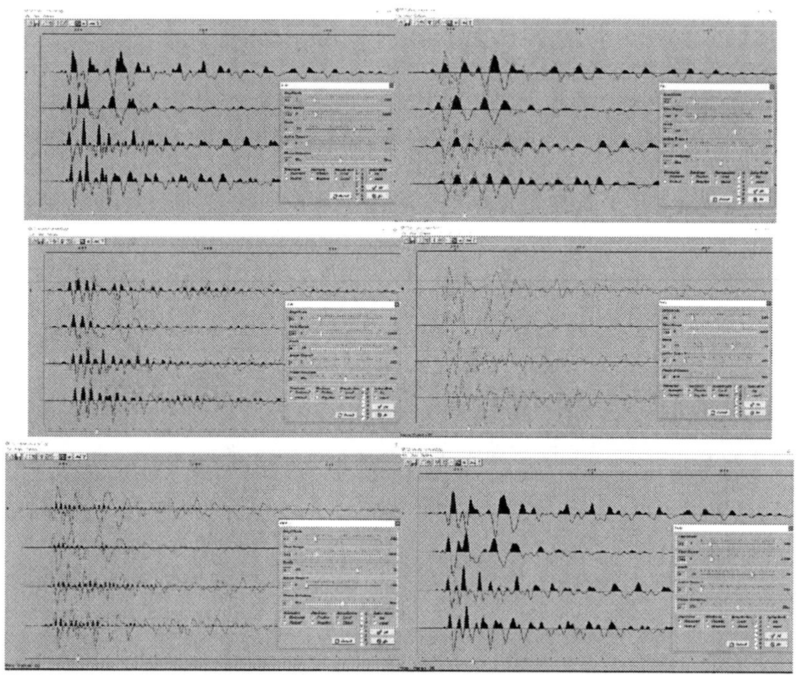

Рисунок 2. *Мультимодовое преобразование сейсмотрасс – а.полное восстановление, b. НЧ-компонента, c. НСЧ-компонента, d. ВСЧ-компонента, e. ВЧ-компонента, f. НЧ + НСЧ.*

Выводы

Представленный в докладе метод обработки данных с мультимодовым преобразованием, допускающий отбраковку несущественных компонент, актуален не только в области геофизики в плане как сокращения все растущего объема данных в целях снижения вычислительной нагрузки, так и предфильтрации для повышения качества автоматической корреляции горизонтов и выделения нарушений, так и в более общих задачах представления цифровой информации.

На основе разработанных алгоритомв возможно синтезировать непротиворечивый стандарт хранения и передачи цифровой информации с более эффективно контролируемым уровнем неизбежно вносимых потерь в отличие от доминирующего на сегодня стандарта jpeg/mpeg.

Библиография

1. **Горшков А.С.** Цифровая обработка сигналов: атомарные функции и теория чисел. Монография. Москва: Машиностроение., 1994 г. - 224 с.
2. Универсальный метод обработки и визуализации сейсмического куба данных на основе фурье-сплайн декомпозиции. / **Горшков А.С. //** Тезисы к докладу на конф. «Геомодель-2008». 22-25/9-2008
3. Универсальная система синтеза изоповерхностей сейсмического куба. **/ Горшков А.С. //** Тезисы к докладу на конф. «Геомодель-2009». 7-10/9-2009.
4. Универсальный алгоритм параметрического синтеза геофизических карт с нарушениями на основе фурье-сплайнов. / **Горшков А.С. //** Тезисы к докладу на конф. «Геомодель-2016». 11-15/9-2016.
5. Универсальный математический аппарат аппроксимации геофизических объектов на основе нового класса фукций «фурье-сплайны». / **Горшков А.С. //** Тезисы к докладу на конф. «Геомодель-2017». 11-14/9-2017.
6. Метод деконволюционного преобразования геофизических объектов с компрессией на основе фурье-сплайнов. / **Горшков А.С. //** Тезисы к докладу на конф. «Геомодель-2018». 10-14/9-2018.
7. Уточнение классических законов физики применительно к задачам электро-, магнито- и гравиразведки в геофизике. / **Горшков А.С. //** Тезисы к докладу на конф. «Геомодель-2019». 9-13/9-2019.
8. Автоматический поиск и 3D-синтез нарушений в сейсмических данных на основе нового математического аппарата фурье-сплайн функций. / **Горшков А.С. //** Тезисы к докладу на конф. «Геомодель-2020». 7-11/9-2020.
9. Обобщенный математический аппарат представления и обработки геофизических объектов на основе комбинированного преобразования Фурье-Хартли и нового конволюционного базиса «Фурье-сплайны» . / **Горшков А.С. //** Тезисы к докладу на конф. «Геомодель-2021». 6-10/9-2021.
10. Универсальный алгоритм синтеза 3D геофизических объемов – «3D кубов» с компрессией на нерегулярных сейсмических данных на базисе «Фурье-сплайны» («куб без куба»). / **Горшков А.С. //** Тезисы к докладу на конф. «Геомодель-2022». 5-8/9-2022.
11. Уточнение классических законов физики применительно к задачам грави- и магнито- разведки в геофизике (продолжение доклада на «Геомодели-2019»).
/ **Горшков А.С. //** Тезисы к докладу на конф. «Геомодель-2022». 4-7/9-2023.

12. Универсальный математический аппарат аппроксимации геофизических объектов на основе нового класса функций «фурье-сплайны». / **Горшков А.С.** // Тезисы к докладу на конф. «Ителлектуальный анализ данных в нефтегазовой отрасли». 20-22/9-2023.

References

1. Digital Signal Processing: Atomic Functions and Number Theory. Monograph. / **Gorshkov A.S.** // Moscow: Mashinostroeniye.-1994. - 224 pp.
2. The Universal Method of Seismic Cube Visualization and Processing Based on Fourier-Spline Decomposition. / **Gorshkov A.S.** // Abstracts for «Geomodel-2008». 22-25/9-2008
3. The Universal System for Seismic Cube Isosurfaces Synthesis. / **Gorshkov A.S.** // Abstracts for «Geomodel -2009». 7-10/9-2009.
4. The Universal Algorithm for Parametric Maps with Faults Synthesis Based on Fourier-Splines. / **Gorshkov A.S.** // Abstracts for «Geomodel-2016». 11-15/9-2016.
5. The Universal Mathematical Modelling Technique for Geophysical Objects Approximation Based on the New Functions Class "Fourier-Splines". / **Gorshkov A.S.** // Abstracts for «Geomodel-2017». 11-14/9-2017.
6. The Method of Geophysical Objects' Deconvolutional Transform with Comression Based on Fourier-Splines. / **Gorshkov A.S.** // Abstracts for «Geomodel-2018». 10-14/9-2018.
7. Classical Physical Laws Refinement and Generalization based on Fourier Splines Relatively Electro-Magnetic-Gravitational-Seismic Prospection in Geophysics. / **Gorshkov A.S.** // Abstracts for «Geomodel-2019». 9-13/9-2019.
8. Automatic Searching and Synthesis of 3D Faults in Seismic Data Based on the New Functions Class "Fourier-Splines". / **Gorshkov A.S.** // Abstracts for «Geomodel-2020». 7-11/9-2020.
9. The Generalized Mathematical Approach of the Geophysical Objects Representation and Processing Based on the Combined Fourier-Hartley Transform and the New Convolutional Basis "Fourier-Splines". / **Gorshkov A.S.** // Abstracts for «Geomodel-2021». 6-10/9-2021.
10. The Universal Algorithm for 3D Geophysical Volumes ("3D Cubes") Synthesis with Compression from Non-regular Seismic Data Based on "Fourier-Splines" ("Cube without Cube"). / **Gorshkov A.S.** // Abstracts for «Geomodel-2022». 5-8/9-2022.
11. Classical Physical Laws Refinement Relatively Gravitational-Magnetic-Seismic Prospection in Geophysics (the prolongation of report on «Geomodel-2019»). / **Gorshkov A.S.** // Abstracts for «Geomodel-2023». 4-7/9-2023.
12. 30. The Universal Mathematical Modelling Technique for Geophysical Objects Approximation Based on the New Functions Class "Fourier-Splines". / **Gorshkov A.S.** // Abstracts for «Intellectual Data Analysis in Oil-and-Gas Area». 20-23/9-2023.

Подходы к построению объемной минерально-компонентной модели для пород со сложным компонентным составом

Г.Г. Елкибаева* (ООО «РН-БашНИПИнефть»), И.Д. Латыпов, к.ф.-м.н. (ООО «РН-БашНИПИнефть»), Р.И. Макаев (ООО «РН-БашНИПИнефть»)

Введение

Баженовская свита (БС) Западно-Сибирского нефтегазоносного бассейна является одним из перспективных объектов для добычи нефти. Однако, несмотря на имеющийся полувековой опыт разработки отложений БС, остается большое количество нерешенных проблем, в том числе, отсутствует единая методика локализации перспективных зон. В то же время, одним из основных факторов, осложняющих интерпретацию данных отложений, является ее сложный минерально-компонентный состав при ограниченном наборе данных геофизических исследований скважин (ГИС), которых часто не хватает для построения минерально-компонентной модели (МКМ). Построение МКМ для пород со сложным компонентным составом зачастую подразумевает использование широкого комплекса ГИС, представленного на отдельных скважинах, но такое решение невозможно тиражировать на основном фонде скважин из-за ограниченности видов исследований на них. В данной работе показан подход к построению минералогической модели для пород со сложным компонентным составом на ограниченном комплексе ГИС на примере БС.

Метод

В работе приведен опыт построения объемной МКМ для пород со сложным компонентным составом на примере БС для полного, условно «расширенного» и стандартного комплексов ГИС с калибровкой на данные анализа керна.

- По данным полного комплекса ГИС (максимально расширенного комплекса ГИС для БС) с применением спектрометрического гамма-каротажа (СГК), нейтронного гамма-каротажа спектрометрического (НГКс), бокового каротажа (БК), акустического (интервальное время продольной ДТп и поперечной волн ДТс) каротажа и плотностного гамма-гамма каротажа (ГГКп) с включением дополнительного уравнения вида «керн-керн».
- По данным условно «расширенного» комплекса ГИС (БК, ДТп, ДТс, ГГКп) с настройкой петрофизических констант на выделенные керновые макрокомпоненты по данным анализа керна.
- По данным стандартного комплекса ГИС (гамма-каротаж (ГК), нейтронный-каротаж (НК), БК) с настройкой петрофизических констант на модель по данным условно «расширенного» комплекса ГИС.

Породы БС по керну состоят преимущественно из 12 компонентов. Так как на имеющемся комплексе ГИС определить все 12 компонентов, слагающих скелет породы и заполняющие поры флюиды, затруднительно, было предложено укрупнить МКМ с учетом близости свойств минералов и УВ, в результате чего получена 7-компонентная МКМ.

При наличии полного комплекса ГИС объемная МКМ строится с адаптацией петрофизических коэффициентов на семикомпонентную укрупненную МКМ на керне на основе регрессионно-корреляционного анализа [1] в условиях робастности определения опорной выборки скважин и ограничений диапазонов искомых значений для осуществления условия физичности полученного решения. В качестве границ петрофизических констант для минеральных компонент используются значения из литературных источников [1, 2-3]. С использованием настроенных петрофизических констант построение 7-компонентной объемной минеральной модели выполняется на основе системы из 15 петрофизических уравнений.

Ограничение данного подхода состоит в том, что полный комплекс ГИС имеется на малом количестве скважин, причем не во всех из них проводились комплексные исследования керна, необходимые для дополнительной верификации построенных по данным ГИС моделей. Основное преимущество подхода в том, что он позволяет рассчитать максимально достоверную и самосогласованную модель на всем объеме имеющихся данных.

В случае построения минеральной модели с использованием условно «расширенного» (4 метода) или стандартного (3 метода) комплексов ГИС, стандартный подход не работает, так как методов меньше, чем компонентов. Поэтому было выполнено сжатие укрупненной МКМ на керне с помощью кластерного анализа до четырех макрокомпонентов и построение МКМ для макрокомпонентов с дальнейшим «возвратом» к укрупненной МКМ.

Алгоритм выделения макрокомпонент основан на кластеризации методом k-средних [4, 5] и сжатии данных на основе неотрицательного матричного разложения. Исходное содержание минералов представляется через линейную комбинацию макрокомпонентов. При этом число макрокомпонентов подбирается с учетом имеющихся методов ГИС и достаточности макрокомпонентов для описания исходных данных. На основе выбранных макрокомпонентов каждый образец керна представляется как смесь четырех макрокомпонентов, что в свою очередь позволяет более точно выражать содержание минералов образцов керна, не относящихся к «чистому» макрокомпоненту. Общий вид связи макрокомпонентов и минералов имеет вид:

$$V_{макрi}=a_{ij}V_j, \quad (1)$$

где $V_{мак\,p_i}$– объемные доли макрокомпонентов; V_j – объемные доли укрупненных компонентов; a_{ij} – коэффициенты линейного разложения на макрокомпоненты.

В случае настройки объемной минералогической модели на стандартный комплекс ГИС существуют сложности, связанные с нормализацией кривых НК и ГК, что может привести к росту погрешности модели. Поэтому при отсутствии полного комплекса ГИС был предложен двухшаговый метод, основанный на построении непрерывной модели по условно «расширенному» комплексу ГИС с настройкой петрофизических констант на выделенные макрокомпоненты на первом шаге и настройкой модели по стандартному комплексу ГИС уже на непрерывную модель по условно «расширенному» комплексу ГИС на втором шаге.

Так, при наличии условно «расширенного» комплекса ГИС петрофизические константы по кривым настраиваются на макрокомпоненты, выделенные на керне. Диапазоны настройки констант подбираются из литературных источников [1, 2-3] с учетом содержания минералов/укрупненных компонентов в каждом макрокомпоненте. Далее петрофизические коэффициенты рассчитываются аналогично настройке при полном комплексе ГИС. Критерием качества найденных констант является сопоставимость исходных значений ГИС и синтетических, рассчитанных по макрокомпонентам на керне. Уравнение для построения объемной минералогической модели по условно «расширенному» (стандартному) комплексу имеет вид (2). Возврат из полученной непрерывной модели макрокомпонентов в МКМ выполн яется при помощи коэффициентов линейного разложения на макрокомпоненты.

$$Y=a_1V_{макр\,1}+a_2V_{макр2}+a_3V_{макр3}+a_4V_{мак\,p\,4} \quad (2)$$

где a_i– адаптированные петрофизические константы; Y – соответствующие методы ГИС.

Настройка петрофизических констант модели по ограниченному (стандартному) комплексу ГИС (БК, НК, ГК) осуществляется на непрерывные макрокомпоненты по условно «расширенному» комплексу ГИС. Диапазоны настройки констант пересчитываются аналогично расчетам при наличии условно «расширенного» комплекса ГИС. Вид уравнения для построения объемной минералогической модели по стандартному комплексу ГИС совпадает с формулой (2).

Точность МКМ на основе представленного подхода будет ниже по сравнению с моделью, построенной напрямую на более полном комплексе ГИС, так как часть информации теряется при переходе от большего количества минералов к меньшему количеству макрокомпонент. Однако преимущество данного подхода состоит в том, что он позволяет построить МКМ на меньшем комплексе ГИС по сравнению с количеством минеральных компонентов в разрезе.

Примеры

На рисунках 1а и 2б приведены примеры объемной МКМ на условно «расширенном» и стандартном комплексах ГИС [6], соответственно. Под Кп_дин понимается пористость по газу до экстракции, под VS1дэ – объемная доля S1 (мг УВ/г породы) до экстракции (сорбированные углеводороды (УВ) открытых пор и подвижные УВ закрытых пор).

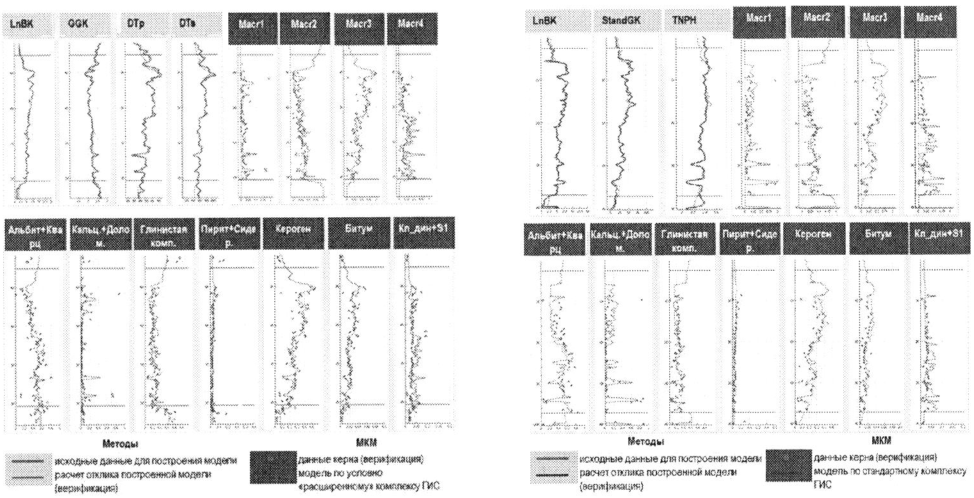

а) б)

Рисунок 1. *Пример объемной МКМ на условно «расширенном» и стандартном комплексах ГИС*

Прогнозная способность модели по стандартному комплексу ГИС приемлемая и потенциал применения выше по сравнению с условно «расширенным» или полным комплексами ГИС, что обусловлено наличием стандартного комплекса ГИС на подавляющем большинстве (90%) скважин.

Выводы

В работе приведен опыт построения объемной МКМ для пород со сложным компонентным составом на примере БС как для полного и условно «расширенного» комплексов ГИС, так и для ограниченного стандартного комплекса.

При отсутствии полного комплекса ГИС предложен двухшаговый метод, основанный на построении непрерывной модели по условно «расширенному» комплексу ГИС с настройкой петрофизических констант на выделенные макрокомпоненты на первом шаге и настройкой модели по стандартному комплексу ГИС уже на непрерывную модель по условно «расширенному» комплексу ГИС на втором шаге. Основная ценность данного подхода состоит в том, что он позволяет построить МКМ на меньшем комплексе ГИС по сравнению с количеством минеральных компонент в разрезе.

Полученная объемная МКМ была использована для прогноза потенциально продуктивных интервалов по БС посредством применения алгоритма методов машинного обучения (дерево решений). Надежность прогноза продуктивных и непродуктивных зон признана удовлетворительной (86%). Полученные результаты могут быть в дальнейшем использованы как входные данные для петроупругого моделирования БС, задач сейсмической интерпретации, а также для прогноза текущего нефтегенерационного потенциала, количества присутствующих в поровом пространстве углеводородов (как сорбированных, так и свободных), индексов хрупкости и продуктивности с дальнейшим выходом на прогноз продуктивных толщин.

Благодарности

Основные результаты данной работы были получены при участии безвременно покинувшего нас кандидата технических наук Надеждина Олега Владимировича. Мы с теплотой и благодарностью вспоминаем годы плодотворной совместной с ним работы.

Библиография

1. Дахнов В.Н. Геофизические методы определения коллекторских свойств и нефтегазонасыщения горных пород. – 2-е изд., перераб. и доп. – М.: Недра, 1985. – 310 с.
2. Физические свойства горных пород и полезных ископаемых (петрофизика). Справочник геофизика / Под ред. Н.Б. Дортман. – 2-е изд., перераб. и доп. – М.: Недра, 1984. – 455 с.
3. Schlumberger, Log Interpretation Charts, 2009 Edition. Appendix B. – 293 p.
4. Hartigan J.A., Wong M.A. A k-means clustering algorithm // Applied Statistics, 1979, № 28, pp. 100-108.
5. Дж. Ту, Р. Гонсалес «Принципы распознавания образов», Москва: Издательство «Мир», 1978. – 414 с.
6. Особенности построения объемной минералогической модели для пород со сложным компонентным составом / Надеждин О.В. [и др.] // Нефтяное хозяйство. – 2020. – №5. – С.36-41.

References

1. Dakhnov V.N., Geofizicheskie metody opredeleniya kollektorskikh svoystv i neftegazonasyshcheniya gornykh porod (Geophysical methods for the determination of reservoir properties and oil and gas saturation of rocks), Moscow: Nedra Publ., 1985, 310 p.
2. Fizicheskie svoystva gornykh porod i poleznykh iskopaemykh (petrofizika). Spravochnik geofizika (Physical properties of rocks and minerals (petrophysics). Geophysics Reference): edited by Dortman N.B. Moscow: Nedra Publ., 1984, 455 p.
3. https://archive.org/details/2009EditionLogInterpretationCharts/mode/2up
4. Hartigan J.A., Wong M.A., A k-means clustering algorithm, Applied Statistics, 1979, V. 28, pp. 100–108.
5. Tou J.T., Gonzalez R.C., Pattern recognition principles, Addison-Wesley, 1974.
6. Peculiarities of building volume mineralogical model for rocks with complex component composition / Nadezhdin O.V. [et al.] // Oil industry. – 2020. – №5. – P.36-41.

Решение задачи сейсмической инверсии на основе машинного обучения в многовариантной постановке

А.Ю. Дегтерев* (ООО «ИРМ»)

Введение

С 90-х годов прошлого века в нефтегазовом геологическом моделировании все шире применяется многовариантный подход, при котором геологическая модель включает набор равновероятных реализаций, описывающих возможное строение геологической среды. Данный подход позволяет учесть имеющуюся в данных неопределенность и получить прогноз интересующих параметров в многовариантной форме [1].

В современной практике геологического моделирования 3D сейсморазведка занимает ведущее место среди площадных геофизических методов по детальности получаемой информации. Современные результаты сейсморазведки позволяют решать задачи не только структурной интерпретации, но во многих случаях также и прогноза фильтрационно-емкостных свойств пород (ФЕС). Полученное по сейсмическим данным прогнозное распределение ФЕС часто используется как тренд при 3D-интерполяции свойств, контролируя изменчивость свойств в межскважинном пространстве.

Одним из наиболее совершенных подходов к прогнозу свойств на основе сейсмических данных является сейсмическая инверсия, позволяющая прогнозировать значения ФЕС без необходимости расчета множества сейсмических атрибутов и перебора их комбинаций. В последнее время достигла значительных успехов инверсия на основе машинного обучения (ML-инверсия), которая при правильной организации архитектуры алгоритма обучения может существенно превосходить классическую петроупругую инверсию по своей прогнозной силе [2]. Полученное в результате ML-инверсии «трендовое свойство» может настолько хорошо соответствовать скважинным данным, что дальнейшая интерполяция свойств фактически сводится лишь к устранению незначительных невязок модели относительно скважинных данных.

Теория

Одной из особенностей ML-инверсии является наличие выраженных стохастических черт, поскольку результат прогнозирования существенным образом зависит от незначительных изменений параметров алгоритма. Это является проблемой при использовании полученного прогнозного свойства в качестве детерминированного тренда, поскольку случайно взятая стохастическая реализация начинает рассматриваться как модель общей закономерности. В силу своей стохастической природы информация о закономерной изменчивости свойств в одиночной модели тренда неизбежно осложняется наложенными искажениями, и при использовании такой в качестве детерминированного тренда эти искажения будут также воспроизведены и во всех реализациях модели. Очевидным решением проблемы является переход к полностью многовариантному решению задачи сейсмической инверсии, с тем чтобы разные реализации модели свойств использовали решения ML-инверсии, полученные при различающихся параметрах прогнозирования (Рисунок 1а, 1б). При таком подходе стохастическая природа ML-инверсии из недостатка данного подхода превращается в его преимущество.

Примеры

Для демонстрации данного подхода использовался алгоритм ML-инверсии на основе многослойного перцептрона с регуляризацией по Тихонову, реализованный в отечественном программном комплексе моделирования месторождений тНавигатор. В качестве исходных данных использовался суммированный сейсмический куб во временном домене и привязанные к нему данные прогнозной пористости по скважинам. Для этих данных были найдены оптимальные параметры прогнозирования, обеспечивающие баланс между качеством прогнозирования и приемлемым временем счета. Использовалось 3 слоя по 20 нейронов и коэффициент регуляризации по Тихонову 0.001, параметры обучения и семплирования выборки использовались со значениями, рекомендуемыми по умолчанию. Реалистичность полученных результатов оценивалась методом перекрестной проверки непосредственно при прогнозировании, а также визуально по скважинам и на сечениях (Рисунок 2).

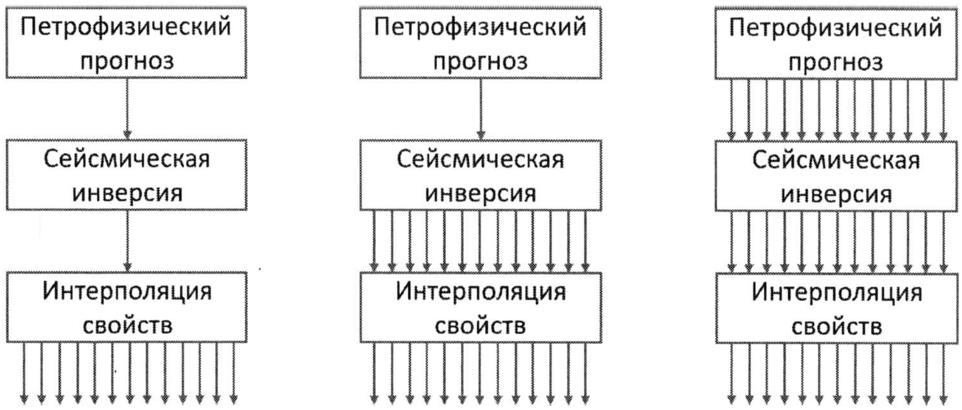

Рисунок 1. *Слева – традиционный подход к моделированию на основе результатов сейсмической инверсии, в центре – решение задачи ML-инверсии в многовариантной постановке, справа – решение задачи ML-инверсии в многовариантной постановке с учетом петрофизической неопределенности.*

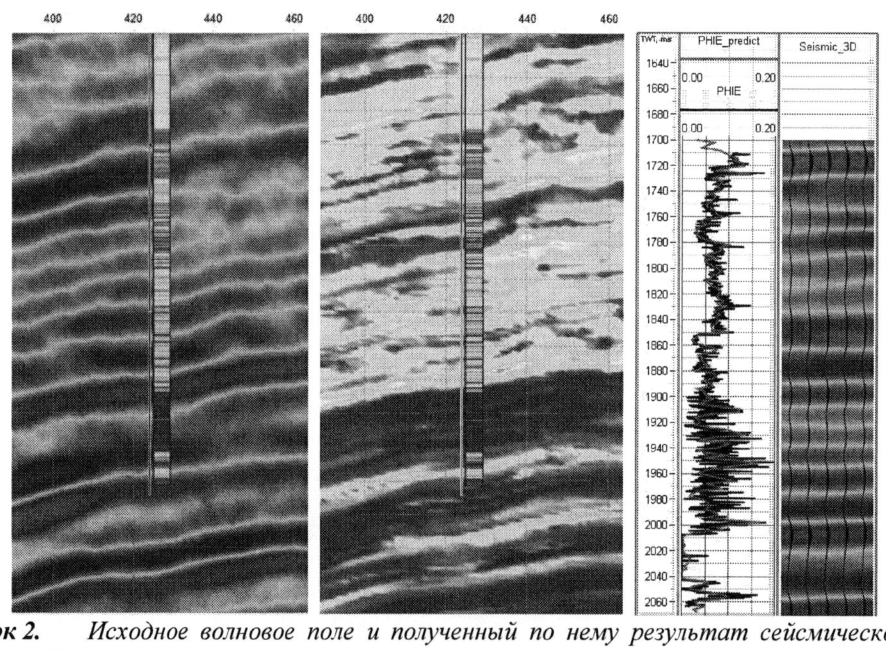

Рисунок 2. *Исходное волновое поле и полученный по нему результат сейсмической ML-инверсии. Справа – планшет по приведенной скважине, демонстрирующий сопоставление прогнозной пористости и исходных данных.*

Влияние небольших изменений параметров ML-инверсии хорошо демонстрирует сопоставление результатов, полученных при одних и тех же настройках прогнозирования и отличающемся значении Seed (Рисунок 3).

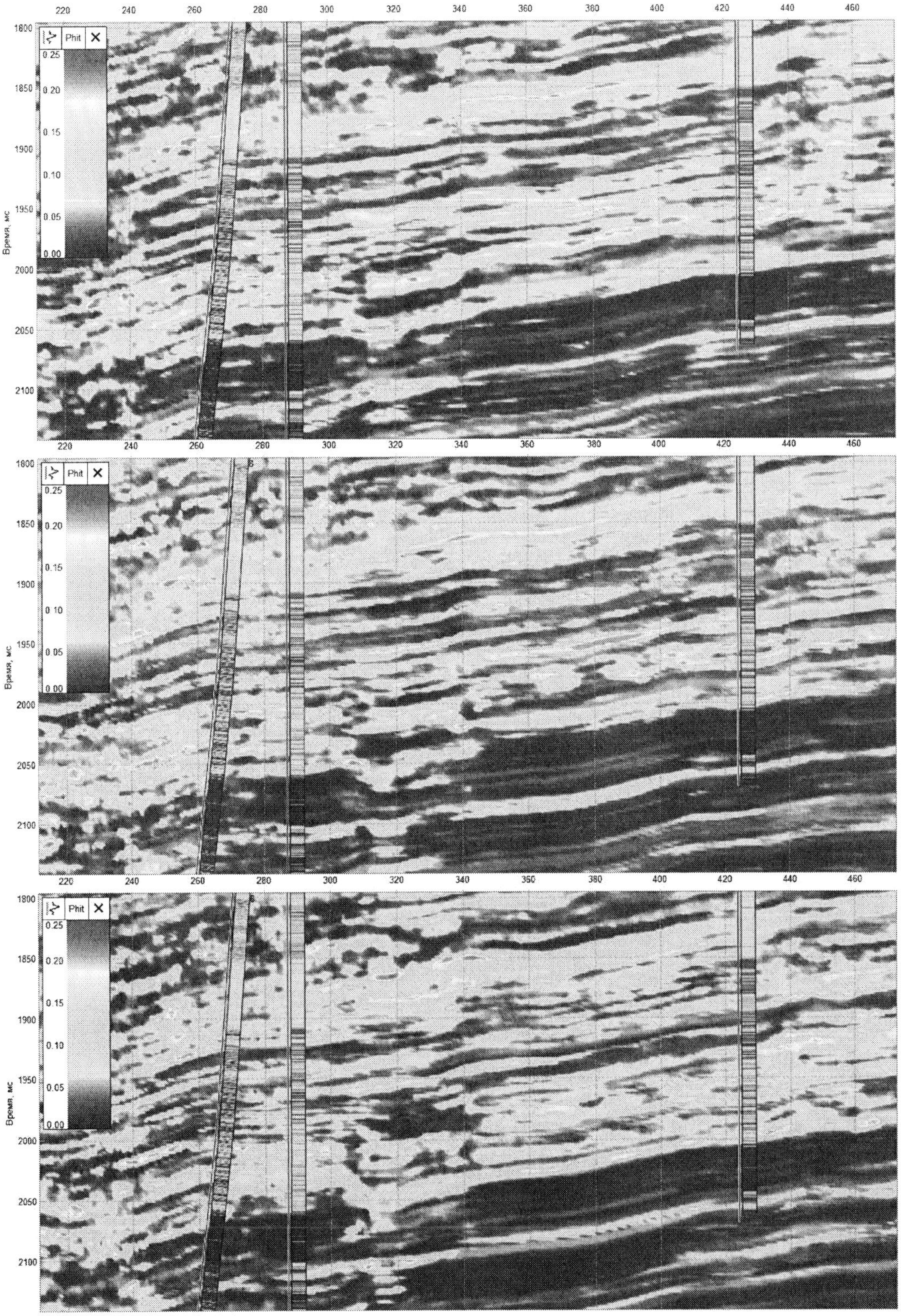

Рисунок 3. *Пример прогноза пористости с помощью ML-инверсии с использованием одних и тех же параметров прогнозирования и отличающемся значении Seed.*

Видно, что эти результаты имеют достаточно ощутимые отличия. При изменении таких параметров, как число слоев, число нейронов в слое, коэффициент регуляризации, параметры семплирования при перекрестной проверке и т.д. получаемые результаты различались еще более существенно. Чтобы учесть влияние всех этих параметров, необходимо сначала на тестовых запусках экспертно подобрать диапазоны варьирования управляющих параметров, а затем задать их в качестве изменяющихся в этих диапазонах переменных в многовариантном эксперименте. Аналогичный способ используется при задании управляющих параметров метода Amazonas, используемого для прямого прогноза свойств по скважинным данным [3]. Существенной особенностью, отличающей подбор параметров ML-инверсии, является зависимость некоторых параметров обучения друг от друга, что не позволяет подбирать их оптимальные значения независимо, а требует оценить также и их взаимовлияние. В минимальном виде итоговый многовариантный эксперимент может варьировать только параметры прогноза фильтрационно-емкостных свойств на основе имеющегося волнового поля и сейсмических данных. Более совершенный способ предполагает также и варьирование параметров петрофизического прогноза (Рисунок 1в), поскольку петрофизическая неопределенность для многих месторождений является главным фактором неопределенности, наибольшим образом влияющим на объемы и запасы месторождения [4].

При необходимости использования только одного трендового свойства может использоваться результат осреднения нескольких реализаций, полученных с разными параметрами прогнозирования. В отличие от задачи интерполяции свойств, где осреднение нескольких реализаций может приводить к значительному размытию свойств и получению ошибочного прогноза, не соответствующего ни одной из реализаций, осреднение нескольких реализаций прогноза ML-инверсии является лишь процедурой подавления шумов. Но, поскольку наиболее ресурсоемким этапом является само получение набора реализаций ML-инверсии, всю работу с ними целесообразно вести полностью в многовариантной форме.

Выводы

Приведенный пример наглядно демонстрирует, что параметры выполнения сейсмической ML-инверсии действительно являются значимым фактором неопределенности, который должен варьироваться при многовариантном моделировании. Из-за стохастической природы ML-инверсии использование только одной версии прогноза свойств может приводить к значимому смещению прогнозных результатов по всему ансамблю реализаций и получению смещенных оценок по такой модели.

Библиография

1. Дегтерев А.Ю. [2023] Перспективы использования многовариантного моделирования для подсчета запасов и оптимизации геологоразведочных работ. *Геология и Недропользование*, 2(12), 55-68 https://www.gkz-rf.ru/nedropolzovanie/zhurnal-geologiya-i-nedropolzovanie-no12-avgust-2023g

2. Priezzhev I. [2020] New age, Kolmogorov full functional neural network usage for nonlinear predictive seismic inversion. *Saint Petersburg 2020* (1), 1-5

3. Degterev A., Bondarev A., Topchii M. [2023] Improvement Possibilities for The Open Geological Model of The Groningen Field. *SPE Reservoir Characterisation and Simulation Conference and Exhibition*, 24–26 January 2023, Abu Dhabi, UAE. SPE-212591-MS

4. Дегтерев А.Ю., Бондарев А.В, Топчий М.С, Гурьева А.Н. [2024] Оценка вклада различных факторов неопределенности в общую неопределенность моделирования на примере месторождения Гронинген. *БайкалГео'24* (1), 1-5

References

1. Degterev A [2023] Prospects for using multivariant modeling to calculate reserves and optimize geological exploration work. *Geology and Subsoil Use*, 2(12), 55-68
2. Priezzhev I. [2020] New age, Kolmogorov full functional neural network usage for nonlinear predictive seismic inversion. *Saint Petersburg 2020* (1), 1-5
3. Degterev A., Bondarev A., Topchii M. [2023] Improvement Possibilities for The Open Geological Model of The Groningen Field. *SPE Reservoir Characterisation and Simulation Conference and Exhibition*, 24–26 January 2023, Abu Dhabi, UAE. SPE-212591-MS
4. Degterev A., Bondarev A., Topchii M, Guryeva A. [2024] Assessing the contribution of various uncertainty factors to the overall modeling uncertainty using the example of the Groningen field. *BaikalGeo'24* (1), 1-5

Прогноз флюидонасыщения коллекторов викуловской свиты с помощью иерархических нейронных сетей

Д.А. Данько* (Губкинский университет), И.И. Приезжев (ООО «Лаборатория Приезжева», Губкинский университет), А.В. Шубин (Губкинский университет)

Введение

Революционное развитие машинного обучения в различных областях науки сделали его одним из основных инструментов анализа данных, решения сложных задач и принятия решений. Благодаря своей относительной универсальности подходы машинного обучения могут быть адоптированы и использованы в смежных областях исследований. В том числе в интерпретации геолого-геофизических данных для целей прогноза перспективных нефтегазоносных объектов.

Для решения таких задач нами был предложен метод, относящийся к иерархическим нейронным сетям [2], который является серьезной альтернативой нейросетевым технологиям с глубоким обучением и имеет ряд преимуществ, таких как: скорость обучения, распознавание объектов с низкой степенью подобия, способность к генерализации и дообучению.

Опробование предложенного метода было выполнено на одном их месторождений Красноленинского свода Западно-Сибирской нефтегазоносной провинции. В качестве объекта исследования рассматривались терригенные отложения викуловской свиты верхнеаптских-нижнеальбских отложений нижнего мела. Нефтеносность свиты на изучаемом месторождении связана с коллекторами пластов $ВК_1$, $ВК_{2-3}$, представленными алевро-песчаными, песчано-алевритовыми разностями, неравномерно чередующимися и переслаивающимися по разрезу.

Наличие огромных объемов геолого-геофизической информации, накопленной за более чем 30-летнюю историю разработки викуловской свиты в пределах Красноленинского свода является настоящим вызовом не только для стандартных подходов количественной интерпретации данных сейсморазведки, но и для поиска перспективных неструктурных нефтегазоносных объектов при помощи нейронных сетей.

Метод иерархических нейронных сетей

Предложенный нами подход иерархических нейронных сетей основан на использовании метода «ближайших соседей» с предварительной кластеризацией исходного обучающего массива и построением поискового кластерного дерева решений. Для прогноза коллекторских свойств и флюидонасыщения в задачах количественной интерпретации данных сейсморазведки предложенный метод может быть представлен в следующем виде (*рисунок 1*):

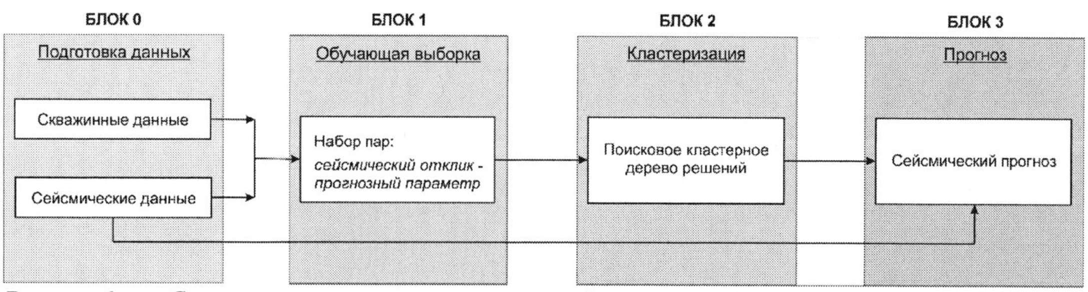

Рисунок 1. *Схема применяемых иерархических нейронных сетей*

Более подробное описание метода иерархических нейронных сетей приведено нами в работе [2].

Прогноз нефтенасыщения в коллекторах викуловской свиты

Изучаемые пласты $ВК_1$, $ВК_{2-3}$ викуловской свиты имеют линзовидное строение и характеризуются обширными переходными водонасыщенными зонами и повышенным водосодержанием пород. Это приводит к высокой обводненности при эксплуатации месторождений и низкой подтверждаемости начальных геологических и извлекаемых запасов нефти [1]. Поэтому основным целевым параметром для количественного прогноза по данным сейсморазведки в пределах Красноленинского свода, помимо пористости, является нефтенасыщение коллекторов викуловской свиты.

Стоит отметить, что задача прогноза флюидонасыщения по сейсмическим данным зачастую является невыполнимой из-за множества факторов, включающих качество регистрации и обработки сейсмических волновых полей, незначительного влияния петрофизических свойств пород на сейсмический отклик, схожесть упругих свойств большинства видов нефти и пластовой воды. Поэтому выводы о возможности прогнозирования флюидонасыщения по данным сейсморазведки, включая использование нейронных сетей, должны быть сделаны по результатам сейсмического моделирования и сопоставления полученных результатов с реальными сейсмическими данными.

В работе [4] авторами показана зависимость амплитуд сейсмического волнового поля на изучаемом месторождении со значениями нефтенасыщенных толщин в 290 скважинах. Объясняется это тем, что алевро-песчаные породы викуловской свиты характеризуются достаточно выдержанными по площади литологическим составом и пористостью. Поэтому упругие свойств и, следовательно, амплитуды волнового поля чувствительны к смене порового флюида. Это является достаточным обоснованием для прогноза нефтенасыщения по сейсмическим данным, в том числе, с использованием нейронных сетей.

Одна из основных проблем использования нейронных сетей при количественной интерпретации сейсморазведки является геологическое обоснование полученного прогноза. Зачастую математические оценки результата нейронных сетей показывают высокую степень и достоверность прогноза. Однако геологически осмыслить полученный результат достаточно проблематично, либо он не согласуется с результатами классических методов интерпретации, таких как атрибутный анализ.

Поэтому, в представленной работе, для сравнения и верификации предложенной методики иерархических нейронных сетей был использован результат оценки нефтенасыщения, полученный с использованием петроупругой инверсии [3]. Стоит отметить, что петроупругая инверсия применялась авторами с тем же набором сейсмических и скважинных данных, на которых выполнялось опробование иерархических нейронных сетей. Полученные сейсмогеологические результаты были доложены и защищены в компаниях-недропользователях, а также представлены в научных публикациях [3, 4, 5].

Обучение предложенного нами алгоритма нейронных сетей выполнялось по 30 скважинам с рассчитанными непрерывными кривыми нефтенасыщения в интервале викуловской свиты и набору сейсмических данных, включающих частично-кратные суммы (5^0, 15^0, 25^0, 35^0 и 45^0), их амплитудные, амплитудно-частотные атрибуты, а также кубы AVO интерсепта и градиента. Для проверки полученного нейросетевого прогноза использовались 7 скрытых скважин с кривыми нефтенасыщения и 1250 скважин со значениями эффективных нефтенасыщенных толщин. На *рисунке 2* показано сопоставление разрезов нефтенасыщения, рассчитанных с помощью иерархических нейронных сетей (*рисунок 2а*) и апостериорного среднего нефтенасыщения, полученного по методике петроупругой инверсии (*рисунок 2б*). Скважины, представленные на разрезах, в прогнозах обоих подходов не участвовали и использовались только для верификации полученных результатов. Количественный анализ показал, что оба метода дали сопоставимые по ошибкам и точности результаты прогноза: общий коэффициент корреляции петроупругой инверсии составил 0.66, иерархических нейронных сетей – 0.71.

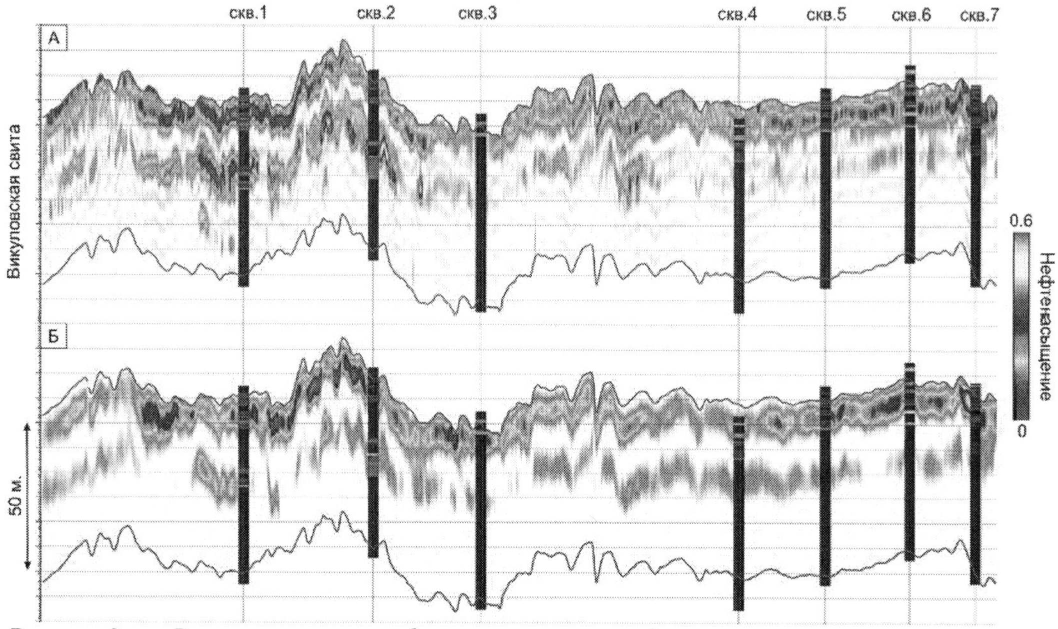

Рисунок 2. *Разрезы прогнозов нефтенасыщения, проходящие через проверочные скважины: а – по результату иерархических нейронных сетей; б – по результату петроупругой инверсии*

На *рисунке 3* представлены карты средних значений нефтенасыщения в интервалах $ВК_1$ - $ВК_{2-3}$ также рассчитанные по двум рассматриваемым методам. Сопоставление прогнозных карт приведено со значениями эффективных нефтенасыщенных толщин. Необходимо уточнить, что расчет выполнялся по всей площади сейсмической съемки, составляющей 1700 км^2. Однако, из соображений конфиденциальности результаты в данной работе показаны в ограниченной области с измененной геометрией съемки.

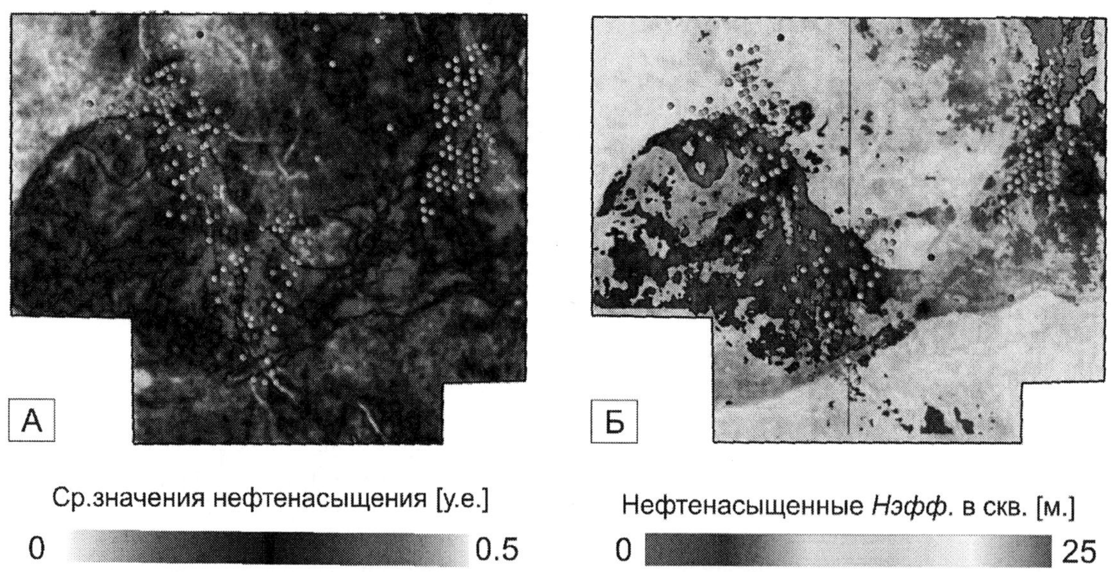

Рисунок 3. *Карты средних значений нефтенасыщения в интервалах $ВК_1$-$ВК_{2-3}$: а - по результату петроупругой инверсии; б – по результату иерархических нейронных сетей*

Сравнения, приведенные на *рисунках 2* и *3*, показывают геологическую схожесть полученных результатов, а также подтверждаются проверочным набором скважинной информации. При этом, время, затраченное на получение прогноза с использованием иерархических нейронных сетей, гораздо ниже, чем при использовании инверсионных подходов. Например, время расчета для нейронных сетей по всей изучаемой площади (1700 км^2) в интервале викуловской свиты составило примерно 1 час 30 минут. Расчет только петроупругой инверсии по имеющимся кубам акустического импеданса и отношения Vp/Vs составляет около 2 суток. Это показывает существенное преимущество использования иерархических нейронных сетей при решении геологических задач, особенно в условиях сжатых сроков выполнения производственных проектов.

Выводы

Представленный нами алгоритм иерархических нейронных сетей является серьезной альтернативой нейросетевым технологиям с глубоким обучением и имеет ряд преимуществ: в скорости обучения, идентификации объектов с низкой степенью подобия, способности к генерализации и дообучению. Предлагаемый метод позволяет выполнить одношаговые вычисления без использования целого ряда сложных программных комплексов для решения промежуточных задач. Это существенно снижает вероятность допущения субъективной человеческой ошибки в процессе нейросетевого прогноза по сравнению с такими многоэтапными методами, как сейсмическая амплитудная инверсия и петроупругая инверсия.

Опробование метода иерархических нейронных сетей на реальных данных Западно-Сибирской нефтегазоносной провинции показало эффективность и быстроту прогноза нефтенасыщения в интервале викуловской свиты по сравнению с инверсионными подходами количественной интерпретации данных сейсморазведки при достаточно схожих геологических результатах. Это характеризует предложенный метод иерархических нейронных сетей как эффективный инструмент количественной интерпретации данных сейсморазведки для решения геологических задач.

Благодарности

Выражаем благодарность нашим коллегам из РГУ нефти и газа (НИУ) им. И.М. Губкина, МГУ им. М.В. Ломоносова, ПАО НК «Роснефть» и ПАО «Лукойл» за возможность опробования разработанного алгоритма иерархических нейронных сетей на реальных данных и публикации полученных результатов.

Библиография

1. Медведев А.Л. Аптские врезанные речные долины Каменной площади Западной Сибири: региональные аспекты нефтегазоносности // Нефтегазовая геология. Теория и практика, 2010. Т.5. №3. С. 1 – 27;
2. Приезжев И.И., Данько Д.А., Трофимук А.В., Онищенко А.Н. Иерархические нейронные сети в задачах количественной интерпретации данных сейсморазведки // Геомодель 2024: тезисы докл. конф. (Геленджик, 9 - 12 сентября 2024 г.);
3. Шубин А.В., Кляжников Д.В., Рыжков В.И. Петроупругая инверсия: прогноз пористости и флюидонасыщения викуловской свиты // Геофизика, 2020. №6. С. 31-41;
4. Шубин А.В., Кляжников Д.В., Рыжков В.И. О возможности прогноза нефтенасыщенности терригенного коллектора по сейсмическим данным // Геомодель 2023: тезисы докл. конф. (Геленджик, 4 - 7 сентября 2023 г.);
5. Shubin A., Klyazhnikov D., Ryzhkov V. Rock Physics inversion for fluid saturation and porosity prediction // Second EAGE Conference on Seismic Inversion. European Association of Geoscientists & Engineers, 2022. Т. 2022. №. 1. Pp. 1-5.

Иерархические нейронные в задачах интерпретации данных сейсморазведки

И.И. Приезжев* (ООО «Лаборатория Приезжева», Губкинский университет), Д.А. Данько (Губкинский университет), А.В. Трофимук (ООО «Лаборатория Приезжева»), А.Н. Онищенко (ООО «Лаборатория Приезжева»)

Введение

Нейросетевой прогноз коллекторских свойств изучаемых пластов по геолого-геофизическим исследованиям применяется многими компаниями и постепенно становится стандартной процедурой. Ранее для детального прогноза коллекторских свойств по данным сейсморазведки и скважинным измерениям (ГИС) нами был предложен алгоритм Колмогоровских нейронных сетей [4]. На практике применение нейронных сетей Колмогорова или классических нейронных сетей рекомендовано, когда количество скважин на площади исследований не превышает 20–30, а мощность целевых интервалов не очень большая и ограничена одним продуктивным пластом. Однако, при постановке задачи прямого прогноза, обучающий массив может быть огромным. Это типично для проектов с большим количеством скважин и наличием сейсмических данных, представленных на значительных площадях или имеющих высокую кратность. В этом случае для прогноза коллекторских свойств требуется большая многослойная нейронная сеть, которую будет очень сложно обучить, а сам процесс обучения будет занимать достаточно продолжительное время, что не всегда возможно в условиях сжатых сроков выполнения проекта.

В данном докладе мы предлагаем использовать новый тип иерархических нейронных сетей, основанный на совокупности различных подходов: нейронных сетях Кохонена [2], иерархической кластеризации и методе «ближайших соседей». Такой метод имеет ряд преимуществ: в скорости обучения, идентификации объектов с низкой степенью подобия, способности к генерализации и дообучению.

Метод иерархических нейронных сетей

Предположим, что обучающее множество для нейросетевого прогноза состоит из набора пар (X, Y), где X – вектор значений, характеризующий свойства или характеристику объектов (вектор признаков объектов); Y – вектор значений прогнозного параметра. Для получения прогноза по тестируемому объекту достаточно найти похожий объект из обучающего множествами.

Существует два основных метода решения таких задач. Первый и наиболее простой метод – это метод «*ближайшего соседа*», когда применяется прямой перебор со сравнением всех объектов из обучающего множества. Этот метод может быть очень затратным по времени, если обучающее множество будет большим. Другие методы машинного обучения, включающие нейронные сети, выполняют «обобщение» или «сжатие» обучающего множества в процессе обучения, для ускорения поиска прогнозного значения. Нейронную сеть можно рассматривать как быстрый параллельный способ получения прогноза, на основе ее предварительного обучения.

Для ускорения поиска «ближайшего соседа» существуют множество методов, например метод построения графа для иерархического поиска [3]. Нами предлагается применение подобного метода с использованием последовательной кластеризацией исходного обучающего массива и построении дерева кластеров. Для этой цели исходный массив обучения разделяется на заданное количество кластеров на основе известного алгоритма «кластеризации без учителя» Кохонена [2] с использованием вариантов проекции многомерного пространства Kohonen 1D, Kohonen 2D, Kohonen 3D [5]. Исходный обучающий массив разделяется на заданное количество кластеров, а затем каждый частичный массив в свою очередь также делится на кластеры. Таким образом, строится дерево кластеров, которое используется для существенного ускорения поиска «ближайшего соседа» или нескольких «ближайших соседей». Если выполнять деление на два кластера для каждого узла, то можно получить бинарное поисковое дерево. Деление на большее число кластеров позволяет строить сложные поисковые деревья с появлением «листьев» (конечных узлов дерева) на различных уровнях. Если задать минимальное количество объектов в «листьях», то глубина дерева может определяться автоматически, альтернативно максимальная глубина задается заранее. При построении таких поисковых деревьев используются рекурсивные алгоритмы. По аналогии с нейронными сетями этап получения дерева кластеров можно приравнять к этапу обучения нейронных сетей. При таком построении не используются значения прогнозного параметра, поэтому такое обучение является достаточно быстрым и однопроходным. Главное отличие от процесса обучения нейронной сети, где требования к вычислительным ресурсам растет квадратично от сложности нейронной сети и размера обучающего множества, обучение иерархической нейронной сети имеет линейную зависимость требований к вычислительным ресурсам в зависимости от сложности сети (количества слоев) и размера обучающего множества.

В задачах прогноза свойств коллекторов нефти и газа по данным скважинных измерений и сейсморазведки предлагаемый метод может быть представлен в виде схемы, состоящей из следующих блоков (*рисунок 1*):

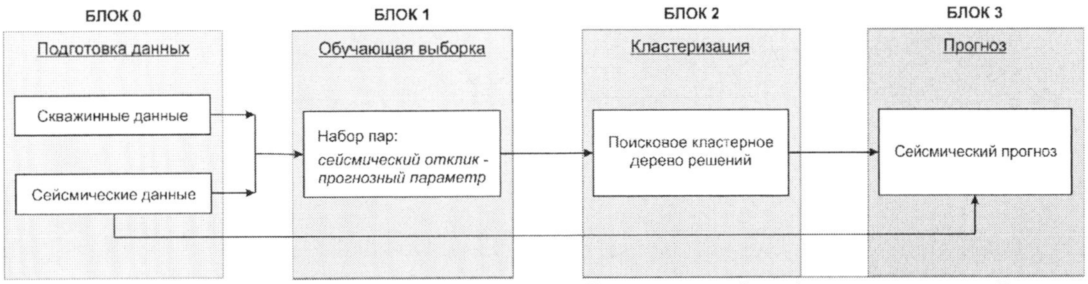

Рисунок 1. *Схема применяемых иерархических нейронных сетей в задачах прогноза свойств коллекторов нефти и газа по данным скважинных измерений и сейсморазведки*

Примеры опробования метода иерархических нейронных сетей

Для выполнения задач прогноза коллекторских свойств по данным сейсморазведки и ГИС также можно использовать обучающий набор данных с парами: «*вопрос – ответ*», где «*вопрос*» – сейсмический отклик вокруг ячейки анализа и «*ответ*» – значение прогнозных свойства в ячейке. Схема расположения таких пар «*вопрос – ответ*» показана на *рисунке 2*.

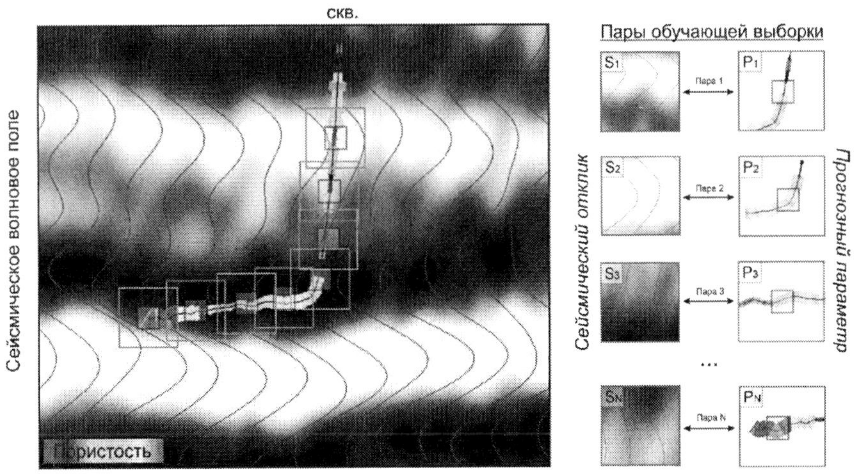

Рисунок 2. *Принцип формирования обучающей выборки с использованием скважинных и сейсмических данных*

Построение поискового кластерного дерева решений выполняется по набору сейсмических откликов из пар «*вопрос – ответ*», сформированных ранее (*рисунок 2*). В начальном («корневом») узле дерева решений входной набор сейсмических откликов разделяется на заданное количество кластеров. Далее в последующем внутреннем узле дерева каждый кластер верхнего уровня разделяется на кластеры нижнего уровня и таким образом до самого нижнего уровня - «листьев» дерева решений.

Далее выполняется прогноз целевых параметров по всему набору сейсмических данных с использованием метода «ближайших соседей» на основе поискового кластерного дерева решения, созданного на предыдущем шаге. В результате сейсмическому отклику присваивается значение целевого прогнозного параметра в соответствии с парами обучающей выборки (*рисунок 3*).

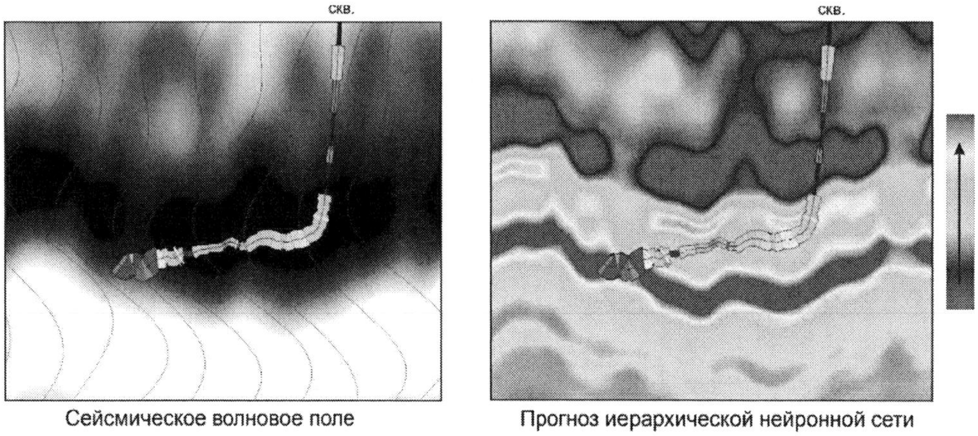

Рисунок 3. *Пример прогноза пористости иерархической нейронной сети по сейсмическим данным*

Примеры опробования предложенного метода иерархических нейронных сетей на реальных данных Красноленинского свода Западной Сибири показаны нами в работе [1], представленной на данной конференции.

Дискуссия

Помимо направления количественной интерпретации сейсморазведки предложенный метод иерархических нейронных сетей может быть использован в отличных от нефтегазового сектора областях науки. Например, метод тестировался и в задачах распознавания рукописных символов на известном наборе данных MNIST (*Modified National Institute of Standards and Technology*). База данных MNIST содержит 60000 изображений рукописных символов с размером 28x28 пикселей для обучения и 10000 изображений для тестирования. По обучающему набору символов выполнялось построение поискового кластерного дерева решений, которое использовалось для поиска подобных изображений из тестового набора (*рисунок 4*).

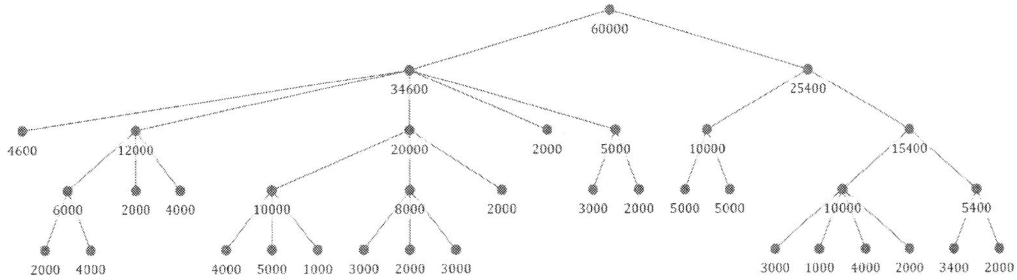

Рисунок 4. *Пример прогноза пористости иерархической нейронной сети по сейсмическим данным*

При использовании полного массива обучения без разделения на кластеры время поиска ближайших соседей для всех тестируемых символов составляло 80.41 минута с ошибкой распознания 369 символов (3.69%). После построения поискового кластерного дерева решений, состоящего из 10 кластеров на каждом уровне и с глубиной дерева до 5 уровней, прогноз по тестовому набору затратил 0.12 минуты, что в 670 раз быстрее! Однако выросла и ошибка распознавания до 564 символа (5.64%) из-за неоднозначности деления на кластеры.

Заключение

Предлагаемая технология распознавания объектов на основе иерархического поиска «ближайших соседей» с целью прогноза их параметров является серьезной альтернативой нейросетевым технологиям и имеет ряд преимуществ: скорость обучения, идентификация «непохожих» объектов, генерализация и дообучение.

Метод иерархических нейронных сетей был опробован на реальных данных Западно-Сибирской нефтегазоносной провинции и показал эффективность и быстроту прогноза нефтенасыщения [1]. Это характеризует предложенный метод иерархических нейронных сетей как эффективный инструмент количественной интерпретации данных сейсморазведки для решения геологических задач.

Библиография

1. Данько Д.А., Приезжев И.И., Шубин А.В. Прогноз флюидонасыщения коллекторов викуловской свиты с помощью иерархических нейронных сетей // Материалы конференции «Геомодель 2024». Геленджик, Геомодель Развитие, 2024.
2. Kohonen T. Self-organizing maps. Heidelberg, Springer Berlin, 2012, 502 p. doi: 10.1007/978-3-642-56927-2
3. Malkov Y.A., Yashunin D.A. Efficient and robust approximate nearest neighbor search using hierarchical navigable small world graphs // IEEE, 2018, 42(4), p. 824 – 836. doi: 10.1109/TPAMI.2018.2889473
4. Priezzhev I.I. New age, Kolmogorov full functional neural network usage for nonlinear predictive seismic inversion // Материалы конференции EAGE Saint Petersburg 2020. Saint Petersburg, Russia, 2020.
5. Priezzhev I.I., Veeken P.C.H., Egorov S.V., Nikiforov A.N., Strecker U. Seismic waveform classification based on Kohonen 3D neural networks with RGB visualization // First Break, 2019, 37(2), p. 37 – 43. doi: 10.3997/1365-2397.2019012

Комплексный подход интерпретации карбонатного разреза с применением методов машинного обучения в условиях ограниченных данных

А.В. Марков* (ООО «РН-БашНИПИнефть»), А.А. Казарян (ООО «РН-БашНИПИнефть», Уфимский Университет Науки и Технологий), И.Д. Латыпов (ООО «РН-БашНИПИнефть»)

Введение

Карбонатные отложения являются одним из наиболее распространенных типов геологических структур, содержащих значительные запасы нефти и газа. В пределах Волго-Уральской нефтегазоносной провинции значительная доля извлекаемых запасов нефти сосредоточена в карбонатных объектах пермского, верхне- и средне- каменноугольного возрастов. Такие отложения являются одними из наиболее перспективных для разработки, однако особенности их геологического строения и изменчивость свойств пород создают сложности при определении продуктивных интервалов.

С каждым годом выработанность месторождений становится все больше, возникает вопрос о поиске пропущенных интервалов, незатронутых разработкой [1]. Как вам известно, основная проблема заключается в том, что существует большой фонд старых месторождений, разработка которых началась в 60-70 гг. XX века. На подобных месторождениях расширенный комплекс представлен на 1% скважин от всего фонда, а керн отобран только в объектах разработки.

Традиционный петрофизический подход основан на керновой информации. На неразрабатываемых объектах этот подход неприменим из-за недостатка исходных данных.

Возникают вопросы: что делать? Как выделять продуктивные интервалы на новых объектах интереса? Отбирать керн? Записывать расширенный комплекс ГИС? Но на старых месторождениях объемы нового бурения крайне малы или отсутствуют вовсе.

Целью работы является выделение продуктивных коллекторов в карбонатных отложениях, в условиях ограниченного набора данных геофизических исследований скважин (ГИС) при помощи современных методов анализа данных и методов машинного обучения (machine learning – ML) с привлечением информации с месторождений аналогов.

Для достижения данной цели поставлены и решены основные задачи: 1. разработка автоматизированного алгоритма определения разрушенных участков ствола скважины; 2. подбор оптимального вида для нормализации гамма каротажа (ГК) и нейтронного каротажа (НК) для задач восстановления расширенного комплекса ГИС; 3. Настройка моделей (весов и гиперпараметров) показаний расширенного комплекса ГИС, рассчитываемых по данным радиоактивного каротажа, для целей петрофизической интерпретации всего фонда скважин в случае ограниченного комплекса геофизических исследований; 4. разработка алгоритма интерпретации карбонатного разреза с учетом литологии горных пород, рассчитанного на основе синтетических показаний расширенного комплекса ГИС.

Метод

В рамках работ разработан алгоритм поиска потенциально продуктивных интервалов, схематически представленный на рисунке 1.

Алгоритм состоит из двух этапов: 1. этап предобработки данных - определение разрушенных интервалов ствола скважины, нормализация ГК и НК, моделирование показаний акустики и плотности; 2. этап интерпретации данных, включающий построение ОЛМ с расчетом пористости на основе модельных показаний и выделение интервалов потенциально продуктивных коллекторов.

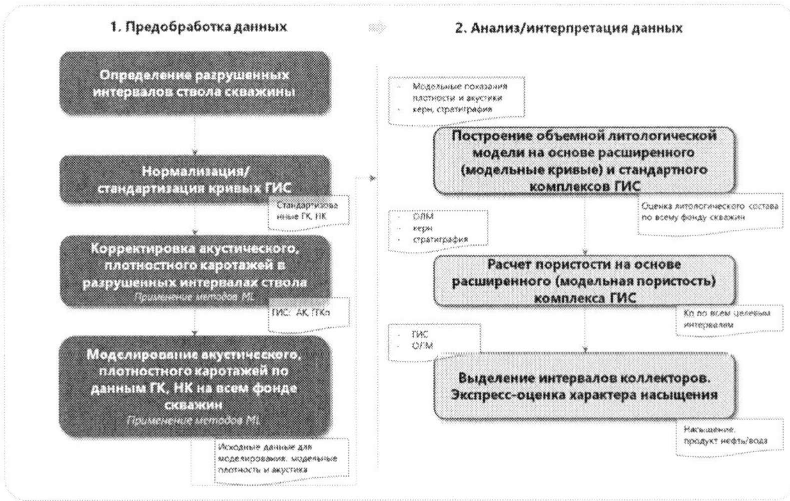

Рис. 1. Схема алгоритма поиска и выделения потенциально продуктивных интервалов

Определение интервалов разрушений скважины

Для исключения влияния каверн и скважинных условий на показания времени пробега продольной волны $\left(\Delta t_p\right)$и плотности (σ) необходимо определить разрушенные интервалы скважины [2]. Разрушенными считаются интервалы, в которых фактический диаметр скважины превышает номинальный с определенной дельтой.

Была решена задача определения номинального диаметра скважины и, как следствие, разрушенных интервалов с применением деревьев решений. При этом учитываются физические ограничения, такие как сохранение и уменьшение диаметра бурового долота с глубиной и наличие глинистой корки.

В результате применения алгоритма рассчитывается номинальный диаметр и разрушенные интервалы, учет который позволяют корректно моделировать показания ГИС. В соответствии с рисунком 2 представлен пример пошагового выполнения алгоритма. Зеленым цветом изображены показания каверномера, красным – результаты выполнения шагов алгоритма, черным – разрушенные интервалы скважины.

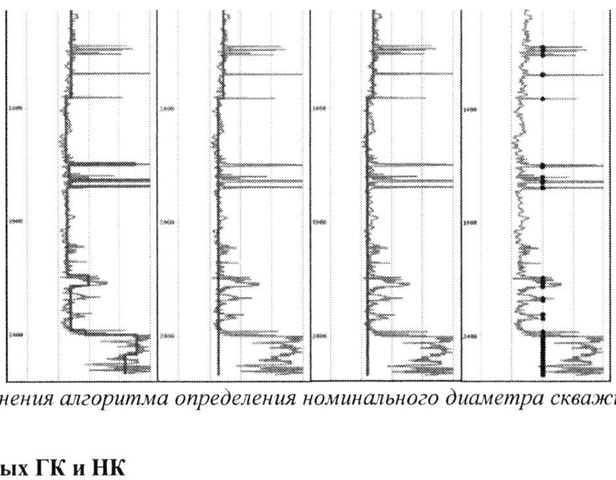

Рис. 2. Пример выполнения алгоритма определения номинального диаметра скважины.

Нормирование данных ГК и НК

Нормировка данных ГИС при моделировании является обязательной задачей, включающей в себя выбор опорных пластов и типа нормализации. В работе разработан автоматизированный алгоритм поиска оптимальной нормировки ГК и НК для дальнейшего моделирования показаний расширенного комплекса ГИС. На первом этапе отбраковываются некачественные данные при помощи локальных моделей.

Затем, настраивается единая модель на опорной выборке скважин. Перебирается все возможные комбинации нормировок и моделируется показания Δt_p и σ в зависимости от каждого способа нормировки. Далее, рассчитываются метрики качества, и выбирается лучшая комбинация нормировок по распределению среднеквадратической ошибки и коэффициента детерминации.

Восстановление показаний Δt_p и σ

Для оценки применимости методов ML определены основные критерии: объем исходной геофизической информации, количество скважин с фактическими Δt_p и σ, равномерное покрытие по месторождению скважин с расширенным комплексом ГИС в целевом интервале. По предварительным оценкам, количество точек каротажной кривой, меньше которых невозможно применение методов ML – 2000, а минимальное количество скважин – 8.

Для настройки и подбора сложности нейросетевой функции проводится подбор гиперпараметров и применяется метод кросс-валидации. Для этого обучающая выборка разбивается на пять разных частей. Такое разбиение дает пять пар сочетаний наборов данных, где на обучающей выборке (train) модель обучается, а на валидационной (val) оценивается ее качество. Для каждой структуры имеется 5 метрик качества коэффициента детерминации (R^2), по которым рассчитываются среднее и дисперсия.

В соответствии с рисунком 3 представлен пример распределения среднего значения и дисперсии R^2 при изменении структуры модели нейронной сети. Синим цветом показана статистика по всем рассмотренным сочетаниям параметров нейросетевой модели, зеленным – выбранная модель, красным – модели, где статистические параметры лучше на тесте чем у выбранной модели, но прогнозная способность хуже.

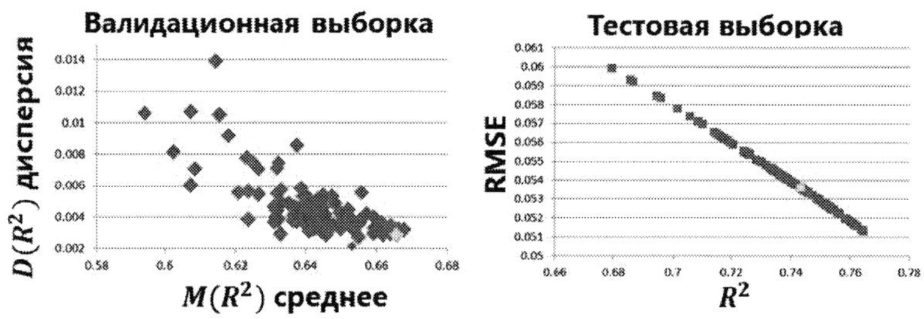

Рис. 3. Распределение среднего значения и дисперсии R^2 при изменении структуры модели.

Оценка пористости, литологии, характера насыщения

Следующим шагом алгоритма является расчет ОЛМ по ГК, водородосодержанию, Δt_p,σ. Расчет ОЛМ позволяет оценить объем пористости (КП) с учетом литологического состава породы. Коэффициенты модели, в виду отсутствия исследований минерального состава породы на керне, берутся из литературных источников с учетом отклика модели на показания ГИС. В завершении алгоритма по рассчитанной КП и удельному сопротивлению пласта (УЭС) определяются коллектор, характер насыщения.

Примеры

Объектом тестирования разработанного алгоритма стал башкирский ярус. Для настройки алгоритмов ML использовано 27 скважины с Δt_p и 8 скважин с σ. В таблице 1 представлены статистические параметры оценки качества моделей Δt_p и σ.

Таблица 1. Статистические параметры моделей Δt_p и σ

Интервал	Вид модели	Тип выборки	R^2	RMSE
Башкирский ярус	НС модель σ с 2 скрытыми слоями [2 1]	Тестовая	0.75	0.05
	НС модель Δt_p с 2 скрытыми слоями [5 1]	Тестовая	0.79	9.58

В соответствии с рисунком 4 представлена скважина с выделенными интервалами коллекторов.

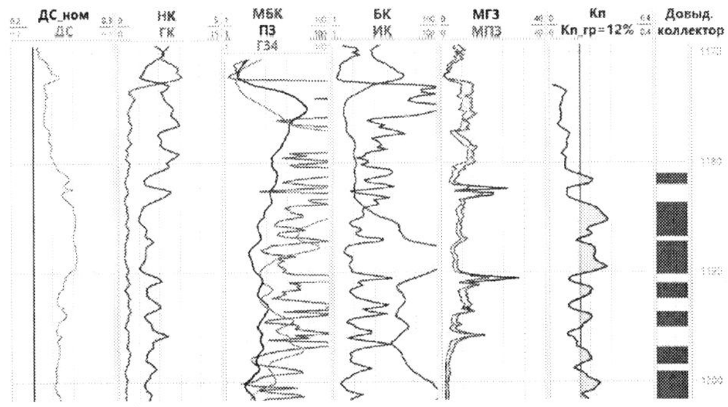

Рис. 4 Пример скважины с довыделенными интервалами коллекторов.

Выводы

В результате работы оценена возможность применения методов ML и определены критерии применимости этих методов: набор исходной геофизической информации, количество скважин с фактическими показаниями Δt_p и σ, равномерное покрытие по месторождению скважин с расширенным комплексом ГИС в целевом интервале.

Разработанный алгоритм и настроенные модели интерпретации при помощи ML показали устойчивость результатов моделирования и повторяемость прогноза коллекторских свойств в карбонатных отложениях. Это позволит нам применять предлагаемый подход для широкого круга мест-й в пределах Волго-Уральской НГП.

Библиография

1. Надеждин О.В., Ефимов Д.В., Миникеева Л.Р., Марков А.В. Опыт применения технологий анализа данных при поиске пропущенных продуктивных интервалов // SPE-191597-18RPTC-MS. – 2018. – https://doi.org/10.2118/191597-18RPTC-MS
2. Казарян А.А., Лубянская Е.А. Подходы к автоматизации поиска интервалов разрушенного ствола скважины при построении интерпретационной модели по данным ГИС // Сборник научных материалов XXIV уральской молодежной научной школы по геофизике. – 2023. – ISBN 978-5-903258-47-5. С.89–93.

References

1. Nadezhdin O.V., Efimov D.V., Minikeeva L.R., Markov A.V. Experience in the application of data analysis technologies in the search for missed productive intervals // SPE-191597-18RPTC-MS. - 2018. –https://doi.org/10.2118/191597-18RPTC-MS
2. Kazaryan A.A., Lubyanskaya E.A. Approaches to the automation of the search for intervals of the fractured wellbore when building an interpretation model from GIS data // Collection of scientific materials of XXIV Ural Youth Scientific School on Geophysics. - 2023. - ISBN 978-5-903258-47-5. C.89-93.

Выделение сейсмических фаций при помощи технологии компьютерного зрения: методология и результаты

А.И. Ахмерова* (ООО «ГридПоинт Дайнамикс»), А.А. Тархов (ООО «ГридПоинт Дайнамикс»), П.А. Авдеев (ООО «ГридПоинт Дайнамикс»), А.К. Базанов (ООО «ГридПоинт Дайнамикс»), И.И. Ефремов (ООО «ГридПоинт Дайнамикс»)

Введение

На сегодняшний день широкое распространение среди методов изучения земной коры получил метод сейсмической разведки. Высокая эффективность данного подхода напрямую повлияла на большое количество фактического материала, полученного в результате исследований МОГТ 3D. Однако важно отметить, что сам процесс интерпретации сейсмических данных является творческой задачей и обладает высокой долей субъективизма. В связи с этим, появляется острая потребность в новых инновационных решениях для комплексной оценки и анализа полученных данных.

Прежде чем переходить к производственным задачам нефтегазовой геологии, очень важно определить пространственное расположение интересующих комплексов, их предполагаемый состав и границы литофациальных зон. Здесь на помощь приходит метод сейсмостратиграфии (Payton et al., 1977). Главная задача сейсмостратиграфического метода – это разделить сейсмический разрез на сейсмические фации, основываясь на конфигурации осей синфазности, непрерывности, амплитудно-частотным характеристикам, отличающимся от соседних комплексов. Существует два подхода к анализу сейсмофаций: качественный (визуальное выделение и анализ сейсмофаций) и количественный (математическая оценка). В рамках данного доклада будет уделено особое внимание качественному анализу.

Качественный сейсмостратиграфический анализ проводится на предварительном этапе изучения. Это позволяет получить пространственные характеристики геологических тел и геологические особенности изучаемой территории. Однако у визуального анализа есть несколько ограничений: высокая степень влияния человеческого фактора, нехватка времени на полное погружение в материал и детальное выделение границ сейсмофаций и корреляции опорных горизонтов. В связи с этим предлагается инструмент выделения сейсмофаций, основанный на технологии глубокого обучения, который существенно дополнит работу эксперта.

Теория

В основе предлагаемой технологии лежит использование метода глубокого обучения, который позволяет обучить модель нейронной сети под конкретную задачу. Глубокое обучение – это разновидность машинного обучения, в рамках которого искусственные нейронные сети обучаются на большом количестве данных. При этом само обучение можно проводить без учителя, с частичным привлечением учителя и полностью с учителем. Для инструмента выделения сейсмофаций использовался подход обучения с учителем, где учителем выступает эксперт-интерпретатор.

Основой модели является сверточная нейронная сеть. Сверточная нейронная сеть – это класс нейронной сети, который позволяет распознать объект на изображении при помощи процесса свертки, что является основой для компьютерного зрения. Компьютерное зрение – это область искусственного интеллекта, позволяющая классифицировать, локализовать, детектировать и сегментировать объекты на изображении.

Для корректной работы модели очень важна выборка данных, на которой будет обучаться модель. Для данного инструмента основной информацией для обучения являются реальные сейсмические данные: сейсмический куб проекта. Обучение на реальных данных позволяет эксперту-интерпретатору регулировать количество классов сейсмофаций, учитывать особенности волнового поля для каждого класса, закладывая их в модель, а также существенно влиять на работу инструмента, обучая модель конкретно под свои геологические задачи.

Архитектура сверточной нейронной сети состоит из кодировщика, слоев свертки и декодировщика. При обучении на вход через кодировщик подаются сейсмические данные без размеченных сейсмофаций и далее проходят через свертку. И на выходе, через декодировщик должны выйти данные с такой разметкой сейсмофаций, которые подал на вход учитель. Для того, чтобы результат модели в точности совпадал с ожидаемым, подбираются параметры модели или веса. Далее эти веса сохраняются и могут быть использованы для расчета куба вероятности сейсмофаций. Сохраненные веса модели можно использовать и для расчета данных на соседних территориях со схожим геологическим строением.

Метод

Методика получения модели выделения сейсмофаций полностью определяется размеченными данными, которые подает на дообучение эксперт интерпретатор. Однако прежде чем переходить к разметке необходимо дать визуальную оценку данным: выделить региональные отражающие границы, поверхности несогласия, а также проанализировать волновую картину внутри сейсмокомплексов. Особенно важно проанализировать исходный сейсмический куб на наличие геологических объектов, таких как: палеоканалы, органогенные постройки, интрузии, соляной диапиризм и так далее. Чем больше сейсмофациальных особенностей удастся выявить при первичном анализе, тем точнее можно получить модель сейсмофаций. После анализа исходного временного или глубинного куба можно переходить к разметке. Для этого необходимо выделить на одном или нескольких вертикальных сечениях контуры сейсмофаций при помощи кисти. Количество сейсмофаций не ограничено. Одна группа вертикальных сечений будет использоваться в непосредственном обучении модели, а вторая группа будет использоваться для проверки качества обучения – валидации.

Разметив сечения и выделив интересующие сейсмофации, можно переходить к процессу обучения. По мере запущенного процесса обучения происходит накопление признаков для каждого класса согласно разметке. Так как принцип компьютерного зрения заложен в модель и является основным, нейронная сеть накапливает визуальные особенности каждой фации: конфигурацию осей синфазности и латеральную прослеживаемость. Результатом обучения является модель, которую можно использовать для расчета атрибута куба вероятности сейсмофаций.

На схеме, отражающей процесс подготовки (рис.1) показано, как имея исходные данные (рис. 1.А.) был проведен анализ волнового поля, рассматривая сейсмический разрез как природное обнажение разреза геологического, данный подход был предложен еще в 1977 году (Mitchum et al., 1977).

При анализе было определено 4 класса, описание разреза сверху вниз (рис.1.Б). Первая сейсмофация представлена параллельными и субпараллельными сейсмическими отражениями, что может указывать на равномерный темп осадконакопления, можно предположить, что вещественный состав данной фации глинистый или глинисто-карбонатный с преобладанием терригенной составляющей. Это будет первый размеченный класс, выделенный синим цветом.

Далее, двигаясь ниже по разрезу мы видим поверхность углового несогласия, которая будет подошвенной границей первой сейсмофации. Следующий класс это сейсмофация с практическим отсутствием отражений, что может говорить об однородном составе, породы слагают ядро предполагаемой синформы и фация размечена соответственно своему структурному расположению.

Следующий класс это крутопадающие, расположенные под углом параллельные и субпараллельные сейсмические отражения, слагающие крыло и замок предполагаемой синформы. Данная сейсмофация утыкается в поверхность кровельного прилегания и граничит с горизонтально залегающей сейсмофацией №1. Данный класс размечен зеленым цветом. И завершающий класс — это хаотичный рисунок сейсмической записи, который занимает большую часть сейсмического разреза, и, вероятно, представлен сильнодислоцированными породами, представляющими складчатый фундамент. После завершения разметки можно подавать данные на обучение.

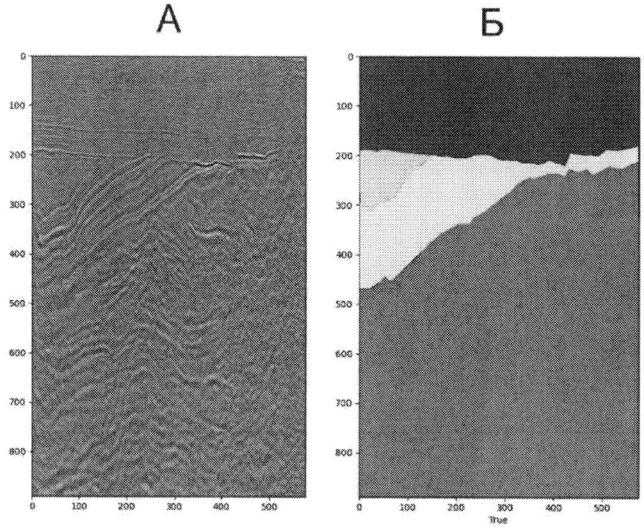

Рисунок 1. *Процесс подготовки данных для обучения. А – исходные сейсмические данные, Б – размеченные данные для обучения*

Обучив модель и сформировав библиотеку признаков для каждого класса, можно переходить к расчету куба вероятности сейсмофаций. Результат предсказания можно видеть на иллюстрации (рис. 2. В).

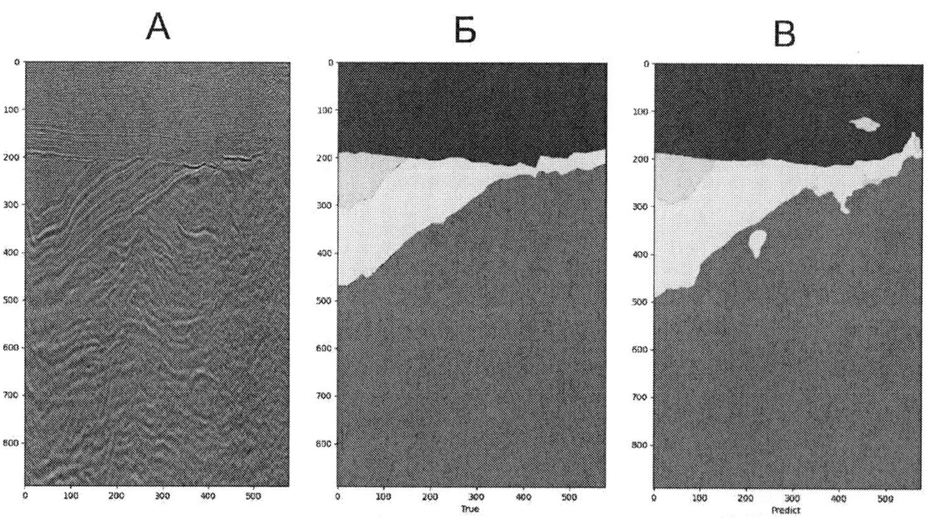

Рисунок 2. *Результаты предсказания на тренировочном сечении. А – исходные сейсмические данные, Б – размеченные данные для обучения, В – результат предсказания модели.*

Для проверки качества был проанализирован результат предсказания модели на тренировочном сечении, которое участвовало в процессе обучения. Было установлено, что размеченные границы сейсмофаций и признаки их наличия успешно были заложены в модель в процессе обучения. Геометрия сейсмофаций соблюдается, и при этом структурная и геологическая суть не искажены и данная группа фаций в разрезе по своей структуре соответствует разметке.

Следующий этап - это проверка качества работы обученной модели на сечении, которое не участвовало в обучении. Результат предсказания продемонстрирован на иллюстрации (рис.3). Важно отметить, что это сечение расположено в крест обучающему.

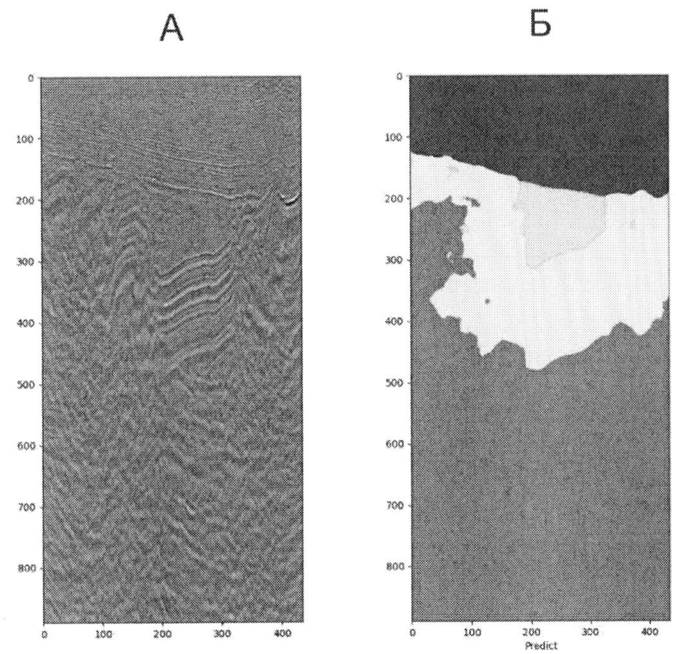

Рисунок 3. *Результаты предсказания модели. А – исходные сейсмические данные, Б – результат предсказания модели.*

По результатам предсказания модели можно сделать вывод, что фация параллельных и субпараллельных сейсмических отражений предсказана верно. Граница несогласия между сейсмокомплексами хорошо прослеживается и представлена наклонной поверхностью, это означает, что геометрия и структурное расположение фации предсказаны верно, несмотря на изменение угла падения по латерали.

Вторая фация, для которой сейсмические отражения практически отсутствуют, предсказана корректно и утыкается в тектонические границы – разломы, заполняя грабенообразную впадину.

Следующая фация, обозначенная ярко-зеленым цветом и представленная крутопадающими параллельными и субпараллельными отражениями на модели предсказания определена верно, однако требует уточнения в комплексе с траекториями предполагаемых разрывных нарушений. Важно отметить, что по результату предсказания можно судить о характере и амплитуде вертикальных смещений.

И завершающий класс сейсмофаций, представленный хаотичной сейсмозаписью, предсказан верно и по результатам предсказания можно судить также о том, что разрывные нарушения продолжаются вниз по разрезу и существенно влияют на структурные особенности сейсмофации.
Таким образом, мы детально рассмотрели методологию обучения на примере. Больше примеров будет представлено непосредственно на докладе.

Выводы

Представленный инструмент выделения сейсмофаций на основе технологий компьютерного зрения позволяет выделить основные сейсмофациальные комплексы и проследить их геометрию по всему сейсмическому кубу. Результат предсказания помогает сделать выводы о латеральном прослеживании сейсмофаций, а также получить основу для понимания тектонической модели изучаемой территории, основываясь на характере смещения и геометрии выделенных сейсмоклассов. Высокая эффективность применения данной технологии открывает большие перспективы для использования и совершенствования данного инструмента в будущем.

Библиография / References

1. *Al-Masgari, A.A.; Elsaadany, M.; Latiff, A.H.A.; Imran, Q.S*. A guideline for seismic sequence stratigraphy interpretation. J. Eng.Appl. Sci. 2021,16, 165–183.
2. *Mitchum, R.M., Vail, P.R. and Thompson, S.* (1977) Seismic stratigraphy and global changes in sea level, part 2: The depositional sequence as a basic unit for stratigraphic analysis. In: Payton, (ed). Seismic stratigraphy: application to hydrocarbon exploration. AAPG-Memoir 26, AAPG, Tulsa, 53-62
3. *Payton C.E.* Seismic stratigraphy – applications to hydrocarbon exploration // 1977. The American Association of Petroleum Geologists. Tulsa. Oklahoma. U.S.A.
4. *Posamentier, H. W.,* 2004, Seismic geomorphology: Imaging elements of depositional systems from shelf to deep basin using 3D seismic data: Implications for exploration and development: Geological Society, London, Memoirs 29, 11–2

Анализ наиболее распространенных сценариев использования искусственного интеллекта в нефтегазовой отрасли

В.И. Булаев* (АО НПФ «Геофизика»)

Введение

Системы, использующие искусственный интеллект (ИИ), машинное обучение и глубокое обучение всё в большей степени входят в нашу жизнь. В последнее время это приобретает лавинообразный характер, и происходит как на бытовом уровне, так и в промышленности. Подобная тенденция характерна в том числе и для нефтегазовой отрасли. Но если еще несколько лет назад сам факт использования ИИ для решения какой-либо задачи придавал много оптимизма, то сегодня ситуация существенно изменилась: кроме дизайна и обучения модели необходимо решать другие вопросы организационно-технического характера.

В настоящий момент публикуется очень много материалов, касающихся применению методов машинного обучения и искусственного интеллекта в различных отраслях. Но практически все работы в большей степени посвящены математическим и техническим аспектам, и не рассматривают базовые вопросы:

- почему для решения конкретной задачи необходимо использовать технологии ИИ;
- как в дальнейшем планируется использовать разработанную систему.

Ответы на данные вопросы позволят определить сценарий использования ИИ в организации и хотя бы приблизительно понять уровень предстоящих затрат.

Теория

На сегодняшний день наибольшее распространение в нефтегазовой отрасли получили следующие сценарии: апробация, научно-исследовательские работы, пилотный проект и промышленное использование. Рассмотрим каждый из них более подробно.

1. Апробация

При использовании данного сценария коллектив сотрудников изучает потенциальную возможность решения практической задачи своей предметной области с помощью какого-либо алгоритма из стека технологий ML/DL/ИИ. Зачастую обучающая выборка может быть небольшой и составлена из тех данных, которые имеются в текущий момент под рукой. Формальная постановка задачи и критерии успешности как правило довольно размытые, либо вообще отсутствуют. В большинстве случаев эксперименты проводятся без строгой формулировки гипотез, без бейзлайнов и без отчетности.

Исследовательская команда в самом экономном варианте может быть представлена всего двумя сотрудниками: специалист по предметной области (геолог, геофизик, инженер по бурению и т.п.) и специалист в области машинного обучения (data scientist, DS).

В рамках этого сценария можно использовать производительный многоядерный персональный компьютер – этого будет вполне достаточно для обучения стандартных моделей машинного обучения на небольшом наборе данных. Если есть необходимость обучать нейронные сети, ранее можно было воспользоваться бесплатными сервисами, предоставляющими доступ к вычислительным ресурсам (в том числе графическим картам) на небольшое время (от нескольких единиц до десятка часов). Однако в последнее время с учетом политической обстановки и вводимых санкций таких возможностей становится все меньше, поэтому лучше иметь локальную видеокарту средней мощности.

Данный сценарий используется в следующих ситуациях:

- ознакомление со стеком современных технологий машинного обучения.
- опробование алгоритмов машинного обучения для решения практической задачи предметной области.
- публикация результатов в научно-популярных изданиях и интернете.
- PR, реклама, и демонстрация того, что организация имеет возможность опробования современных технологий.

Этот сценарий – самый распространенный, т.к. не требует больших затрат для реализации.

2. Научно-исследовательские работы

Этот сценарий предназначен для проведения полноценного научного исследования, которое призвано показать принципиальную возможность либо невозможность решения поставленной задачи с помощью методов машинного обучения.

Работа в рамках данного сценария начинается с системного анализа существующих методов решения задачи, их достоинств и недостатков. В начальной стадии исследования анализируются проблемы классических способов, которые подводят к необходимости опробования алгоритмов искусственного интеллекта. В результате производится строгая формальная постановки задачи. По завершению исследований составляется полноценный научный отчет с подробным описанием полученных результатов и их интерпретацией.

Данный сценарий используется в следующих случаях:

- обоснование целесообразности использования машинного обучение для решения конкретной задачи предметной области.
- тематические исследования, гранты.
- публикация полученных результатов в серьёзных научных изданиях.

Этот сценарий предполагает участие в работе следующих специалистов:

- эксперт в предметной области для постановки задачи, контроля экспериментов и анализа полученных результатов.
- специалист в области машинного обучения для работы с моделями.
- геофизик/геолог для подготовки исходных данных.
- математик для обработки полученной статистики (эту роль может выполнять эксперт предметной области или специалист по машинному обучению).

Для проведения экспериментов в рамках данного сценария необходима высокопроизводительная многоядерная рабочая станция с существенным объемом памяти и мощной графической картой.

Сценарий «НИР» менее распространен по сравнению с «апробацией». Он также более дорогостоящий из-за дополнительных затрат на высокопроизводительной компьютер, найма специалиста по машинному обучению и отрыва специалистов предметной области от своей основной работы на период проведения исследований.

3. Промышленное использование

Для этого сценария существует несколько альтернативных названий: промышленная эксплуатация, производственная эксплуатация, в ИТ-среде также широко распространен термин «продакшен», или сокращенно «прод» / «пром».

Данный сценарий используется для:

- сокращения затрат и повышения прибыли.
- оптимизации бизнес-процессов.
- улучшения бизнес-метрик организации.

Исследовательский коллектив при внедрении машинного обучения в промышленную эксплуатацию выглядит следующим образом:

- системный/бизнес-аналитик, который руководит всем процессом и сводит работу всех команд воедино.
- специалисты по машинному обучению.
- специалисты по предметной области (геологи, геофизики, эксперты).
- опытные технологи, которые могут подсказать узкие места в производстве.
- команда по инфраструктуре: инженеры по работе с данными (DE), системные администраторы, специалисты по безопасности, инженеры ЛВС, интеграторы для увязки моделей с используемым в организации ПО и т.д.

Специфика работы нефтегазового сектора заключается в том, что Заказчик как правило не позволяет передавать свои данные третьим лицам. В связи с чем организации приходится разворачивать свою собственную инфраструктуру, при этом стек используемых технологий выглядит весьма внушительно (рис.1). Поэтому данный сценарий – самый затратный из всех рассмотренных. Более подробно его особенности описаны в работе [1].

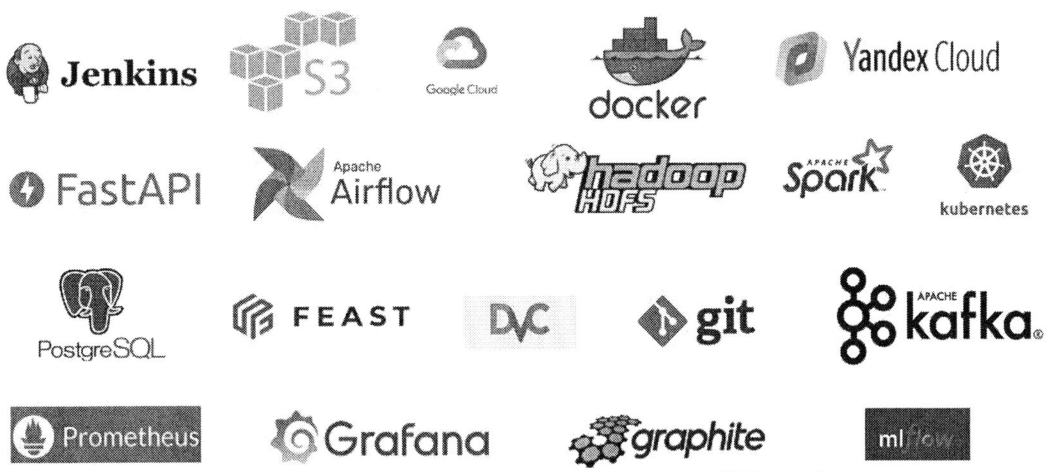

Рисунок 1. *Стек технологий, использующихся при внедрении ИИ в продакшен.*

4. Пилотный проект

Данный сценарий занимает промежуточное положение между НИР и промышленным использованием. Требования к исследовательской команде, аппаратному обеспечению и стеку технологий – аналогично сценарию «продакшен». Для полноценного проведения пилотного проекта необходимо соблюдение следующих условий:

- успешно осуществленные научно-исследовательские работы.

- четко прописанные критерии успешности.
- наличие небольшого подразделения, в котором можно провести пилот без ущерба деятельности организации в целом.
- наличие необходимого количества специалистов и оборудования.

Выводы

Опыт ИТ-отрасли по внедрению систем с использованием машинного обучения, искусственного интеллекта и больших данных показывает, что более 80% проектов не доходят до стадии промышленного использования [2, 3]. Причины такого результата могут быть разные: от некорректно поставленных целей до ошибок при интеграции в контур предприятия.

Для того, чтобы избежать подобных ситуаций, следует использовать опыт коллег из смежных отраслей и учитывать их советы. Один из них – использовать стадийность процесса внедрения:

- на первом этапе проводится апробация.
- при условии успешной апробации, на втором этапе необходимо провести полноценные научно-исследовательские работы.
- если НИР дали положительные результат, на третьем этапе можно провести пилотный проект, затрагивающий небольшую, но репрезентативную часть организации.
- и только при условии успешной реализации всех предыдущих шагов можно переходить к этапу промышленного внедрения.

Несмотря на то, что предложенный подход является долгим и дорогостоящим, тем не менее это самый надежный вариант. Бесспорно, существуют примеры быстрого внедрения систем ИИ в продакшен, но они носят единичный характер и относятся к сфере ИТ. Попытки «быстро и дешево» внедрить машинное обучение на предприятиях реального сектора экономики как правило заканчиваются провалом с последующим неверным выводом о том, что вся технология ИИ не работает.

Библиография

1. Булаев В.И. Особенности внедрения моделей машинного обучения в производственную эксплуатацию // Геофизика. 2022. №4. С. 143-147.
2. Why do 87% of data science projects never make it into production? https://venturebeat.com/2019/07/19/why-do-87-of-data-science-projects-never-make-it-into-production/ (дата обращения: 12.07.2023)
3. Failure rates for analytics, AI, and big data projects = 85% – yikes! https://designingforanalytics.com/resources/failure-rates-for-analytics-bi-iot-and-big-data-projects-85-yikes/ (дата обращения: 12.07.2023)

References

1. Bulaev V.I. Features of untroducing machine learning models into production // Geofizika. 2022. №4. P. 143-147.
2. Why do 87% of data science projects never make it into production? https://venturebeat.com/2019/07/19/why-do-87-of-data-science-projects-never-make-it-into-production/, last accessed 2023/07/12.
3. Failure rates for analytics, AI, and big data projects = 85% – yikes! https://designingforanalytics.com/resources/failure-rates-for-analytics-bi-iot-and-big-data-projects-85-yikes/, last accessed 2023/07/12.

Выделение перспективных золоторудных объектов на территории Российской Федерации – четверть-вековой опыт

А.О. Соболев*, Е.Н. Зенкевич (ООО «Геоконсалт Групп», С. Петербург)

Введение.

Обобщён авторский опыт характеристики золоторудных объектов на территории Забайкальского, Красноярского, Приморского краёв, Амурской, Иркутской области и других регионов. Показан необходимый набор ГИС карт для характеристики каждого региона. Итоговым продуктом является выделение для недропользователя оптимальных участков для приобретения или вхождения в проект.

Метод

Теоретической основой подходов авторов является концепция «рудного узла» как рудоформирующей системы и его характеристика в процессе прогнозно-металлогенического анализа. Под «Рудным узлом» понимается рудоносная часть рудных районов и зон, отчётливо выделяющаяся на фоне слабой минерализации и имеющая размеры от сотни до 1500 км2. Его положение в ряду металлогенических подразделений показано в Таблице 1.

Рисунок 1. Таблица 1 Ранжированный ряд металлогенических подразделений (по [1])

Ранги металлогенических подразделений (базовые размеры)	Рудные полезные ископаемые Металлические, неметаметаллические, др.	Горючие полезные ископаемые (нефгь, газ, уголь, горючие сланцы и др.)
Планетарный (млн.-сотни тыс. км^2)	Планетарные металлогенические пояса, провинции	
Региональный (сотни тыс. км^2)	Металлогенические пояса, провинции	
	Рудоносные пояса, провинции	Нефтегазоносные, угленосные, горюче- сланцевые провинции
Внутрирегиональный (десятки тыс. км^2)	Металлогенические зоны, области, бассейны	
	Рудоносные зоны, области, бассейны	Локальные металлогенические объекты сланцевые области, бассейны
Районы (тыс. км^2)	Рудные районы	Районы нефтегазонакопления, угольные, горючесланцевые
Узлы (сотни км^2)	**Рудные узлы**	Узлы, ареалы нефтегазонакопления, угольные, горючесланцевые
Поля (десятки км')	Рудные поля	Поля нефтегазонакопления, угольные, горючесланцевые
Месторождения (единицы км^2)	Рудные месторождения	Месторождения нефтяные, угольные, горючих сланцев
Тела (десятые доли км^2)	Рудные тела	Залежи нефтяные, угольные, горючих сланцев

Детальное описание принципов выделения рудных узлов дано в монографии «Рудные узлы России», являющейся итогом работ 1998- 2001гг. во Всероссийском научно-исследовательском Геологическом институте им. А.П. Карпинского (ВСЕГЕИ) под руководством проф. Е.В. Плющева , соавтором которой является один из авторов данного доклада [1]. В то же время была создана электронная карта и База Данных. Выделение именно рудных узлов обусловлено тем, что в его объёме геохимические ресурсы пород по конкретному металлу и его запасы в виде рудных скоплений имеют одно-порядковые значения. Рудный узел-это аномально рудоносный блок земной коры в объёме одной или несколько полностью, или частично совмещённых рудо-формирующих систем. Рудный узел может включать одно или несколько месторождений с определёнными минеральными ресурсами и рудоформационной принадлежностью. В объёме рудного узла выделяются рудоносные, рудовмещающие и рудогенерирующие формации. а так же геологические формации участвующие в строении рудного узла металлогеническая роль которых в данный момент может быть не установлена. Основой для выделения и детальной характеристики рудных узлов являлись материалы геологических отчётов по составлению геологических карт масштаба 1:50000 территории РФ второго поколения, реже материалы ГДП-200000 второго поколения.

В дальнейшем работы по выделению перспективных объектов выполнялись следующим образом. К перспективным площадям были отнесены месторождения золота или группа рудопроявлений/точек минерализации с утверждёнными запасами по категориям ГКЗ С2 (и выше) или с рудным суммарным потенциалом геологических ресурсов Р1, Р2, Р3 или авторской оценкой. Размерность объектов определялась критериями заказчика. Перспективные площади могли находиться как в нераспределенном, так и в распределенном фонде недр.

Работы обычно велись в два этапа. На первом проводился анализ минерагенической специализации выбранного региона и выделение основных металлогенических зон и рудных районов с перспективами выявления рудных узлов и рудных полей для постановки геологоразведочных работ (ГРР) на выявление коренных месторождений золота. Был сделан анализ имеющейся МСБ каждого региона (запасы, ресурсы, ведущие горные компании и др.), перспективных рудных районов и металлогенических зон. Был проведён анализ материалов по геологической, геохимической, геофизической изученности, сделано ранжирование и выделены наиболее перспективные объектов в ранге рудных узлов и рудных полей. В конце первого этапа проводилось согласование с Заказчиком перечня объектов для дальнейшего детального анализа.

На втором этапе проводился анализ авторских и фондовых детальных материалов по площадям (рудные узлы, рудные поля), выявленных на первом этапе, выделялись наиболее перспективные участки для постановки детальных работ, формировался перечень участков для реализации различных стадий геологического изучения (анализировались участки как нераспределенного, так и распределенного фонда недр с указанием принадлежности лицензий). Был проведён критический анализ имеющихся запасов и прогнозных ресурсов по выделенным перспективным участкам, дана авторская оценка ресурсного потенциала. В итоге были подготовлены рекомендации по проведению работ в пределах перспективных участков с определением последовательности, методов проведения ГРР, дана примерная оценка затрат на проведение ГРР на перспективных участках. В заключении были подготовлены предложения по лицензированию участков недр и укрупненного календарного плана реализации геологоразведочных мероприятий по объектам потенциального интереса Заказчика.

Пример выделения перспективных участков показан ниже (Рисунок 1):

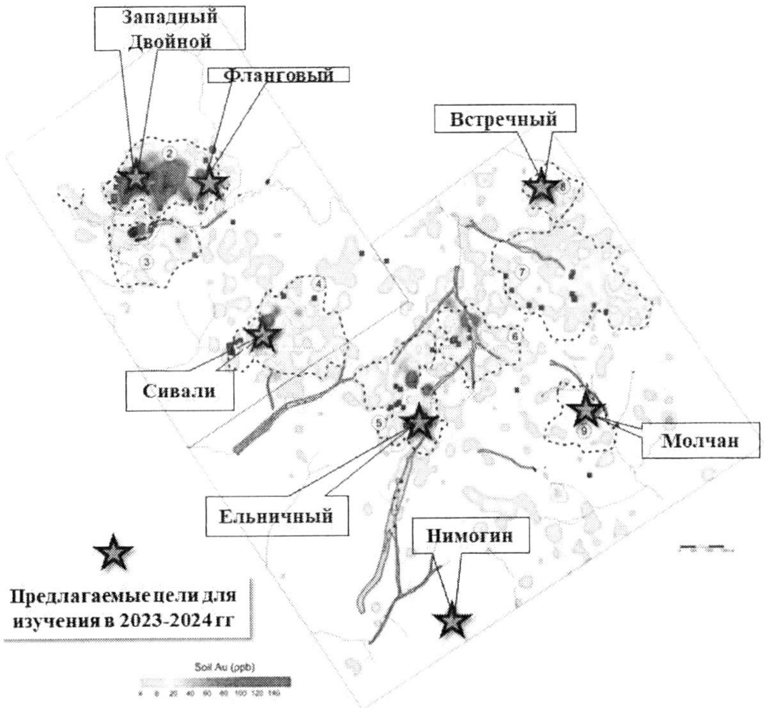

Рисунок 1. *Пример выделения детальных участков на золоторудное оруденение*

Работы включали так же создание графических материалы в формате ArcGIS по каждому региону, в частности:

- - Карты муниципального устройства
- - Карты особо охраняемых природных территорий
- - Геологической карты с условными обозначениями
- - Схемы изученности геолого-съемочными работами масштаба 1:200 000
- - Схемы изученности геолого-съемочными работами масштаба 1:50 000
- - Схемы изученности аэрогеофизическими работами масштаба 1:50 000 - 1:200 000
- - Карты и перечня месторождений золота, увязанные с Государственным балансом запасов РФ
- - Карты лицензионных участков недр на золото и список их собственников.
- - Карты и переченя геологических участков и площадей с прогнозными ресурсами категорий Р1, Р2, Р3 для золота
- - Карты и перечня участков недр (сближенных участков), перспективных для проведения поисковых и разведочных работ на золото.
- - Карты минерагенического районирования и других карт.

Все ГИС-проекты были созданы в ПО ArcMAP версии 10.8 с относительными путями данных. Все карты представлены в равнопромежуточной конической проекции (эллипсоид Красовского), осевой меридиан – 135 градусов. Все карты содержат основной вид, а так же вид с компоновкой и легендой для печати. Названия слоев отражают их содержание. При необходимости, таблицы с перечнями размещены в соответствующей карте папке. Слои содержат необходимую информацию в таблицах атрибутов. Расшифровка всех условных обозначений данных на картах сделаны в формате Arcgis-легенд и расположены в таблице содержания ГИС-карт.

Примеры работ

Первым практическим примером явилось создание Базы данных и Объяснительной записки, по заказу одной из российских горных компаний, по золоторудным рудопроявлениям и месторождениям Приморского Края в 2002 г. В пределах выделенных рудных узлов, одним из авторов доклада было описано 100 объектов и выделено 8 наиболее перспективных рудопроявлений и месторождений для инвестиционных целей.

Далее, в 2006-2009 г. при работе в крупной добычной компании, под руководством одного из авторов, был сделан анализ всех районов Дальневосточного и Сибирского федеральных округов (за исключением Таймырского АО, Саха-Якутия и Читинский области) и выделены, по критериям компании, выделены многочисленные перспективные рудопроявления золота, серебра и меди. При работе были созданы ГИС карты.

Новый этап работ был начат в 2022 г. компанией Геоконсалт Групп и продолжается в настоящее время. Были проанализированы многочисленные рудные узлы в пределах Иркутской и Амурской областей, Приморского, Забайкальского и части Красноярского краёв, Чукотского АО. В итоге созданы актуальные ГИС проекты, в которых содержится многочисленная информация, которая включает, в частности, сведения по изученности, лицензионным площадям и авторским перспективным участкам. Данная информация является основой для планирования Заказчиками своих работ по каждому из регионов.

Выводы

1. Предлагаемый комплексный подход является основным для выделения потенциально рудоносных участков;

2. Основным итогом проводимых работ являются предложения по лицензированию участков недр или возможному приобретению участков с учётом потенциального интереса Заказчика.

3. Компания «Геоконсалт Групп» считает, что на основе выполненных работ и полученных материалов можно выбрать наиболее перспективные участки по золоту по любому из охарактеризованных регионов и готова рассмотреть предложения по аналогичным работам на любые виды рудных полезных ископаемых для любых заказчиков.

Библиография

1. Рудные узлы России. Под ред. Е.В. Плющева. СПб. Издат-во ВСЕГЕИ.2001 , 416 с.

Геологическая модель формирования Муханово-Ероховской впадины южного ответвления Камско-Киннельской системы прогибов.

Авторы: Сосновская Е.Б.* (ООО «СамараНИПИнефть), Шакиров В.А. (ООО «СамараНИПИнефть), Романюк А.Н. (ООО «СамараНИПИнефть), Поливанов С.А(ООО «СамараНИПИнефть).

Введение

Муханово-Ероховская впадина/прогиб (МЕП), это крупная погребенная отрицательная структура, широтного простирания, которая охватывает Оренбургскую и Самарскую области. Северная граница депрессионной части впадины прилегает к склону Южно-Татарского свода (ЮТС), южная граница контролируется тектоно-седиментационной положительной протяженной структурой Кулешевско-Бобровско-Покровского вала. Распространение впадины в восточном направлении ограничивается инверсионной положительной структурой – Восточно-Оренбургским сводовым валообразным поднятием (ВОСП). С целью получения комплексного представления о строении МЕП, оценки перспективности верхнедевонского-нижнекаменноугольного комплекса отложений по площади и разрезу и выделения горизонтов и площадей с высоким нефтематеринским потенциалом была построена 3-х мерная геологическая модель Муханово-Ероховского прогиба. Одним из ключевых этапов моделирования было определение концептуальной схемы формирования впадины, принципиальных стратиграфической и фациальной схем строения. Были учтены особенности структурно-фациальных зон: бортовых с осадками мелководного шельфа и разновременными барьерными рифами, депрессионная зона с карбонатно-кремнистыми отложениями и высоким содержанием органического вещества, также прибортовая склоновая часть впадины со своими особенностями геологического строения.

В процессе работы были учтены региональные работы различных исследователей, которые легли в основу построения концептуальной модели строения МЕП [3].

Кратко, то до настоящего времени существуют различные взгляды на историю формирования МЕП:

- ***тектоническое***: воздымание бортовых зон или прогибания впадины [1].
- ***седиментационное***: внутришельфовая впадина сформировалась за счет наращивания бортовых систем мелководно-карбонатных шельфов барьерными рифовыми комплексами во франско-фаменское время [2].
- ***тектоно-седиментационное***: такие процессы, как тектоническое прогибание, наращивание и проградация бортовых зон с рифовыми системами происходили одновременно [3].

В настоящей работе придерживаемся тектоно-седиментационного генезиса формирования МЕП [3]. Франский период, это начало формирования впадины и относится к тектоно-седиментационному этапу, связанному с раннегерцинским тектогенезом. Последующий этап (фаменский) – седиментационный со сложным сочетанием карбонатных шельфовых осадков, барьерных рифов и забарьерных лагун.

В строении МЕП участвуют три структурно-фациальные зоны, которые учитывались при построении 3Д геологической модели:

• внутришельфовая впадина с иловым конденсированным режимом седиментации и высоким содержанием захороненного органического вещества (ОВ);

• бортовая зона с барьерными органогенными постройками и карбонатными отложениями шельфового мелководья;

• переходная зона – прибортовая, со сложным комплексом осадков склона, включающим отложения карбонатных турбидитов, зернистых конусов выноса и иловозернистых клиноформ, и склоновая зона с карбонатными дебритами.

Этапы развития МЕП и их особенности.

На саргаевское время приходится стадия расширения эпиконтинентального морского бассейна.

В доманиковое время среднего франа обширная морская трансгрессия охватила значительную часть Восточно-Европейской платформы. Благоприятное время для формирования отложений нефтематеринских доманиковых отложений.

Рубеж доманиково-речицкого этапа связан с началом герцинского тектогенеза и протекающими тектоническими процессами в южной части Палеоуральской коллизионной системы. В результате этих процессов на краю плиты формируется субрифтовая система, предопределившая образование ККСП.

Речицкий период прогибание обширной территории, образование бортовых уступов и начало формирования внутришельфовой впадины.

Воронежский этап осадконакопления происходит в условиях повышения ОУМ. Структурно-фациальный палеорельеф МЕП приобретает контрастный характер и бортовые уступы принимают более отчетливые формы. Предположительно, формируются барьерные рифы франского периода, которые еще нужно изучать.

В последующий период позднефранского этапа седиментации на Русской плите окончательно сформировалась система внутришельфовых впадин и обрамляющих их карбонатных платформ.

Комплекс нижнефаменских отложений представляет собой отдельную секвенцию, которая формировалась на протяжении волгоградского, задонского и елецкого времени. С доказанными органогенными постройками барьерного типа, которые контролируют целый ряд месторождений в перекрывающем осадочном чехле.

В среднефаменский этап -карбонатонакопление активизируется в склоновых зонах платформ, что приводит к активной проградации платформы во впадину. В этот же период на этапе трансгрессии ОУМ формируется цепочка барьерных рифов, которые являются корневыми поднятиями для основных месторождений Оренбургской и Самарской областей.

В заволжское время значительная часть зернистого карбонатного материала с бортовых зон перемещается во впадину в виде зерновых потоков и карбонатных турбидитов. Происходит частичная компенсация присклоновых зон впадины.

Рубеж фамен-турне обозначается глобальным перерывом осадконакопления. В бортовых зонах по керну зарегистрированы разнообразные проявления подповерхностного предтурнейского карста.

В турнейское время отмечается значительная проградация карбонатной платформы во впадину. Формируется карбонатный клиноформно-клинотемный комплекс с перспективами формирования неантиклинальных ловушек.

Для построения ***3Д модели франско-фаменских (доманиковых) отложений Муханово-Ероховского прогиба Самарской и Оренбургской областей*** были загружены и сшиты структурные поверхности МОГТ 2Д (21052 пог.км) и 3Д (20510 км^2) среднего девона, турне и фамена, а также тектонические разломы. Проведена детальная скважинная корреляция, основанная на концептуальной модели строения МЕП (1770 скв.).

Этапность построения 3Д геолмодели (рис.1) включает в себя построение: структурного каркаса, литолого-фациальной модели, распределение геолого-геохимических параметров, оценка перспективности доманиковых отложений и геологических ресурсов.

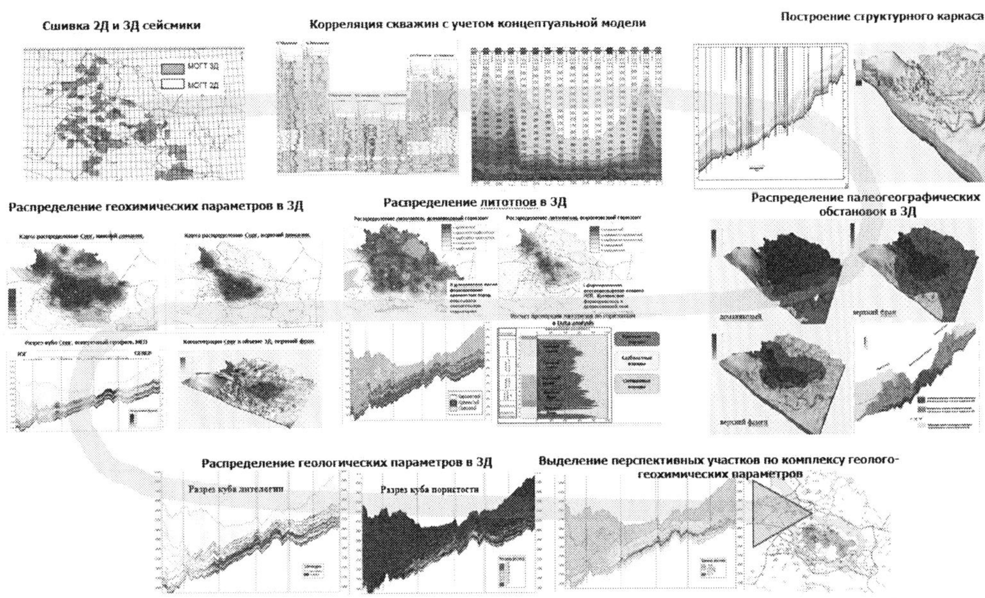

Рисунок 1 - Этапы построения 3Д модели МЕП.

Выводы

1. На основе седиментологии (Вилесов А.П.), керновых исследований, сейсмических данных, региональных работ и событий Восточно-Европейской платформы (Фокин, Никишин), изменение эвстатической уровня моря Русской плиты (Алексеев, 1996г) была проведена реконструкция строения и развития Муханово-Ероховского прогиба на протяжении всего его существования.
2. Концептуальный подход позволил провести детальную корреляцию по скважинным данным. Прослежена проградация карбонатной платформы во времени во внутришельфовую впадину и изменение стратиграфических толщин по площади.
3. Собраны сейсмические исследования по 125 участкам МОГТ 3Д и 2Д. Оцифрованы 30964 тыс.км^2 сейсмики МОГТ 2Д. Сшиты поверхности по трем отражающим горизонтам ОГ D3tm, D3fm, D3t. Также оцифрованы разломы по двум областям, Самарская и Оренбургская.
4. Построена 3Д геологическая модель, определены основные горизонты в депрессионной зоне МЕП с высоким нефтематеринским потенциалом.
5. В литологическом отношении нефтематеринские доманиковые фации верхнедевонско-нижнекаменноугольного возраста представлены глинисто-карбонатными отложениями от чистых карбонатов и силицитов до смешанных с их переходными разностями. Причем, кремнистость увеличивается к осевой части депрессии.
6. В целом территориальное наибольшее распространение Сорг по всему разрезу доманиковой толщи тяготеет к осевой части депрессионной зоны впадины. Отдельно по горизонтам могут быть фрагментарные зоны повышенного содержания

органического вещества. Это результат геологических событий, таких как формирование бортовых зон с их влиянием на литологию и, соответственно, на содержание ОВ, а также значение имеет изменение уровня моря (ОУМ).

7. По фациальным зонам формирование нефтематеринских отложений происходило в относительно глубоководных аноксических условиях, как правило, в депрессионной зоне внутришельфовой впадины МЕП. Карбонаты в основном отлагались в барьерной структурно-фациальной зоне или в прибортовой части МЕП. На склонах бортовой зоны могли формироваться органогеные постройки. На этапах регрессии ОУМ карбонатные турбидиты могли покрывать значительные территории внутришельфовой впадины.

8. Построенная 3Д модель может служить основой для проведения дальнейших исследований и поиска перспектив в отложениях нефтематеринских толщ, а также в традиционных карбонатных коллекторах как в депрессионной зоне впадины, так и бортовых зонах.

Библиография / References

1. Горожанина Е.Н., Горожанин В.М., Заграновская Д.Е., Захарова О.А. О строении Камско-Кинельской системы прогибов // Известия высших учебных заведений. Геология и разведка, 2019. № 3. С. 9-20.
2. Никитин Ю.И. Палеогеографические реконструкции позднедевонского осадконакопления на юге Волго-Уральской провинции в связи с поисками рифовых месторождений нефти // Геология, геофизика и разработка нефтяных и газовых месторождений, 2020. № 8. С. 4 - 18.
3. Шакиров В.А., Вилесов А.П. и др. Особенности геологического строения и развития Муханово-Ероховского прогиба в пределах Оренбургской области. // Геология, геофизика и разработка нефтяных и газовых месторождений, 2021. № 7. С. 5
4. Фокин П.А., Никишин А.М. Тектоническое развитие Восточно-Европейской платформы в девоне-начале карбона // Вестник Московского университета. Геология, 1999. С. 9-20.

Новое направления поиска залежей УВ в карбонатных клиноформах турнейского возраста в пределах Муханово-Ероховского прогиба Оренбургской области.

Авторы: Шакиров В.А.* (ООО СамараНИПИнефть), Сосновская Е.Б. (ООО СамараНИПИнефть), Демин С.В., (ООО СамараНИПИнефть). Соболев В.И. (АО Оренбургнефть).

Введение

В настоящее время одно из актуальных направлений поиска новых залежей УВ в депрессионной зоне Муханово-Ероховского прогиба (МЕП), это карбонатные клиноформные комплексы, сформированные в структурной прибортовой зоне МЕП. Неантиклинальные клиноформные ловушки являются сложными поисковыми объектами и обнаружить их можно только при комплексном, детальном и последовательном анализе сейсмической и геолого-геофизической информации. Как показал углубленный анализ строения и развития Муханово-Ероховского прогиба, наиболее перспективные клиноформы сформировались в турнейское время, когда проградация карбонатной платформы, обрамляющей прогиб с юга, была наиболее интенсивной. Именно для турнейского этапа заполнения внутришельфовой впадины характерны эпизоды поступления в прогиб глинистого материала и формирование пачек флюидоупоров, разделяющих разновозрастные карбонатные клиноформы. Общегеологические предпосылки, а также парагенез конденсированных доманикоидных отложений депрессионной впадины с высоким нефтематеринским потенциалом и неантиклинальных ловушек карбонатных клиноформ, создают благоприятные условия для рассмотрения внутренней прибортовой зоны Муханово-Ероховского прогиба, как перспективной для поиска скоплений нефти в промышленном объеме.

Турнейские клиноформные комплексы МЕП

Перспективность клиноформных зон в нижнекаменноугольных отложениях доказаны результатами бурения по скважиным данным керна, ГИС и испытаниям отмечаются разнообразные нефтепроявления и получены промышленные притоки нефти в различных зонах Камско-Кинельской системы прогибов [1]. Геолого-сейсмическая изученность прибортовой зоны МЕП с развитием перспективных территорий клиноформных комплексов в настоящее время остается крайне низкой. В данной работе представляем один участок, который покрыт современной сейсмикой МОГТ 3D. Этот участок охватывает зону конуса выноса карбонатных турбидитов и фиксирует их дистальную зону, которая погружается в депрессионную часть МЕП с нефтематеринскими породами. Хорошее качество сейсмических исследований Алдаркинского участка в совокупности со скважинными данными позволяет определить и проследить клиноформы нижней части турне.

На рис. 1 представлена обзорная карта с нанесенными полигонами исследований; также нанесены уточненные границы МЕП фаменского и турнейского возраста. Между этими границами предполагается развитие перспективных клиноформ турне. [2]

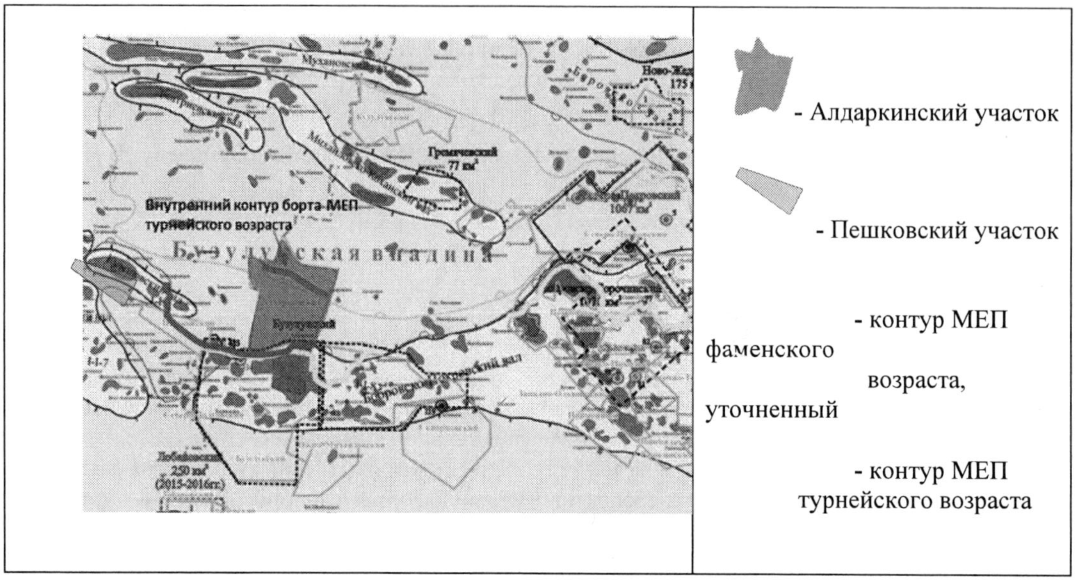

Рис.1 Обзорная карта района работ

Согласно выполненной корреляции и изменения полноты турнейского разреза в бортовых системах наблюдается стратиграфический перерыв на границе девона и карбона. По данным биостратиграфических исследований в разрезе бортовых зон отсутствуют зиганский горизонт верхнего фамена и гумеровский горизонт нижнего турне. Лишь на этапе малевской трансгрессии карбонатная седиментация возобновилась в мелководных зонах карбонатных платформ, обрамляющих МЕП. Это способствовало активной проградации карбонатной платформы во впадину в турнейский период существования МЕП.

На рубеже фаменского и турнейского времени, в период резкого снижения уровня моря, сформировалась маломощная глинистая пачка, обладающая свойствами репера регионального уровня и приуроченная к Хангенбергскому глобальному событию и периоду низкого стояния ОУМ в гумеровское время. Позднее, в турнейский век, произошли еще два глобальных кризиса меньшего масштаба: на рубеже раннего и позднего турне – среднетурнейский (Lower Alum Shale Event) и на границе черепетского и кизеловского времени – позднетурнейский (Mid Aikuanian Event). Именно к этим событиям приурочены резкие изменения в осадконакоплении и формирование глинистых перемычек, способствующих образованию клиноформных ловушек. Помимо перечисленных событий, повлиявших на формирование глинистых перемычек, были еще два менее значимых – снижение ОУМ (согласно эвстатической кривой ОУМ, реконструированной А.С. Алексеевым с соавторами [3] Таким образом, совокупность этих событий и проградация карбонатной платформы во впадину в турнейское время могли сыграть важную роль формирования клиноформных неантиклинальных ловушек. Всего выделено пять клиноформ нижней части турне, которые могут быть перспективными. (Рис.2)

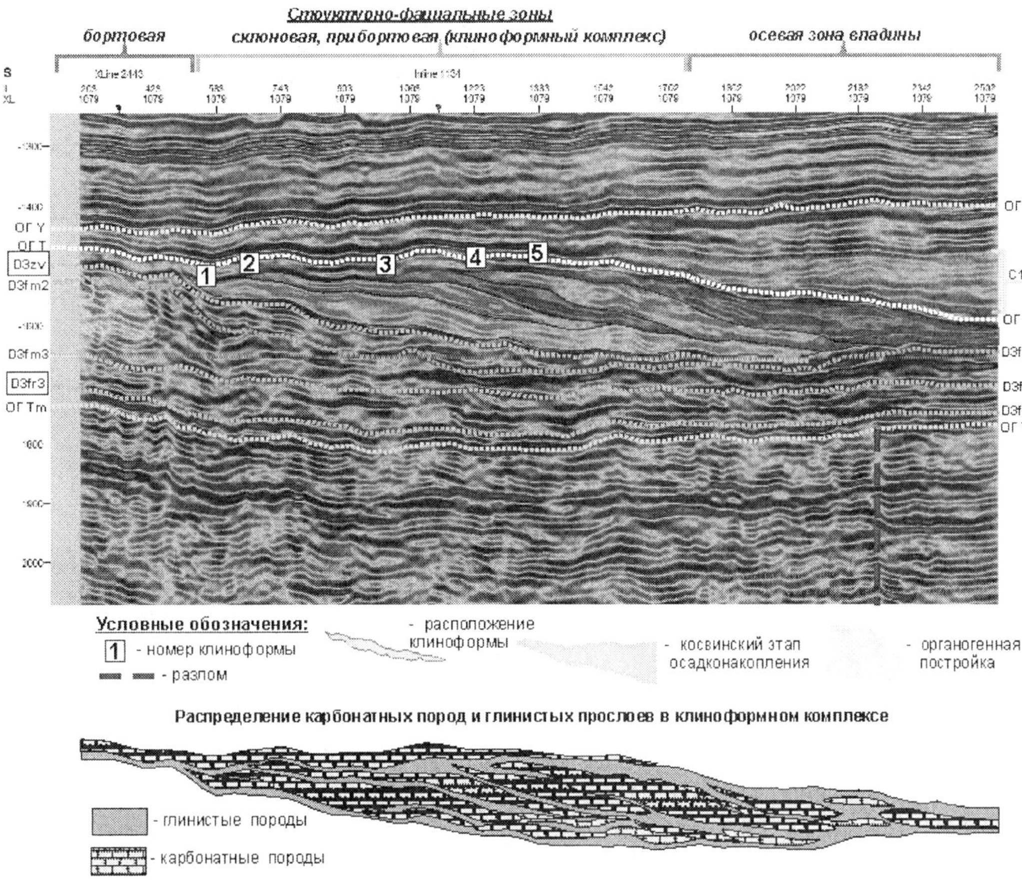

Рис. 2 Модель турнейского клиноформного комплекса в волновом поле на Алдаркинском участке. Номерами помечены разновозрастные клиноформы.

Заключение

Исходя из проведенного комплексного геолого-сейсмического анализа, а также обобщения опубликованных данных, можно сделать вывод, что наиболее перспективным для формирования неантиклинальных ловушек в зоне ККСП (и, в частности, южной прибортовой части МЕП), является нижнетурнейский клиноформный комплекс.

При поисковых работах в нижнетурнейском карбонатном клиноформном комплексе испытания необходимо проводить отдельно в каждой клиноформе, что позволит более точно определить их потенциал по отдельности и корректно оценить запасы.

Непосредственно в самих клиноформах лучшими фильтрационно-емкостными характеристиками обладают проксимальные части карбонатных тел (ортоформы). В морфологическом плане это верхняя и средняя части склоновых комплексов.

При поисковых работах следует так же обращать внимание на заволжский клиноформный комплекс.

Парагенез склоновых карбонатных отложений (включающих, в том числе, и карбонатные турбидиты) и нефтематеринских фаций доманикоидной толщи внутришельфовой впадины, является благоприятным сочетанием для миграционных процессов и формирования скоплений УВ в промышленном объеме в неантиклинальных ловушках.

В этом направлении необходимы целенаправленные и детальные исследования с привлечением современных сейсмических и геофизических методов, отбора качественного кернового материала с проведением седиментологического анализа и комплекса лабораторных литолого-петрофизических аналитических работ.

Актуальным направлением остается разработка полноценной сиквенс-стратиграфической модели клиноформного комплекса, необходимой для более точного прогноза распространения пород-коллекторов и флюидоупоров, а также интерпретации материалов сейсморазведки. Комплексирование седиментологии и сейсморазведки 3Д является необходимым условием для построения такой модели.

Библиография / References

1. Калабин С.Н., Катошин А.Ф. Козлов В.Г. и др. Перспективы нефтегазаносности турнейской толщи заполнения Камско-Кинельских прогибов в северных районах Пермской области. М: ОАО НТК «Нефтеотдача», 2002. 94 с.

2. Шакиров В.А., Вилесов А.П., Кожин В.Н., Шакирова Г.В. и др. Перспективы нефтегазаносности турнейской карбонатного клиноформного комплекса Муханово Ероховского прогиба. Геология, Геофизика и Разработка нефтяных и газовых месторождений. 2021. С.5-17

3. Alekseev A.S., Kononova L.I., Nikishin A.M. The Devonian and Carboniferous of the Moscow Syneclise (Russian Platform): stratigraphy and sea-level changes // Tectonophysics, 1996. Vol. 268. Issues 1-4. P. 149-168.

Современная качественная интерпретация площадных гравитационных и магнитных аномалий

А.В. Сметанин* (к.г.-м.н., пенсионер), А.К. Марченко (ОП АО «Росгео» «ИГП»)

Введение

Стандартная качественная интерпретация, как правило, основана на мнении специалиста по результатам анализа уровня исходных и трансформированных гравимагнитных полей и, вследствие этого, установления вероятного местоположение в плане геологических объектов – геологических тел, блоков, разломов. Во многих случаях этого экспертного заключения достаточно, но в сложных геологических условиях необходимы доказательные построения, основанные на формализованных стандартных процедурах по множеству параметров аномалий. С учетом развития геоинформационных систем и при «оцифровке» аномалий появляется возможность создания таких процедур, необходимо лишь определиться со способом цифрового представления аномалий гравитационного и магнитного полей.

Методика

Ранее был предложен метод анализа одночастных элементов градиентных зон [4], на его основе авторами разработана инновационная отечественная методика современной качественной интерпретации площадных гравитационных и магнитных аномалий без количественной интерпретации в её классическом понимании.

Базовое положение методики заключается в выделении мономера (от др.-греч. μόνος – один; μέρος – часть) – одночастного линейного элемента градиентных зон. Мономер градиентной зоны (МГЗ) численно характеризуется пространственными координатами (φ, λ), простиранием (α), амплитудой (А), протяженностью (Д), шириной (Ш) и градиентом (Г), вычисляемым по площадным гравиметрическим и магнитометрическим данным.

В самом общем виде весь процесс мономерного анализа геофизических аномалий (МАГА) и интерпретации представлен на рисунке 1.

После выполнения предварительных процедур сам процессинг начинается с выделения мономеров по исходному полю и трансформантам. В информационную систему заносятся пространственные координаты линейного элемента (осевой линии градиентной зоны) и основные атрибуты (А, Ш, Д, Г, φ) мономера для исходного поля и его составляющих. Выделение одночастного элемента градиентной зоны можно выполнять как по растровым, так и по векторным данным при условии, что первые получены по однородной сети. Параметры трансформаций подбираются на основе количественных показателей мономеров по одному или нескольким участкам. На этом этапе начинается создание прикладной геоинформационной системы результатов МГЗ-процессинга.

После выделения мономеров весь процесс распараллеливается и дальнейшие стандартные процедуры осуществляются по параметрам линейных элементов и по их интерполированным значениям. Процедуры по линейным элементам состоят из статистической обработки, «тектонофизического» анализа, анализа параметров в диапазонах. При статистической обработке производятся:

- построение гистограмм распределения;
- установление корреляционных связей и их тесноты, расчет уравнений регрессий;
- создание таблиц исходных данных и результатов их обработки;

- анализ результатов.

Рисунок 1. *Блок схема МГЗ-процессинга*

При «тектонофизическом» анализе выполняются:

- вычисление плотности мономеров в ячейке определённых размеров;
- построение разнонаправленных систем мономеров;
- анализ результатов.

Анализ параметров в диапазонах состоит из:

- выбора диапазонов анализируемых параметров;
- выделения фрагментов структурных рисунков;
- классификации фрагментов структурных рисунков;
- составления структурных рисунков из фрагментов;
- классификации структурных рисунков;
- анализа результатов.

Процедуры по интерполированным значениям параметров заключаются в:

- интерполяции по значениям линейных элементов;
- выполнении трансформаций;
- выделении ареалов и структур по близости показателей параметров;
- классификации территории по близости к объекту-эталону;
- анализа результатов.

Определённый интерес представляют и другие построения, например, карта количества одночастных элементов в ячейке заданного размера. Наличие пространственно-ориентированных линейных объектов позволяет анализировать простирание элементов в различных диапазонах и выявлять не только системы, но и участки наличия или отсутствия мономеров определённого простирания. Зоны концентрации фрагментов структурных рисунков можно ранжировать на главные и второстепенные по частоте встречаемости.

Финальный этап МГЗ-процессинга заключается в формировании геологической модели территории на основе ранее полученных результатов. Перечислим в самом обобщённом виде соответствующие процедуры:

- формирование «тектонофизической» модели, тектоническое районирование;
- выделение структур и их геологическое толкование;
- установление геологических, в том числе геодинамических, обстановок и процессов, приведших к их формированию;
- выделение структурных поверхностей и слоёв;
- прогноз месторождений полезных ископаемых;
- количественная характеристика геологического пространства по данным мономерного анализа.

Создание нового информационного пространства невозможно без использования современных универсальных геоинформационных систем, которые, после наполнения данными, становятся прикладными. В процессе работы с прикладной ГИС можно изменять методы отображения материала, получая дополнительную информацию из, казалось бы, устаревших данных, накладывать растровые карты друг на друга, задавая им параметр прозрачности, проводить с растрами математические операции и т.д.

Процесс создания прикладной ГИС заключается в: выборе системы координат; создании проекта; создании и наполнении базы данных.

Данные, используемые в прикладной ГИС: осевые линии МГЗ с атрибутивной информацией; цифровые карты площадного распределения параметров МГЗ; цифровые карты плотности распределения МГЗ; цифровая модель рельефа; геологическая информация (геологические и структурно-тектонические карты, карты месторождений полезных ископаемых, скважины и т.п.); результативные построения; дополнительная информация (речная сеть, населённые пункты, географические и политические границы).

Исследования универсальны и выполняются по картам любых масштабов, начиная со съемок масштаба 1:1 000 000 и крупнее, а также по глобальным цифровым моделям потенциальных полей [1, 3] и рельефа земной поверхности [2].

Основная задача МАГА – изучение закономерностей изменения по площади параметров в различных диапазонах и установление «следов» геологических событий, отразившихся в геофизических аномалиях.

Конечная цель – идентификация геологического процесса по геофизическому образу его состояний и построение модели геологического пространства.

В результате интерпретации возможна послойная количественная характеристика тектоносферы Земли по геофизическим данным, картирование планетарных, региональных и локальных структур верхней коры по глобальным геофизическим моделям и данным площадных наземных и аэросъёмок, формирование принципиально новых модельных представлений о структуре верхней коры, а также классификация территории по близости к объекту-эталону с выходом на прогноз МПИ.

Выводы

Таким образом, при современной качественной интерпретации по предлагаемой методике достигается полнота анализа геофизических аномалий, "математизация" качественной интерпретации и, как следствие, формализация процесса интерпретации для познания геологического пространства и прогноза месторождений полезных ископаемых.

Предложенная технология качественной интерпретации на основе количественных характеристик гравитационных и магнитных аномалий кардинально расширяет геологические возможности геофизических методов и даёт новое представление о геологическом пространстве и его структурах. При определённых навыках и автоматизации процесса ещё на стадии планирования геологопоисковых работ по архивным материалам можно составить геологическую модель и оценить возможности метода применительно к конкретной задаче. Одночастные элементы выделяются для одного масштаба съёмки по исходному полю и трансформантам единожды, однако, результаты мономерного анализа можно использовать в интерактивном режиме многократно любым специалистом в области интерпретации геофизических данных. Научный интерес представляют вновь выделенные структуры на недоступных для прямых геологических наблюдений глубинах и их геодинамическая позиция. Количественные характеристики тектоносферы по данным потенциальных полей могут служить основой для моделирования геологических процессов в неоднородной среде с историей.

Примеры применения современной качественной интерпретации опубликованы в научных журналах [1, 2, 3] и приведены в докладе.

Библиография / References

1. Марченко А.К. Исследование количественных характеристик площадных аэромагнитных аномалий (на примере юго-востока Тунгусской синеклизы) // Геофизика. 2022. № 6, стр. 123-127.
2. Марченко А.К., Сметанин А.В. Мономерный анализ рельефа земной поверхности и использование его результатов при интерпретации потенциальных полей (на примере Голусахской площади юго-востока Тунгусской синеклизы) // Уральский геофизический вестник № 1(51), 2023 г, стр. 58-65.

3. Сметанин А.В., Марченко А.К. Количественные характеристики гравитационных аномалий юго-востока Тунгусской синеклизы // Геофизика. 2022. №2. С. 26-30.
4. Сметанин А.В., Опыт динамической интерпретации гравитационных аномалий, Иркутск, 2000 г.

Библиография / References

1. Marchenko A.K. Investigation of the quantitative characteristics of areal aeromagnetic anomalies (on the example of the southeast of the Tunguska syneclise) // Geophysics. 2022. №6. pp. 123–127
2. Marchenko A.K., Smetanin A.V. Monomeric analysis of the surface relief and the use of its results in the interpretation of potential fields (by the example of the Golusakhskaya area of the south-east of the Tunguska Syneclise) // Ural'skij geofizicheskij vestnik, № 1(51), 2023, pp. 58-65.
3. Smetanin A.V., Marchenko A.K. Quantitative characteristics of gravity anomalies in the southeast of the Tunguska syneclise // Geophysics. 2022. №2. pp. 26–30.
4. Smetanin A.V. Experience of dynamical interpretation of gravitational anomalies. Irkutsk, 2000, 85 pages.

Геологическая интерпретация по результатам анализа электроразведочных данных ЗСБ на стадии региональных геологоразведочных работ

Н.В. Мисюркеева* (ООО «СИГМА-ГЕО», ИЗК СО РАН), И.В. Буддо (ООО «СИГМА-ГЕО», ИЗК СО РАН, ФГБОУ ВО ИрНИТУ), Ю.А. Агафонов (ООО «СИГМА-ГЕО»), В.А. Селяев (ООО «СИГМА-ГЕО»),

Введение

Изученность Республики Саха (Якутия) в региональном плане довольно низкая. Геологоразведочные работы (ГРР) по приросту запасов углеводородов сосредоточены в основном в ее юго-западных районах и приурочены к Лено-Тунгусской нефтегазоносной провинции. Восточная же часть изучена весьма слабо и неравномерно.

Проведение региональных геолого-геофизических исследований на малоизученных территориях позволяет выявлять новые перспективные стратиграфические комплексы осадочного чехла, проводить тектоническое, нефтегазогеологическое районирование.

Комплекс региональных геофизических исследований включает магнито-, грави-, сейсмо- и электроразведку. Из многочисленных методов электроразведки на региональном этапе применяются только два: магнитотеллурические зондирования (МТЗ) и зондирования становлением поля в ближней зоне (ЗСБ).

Методика исследований

Метод ЗСБ нацелен на детальное изучение геоэлектрических свойств разреза до глубины 3–4 км. Исследования проводят по совмещенной сети опорных профилей, расположенных в 10–50 км друг от друга. В районах со сложным и весьма сложным геологическим строением, к которым относятся Ангаро-Ленская ступень, Непско-Ботуобинская антеклиза и Тунгусская синеклиза, плотность сети региональных профилей должна составлять не менее 0.5– 1.0 км/км^2 [1].

В случае наличия дорожной сети региональные электроразведочные работы целесообразно проводить до выполнения сейсморазведки, что позволит оптимизировать сеть опорных профилей сейсморазведки МОГТ, МОВ ОГТ.

На этапе качественной интерпретации геофизических данных производится визуальное или статистическое выделение местоположения аномальных объектов, созданных одними и теми же источниками или разными источниками, определение их природы. Используется принцип аналогий, когда реальный участок принимается за эталон.

На этапе количественной интерпретации геофизических данных проводится определение геометрии, геолого-геологических и гидрологических характеристик изучаемых объектов по совокупности решения обратных задач для разных методов.

Результаты

Комплексные региональные геолого-геофизические исследования с целью оценки перспектив нефтегазоносности, выявления новых зон нефтегазонакопления и локализации природных ресурсов УВ проводились в северо-восточной и юго-западной частях Республики Саха (Якутия). Электроразведочные работы методом ЗСБ проводились по сейсмическим профилям.

Мунский свод – Вилюйская синеклиза

Рассматривая результаты электроразведочных исследований, уже на этапе качественной интерпретации (до инверсии) можно видеть общие черты регионального тектонического и геологического строения территории исследования. Площадное положение, морфология и простирание геофизических аномалий взаимосвязаны и отражают пространственное положение крупных тектонических элементов и их глубинное строение, а ограничивающие их градиентные зоны соответствуют тектоническим границам (глубинных разломам) [2].

На этапе качественной интерпретации по данным электроразведочных исследований довольно четко картируются кристаллические породы фундамента, общие черты Мунского свода и Анабарской антеклизы, область перехода в Вилюйскую синеклизу, где по мощной зоне проводящих отложений выделяется палеозойско-мезозойский осадочный чехол, слагающий синеклизу, и прорываемый на отдельных участках дайковыми интрузиями долеритов (Рисунок 1).

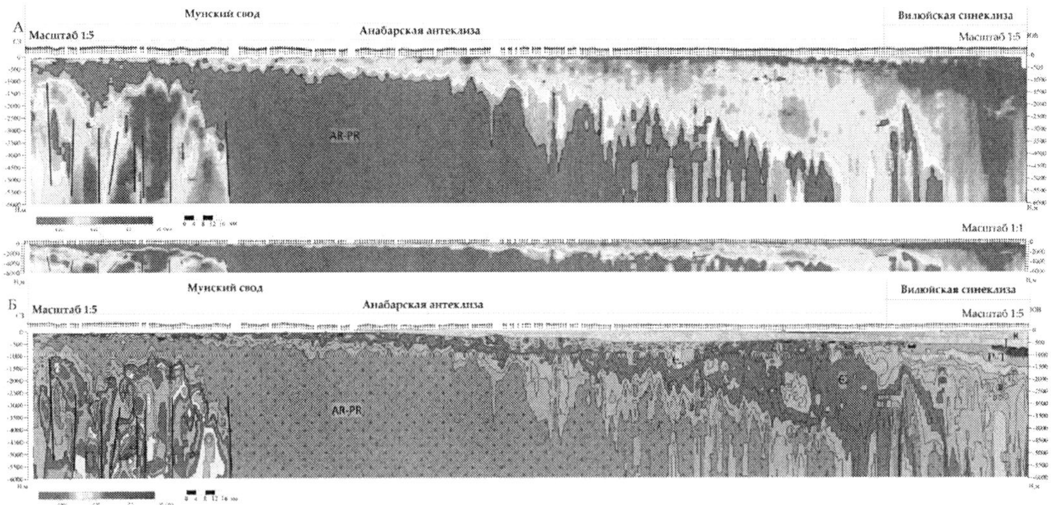

Рисунок 1. *Разрез дифференциальной проводимости (А) и схематический геологический разрез (Б).*

Зоны повышенной проводимости в фундаменте могут быть с вязаны с зонами милонитизации, катаклаза, перекристаллизации исходных пород и свидетельствуют о сочетании различных форм тектонических движений, а также могут быть представлены различными базитовыми интрузиями.

При интерпретации результатов геофизических исследований необходимо приводить разрезы из неравномерного соотношения вертикального и горизонтального масштабов к масштабу 1:1, что позволит избежать неверной трактовки геофизических аномалий. На Рисунке 1 можно видеть, что, казалось бы, вертикальные аномалии повышенной проводимости в фундаменте, видимые на разрезе в масштабе 1:5, в масштабе 1:1 представляют собой своеобразные куполовидные области.

Таким образом, в процессе качественного анализа разрезов дифференциальной проводимости на участке прослеживаются структурные изменения строения фундамента и увеличения мощности палеозойско-мезозойских отложений в юго-восточном направлении (повышение проводимости). Суммарная проводимость разреза изменяется в широком диапазоне от первых сименс в зоне Мунского свода до 100 См и более в зоне аномальных проводников и увеличения мощности палеозойско-мезозойских отложений. Также на разрезах дифференциальной проводимости проявляются уже известные тектонические нарушения, в частности секущий площадь исследования глубинный разлом.

Под Мунским сводом в фундаменте картируется куполообразная аномалия повышенной проводимости неизвестного генезиса.

Необходимо отметить, что к югу участка исследования по результатам сейсморазведочных работ в 2016-2019 гг. на Вилюйской площади выявлена Сунтарская объемная динамическая аномалия. Размеры в плане составляют ориентировочно 80×50 км и соответствуют изученной части Сунтарского свода и его северо-восточного склона [3]. Аномалия коррелирует с зонами пониженных значений магнитного поля.

По данным Трофимова В.А [3] динамические аномалии в фундаменте фиксируются и в слабоизученных регионах, и на территориях с разведанной минерально-сырьевой базой (нефть, газ, алмазы, руды). Природа этих аномалий и их значение для познания геологического строения района, для развития минерально-сырьевой базы остаются не совсем понятными. Если в отношении аномалий, наблюдаемых в верхней части фундамента, определенная уверенность в их истолковании имеется, то в отношении объемных аномалий на больших глубинах полного понимания их физической природы на данной стадии изучения нет. Бурением они не вскрыты, а по результатам геофизических исследований трактуются неоднозначно.

Березовская впадина

Березовская впадина – один из наиболее перспективных регионов Северо-Алданской НГО. Основными перспективными горизонтами здесь являются отложения верхнего докембрия. Залежи нефти и газа могут быть встречены и в нижнекембрийских отложениях, разрез которых имеет почти такое же строение, как и в Непско-Ботуобинской нефтегазоносной области.

Профиль электроразведочных работ ЗСБ пройден с юго-запада на северо-восток через Предпатомский региональный прогиб, Березовскую впадину и Алданскую антеклизу (Рисунок 2).

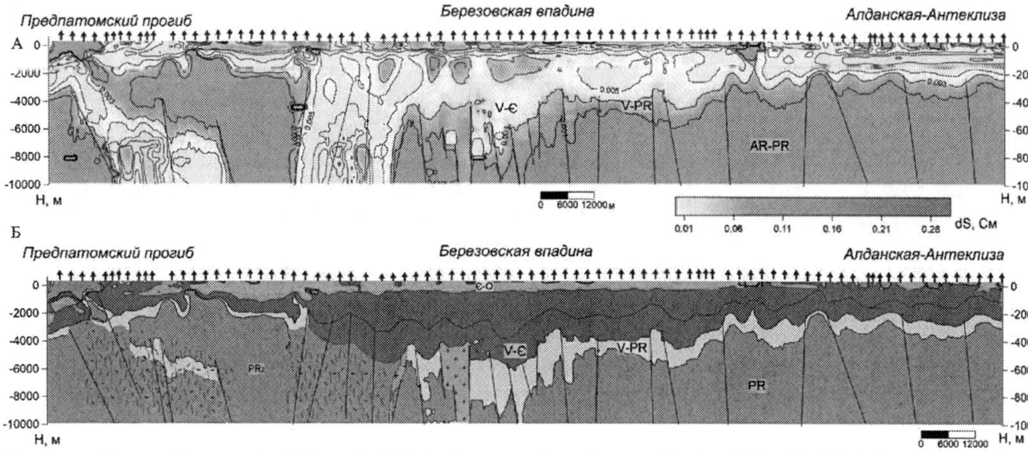

Рисунок 2. *Разрез дифференциальной проводимости (А) и схематический геологический разрез (Б).*

По данным ЗСБ отчетливо картируется профиль Березовской впадины. Березовская впадина выполнена мощной толщей терригенно-карбонатных верхнепротерозойских и преимущественно карбонатных нижне- и среднепалеозойских отложений, характеризующихся по данным ЗСБ относительно низким сопротивлением.

По данным ЗСБ также отчетливо картируются интрузивные комплексы, прорывающие осадочный чехол территории исследования.

В виде пониженных значений сопротивления вдоль контактов отмечаются обширные зоны пород, вероятно, подверженных вторичным изменениям на контакте с интрузивным комплексом.

Восточное обрамление Сибирской платформы

Электроразведочные работы ЗСБ проводились в районе сочленения Анабарской антеклизы и внешнего крыла Приверхоянского прогиба Сибирской платформы.

По данным ЗСБ отчетливо выделяется Сололийское поднятие, осложняющее Оленекский свод. Древние породы архея и протерозоя выходят на дневную поверхность и по данным ЗСБ характеризуются высоким сопротивлением (Рисунок 3).

На востоке по низким значениям сопротивления картируется Приверхоянский краевой прогиб.

Перспективы нефтегазоносносности территории связываются с отложениями венда, кембрия и перми.

Выводы

Малоизученные территории Республики Саха (Якутия) представляют особый интерес с точки зрения перспектив нефтегазоносности. Слабая изученность и неодоцененные перспективы региона служат основанием постановки региональных геологоразведочных исследований.

Полученные материалы электроразведочных исследований позволяют уточнить модель геологического строения территории, а также наметить направления дальнейших ГРР.

Уже на этапе качественной интерпретации можно видеть общие черты регионального тектонического и геологического строения территории исследования. По результатам дальнейшей количественной интерпретации электроразведочных данных ЗСБ решаются следующие задачи:

1. Изучение общих геолого-геоэлектрических особенностей строения разреза
2. Построение модели геологического строения участка
3. Картирование зон коллекторов в осадочном чехле, зон нефтегазонакопления
4. Рекомендации по выбору мест заложения скважин и оценка рисков бурения
5. Изучение структурных особенностей и разрывных нарушений

Комплексирование методов сейсмо- и электроразведки, грави- и магниторазведки позволяет выделить крупные тектонические элементы земной коры, определить мощность осадочного чехла, изучить его региональное строение, а также протрассировать крупные разломы. По результатам проведенных исследований закладывают точки опорного и параметрического бурсния.

В заключение необходимо отметить, что региональные исследования способствуют не только повышению уровня геологической изученности, но и созданию фонда перспективных территорий, привлечению частных инвестиций в регион. Недостаточное внимание к региональному этапу геологического изучения недр приводит к нехватке прогнозно-поисковых зон и кризису воспроизводства минерально-сырьевой базы.

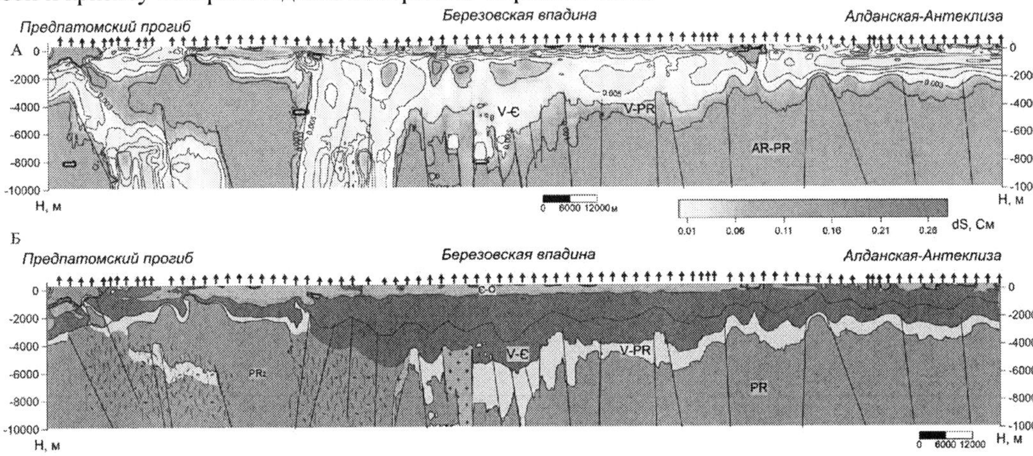

Рисунок 3. *Разрез дифференциальной проводимости (А) и схематический геологический разрез (Б).*

Библиография

1. Buddo, I.; Sharlov, M.; Shelokhov, I.; Misyurkeeva, N.; Seminsky, I.; Selyaev, V.; Agafonov, Y. Applicability of transient electromagnetic surveys to permafrost imaging in Arctic West Siberia. Energies 2022, 15, 1816; https:.doi.org/10.3390/en15051816.
2. Гольдшмидт В.И. Региональные геофизические исследования и методика их количественного анализа. М., «Недра», 1979, 219 с
3. Трофимов В.А. Особенности внутреннего строения фундамента южной части Вилюйской синеклизы. Нефтегазовая геология. Теория и практика. - 2021. - Т.16. - №3. - http://www.ngtp.ru/rub/2021/23_2021.html.

References

1. Buddo, I.; Sharlov, M.; Shelokhov, I.; Misyurkeeva, N.; Seminsky, I.; Selyaev, V.; Agafonov, Y. Applicability of transient electromagnetic surveys to permafrost imaging in Arctic West Siberia. Energies 2022, 15, 1816; https:.doi.org/10.3390/en15051816.
2. Goldshmidt V.I. Regionalnie geofizicheskie issledovaniya i metodika ih kolichestvennogo analiza. M._ «Nedra»_ 1979_ 219 s.
3. Trofimov V.A. Osobennosti vnutrennego stroeniya fundamenta yujnoi chasti Vilyuiskoi sineklizi. Neftegazovaya geologiya. Teoriya i praktika. _ 2021. _ T.16. _ №3. _ http_//www.ngtp.ru/rub/2021/23_2021.html.

Выбор оптимального вейвлета для осуществления спектральной декомпозиции

Д.И. Костащук* (Новосибирский государственный университет, Институт нефтегазовой геологии и геофизики им. А.А. Трофимука СО РАН)

Введение

В связи с выработкой и истощением крупных и относительно простых по своей структуре месторождений, открытие новых скоплений углеводов связано уже не с антиклинальными ловушками, а с ловушками сложного строения (Варламов и др., 2019). В следствие чего, все большую популярность приобретают различные инструменты (атрибуты) качественной и количественной интерпретации сейсморазведочных данных. Одним из таких инструментов является спектральная декомпозиция, позволяющая увидеть особенности выклинивающихся геологических тел, к которым можно отнести русла, конусы выноса и мутьевые потоки (Chopra and Marfurt, 2007; Буторин, 2016). Отсюда появляется важная задача детального изучения зависимости результатов спектральной декомпозиции от выбранных параметров.

Данная работа посвящена анализу зависимости результатов спектральной декомпозиции от выбранного вейвлета. В работы представлены результаты спектральной декомпозиции на синтетическом сейсмическом разрезе выклинивающегося пласта и реальных данных с использованием четырех вейвлетов: Гаусса, Рикера, Морле и Шеннона. Так же представлен результат регрессии с использованием амплитуд спектральных интенсивностей, получаемых на основе вейлет-разложения для прогноза эффективной мощности коллектора.

Методы

Спектральная декомпозиция

Спектральной декомпозицией сейсмического поля – это разложение исходной сейсмической записи на частотные составляющие. Сейсмическая запись может быть рассмотрена как суперпозиция компонент с разной частотой, которые изменяются вдоль наблюдаемых сейсмических трасс, тем самым отражая влияние геологической среды на спектральные составляющие. Спектральная декомпозиция опирается на предположение о том, что локальное изучение спектра волнового поля позволяет получить больше информации о внутреннем строении геологической среды.

Возникновение спектральных аномалий происходит в областях сложной интерференции сигналов или в областях изменений их формы, связанных с изменением характеристик среды. Следовательно, спектральная декомпозиция может являться инструментом для картирования геологических тел, размеры которых меньше разрешающей способности сейсморазведки, под которой понимается возможность раздельного наблюдения с поверхности двух близких отражающих границ в горизонтально-слоистой среде (Белозеров и др., 2018).

Спектральная декомпозиции может осуществляться различными методами: оконное преобразование Фурье, вейвлет-преобразование и др. Рассмотрим более подробно одно из них. «Вейвлет-преобразования одномерного сигнала – это его представление в виде обобщённого ряда или интеграла Фурье по системе базисных функций» (Яковлев, 2003):

$$\psi_{ab}(t)=\frac{1}{\sqrt{a}}\psi\left(\frac{t-b}{a}\right) \qquad (1)$$

которые сконструированы из материнского вейвлета $\psi(t)$, обладающего определенными свойствами за счет изменения временного масштаба (a) и сдвига по времени (b). Множитель $\frac{1}{\sqrt{a}}$ обеспечивает ортонормированность независимых функций.

Как было сказано выше, одной из важных задач данного разложения является выбор оптимального вейвлета. На рисунке 1 показаны примеры спектральной декомпозиции, выполненной на основе четырех вейвлетов: Рикера, Морле, Гаусса и Шеннона. По рисунку видно, что результаты с наилучшей устойчивостью и однозначностью обеспечиваются вейвлетами Рикера и Гаусса, это следует из более четкого изображения палеорусла.

Регрессия

Для начала рассмотрим случайную величину, представляющую данные, которые характеризуют изучаемое явление. Обозначим ее y, а последовательность отдельных ее значений y_1, y_2, …, y_n. Предположим, что величина y зависит от различных признаков, обозначенных x_1, x_2, …, x_m и описывающихся своим рядом значений. Таким образом, y – зависимая величина, а x_1, x_2, …, x_m – независимые переменные.

Зависимость y от признаков x_1, x_2, …, x_m будет не функциональная, а стохастическая. Ее можно записать в следующем виде:

$$y_t = \alpha_1 x_{t1} + \alpha_2 x_{t2} + \ldots + \alpha_m x_{tm} + \varepsilon_t, t = 1, \ldots, n \quad (2)$$

Данное уравнение называется многомерной линейной регрессией, где α_1, α_2, …, α_m – параметры, которые нужно оценить, ε_t– случайное отклонение. Наличие ε_tприводит к тому, что данная зависимость является стохастической (Демиденко, 1981).

Для расчета эффективной мощности коллектора по результатам спектральной декомпозиции запишем уравнение линейной регрессии следующим образом:

$$h_t = \alpha_1 f_{20t} + \alpha_2 f_{30t} + \alpha_3 f_{40t} + \varepsilon_t, t = 1, \ldots, n \quad (3)$$

где h_t – эффективная мощность в скважине t, f – значение амплитуды соответствующе частоты для трассы, расположенной в точке скважине t, в нижнем индексе указана часота в герцах. ε_t– случайная компонента.

В результате решения систем линейных уравнений, построенных с использованием модели (3), были построены карты прогнозной эффективной мощности коллектора. Такие карты и соответствующие им гистограммы были получены для каждого из рассматриваемых вейвлетов. На рисунке 2 приведена карта эффективных мощностей и гистограмма для вейвлета с наименьшим значением среднеквадратичного отклонения эффективной мощности. Значения среднеквадратичного отклонения для различных вейвлетов составляют: Рикера – 5.57 м.; Морле – 5.71 м.; Гаусса – 5.3 м.; Шеннона – 4.98 м. В данном же случаи наиболее оптимальным вейвлетом является вейвлет Шеннона.

Выводы

По результатам проделанной работы можно сделать следующий вывод: выбор вейвлета для спектральной декомпозиции является одним из важнейших этапов данного разложения, зависящим от поставленной задачи. Наилучшими вейвлетами для качественной интерпретации сейсморазведочных данных, по мнению автора, являются вейвлеты Гаусса и Рикера, в то время как, наилучший результат при прогнозе эффективной мощности получается достичь при помощи вейвлета Шеннона.

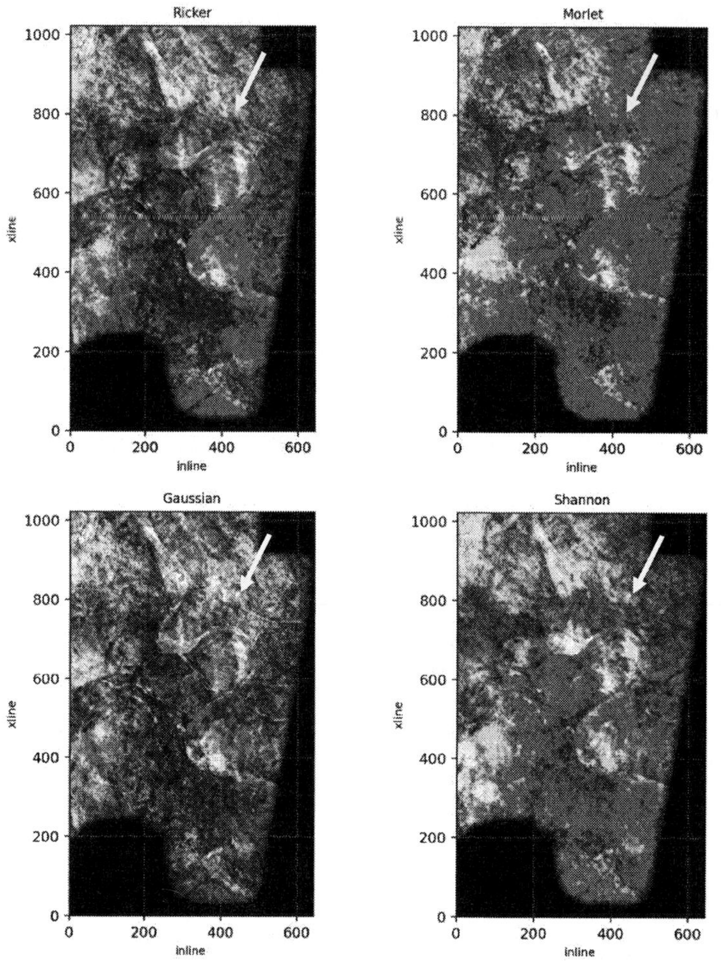

Рисунок 1. *Результаты RGB-визуализации спектральной декомпозиции пласта* AC_{11}^2 *при помощи вейвлетов Рикера, Морле, Гаусса 1-порядка и Шеннона с доминантными частотами 20 (Red) – 30 (Green) – 40 (Blue) Гц. Желтой стрелкой показано палеорусло.*

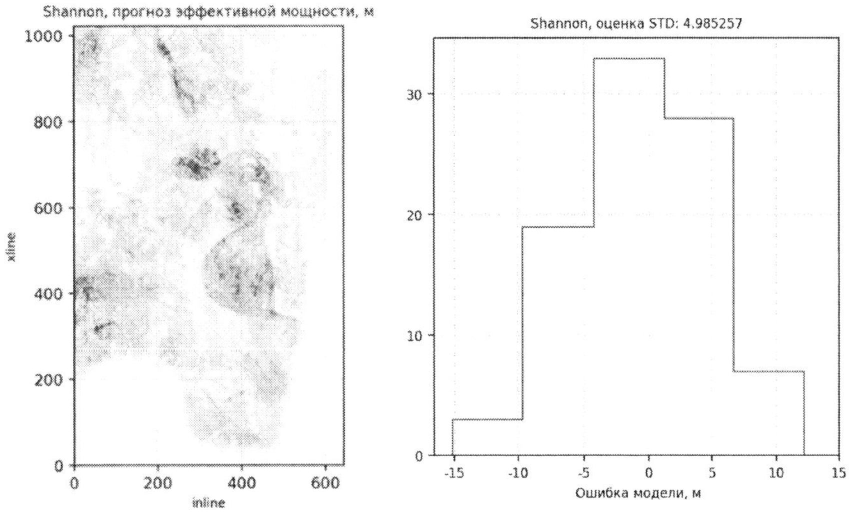

Рисунок 2. *Карта эффективных мощностей, полученная при помощи вейвлета Шеннона, и госпрограмма среднеквадратичного отклонения эффективной мощности.*

Благодарности

Автор выражает глубокую благодарность и признательность д. ф.-м. н. Г.М. Митрофанову, а также Научно-Техническому Центру «Газпром нефти» за предоставленные данных сейсмических исследований в области палеорусла. Исследовательская работа выполнена при поддержки проекта ФНИ № FWZZ-2022-0017.

Библиография

1. Белозеров Б.В., Буторин А.В., Герасименко П.Н., Журавлева Е.В., Кайгородов С.В., Логвиненко Н.В., Мещерякова А.С., Митяев М.Ю., Мостовой П.Я., Попова О.А., Сидубаев А.С., Фаизов Р.З., Шатилов А.В. Практические советы по 3D-геологическому моделированию. Изд. 2-е, перераб. и доп. М.-Ижевск: Институт компьютерных исследований, 2018. 424 с.
2. Буторин А. В. Изучение детального строения Ачимовского нефтегазоносного комплекса на основе спектральной декомпозиции сейсмического волнового поля: дис. ... канд. гео-мин. наук: 25.00.10 / А.В. Буторин; науч. рук. Л. А. Дараган-Сущова // ВСЕГЕИ. Санкт-Петербург, 2016. 141 с.
3. Варламов А.И., Шиманский В.В., Танинская Н.В., Петрова Ю.Э., Раевская Е.Г. Состояние проблемы поисков и перспектив выявления неструктурных ловушек углеводородов в основных нефтегазовых провинциях России // Геология нети и газа. – 2019. – №3. – с. 9-22.
4. Демиденко Е.З. Линейная и нелинейная регрессии. – М.: Финансы и статистика, 1981. – 302 с.
5. Яковлев А.Н. Введение в вейвлет-преобразования: Учеб. пособие. Новосибирск: Изд-во НГТУ, 2003. 104 с.
6. Chopra S., Marfurt K. J. Seismic attributes for prospect identification and reservoir characterization. – Society of Exploration Geophysicists and European Association of Geoscientists and Engineers, 2007 – 464 p.

References

1. Belozerov B.V., Butorin A.V., Gerasimenko P.N., Zhuravleva E.V., Kaigorodov S.V., Logvinenko N.V., Meshcheryakova A.S., Mityaev M.Yu., Mostovoy P.Ya., Popova O.A., Sidubaev A.S.,

Faizov R.Z., Shatilov A.V. Practical tips on 3D geological modeling. 2nd edition, revised. and additional. M.-Izhevsk: Institute of Computer Research, 2018. 424 p.

2. Butorin A. V. Study of the detailed structure of the Achimov oil and gas complex based on the spectral decomposition of the seismic wave field: dis. ... candidate of Geographical Sciences: 25.00.10 / A.V. Butorin; scientific supervisor. L. A. Daragan-Suschova // VSEGEI. Saint-Petersburg, 2016. 141 p.
3. Varlamov A.I., Shimansky V.V., Taninskaya N.V., Petrova Yu.E., Raevskaya E.G. The state of the problem of searching for and prospects for identifying non-structural hydrocarbon traps in the main oil and gas provinces of Russia //Russian oil and gas geology. – 2019. – №3. – p. 9-22.
4. Demidenko E.Z. Linear and nonlinear regression. – M.: Finance and statistics, 1981. – 302 p.
5. Yakovlev A.N. Introduction to wavelet transformations: Study guide. Novosibirsk: pub. house NSTU, 2003. 104 p.
6. Chopra S., Marfurt K. J. Seismic attributes for prospect identification and reservoir characterization. – Society of Exploration Geophysicists and European Association of Geoscientists and Engineers, 2007 – 464 p.

Петроупругая инверсия для случая смеси нормальных распределений литотипов в задаче прогноза коллекторских свойств тюменской свиты

А.В. Шубин* (РГУ нефти и газа им. И.М. Губкина), Д.В. Кляжников (ООО «Индженикс Груп»), В.И. Рыжков (РГУ нефти и газа им. И.М. Губкина)

Введение

Прогноз коллекторских свойств среднеюрских отложений тюменской свиты по сейсмическим данным осуществляется преимущественно на качественном уровне. Наиболее эффективной технологией интерпретации сейсмических данных является спектральная декомпозиция и RGB смешивание, которые позволяют выполнить геометризацию таких объектов как палеорусла, речные долины и аккреционные бары. Однако, вещественный состав таких тел спрогнозировать на количественном уровне стандартными методами невозможно [2, 3, 4]. В то же время эффективность разработки коллекторов тюменской свиты достигается благодаря бурению скважин с горизонтальным окончанием, а также выполнению гидроразрыва пласта [6], что делает прогноз песчанистости пластов важной задачей, требующей рассмотрения.

Применение результатов сейсмической инверсии для количественного прогноза широко не распространено, что связано со сложностями интерпретации упругих свойств горных пород. Коллекторы и неколлекторы характеризуются схожими акустическими свойствами. Присутствие углей также осложняет прогноз.

Настоящая работа развивает предложенный нами метод петроупругой инверсии [5] для случая, когда изучаемую горную породу можно представить в виде комбинации литотипов с нормальным распределением свойств. Цель данной работы – дополнить инструменты прогноза коллекторских свойств тюменской свиты количественными методами.

Объект исследования

Отложения тюменской свиты представляют собой толщу переслаивания аргиллитов, алевролитов с подчиненными прослоями и линзами песчаников и углей. Песчаные пласты не выдержаны по толщине и простиранию, характеризуются невысокими коллекторскими свойствами.

Объемная литологическая модель тюменской свиты состоит из трех основных компонент: песчаник (кварц+полевые шпаты), глина и уголь. Породы-коллекторы с улучшенными ФЕС характеризуются наименьшей глинистостью и более высокой пористостью. Главные свойства, которые определяют вариации упругих атрибутов: глинистость, пористость и доля угля. Увеличение глинистости приводит к увеличению отношения скоростей Vp/Vs (Рисунок 1). Увеличение пористости характерно для чистых песчаников и снижает значения акустического импеданса. Угли характеризуются наименьшими значениями плотности и акустического импеданса, но высокими значениями Vp/Vs. Важно отметить, что глинистость и пористость коррелируются между собой, что характерно для слоистых терригенных разрезов, а поэтому число искомых петрофизических свойств можно ограничить до двух: глинистость и доля угля.

Метод

Любая петроупругая модель может быть представлена в виде уравнения d=Gm, которое связывает упругие атрибуты $\mathrm{d} = [Ip, Vp/Vs]$ и петрофизические свойства, в нашем случае, глинистость и долю угля $\mathrm{m} = [Vsh, Vcoal]$. G – оператор, который состоит из параметров петроупругой модели. Петроупругая инверсия линейной модели может быть выполнена с использованием байесовского решения в предположении о нормальном распределении искомых петрофизических свойств. Апостериорное решение имеет вид [1]:

$$\boldsymbol{\mu}_{m|d} = \boldsymbol{\mu}_m + \boldsymbol{\Sigma}_m \boldsymbol{G}^T(\boldsymbol{G}\boldsymbol{\Sigma}_m \boldsymbol{G}^T + \boldsymbol{\Sigma}_e)^{-1}(\boldsymbol{d} - \boldsymbol{G}\boldsymbol{\mu}_m) \quad (1)$$

$$\boldsymbol{\Sigma}_{m|d} = \boldsymbol{\Sigma}_m - \boldsymbol{\Sigma}_m \boldsymbol{G}^T(\boldsymbol{G}\boldsymbol{\Sigma}_m \boldsymbol{G}^T + \boldsymbol{\Sigma}_e)^{-1}\boldsymbol{G}\boldsymbol{\Sigma}_m \quad (2)$$

где $\boldsymbol{\mu}_m$ – вектор средних значений петрофизических свойств, $\boldsymbol{\Sigma}_m$ – матрица ковариации, на главной диагонали которой находятся дисперсии этих свойств, на побочной – коэффициенты ковариации между ними, $\boldsymbol{\Sigma}_e$ – матрица ковариации ошибок, диагональная матрица с дисперсией входных данных $(Ip, Vp/Vs)$.

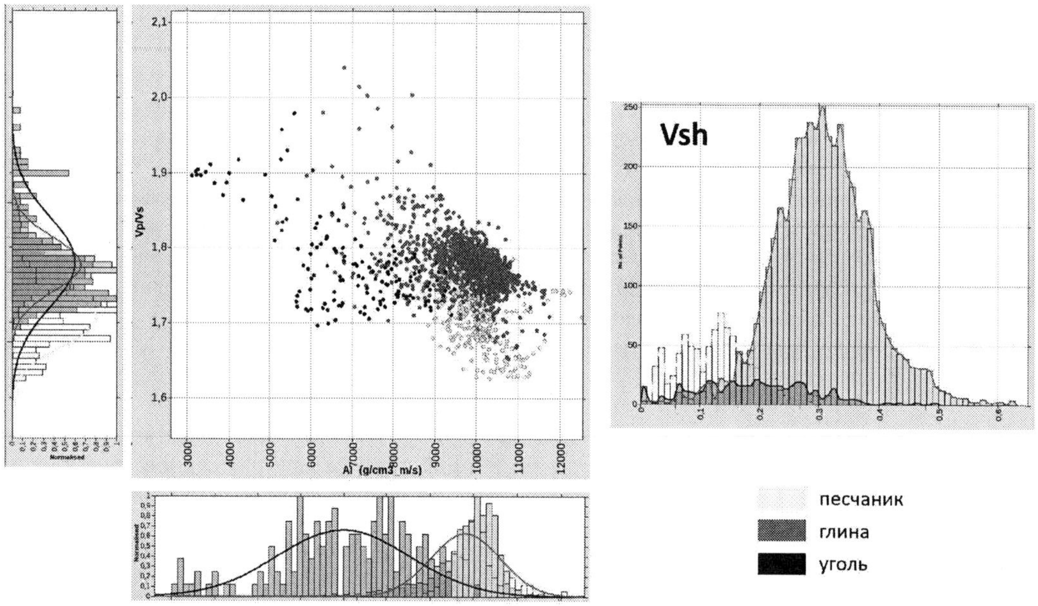

***Рисунок 1**. График акустический импеданс – Vp/Vs по данным ГИС в интервале тюменской свиты (слева), гистограммы глинистости (Vsh) (справа). Цвет – литотип*

Анализ петрофизических свойств тюменской свиты показывает, что распределение глинистости имеет бимодальный характер (Рисунок 1): одна мода соответствует песчаникам, другая – глинам. Рассмотренное выше решение не удовлетворяет изучаемому объекту и приведет к ошибкам в прогнозе.

Распределение глинистости может быть представлено смесью нормальных распределений для k литотипов. Апостериорное распределение глинистости также будет является смесью нормальных распределений [1]:

$$m|d \sim \sum_{k=1}^{F} \lambda_{k|d} \, \mathcal{N}\left(m;\ \mu_{m|d,k}, \Sigma_{m|d,k}\right)$$

Решение обратной задачи для смеси нормальных распределений можно представить:

1) Для каждого литотипа k (глина, песчаник, уголь) определяется априорное среднее и ковариация искомых параметров m (глинистость, доля угля).
2) Определяется вероятность $\lambda_{k|d}$, что точка данных d принадлежит литотипу k.
3) Вычисляется $\mu_{m|d,k}$ и $\Sigma_{m|d,k}$ для каждого литотипа согласно аналитическим формулам (1, 2).
4) Вычисляются искомые петрофизических свойства, как $m = \sum_{k=1}^{F} \lambda_{k|d} \cdot \mu_{m|d,k}$.

Пример

Предлагаемая методика была опробована на данных скважинного и сейсмического масштабов, а также выполнен прогноз свойств тюменской свиты по реальным сейсмическим данным. Объектом работ является интервал пластов от Ю2 до Ю6.

Для расчета скоростей волн и упругих свойств мы применили модель Раймер-Гарднер-Хант, это эмпирическая модель подходит для расчета свойств консолидированных песчаников, что удовлетворяет условиям тюменской свиты [5]. Параметрами модели являются упругие модули и плотность минералогических компонент, а также объемный модуль и плотность порового флюида (воды).

На Рисунок 2 представлен прогноз по данным скважинного масштаба. Входными данными являются упругие свойства: акустический импеданс и отношение скоростей *Vp/Vs*. Результат инверсии в предположении нормального распределения показан синим цветом. Прогноз доли угля занижен, но позволяет установить положение углей, прогноз глинистости не удовлетворительного качества: интервалы песчаников пропущены.

Инверсия смеси нормальных распределений показана красным цветом. Качество прогноза глинистости и доли угля стало значительно выше. Дополнительным результатом являются вероятности литотипов $\lambda_{k|d}$. Интервалы песчаников и углей однозначно определяются.

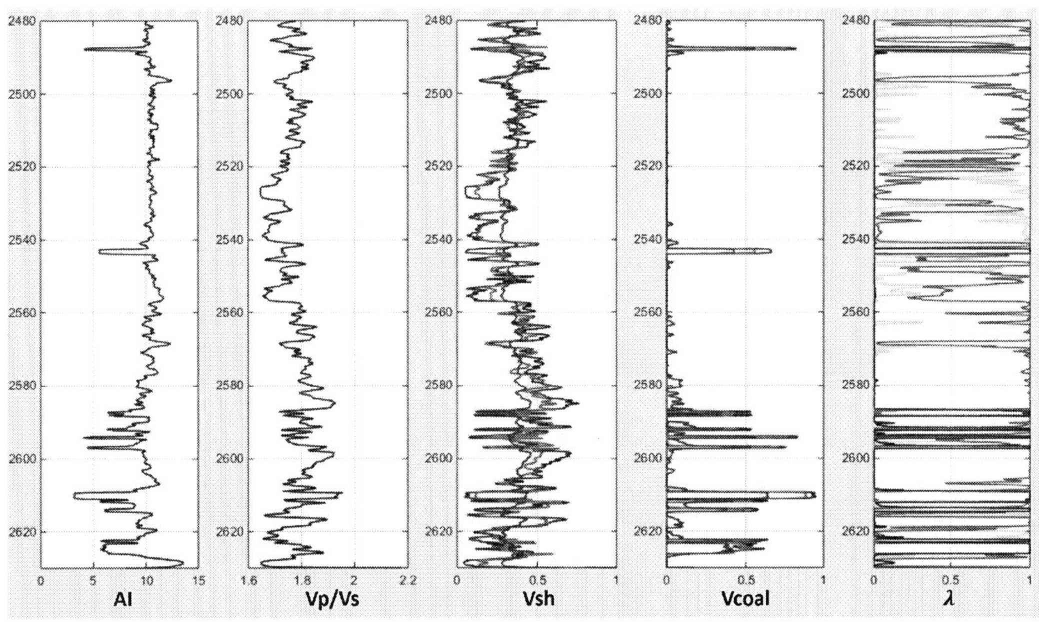

Рисунок 2. *Слева направо: акустический импеданс (AI), отношение скоростей Vp/Vs, глинистость (Vsh), доля угля (Vcoal). Черный цвет – данные ГИС, синий - результат инверсии в случае нормального распределения, красный - в случае смеси нормальных распределений. В правом окне - вероятности литотипов* $\lambda_{k|d}$ *(песчаник – желтый, глина – зеленый, уголь - черный).*

Мы применили петроупругую байесовскую инверсию к кубам сейсмических атрибутов Ip и Vp/Vs, полученных в результате синхронной детерминистической инверсии. Входные параметры для решения обратной задачи соответствуют ранее установленным при работе со скважинными данными. На Рисунок 3 представлены карта песчанистости в интервале пластов Ю5-6 и график между песчанистостью и эффективными толщинами. Прогноз верифицирован 6 скважинами.

Выводы

В работе представлена методика петроупругой инверсии для прогноза петрофизических свойств тюменской свиты. Использование смеси нормальных распределений позволяет оставаться в рамках аналитического байесовского решения, но значительно повышает точность прогноза.

Возможные проблемы методики могут быть связаны с неудовлетворительным качеством сейсмических упругих атрибутов, а также плохо калиброванной петроупругой моделью. Для выявления такого рода проблем следует выполнять кросс-валидацию получаемых результатов.

Совместное использование качественных и количественных технологий может увеличить точность прогноза коллекторских свойств тюменской свиты в межскважинном пространстве и повысить эффективность геологоразведочных работ.

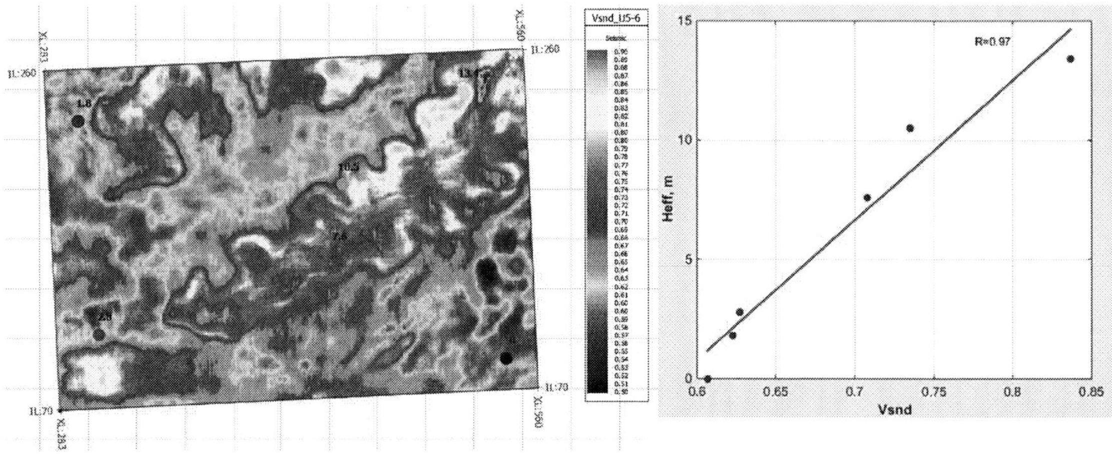

Рисунок 3. *Карта песчанистости в интервале Ю5-6 (слева). График Нэфф – песчанистость (Vsnd) (справа)*

Библиография / References

1. Grana D., Mukerji T., Doyen P. Seismic reservoir modeling: Theory, examples, and algorithms. – John Wiley & Sons, 2021.
2. Ivanchik A. V., Shulik S. I., Hakimov I. A. Forecast of reservoirs in the alluvial facies of the Tyumen formation based on seismic data of MCDP 3D (Russian) //Oil Industry Journal. – 2022. – T. 2022. – №. 05. – C. 65-68.
3. Kopenkin R.Yu., Kiryanova T.N., Fedorova M.D., Kirzeleva O.Y., Klyazhnikov D.V., Smirnova O.V., Kalugin A.A. Qualitative and quantitative prediction based on seismic data (by the example of Tyumen Formation in Western Siberia). Geologiya nefti i gaza. 2021;(5):45–54. (in Russian).
4. Mazitov M. et al. Identification of different types of paleochannels using 3D seismic and well log data: special features by the example of oil field in Western Siberia //SEG International Exposition and Annual Meeting. – SEG, 2020.
5. Shubin A.V., Klyazhnikov D.V., Ryzhkov V.I. Inverse rock physics: reservoir characterization of the Tyumen formation. Geofizika. 2018; (6): 2–10 (in Russian).
6. Zotova O.P. et al. Features of the development of deposits of the Tyumen suite // Scientific forum. Siberia. – 2018. – T. 4. – No. 2. – pp. 28-29. (in Russian).

Восстановление модели плотности распределения трещин на основе машинного обучения и трёхмерного свёрточного моделирования: применение к реальным данным

М.И. Протасов* (ИНГГ СО РАН), Р.М. Кенжин (ИНГГ СО РАН), Е.Н. Павловский (НГУ)

Введение

Сейсмическая инверсия основана на использовании одномерной свёрточной модели, предполагающей горизонтальную слоистость среды. На практике это условие может не выполняться из-за наличия разного рода латеральных неоднородностей, в частности, при наличии трещин или разломов. В этом случае необходимо использовать двумерные или трёхмерные свёрточные модели и соответствующим образом реализовать алгоритмы инверсии, что и реализовано в настоящей работе.

Рассеянная составляющая сейсмического волнового поля несет существенную информацию о мелкомасштабных геологических объектах, в частности о трещиноватых зонах. Её обработка позволяет локализовать в том числе такие объекты, как зоны трещиноватости. Поэтому мы предлагаем использовать именно дифракционные изображения для восстановления модели трещин [1]. В данной работе мы исследовали возможности реконструкции модели плотности распределения трещин по дифракционным сейсмическим изображениям с использованием концепции дискретной сети трещин, которая требует явного задания пространственного положения, размера и ориентации каждой трещины [2].

Методы машинного обучения демонстрируют большой потенциал при решении задач обработки и интерпретации сейсмических данных. Специалисты проводят исследования и показывают успешное применение этих методов к различным задачам обработки и интерпретации сейсмических данных, например, интерполяция сейсмических данных, сейсмофациальный анализ, а также для ряда других задач [3]. В представляемой работе мы также предлагаем использовать методы машинного обучения для восстановления модели плотности распределения трещин. Разработанный алгоритм содержит две ключевые составляющие: трёхмерное свёрточное моделирование в глубинной области для создания обучающего набора данных и нейронную сеть U-Net [4] для реконструкции модели трещин.

В работе представлены результаты машинного обучения для трёхмерных моделей и изображений. Сначала численные эксперименты проведены для реалистичной синтетической модели, построенной по реальным данным из Карского моря. Основные результаты, представленные в работе, получены путём применения нейронных сетей, обученных на синтетических изображениях и моделях, к дифракционным изображениям, построенным по реальным данным из Карского моря.

Трёхмерное свёрточное моделирование для создания обучающего набора данных

С одной стороны, для локализации зон трещиноватости используются дифракционные изображения, в основе которого лежит условие визуализации в структурных углах [Protasov, 2021]:

$$Image\left(\acute{x}_i;\beta,az\right)=\int T^{gbs}\left(\acute{x}_s;\acute{x}_i;\gamma,\theta,\beta,az;\omega\right)\cdot\vec{T}^{gbr}\left(\acute{x}_r;\acute{x}_i;\gamma,\theta,\beta,az;\omega\right)\cdot\vec{u}^{obs}\left(\acute{x}_r;\acute{x}_s;\omega\right)d\,\acute{x}_r\,d\,\acute{x}_s\,d\gamma d\theta d\omega \quad (1)$$

Здесь $\vec{u}^{obs}\left(\acute{x}_r;\acute{x}_s;\omega\right)$ – сейсмические данные в частотной области. Изменяя углы падения γ и азимута θ, появляется возможность управлять видимостью/невидимостью геологических объектов. И на этой основе для многих реальных случаев можно получить дифракционное изображение, позволяющее найти трещиноватые зоны. С другой стороны, функция

$Image\left(\acute{x}_i;\beta,az\right)$ представляет собой суперпозицию двух линейных интегральных операторов – «частичного» обратного преобразования Фурье и прямого преобразования Фурье [Protasov, 2021]:

$$Image\left(\acute{x}_i;\beta,az\right)=\iiint\limits_{X_{par}} F\left(\omega\left(\acute{p}\right)\right)e^{i\cdot\acute{p}\cdot\acute{x}_i}d\acute{p}\iiint\limits_{R_3} f\left(\acute{y};\beta,az\right)e^{-i\cdot\acute{p}\cdot\acute{y}}d\acute{y}, \qquad (2)$$

на искомое возмущение макромодели $f\left(\acute{y};\beta,az\right)$, которое является потенциалом рассеяния, а функция $Image\left(\acute{x}_i;\beta,az\right)$ является проекцией потенциала рассеяния в спектральную область, и мы называем ее идеальным изображением, а процесс преобразования трёхмерного потенциала рассеяния в идеальное изображение трёхмерным свёрточным моделированием в глубинной области. Это то, что мы можем идеально получить для данного диапазона сейсмических частот, и для корректной миграционной модели, и для идеальных данных с заданной системой наблюдения без шума и без кратных волн. Мы предлагаем использовать идеальные изображения поскольку их расчёт вычислительно намного дешевле, чем альтернативный подход моделирования трехмерных сейсмических данных с последующей частичной миграцией этих данных.

Машинное обучение для восстановления модели трещин

Известно, что трещины создают локальные неоднородности упругих свойств, которые являются причиной возникновения рассеянных/дифрагированных волн. Поэтому в масштабе сейсмических моделей трещины рассматриваются как рассеиватели/дифракторы. И именно часть модели, отвечающая за рассеяние/дифракцию, является целью реконструкции. В качестве входного набора данных, используемых при обучении, рассматривается результат обработки сейсмического дифракционного изображения, полученного по реальным данным, с использованием методов вычислительной топологии. В результате были устойчиво определены статистические параметры модели дискретной сети трещин, которые позволили создать набор синтетических моделей для обучения. Чтобы избежать громоздких вычислений, вместо расчёта 3D сейсмических данных и выполнения 3D сейсмической миграции, в качестве альтернативы мы создаем идеальное 3D изображение для этой модели с помощью 3D сверточного моделирования. Это позволяет быстро воспроизвести множество сейсмических изображений при создании набора данных для машинного обучения. Кроме того, с помощью моделирования дискретной сети трещин можно создать достаточно большое количество различных 3D моделей плотности распределения трещин, используя относительно небольшие вычислительные ресурсы. При этом мы можем построить обучающий набор данных для алгоритма машинного обучения за разумное время вычислений.

Для прогноза трещин мы рассматриваем задачу как сегментацию трещин, но с восстановлением численных значений. Фактически, мы полностью восстанавливаем модель плотности распределения трещин по трехмерному дифракционному изображению. Размер куба входных данных составляет (380-151-900). Ранее [5] мы успешно применили архитектуру свёрточной нейронной сети U-Net [4] для решения задачи семантической сегментации трещин при определении двух классов: “трещина” и “фон”. В данной работе для восстановления модели трещин с определением числового значения каждого пикселя мы также решили применить архитектуру U-Net с небольшой модификацией. Отличие от [5] состоит в используемой функции потерь: вместо метрики Дайс в данном случае метрика – это сумма среднеквадратичного отклонения и средней абсолютной ошибки.

Применение к дифракционным изображения, построенным по реальным данным

В данной работе были проведены исследования с использованием реальных данных 3D сейсморазведки в Карском море. При регистрации данных используются буксируемые косы (12 штук) длиной 6000 м, расстояние между косами равно 100 м, шаг между приемниками –

12.5 м, т.е. 480 приёмников на одну косу. Интервал между источниками – 25 м, шаг между линиями возбуждения – 600 м, расстояние от источника до ближайшего приемника варьируется в пределах 175-185 м. Максимальный вынос в данных равен 6000 м, а их кратность составляет 240. Эти данные подвергаются полному циклу сначала временной обработки, и затем глубинной, где на последнем этапе проводится глубинная миграция до суммирования. А далее строятся дифракционные сейсмические изображения, где соответствующий алгоритм четко идентифицирует зону тектонических нарушений [6]. При этом определить эту зону по результатам глубинной миграции отражённых волн крайне сложно. На дифракционном изображении достаточно четко видна сеть «крупных» трещин (рис. 1а). Именно эти изображения используются в качестве входных данных для разработанного алгоритма восстановления модели трещин. Как было указано выше, сначала была построена модель плотности распределения сети трещин по результатам применения алгоритма вычислительной топологии к дифракционному изображению и моделированию дискретной сети трещин (рис. 1б). И по этой модели было построено соответствующее дифракционное изображение с использованием свёрточного моделирования (рис. 1в). Видно, что построенная модель и синтетическое изображения слабо соответствуют входному дифракционному изображению, построенному по реальным данным, хотя есть определённое сходство для многих линеаментов. Далее на основе использования устойчиво определяемых статистических параметров модели дискретной сети трещин, также полученным по результатам применения алгоритма вычислительной топологии к дифракционному изображению, был построен набор моделей плотности распределения сети трещин. Аналогично для этих моделей были созданы соответствующие синтетические дифракционные изображения с использованием свёрточного моделирования. Таким образом был создан набор данных для обучения нейронной сети. К исходному набору данных мы добавили такое же количество зашумленных изображений. Результаты применения нейронной сети, полученной с использованием обучения в течение 125 эпох представлены на рис. 1г. Визуально восстановленная модель достаточно хорошо соответствует входному изображения, при этом нейронная сеть определяет достаточно большое количество мелких элементов модели. Также визуально можно оценить, что нейронная сеть улучшает результаты работы топологического алгоритма.

Выводы

В работе предложена и исследована трёхмерная сейсмическая инверсия на основе машинного обучения для реконструкции модели плотности распределения трещин. Реализован подход, основанный на трёхмерной свёрточной модели и машинном обучении с использованием нейронной сети U-Net. В рамках предложенного решения также используется построение трёхмерных дискретных моделей трещин, что позволяет описать модель плотности распределения трещин. Свёрточное моделирование и построение дискретных моделей трещин являются недорогими в вычислительном отношении процедурами. Таким образом, подход позволяет построить набор обучающих данных за разумное вычислительное время.

Разработанный алгоритм апробирован на дифракционных изображениях, построенных по реальным данным 3D сейсморазведки в Карском море. А именно, нейронная сеть, обученная по дифракционным изображениям на основе синтетических данных, была применена для изображений, построенных на основе реальных данных. Несмотря на то, что эти изображения достаточно сильно отличаются от синтетических, на которых происходило обучение модели, нейронная сеть смогла выявить основные элементы во входных изображениях и восстановить возможную модель плотности распределения трещин, которая, безусловно должна и может быть улучшена путём учёта скважинных данных.

Благодарности

Данная работа выполнена при поддержке Российского Научного Фонда грант № 21-71-20002. Результаты работы были получены с использованием вычислительных ресурсов суперкомпьютерного центра Санкт-Петербургского политехнического университета Петра Великого (scc.spbstu.ru) и лаборатории аналитики потоковых данных и машинного обучения Новосибирского государственного университета (bigdata.nsu.ru/lab/).

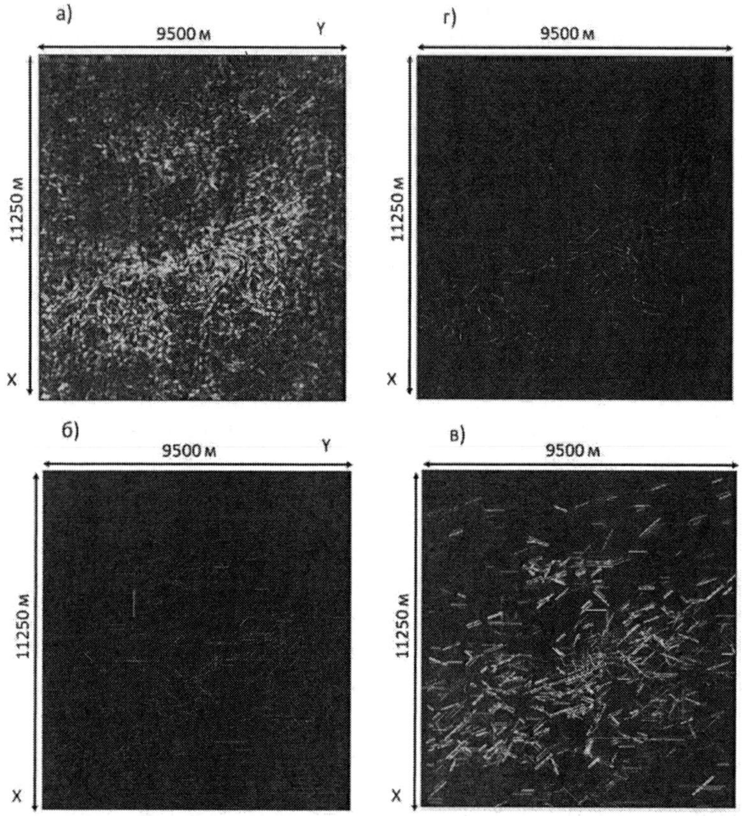

Рисунок 1. *Горизонтальные срезы трехмерных моделей и изображений: а) дифракционное изображение, построенное по реальным данным из Карского моря; б) модель плотности распределения трещин по результатам применения алгоритма вычислительной топологии к дифракционному изображению, представленному на Рис.1а, и моделирования дискретной сети трещин; в) дифракционное изображение, построенное по модели, представленной на Рис.1б, с использованием трёхмерного свёрточного моделирования; г) модель плотности распределения трещин по результатам применения разработанного алгоритма машинного обучения к дифракционному изображению, представленному на Рис.1а.*

Библиография / References

1. De Ribet B., Yelin G., Serfaty Y., Chase D., Kelvin R. and Koren Z. High resolution diffraction imaging for reliable interpretation of fracture systems // First Break, 2017. V. 35(2). P. 43–47.

2. Xu C., Dowd P. A new computer code for discrete fracture network modelling // Computers and Geosciences, 2010. V. 36. P. 292–301.

3. Hou S., and Messud J. Machine learning for seismic processing: The path to fulfilling promises // SEG Technical Program Expanded Abstracts, 2021. P. 3204–3208.

4. Ronneberger O., Fischer P., Brox T. U-Net: Convolutional Networks for Biomedical Image Segmentation // arXiv:1505.04597v1, 2015.

5. Протасов М.И, Кенжин Р.М., Павловский Е.Н Восстановление модели трещин на основе машинного обучения и трехмерного свёрточного моделирования // Геофизика, 2023. Т. 3. С. 58–63.

6. Protasov M.I., Gadylshin K.G., Tcheverda V.A., Pravduhin A.P. 3D diffraction imaging of fault and fracture zones via image spectral decomposition of partial images // Geophysical Prospecting, 2019. V. 65(5). P. 1256 – 1270.

Оценка устойчивости алгоритмов синхронной сейсмической инверсии стандартных аппроксимаций и решения высокой точности

А.А. Архипов* (1), В.А. Соболевксий (1), М.А. Миглей (2), И.О. Утусиков (2), (1 - ООО «НПП Геошельф», 2 - ООО «ГеоПрайм»)

Введение

Инверсионным задачам при геологической интерпретации материалов сейсморазведки, с нашей точки зрения, уделяется недостаточно внимания. Со времен появления ПАК (AI) и AVO Фреда Хилтермана (I, G) до текущих реализаций в программных пакетах, основанных на популярных аппроксимациях Шуэ, Фатти и Аки-Ричардса (и др.), невысокая согласованность результатов инверсий со скважинными данными отталкивала специалистов от их массового применения при интерпретации.

Результатами наших исследований было доказано, что точность аппроксимаций системы уравнений Нотта-Цёппритца, на которых базируются все современные детерминистические алгоритмы, обладают сильной погрешностью и, как следствие, результаты инверсий по наиболее значимым параметрам (скорости/импедансы по поперечным волнам и плотности) слабо согласуются со скважинными данными.

В рамках проведённых работ был разработан гибридный подход аппроксимации системы уравнений Нотта-Цёппритца, основанный на аналитическом выражении младших членов разложения (менее нелинейных) в комбинации с машинным обучением для описания старших (более нелинейных), что позволило получить решение очень близкое к точному.

По итогам предыдущих этапов работ авторов на конференциях «ГеоСочи-2023», «Геомодель-2023», «ГеоЕвразия-2024», «Санкт-Петербург-2024», «ГеоСочи-2024» и семинаре РГУ им. И.М. Губкина были представлены результаты моделирования прямой и обратной задачи синхронной сейсмической инверсии с оценкой точности решений по стандартным аппроксимациям и предлагаемому алгоритму высокой точности «iGAZ».

Известно, что с повышением точности и/или степени нелинейности алгоритмов высока вероятность снижения их устойчивости к шумам/помехе, что свойственно реальным данным.

Данная работа посвящена проблеме изучения устойчивости аппроксимации Аки-Ричардса (в записи Бортфелда) и «iGAZ». Полученные результаты могут быть распространены на все популярные аппроксимации, т.к. предыдущие исследования показали их идентичность при применении к многопластовым моделям.

Теория

Исследования показали, что погрешности аппроксимаций и характер их распределения по углам падения продольной волны/удалениям сохраняются в сейсмическом диапазоне частот. Таким образом при оценке точности и применимости отдельно взятого алгоритма в определённых сейсмогеологических условиях можно руководствоваться как результатами полночастотного моделирования (коэффициенты отражения) так и сейсмического.

На рисунке 1 приведены результаты расчёта коэффициентов отражения для 6 упругих границ в условиях имитации решения в межскважинном пространстве, т.е. без априорных Vp, Vs, плотностей. Точные решения по системе уравнений Нотта-Цёппритца изображены пунктиром, а аппроксимации сплошными кривыми. Рассматриваемые значения – вещественные (на закритических углах не рассчитываются).

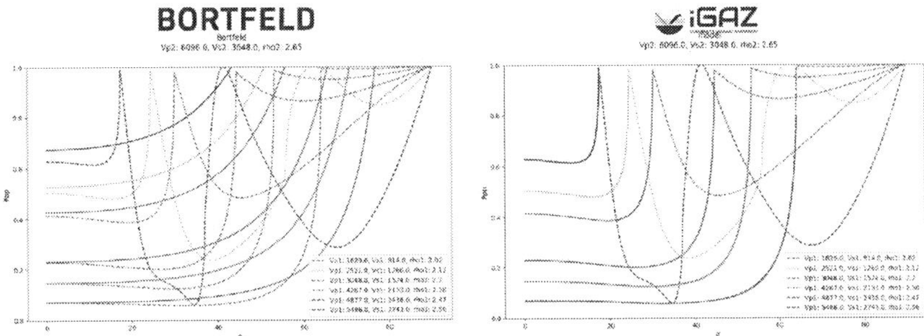

Рисунок 1. *Сопоставление аппроксимаций Бортфелда и «iGAZ» для 6 упругих границ.*

Очевидно, что с увеличением углов падения продольной волны на упругую границу и ростом её контраста аппроксимация Бортфелда сильно отклоняется от точного решения. Погрешность решения «iGAZ» минимальна и близка к равномерной для всего диапазона рассматриваемых углов и контрастов.

На рисунке 2 изображены результаты инверсии по 5-ти угловым суммам по полностью упругой модели «Marmousi 2» Гари Мартина как пример репрезентативной, многопластовой модели.

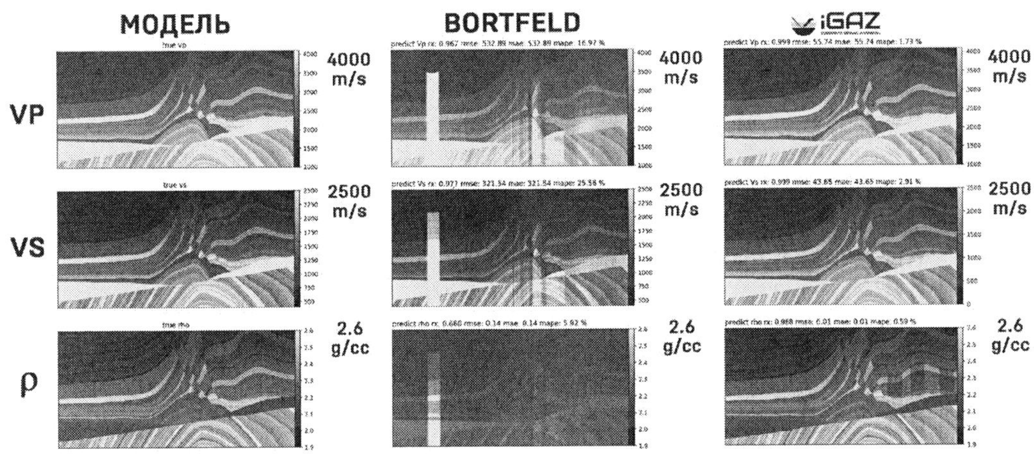

Рисунок 2. *Сопоставление инверсий Бортфелда и «iGAZ» для модели «Marmousi 2».*

На рисунке 3 изображены гистограммы средней абсолютной ошибки инверсий Бортфелда и «iGAZ» по 5-ти угловым суммам модели «Marmousi 2»

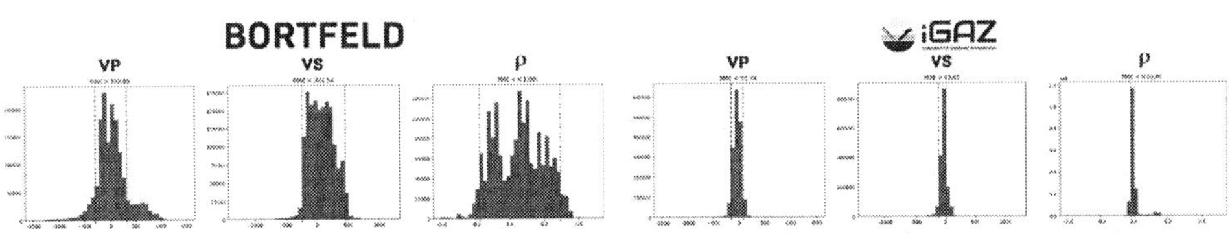

Рисунок 3. *Средние абсолютные ошибки инверсий Бортфелда и «iGAZ» для модели «Marmousi 2».*

Ожидаемо мода распределения ошибки по инверсии Бортфелда в разы шире чем по «iGAZ» по всем расчётным параметрам, особенно высокие ошибки получены по плотностям горных пород. Относительная компактность моды ошибки по скоростям пробега поперечной волны связана с синтетическим происхождением модели Vs, созданной по линейным трендам Гринберга-Кастаньи.

На рисунке 4 изображены результаты инверсий при увеличении количества угловых сумм.

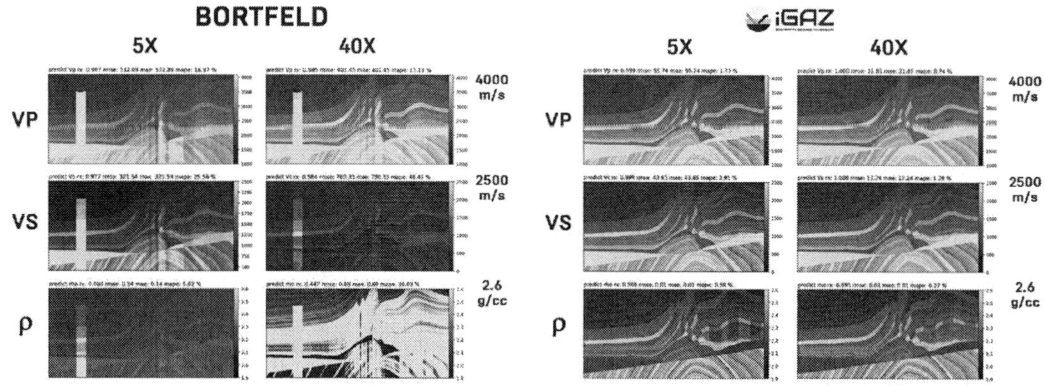

Рисунок 4. *Сопоставлении инверсий Бортфелда и «iGAZ» при увеличении кол-ва угловых сумм.*

Возрастающая ошибка инверсии по аппроксимации Бортфелда при увеличении количества угловых сумм связана с недостаточным количеством степеней свободы системы линейных уравнений, на которых основаны детерминистические алгоритмы. Т.е. наблюдается обратный ожидаемому эффект – увеличение статистики приводит к снижению устойчивости. На рисунке 5 изображены графики, иллюстрирующие эту особенность (истинные амплитуды представлены синими точками, результаты аппроксимации – оранжевыми).

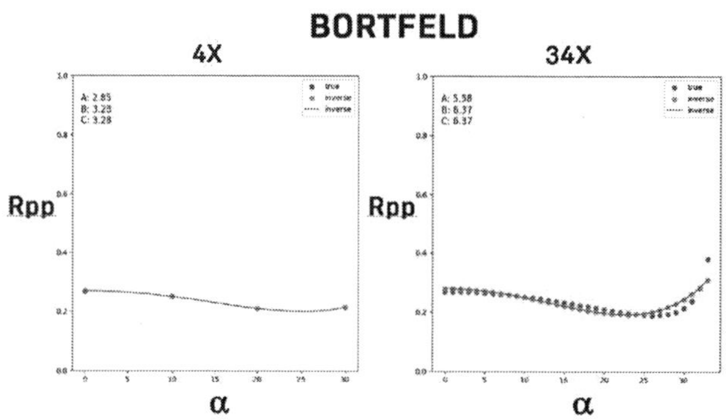

Рисунок 5. *Недостаточное кол-во степеней свободы стандартных аппроксимаций при увеличении кол-ва угловых сумм/работе по сейсмограммам.*

Учитывая, что все стандартные аппроксимации предполагают возможность их линеаризации и расчёт инверсии путём решения системы линейных уравнений, наблюдаемый эффект снижения устойчивости справедлив для всего множества существующих аппроксимаций.

Для следующей оценки устойчивости решений Бортфелда и «iGAZ» анализировались результаты инверсии при добавлении гауссовского шума (3, 5, 10, 25 и 50% от размаха сигнала) в модель коэффициентов отражения по четырём скважинам из различных сейсмогеологических условий (Западная Сибирь, Восточная Сибирь, Оренбург). Выбор скважинных данных для этого вида исследований обусловлен отсутствием явных функциональных трендов Гринберга-Кастаньи и Гарднера в распределениях Vp, Vs и плотности, характерных для синтетических моделей, включая «Marmousi 2». На рисунке 6 изображена таблица коэффициентов корреляции результатов инверсии с добавлением низкочастотных трендов. По табличным данным видно, что с увеличением уровня шума боле 25% оба рассматриваемых решения постепенно вырождаются в шум и на коэффициент корреляции влияет преимущественно низкочастотная модель.

	СКВ.	3%		5%		10%		25%		50%	
		BORTFELD	iGAZ	BORTFELD	iGAZ	BORTFELD	iGAZ	BORTFELD	iGAZ	BORTFELD	iGAZ
VP	1	0.772	0.955	0.700	0.939	0.604	0.878	0.650	0.794	0.576	0.681
	2	0.875	0.981	0.880	0.977	0.869	0.950	0.741	0.732	0.695	0.698
	3	0.885	0.949	0.879	0.945	0.866	0.918	0.873	0.843	0.832	0.830
	4	0.848	0.944	0.891	0.940	0.817	0.911	0.823	0.807	0.837	0.805
VS	1	0.737	0.951	0.656	0.921	0.437	0.844	0.478	0.742	0.443	0.629
	2	0.574	0.949	0.577	0.926	0.526	0.891	0.494	0.620	0.493	0.417
	3	0.875	0.936	0.867	0.929	0.842	0.901	0.849	0.820	0.808	0.807
	4	0.862	0.950	0.894	0.941	0.839	0.922	0.833	0.827	0.835	0.826
ρ	1	0.728	0.835	0.736	0.856	0.783	0.850	0.729	0.825	0.730	0.772
	2	0.844	0.989	0.845	0.987	0.841	0.952	0.840	0.837	0.845	0.822
	3	0.758	0.930	0.763	0.929	0.792	0.900	0.823	0.781	0.796	0.758
	4	0.887	0.825	0.868	0.851	0.916	0.843	0.866	0.862	0.868	0.863

Рисунок 6. *Устойчивость инверсий Бортфелда и «iGAZ» при увеличении уровня шума.*

Выводы

По результатам проведённых исследований можно с уверенностью утверждать, что:

а) полученные результаты по аппроксимации Бортфелда можно распространить на все алгоритмы (Шуэ, Фатти и др.), т.к. в их основе лежит единый принцип линеаризации/решения систем линейных уравнений;

б) в условиях идеального спрямления, отсутствия помех и пр., при переходе от угловых сумм к сейсмограммам неустойчивость стандартных алгоритмов детерминистической синхронной инверсии увеличивается, а результат инверсии «iGAZ», напротив, становится более согласованным с моделью;

в) к шумам устойчивость стандартных аппроксимаций и «iGAZ» – идентична, инверсии по сопоставляемым алгоритмам вырождаются начиная с одинакового уровня аддитивного гауссовского шума;

г) точность результатов синхронной инверсии «iGAZ» по зашумлённым данным, в подавляющем большинстве случаев, превосходит точность инверсий по стандартным аппроксимациям.

References

1. P. Connolly, Elastic impedance. 1999, The Leading Edge, 18, p.438-452
2. G.S. Martin, R. Wiley, K.J. Marfurt, Marmousi2: An elastic upgrade for Marmousi. February 2006, The Leading Edge, p.156-166
3. R. T. Shuey. A simplification of the Zoeppritz equations. 1985, Geophysics, 50, p.609-614
4. A. Fathalian, K. Innanen. AVO modelling of linearized Zoeppritz approximations. CREWES Research Report — Volume 27 (2015)

M. Kemper, J. Gunning. Joint Impedance and Facies Inversion – Seismic inversion redefined. First break volume 32, September 2014

Прогнозирование коллекторских свойств пород методом многомерного корреляционно-регрессионного анализа

В.В. Безходарнов* («ManKenGeo»), О.К. Манкенов («ManKenGeo»), Т.И. Чичинина (Мексиканский Нефтяной Институт)

Введение

Вероятностные методы *количественного* прогнозирования свойств пород и грунтов используются с 1970 годов и до настоящего времени (Безходарнов, 1995, 2006, 2020). В нефтегазопоисковой сейсморазведке до сих пор в основном применяются лишь двумерные корреляционные зависимости какого-либо интересующего нас показателя (пористости, проницаемости и др.) от какого-нибудь единичного показателя упругих волн, называемого *сейсмоатрибутом* (амплитуда, частота или др.). Коэффициенты парной корреляции между искомым показателем и сейсмоатрибутом редко превышают 0,7. Получаемые по таким зависимостям прогнозные карты пригодны лишь для *качественного* суждения об изменчивости свойств коллектора в плане. На ранних стадиях разведки и освоения месторождений всегда имеется недостаток опорных скважин. Поэтому остро встаёт вопрос о правомерности распространения получаемых прогнозов не только на ближайшие к скважинам участки, но и на всю площадь сейсморазведочных работ. Наша цель – по данным сейсморазведки не только получить наиболее точные прогнозные карты свойств пластов, но и дать зонирование каждой карты по степени достоверности и надёжности прогноза.

Метод

Разработана методика прогноза свойств пород, в том числе важнейших *фильтрационно-ёмкостных свойств* (ФЕС), определяющих добывные возможности пластов-коллекторов.

Технология прогнозирования включает этапы:

– Сбор опорных данных, включая оценку показателей ФЕС перспективных пластов по результатам *геофизических исследований скважин* (*ГИС*);

– Вычисление *сейсмоатрибутов*: как стандартных (имеющихся в пакетах программ), так и предложенных нами *эксклюзивных* атрибутов. Большинство атрибутов рассчитываются в нескольких окнах (от 8–10 до 40–60 *мс*) от опорного *отражающего горизонта* (*ОГ*);

– Двухэтапный *Многомерный Корреляционно-Регрессионный Анализ* (*МКРА*): 1) нахождение корреляционных связей между показателями ФЕС и *сейсмоатрибутами*; 2) построение многомерных регрессионных уравнений;

– Расчёт и построение прогнозных карт для целевого пласта: коэффициенты пористости $\boldsymbol{K}_{\mathrm{p}}$, проницаемости $\boldsymbol{k}_{\mathrm{per}}$, нефтенасыщенности $\mathbf{K}_{\mathrm{oil}}$, эффективная толщина пласта $\mathbf{h}_{\mathbf{eff}}$, и др.;

– Зонирование прогнозных карт по степени достоверности и надёжности прогноза.

Уравнение связи искомого показателя **X** с сейсмоатрибутами $\mathbf{A}_i$ имеет следующий вид:

$$\mathbf{X} = c_0 + a_1\mathbf{A}_1 + a_2\mathbf{A}_2 \ldots + a_n\mathbf{A}_n\,, \qquad (1)$$

где c_0 – свободный член, a_i – коэффициенты многомерного линейного уравнения; количество атрибутов в нём (n) редко превышает 4.

Для примера приведём 3-мерную зависимость коэффициента нефтенасыщенности для песчаника верхней юры на одном из месторождений Западной Сибири:

$$K_{oil} = 2{,}80 - 0{,}00985*(U_2\text{-}Tar) - 0{,}00266*(B\text{-}U_2\_AIP). \quad (2)$$

Данное уравнение включает два независимых сейсмоатрибута: U_2-Tar – разность времён между двумя отражающими горизонтами выше и ниже продуктивного пласта; B-U_2_AIP – *средняя мгновенная фаза* сейсмической волны в интервале между баженовской свитой (*B*) и кровлей средней юры. Иногда членами линейного уравнения выступают не сами атрибуты, а их экспоненциальная или логарифмическая функции. Таким образом мы в линейном уравнении учитываем существующие иногда нелинейные связи искомого показателя с атрибутами.

Особенность нашей технологии в том, что мы насчитываем не 10–15 сейсмоатрибутов (как это принято), а гораздо больше. Современные программы позволяют быстро вычислять до 100 и более атрибутов для каждого целевого пласта (с учётом расчёта их в разных временны́х окнах и с разными сдвигами окон от опорного *ОГ*). Такая «избыточность» позволяет нам для одного и того же искомого показателя получать до 3–5 многомерных уравнений с общим числом в них до 10 атрибутов, различных по своей физической сущности. И таким образом реализуется *принцип комплексности* как эффективное средство повышения достоверности и точности результата. В качестве итоговой прогнозной карты рассчитывается результирующая комбинация, у которой значение в каждой точке grid'а является средневзвешенным значением из частных зависимостей. Имея две и более прогнозные карты для одного искомого показателя, мы получаем карты разностей этих прогнозных карт; эти разностные карты показывают площадное распределение точности прогноза. Другой способ оценки надёжности прогноза основан на очевидном утверждении, что всегда ограниченная выборка опорных скважин не может охватить всех геолого-физических условий на всей площади исследований. Диапазоны значений сейсмоатрибутов на всей площади также гораздо шире, чем эти же диапазоны в выборке, за пределами которых мы не можем вполне доверять прогнозу. Для каждого атрибута мы строим карту его граничных значений в выборке и штрихуем всё, что выходит за пределы этих значений. Накладывая друг на друга такие карты для всех атрибутов, мы видим заштрихованные зоны, где надёжность прогноза может снижаться. В местах наложения нескольких таких зон прогноз является наименее надёжным. Рисунок 1 иллюстрирует такие наложения (зонирование) на итоговую карту пористости, полученную по трём многомерным зависимостям.

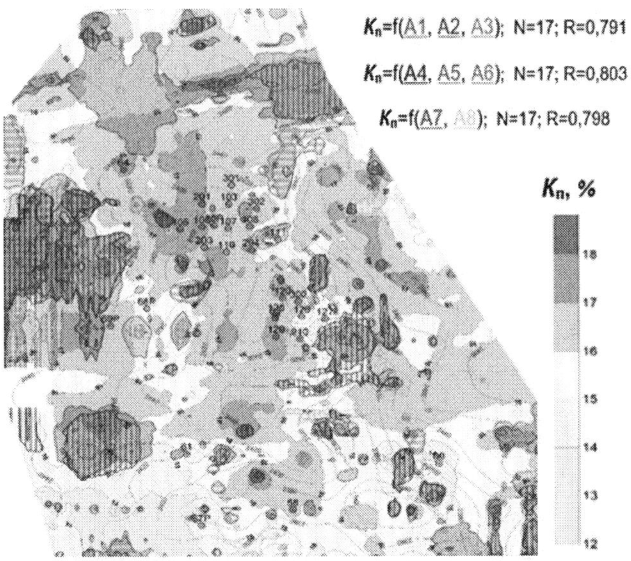

Рисунок 1. *Прогнозная карта коэффициента пористости продуктивного пласта (на фоне структурной карты).*

Карта получена как средневзвешенная из двух 4-мерных и одной 3-мерной зависимостей. На неё наложены (в виде цветных штриховок соответственно атрибутам Ai) зоны выхода атрибутов за пределы выборочных диапазонов, где достоверность прогноза может резко снижаться.

N – количество опорных скважин

Мы используем и другие свои (эксклюзивные) способы оценки надёжности как самих многомерных зависимостей, так и получаемых по ним прогнозных карт.

На рис. 2 представлен один из многочисленных примеров прогнозирования эффективной толщины песчаного пласта. Эта прогнозная карта обеспечила оптимизацию бурения скважин на восточном фланге месторождения, где раньше добыча не предполагалась.

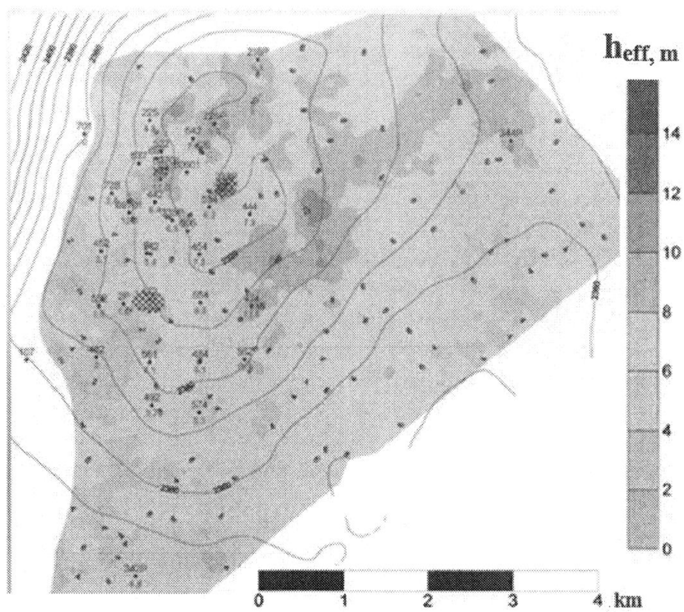

Рисунок 2. *Карта эффективных толщин продуктивного пласта (на фоне структурной карты).*

В результате прогноза открылись перспективы бурения на восточном склоне поднятия.

На некоторых месторождениях после выполнения прогнозов бурилось много эксплуатационных скважин, что давало возможность оценивать достоверность прогнозирования. В табл. 1 даны примеры проверки сходимости прогнозов для продуктивных пластов верхней юры на двух месторождениях Томской области.

Таблица 1
Примеры сходимости прогнозных карт

Месторожде-ние	Количество контрольных скважин	Прогнозируе-мый показатель	Значения по ГИС: от–до; **среднее**	Прогнозные значения: от–до; **среднее**	Относитель-ная ошибка: от–до; **среднее** (%)
1	*2*	*3*	*4*	*5*	*6*
Таловое	16	$\mathbf{h}_{eff}$, *м*	2,1–7,8; **4,5**	2,3–7,0; **4,2**	0–14; **7**
Таловое	33	α_{SP}, %	66–96; **78**	69–86; **77**	0–11; **5**
Крапивинское	88	$\mathbf{h}_{eff}$, *м*	0–3,8; **1,7**	0–2,8; **1,8**	0–33; **20**
Крапивинское	86	$K_р$, %	10,0–16,8; **14,3**	10,3–15,2; **13,7**	0–25; **6**
Крапивинское	96	$\mathbf{h}_{eff}$, *м*	6,9–16,8; **13,6**	7,8–15,0; **12,7**	0–30; **12**

Самая большая относительная погрешность (20%) – в прогнозе $\mathbf{h}_{eff}$ тонкого пласта (в среднем 1,7 м); и 20% от этого среднего не превышают 0,4 м. Традиционная структурная сейсморазведка не может достигать такой точности ввиду ограниченности её разрешающей способности. Для более толстых пластов относительные ошибки гораздо меньше. Пористость и песчанистость (α_{SP}) прогнозируются довольно точно.

При прогнозировании проницаемости верхнеюрских коллекторов на одном из крупных месторождений в Томской области с помощью МКРА удалось выявить контуры развития очень высокопроницаемых песчаников (k_{per} >1000 mD) на значительном удалении от имевшихся скважин. Это позволило уменьшить количество добывающих скважин и сэкономить около миллиарда рублей при добыче нефти. Данная технология МКРА применялась более чем на 20 нефтяных и газовых месторождениях на стадиях их разведки, подсчёта запасов и добычи (Безходарнов, 2006, 2021a, 2021b).

Выводы

Разработана и внедрена эффективная технология детального прогнозирования свойств пород и параметров месторождений и залежей *углеводородов* (УВ). Новые подходы и решения присутствуют на всех этапах нашей технологии, включая оценку надёжности и достоверности прогнозов и их графическое отображение. Это открывает возможность превращения нефтегазопоисковой сейсморазведки из структурного метода в структурно-параметрическую сейсморазведку, способную давать количественную оценку запасов УВ. Но для реализации этого необходима специальная подготовка геофизиков, владеющих вероятностными методами.

Библиография / References

1. Bezkhodarnov V.V. [1995] Application of geophysical methods to study the properties of soils in the Middle Ob region. PhD Thesis. "Primeneniye geofizicheskikh metodov dlya issledovaniya svoystv gruntov Srednego Priob'ya. Dissertatsiya (kand. geol.-miner. nauk)", Tomsk, 224 p.

2. Bezkhodarnov V.V. [2006] Prediction of reservoir properties of rocks from seismic data based on multivariate statistical analysis. "Prognozirovaniye kollektorskikh svoystv po dannym seysmorazvedki na osnove mnogomernogo statisticheskogo analiza". Neftyanoye khozyaystvo. no. 8, p. 34-37.

3. Bezkhodarnov, V.V., Chichinina, T.I., Korovin, M.O., and Trushkin V.V. [2021a] Multivariate geostatistics analysis for predicting reservoir properties based on seismic data. EAGE, European Association of Geoscientists & Engineers, Progress'21 Exploration as a business, 2nd International Oil & Gas Exploration Conference Proceedings, 1-3 November 2021, Sochi, Russia, Volume 2021, p.1–5.

4. Bezkhodarnov, V.V., Chichinina, T.I., Korovin, M.O., and Trushkin V.V. [2021b] Prediction of Reservoir Properties from Seismic Data by Multivariate Geostatistics Analysis. SPE Russian Petroleum Technology Conference, October 2021. doi: https://doi.org/10.2118/206595-MS

5. Borovikov V. [2003] STATISTIKA. "Iskusstvo analiza dannykh na komp'yutere: Dlya professionalov." 2-ye izd. (+CD). – SPb.: Piter, 688 p.

Сейсмический атрибутный анализ с элементами полноволнового моделирования при прогнозе свойств коллекторов

Ю.П. Ампилов* (МГУ им. М.В. Ломоносова, ИПНГ РАН), Д.С. Кунченко (ООО «Сейсмотек»), К.Р. Сафуанова (МГУ им. М.В. Ломоносова)

Введение

Анализируются три основных метода прогноза эффективных толщин с помощью выбранных сейсмических атрибутов: 1)линейная регрессия, 2)кокригинг величин «атрибут-скважина», 3)нейросетевой прогноз на основании группы атрибутов, «обученных» на скважинах. В качестве методического примера выбрана кора выветривания (КВ) в доюрском комплексе (ДЮК) Западной Сибири, поскольку при сравнительно небольшой ее мощности (от 0 до 50 метров) отражения от кровли и подошвы не разделяются. Амплитудно-частотная характеристика данного интерференционного отражения зависит от толщины, и потому некоторые сейсмические атрибуты могут на это реагировать.

Для выяснения этих связей впервые применено полноволновое сейсмическое моделирование сейсмограмм с использованием метода спектральных элементов в рамках передового отечественного программного комплекса «Фидесис» [1,5,8]. По сравнительным расчетам установлено, что используемые обычно в сейсмике лучевые методы моделирования вкупе со сверткой с коэффициентами отражения дают ложные результаты и потому не рекомендуются для дальнейшего применения.

Дается анализ независимых результатов прогноза всеми тремя методами.

Использованные методы и результаты

Различные аспекты использования моделирования при интерпретации использовались давно [2,3,6,7], но в данном эксперименте акценты иные. Для подбора информативных атрибутов из множества возможных были рассчитаны серии полноволновых сейсмограмм с разными мощностями коры выветривания, причем в трехмерном случае возможно рассчитать и все три компоненты (рис. 1). Однако далее для сопоставимости результатов использовалась только вертикальная компонента скорости смещения Vz, а две другие будут использованы позднее для других численных экспериментов.

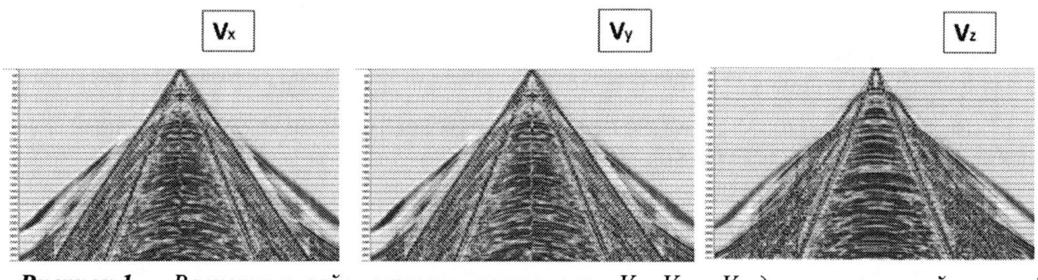

Рисунок 1. *Расчетные сейсмограммы компонент Vx, Vy и Vz для центральной части 3D модели*

С сейсмограммами Vz, рассчитанными затем для вертикально-неоднородного разреза в районе скважины, была проделана большая серия численных расчетов при разных толщинах коры выветривания, с последующей сейсмической обработкой в системе «Прайм» и получением синтетических временных разрезов.

Кроме указанного полноволнового моделирования были получены модельные трассы путем свертки импульса Рикера с центральной частотой 30Гц с коэффициентами отражения в модели, построенной по данным ГИС скважины в районе исследований, а также для акустического моделирования позиционных сейсмограмм только на продольных волнах с помощью программного комплекса Tesseral. В последнем случае синтетические сейсмограммы также были подвергнуты обработке для получения суммотрасс. Модель состояла из нескольких сотен тонких слоев, полученных по результатам интерпретации акустического каротажа и ГГК.

На рисунке 2 приведены результаты сопоставления синтетических трасс, полученных указанными тремя методами моделирования для указанной вертикально-неоднородной модели. Для наглядности результирующис трассы были размножсны.

Рисунок 2. *Смоделированные временные разрезы, полученные по свертке с коэффициентами отражения (слева), акустическому моделированию сейсмограмм Р волн (посередине) и полноволновому моделированию (справа)*

Отмечаем, что результаты, полученные разными методами моделирования, существенно различаются как по всему разрезу, так и в области отражений от коры выветривания на временах свыше 2000 мс. Соответственно, будут различаться и рассчитанные по этим модельным трассам сейсмические атрибуты в целевом интервале отражений от кровли и подошвы коры выветривания ДЮК (рисунок 3).

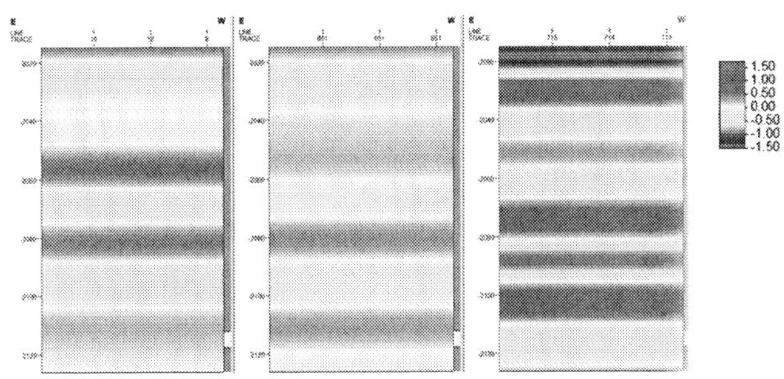

Рисунок 3. *Атрибут Amplitude (слева – по трассе «свертка», в центре – по суммотрассе акустического моделирования, справа – по суммотрассе полноволнового моделирования)*

Из этого следует закономерный вопрос о том, какой же результат наиболее адекватен реальной среде? Ответ на него очевиден – последний, полученный по сейсмограмме полноволнового моделирования. Ведь на ней присутствовали исходно все типы волн, возникающие в реальной среде (рисунок 1), включая поверхностные, продольные, обменные и волны-спутники, которые могли образовываться на всех тонких слоях в этой пачке. Весь этот полный цуг рассчитывается, как указано в [1,5]. Естественно, не все из них могут быть полностью устранены обработкой из-за близости скоростей суммирования, амплитудно-частотных характеристик волн-спутников и т.п. Т.е. это адекватное моделирование того, что происходит в реальности, в то время как свертка сигнала с коэффициентами отражения без учета всех типов сопутствующих волн – это слишком идеализированная модель однократных нормально падающих продольных волн. В реальности так не бывает. Не слишком от нее далека и суммотрасса, полученная после обработки смоделированной сейсмограммы продольных волн (акустический случай). Но она все равно отличается от «свертки» хотя бы потому, что здесь имеет место учет растяжек сигнала на дальних трассах перед суммированием, а также близкие кинематические характеристики волн-спутников, попадающих на те же времена регистрации.

Данный вывод ставит под сомнение правомерность многих приближений, допускаемых в количественной сейсмической интерпретации на основе простейших сверточных моделей суммотрасс, включая и акустическую инверсию. Последняя, по сути, является лишь некой виртуальной трансформантой волнового поля, с которой провели некие манипуляции при условной привязке к данным по скважинам.

Полученные синтетические суммотрассы по полноволновому моделированию с различной толщиной коры выветривания в ДЮК (от 5 до 45 м) далее подвергались сейсмическому атрибутному анализу. Среди рассчитанных многочисленных атрибутов наиболее информативным, показавшим почти линейную зависимость от толщины КВ оказался Envelope в окне 40 мс (рисунок 4). Окно 40 мс примерно соответствует интервалу изменения КВ в данном районе.

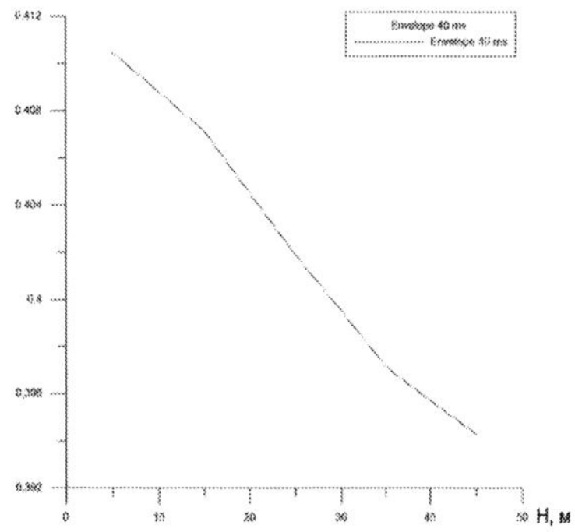

Рисунок 4. *Атрибут Envelope, рассчитанный в окне 40 мс в интервале отражений от коры выветривания в зависимости от ее мощности*

Затем эта зависимость использовалась для прогноза мощности КВ по реальным сейсмическим данным на площади исследований (рис. 5A).
Но результат был бы неполным, если бы мы не сравнили его с другими распространенными методами прогноза по сейсмическим данным.

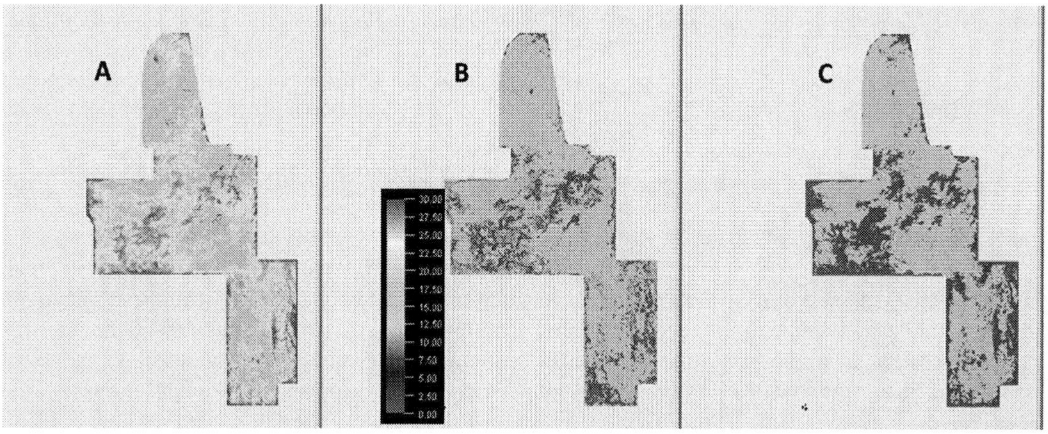

Рисунок 5. *Сопоставление прогнозных карт мощности коры выветривания (м), полученных тремя методами: A – через линейную зависимость от наилучшего атрибута на рис. 4, B – методом ко-кригинга с использованием значений в 12 скважинах на площади съемки, C – методом нейросетей (пакет IPlab) с использованием нескольких атрибутов.*

Сравнение результатов прогноза

Кроме использования простейшей линейной регрессионной зависимости «атрибут-мощность» было решено использовать еще два популярных метода: 1)геостатистический метод кокригинга, когда предполагается регулируемая весами статистическая связь двух случайных величин: толщин в скважинах и выбранного атрибута (Оливье Дюбрул, 2002), 2) нейросетевой прогноз Колмогорова (И.И. Приезжев, 2020). Второй и третий результаты расчетов (рисунки 5 В и 5С) значительно более контрастны, чем первый, что более соответствует толщинам в скважинах. Наилучший результат демонстрирует применение нейросетей Колмогорова к совокупной выборке из нескольких атрибутов, среди который есть и первый атрибут Envelope. Тем не менее, на качественном уровне все результаты похожи и не противоречат результата специальных исследований, выполненных по другой методике [4].

Выводы

- Распространенное в сейсморазведке для разных целей лучевое моделирование на основе свертки импульса с коэффициентами отражения зачастую может давать ложные результаты
- Наиболее адекватным является полноволновое моделирование на основе метода спектральных элементов с учетом всех эффектов и всех типов волн, возникающих в реальной среде
- Количественная интерпретация динамических параметров сейсмических волн может осуществляться разными методами при том, что предварительное моделирование ожидаемых эффектов является уместным и желательным

Благодарности

Авторы благодарят за помощь своих коллег из других организаций, в том числе И. Приезжева, А. Трофимука и Я Штейна, благодаря помощи которых удалось на завершающем этапе провести сопоставительные расчеты альтернативными методами.

Библиография / References

1. Ампилов Ю.П., Вершинин А. В., Левин В. А., Петровский К.А., Приезжев И.И., Штейн Я.И. Полновое моделирование в сейсморазведке на основе цифровой геологической модели с использованием метода спектральных элементов. // Геология и геофизика, издательство СО РАН, 2024. DOI: 10.15372/GiG2024115
2. Ампилов Ю.П. Поглощение и рассеяние сейсмических волн в неоднородных средах/ М., «Недра», 1992 г., 160 с.
3. Ампилов Ю.П. От сейсмической интерпретации к моделированию и оценке месторождений нефти и газа/ М., ООО «Центральное издательство геофизической литературы» - «Спектр», 2008, 384 с.
4. Ахиярова Е.Р. Методика динамического анализа сейсмических данных для изучения строения доюрского комплекса Нюрольской структурно-фациальной зоны Западной Сибири.// Автореферат диссертации канд. Техн. Наук, М., МГУ им. М.В. Ломоносова, 2023.
5. Ampilov Yu P., Vershinin A.V., Levin V.A., Petrovskii K.A., Priezzhev I.I., Shtein Ya I. Full-Waveform Seismic Modeling Based on Digital Geological Model Using Spectral Element Method: Applications to Seismic Exploration //Russian Geology and Geophysics, 2024, ELSEVIER SCIENCE BV, DOI: 10.2113/RGG20244728
6. Ampilov, Yu.P., 1992. Absorption and Scattering of Seismic Waves in Inhomogeneous Media [in Russian]. Nedra, Moscow.
7. Ampilov, Yu.P., 2010. From Seismic Interpretation to Modelling and Assessment of Oil and Gas Fields. EAGE Publ., pp. 1–274, ISBN electronic: 9789462820050, ISBN print: 789073781825, doi: 10.3997/9789073781825 ;DOI: https://doi.org/10.3997/9789462820050
8. www.cae-fidesys.com

Использование динамических параметров сейсмической записи для уточнения распределения зон газонасыщения пласта $ПК_1$ (на примере месторождений восточного борта Надым-Тазовской синеклизы)

С.И. Кулагин (ООО «Тюменский нефтяной научный центр»)

Введение

Изучение газонасыщенных песчаников сеномана, - регионально газоносного комплекса Западной Сибири, является актуальной задачей. Ее важность состоит в обеспечении эффективной добычи газа и создания оптимальных схем разработки. Рассматриваемая территория расположена в пределах Красноселькупского района ЯНАО. В нефтегазоносном отношении участок приурочен к Тазовскому и Толькинскому районам Пур-Тазовской нефтегазоносной области Западно-Сибирской нефтегазоносной провинции. В районе открыт ряд месторождений (Харампурское, Ханчейское, Кынское, Усть-Часельское, Верхне-Часельское, Фариховское и др.). Промышленные притоки углеводородов получены из отложений средней и верхней юры, нижнего и верхнего мела. К настоящему времени выполнен значительный объем геолого-геофизических исследований. Комплексная интерпретация, проведенная в таких организациях как АО“ЦГЭ”, ООО «ПурГеО”, ООО “Недра-Консалт” и ООО “ТННЦ”, позволила создать геологическую модель строения региона. Исследуемый участок в тектоническом отношении расположен в зоне сочленения крупных структур II порядка - Часельского и Русско-Часельского крупных валов, между которых находится Северо-Кынская седловина. Крупные валы осложнены локальными поднятиями 3–4 порядков.

При эксплуатации месторождения необходимо учитывать точное положение газоводяного и газонефтяного контактов. Модели залежей в рассматриваемом регионе традиционно основаны на картах глубин, по которым определяется ГВК или ГНК. Даже небольшой недоучет при отработке сейсмической записи сложного строения верхней части разреза, который отмечается на указанных площадях, может привести к искажению структурного плана.

Одним из возможных способов уточнения ГВК или ГНК является использование динамического анализа сейсмической записи. Задачей данного исследования является выбор наиболее информативных атрибутов сейсмической записи для оконтуривания газонасыщенных отложений пласта $ПК_1$ (покурская свита).

Материалом для исследования послужили данные сейсморазведочных работ 3Д суммарной площадью 3400 км^2, проведенных в пределах изучаемых месторождений, а также результаты поискового и разведочного бурения.

Метод исследования

Особенности геологического строения и характер динамики сейсмической записи в северной части Западной Сибири отображены как в значительном количестве опубликованной литературы [1, 2, 3], так и в производственных отчетах.

Пласт $ПК_1$ приурочен к верхней части покурской свиты. Представлен чередованием песчаников, глин и алевролитов с частыми замещениями их друг другом по латерали, образуя так называемые “шнурковые тела”. Как показывают многочисленные данные геосейсмического моделирования, глинизация пласта $ПК_1$ приводит к понижению частоты сейсмической записи, а газонасыщение к повышению амплитуды [3]. В связи с тем, что газонасыщенный песчаник имеет пониженную акустическую жесткость по сравнению с перекрывающими аргиллитами, кровля залежи отображается более высокой интенсивностью отрицательной фазы сигнала в виде “яркого пятна”. Уменьшение скорости в газонасыщенных песчаниках составляет около 400 м/с, а плотностей - на 0.2 г/см^3 [2].

В рамках данного исследования был выполнен динамический анализ сейсмической записи по материалам 3Д работ. На рисунке 1 представлена карта атрибута “сумма отрицательных амплитуд”, рассчитанного в интервале, соотносимом с залеганием пласта $ПК_1$. Выделяются аномалии динамики в виде “ярких пятен”, которые обусловлены газовыми залежами в сеноманских отложениях.

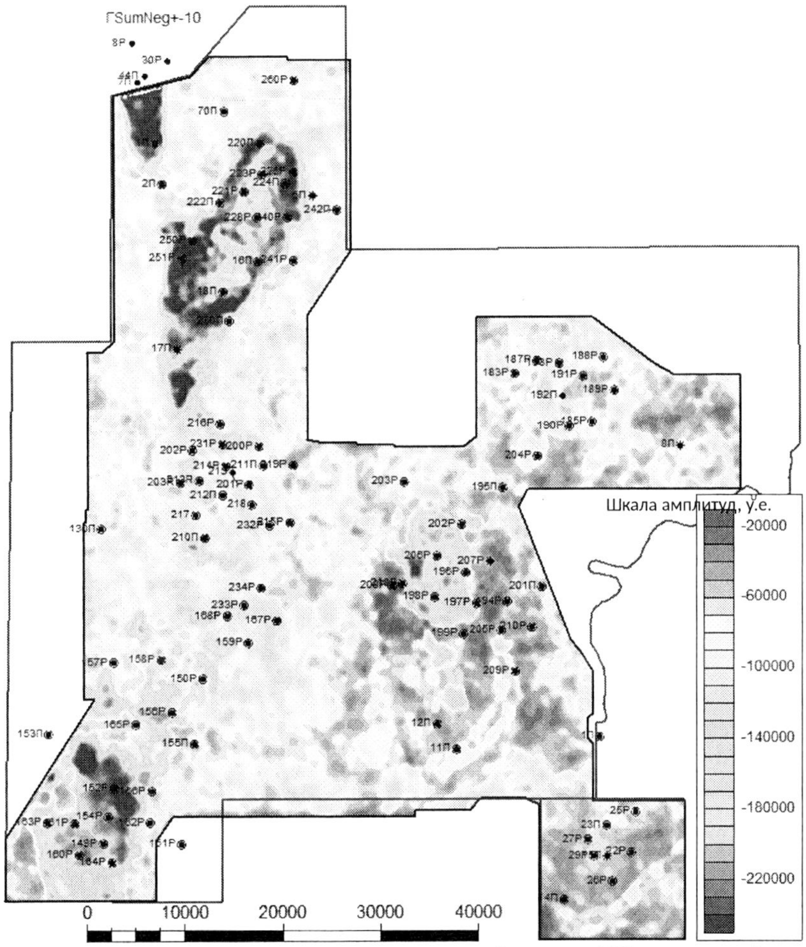

Рисунок 1. *Отображение газонасыщенных отложений пласта $ПК_1$ на карте динамического атрибута “сумма отрицательных амплитуд”.*

Анализ различных атрибутов сейсмической записи и данных бурения свидетельствует о том, что частоты отображают изменение литологического состава пласта, а амплитуды в большей степени отображают газовое насыщение. Протяженные зоны, характеризующиеся пониженными значениями частот и амплитуд, очевидно, связаны с развитием глинистых разностей пласта $ПК_1$.

На примере одного из изучаемых месторождений показано совмещение карт частот и амплитуд (Рис. 2). Распределение данных по площади позволяет на качественном уровне выделять предположительные зоны литологических разностей и насыщение пород-коллекторов. Анализ карт показывает сложное строение пласта $ПК_1$, которое характеризуется многочисленными предполагаемыми зонами глинизации.

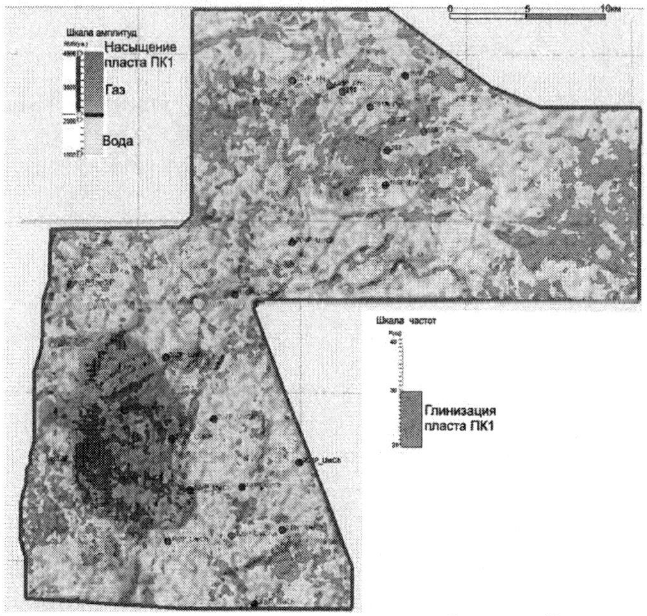

Рисунок 2. *Выделение газонасыщенных областей и зон глинизации пласта ПК$_1$ одного из изучаемых месторождений (по совмещенным картам частот и амплитуд).*

На следующем этапе исследования было проведено сопоставление моделей залежей месторождений, приуроченных к отложениям пласта ПК$_1$, выполненных на основе карт глубин и по данным динамического анализа. Результирующая карта для одного из изучаемых месторождений представлена на рисунке 3. Следует отметить, что при общем сохранении площади газоносности изменилась ее конфигурация.

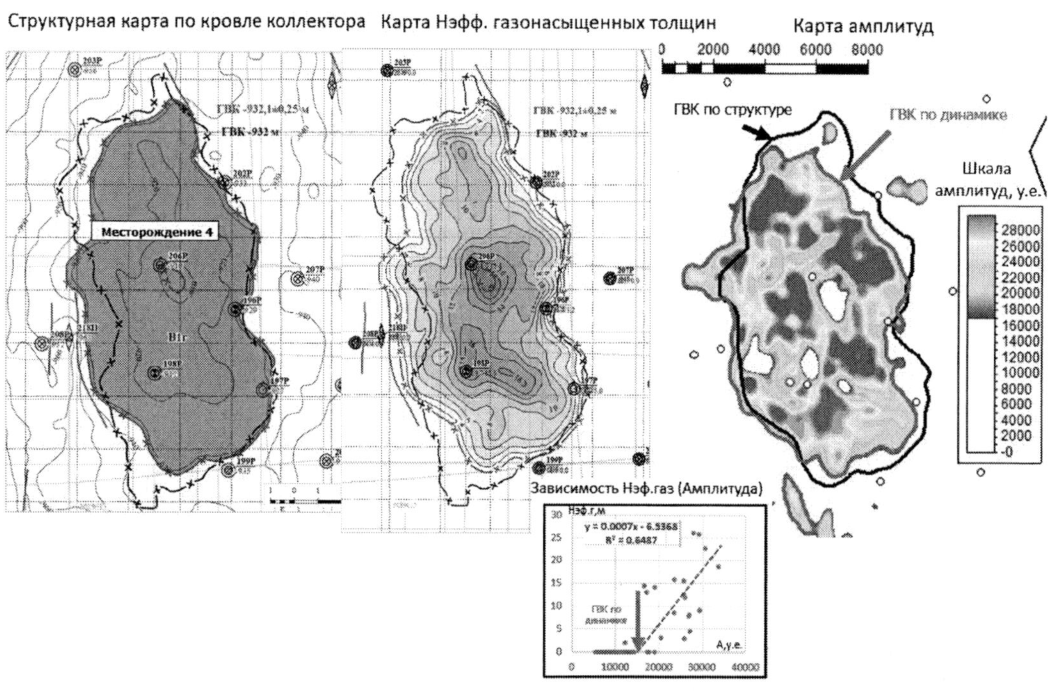

Рисунок 3. *Сопоставление модели газовой залежи пласта $ПК_1$ по данным предшествующих работ и результатам динамического анализа для одного из изучаемых месторождений.*

Выводы

Качественные полевые сейсмические материалы, передовые методики обработки (учет ВЧР, миграция до суммирования, учет влияния систем наблюдения и т.д.) позволяет получить высокоинформативный сейсмический материал, позволяющий изучать литологические особенности и насыщение целевых пластов.

На примере месторождений, расположенных в пределах восточного борта Надым- Тазовской синеклизы, показаны возможности сейсморазведки 3D при решении задач прогноза литологии и характера насыщения коллектора.

В результате выполненного анализа, установлено, что для уточнения распределения газонасыщенных отложений пласта $ПК_1$ могут быть использованы динамические атрибуты сейсмической записи.

Полученные данные позволяют оптимизировать местоположение точек заложения эксплуатационных скважин.

Список литературы

1. Воскресенский Ю.Н. Изучение изменений амплитуд сейсмических отражений для поисков и разведки залежей углеводородов. Москва, 2001г.
2. Корнев В.А. Прогнозирование объектов для поисков залежей углеводородного сырья по сейсмогеологическим данным. Тюмень, 2000г.
3. Цибулин И.Л. Прогноз нефтегазоносности локальных объектов в меловых отложениях Западной Сибири по геолого-геофизическим данным: Автореферат дис. канд. геол.-минер. наук. - М.: ВНИГНИ, 1985.

References

1. Voskresensky U.N. Study of changes in seismic reflection amplitudes for claims and exploration of hydrocarbon deposits. Moscow, 2001
2. Kornev V.A. Forecasting of targets for prospecting for hydrocarbon deposits based on seismogeological data. Tyumen, 2000
3. Tsibulin I.L. Forecast of oil and gas content of local targets in cretaceous deposits of Western Siberia based on geological and geophysical data: Abstract dis. cand. geol.-miner. sciences. - M.: VNIGNI, 1985.

Интерпретация рассеянной компоненты волнового поля на основе методов Data Science

Д.А. Петров*, А.А. Мельник, П.И. Скрыль (ООО «РН-КрасноярскНИПИнефть»)

Введение

Прогноз продуктивных зон карбонатных коллекторов по данным сейсморазведки является крайне нетривиальной задачей из-за сложного строения пустотного пространства. Прямое сопоставление сейсмических атрибутов с такими параметрами как продуктивность и дебит (наиболее ценные для разработки месторождений) зачастую не дает каких-то значимых результатов.

В последнее время методы выявления статистических связей активно развиваются, наиболее широко из них используются методы компонентного и факторного анализа, классификации, модели искусственных нейронных сетей и др. Все они могут быть использованы для выявления статистической связи между сейсмическими атрибутами и искомыми свойствами пласта-коллектора.

Теория

Использование дифрагированных (или как их еще называют «рассеянных») волн сложно назвать новым подход для изучения карбонатных резервуаров. Множество авторов неоднократно показывало, что данный тип волн образуются на мелкомасштабных геологических неоднородностях, размеры которых существенно меньше сейсмических волн, так характерных зонам естественной трещиноватости пород. И большое разнообразие методов, направленных на выделение из полного волнового пакета рассеянной составляющей (Ланда 2013), подчеркивает популярность тематики.

В данной работе были использованы результаты специальной обработки сейсмических данных МОГТ-3D по технологии построения дифракционных изображений на основе метода Гауссовых пучков (Protasov 2021). Технология позволяет получить высокоразрешенные трёхмерные дифракционные изображения в зависимости от угла и азимута рассеяния.

Само по себе, поле дифрагированных волн отражает все рассеивающие объекты разреза, которые можно разделить на два типа. Первые связаны с локальными структурными и литологическими элементами среды, размерами сопоставимыми с длинной волны (тектонические нарушения, рифы). Ко второму типу относятся мелкомасштабные неоднородности связанные с областями скопления трещин, каверн, карстовых пустот и другими нарушениями сплошности горных пород. От того насколько «неоднородность» контрастна по отношению к вмещающей среде, зависит интенсивность рассеяния, а геометрия «неоднородности» создаёт, в свою очередь, азимутальные характеристики, на основе которых можно рассчитать атрибуты дифракции (Protasov 2021):

- Общее поле дифракции – отражает все рассеивающие объекты.
- Линейная (краевая) дифракция – образуются на краях протяженных объектов, проявляющихся в ограниченном диапазоне углов и азимутов, и имеющих узконаправленную индикатрису рассеяния. Это может говорить о наличии геологических объектов с выраженной ориентаций в пространстве: таких как трещиноватость и тектонические нарушения.
- Локальная (точечная) дифракция – концевые дифрагированные волны: образуются от локальных, «точечных» объектов, в равнонаправленном диапазоне углов и азимутов, имя максимально широкую индикатрису рассеяния. Примерами могут являться карстовые пустоты.

Однако получение информативных дифракционных изображений еще не гарантирует результата в виде качественной прогнозной модели резервуара. Большая доля успеха заключается в выполнении эффективной интерпретации. Методически, работа с кубами рассеянной компоненты ничем не отличается от других динамических атрибутов сейсмической записи используемых при прогнозе. Это комплексирование с разномасштабными геолого-геофизическими данными, прямо или косвенно, характеризирующими коллекторские свойства (ГИС, керновые исследования, ГДИС, ПГИ и др.). Наиболее частая практика заключается в прямом сопоставлении и поиску связи между кубом дифракции и скважинной информацией, как на качественном (визуальном), так и на количественном (статистическом) уровне. И далеко не всегда традиционные походы позволяют добиться желаемого уровня корреляции. Решением может быть применение современных методов углубленного анализ данных (Data Science).

Пример Восточной Сибири

Использование рассеянной компоненты волнового поля уже доказывало свою работоспособность при прогнозе продуктивных свойств трещинно-каверновых коллекторов в Восточной Сибири (Козяев, 2017, Харахинов 2011). Поэтому при обработке и интерпретации данных сейсморазведочных работ 3D, данный тип волн так же был использован для прогноза коллекторских свойств.

Исходные сейсмические данные прошли предварительную сигнальную и кинематическую обработку с сохранением истинных амплитудно-частотных характеристик и с достижением высоких порядков отношения полезной составляющей сигнала к шумовой. К полученным сейсмограммам была применена технология построения дифракционных изображений на основе метода Гауссовых пучков, в результате чего получены кубы атрибутов: общее поле дифракции, интенсивность и азимут линейной дифракции, интенсивность локальной дифракции.

Целевым прогнозным показателем добычи был определен параметр дебита жидкости в скважине. Анализ кубов атрибутов дифракции с помощью методов Data Science предполагает изучение возможности выполнения количественной оценки дебита на основе большого количества различных сейсмических атрибутов. Для этого вдоль эксплуатационной колонны каждой скважины были сняты средние значения кубов атрибутов дифракции и сопоставлены с дебитом жидкости в этих интервалах. Задача количественной оценки рассматривалась как регрессия.

Для сейсмических атрибутов и скважинных данных выполнен предварительный корреляционный анализ, в результате которого выявлены линейные зависимости некоторых сейсмических атрибутов с прогнозируемым дебитом жидкости. Корреляционный анализ позволяет установить наличие связей между параметрами, определить силу их влияния, понять характерные для комплекса общие закономерности (Рисунок 1).

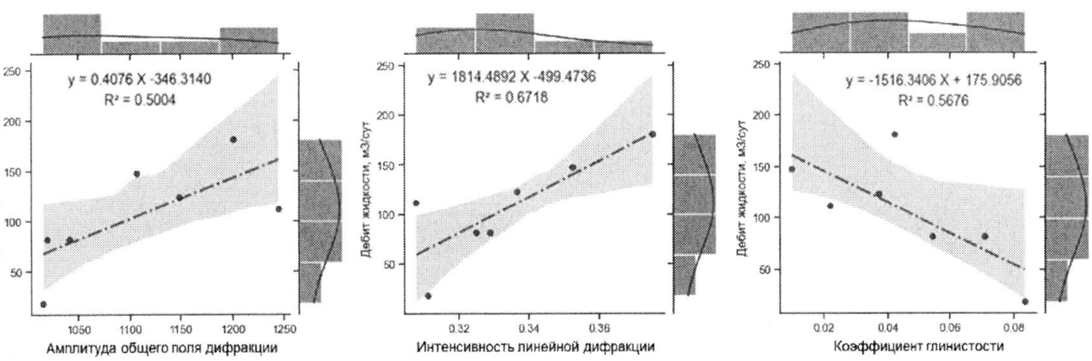

Рисунок 1. *Графики зависимостей сейсмических атрибутов с дебитом жидкости*

Из рисунка 1 видно, что даже простой одномерной регрессии достаточно, чтобы получить предсказание дебита жидкости с неплохой точностью, которую можно улучшить за счет прогноза в многомерном пространстве признаков. По причине небольшого количества скважин для анализа, использовалась многомерная линейная регрессия.

Важным этапом при анализе данных является определение ключевых параметров, которые могут быть использованы для построения прогноза. Зачастую для достижения желаемого результата не требуется использовать все имеющиеся в данных атрибуты. Также данный этап позволяет увеличить производительность и снизить риск переобучения модели за счет исключения шумных и нерелевантных признаков, облегчить интерпретацию полученных зависимостей.

Для набора данных было составлено и рассмотрено 32 различных комбинации признаков для прогноза дебита жидкости. В качестве метрики качества использован коэффициент детерминации (R^2), являющейся долей дисперсии зависимой переменной, которая объясняется моделью зависимости. Для оценки моделей, построенных на составленных комбинациях, использовался метод перекрестной проверки (кросс-валидации).

Из рассмотренных комбинаций выбрана наиболее оптимальная, состоящая из трех атрибутов, каждый из которых имеет сильную взаимосвязь с прогнозируемым параметром (Рисунок 2). Первые два - это атрибуты амплитуды общего поля дифракции и интенсивности линейной дифракции, значения которых возрастают с ростом дебита жидкости – что логично, т.к. притоки в трещинном коллекторе в основном будут связаны с развитием трещиноватости. Третьим атрибутом является коэффициент глинистости, полученный из результатов акустической инверсии и скважин. Установлено, что глинистость негативно влияет на дебит жидкости, т.к. связана с заполнением трещин глинистым веществом и как следствие ухудшением фильтрационно-ёмкостных свойств коллектора.

В результате анализа получена модель многомерной линейной регрессии для получения прогнозного куба дебита жидкости (прогнозный куб приведен на Рисунке 2):

$$Qж = -520.3130 - 650.5061 \cdot Кгл + 0.1796 \cdot Амплитуда\ общего\ поля\ дифракции + ¿ + 1368.5497 \cdot Интенсивно$$

Определив для модели метрики качества на кросс-валидации и без нее, сделан вывод о том, что построенная многомерная регрессия обладает большей точностью, чем одномерные зависимости, и имеет хорошую обобщающую способность.

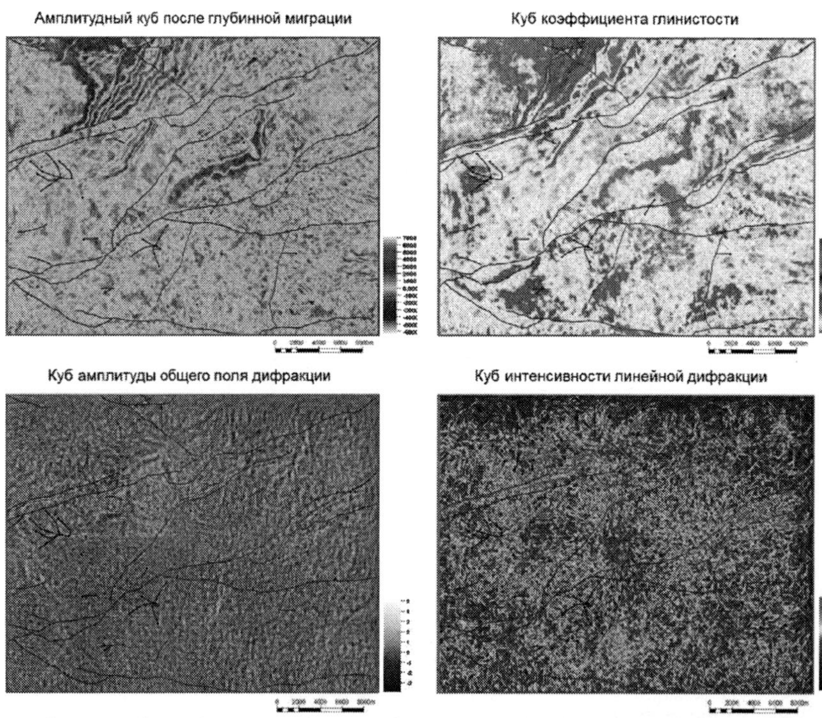

Рисунок 2. *Срезы кубов сейсмических атрибутов в продуктивном рифейском интервале*

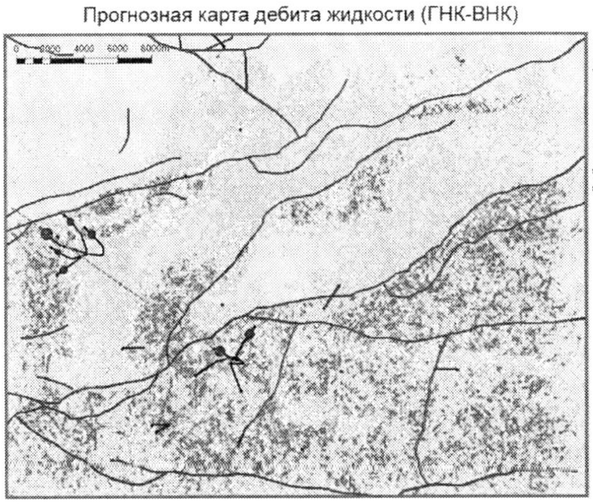

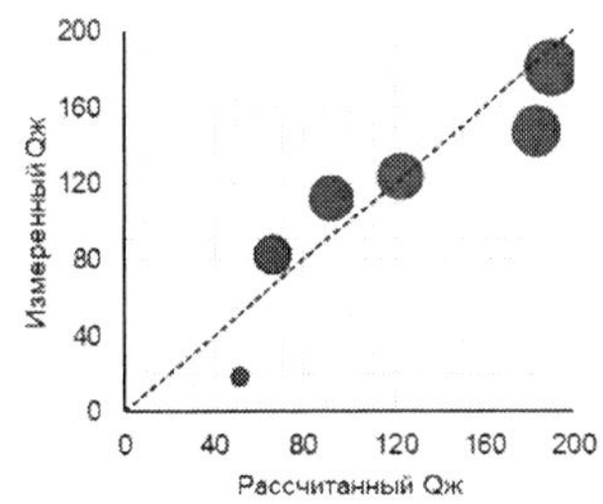

Метрика	На кросс-валидации	Без кросс-валидации
R^2	0.79	0.97
Средняя абсолютная ошибка	18.74	6.71

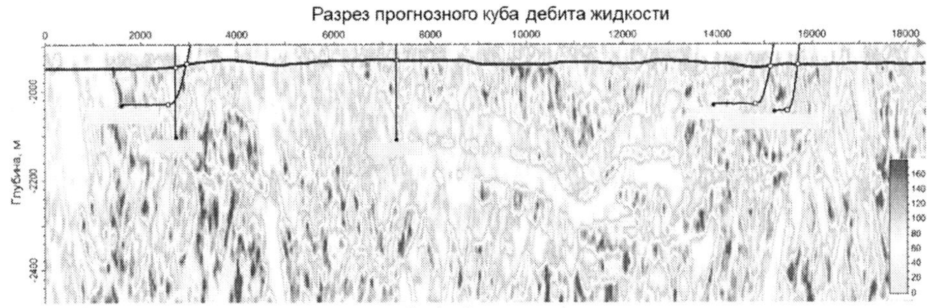

Рисунок 3. *Прогнозная карта и разрез куба дебита жидкости*

Незначительная выборка скважин и слабая дислоцированность по участку работ несет определенные риски в прогнозе. Так экстраполяция подобранного уравнения регрессии за пределы диапазона доступных значений признаков может привести к серьезному искажению прогнозируемых результатов. Решение будет находиться в постепенном увеличении выборки, за счет бурения эксплуатационных скважин на участке. Это позволит верифицировать текущие результаты, актуализировать действующую прогнозную модель и как следствие, снизить неопределенности.

Выводы

В результате анализа атрибутов дифракции с помощью Data Science была выявлена взаимосвязь коэффициента атрибутов дифракции с дебитом жидкости. Построена модель многомерной регрессии для прогноза целевой переменной. Применение полученных результатов позволит снизить ряд неопределенностей, связанных с геологическим строением, и повысить надёжность прогноза добычных характеристик месторождения.

Библиография / References

1. Козяев, А.А., Мерзликина, А.С., Петров, Д.А. и др. Выявление зон с улучшенными фильтрационно-емкостными свойствами в карбонатном каверново-трещинном коллекторе по рассеянной составляющей сейсмического волнового поля / Нефтяное хозяйство. 2017 №11. С. 20–25.

2. Ланда Е.И. Роль дифракционной компоненты волнового поля при построении сейсмических изображений // Технологии сейсморазведки, 2013. № 1, с. 5–31

3. Харахинов В.В., Шленкин С.И. Нефтегазоносность докембрийских толщ Восточной Сибири на примере Куюмбинско-Юрубчено-Тохомского ареала нефтегазонакопления. М.: Научный мир, 2011, 420 с.

4. Protasov M., Tcheverda V., Shilikov. V. 3D diffraction imaging attributes and their application for fault and fracture localization and characterization // Journal of Applied Geophysics. – 2021. – 191.

Структурно-тектоническая характеристика и сейсмогеологическая модель северных районов Сибирской платформы и шельфа моря Лаптевых

А.Ю. Калинин* (ИНГГ СО РАН, НГУ), В.А. Конторович (ИНГГ СО РАН, НГУ), Л.М. Калинина (ИНГГ СО РАН)

Введение

Изучение геологического строения и оценка перспектив нефтегазоносности Арктических регионов России на современном этапе является одной из приоритетных задач нефтегазовой геологии и геофизики. Институт нефтегазовой геологии и геофизики им. А.А. Трофимука СО РАН под руководством Алексея Эмильевича Конторовича на протяжении многих лет занимался и продолжает занимается изучением Сибирского сектора Российской Арктики.

Настоящая работа посвящена геологическому строению, структурно-тектонической характеристике, построению сейсмогеологической модели и оценке перспектив нефтегазоносности Анабаро-Хатангской и Лено-Анабарской нефтегазоносных областей (НГО) Лено-Тунгусской нефтегазоносной провинции (НГП) и Лаптевоморской перспективной нефтегазоносной провинции (ПНГП), расположенных на севере континентальной окраины Сибирской платформы, на побережье моря Лаптевых. В административном отношении исследуемая территория включает северо-восточные районы Красноярского края, северо-запад республики Саха (Якутия), акватории Хатангского залива и южной шельфовой части моря Лаптевых.

Геологоразведочные работы и научные исследования, посвященные изучению геологического строения и оценке перспектив нефтегазоносности этого региона, ведутся с 30-х гг. XX века. Наибольшие объемы сейсморазведочных работ и глубокого бурения были выполнены в 70-80-х годах. В наше время в XXI веке в рамках Федеральных программ изучения Арктических регионов России в Хатангском заливе, в акватории моря Лаптевых и на континентальной окраине Сибирской платформы была отработана сеть современных региональных сейсморазведочных профилей МОГТ и пробурена серия глубоких и колонковых скважин, анализ которых позволил уточнить модель геологического строения и перспективы нефтегазоносности этой территории.

Сейсмостратиграфическая характеристика

Работа была выполнена с использованием программного комплекса для интерпретации сейсмических и скважинных данных W-SEIS, который разрабатывается в ИНГГ СО РАН совместно с НГУ. Продукт имеет модульную архитектуру и решает большинство задач структурной и динамической интерпретации, таких как трассировка отражающих горизонтов, выделение разрывных нарушений, картопостроение, атрибутный анализ и спектральная декомпозиция, межскважинная корреляция, стратиграфическая привязка, сейсмическая инверсия и так далее.

Для данной работы важной задачей была увязка в пространстве и по амплитудно-временным характеристикам сейсмических данных, выполненных в разное время, разными партиями для получения согласованной сейсмогеологической модели. Эта задача была успешно решена в данном программном комплексе для последующей интерпретации сейсморазведочных данных.

На временных сейсмических разрезах Хатангско-Ленского междуречья выделяется 5 регионально развитых сейсмогеологических мегакомплексов, контролируемых реперными сейсмическими горизонтами: рифейский, вендский, нижне-среднепалеозойский, верхнепалеозойский (пермский) и мезозойский, которые контролируются динамически выраженными устойчивыми отражающими сейсмическими горизонтами [Конторович и др., 2014, 2019, 2021] (рис. 1).

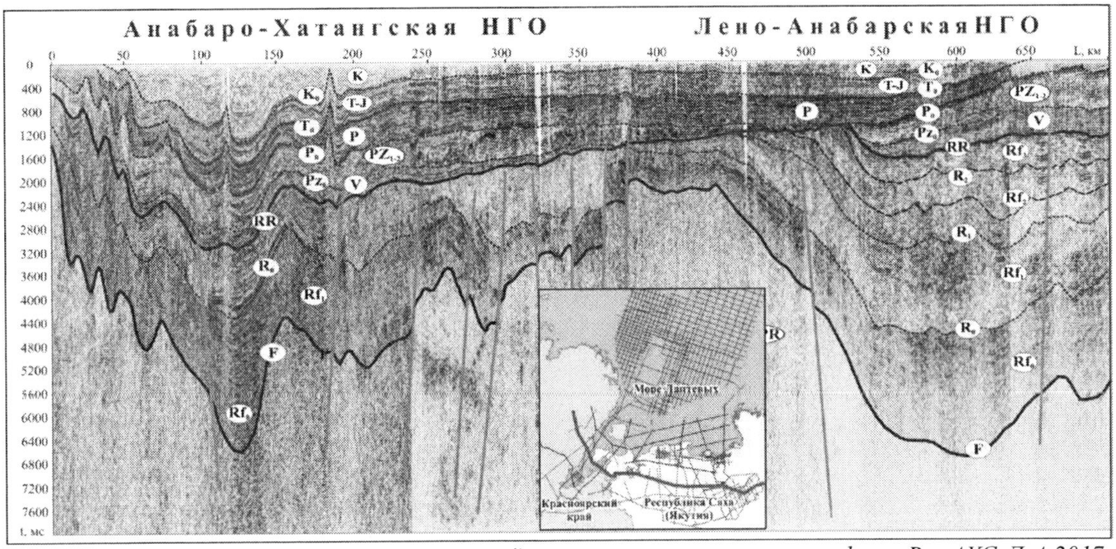

Рисунок 1. *Временной сейсмогеологический разрез по композитному профилю Reg АХС-Л-А 2017*

Приуроченный к подошве осадочного чехла отражающий горизонт F отделяет высокоамплитудные волновые поля платформенных рифейских осадков от пород архейско-протерозойского фундамента, характеризующегося хаотическим рисунком сейсмической записи. Отдельно стоить отметить отражающий горизонт P_0, приуроченный к подошве перми и контролирующий предпермский перерыв в осадконакоплении. Этот перерыв четко фиксируется на временных разрезах, и в различных частях региона нижележащие рифей-нижнепалеозойские отражающие горизонты срезаются этой эрозионной поверхностью.

По сейсмическим данным суммарная толщина верхнепротерозойско-фанерозойских платформенных отложений в Хатангско-Ленском регионе достигает 14-15 км [Афанасенков и др., 2016; Конторович и др., 2014, 2019, 2021], мощность осадочных комплексов составляет: рифей – 0-11500 м, в среднем - 4850 м; венд – 0-950 м; кембрий – 0-1800 м; средний палеозой (девон-карбон) – 0-1600 м; верхний палеозой (пермь) – 0-3000 м; мезозой (триас-мел) – 0-2500 м.

Структурно-тектоническая характеристика

В рамках выполненных исследований была проведена комплексная интерпретация сейсмических материалов и данных глубокого бурения, построены структурные карты по поверхностям рифейского, вендского, кембрийского, девонского, пермского и триас-юрского сейсмогеологических комплексов. Структурная карта по поверхности наиболее перспективного на исследуемой территории пермского комплекса послужила основой для построения тектонической карты Хатангско-Ленского региона.

Анализ структурных построений показал, что в региональном и зональном плане поверхности всех стратиграфических уровней в значительной мере подобны. В пределах рассматриваемого региона неопротерозойско-палеозойские отражающие горизонты регионально погружаются в северном направлении. Наименьшие глубины фиксируются в южной части исследуемой территории, в пределах Северо-Сибирской мегамоноклизы и на северо-востоке, в Притаймырской зоне; наибольшие - в наиболее погруженных частях крупных надпорядковых депрессий – Енисей-Хатангского и Лено-Анабарского региональных прогибов и Южно-Лаптевской синеклизы.

В северной части исследуемой территории расположена Южно-Лаптевская синеклиза, в западной части которой выделяется Бегичевская мегавпадина, отделенная от Енисей-Хатангского регионального прогиба Солянокупольным мезовалом. К западу от Солянокупольного мезовала находится вытянутая в широтном направлении крупная надпорядковая положительная структура

Береговая гряда, отделяющая Южно-Лаптевскую синеклизу от Лено-Анабарского регионального прогиба. Гряда осложнена серией положительных структур I-II порядков и протягивается вдоль всего побережья от Хатангского залива на западе до устья р. Лена на востоке. Контролируемый Береговой грядой на севере и Северо-Сибирской моноклизой на юге Лено-Анабарский региональный прогиб представляет собой крупную, вытянутую в широтном направлении депрессию, осложненную Юрянг-Хаянской и Таймылырской мегавпадинами. Расположенная к западу Западная седловина отделяет Лено-Анабарский прогиб от крупной надпорядковой линейной депрессии Енисей-Хатангского регионального прогиба.

Учитывая, что на шельфе моря Лаптевых не пробурено ни одной глубокой скважины, информацию о геологическом строении этой акватории несут исключительно геофизические, в первую очередь, сейсмические материалы и данные по структурам складчатого обрамления Лаптевоморского бассейна и континентальной окраине Сибирской платформы. Анализ временных сейсмических разрезов свидетельствует о том, что в шельфовой части моря Лаптевых также получила развитие мощная толща осадочных платформенных отложений, в пределах которой можно выделить 6 сейсмогеологических мегакомплексов. К кровлям мегакомплексов приурочены энергетически выраженные отражающие сейсмические горизонты, которые при отсутствии данных бурения можно проиндексировать условно S_1-S_5. Основание платформенных отложений контролируется отражающим горизонтом F, формирующимся на кровле фундамента (рис. 2). В западной части акватории в депрессионных зонах значения времен отражающего горизонта F достигают 8 секунд, т.е. при средних скоростях распространения продольных сейсмических волн 4-5 км/с максимальная мощность осадков достигает 16-20 км.

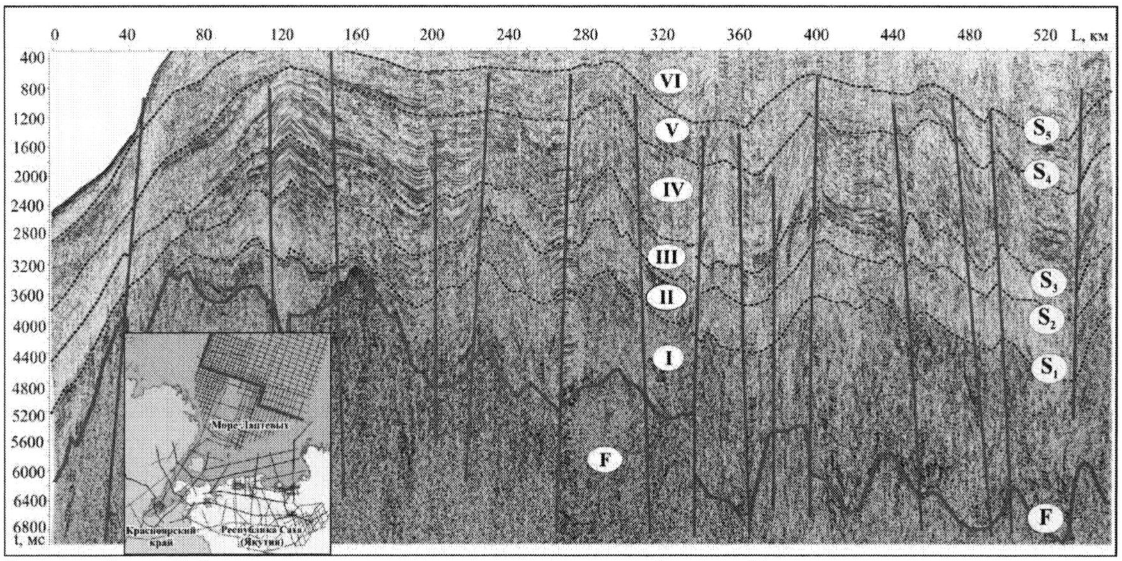

Рисунок 2. *Сейсмогеологическая характеристика шельфа моря Лаптевых*

Анализ геолого-геофизических материалов и характера сейсмической записи на временных разрезах показал, что Хатангско-Ленский и Лаптевоморский бассейны разделены крупным выступом фундамента, характеризующимся хаотическим характером волнового поля, который не позволяет однозначно стратифицировать сейсмокомплексы, выделяемые на морских разрезах. В тектоническом плане этот выступ выделен в качестве надпорядковой положительной структуры Береговой гряды, которая протягивается от восточной части полуострова Таймыр вдоль всего побережья до дельты реки Лена и Верхоянской складчатой области.

В настоящее время продолжают существовать две дискуссионные принципиально отличающиеся точки зрения на геологическое строение южной части моря Лаптевых: первый вариант предполагает продолжение Сибирской платформы в море, в рамках второго варианта прогнозируется развитие на шельфе моря Лаптевых независимого осадочного бассейна, в котором развиты принципиально иные осадочные комплексы с неясной, возможно, верхний мел-кайнозойской, датировкой. В случае если в акваторию моря Лаптевых продолжаются комплексы Сибирской платформы, интерес в отношении нефтегазоносности будут представлять рифей-среднепалеозойские преимущественно карбонатные отложения и пермско-мезозойские терригенные осадочные комплексы.

Выводы

В рамках проведенных исследований на базе комплексной интерпретации сейсмических материалов, ГИС и результатов бурения построены регионально-зональные модели геологического строения неопротерозойско-фанерозойских отложений арктических регионов Сибирской платформы; построены наборы сейсмогеологических разрезов, структурных и параметрических карт; проведен структурно-тектонический анализ. Выполненные исследования позволяют сделать вывод о том, что исследуемая территория, безусловно, представляет интерес в отношении нефтегазоносности. В этом регионе открыто Центрально-Ольгинское месторождение, отмечены многочисленные битумо-, нефте- и газопроявления; в осадочном чехле развита серия обогащенных органическим веществом нефтепроизводящих формаций. Комплексный анализ геолого-геофизических материалов, проведенный в рамках настоящей работы, позволяет с большой степенью уверенности утверждать, что на шельфе моря Лаптевых получило развитие продолжение осадочных комплексов Сибирской платформы.

Работа выполнена в рамках государственной программы фундаментальных научных исследований FWZZ-2022-0009.

Библиография / References

1. Афанасенков А.П., Никишин А.М., Унгер А.В., Бордунов С.И., Луговая О.В., Чикишев А.А., Яковишина Е.В. Тектоника и этапы геологической истории Енисей-Хатангского бассейна и сопряженного Таймырского орогена // Геотектоника, 2016, № 2, с. 23-42.
2. Конторович В.А., Конторович А.Э., Моисеев С.А., Соловьев М.В. Структурно-тектоническая характеристика Лено-Анабарского региона // Геология нефти и газа, 2014, №1, с. 74-82.
3. Конторович В.А., Калинин А.Ю., Калинина Л.М., Соловьев М.В. Сейсмогеологические модели и нефтегазоносность осадочных комплексов в арктических регионах Лено-Тунгусской нефтегазоносной провинции (Анабаро-Хатангская, Лено-Анабарская нефтегазоносные области) // Геология нефти и газа, 2019, № 5, с. 15-26.
4. Конторович В.А., Конторович А.Э., Калинин А.Ю., Калинина Л.М., Лапковский В.В., Лунев Б.Л., Моисеев С.А., Соловьев М.В. Сейсмогеологическая и структурно-тектоническая характеристика континентальной окраины Сибирской платформы (Хатангско-Ленское междуречье) // Геология и геофизика, 2021, т. 62, № 8, с. 1153-1171.

References

1. Afanasenkov A.P., Nikishin A.M., Unger A.V., Bordunov S.I., Lugovaya O.V., Chikishev A.A., Yakovishina E.V. The tectonics and stages of the geological history of the Yenisei–Khatanga basin and the conjugate Taimyr orogen // Geotectonics, 2016, v. 50, No. 2, p. 161-178.
2. Kontorovich V.A., Kontorovich A.E., Moiseev S.A., Solovev M.V. Structural and tectonic characteristics of the Lena-Anabar region // Russian Oil and Gas Geology, 2014, No. 1, p. 74-82.
3. Kontorovich V.A., Kalinin A.Y., Kalinina L.M., Solovev M.V. Seismic geological models and oil and gas content of sedimentary complexes in the Arctic regions of the Leno-Tunguska oil and gas province (Anabaro-Khatanga, Leno-Anabar oil and gas regions) // Russian Oil and Gas Geology, 2019, No. 5, p. 15-26.
4. Kontorovich V.A., Kontorovich A.E., Kalinin A.Y., Kalinina L.M., Lapkovskii V.V., Lunev B.V., Moiseev S.A., Solovev M.V. Seismogeologic, Structural, and Tectonic Characteristics of the Continental Margin of the Siberian Platform (Khatanga-Lena Interfluve) // Russian Geology and Geophysics, 2021, v. 62 (8), p. 947-963 – 2021.

Сейсмостратиграфия Лаптевоморского бассейна по результатам бурения малоглубинных стратиграфических скважин в рамках проекта ПАО «НК «Роснефть»

Н.А. Малышев (ПАО «НК Роснефть»), В.Е. Вержбицкий (ПАО «НК Роснефть»), И.С. Васильева* (ООО «Арктический Научный Центр»), С.М. Данилкин (ООО «Арктический Научный Центр»), А.А. Колюбакин (ООО «РН-Эксплорейшн»), В.Б. Ершова (ООО «Арктический Научный Центр»), А.А. Бородулин (ПАО «НК Роснефть»), В.В. Обметко (ПАО «НК Роснефть»), Д.К. Комиссаров (ПАО «НК Роснефть»), М.Л. Болдырев (ООО «Арктический Научный Центр»), М.А. Рогов (ООО «Арктический Научный Центр»), А.Б. Попова (ООО «Арктический Научный Центр»), В.Е. Васильев (АО «Институт геологии и разработки горючих ископаемых»), С.С. Новиков (ООО «Арктический Научный Центр»).

Введение

Для российского сектора Восточной Арктики на шельфе и континентальном склоне морей Северного Ледовитого океана характерно развитие крупных бассейнов с мощным осадочным выполнением. Ряд геолого-геофизических и геохимических признаков указывает на их потенциальную нефтегазоносность, но возраст и состав отложений этих бассейнов до недавнего времени являлся дискуссионным из-за отсутствия скважин на акватории.

Проект ПАО «НК «Роснефть» по стратиграфическому бурению на шельфах морей Российской Арктики (RoSDAr - Rosneft Stratigraphic Drilling in Arctic) нацелен на установление возраста и состава структурно-вещественных комплексов осадочных бассейнов, а также элементов нефтегазовых систем. В 2021 г. в ходе его реализации были пробурены 6 стратиграфических скважин с отбором керна на востоке моря Лаптевых (Анисинско-Новосибирский лицензионный участок ПАО "НК "Роснефть"). Результаты комплексных биостратиграфических исследований керна показали, что наиболее древними в изученных разрезах скважин являются деформированные верхнебарремские-нижнеаптские, преимущественно алевро-глинистые, толщи (комплекс складчатого основания), на которых с угловым несогласием залегает последовательность терригенных отложений палеоцена, эоцена, олигоцена и миоцен-квартера. Комплексный анализ данных стратиграфического бурения и сейсморазведки позволит уточнить геологические модели региона.

Методы и основные результаты

С целью снятия ключевых геологических неопределенностей строения шельфа моря Лаптевых, касающихся в первую очередь возраста и состава осадочных комплексов, а также элементов углеводородных систем, в 2021 г. в рамках проекта ПАО «НК «Роснефть» с бурового судна «Бавенит» (АО «Росгеология») было проведено малоглубинное стратиграфическое бурение. Все скважины были заложены в пределах Анисинско-Новосибирского ЛУ ПАО «НК «Роснефть», расположенного севернее архипелага Новосибирских островов. Всего было пробурено 6 скважин, вскрывших от 100 до 199,5 м осадочного разреза, и получено 415 м керна, характеризующего различные стратиграфические уровни чехла (рис. 1). [Малышев и др., 2024]

В процессе экспедиционных работ была выполнена сейсморазведка высокого разрешения на профилях, проходящих через проектные точки бурения стратиграфических скважин. Малоглубинные скважины были заложены по данным сейсмостратиграфического анализа таким образом, чтобы вскрыть бурением складчатое основание и охарактеризовать наиболее полный разрез чехла [Колюбакин и др., 2023].

В пределах изученного стратиграфическим бурением Анисинско-Новосибирского участка по сейсмостратиграфическим наблюдениям выделяется два структурных этажа – фундамент и несогласно перекрывающий его чехол, разделенные поверхностью ясно выраженного углового несогласия – Fa. В нижнем широко развиты залегающие моноклинально и смятые в складки пакеты рефлекторов. Отмечены близко расположенные блоки с дискордантной волновой картиной, что указывает на тектонический характер контактов между ними. Углы падения рефлекторов достигают 40° и более на крыльях складок. Поверхность Fa соответствует региональной эрозионной границе и срезает все элементы деформационной структуры нижнего комплекса. Эти наблюдения характеризуют волновую картину складчато-надвиговой тектоники, в связи с чем мы относим нижний комплекс к складчатому основанию [Малышев и др., 2024; Вержбицкий и др., 2024].

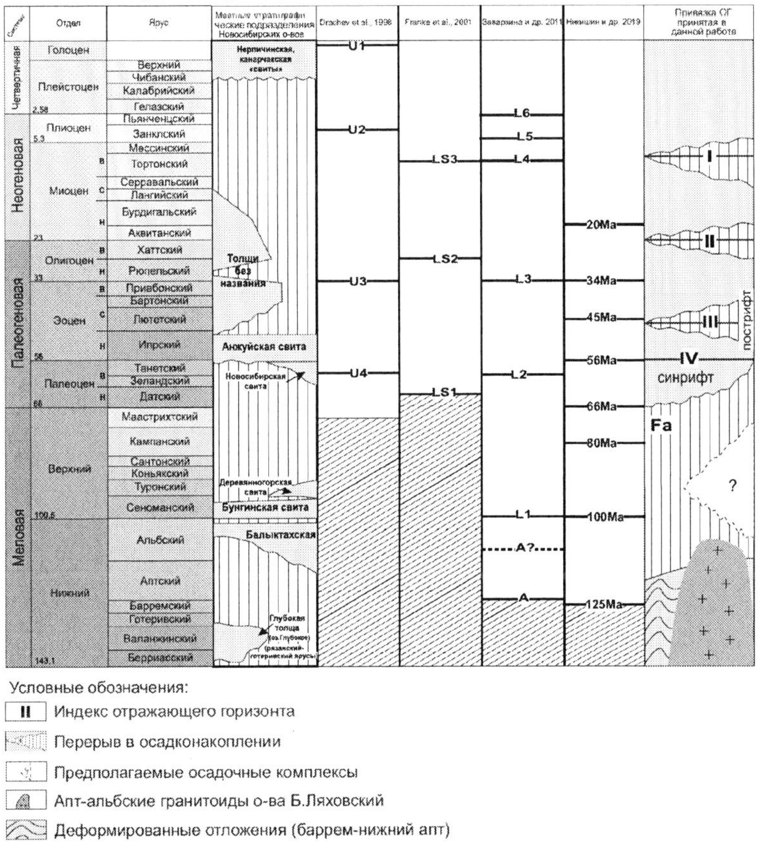

Рисунок 1. *Сопоставление сейсмостратиграфических схем осадочного чехла лаптевоморского региона по [Drachev et al., 1998; Franke et al., 2001; Заварзина, Шкарубо, 2012; Nikishin et al., 2019] спринятой в данной работе для северо-восточной части моря Лаптевых по результатам бурения малоглубинных скважин.*

Для перекрывающего чехольного комплекса характерны принципиально отличные черты сейсмической стратиграфии и тектоники. В его разрезе выделено два структурных яруса, разделенных границей I (ОГ, приуроченный к верхнемиоценовым отложениям). В пределах нижнего структурного яруса прослежены три отражающих горизонта (ОГ IV в подошве эоценовых отложений, ОГ III внутри эоценовых отложений и ОГ II в подошве миоценовых отложений), заполняющих рифтовые впадины. Верхний структурный ярус (верхний миоцен-плейстоцен) плащеобразно перекрывает нижележащие отложения. Основная часть тектонических нарушений, представляющих собой сбросы с видимой амплитудой смещения, не прослеживаются выше горизонта I. Всего в разрезе выделено пять сейсмокомплексов, разделенных четырьмя отражающими горизонтами (IV, III, II и I) (рис. 2) [Малышев и др., 2024; Вержбицкий и др., 2024].

Разрезы скважин представлены преимущественно рыхлыми слабоконсолидированными терригенными отложениями, залегающими субгоризонтально. В двух скважинах (SSDAN-4_1 и SSDAN-4_3) в нижних частях разреза вскрыты наклонно залегающие отложения, представленные аргиллитами и алевролитами с подчиненными прослоями тонкозернистого песчаника. Для определения возраста пород из керна всех скважин был выполнен палинологический анализ, а в скв. SSDAN-1 также были определены фораминиферы. В результате этих исследований в разрезах скважин было установлено присутствие нижнемеловых, палеогеновых и неоген-четвертичных отложений.

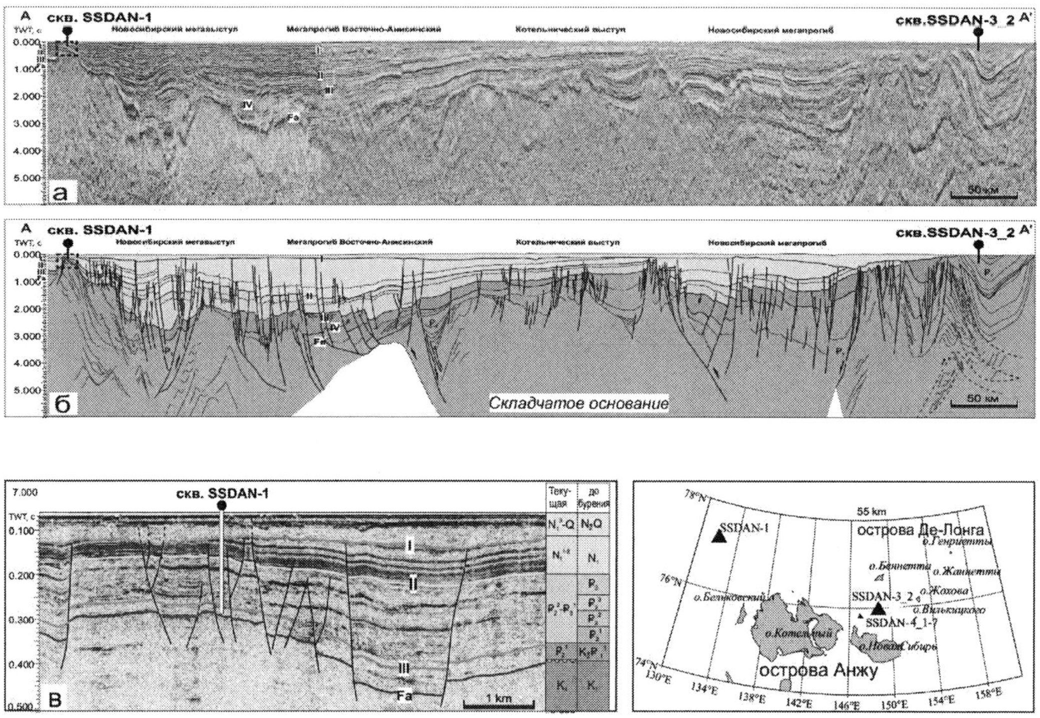

Рисунок 2. *1 – временной разрез МОГТ 2D по линии А-А', 2 – сейсмогеологический профиль по линии А-А', 3 – сейсмический разрез сверхвысокого разрешения через скважину SSDAN-1 (местоположение см. в левой части сейсмогеологического профиля) с интерпретацией ключевых отражающих горизонтов и их стратиграфической привязкой по текущим результатам анализа данных бурения малоглубинных скважин в сравнении с базовой моделью, составленной до бурения (колонки в правой части рисунка)*

Выводы

Наиболее древними из вскрытых скважинами являются деформированные нижнемеловые (верхнебарремские-нижнеаптские) толщи. Породы этого комплекса представлены алеврo-глинистыми отложениями и являются самыми молодыми образованиями в составе складчатого основания бассейна. На нижнемеловых породах со значительным перерывом и угловым несогласием залегает комплекс отложений чехла, датированный в интервале нижний палеоцен – плейстоцен.

По результатам биостратиграфических исследований и привязки прослеженных отражающих горизонтов были датированы фазы растяжения. Синрифтовый комплекс первой, наиболее древней, фазы рифтогенеза датирован палеоценом. Пострифтовый комплекс, характеризующийся затуханием растяжения датирован эоценом. Вторая фаза интенсивного растяжения проявилась в интервале мессинско-плиоценового времени, ее свидетельства имеются также в обнажениях на о-вах Котельный, Новая Сибирь и Бельковский.

Перерывы в осадконакоплении зафиксированы для части раннего – нижней части среднего эоцена и верхней части позднего олигоцена – нижней части раннего миоцена. При этом отсутствие угловых несогласий на этих уровнях, указывает скорее на их эвстатическую природу и позволяя задействовать аппарат секвентной стратиграфии для корреляции разрезов в пределах лаптевоморского бассейна.

Библиография / References

1. Verzhbitsky V.E., Malyshev N.A., Kolyubakin A.A., Danilkin S.M., Ershova V.B., Borodulin A.A., Obmetko V.V., Komissarov D.K., Vasilieva I.S., Rogov M.A., Popova A.B., Vasiliev V.E., Aleksandrova G.N., Suslova A.A., Nikishin A.M. New Data on the Tectonics of the Northeast of the Laptev Sea (based on the results of expedition studies and stratigraphic drilling) // Tectonics and Geodynamics of the Earth's Crust and Mantle: Fundamental Problems-2024 / Proceedings of the LV Tectonic Meeting. M.: GEOS, 2024. V.1. pp. 80-87.
2. Zavarzina G.A., Shkarubo S.I. Tectonics of the western part of the Laptev Sea shelf // Petroleum Geology. Theory and Practice, 2012. pp. 3-12.
3. Kolyubakin A.A., Malyshev N.A., Verzhbitsky V.E., Tokarev M.Yu., Pashali A.A., Komissarov D.K., Borodulin A.A., Obmetko V.V., Boldyrev M.L., Lakeyev V.G., Lukashev R.V. Technological developments of geophysical support for stratigraphic drilling in the seas of the Russian Arctic // Oil industry. 2023. № 11, pp. 6-11.
4. Luchitskaya M.V., Sokolov S.D. Stages of granitoid magmatism and formation of the continental crust of the Eastern Arctic // Geotectonics, 2021. pp. 73-97.
5. Malyshev N.A., Verzhbitsky V.E., Skaryatin M.V., Balagurov M.D., Ilyushin D.V., Kolyubakin A.A., Gubareva O.A., Gatovsky Yu, Obmetko V.V., Komissarov D.K. Stratigraphic drilling in the Northen Kara Sea: first case and preliminary results // Geology and Geophysics, 2023. pp. 311-326.
6. Drachev S.S., Savostin L.A., Groshev V.G., Bruni I.E. Structure and geology of the continental shelf of the Laptev Sea, Eastern Russian Arctic // Tectonophysics, Vol. 298, December 1998. pp. 357–393.
7. Franke D., Hinz K., Oncken O. The Laptev Sea Rift // Marine and Petroleum Geology, Vol. 18, December 2001. pp. 1083–1127.
8. Nikishin A.M., Startseva K.F., Verzhbitsky V.E., Cloetingh S., Malyshev N.A., Petrov E.I., Posamentier H., Freiman S.I., Lineva M.D., Zhukov N.N. Sedimentary basins of the East Siberian sea and the Chukchi sea region and the adjacent area of Amerasia basin: seismic stratigraphy and stages of geological history // Geotectonics, Vol. 53, 2019. pp. 635–657.

Нефтегазоносность Южного Урала: состояние изученности и перспективы

А.М. Фазлиахметов* (ООО НПЦ «Геостра»), С.В. Хакимова (ООО НПЦ «Геостра»)

Введение

Углеводородный потенциал Южного Урала – предмет давних дискуссий. Они не безосновательны, поскольку месторождения нефти, газа и битумов известны во многих складчатых областях, а на Южном Урале описаны многочисленные проявления углеводородов.

Согласно структурно-тектоническому районированию, Южный Урал делится на несколько зон, каждая из которых имеет своё геологическое строение и, соответственно, свои нюансы в плане перспектив нефтегазоносности. В данном докладе будут рассмотрены три структурно-тектонические зоны, интерес к которым не просто сохраняется на протяжении нескольких десятилетий, но в последние годы даже возрастает (Полытыкина, 2010; Попов, Абдрахманов, 2017; Казанцева, Валиуллин, 2021; Полытыкина, Тюрин, 2021; Макаров и др., 2022; Соборнов, 2023). Это – зона сочленения Предуральского краевого прогиба со структурами Южного Урала, Зилаирская и Магнитогорская мегазоны (синклинории).

Зона сочленения Предуральского краевого прогиба с Южным Уралом

Известно, что Южный Урал граничит с Предуральским прогибом по системе разрывных нарушений восточного падения (Камалетдинов, 1974; Пучков, 2000). В разных источниках они имеют разное наименование – взбросы, взбросо-надвиги, надвиги и шарьяжи. Единства взглядов на их природу, геометрию и амплитуду перемещений нет, несмотря на длительную историю изучения и на то, что преимущественно с данными структурами связаны известные месторождения углеводородов и перспективы нефтегазоносности.

Анализируя зону сочленения Южного Урала с Предуральским прогибом (не вдаваясь при этом в дискуссию о характере разрывных нарушений и оставаясь в рамках общепринятой парадигмы), нельзя не отметить её латеральную неоднородность: с севера на юг меняется конфигурация данной зоны, чередуются разные структурно-формационные зоны, контактирующие по взбросам и надвигам. На этой основе, с определенной мерой условности, можно выделить минимум три подзоны (рис. 1), геологическое строение которых и, соответственно, перспективы нефтегазоносности следует рассматривать отдельно.

Первая подзона – сочленение Уфимского амфитеатра и Юрюзано-Сылвенской депрессии Предуральского прогиба (ЮСД). Данные структуры имеют характерный изгиб на восток и разделяют Урал на Южный и Средний сегменты. Причина такого строения известна – восточная окраина Восточно-Европейской платформы имела выступ (индентор), который во время позднепалеозойских коллизионных процессов был вдавлен в расположенные на востоке структуры. Одним из результатов данных процессов, как и для Урала в целом, явилось формирование взбросов и надвигов. Согласно (Адиев и др., 2012; Масагутов и др., 2021) к складкам, осложняющим аллохтонные блоки, приурочены Бухаровское месторождение на севере и Апутовское месторождение на юге ЮСД.

В конце 2020-х годов на рассматриваемой территории проводилась геологическая съемка масштаба 1:200 000 (Мосейчук, Тевелев и др., 2022). Детальные структурно-тектонические исследования показали, что некоторые разрывные нарушения в Уфимском амфитеатре и в расположенных восточнее областях имеют существенную сдвиговую составляющую, т.е. являются не взбросами или надвигами, а взбросо-сдвигами. Соответственно, вполне вероятно, что аналогичные структуры развиты и в ЮСД, что ранее не учитывалось при интерпретации сейсмических данных, построении структурно-тектонических моделей и, соответственно, моделей возможных залежей.

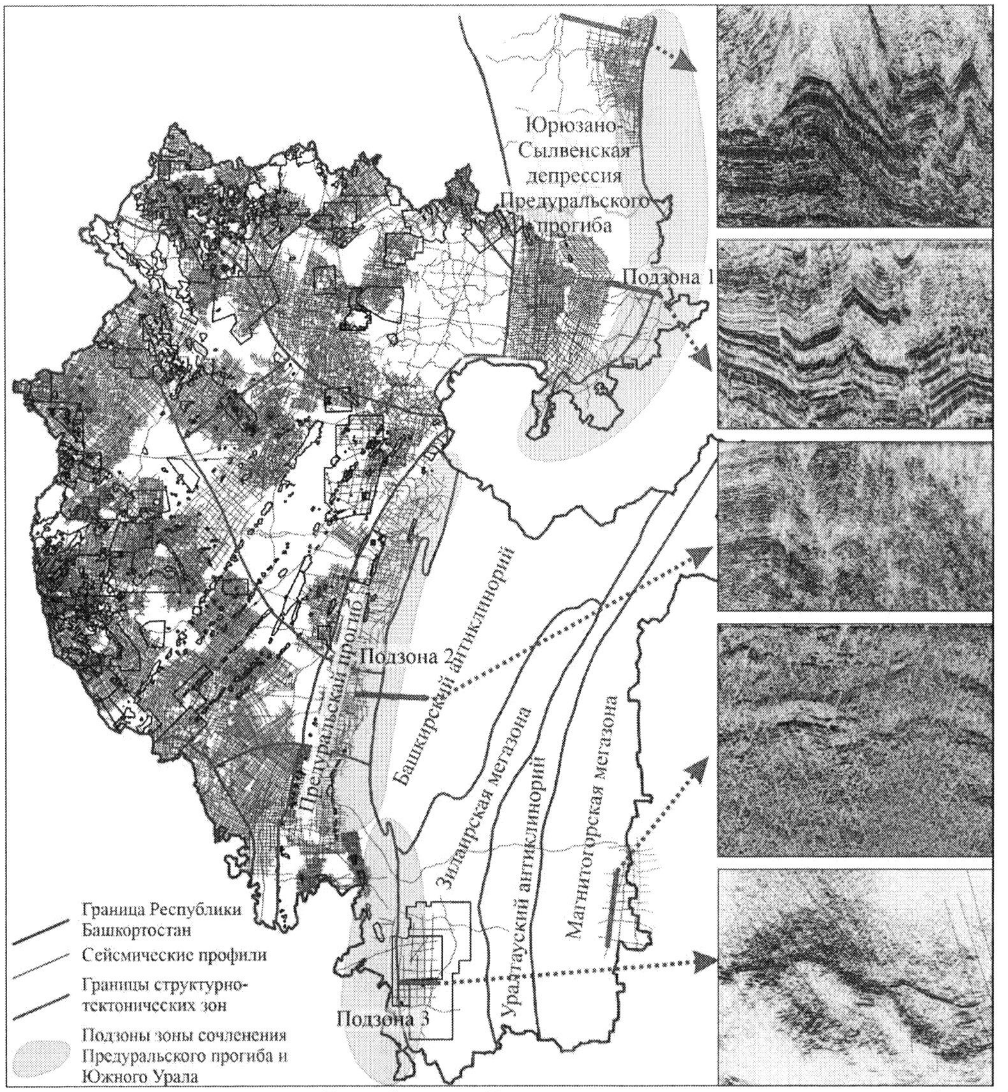

Рисунок 1. *Изученность Республики Башкортостан и прилегающих областей сейсморазведочными работами с примерами сейсмических разрезов через некоторые структуры.*

Вторая подзона – сочленение Башкирского антиклинория с Предуральским краевым прогибом. Башкирский антиклинорий представляет собой сложнопостроенную антиклинальную структуру, в центральной части которой обнажены преимущественно отложения рифея и венда. Перспективные в нефтегазоносном отношении палеозойские карбонатные и терригенные комплексы развиты в западном крыле антиклинория (Западно-Уральская внешняя зона складчатости) и прилегающей к нему восточной части Предуральского краевого прогиба. Распространенные в этой подзоне антиклинальные складки приурочены к взбросам и надвигам. Они изучались бурением в 1950-60-х годах, но результаты были отрицательными (Лозин, 2015). Ранее Р.Х. Масагутовым и Р.Д. Бакировым (2021) было показано, что перспективы подобных структур могут быть связаны не с антиклиналями, а с тектонически экранированными пластами коллекторов в висячих крыльях взбросов. При этом перспективы лежачих блоков не рассматривались.

Третья подзона – сочленение Зилаирского синклинория с Предуральским прогибом, имеет сложное тектоническое строение. Перспективы нефтегазоносности также как и во второй подзоне, связаны с висячими и лежачими крыльями взбросов, с той лишь разницей, что структуры эти заложены в породах иного возраста и состава. Отличия от вышерассмотренных подзон состоят в следующем: 1) Зилаирский синклинорий сочленяется с наиболее погруженной частью Предуральского прогиба – Мраковской депрессией, что обусловливает иные условия генерации УВ; 2) в пределах западной окраины Зилаирского синклинория разрез перспективных палеозойских отложений мощнее и увеличивается не с востока на запад как во второй подзоне, а с запада на восток; 3) есть предпосылки к широкому развитию высокоуглеродистых силурийских отложений, являющихся нефтегазоматеринскими.

Краткий обзор зоны сочленения Южного Урала и Предуральского прогиба показал её неоднородность: обозначенные три подзоны отличаются друг от друга как в плане нефтегазогенерации, так и в структурном отношении. Соответственно, рассматривать их перспективы следует детально и отдельно. К этому всецело располагает наличие большого объема фактических данных, включая результаты бурения, геологической съемки и сейсморазведки.

Зилаирская мегазона (синклинорий)

Зилаирская мегазона представляет собой обширную отрицательную структуру (синклинорий), в ядре которой обнажены терригенно-глинистые флишевые отложения зилаирской свиты (верхний фамен) мощностью до 1500–2000 м, а в крыльях – в разной степени нарушенные и измененные ордовикско–каменноугольные карбонатные и обломочные отложения мощностью до 2000 м.

Предшествующими работами установлены газопроявления из отложений зилаирской свиты, известняков среднего и нижнего карбона. Дебиты газа достигали значений 300 000 $м^3$/сут.

Отложения зилаирской свиты на восточной и западной окраинах Зилаирской мегазоны подстилаются разнофациальными карбонатными и обломочными комплексами ордовика, силура и девона. В центральной части мегазоны к данным отложениям приурочены антиклинальные структуры, установленные по материалам МОГТ-2D и 3D. Прогнозные ресурсы газа силурийско-девонских отложений одной из них превышают 29 000 млн $м^3$.

Важной положительной предпосылкой нефтегазоносности является наличие нефтематеринских пород. К ним отнесены черные сланцы силура. Они широко распространены в периферии мегазоны и изучены в карьере у пос. Кувандык, где доказано их превосходное качество в плане генерации УВ (Осипов и др., 2018; Тюрин и др., 2021).

Магнитогорская мегазона (синклинорий)

Магнитогорская мегазона (ММЗ) является прекрасно сохранившимся и детально изученным фрагментом девонской островодужной системы (Пучков, 2000). В её пределах, помимо многочисленных и широко известных рудных месторождений, отмечаются проявления углеводородов. В большинстве случаев это битумы, но имеются свидетельства о газо- и нефтепроявлениях из отложений разного состава и возраста. Например, описаны высачивания нефти в русле ручья Суундук, выделения газа в скважинах и при проходке колодцев (Шихмуратов, 1966; Лутфуллин Я.Л., 1972).

ММЗ представляет собой субмеридионально ориентированную синформу. Наиболее распространенными в ней являются вулканогенные и вулканогенно-осадочные отложения девона мощностью более 6–8 км. Они развиты в бортовых (западной и восточной) частях мегазоны. В центральной части распространены преимущественно обломочные и карбонатные отложения каменноугольной системы мощностью 2–4 км. Интрузивные породы от ультраосновного до кислого состава встречаются практически повсеместно, но с разной частотой.

Коллекторские свойства осадочных и вулканогенно-осадочных пород изучались в 1960-х годах. Согласно данным В.К. Шихмуратова (1966), перспективы ММЗ следует связывать с трещинными коллекторами. Например, в доломитизированных трещиноватых каменноугольных известняках описаны коллектора со средней эффективной пористостью 5–7%, участками – до 22,5%.

В структурном отношении в качестве перспективных рассматривались многочисленные узкие субмеридиональные антиклинали и органогенные карбонатные постройки каменноугольного возраста.

В период с 1963 по 2005 годы на западе ММЗ (окрестности города Сибай) проводились сейсморазведочные работы (см. рисунок) и глубокое структурно-параметрическое бурение – проложено более 1000 пог. км. сейсмических профилей и пробурено 8 скважин (до 1976 года).

Выполненные поисковые работы рассматривались как неудачные (Татлыбаев, 2003; Лозин, 2005), поскольку опробование не дало результатов, а проявления нефти были лишь в двух скважинах, при этом только в виде капель. В настоящее время ясно, что причины безрезультатности кроются в издержках методики поисков. Во-первых, комплекс ГИС, выполненный в скважинах, был направлен на выявление поровых, а не трещинных коллекторов. Соответственно, опробовались заведомо бесперспективные интервалы (Валеев, Куликова, 2003). Во-вторых, при заложении профиля скважин ориентировались не на рекомендации специалистов, которые целенаправленно занимались изучением перспектив Магнитогорской мегазоны на углеводороды (Шихмуратов, 1966; Лутфуллин Я.Л., 1972), а на неподтвержденную шарьяжно-надвиговую модель строения территории. В-третьих, методы обработки сейсмических данных не позволили получить информативное волновое поле (Татлыбаев, 2003).

Таким образом, несмотря на немалый объем выполненных исследований, однозначный вывод о перспективах Магнитогорской мегазоны на нефть и газ на текущий момент сделать нельзя. Требуется пересмотр всех имеющихся геолого-геофизических данных, в том числе, переобработка сейсмических данных по современным методикам.

Помимо изложенного, нельзя не отметить перспективы ММЗ в качестве территории возможного захоронения парниковых газов (Макаров и др., 2022), тем более, что в её пределах развиты богатые пироксеном и оливином породы, которые, по данным (Корзун и др., 2023), способны не просто вмещать в себя углекислый газ, а связывать его химически с образованием карбонатов – кальцита, сидерита и магнезита.

Выводы

Краткий обзор опубликованных и фондовых работ показал, что однозначного ответа на вопрос о перспективах Южного Урала на обнаружение месторождений нефти и газа нет. Проявления углеводородов различного характера отмечены во всех зонах. На сегодняшний день вся рассмотренная выше территория покрыта геологической съемкой масштабов 1:200000 и 1:50000, изучена бурением и сейсморазведочными работами. Однако геофизические материалы требуют переобработки и переинтерпретации по современным методикам. Лишь после этих процедур проблема нефтегазоносности Южного Урала приблизится к своему разрешению.

Уточнение границ распространения и типов разрезов верхнедевонских и нижнекаменноугольных отложений юго-восточного склона Северо-Татарского свода

А.Ф. Сафаров* (институт «ТатНИПИнефть»), В.В. Силантьев (КФУ, г. Казань), Д.Н. Мифтахутдинова (КФУ, г. Казань), Г.М. Сунгатуллина (КФУ, г. Казань), А.А. Лутфуллин (ПАО «Татнефть»), А.Н. Кольчугин (К(П)ФУ, г. Казань), К.Д. Шуматбаев (ПАО «Татнефть»), М.Ф. Валидов (К(П)ФУ, г. Казань), Р.Р. Абусалимова (институт «ТатНИПИнефть»), А.М. Калимуллин (институт «ТатНИПИнефть»), А.Ф. Иксанова (институт «ТатНИПИнефть»)

Цель

Цель исследования – оценка нефтегазоносности юго-восточного склона Северо-Татарского свода Республики Татарстан на основе изучения распространения и условий формирования сарайлинского, акташского, кабык-куперского и саитовского типов разрезов верхнедевонских и нижнекаменноугольных отложений (рисунок 1).

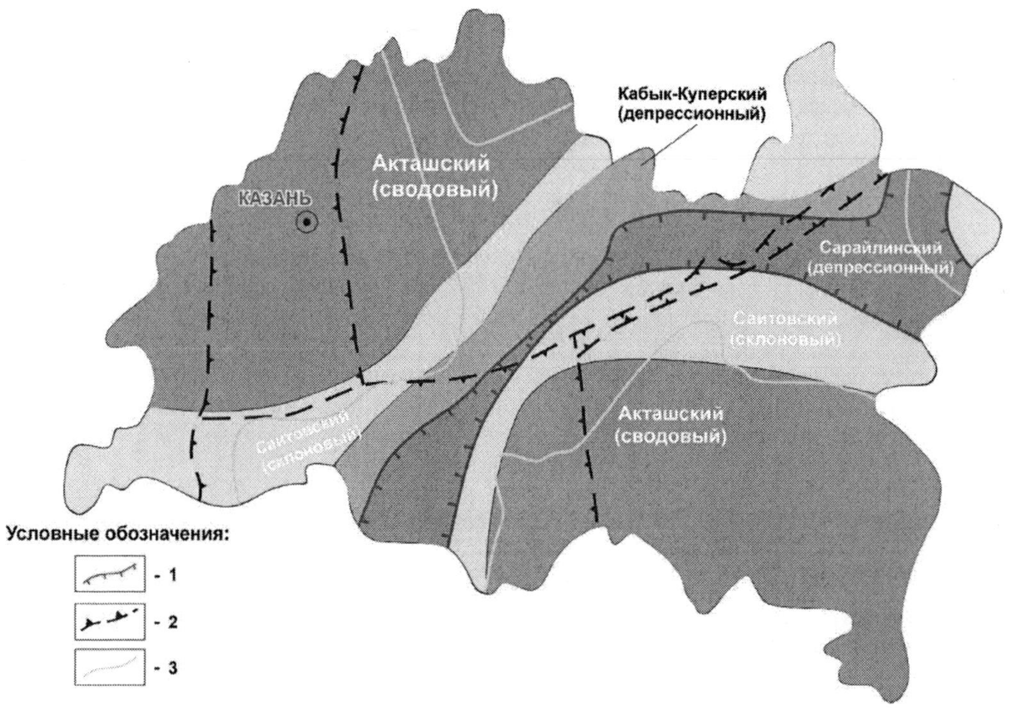

Рисунок 1. *Карта-схема территории Республики Татарстан с зонами распространения основных типов разрезов (по А.К. Шельновой и др.) [1]. Условные обозначения: 1 – осевая зона ККСП; 2 – границы тектонических структур первого порядка; 3 – внутренняя прибортовая зона*

Отложения нижнего карбона распространены на восточном склоне Северо-Татарского свода и в пределах Мелекесской депрессии. В работе А.К. Шельновой и др. эти отложения подразделены на четыре типа: 1) сводовый, или *Акташский*; 2) склоновый, или бортовой, с увеличенной толщиной турнейских известняков, *Саитовский*; 3) депрессионный терригенно-карбонатный, *Кабык-Куперский*; 4) депрессионный (осевой) терригенный, *Сарайлинский* [1]. Сарайлинский тип разреза характерен для осевой зоны Камско-Кинельской системы прогибов Татарстана и Самарской области, а также фиксируется в Можгинском и Сарапульском прогибах Удмуртии. Важно отметить, что на территории Самарской области, в пределах

Муханово-Ероховского прогиба, в отложениях сарайлинского типа выявлены промышленные скопления нефти.

Вопрос об условиях формирования сарайлинской толщи в Волго-Уральской нефтегазоносной провинции остается одним из наиболее дискутируемых. В конце 1951 г. глубокие буровые работы в Татарской АССР и Куйбышевской области (ныне Самарская область) выявили мощную «терригенную толщу», залегающую между карбонатными породами окского (алексинского) возраста и франского яруса верхнего девона. В результате эта «терригенная» толща была названа сарайлинской по наименованию разведочной площади [2].

Исследования сарайлинской толщи, включающей карбонатно-терригенные и низкопроницаемые карбонатные коллектора, начались в середине XX в. с глубоких буровых работ на рассматриваемой территории. В первые годы исследований сарайлинскую толщу считали эквивалентной яснополянскому подъярусу визейского яруса, основываясь на схожести фациального состава осадочных пород и их стратиграфическом положении. Однако последующие палеонтологические и палинологические исследования Д.В. Наливкина позволили отнести толщу к турнейскому ярусу.

Более поздние гипотезы связывали формирование сарайлинской толщи с интенсивной предтурнейской эрозией девонских пород и последующей аккумуляцией осадков в морских условиях [3, 4]. Данные предположения подкреплялись находками морской фауны в глинах и аргиллитах. Исследования показали значительную изменчивость литологии толщи по латерали, что объяснялось неоднородностью условий осадконакопления и тектонической активностью района.

Поиски и разработка сланцевой нефти на территории Северной Америки, начавшиеся в начале 2000-х гг., заставили ученых повторно обратить внимание на низкопроницаемые карбонатные коллектора, в том числе и на сарайлинскую толщу. Значительная гетерогенность терригенно-карбонатных сарайлинских отложений обуславливает необходимость комплексного подхода к анализу геологического строения и современных геодинамических процессов для оценки нефтегазоносного потенциала региона.

Методы

В данной работе применялись специализированные методы для уточнения распространения, условий формирования и возраста сарайлинской толщи. Определение типов пород, их текстуры, структуры и минерального состава проведено на основе литологического и биоседиментологического анализа керна, отобранного из скважин 1 и 2 (рисунок 2).

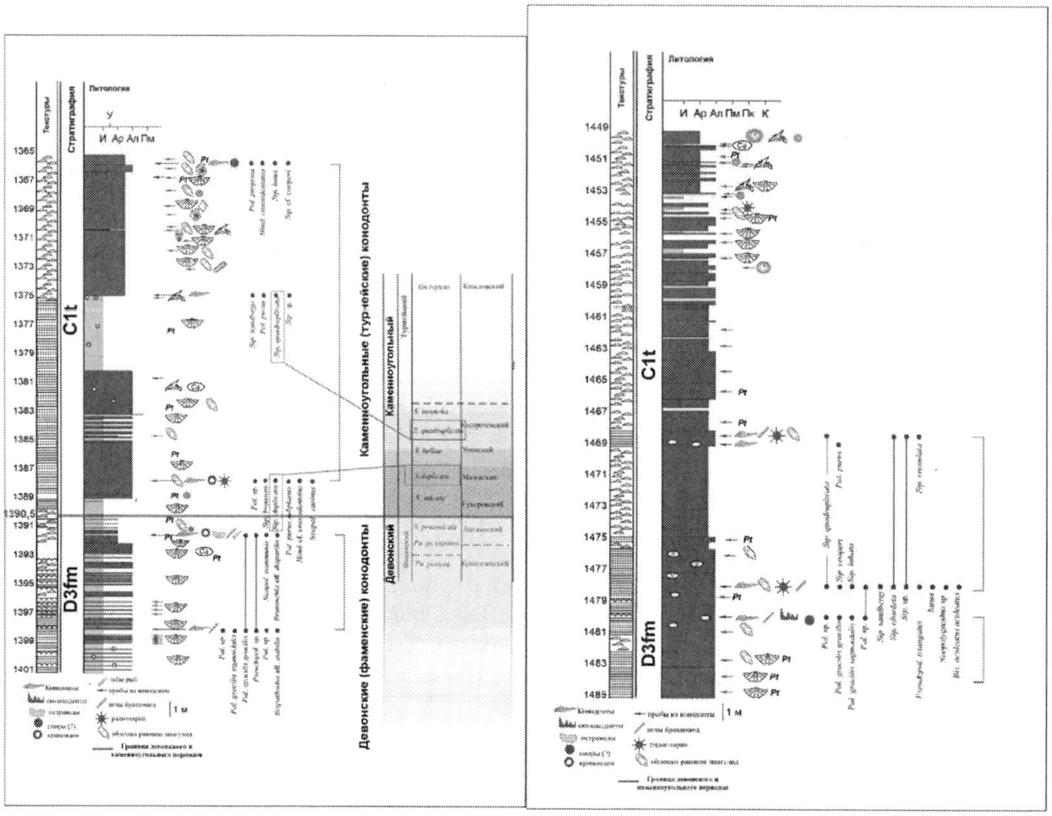

Рисунок 2. *Стратиграфическое распространение видов конодонтов, определяющих положение границы между девоном и карбоном в изученных скважинах (сост. Г.М. Сунгатуллина); литолого-биоседиментологические колонки скважин 1 (слева) и 2 (справа) показывают литологическую неоднородность сарайлинской толщи (сост. Д.Н. Мифтахутдинова, В.В. Силантьев); сокращения: И – известняк; У – углисто-глинистая порода; Ар – аргиллит, Ал – алевролит; Пм – песчаник мелкозернистый; Пм – песчаник крупнозернистый; К – конгломерат.*

Описание керна выполнялось с использованием оптико-микроскопических исследований, что позволило выделить различные микрофациальные особенности и воссоздать условия осадконакопления. Макро- и микрофаунистический анализ выполнялся с целью уточнения стратиграфических границ, возраста интервалов и реконструкции биофаций. Особое внимание уделялось изучению конодонтов как ведущей зональной группы для стратиграфии девона. В результате полученные новые данные позволили более точно датировать отложения, определить их стратиграфическое положение, а также уточнить границу между девонской и каменноугольной системами.

Специализированное программное обеспечение для интерпретации сейсмических данных, такое как Petrel, применялось для анализа структурных построений, прослеживания отложений по сейсмическим траверсам, выделения клиноформ и биогермных построек пограничных отложений девона и карбона. Эти данные позволяли детализировать и визуализировать подповерхностные структуры. Анализ структурных построений включал определение и картирование геологических разломов, складок и других деформационных структур. Прослеживание отложений по сейсмическим траверсам помогало выявить стратиграфические единицы и установить их пространственное положение.

В ходе работы рассмотрен весь фонд скважин данного объекта, проведена региональная корреляция, что позволило уточнить типы разрезов пограничных отложений девона и карбона, стратиграфические границы и границы геологических тел.

Проведение комплексного научного анализа верхнедевонских и нижнекаменноугольных отложений на территории юго-восточного склона Северо-Татарского свода Республики Татарстан с акцентом на их стратиграфические, литологические и геофизические характеристики позволило установить характер взаимосвязи нефтематеринских отложений сарайлинской толщи со смежными стратиграфическими подразделениями.

Выводы

В 1950–1960-х гг. отложения Сарайлинского прогиба были охарактеризованы многими исследователями как «терригенный комплекс пород», обусловленный наличием прослоев глинистых рыхлых пород, затрудняющих бурение скважин [3]. Этот взгляд на природу толщи сохраняется и в современных исследованиях [5, 6]. Однако текущее исследование, основанное на анализе керна, выявило значительное литологическое разнообразие исследуемой толщи, включающей породы с высоким содержанием органического вещества (аргиллиты, алевролиты и др.) и известняки. Данные литотипы демонстрируют разнообразные микрофациальные характеристики, что свидетельствует об изменении условий осадконакопления.

Микрофаунистический анализ комплексов конодонтов (Г.М. Сунгатуллина) позволил установить точные границы между девонскими и каменноугольными отложениями. Анализ разрезов скважин позволил выявить ключевые биостратиграфические и биофациальные характеристики, которые имеют важное значение для интерпретации стратиграфической последовательности и понимания геологической истории района. Во-первых, установлена непрерывность разреза между девонскими и каменноугольными отложениями, что указывает на отсутствие значительных перерывов в осадконакоплении в данном интервале. Во-вторых, не зафиксированы признаки размыва, что также подтверждает целостность и непрерывность стратиграфической последовательности. Данные результаты являются критически важными для точной корреляции слоев и дальнейшего изучения типов разрезов рассматриваемой толщи. Микрофаунистический анализ конодонтов, фораминифер, радиолярий и других микрофоссилий дал возможность уточнить временные интервалы и биофациальные характеристики пород. Биоседиментологическое исследование выявило разнообразие биофаций с пониженным содержанием кислорода, что указывает на анаэробные условия осадконакопления и наличие эвксинных условий в фотической зоне, влияющих на формирование осадков с повышенным содержанием органического вещества [7].

Установлена значительная гетерогенность сарайлинской толщи, что подчеркивает необходимость дальнейших исследований для детального понимания геодинамических процессов. Значительные вариации в мощности и литологическом составе турнейского яруса отражают различия в условиях осадконакопления в разных частях исследуемого региона [8] и подчеркивают необходимость регионального подхода к оценке нефтегазоносного потенциала данной территории.

В результате анализа обширного фонда скважин и проведения региональной корреляции детализированы и уточнены характеристики типов разрезов фаменско-турнейских отложений, которые не подвергались пересмотру с 1966 г. (после работ А.К. Шельновой с соавторами). Разработанная на основе корреляции схема перспективных зон представляет собой важный инструмент для планирования дальнейших геологоразведочных работ.

Библиография

1. Шельнова А.К., Желтова А.Н., Блудорова Е.А. Типы разрезов нижнего карбона, развитые на территории Татарской АССР // Доклады АН СССР. – 1966. – Т. 171, № 2. – С. 435-438.

2. Клещев А.И., Киров В.А., Петропавловский В.В. О возрасте Сарайлинской терригенной толщи Татарии // Геология нефти и газа. – 1957. – № 12. – С. 48-59.

3. Познер В.М. Каменноугольный период // Палеогеография СССР : объяснит. записка к Атласу литолого-палеографических карт СССР : в 4 т. – М. : Недра, 1975. – Т. 2 : Девонский, каменноугольный, пермский периоды. – С. 62-119.

4. Троепольский В.И., Бадамшин Э.З., Тухватуллин Р.К. Закономерности развития нефтеносности и методика поисковых работ в Камско-Кинельской системе прогибов на территории Татарии // Вопросы геологии и нефтеносности Среднего Поволжья / науч. ред. В.И. Троепольский, Э.З. Бадамшин. – Казань : Изд-во Казан. ун-та, 1974. – Вып. 4. – С. 3-28.

5. Укрепление стенок скважин с использованием силикатов щелочных металлов / Ф.Ф. Ахмадишин, И.В. Львова, М.Ф. Каримов, Д.А. Миронов, Д.А. Халикова, Р.Ф. Аскаров // Нефтяное хозяйство. – 2023. – № 9. – С. 34-37. – DOI: 10.24887/0028-2448-2023-9-34-37.

6. Саакян М.И. Условия залегания продуктивных пластов терригенной толщи нижнекаменноугольных отложений на примере Арланского месторождения на основе автоматизированной корреляции разрезов скважин : автореф. дис…канд. техн. наук: 25.00.12 / М.И. Саакян ; РГУ нефти и газа им. И.М. Губкина ; науч. рук. И.С. Гутман. – Москва, 2010. – 22 с.

7. Nature of devonian anoxic events based on multiproxy records from panthalassa, nw Canada / P. Kabanov [et al.] // Global and Planetary Change. – 2023. – Vol. 227. – P. 104176. – DOI: https://doi.org/10.1016/j.gloplacha.2023.104176.

8. Марковский Н.И. О палеогеографии нижневизейского времени в районах среднего Поволжья и Заволжья // Доклады АН СССР. – 1955. – Т. 104, № 4. – С. 601-604.

References

1. Shelnova, A.K., Zheltova, A.N., Bludorova, E.A. (1966). Types of Lower Carboniferous sections developed in the territory of the Tatar ASSR. Reports of the USSR Academy of Sciences, 171(2), pp. 435-438.

2. Kleshchev, A.I., Kirov, V.A., Petropavlovskiy, V.V. (1957). On the age of the Saraylinsk terrigenous formation of Tatarstan. Oil Geology, No. 12.

3. Pozner, V.M. (1975). The Carboniferous Period. Paleogeography. Paleogeography of the USSR. Explanatory note to the Atlas of Lithological-Paleogeographic Maps of the USSR. Vol. 2. Devonian, Carboniferous, Permian Periods. Moscow: Nedra, pp. 62-119.

4. Troepolskiy, V.I., Badamshin, E.Z., Tukhvatullin, R.K. (1974). Regularities of oil-bearing potential development and methodology of exploration in the Kama-Kinel trough system in Tatarstan. Issues of Geology and Oil-bearing Capacity of the Middle Volga Region, 4. Kazan: Publishing House of Kazan University, pp. 3-28.

5. Akhmadishin, F.F., Lvova, I.V., Karimov, M.F., Mironov, D.A., Khalikova, D.A., Askarov, R.F. (2023). Method for stabilization of borehole walls using alkali metal silicates. Oil Industry, No. 9, pp. 34-37. DOI: 10.24887/0028-2448-2023-9-34-37.

6. Saakyan, M.I. (2010). Conditions of occurrence of Lower Carboniferous terrigenous reservoirs via example of Arlanskoe field based on automated correlation of well sections. Extended abstract of PhD dissertation (Geology and Mineralogy). Moscow, 22 p.

7. Kabanov, P., Gouwy, S., van der Boon, A., & Grasby, S. (2023). Nature of Devonian anoxic events based on multiproxy records from Panthalassa, NW Canada. Global and Planetary Change, 227(104176), pp. 1-15.

8. Markovskiy, N.I. (1955). On the paleogeography of the Lower Viséan in the regions of the Middle Volga and Trans-Volga. Reports of the USSR Academy of Sciences, Vol. 104, No. 4.

Оползневые структуры в области каньона палео Каланчака

С.К. Шельтинг (АО «Южморгеология»), А.А. Шейков*(АО «Южморгеология»)

Каньон палео - Каланчака (каньон пра-Днепра) входит в состав ландшафтной провинции северо-западной части материкового склона Черного моря [1]. Каньон пересекает континентальный склон Западно-Черноморской впадины и выходит на шельф на меридиане г. Николаева. Континентальный склон на этом участке испытывает резкое изменение простирания от ЮВ, к востоку от каньона, на участке прилегающем к Юго-западному Крыму и Альминской впадине, до ЗЮЗ к западу от каньона, на участке между меридианами гг. Николаева и Одессы. Каньон проходит в створе крупных региональных структур субмеридионального простирания: зоны Николаевского глубинного разлома, который в пределах континентального склона примыкает к Одесско-Синопской разломной зоне [2].

К востоку от каньона палео - Каланчака граница шельфа проводится на глубине около 150 м, и трассируется по увеличению уклонов морского дна. Мористее бровки шельф переходит в континентальный склон, с уклонами до 1,5° (рис. 1). Рельеф верхней части склона денудационно-конструктурный, полого-наклонная поверхность морского дна, перекрыта чехлом верхнемиоцен-четвертичных образований, нивелирующих рельеф отложений комплекса заполнения Альминской впадины, облекающих полого-наклонную поверхность акустического фундамента. В нижней части склона, располагается уступ морского дна, на котором уклоны возрастают до 11-12°. Ниже бровки уступа, над восточным бортом каньона, на материковом склоне обнажается круто-наклонная поверхность оползневой стенки срыва, срезающей толщу отложений, залегающих на поверхности акустического фундамента.

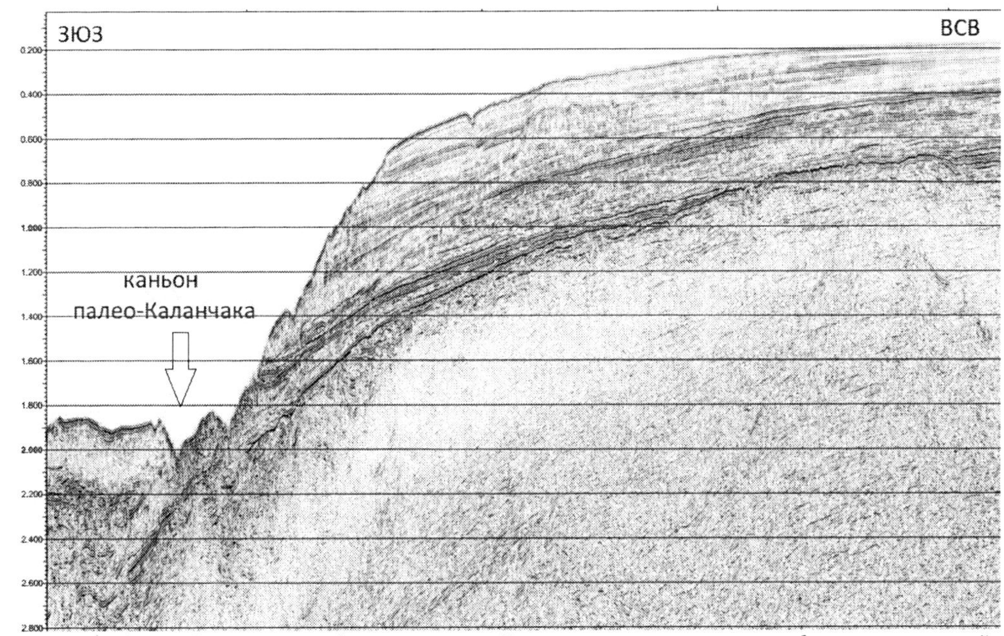

Рисунок 1. *Фрагмент субширотного сейсмического разреза, шельф и материковый склон на участке прилегающем к Юго-западному Крыму и Альминской впадине, к юго востоку от каньона палео-Каланчака*

Облик разреза толщи верхнемиоцен-четвертичных образований (рис. 1) позволяет предположить, что ее формирование происходило в условиях последовательного увеличения уклонов на участке растущего материкового склона и, что современный рельеф сформировался в результате смещения к основанию материкового склона (гравитационного оползания) толщи отложений, залегавших мористее бровки уступа.

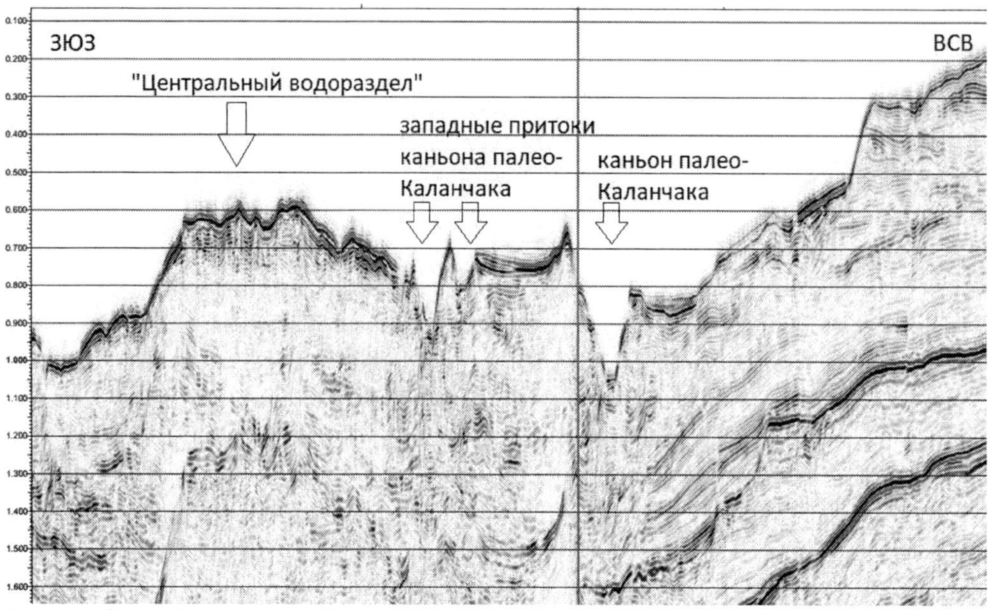

Рисунок 2. *Фрагмент субширотного сейсмического разреза, материковый склон на участке каньона палео-Каланчака (на разрезе показано пересечение с профилем на рис. 3)*

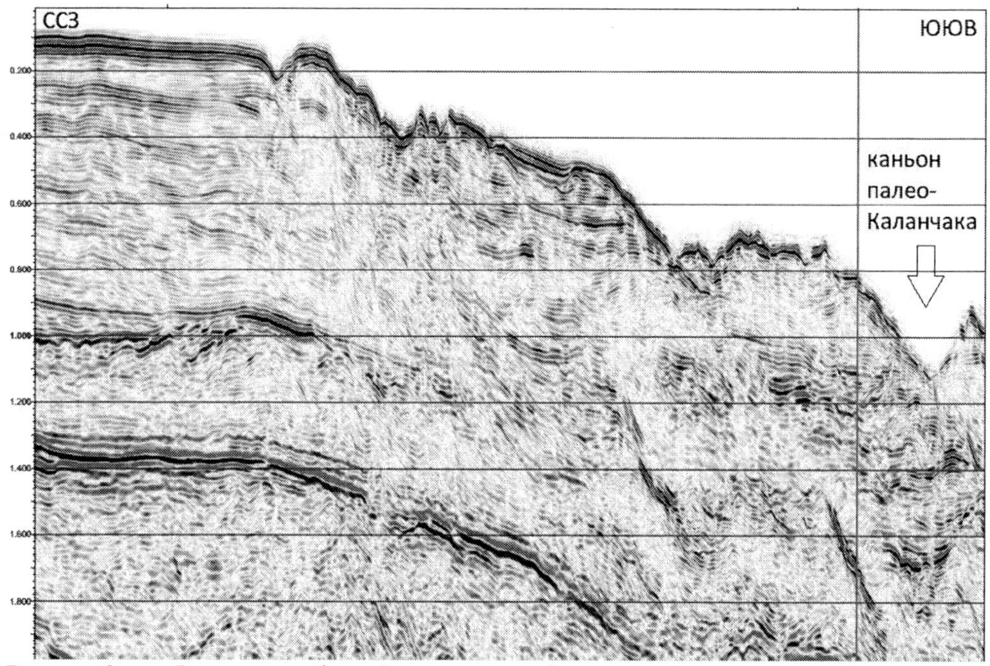

Рисунок 3. *Фрагмент субмеридианального сейсмического разреза, шельф и материковый склон на участке каньона палео-Каланчака (на разрезе показано пересечение с профилем на рис.2)*

Каньон палео - Каланчака и участок расположенный к западу от него детально изучен в рамках программы комплексных геофизических исследований на НИС «Профессор Водяницкий» [2, 3, 4]. На основании анализа данных промера, акустического и сейсмического профилирования были выделены и закартированы основные геоморфологические элементы на материковом склоне [Error: Reference source not found]. К западу от каньона выделяется постройка, описанная в работе 2006 года как «центральный водораздел» (Central divide). Центральный водораздел представляет собой гряду с пологой вершинной поверхностью, спускающуюся от бровки шельфа до основания материкового склона (рис. 2). Относительные превышения вершинной поверхности гряды над тальвегом каньона палео - Каланчака и над расположенной к западу «области развития оползневых отложений» (area of mass wasting) достигают 300 м. На глубине от 180 до 230 м центральный водораздел заканчивается ступенью (террасообразным участком), которая образует переход к шельфу. По выположенной вершинной поверхности центрального водораздела проходят два параллельных канала протяженностью более 24 км с превышением бортов над тальвегом до 45 м и общей шириной 1,5 км [4].

В работе Wong H.K. и др. 2002 года описанная постройка была названа конусом выноса Днепра [5]. Сохранилось указанное описание и в работе Ludmann T. и др. 2004 года, где гряда была описана как русло и прирусловые валы (levee and overbank) верхней части конуса выноса Днепра (proximal Dnieper Fan) [Error: Reference source not found]. В работе Nauds L. и др. 2006 г, на основании анализа данных сейсморазведки сделан вывод о том, что необычный облик центрального водораздела унаследован от ряда нижележащих, заглубленных систем прирусловых валов конуса выноса Днепра [Error: Reference source not found].

Анализ материалов промера и сейсморазведки, выполненный в рамках геологосъемочных работ на листах L-36-XXVII, XXVIII позволяет предположить, что материковый склон на участке к западу от каньона палео Каланчака сложен гравитационными отложениями. Выделяемый в рельефе морского дна «центральный водораздел» и расположенные к востоку от него постройки, прорезанные западными притоками каньона палео - Каланчака могут быть описаны, как олистолиты, образовавшиеся в процессе развития материкового склона, в результате вовлечения в оползание осадочных образований авандельты рр. Днепра и Каланчака.

Работа выполнялась в рамках контракта с ФГБУ «ВСЕГЕИ» № 15-3/22-1.

Библиография / References

1. Pasinkova, L. A. Characteristics of the Western Black Sea landscape area of buried paleodelts on the continental slope of the Black Sea // Landscape science and landscape ecology: coadaptation of landscape and economic activity: Materials of the international scientific and practical conference, Simferopol, September 20-25, 2020. – Simferopol: V.I. Vernadsky Crimean Federal University, 2020. – P. 288-291.

2. Kobolev V.P., Verpakhovskaya A.O. Accumulations of gas hydrates in the Dnieper paleo-delta as an object of seismic studies on the slope of the northwestern shelf of the Black Sea. Geol. and useful. iskop. The world ocean. 2014. No.1. P. 81-93.

3. Ludmann T., Wong H.K., Konerding P., Zillmer M., Petersen J., Fluh E. Heat flow and quantity of methane deduced from a gas hydrate field in the vicinity of the Dnieper Canyon, northwestern Black Sea. // Geo Mar. Lett. 2004. — 24 — P. 182— 193.

4. Nauds L., Greinert J, Artemov Yu, Staelens P, Poort J., Van Rensbergen P, De Datist M. Geological and morphological setting of 2778 methane seeps in the Dniepr paleo@delta, north@ western Black Sea. Marine Geology. 2006. 227. P. 177—199.

5. Wong H.K., Ludmann T., Panin N., Konerding P., Dinu C. 2002. Northwestern Black Sea: Upper Quaternary water level and sedimentation. In: Briand, F. (Ed.), Turbidite Systems and Deep-Sea Fans of the Mediterranean and the Black Seas, CIESM Workshop series, vol. 17. — P. 85—89.

Использование полевых замеров элементов залегания трещиноватости и слоистости пород для оценки и прогноза коллекторных свойств (на примере территории Абхазии)

Е.А. Глазырин (АО «Южморгеология»)

Введение

При полевом изучении территории на основе документации горных выработок и обнажений, проведения геологических маршрутов и литолого-стратиграфических разрезов фиксируются элементы залегания слоистости и трещинной тектоники. Имея представительное количество замеров элементов залегания по площади и разрезу их можно использовать для оценки и прогноза коллекторных свойств. В сообщении представлен опыт такого использования попутных полевых замеров различных элементов залегания при изучении келловей-эоценового разреза Абхазии, полученных в ходе выполнения геологических маршрутов и литолого-стратиграфических разрезов.

Методика и исходные данные

Выполнен анализ замеров элементов залегания трещиноватости и слоистости по стандартной методике структурной геологии с использованием сетки Вульфа с построением на верхнюю полусферу. Замеры элементов залегания выполнены в ходе маршрутного геологического изучения келловей-эоценового разреза Абхазии по основным эрозионным врезам в площади от района Гагр на западе до р. Галидзга на востоке.

Анализ трещиноватости и слоистости

Анализ полевых замеров слоистости и трещиноватости выявляет несколько систем трещин, которые закономерно сопряжены с залеганием пород и складчатостью. По элементам слоистости выявляется складчатость с субкавказским генерализованным направлением осей складок. Выделяется две генерализованных системы слоистости, отвечающих крыльям складок (рис. 1 а). Основная система – юго-западного падения: азимут падения – 222°, угол – 30°. Второстепенная система слоистости соответствует крыльям складок северного падения: азимут падения – 353°, угол 20°, которые осложняют общее погружение пород на юго-запад.

По соотношению этих систем слоистости определена региональная ориентировка и погружение шарниров складок, тип складок. На генерализованной диаграмме слоистости выявляется изменение азимутов падения слоистости, обусловленное как конформным облеканием крупных выступов (Центрально-Абхазское поднятие, Бзыбское), так и виргацией складчатости и проявлением брахиформ.

На диаграмме трещиноватости (рис. 2 а) выделяется три основных системы трещин, закономерно ориентированных по отношению к складчатости - поперечная система трещин скола, продольная и межслоевая.

Детальное рассмотрение систем слоистости и трещиноватости на общих диаграммах показывает их вариации по району и наложение нескольких возрастных компонент. Для корректного анализа трещиноватости построены диаграммы для различных структурных этажей, отвечающих геотектоническим этапам развития участка междуречья Бзыбь - Аапста: ранне-среднеюрскому, позднеюрско-нижнеэоценовому известняковому, олигоцен-раннемиоценовому (майкопскому), позднемиоценово-плиоценовому.

Нижнесреднеюрский этаж. Выделяется несколько ориентировок залегания слоистости, указывая на наиболее сильную складчатость нижнесреднеюрских отложений, обязанную минимум двум планам деформаций. Несколько систем залегания слоёв указывают на несколько этапов складчатости или полей напряжений (рис. 1 б). Присутствует редкая антикавказская слоистость связанная со складками, ориентированными по азимуту 338°. Данная система свойственна только этому уровню. Наиболее явно она проявлена на антикавказском Центрально-Абхазском поднятии (на диаграммах для нижнесреднеюрских пород эти элементы не использованы). Складчатость нижнесреднеюрских отложений на южном склоне Кавказа усиливается к его осевой зоне.

Для нижнесреднеюрского этажа выделяется несколько систем трещиноватости, ориентировка которых подчинена элементам слоистости (рис. 2 б). Трещины – выдержанные, ровные, приоткрытостью до n×0,1 мм, редко – до 1÷2 мм.

Основная система трещин – поперечная, где выделяется две подсистемы скола. Первая подсистема: аз. пад. – 115°, угол – 50° с частотой 11÷50 трещин на 1 м; вторая подсистема: аз. пад. – 88°, угол – 85°, 1÷14 трещин на 1 м.

Вторая система трещиноватости – продольная, она субперпендикулярна плоскости слоистости и субпараллельна линии простирания. В соответствии с двумя основными системами слоистости, формирующими первую (основную) складчатость субширотного простирания, здесь проявлены две подсистемы: основная: с частотой 3÷8 трещин на 1 м и подчинённая с частотой 1÷7 трещин на 1 м.

Третья система трещин – межслоевая. Частота трещин коррелирует с мощностью литонов (не менее 4÷11 на 1 м), а ориентировка – с залеганием слоёв.

Верхнеюрско-нижнеэоценовый этаж. Сложен мощным комплексом известняков, залегающим со структурным несогласием на нижнесреднеюрском терригенном и вулканогенно-терригенном. Известняки обычно массивные и средне-толстослоистые, трещиноватость их может рассматриваться как коллекторская.

Крылья складок верхнеюрско-нижнеэоценовых известняков характеризуют две системы залегания (рис. 1 в), по отношению к которым закономерно ориентирована трещиноватость (рис. 2 в). Диаграмма слоистости, по сравнению с нижнесреднеюрским этажом, отличается большей компактностью систем залегания.

Трещины в известняках сгруппированы в три основные системы – поперечную, продольную и межслоевую (рис. 2 в).

Основная система – поперечная, антикавказская, она субперпендикулярна к слоистости и ориентирована по линии её падения. Её вклад в трещинное пространство составляет 30÷63 %. Она разделяется на две субсистемы с признаками трещин скола. Первая субсистема с вкладом 23÷35 % и плотностью трещин – от 3,5 до 17,0 на 1 м. Вторая субсистема с вкладом 6÷27 % и плотностью трещин – от 1 до 7÷13 на 1 м.

Вторая система – продольная, кавказской ориентировки. Её вклад в общий объём составляет 64÷28 %, уменьшаясь в более трещиноватых участках. Она также субперпендикулярна слоистости, но ориентирована по линии её простирания. В соответствии с двумя основными эпицентрами залегания слоистости выделяется три подсистемы продольной трещиноватости: азимут падения – 25°, угол – 73° (вклад – 13÷10 %) и азимут падения – 215°, угол – 60°, вклад – 32÷12 %. Плотность, соответственно, 2÷5 и 5÷6 трещин на 1 м. Третья подсистема (вклад – 19÷6 %) связана с более редким крутым падением слоёв на юго-запад: азимут падения – 5°, угол – 35° плотность – около 3 трещин на 1 м.

Третья система трещин сформирована межслоевыми и межпластовыми трещинами и соответствует элементам залегания слоистости. Плотность их проявления соответствует характеру слоистости (плитчатости). В массивных и толстослоистых известняках она наименее проявлена, увеличиваясь к средне- и тонкослоистым известнякам. Её вклад в общий объём трещин – 6÷10 %.

Все трещины в известняках – достаточно выдержанные, ровные, до слабо изогнутых. В менее глинистых известняках эти системы, особенно секущие, часто представлены стилолитовыми швами с «перескоками» от одной системы к другой. В битуминозных известняках по ним сконцентрирован битум. Объём трещинного пространства составляет не менее 0,3÷1,0 %.

Межслоевые трещины служат латеральными проводниками углеводородов, обеспечивая их послойную миграцию. Поперечные и продольные трещины обеспечивают миграцию углеводородов по вертикали. Комбинация усиленного проявления трёх систем трещин создаёт в известняках проницаемые зоны трещиноватости, которые могут служить трещинными коллекторами. Морфология и ориентировка зон повышенной трещиноватости в значительной степени зависит от степени массивности (плитчатости) известняков.

В толстослоистых и массивных известняках распространены продольные и поперечные трещины. Трещины стилолитовые, но на участках повышенной трещиноватости – нередко зияющие (до 0,5÷1,0 см), инкрустированные друзитовым кальцитом. В силу своей ориентировки поперечные и продольные трещины формируют преимущественно изометричные и вытянутые по вертикали объёмные зоны трещиноватости, которые могут служить коллекторами. Их заложение контролируют линейные зоны вертикальных трещин. Насыщение трещинами достигает брекчирования известняков. На участках проявления битумов трещины инкрустированы друзитовым кальцитом, а их центральные полости нередко заполняет переотложенный битум.

Участки проявления трещин с крустификационным кальцитом и битумами приурочены к нижним частям разреза с подстилаемыми углеродистыми нижнесреднеюрскими нефтематеринскими отложениями. Для этих же интервалов разреза весьма характерной формой проявления трещиноватости служат сферические полости. Размер полостей достигает 3÷10 см, они также инкрустированные друзитовым кальцитом. Все сферические полости с кальцитовой инкрустацией зафиксированы на участках проявления битумов. По характеру выделений и морфологии данные полости, вероятно, соответствуют полостям гидроразрыва.

Для тонко- и среднеплитчатых известняков характерны чаще межслоевые трещины, которые в комплексе с поперечными и продольными формируют субсогласные с напластованием линзовидные зоны трещиноватости. Наиболее перспективными в отношении коллекторов следует ожидать участки разреза тонко- и среднеплитчатых известняков, примыкающие снизу к менее проницаемым породам, а в плане – сводовые части складок, где образуются зияющие межслоевые трещины приоткрывания.

Майкопский этаж. Характеризует мощную и относительно пластичную песчано-глинистую часть разреза. Майкопские отложения смяты в складки с формированием двух систем залегания. Первая система характерна для северных выходов майкопской серии и северных крыльев складок. Вторая система слоистости более характерна для южной части выходов майкопской серии, где происходит уменьшение интенсивности складчатости, а также для южных крыльев складок.

На диаграмме слоистости обособленно выделяется два слабо проявленных эпицентра слоистости, которые не укладываются в элементы залегания региональной слоистости. Они сформированы в результате диапиризма глинистых пород по двум выделенным системам трещиноватости – продольной и поперечной.

Трещиноватость в майкопских отложениях практически не выражена за счёт их пластичности. Выраженные трещины слабо проявлены.

Верхнемиоцен-плиоценовый этаж. Отражает последний этап структуро- и трещинообразования. Наиболее информативен для этого понт-мэотический интервал разреза.

Субгоризонтальное залегание верхнемиоценово-плиоценового комплекса обусловлено его накоплением в прибрежном седиментационном бассейне и слабым проявлением складчатости.

Несмотря на то, что отложения представлены в основном нелитифицированными, редко – слабо литифицированными песками и конгломератами, в них проявляется система трещиноватости, согласующаяся с развитой в нижележащих литифицированных отложениях. Это указывает на тектоногенную природу данной трещиноватости. Выделяется три системы трещиноватости, закономерно ориентированных по отношению к слоистости. Фоновый объём трещинного пространства составляет не менее 0,10÷0,34 %.

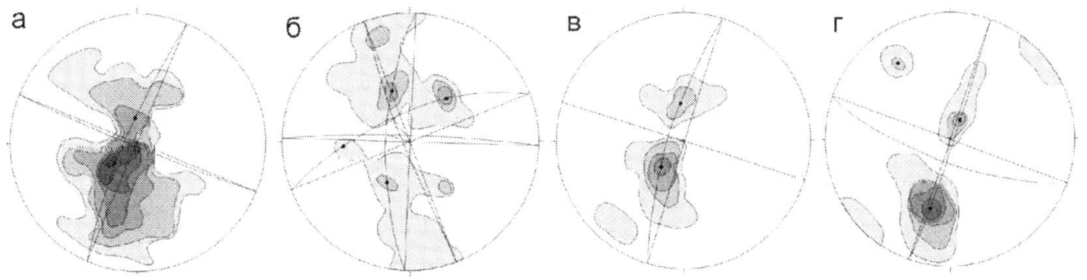

Рисунок 1. *Диаграммы элементов залегания слоистости: а - общая диаграмма; б - нижнесреднеюрского уровня; в - верхнеюрско-нижнеэоценового уровня; г - майкопского уровня.*

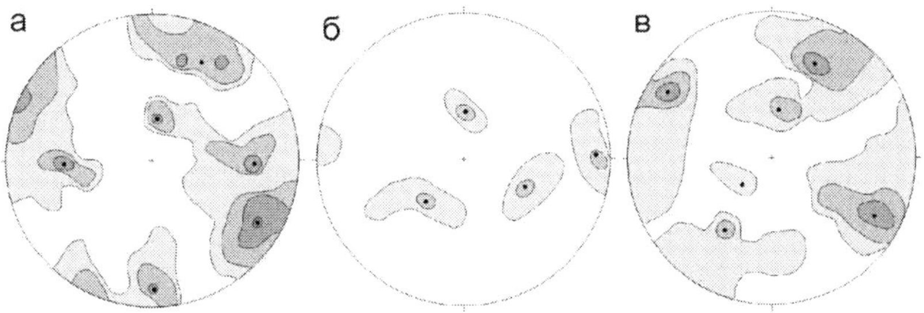

Рисунок 2. *Диаграммы элементов залегания трещиноватости: а - общая диаграмма; б - нижнесреднеюрского уровня; в - верхнеюрско-нижнеэоценового уровня.*

Выводы

В изученных отложениях выделяется три системы трещиноватости, закономерно ориентированных по отношению к слоистости, складчатости. В нижнесреднеюрских отложениях вычленяется антикавказская раннеальпийская компонента. Она связана с формированием антикавказского структурного плана в бат-верхнеюрский период развития территории, что соотносится с палеогеографическими реконструкциями.

Трещиноватость максимально проявлена в известняках. В известняковом разрезе могут формироваться трещинные коллекторы секущей, субизометричной и линзовидной морфологии, особенно на интервалах разреза, примыкающих к слабопроницаемым породам. На участках примыкания известнякового разреза к углеродистым нижнесреднеюрским нефтематеринским толщам характерны трещины гидроразрыва, инкрустированные друзитовым кальцитом и проявлением битумов.

Опыт литогенетической типизации карбонатных пород келловей-эоценового разреза Абхазии для целей прогнозирования нефтегазовых коллекторов

Н.В. Глазырина (АО «Южморгеология»), Е.А. Глазырин* (АО «Южморгеология»)

Введение

Литогенетическая типизация карбонатных пород составляет основу седиментологического моделирования карбонатных комплексов для палеофациальных реконструкций и прогнозирования нефтегазовых коллекторов [4].

В сообщении приведен опыт литогенетической типизации келловей-эоценового разреза карбонатных пород Абхазии, выполненной для реконструкции палеофациальных условий их отложения и преобразования с целью прогнозирования нефтегазовых коллекторов на примыкающей акватории Черного моря.

Интерес к келловей-эоценовому карбонатному разрезу Западного Кавказа связан с его перспективами в отношении локализации углеводородов. Региональными и обобщающими работами здесь выделены три основные зоны – осевая, северная и южная. Осевая зона совпадает с осевой зоной Большого Кавказа и характеризует наиболее глубоководную – осевую – часть келловей-эоценового палеобассейна с преимущественно турбидитовой седиментационной обстановкой. Северная и южная зоны представляют главным образом шельфовую обстановку. С ними связаны карбонатные платформы перспективные в отношении локализации углеводородов. Южная зона обнажается в Абхазской (Гагро-Джавской) тектонической зоне и погружается в северо-западном направлении в Черное море, где совпадает с основной площадью вала Шатского и частью Туапсинского прогиба [1].

Методы

Литогенетическая типизация выполнена на основе образцов и информации, полученных при изучении келловей-эоценового карбонатного разреза Абхазии геологическими маршрутами (более 113 км) и детальными литолого-стратиграфическими разрезами (более 16 км) по основным эрозионным врезам в полосе от района Гагр (р. Жвава-Квара) на западе до Очамчир (р. Галидзга) на востоке на 13 участках. Петрографическими методами исследовано 120 шлифов пород с помощью тринокулярного петрографического поляризационного микроскопа ПОЛАМ Л-213М. Выполнено определение общей карбонатности в породе с раздельной оценкой содержания кальцита и доломита (лаборатория АО «Южморгеология»), определение коэффициента пористости и исследование образцов под растровым электронным микроскопом (лаборатория ООО «ВНИГНИ-2»). Дополнительно привлекалась информация по государственному геологическому картированию масштаба 1:50 000, выполненному по территории Абхазии в советский период. В качестве методической основы использовались многочисленные публикации по направлению, в том числе [2-5].

Полученные результаты

По петрографическим особенностям и на основе седиментологического моделирования в соответствии с [4] выделены следующие основные типы карбонатных пород, встречающиеся в келловей-эоценовом разрезе Абхазии.

- Известняки (рис. 1):

- песчанистые – характеризуют баровый генетический тип группы отложений открытого шельфа, преимущественно органогенно-детритовые и водорослевые, как правило, доломитизированные. Сложены обломками алевропсаммитовой размерности преимущественно известняков со значительной примесью терригенных обломков, а также детрита раковин. Часто содержат миграционные битумы;

- биогермные рифовой генетической группы отложений, преимущественно биоморфно-детритовые с шламово-детритовым и комковатым заполнением (рис. 1 а). Каркас из органогенных остатков (мшанки, кораллы, брахиоподы и желваковые водорослевые выделения). Межкаркасное пространство (55÷60 %) - сгруженные комки кальцита водорослевой природы с обилием микробиально переработанных фрагментов и раковин организмов, внутриформенные полости выщелачивания. Цементирующий матрикс между комками также представлен переработанным микроводорослями карбонатным матриксом сгусткового и микрокомковатого строения с остатками органогенного детрита;

- межбиогермные - микрослоистые пелитоморфные с «глазковой» текстурой приливно-отливной зоны и микрозернистые межрифовых лагун. Содержат миграционные битумв;

- обломочные шлейфовой фации рифов. Представлены в различной степени доломитизироваными конгломерато-брекчиями. Обломки сложены микрозернистыми, водорослевыми и биогермными известняками. Коллектора, содержат значительную примесь аллохтонных битумов;

- детритово-органогенные – объединяют межбиогермные отложения зоны рифов и банок мелководного шельфа. Сложены на 55÷60 % крупными раковинами фораминифер, обломками мшанок, иглокожих, кораллов, реже – раковин моллюсков и багряных водорослей. Форменные элементы обрастаются и цементируются микрозернистой водорослевой оболочкой. Межформенное пространство до 30 %;

- водорослево-детритовые, детритово-водорослевые, органогенно-комковато-водорослевые (рис. 1 б) - характерны для банок мелководного шельфа и околорифовых мелководных шельфовых равнин Сложены на 60÷70 % детритом кораллов, мшанок, иглокожих, крупных фораминифер и слоевищ водорослей. Межформенное пространство частично заполнено шламово-мелкодетритовым матриксом. Выделяются за счёт вариаций количества компонентов. В органогенно-комковато-водорослевых известняках раковинки и детрит (30÷35 %) обволакиваются пелитоморфным карбонатом водорослевой природы (40÷45 %), часто – до формирования комковатой и сгустковой структуры;

- микрокомковато-водорослевые (рис. 1 в) - характеризуют обстановку мелководных равнин открытого шельфа, особенно близ поднятий (банок), имея переходные разности с вышеописанным типом известняков. Сложены округлыми комками (0,1÷1,0) мм) карбоната водорослевого происхождения (псевдооолиты), составляющие 35÷60 %. Присутствуют раковинки фораминифер, реже – их детрит и обломки мшанок, иглокожих, брахиопод, которые сильно переработаны водорослями и обволакиваются ими;

- органогенно-детритовые с водорослевыми комочками – характеризуют обстановку мелководных равнин открытого шельфа и подвижных придонных вод закрытого шельфа, но более удалённую от поднятий (банок); отличаются от предыдущих более мелким (псаммоалевритовым) детритом и присутствием комочков синезелёных водорослей. Органические остатки часто перекристаллизованы и гранулированы до комочков и сгустков;

- шламово-детритовые с водорослевыми комочками (рис. 1 г) - маркируют гидродинамически менее активные зоны мелководных равнин открытого и закрытого шельфа, характерны доломитистость, копролиты и биотурбирование. Сложены на 10÷65 % шламом и псаммоалевритовым детритом иглокожих, мшанок, остракод, брахиопод и фораминифер. Присутствуют водорослевые комки (до 20÷60 %) размером 0,1÷0,5 мм с реликтами микробиально переработанных раковин фораминифер и детрита;

- шламово-детритовые, детритово-шламовые, шламово-органогенно-детритовые (рис. 1 д) – наиболее часто встречаемая группа, маркирующая глубокий шельф и осевую зону, где основным компонентом служат шлам, детрит планктонных фораминифер и нанофоссилий;

шламовые (рис. 1 е) - характерны для наиболее дистальных частей глубокого шельфа и осевой зоны. Сложены пелитоморфным шламом со сгустковой структурой и ихнитовой текстурой. В шламе рассеян полурастворённый и гранулированный детрит (до 10 %) иглокожих, фораминифер, остракод и нанофоссилий.

Охарактеризованные типы известняков представляют собой фациальный литогенетический ряд. По данным петрофизических исследований наилучшими коллекторскими свойствами обладают биогермные, обломочные (шлейфовые), детритово-органогенные, водорослево-детритовые, детритово-водорослевые, органогенно-комковато-водорослевые и микрокомковато-водорослевые известняки за счёт наличия большого количества первичных и вторичных пор и каналов (до 1 мм и более, до 25 % и более). Минимальное поровое пространство (менее 0,n мм и 0,0n %) свойственно для шламовых, шламово-детритовых и детритово-шламовых известняков.

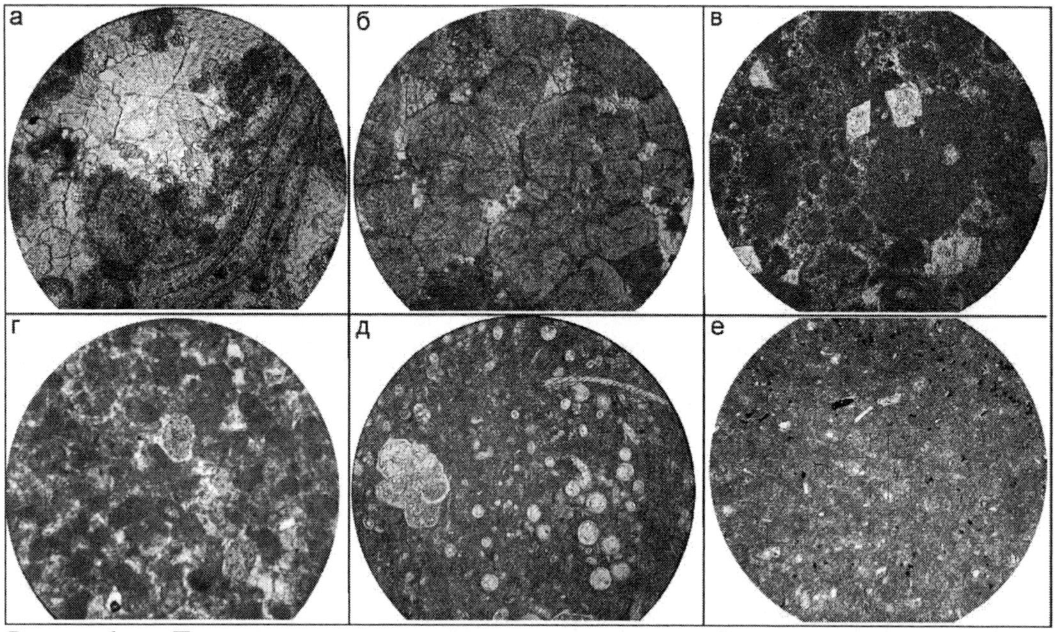

Рисунок 1. *Примеры основных типов известняков келловей-эоценового разреза Абхазии: а - рифовый с цементацией пор кальцитовым спаритом; б - детритово-водорослевый; в - микрокомковато-водорослевый доломитизированный; г - шламово-детритовый с водорослевыми комочками; д - шламово-детритовый; е - шламовый. Диаметр поля 1,5 мм, в параллельных николях.*

- Мергели. Имеют переходные разности с известняками шламовыми, шламово-детритовыми, детритово-шламовыми или шламово-органогенно-детритовыми. Характерны для глубокого открытого шельфа, но более свойственны осевой зоне. Выделяются битуминозные, алевритистые и доломитизированные разности. Битуминозные мергели характеризуют наиболее глубоководные и депрессионные участки дна с сероводородным заражением. Битумное вещество (до 5÷7 %) концентрируется в виде диффузно-линзовидных пятен и заполняет полости фораминифер и сферы планктонных водорослей. Алевритистые мергели несут примесь алевропсаммитового андезитового вулканического материала.

- Доломитизированные породы. Приурочены к основанию трансгрессивных циклов и стратиграфических несогласий, лагунным обстановкам. Повсеместной доломитизации подвергнута подошва карбонатного разреза. Избирательная доломитизация развита по детритово-водорослевым и микрокомковато-водорослевым известнякам (рис. 1 в) за счет повышенной магнезиальности карбоната водорослевой природы. Отмечаются разности от известняков доломитистых до доломита известкового, доломитизированные и доломитовые мергели. Редко встречаются гидротермально-метасоматические доломиты.

Заключение

Проведенные исследования позволили выполнить фациальное расчленение мощной толщи карбонатных отложений в разрезе и по площади. На этой основе с привлечением результатов петрографического и минералогического изучения терригенных пород были построены палеофациальные схемы седиментационных обстановок для основных периодов формирования келловей-эоценовых отложений Абхазии. Данные схемы представляют основу для прогнозирования коллекторов карбонатной платформы южной зоны.

Благодарности

В проведении полевых работ приняли участие Андреев В.М., Лаврищев В.А., Семёнов В.М., Иванов В.В., Миноранский Д.Е. и Распопов А.М., которым авторы выражают глубокую признательность.

Библиография

1. Афанасенков А.П., Никишин А.М., Обухов А.Н. Геологическое строение и углеводородный потенциал Восточно-Черноморского региона. М.: Научный мир, 2007. 172 с.
2. Рединг Х.Г., Коллинсон Дж.Д., Аллен Ф.А. и др. Обстановки осадконакопления и фации: В 2-х т. Т. 1. М.: Мир, 1990. 352 с.
3. Рединг Х.Г., Коллинсон Дж.Д., Аллен Ф.А. и др. Обстановки осадконакопления и фации: В 2-х т. Т. 2. М.: Мир, 1990. 384 с.
4. Седиментологическое моделирование карбонатных комплексов / Сост. и общ. ред. Н.К. Фортунатовой. М.: РЭФИА, 2000. 239 с.
5. Фортунатова Н.К., Карцева О.А., Баранова А.В., Агафонова Г.В., Офман И.П. Атлас структурных компонентов карбонатных пород. М.: ВНИГНИ, 2005. 440 с.

References

1. Afanasenkov A.P., Nikishin A.M., Obuhov A.N. Geologicheskoe stroenie i uglevodorodnyj potencial Vostochno-CHernomorskogo regiona. M.: Nauchnyj mir, 2007. 172 s.
2. Reding H.G., Kollinson Dzh.D., Allen F.A. i dr. Obstanovki osadkonakopleniya i facii: V 2-h t. T. 1. M.: Mir, 1990. 352 s.
3. Reding H.G., Kollinson Dzh.D., Allen F.A. i dr. Obstanovki osadkonakopleniya i facii: V 2-h t. T. 2. M.: Mir, 1990. 384 s.
4. Sedimentologicheskoe modelirovanie karbonatnyh kompleksov / Sost. i obshch. red. N.K. Fortunatovoj. M.: REFIA, 2000. 239 s.
5. Fortunatova N.K., Karceva O.A., Baranova A.V., Agafonova G.V., Ofman I.P. Atlas strukturnyh komponentov karbonatnyh porod. M.: VNIGNI, 2005. 440 s.

Условия формирования палеозойских и мезозойских отложений Северо-Карского бассейна по результатам палеогеографических исследований

В.Н. Ставицкая* (ООО «Арктический Научный Центр»), В.А. Пороскун (ООО «Арктический Научный Центр»), А.Н. Алымов (ООО «Арктический Научный Центр»), С.С. Новиков (ООО «Арктический Научный Центр»), Попова А.Б. (ООО «Арктический Научный Центр»), З.А. Темботов (ООО «Арктический Научный Центр»), С.М. Данилкин (ООО «Арктический Научный Центр»), Е.А. Заботин (ООО «Арктический Научный Центр»), Ю.А. Петриченко (ООО «Арктический Научный Центр»), Н.А. Малышев (ПАО «НК «Роснефть»), В.Е. Вержбицкий (ПАО «НК «Роснефть»), Д.К. Комиссаров (ПАО «НК «Роснефть»), В.В. Обметко (ПАО «НК «Роснефть»), А.А. Бородулин (ПАО «НК «Роснефть»), А.А. Колюбакин (ООО «РН-Эксплорейшн»).

Введение

Северо-Карский осадочный бассейн (ОБ) расположен в пределах северной части Карского моря, между северным окончанием архипелага Новая Земля, архипелагом Северная Земля и п-овом Таймыр. Длительное время ввиду отсутствия прямых данных бурения в акватории (параметрического, поисково-оценочного, стратиграфического) существовали неопределенности, связанные с представлениями о возрасте, составе, условиях формирования и нефтегазовых системах пород осадочного чехла. До настоящего времени сведения о геологическом строении исследуемого района основывались на данных региональных сейсморазведочных работ МОГТ-2D, грави- и магнитометрических наблюдений, изучения геологических обнажений материкового и островного обрамления [1,2,3,4,5]. В 2020 году ПАО «НК «Роснефть» начала реализацию уникального проекта по малоглубинному стратиграфическому бурению RoSDAr (Rosneft Stratighraphic Drilling in Arctic), в рамках которой совместно с АО «Росгеология» с судна НИС «Бавенит» впервые в регионе было пробурено десять малоглубинных стратиграфических скважин, вскрывших разрез осадочного чехла Северо-Карского бассейна во всем стратиграфическом диапазоне [6]. В результате бурения было отобрано порядка 300 м керна из 11 палеозойских и 2 мезозойских комплексов отложений [6]. На основании проведенных лабораторно-аналитических исследований керна скважин актуализированы региональные сейсмогеологическая модель и модель УВ систем: впервые получены прямые данные о возрасте отложений осадочного чехла, составе, фациальных обстановках формирования пород, элементах УВ систем (нефтегазоматеринские толщи (НГМТ), породы-коллекторы и флюидоупоры).
По результатам комплексной интерпретации данных сделан вывод о том, что осадочный чехол изучаемого бассейна начал формироваться в кембрии. Разрез чехла представлен отложениями палеозойского возраста от кембрия до девона, которые с резким угловым несогласием перекрываются маломощным мезозойским терригенным комплексом отложений. Возраст последнего определён в диапазоне от среднего триаса до нижнего мела [6]. Северо-Карский ОБ имеет сложное тектоническое строение: осадочные комплексы не выдержаны как по мощности, так и по площади; выделяются многочисленные несогласия, фиксируются области размыва отложений для разных периодов времени. В пределах изучаемой площади выделены множественные тектонические нарушения разного генезиса и времени заложения. Отложения осадочного чехла формировались в различных фациальных обстановках от континентальных до глубоководных.

Методы и основные результаты

Для создания сейсмостратиграфической модели Северо-Карского ОБ использовались материалы интерпретации сейсморазведочных работ 2D различных лет и результаты лабораторно-аналитических исследований керна морских малоглубинных стратиграфических скважин, а также данные о геологическом строении архипелагов Северная Земля, Новая Земля, северной части п-ова Таймыр. Новые выводы о возрасте осадочного чехла сделаны на основании проведенных лабораторно-аналитических исследований керна (комплекса методов палинологического анализа, анализа микро- и макрофауны, анализа тяжелой фракции и т.д.). Прогноз обстановок осадконакопления изучаемого участка выполнен на основании сейсмофациального анализа, исследований кернового материала малоглубинных стратиграфических скважин и образцов пород из обнажений прилегающей суши (островов), анализа литературных источников, включая Государственные геологические карты разных масштабов [7]. В соответствии с построенными концептуальными картами обстановок осадконакопления можно спрогнозировать основные региональные тренды фациальной зональности в пределах изучаемого участка акватории.

Литолого-седиментационный анализ пород керна стратиграфических скважин позволил восстановить обстановки осадконакопления, среди которых выделены: дельтовые, приливно-отливные, прибрежно-морские и мелководно-морские. Построение серии палеогеографических карт Северо-Карского ОБ выполнено в возрастном диапазоне от кембрия до мела.

Ниже приводится краткое описание предполагаемых условий осадконакопления Северо-Карского ОБ.

Вопрос наличия нижнего отдела кембрия в составе вскрытой скважинами терригенной толщи этого возраста остается открытым.

В средне(?)кембрийское время осадконакопление проходило в континентальных и мелководно-морских, прибрежно-морских условиях (характеризуется наличием прослоев гравелитов, грубозернистых красноцветных песчаников, знаков волновой ряби) [6,7].

В позднекембрийское время фациальные условия осадконакопления незначительно изменились. На о. Большевик в центральной и западной частях формируется пестроцветная тельмановская толща (песчаники, алевролиты) [7]. Континентальные и прибрежно-морские фациальные обстановки подтверждаются данными изучения керна в трех стратиграфических скважинах в восточной части Северо-Карского ОБ [6].

В раннем ордовике в Северо-Карском ОБ формировались преимущественно карбонатно-терригенные прибрежно-морские и местами лагунные, эвапоритовые отложения. Есть признаки существования островной дуги [1] (Рис. 1) - наличие вулканогенно-туфогенных отложений на архипелаге Северная Земля [7]. Отложения нижнего ордовика не вскрыты скважинами, в северо-восточной части Северо-Карского ОБ по сейсмическим данным выделяются соляные диапиры [3].

В среднем ордовике происходит трансгрессия моря и в Северо-Карском ОБ продолжают накапливаться морские терригенно-карбонатные отложения [7].

В позднем ордовике исчезновение источников сноса осадочного материала создало благоприятные условия для накопления биогермных карбонатных отложений в условиях высокого уровня моря на островах Северной Земли и в восточной части Северо-Карского ОБ. Верхнеордовикские отложения вскрыты в стратиграфической скважине SSD26 [6]. Ордовикский разрез представлен отложениями приливно-отливного и мелководно-морского генезиса, при этом, по мере омоложения разреза отмечается постепенная смена обстановки, связанная с подъемом уровня моря, особенно в силурийское время - эвапоритовые лагуны перестали существовать.

В раннесилурийское время большая часть Северо-Карского ОБ была занята мелководно-морским шельфом преимущественно с карбонатным осадконакоплением. Нижнесилурийские отложения вскрыты в стратиграфической скважине SSD15, разрез отложений также представлен карбонатными породами [6,7].

В позднесилурийское время проявляется регрессивный характер осадконакопления и происходит сокращение площади мелководно-морского бассейна. Осадконакопление происходило в мелководных застойных водоемах и засоленных лагунах, что подтверждается знаками волновой ряби, трещинами усыхания, наличием гипсолитов в известковистых, доломитистых и алевритистых осадках [6,7].

Раннедевонское время отличается частой сменой континентальных и мелководно-морских, иногда лагунных обстановок осадконакопления. Красноцветные осадки, иногда грубозернистые осадки, чередуются с сероцветными терригенными и карбонатными, местами эвапоритовыми. В разрезе скважины SSD22 присутствуют прибрежно-морские отложения [6,7].

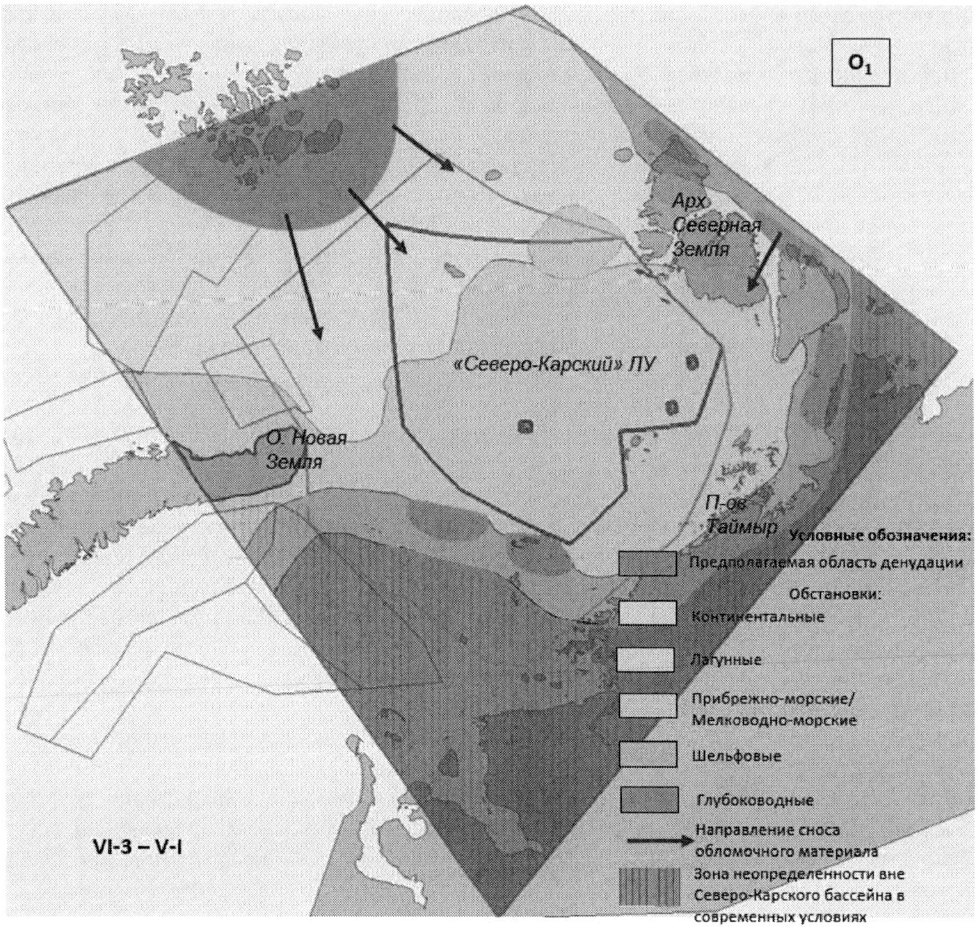

Рисунок 1. *Палеогеографическая схема на раннеордовикское время*

В средне-позднедевонское время усиливаются тенденции перехода от прибрежно-морских к континентальным условиям осадконакопления. Верхнедевонские отложения вскрыты в стратиграфической скважине SSD31, разрез представлен породами алевропесчаного состава с углефицированным растительным детритом. В отложениях были обнаружены остатки панцирных рыб (плакодерм) позднедевонского возраста - франа [6,7].

В каменноугольно-пермское время в Северо-Карском ОБ могли накапливаться маломощные континентальные отложения ахматовской свиты, которые имеют локальное развитие вследствие денудационных процессов распространение на о. Большевик и Октябрьской Революции. Данные отложения не вскрыты стратиграфическими скважинами внутри бассейна [6,7].

На рубеже палеозоя и мезозоя происходит резкая смена условий осадконакопления, отмечается значительный перерыв и денудация отложений палеозоя, иногда до нескольких километров.

В триасовое время начался мезозойско-кайнозойский цикл маломощного терригенного осадконакопления. На этом этапе прибрежно-морские отложения в бассейне чередовались с континентальными. В разрезе стратиграфической скважины SSD31, выделен среднетриасовый континентальный палинокомплекс [6].

В среднеюрское время на изучаемой территории преобладали прибрежно- и мелководно-морские условия осадконакопления. Данные обстановки подтверждаются по находкам диноцист в разрезе по стратиграфической скважине SSD33 [6].

В раннемеловое время на большей части изучаемой территории существовал прибрежно-морской бассейн с низкими заболоченными островами, что подтверждается результатами исследования керна в скважине SSD23 [6].

Выводы

Анализ палеогеографических условий осадконакопления позволяет уточнить прогноз нефтегазоносности ОБ и выделить основные элементы УВ систем. Так, наличие НГМТ возможно в морских отложениях в верхнекембрийских, ордовикских, силурийских и девонских отложениях в погруженной части бассейна. Благоприятные условия для формирования как хороших коллекторов, так и качественных глинистых и эвапоритовых флюидоупоров фиксируются в терригенных и карбонатных породах верхнего кембрия, ордовика, силура и девона.

Библиография / References

1. Malyshev N.A., Nikishin V.A., Nikishin A.M., Obmetko V.V., Martirosyan V.N., Kleshchina L.N., Reydik Yu.V. A New Model of the Geological Structure and Evolution of the North Kara Sedimentary Basin // Doklady Earth Sciences, 2012, Vol. 445, Part 1, pp. 791–795
2. Verzhbitskiy V.E., Murzin R.R., Vasiliev V.E. and other. New look at the seismic stratigraphy and hydrocarbon systems of Paleozoic sedimentary rocks of North Kara shelf // Oil Industry, 2011, № 12, pp. 18-21.
3. Malyshev N.A., Nikishin V.A., Nikishin A.M., Obmetko V.V., Kleshchina L.N. Ordovician evaporite basin Urvantseva in the North of the Kara Sea // Reports of the Academy of Sciences, 2013, Vol. 448, №4, pp. 433-436.
4. Stupakova A.V., Dolgunov K.A., Martirosyan V.N., Vasilyeva E.A. and other. Structure and oil and gas potential of the Barents-Kara shelf and adjacent territories // Geology of oil and gas, 2011, №6, pp. 99-115.
5. Kontorovich V.A., Kontorovich A.E. Geological structure and oil and gas potential prospects shelf of the Kara Sea // DAN, 2019, Vol. 489, №3, pp. 272-276.
6. Malyshev N.A., Verzhbitskiy V.E., Skaryatin M.V., Balagurov M.D., Ilyushin D.V., Kolyubakin A.A., Gubareva O.A., Gatovsky Yu, Obmetko V.V., Komissarov D.K. Stratigraphic drilling in the Northen Kara Sea: first case and preliminary results // Geology and Geophysics, 2023, pp. 311-326.
7. State geological map of the Russian Federation. Scale 1: 1000000 (third generation). North Kara-Barents Sea and Taimyr-Severozemelskaya series. Sheet T-45-48 – m. Chelyuskin, 2013, Explanatory report.

Оценка зон стабильности газовых гидратов в четвертичных отложениях верхней части разреза на основе моделирования термической истории Лаптевоморского бассейна

З.А. Темботов* (ООО «Арктический Научный Центр»), С.С. Новиков (ООО «Арктический Научный Центр»), М.С. Павлов (ООО «Арктический Научный Центр»), А.М. Гончарова (ООО «Арктический Научный Центр»), Т.Н. Верташ (ООО «Арктический Научный Центр»)

Введение

Глубокое бурение в акватории моря Лаптевых не проводилось, поэтому в современных представлениях о тепловом режиме Лаптевоморского бассейна много неопределённостей (поверхностный и палео-тепловой поток, палео-температуры на поверхности, геотермический градиент и др.), в том числе и о возможном существовании газогидратных систем в верхней части разреза(ВЧР).

Подавляющая часть известных проявлений газовых гидратов образуется в глубоководье, на континентальных склонах и у подножий, в условиях повышенного давления и высокой концентрации органического вещества (ОВ), которое может являться источником биогенного метана и других газов. На мелководном шельфе моря Лаптевых, при отрицательных температурах и существовании большого количества растворенного газа (метана) в ВЧР, газовые гидраты могут формироваться и при низком давлении в метастабильном состоянии [1]. В позднеплейстоценовое время уровень океана падал (около 30 – 20 тыс.лет назад), и большая часть современного мелководного шельфа моря Лаптевых осушалась и промерзала (Рисунок 1). Под мощной толщей промерзших пород прогнозируются формирование зон стабильности газовых гидратов. При повышении температуры (из-за изменения уровня моря) и уменьшении давления газогидраты могли разрушаться, высвобождая метан в приповерхностную среду.

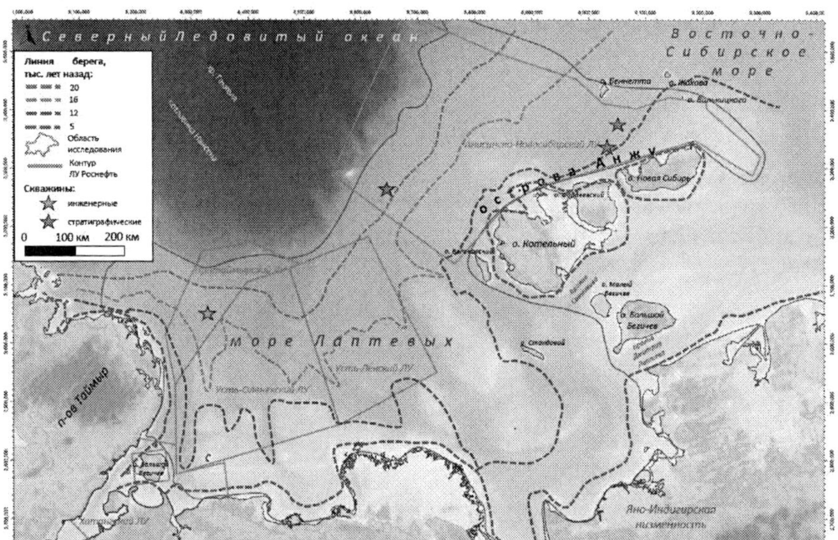

Рисунок 1 Контур бассейнового моделирования и границы основных четвертично-плейстоценовых периодов затоплений моря

По данным многих исследователей [2, 3, 5, 6] на мелководной части шельфа моря Лаптевых в современное время фиксируются крупные зоны сипов газа. В частности, в Центрально-Лаптевском районе доказано газонасыщение придонных отложений, основная часть сипов газов приурочены к зонам тектонических нарушений [4]. Авторами выполнено бассейновое моделирование в пределах мелководного шельфа моря Лаптевых с калибровкой на современные придонные температуры согласно замерам термометрии в стратиграфических скважинах для оценки рисков при планировании буровых работ в условиях обнаружения газовых гидратов метана. Стоит отметить, что изученные раннее бассейновые модели [7, 8] не рассматривали влияние отрицательных температур в позднейплейстоценовую эпоху на осадочный чехол в море Лаптевых (оценка зон стабильности газогидратов, определение термобарических условий в ВЧР и др.).

Подобные работы по оценке зон стабильности газовых гидратов проводились в пределах территории европейских стран [9], п-ова Гыдан [10] и шельфа Баренцева моря [11]. Результаты данных исследований представляли собой оценку распространения зон стабильности газогидратов, оценку ресурсов метана в гидратном и свободном состояниях с учетом различных геологических факторов, в том числе и рисков по высвобождению метана за счет повышения уровня океана в позднеплейстоценовую эпоху и смену геотермического режима.

Метод и основные результаты

В рамках данной работы выявление областей распространения газовых гидратов и оценка мощности зоны их стабильности осуществляется по термобарическим условиям (PT-условия) [12], полученным в результате расчетов бассейновой модели. Для этого используются закономерности формирования палеогеографических характеристик регионов, условия газогенерации, температура на поверхности дна моря, глубинный тепловой поток. Определение фазового состояния метана (газообразное или гидратное) выполняется для всех стратиграфических возрастов и для каждой ячейки модели. Поскольку состав газа неизвестен, в модели по умолчанию используется кривая стабильности чистого метана. Для выполнения моделирования в море Лаптевых использовалась геологическая модель ПАО «НК «Роснефть», полученная в результате комплексной интерпретации сейсморазведочных данных МОГТ 2D, бурения инженерно-геологических [13], а также малоглубинных стратиграфических скважин в районе о. Котельный и о. Новая Сибирь [14]. Модель включает в себя информацию о возрасте и литологическом составе пород, структурные карты, поверхности тектонических нарушений, элементы углеводородных систем, термометрию.
Моделирование термической истории в бассейне моря Лаптевых выполнено на базе программного обеспечения Open-Flow с использованием модуля Temis-Flow (разработка Beicip-Franlab). В стандартной методике бассейнового моделирования геологическая эволюция охватывает промежуток от десятков до сотен миллионов лет и затрагивает основные группы процессов, протекающих при формировании скоплений углеводородов в осадочном чехле, в рамках «бассейнового подхода» [15]. В рамках данной работы, авторами выполнено моделирование от формирования осадочного чехла (нижний мел –верхний баррем-нижнеаптский [14]) по настоящее время, с детализацией ВЧР. Для этого выполнены реконструкции палеотемператур на поверхности и палеобатиметрии за последние 300 тысяч лет, с временным шагом 10 тысяч лет. Такой метод позволяет более детально спрогнозировать влияние отрицательных палео-температур на ВЧР в периоды трансгрессии и регрессии моря для определения зоны стабильности газовых гидратов метана. После расчета модели, проводится калибровка на имеющиеся фактические данные (придонная температура, термометрия в малоглубинных скважинах, давление, отражательная способность витринита).

На рисунке 2 отображена схема последовательного выполнения бассейнового моделирования для определения зон стабильности газогидратов.

Рисунок 2 Схема построения бассейновой модели для определения зоны стабильности газогидратов (ЗСГГ)

В результате создана структурная и литолого-стратиграфическая модель, содержащая 32 структурные поверхности (26 приходится на ВЧР), с интервалом разреза от мела до современных четвертичных донных осадков. При моделировании эволюции термического режима в пределах исследуемой области учитывались этапы рифтогенеза, эрозии, карты палеобатиметрии и температур на поверхности. На сегодняшний день в пределах шельфа моря Лаптевых среднегодовая придонная температура колеблется от -2 до 1 °C [*16*]. Для оценки палеотеплового потока дополнительно использованы данные по палеоклиматическим исследованиям на основные этапы формирования бассейнов в арктическом регионе[17].

В результате моделирования температур и давлений были определены потенциальные области зон стабильности газовых гидратов метана. Влияние отрицательных температур (до -20 °C) в позднеплейстоценовые «холодные» эпохи и падение уровня моря вероятно оказало значительное влияние на формирование газогидратной системы в стабильном состоянии для юго-западной и юго-восточной частей шельфа моря Лаптевых. С углублением шельфа в северном направлении газогидраты переходят в зону свободного состояния метана.

Выводы

По результатам моделирования термической эволюции бассейна на всей акватории моря Лаптевых при современных отрицательных температурах на поверхности прогнозируются области с благоприятными условиями для образования газовых гидратов, большая часть которых сосредоточена в мелководной части шельфа.

Представленная работа, является результатом комплексного исследования территории Лаптевоморского бассейна, которая позволит решить ряд вопросов практического характера для планирования геологоразведочных работ и инженерно-геологических исследований.

Библиография / References

1. G. Z. Perlshteyn, D. O. Sergeev, G. S. Tipenko, V. E. Tumskoy, Hydrocarbon gases and cryolithozone of the Arctic shelf, Arctic: ecology and economy No. 2 (18), 2015
2. B.V. Baranov, L.I. Lobkovskiy, K.A. Dozorova, N.V. Tsukanov, The Fault system controlling methane seeps on the Laptev sea, 2019.
3. V.I. Bogoyavlensky, A.V. Kishankov, A.G. Kazanin, Permafrost, gas hydrates and gas seeps in the central part of the Laptev sea, 2021.

4. V.I. Bogoyavlensky, A.V. Kishankov, Features of Potential Free Gas Accumulations Distribution in the Upper Part of Sedimentary Cover of the Arctic and Subarctic Seas. 9th Conference "Saint Petersburg 2020 – Converting Knowledge into Resources". EAGE. 2020. P. 1–6.
5. V.I. Bogoyavlensky, A.V. Kishankov, A.G. Kazanin, Distribution of subsea permafrost (frozen ground) in the Laptev Sea based on seismic refraction data. Arctic: Ecology and Economy, 2023, vol. 13, no. 4, pp. 501—515. DOI: 10.25283/2223-4594-2023-4-501-515. (In Russian).
6. V.I. Bogoyavlensky, "Dangerous gas-saturated objects in the waters of the World Ocean: the Laptev Sea", 2018.
7. A.A. Kireev, A.K. Alekseeva, Yu. N. Khokhlova (FSBI «VNIIOkeangeologia»), Prospects for identifying local petroleum targets in the junction zone of the Laptev sea shelf and the deep-water eurasian basin.
8. N.A. Malyshev, V.V. Obmetko (Rosneft Oil Company OJSC, RF, Moscow), A.A. Borodulin (RN-SakhalinNIPImorneft LLC, RF, Yuzhno-Sakhalinsk) Rosneft: Basin modeling to Assess the Hydrocarbon Potential of offshore Areas.
9. S. Grassmann, B. Cramer, G. Delisle, T. Hantschel, J. Messner, J. Winsemann, pT-effects of Pleistocene glacial periods on permafrost, gas hydrate stability zones and reservoir of the Mittelplate oil field, northern Germany, Marine and Petroleum Geology, 2010.
10. Y.A. Petrichenko, M. Dubille, E. Barres, S.E. Agalakov, E.V. Tikhomirov and M.L. Saint-Germes, Gas Hydrate and Biodegradation Zones Analysis Under Hydrocarbon Potential Resources Evaluation on the S-E of the Gydan Peninsula Using Basin Modeling.
11. Zahie Anka, Enmanuel Rodrigues Duran, Rolando di Primio, Daniel Stoddart, 3D-basin modelling of the Hammerfest Basin (southwestern Barents Sea): A quantitative assessment of petroleum generation, migration and leakage, 2013, Marine and Petroleum Geology.
12. E. Dendy Sloan, Carolyn A. Koh, Amadeu K. Sum, Gas Hydrate Stability and Sampling: The Future as Related to the Phase Diagram, Center for Hydrate Research, Chemical Engineering Department, Colorado School of Mines, USA (https://www.mdpi.com/1996-1073/3/12/1991)
13. A.A. Kolubakin, Ya.E. Terekhina, Tokarev M.Yu., Roslyakov A.G., Kulikov S.N., Boldyrev M.L., DISTRIBUTION OF SUBMARINE PERMAFROST ON THE LAPTEV SEA SHELF, Relief and Quaternary Formations of the Arctic, Subarctic and North-West Russia, Issue 10. 2023
14. N.A. Malyshev, Verzhbitskii V.E., Kolybakin A.A., Technological aspects and experience of stratigraphic drilling in the seas of the Russian Arctic, Oil and gas geology, 2024
15. Thomas Hatchel, Fundamentals of Basin and Petroleum Systems Modeling, 2010.
16. V.A. Pavlov, O.A. Verbitskaya, Atlas of hydrometeorological and ice conditions of the seas of the Russian Arctic, 2015.
17. S. Nelskamp, T. Donders, J.-D. van Wees, O. Abbink, Influence of Surface Temperatures on Source Rock Maturity: An Example from the Russian Arctic, https://rogtecmagazine.com/wp-content/uploads/2014/09/05_TNO.pdf.

Гибридизация физических моделей и машинного обучения в задачах нефтегазовой отрасли

А.Н. Грызлов* (ООО «Арамко Инновейшнз»), Е.Б. Магадеев (ООО «Арамко Инновейшнз), М. Арсалан («Арамко»)

Введение

Одним из направлений современных естественнонаучных исследований является построение моделей, адекватно описывающих динамику реальных систем и позволяющих в той или иной степени прогнозировать их поведение в различных внешних условиях. На основе такой модели становится возможным, в частности, добиться от системы поведения, близкого к желаемому, за счет правильно подобранного внешнего воздействия. Успешность решения подобных задач, известных как задачи управления на основе прогнозирующих моделей, определяется множеством факторов, среди которых важное место занимают корректность используемой модели, актуальность ее параметров, а также эффективность определения управляющего воздействия как такового.

Несмотря на то, что построение и использование прогностической модели так или иначе сводится к анализу большого объема опытных данных, существует два принципиально различных пути достижения этой цели. Первый из них предполагает выдвижение некоторой гипотезы, основанной на физических соображениях, которая далее проверяется на предмет соответствия реальным наблюдениям. Результатом применения такого подхода является математическая модель изучаемого объекта, представляющая собой, как правило, набор алгебраических и дифференциальных уравнений. Решая эти уравнения, можно получить исчерпывающую информацию о поведении системы, включая динамику ряда параметров, не наблюдаемых непосредственно в процессе эксперимента. Второй подход, основанный на идеях машинного обучения, напротив, исходит напрямую из имеющихся данных, по большей части игнорируя природу изучаемых объектов. При этом ставится задача регрессии в отношении именно тех параметров, динамика которых наблюдается явно. Оба способа неоднократно демонстрировали свою безусловную эффективность в различных областях: классический подход был и остается основным инструментом фундаментальных исследований, в то время как машинное обучение продолжает набирать популярность из-за значимых результатов в области распознавания образов и речи, а также в теории игр. Тем не менее, применительно к развиваемой комплексной методологии решения моделирования ни тот, ни другой путь не выглядит явно предпочтительным в силу ряда своих особенностей. Говоря о классическом подходе, в первую очередь следует отметить его сугубо творческую природу: переход к новым гипотезам по мере опровержения старых всегда связан с привлечением личного опыта исследователя, который исключительно сложно формализовать. Как следствие, оцифровать данный подход весьма непросто, а включение человека в автоматизированный процесс на каком-либо из его этапов заведомо приводит к резкому замедлению этого процесса. С другой стороны, именно физические модели, будучи основанными на логических предпосылках, обладают наибольшей универсальностью в том смысле, что их применимость зачастую можно гарантировать при изменении параметров системы в довольно широком диапазоне. Еще одним важным преимуществом классического подхода является ясность принципов, лежащих в основе процесса моделирования: двигаясь от простого к сложному, исследователь начинает с наиболее грубого приближения, при необходимости последовательно усложняя уравнения членами, которыми раньше пренебрегал. Тем самым, в частности, можно добиться появления не одной, а целого ряда моделей, каждая из которых будет адекватно описывать поведение физической системы лишь в определенных условиях, однако при этом являться наиболее простой. Последнее особо важно в контексте задач управления, когда использование неоправданно точных моделей может привести к нарастанию вычислительной сложности автоматизированных алгоритмов до таких масштабов, что своевременное принятие решений по управлению окажется невозможным.

В противоположность классическому подходу, машинное обучение изначально является чисто вычислительным методом, почти не опирающимся на априорную информацию. Как следствие, при его использовании теоретически можно обходиться вообще без участия человека, имеющего представление о природе физической системы, а значит, весь процесс построения модели становится довольно быстрым. Здесь же, однако, кроется и наиболее существенный недостаток подхода: отталкиваясь лишь от конечного набора данных на входе, машина может научиться воспроизводить результаты, заданные этим набором, но при этом сколь угодно сильно ошибаться в ситуациях, не охваченных обучающей выборкой. Кроме того, обученная машина превращается в подобие «черного ящика», полностью скрывая принципы своего функционирования, из-за чего попытки уточнения уже имеющейся модели могут быть неудачными. Если же вместо решения задачи управления ставить во главу угла понимание физики процессов, то здесь машинное обучение оказывается, по всей видимости, вообще бессильным, не давая никакого представления о фундаментальных закономерностях, которыми можно было бы объяснить имеющийся набор данных. Исключение составляют разве что задачи отыскания алгебраических нелинейных корреляций между какими-то из параметров, однако эти задачи успешно решаются также и более простыми средствами линейной регрессии.

Все вышесказанное можно подытожить следующим образом: моделирование методами машинного обучения компенсирует свою непрозрачность и ограниченную применимость простотой и быстротой использования. Вместе с тем классический подход выигрывает в надежности и адаптируемости моделей, при этом существенно проигрывая в аспекте автоматизации. Очевидно, что вместо предпочтения какого-то одного из этих путей для построения прогностических моделей необходимо развить гибридный метод, сочетающий в себе преимущества обоих путей и по возможности исключающий их недостатки.

Метод

Предлагаемые в настоящей работе техники носят общий характер, но для простоты изложения рассматривается их применение к задаче идентификации динамической модели течения многофазного флюида в скважине. Интерес к данной задаче обусловлен тем, что наличие подобных моделей обеспечило бы возможность гибкого и точного управления добычей как на уровне отдельной скважины [1], так и на уровне целого месторождения [2, 3]. При этом практические аспекты задачи накладывают определенные ограничения на объем доступных данных, так как число датчиков, установленных в скважине, является ограниченным.

В зависимости от степени оснащенности скважины и, как следствие, количества и качества доступных данных, предлагается гибридный подход, в котором соотношение использования физики и измерений может регулироваться для каждой рассматриваемой скважины. Гибридная модель может быть преимущественно ориентирована на данные или на физическую модель, где различие определяется сравнением доступности данных с предполагаемым уровнем неопределенности модели. Пример гибридной модели, основанной на данных, приведен на рисунке 1. Она применима для случаев с ограниченным объемом промысловых данных, недостаточных для создания точной модели машинного обучения. В этом случае физическая модель, которая точно описывает динамику добычи, используется для создания дополнительных синтетических данных моделирования и, как следствие, дополнения всех возможных сценариев работы скважины. И полевые, и синтетические данные объединяются в единый массив, который впоследствии используется для создания предсказательной модели при помощи какого-либо метода регрессии. В предельном случае такой подход можно использовать в отсутствие каких-либо промысловых данных. Тогда полученная модель представляет собой проекцию исходных уравнений в пространство пониженной размерности, что в свою очередь позволит проводить вычисления гораздо быстрее, чем при численном решении исходной системы дифференциальных уравнений. Существует ряд

примеров [4], [5], где детально описан процесс создания такой прокси-модели. На рисунке 2 представлен другой вариант гибридизации с фокусом на данные, когда возможности модели машинного обучения расширяются за счет введения физически обоснованных признаков [6], [7]. В этом подходе предлагается преобразовать исходные данные с учетом некоторых известных физических закономерностей. Это осуществляется посредством анализа каждого из компонентов системы добычи, таких как ЭЦН, устьевой штуцер, зоны притока из пласта и пр. и последующего определения базовых моделей для каждого такого элемента. Такие модели должны представлять собой некоторые простые закономерности (например, уравнение Бернулли), которые описывают процесс качественно, предоставляя общее понимание поведения целевой переменной. Именно комбинация исходных полевых данных и физически обоснованных признаков используется для создания модели машинного обучения.

Рисунок 1. Гибридная модель, основанная на данных.

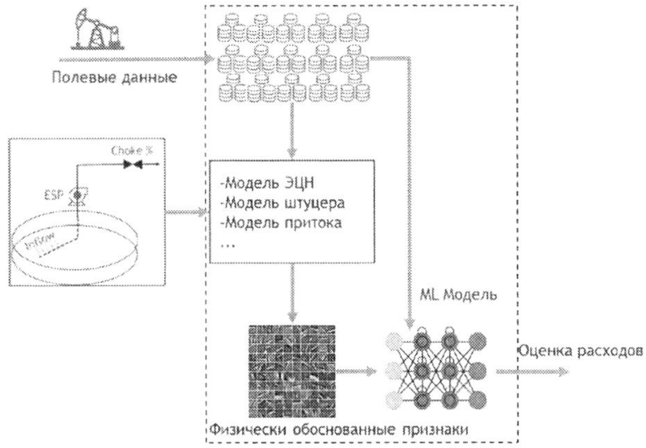

Рисунок 2. Гибридная модель, основанная на данных.

Принципиально другим типом гибридизации является использование физической модели системы как основного компонента, в то время как данные применяются для уменьшения неопределенности. Модель системы добычи всегда является приближенной, в частности, многофазный поток рассматривается в одномерном приближении. Такая модель основывается на уравнениях сохранения, но в то же время сильно зависит от эмпирических корреляций, полученных из лабораторных данных. Модель также может быть настроена на работу конкретной скважины, когда ее параметры уточняются с учетом имеющихся данных. Поскольку влияние отдельных компонентов достаточно сложно определить, используются специальные процедуры оптимизации, позволяющие определить оптимальный набор параметров, соответствующий динамике добычи. Данные с датчиков скважины или с гидродинамического стенда аккумулируются в течение какого-то временного интервала и затем обрабатываются единым массивом для улучшения модели (Рисунок 3). К сожалению, целевые переменные не всегда являются результатом прямого моделирования при помощи симулятора. Например, для инициализации численной модели необходим приток из пласта в скважины, который влияет непосредственно на величины рассчитываемых расходов. Тем не менее, всегда есть неявная связь между неизвестными расходами и известными измерениями с датчиков. Некоторые измерения менее доступны чем другие, как, например, забойные датчики давления и температуры. В случае гибридной модели с обратной связью алгоритм последовательно сравнивает предсказания симулятора и измерений с датчиков в каждый момент времени. Затем невязка между результатами моделирования и данными с датчиков численно минимизируется, что идейно сближает такую гибридизацию с решением обратной задачи (Рисунок 4). В отличие от гибридной модели без обратной связи, когда модель настраивается только один раз, в последнем случае динамическая траектория корректируется каждый раз, когда наблюдается значительное отклонение предсказаний модели от измерений.

Существует еще один вариант гибридизации, в котором и данные, и физические соображения имеют одинаковое влияние на процесс моделирования. В основе этого метода лежит идея построения физической модели системы в виде системы уравнений, как и в рамках классического подхода. Однако форма самих уравнений получается на основе имеющихся результатов измерений, но с существенной опорой на логические соображения, представляющие собой ограничения на классы искомых уравнений. Простейшим примером такого класса являются уравнения, содержащие в одной из частей производные по времени, а в другой - линейную комбинацию некоторых функций и их пространственных производных, так что задача восстановления формы уравнений сводится к поиску коэффициентов линейной комбинации. Существует ряд подходов, которые успешно иллюстрируют методику восстановления уравнений из данных [8, 9], однако задача восстановления формы уравнений в частных производных, описывающих динамику системы добычи, не является тривиальной, так как данные о поведении системы известны не во всех точках пространства на протяжении всего времени наблюдения, из-за ограниченного числа забойных датчиков.

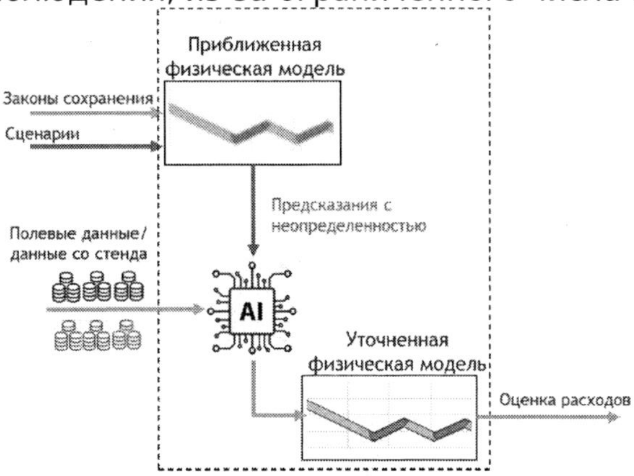

Рисунок 3. Гибридная модель без обратной связи.

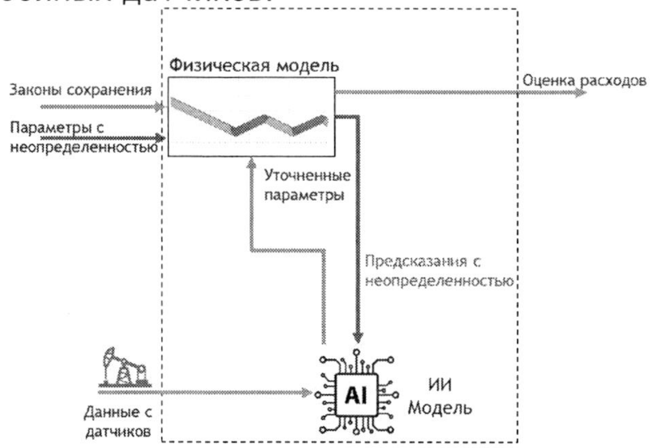

Рисунок 4. Гибридная модель с обратной связью.

Выводы

В данной работе предлагается новый метод моделирования, который не ограничивается темой разработки месторождений, но в целом может рассматриваться как новый подход к физическому и численному моделированию. Вместо использования уравнений, отражающих либо только специфику предметной области, либо только доступных измерений предлагается гибридный подход, в котором возможности, предоставляемые данными и физическими моделями, дополняют друг друга. Рассмотрены различные варианты такой гибридизации, которые обусловлены доступностью датчиков, а также уровнем достоверности математических моделей.

Библиография / References

[1] G. Nygaard, G. Nævdal., 2006. Nonlinear model predictive control scheme for stabilizing annulus pressure during oil well drilling. J. Process Control. 16, 719

[2] J.D. Jansen, O.H. Bosgra, P.M.J. van den Hof., (2008). Model-based control of multiphase flow in subsurface oil reservoirs. J. Process Control. 18, 846.

[3] J.D. Jansen., 2011. Adjoint-based optimization of multi-phase flow through porous media – A review. Computers & Fluids. 46, 40.

[4] Gryzlov, A., Safonov, S., Arsalan, M. 2021. Intelligent Production Monitoring with Continuous Deep Learning Models, SPE Journal, 1-17

5] Spesivtsev, P., Sinkov, K., Sofronov, I., Zimina, A., Umnov, A., Yarullin, R.,Vetrov, D. 2018. Predictive model for bottomhole pressure based on machine learning, Journal of Petroleum Science and Engineering, 166, 825-841

[6] Bikmukhametov, T., Jäschke, J., 2020. Combining machine learning and process engineering physics towards enhanced accuracy and explainability of data-driven models. Computers and Chemical Engineering

[7] Hotvedt, M., Grimstad, B., Ljungquist, D., Imsland, L., 2022, On gray-box modeling for virtual flow metering, Control Engineering Practice, Volume 118, 104974

[8] Rudy, S.J., Brunton, S.L., Proctor, J.L., Kutz, N.J. 2017. Data-driven discovery of partial differential equations, Science Advances, vol. 3, no. 4

[9] Schaeffer, H. 2017. Learning partial differential equations via data discovery and sparse optimization, proceedings of the Royal Society, Volume 473, Issue 2197 https://doi.org/10.1098/rspa.2016.0446

Глобальная природа седиментационных процессов с точки зрения геосинклинальной тектоники плит

Кушнир Д.Г. (АО “Таймыргеофизика”, группа компаний АО “Башнефтегеофизика”)

Новое понимание механизмов глобальной геодинамики

В последние десятилетия на обширной территории Таймыра, Гыдана и Якутии создан уникальный геофизический полигон с использованием широкого комплекса методов, основу которого составляют сейсморазведка МОГТ и электроразведка методом МТЗ. В его пределах с небывалой детальностью освещаются глубокие горизонты земной коры и верхней мантии при одновременном картировании всех уровней осадочного чехла, что позволяет изучать взаимосвязь крупнейших тектонических структур и истории их становления с геодинамикой литосферы – впервые на уровне реальных геологических тел, надёжно прослеживаемых и в плане и в разрезе.

Совпадение распространения высокоплотного объекта в низах коры с мезозойско-кайнозойским и современным (фиксируемым топографически) прогибанием, а участков его разрушения с инверсионными поднятиями, свидетельствует об изостатической природе опускания и воздымания крупнейших геоблоков (рис. 1). Причём, наблюдаемое замещение кристаллической коры осадками в условиях двукратного её сжатия под наиболее выраженными впадинами демонстрирует значительное уплотнение слагающих её горных пород (рис. 2), которое можно объяснить только эклогитизацией, то есть преобразованием всех типов базальтов в эклогит, что для подобных термобарических условий доказано лабораторными экспериментами [3].

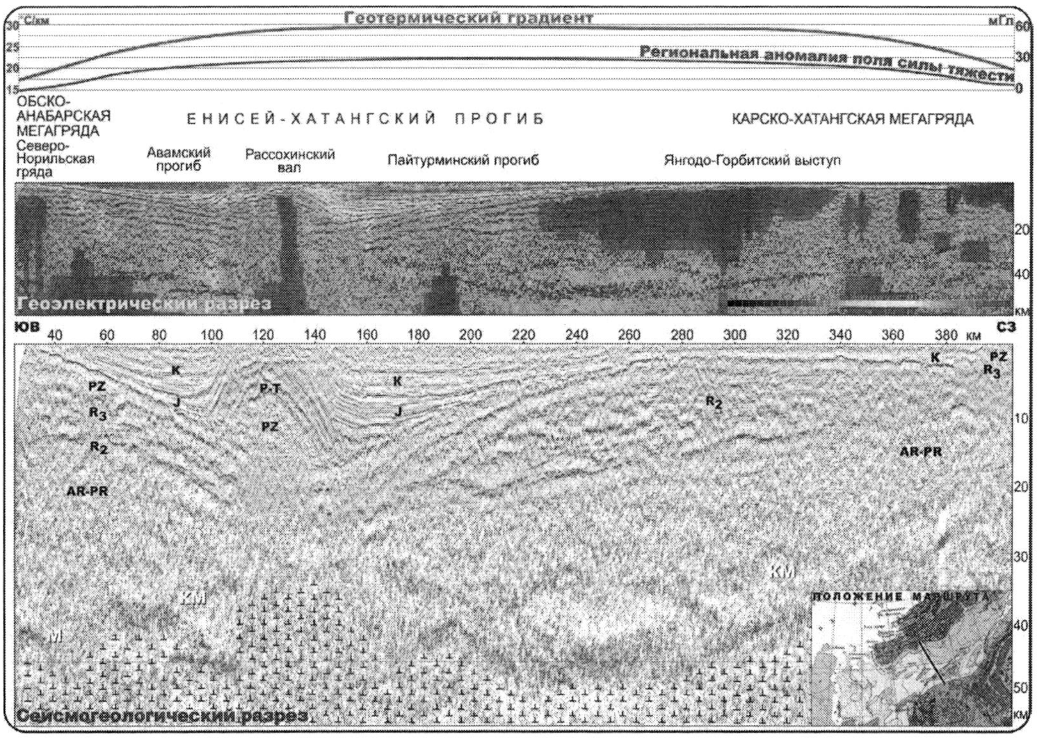

Рисунок 1. Геофизическая модель Центрального Таймыра

Снижение удельного электрического сопротивления, совпадающее с высокоплотным слоем (рис. 1), свидетельствует о его насыщении флюидами и связанной с ними пластичности. Об этом же говорит и максимум геотермического градиента. Пластичность объясняет наблюдаемое всплывание в эклогитах более лёгких перидотитов верхней мантии, которые и приводят к разрушению высокоплотного основания впадин, постепенно вытесняя пластичные эклогитизированные массы на периферию бассейна и за его пределы, обуславливая инверсионное воздымание и орогенез, а также декомпрессионное выплавление больших объёмов базальта, восстанавливающее кристаллическую часть коры [1].

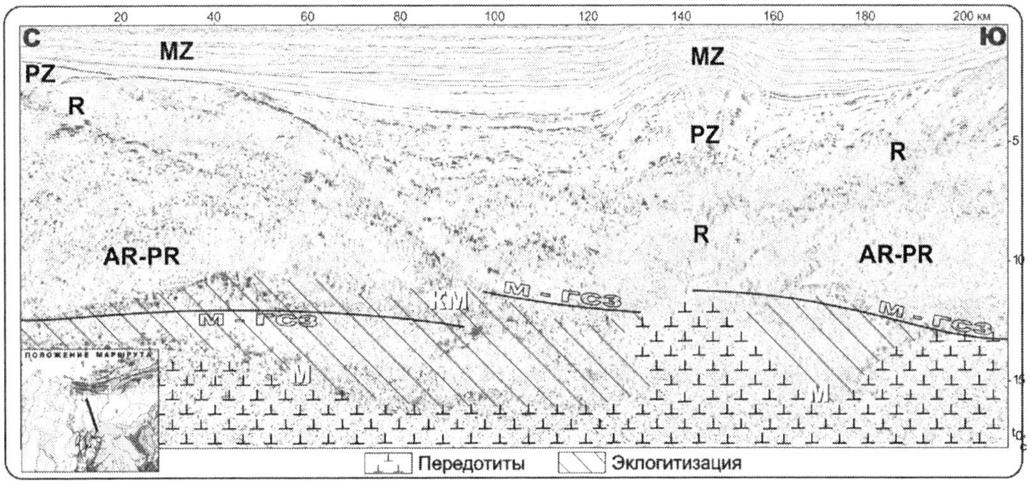

Рисунок 2. *Уплотнение кристаллической коры в основании депрессий*

Пластичность и перетекание высокоплотного эклогитизированного вещества вдоль расслоенной границы Мохоровичича предопределяют перемещение процессов прогибания и воздымания по континенту. Следовательно, возможно их возвращение и под первичный депоцентр, где изначальным прогибанием сформирована своего рода синклинальная ловушка для эклогитов, что предполагает периодичность вертикальных колебательных тектонических движений. Одновременно, всё большее проникновение базальтов вглубь мантии представляет собой разуплотнение литосферы, то есть ведёт к её деструкции, проявляющейся (при отсутствии сжатия континента, связанного с горизонтальным движением литосферы) в форме рифтогенеза [2].

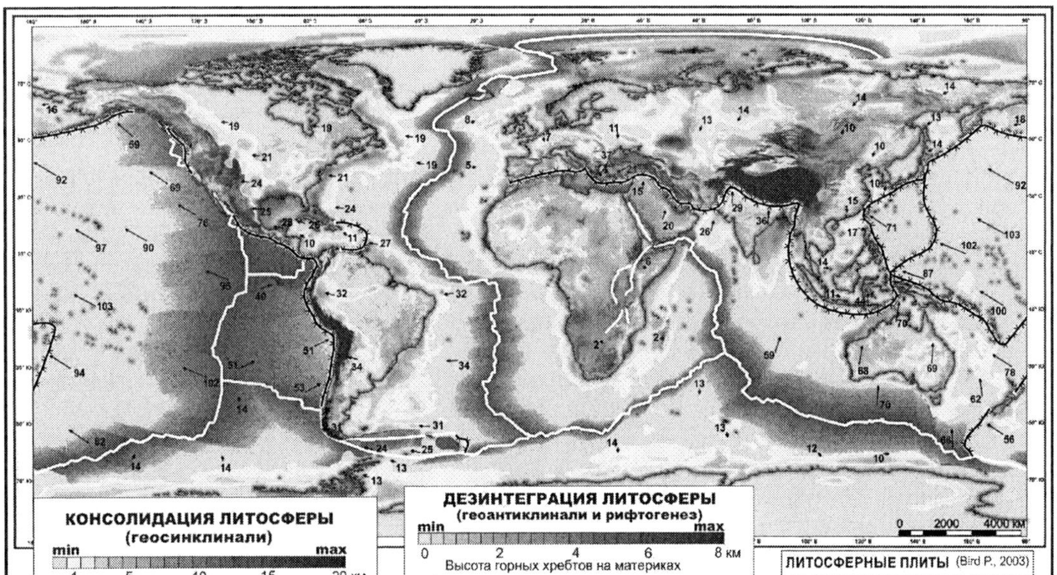

Рисунок 3. *Тектоническая карта – геосинклинали (эклогитизация, уплотнение и прогибание) и геоантиклинали (орогенез, разуплотнение, дезинтеграция и базификация)*

Глобальная взаимосвязь рифтогенеза с разуплотнением и деструкцией литосферы, а прогибания с её консолидацией и уплотнением, однозначно фиксируется гравитационными аномалиями и распределением скорости упругих колебаний, что, принимая во внимание данные Таймырского полигона, где раскрывается сущность этих аномалий и природа их появления, позволяет вести речь о новой геодинамической концепции – геосинклинальной тектоники плит [1].

В свете изложенного, формирование континентальной земной коры определяется изменениями баланса базальта и эклогита, фазовый переход между которыми обуславливается нарушениями термобарического или флюидного равновесия и приводит либо к эклогитизации, сопровождающейся уплотнением, опусканием и становлением осадочного бассейна, либо к базификации вследствие воздымания, разуплотнения и активизации магматических процессов. Следовательно, в планетарном масштабе новейшая тектоника и современный дневной рельеф в существенной степени являются продуктом глубинных геодинамических процессов и в какой-то мере позволяют их картировать, проявляя текущее состояние наиболее значимых вертикальных колебательных тектонических движений (рис. 3).

Влияние сжатия и растяжения в земной коре на процессы накопления осадков

Поскольку, как выяснилось в ходе исследований, подавляющее большинство осадочных бассейнов мира прямо не связаны с рифтогенезом, и, наоборот, рифты в какой-то степени даже являются следствием их развития [2], возникает необходимость оценки влияния сжатия и растяжения на формирование впадин и накопление осадков. При этом для всех депрессий, где изначальное взаиморасположение поверхностей седиментации не нарушено более поздними тектоническими движениями (соляной или дизъюнктивно-пликативной тектоникой) можно заключить, что каждая более молодая поверхность, на которой накапливаются осадки, меньше любой более древней на одном и том же интервале измерения (рис. 4).

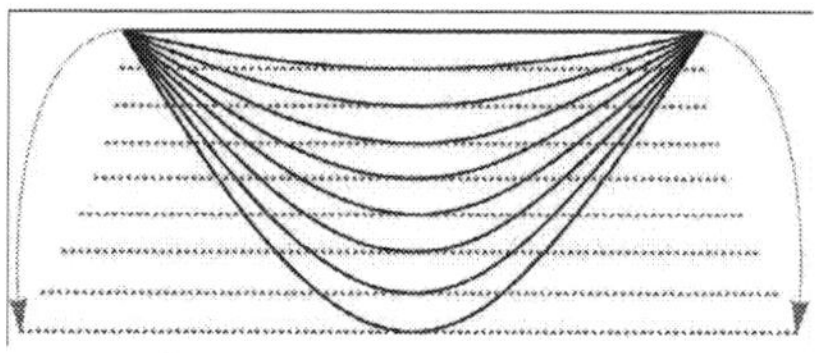

Рисунок 4. *Схематичная модель осадочного бассейна и сопоставление спрямлённых поверхностей седиментации, демонстрирующие, что каждая более молодая поверхность короче любой более древней вследствие сжатия, являющегося одним из основополагающих факторов накопления мощных толщ осадков*

Расхождение разновозрастных седиментационных поверхностей на бортах осадочных бассейнов (расходящиеся сейсмофации на сейсмических разрезах МОВ) являются одним из наиболее характерных признаков седиментогенеза. Но в этом случае, с точки зрения геометрии, увеличение мощности прослеживаемых комплексов в направлении депоцентра демонстрирует постоянное сужение ареала накопления осадков, поскольку в разрезе кровля каждого из таких комплексов оказывается короче подошвы. Соответственно, чем древнее картируемая седиментационная поверхность, тем она обширнее, и приходится делать вывод, что абсолютно все осадочные бассейны формируются в условиях сжатия, которое следует рассматривать как необходимое условие накопления осадков.

Более того, даже там, где осадочные бассейны непосредственно примыкают к поднятиям на участках растяжения литосферы, тенденция сокращения седиментационных поверхностей с омоложением сохраняется, как и расходящиеся сейсмофации, хотя бы с одной стороны (рис. 5). Стало быть, соотношение поверхностей накопления осадков демонстрирует, что условия сжатия и в данном случае доминируют при седиментации, начиная практически от раскола коры.

В то же время, большая часть площади распространения рифтовых структур не характеризуются мощным осадочным чехлом, для появления которого, как показал Таймырский полигон, необходимо ещё и прогибание, обуславливаемое эклогитизацией и уплотнением базальтов. Судя по всему, в условиях океанической коры подобной консолидации способствуют порождаемая рифтогенезом конвекция, когда из-за перераспределения вещества литосферы деструкция компенсируется уплотнением, картируемым на границах всех зрелых рифтовых бассейнов (рис. 3) и обеспечивающим континентализацию погребённых под осадками океанических базальтов, в том числе, иногда непосредственно на склонах серединно-океанических хребтов.

Рисунок 5.

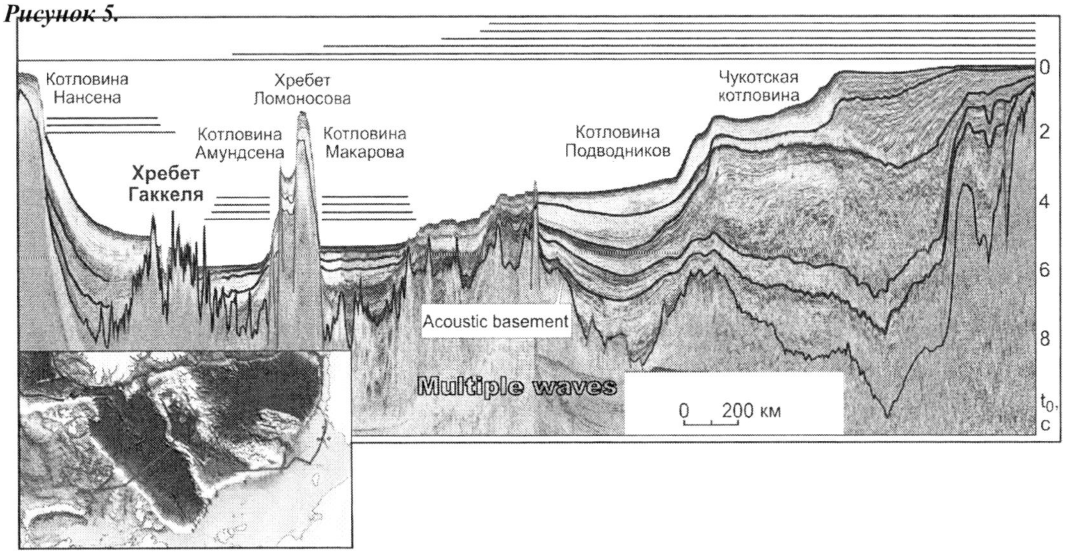

Сопоставление протяжённости разновозрастных поверхностей седиментации в рифтовом поясе Хребта Гаккеля и на прилегающих акваториях (по материалам A.M. Nikishin, N.A. Malyshev and E.I. Petrov, 2020)

Иными словами, сжатие является необходимым, но недостаточным, условием для седиментации. Полномасштабное накопление многокилометровых осадочных толщ соотносится с процессами эклогитизации и уплотнения, характерными не только для континентальной, но и для относительно молодой океанической коры. Подобная картина наблюдается, например, в Арктике, где океаническая (первоначально) кора полностью охвачена опусканием, то есть постепенно превращается в континентальную. Повсеместное доминирование прогибания в перманентных условиях сжатия может обуславливаться только дополнительным вертикальным напряжением, источником которого и является эклогитизация, уплотняющая океанические базальты и являющаяся, по-видимому, непосредственным продолжением консолидации, происходящей на склонах континента (рис. 5).

Выводы

Таким образом, рифтогенез хребта Гаккеля уже в настоящий момент можно считать вполне себе континентальным, поскольку он целиком "упакован" в осадки, и его окружает уплотняющаяся кора, находящаяся на стадии континентализации. В основании базальтов океанических (по происхождению) происходит эклогитизация, влекущая за собой уплотнение и изостатическое опускание, которое обеспечивает становление прогиба и соответствующего осадочного бассейна. Согласно логике геосинклинального цикла, выявленной на Таймыре и подтверждающей лабораторные эксперименты [1-3], опускание рано или поздно завершится инверсией тектоники и орогенезом, то есть прекращением существования Северного Ледовитого океана, на месте которого будет не просто суша, а растущая горная страна. Помимо прочего, такое предположение радикальным образом решает проблему внешней границы шельфа России, так как вообще исключает её существование.

Библиография / References

1. Кушнир Д.Г. Новая геодинамика: геосинклинальная тектоника плит // Актуальные проблемы нефти и газа. Вып. 3(34) 2021. С. 3-20. DOI: 10.29222/ipng.20785712.2021-34.art1.

2. Кушнир Д.Г. Новое понимание рифтогенеза в свете геосинклинальной тектоники плит // Сборник материалов конференции “Санкт-Петербург-2023. Геонауки: время перемен, время перспектив”. Т. II. С.-Петербург. 2023. С. 483-488.
3. Рингвуд А.Э., Грин Д.Х. и др. Петрология верхней мантии. Науки о земле. Т. 8. Москва. Мир. 1968. 336 с.

4D сейсморазведка в России 25 лет спустя

Ю.П. Ампилов* (МГУ им. М.В. Ломоносова, ИПНГ РАН)

Введение

Под 4D сейсморазведкой (сейсмическим мониторингом) понимают обычно последовательные сейсмические съемки 3D на одном и том же участке недр с целью контроля за разработкой месторождения. Кроме трехмерного пространства в качестве четвертой компоненты в 4D рассматривают время [1-4, 8,9]. В англоязычной литературе эквивалентом этого понятия являются термины 4D seismic, seismo-monitoring, time lapse seismic etc. В России сейсмическая съемка 3D, ставшая впоследствии первой базовой для 4D мониторинга, была проведена в 1997 году. Характеризуя прошедший период, можно отметить следующее.

- В мировой практике 4D сейсморазведка достаточно распространена, а в России есть лишь единичные проекты, преимущественно на шельфе Сахалина
- До последнего времени большинство проектов 4D в России выполнялось иностранными сервисными компаниями и на иностранном оборудовании
- На суше объектов с «официальными» 4D сейсмическими съемками в России практически нет, имеются лишь отдельные опытно-методические исследования по сопоставлению последовательных съемок на качественном уровне.

Методы проведения 4D сейсморазведки

Периодичность повторных съемок может быть разной в зависимости от темпов добычи и сейсмогеологических условий. Так, на месторождении Валхал в Северном море они проводились ежеквартально, а на Астохском участке проекта «Сахалин-2» с интервалом более 10 лет.

Если изначально предполагается выполнять повторные съемки 4D, то стараются при первой (базовой) съемке 3D подобрать такие системы наблюдений и регистрации, которые в будущем будет несложно повторить. Но чаще всего необходимость в повторных съемках возникает уже через несколько лет после начала эксплуатации месторождения, и тогда приходится выполнять различные процедуры в обработке данных, чтобы привести материалы к сопоставимым амплитудно-частотным характеристикам (АЧХ), что удается не всегда.

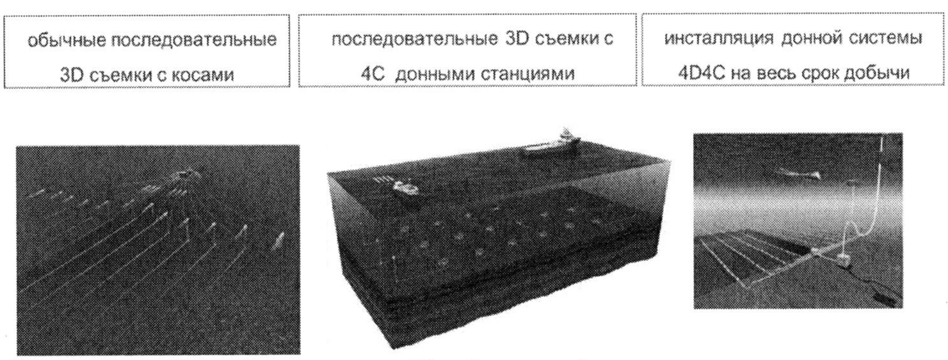

Рисунок 1. *Способы выполнения 4D сейсморазведки в морских условиях*

Например, при последовательных морских съемках 3D с буксируемыми косами при движущемся судне никогда не удастся в точности зарегистрировать сигнал точно при тех же самых положениях источника и приемника, которые были в предыдущих съемках (рис. 1 слева). На это накладываются шумы буксировки кос, которые ухудшают условия обнаружения изменений в параметрах сейсмического волнового поля, обусловленных факторами заводнения залежи и т.п. Все это требует специальных дополнительных приемов при обработке сейсмических данных, которые не всегда компенсируют ухудшение качества данных.

От таких недостатков, в основном, свободны методы, основанные на регистрации сейсмических сигналов донными станциями (среднее изображение на рисунке 1). Более того, в большинстве случаев они позволяют зарегистрировать не только изменение давления, как в предыдущем случае с буксируемыми стандартными морскими косами, но и компоненты смещения (X, Y, Z), поскольку кроме гидрофонов снабжены соответствующими датчиками. Основным недостатком таких систем является низкая производительность работ, связанная с большим количеством спускоподъемных операций и их существенно более высокая стоимость.

Наиболее подходят для 4D сейсморазведки стационарные донные системы на основе оптоволоконных кабелей и специальных датчиков, которые преобразуют сейсмический сигнал в изменение интенсивности светового потока (правое изображение на рисунке 1). Система заглубляется в придонном слое осадков на весь срок добычи, благодаря чему точки измерения не меняют своего местоположения, шумы буксировки отсутствуют, что позволяет зарегистрировать малейшие изменения в форме и амплитуде сейсмического отклика. Но при всех своих преимуществах это дорого при инсталяции, и компании не всегда идут на такие дополнительные затраты. Справедливости ради стоит сказать, что все последующие съемки с такой системой будут дешевыми, поскольку потребуется лишь небольшое и недорогое судно-источник, в то время как система регистрации сигналов может располагаться не на дорогостоящем судне, а на добычной платформе или береговом комплексе.

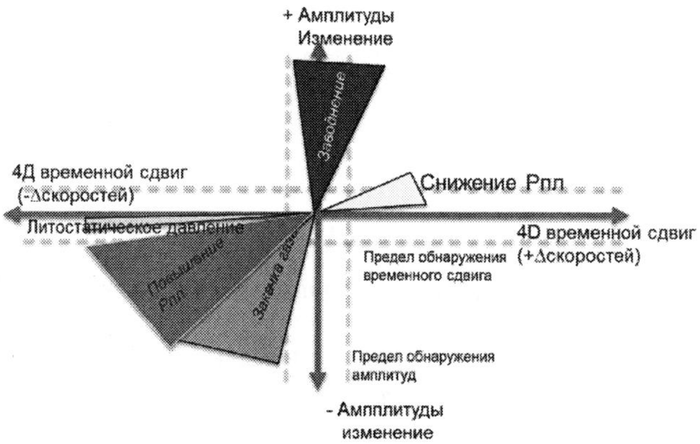

***Рисунок 2.** Пример влияния изменяющихся пластовых условий на изменение амплитуд сигнала и сейсмических скоростей в процессе разработки залежи*

Физической основой для проведения 4D сейсморазведки является изменение отражающих свойств горных пород при вытеснении нефти или газа водой в процессе разработки залежи, а также иные мероприятия по увеличению нефтеотдачи (МУН), включая обратную закачку попутного газа в пласт и т.п. На рисунке 2 приведен пример возможного влияния изменяющихся пластовых условий на сейсмический отклик. Так, заводнение может приводить к увеличению амплитуды, практически не влияя на кинематические характеристики: время и скорость. В то же время локальное повышение пластового давления в результате МУН может изменять как время пробега в пределах одного-двух дискретов сейсмозаписи, так и приводить к понижению амплитуды. А снижение пластового давления в местах интенсивного отбора продукции может сопровождаться небольшим сдвигом по времени, практически не влияя на амплитуду (рис. 2). Понятно, что в различных сейсмогеологических условиях такие отклики тоже будут разными, и требуется проделать большую работу, чтобы выделить эти эффекты. Поэтому проведению последующих съемок, как правило, предшествует моделирование т.н. 4D сигнала. Правда, упрощенные методы, основанные на свертке сейсмического импульса с модельными коэффициентами отражения, зачастую дают недостоверные прогнозы. И только в самое последнее время появились инструменты для корректного решения прямой сейсмической задачи [5,7]

Примеры 4D сейсморазведки в России

Первая базовая 3D съемка была выполнена в 1997 году на проекте «Сахалин-2», а повторная, «сделавшая» ее вариантом 4D, только в 2010-м, спустя 13 лет [3]. Оператором проекта добычи была англо-голландская компания Shell, а непосредственным исполнителем сейсмических съемок норвежская компания PGS, в которой автор работал впоследствии 6 лет. На рис. 3 представлены примеры сечений кубов 3D по каждой из этих съемок после их приведения с помощью сейсмической обработки к общей АЧХ. На первый взгляд разрезы не различаются, но после вычитания одного из другого (нижнее изображение на рис. 3), видно, что разница есть, и она примерно соответствует зонам заводнения залежи нагнетательными скважинами.

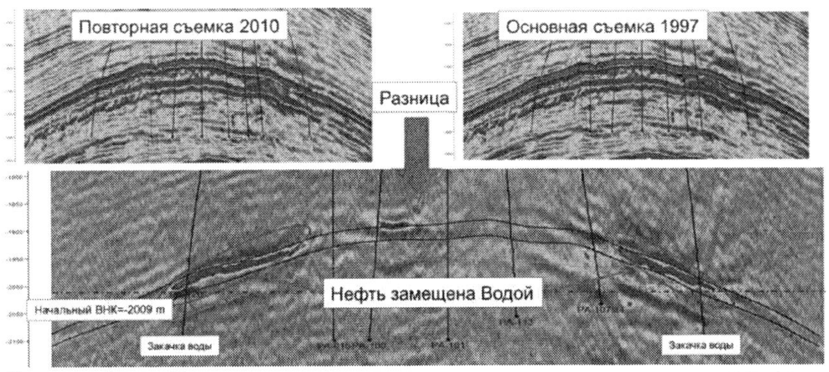

Рисунок 3. *Базовая и повторная съемка, и результат их вычитания = сигнал 4D*

В 2018 и 2022 году на этой площади были еще проведены две съемки 3D, по результатам которых компания «Сахалинская энергия» выполняла различные виды инверсии: акустическую и синхронную [6]. Результаты заметно отличаются от предыдущих, но совершенно очевидно, что эффекты присутствуют (рис. 4).

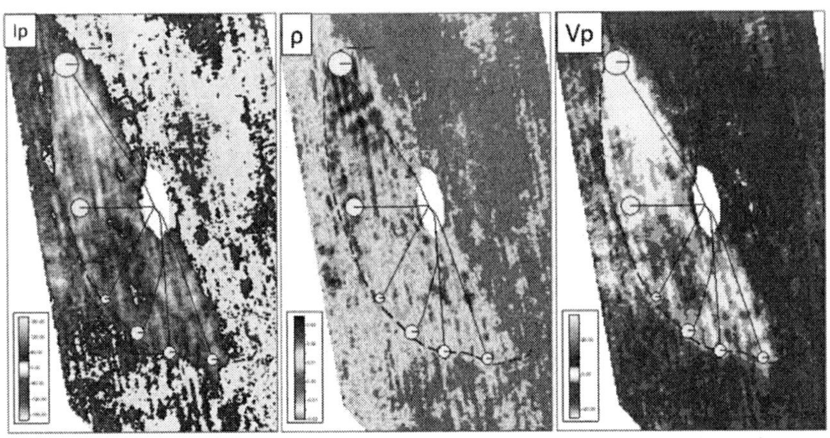

Рисунок 4. *Пример изменений в акустическом импедансе (слева), плотности (в центре) и скорости продольных волн (справа) с 2018 по 2022 год по результатам синхронной сейсмической инверсии [6].*

В последнее время активизировались работы 4D и на участках проекта «Сахалин-1», на котором основным оператором после ухода иностранных компаньонов в 2022 году стала ПАО НК «Роснефть».

Что касается сейсмических исследований 4D на разрабатываемых сухопутных месторождениях России, то этап их планомерного выполнения, к сожалению, так и не наступил. В то же время отдельные и небезуспешные попытки имеют место, например, на участке Бованенковского месторождения.

Выводы

Выполненный анализ позволяет сделать следующие основные выводы:

- Эксплуатация месторождения сопровождается изменениями характеристик отраженного сейсмического сигнала, и это позволяет использовать периодические съемки 3Д для мониторинга его разработки и оптимизации эксплуатационного бурения
- для проведения подобных исследований требуется большая подготовительная работа по согласованию в процессе обработки амплитудно-частотных характеристик съемок разных лет с целью выделения 4D сигнала.
- дополнительные интерпретационные возможности могут быть получены при использовании инверсии в благоприятных сейсмогеологических условиях в сравнении с анализом данных 4D амплитуд.
- следует более широко применять сейсмический мониторинг 4D при разработке как морских, так и сухопутных месторождений

Библиография

1. Ампилов Ю.П. Сейсморазведка на российском шельфе / Offshore. 2015. № 2. С. 26-33
2. Ампилов Ю.П. Поглощение и рассеяние сейсмических волн в неоднородных средах/ М., «Недра», 1992 г., 160 с.
3. Ампилов Ю.П., Батурин Д.Г. Новейшие технологии сейсмического мониторинга 4D при разработке морских месторождений нефти и газа. / Технологии сейсморазведки, 2013, №2, с. 31-36
4. Ампилов Ю.П., Владов М.Л., Токарев М.Ю. Технологии морской сейсморазведки в широком частотном диапазоне: проблемы и возможности / Сейсмические приборы. 2018. Т. 54. № 4. С. 42-65
5. Ампилов Ю.П., Вершинин А. В., Левин В. А., Петровский К.А., Приезжев И.И., Штейн Я.И. Полновое моделирование в сейсморазведке на основе цифровой геологической модели с использованием метода спектральных элементов. // Геология и геофизика, издательство СО РАН, 2024. DOI: 10.15372/GiG2024115
6. Гафаров Т.Н., Облеков Р.Г., Хабаров А.В., Воробьев И.В., Глущенко Д.В., Тимофеева О.В., Рыков А.П., Лекомцев А.В., Теплоухов А.В. Опыт использования акустической и синхронной (упругой) AVA-инверсии при разработке месторождений нефти и газа на шельфе Сахалина (на примере месторождений проекта Сахалин-2. // Газовая промышленность, 2023, № 1 (843). С. 46-51.
7. Ampilov Yu P., Vershinin A.V., Levin V.A., Petrovskii K.A., Priezzhev I.I., Shtein Ya I. Full-Waveform Seismic Modeling Based on Digital Geological Model Using Spectral Element Method: Applications to Seismic Exploration //Russian Geology and Geophysics, 2024, ELSEVIER SCIENCE BV, DOI: 10.2113/RGG20244728
8. Ampilov, Yu.P., 1992. Absorption and Scattering of Seismic Waves in Inhomogeneous Media [in Russian]. Nedra, Moscow.
9. Ampilov, Yu.P., 2010. From Seismic Interpretation to Modelling and Assessment of Oil and Gas Fields. EAGE Publ., pp. 1–274, ISBN electronic: 9789462820050, ISBN print: 9789073781825, doi: 10.3997/9789073781825 ; https://doi.org/10.3997/9789462820050

Применение динамического симулятора многофазного течения для управления и оптимизации режима работы скважины

Д. В. Быков* (ООО Арамко Инновейшнз), Ю. А. Майоров (ООО Арамко Инновейшнз), С. С. Сафонов (ООО Арамко Инновейшнз), М. Арсалан (Сауди Арамко)

Введение

Многофазный поток, характеризующийся одновременным движением нефти, воды и газа, играет ключевую роль в различных сценариях добычи и транспортировки углеводородов. Для его анализа важными являются фазовые переходы, изменения свойств флюидов и определение их поведения в условиях различного давления и температуры. Одной из прикладных задач является течение в стволе скважины, где точное предсказание многофазной динамики необходимо для повышения эффективности и мониторинга разработки нефтегазовых месторождений. Использование симуляторов многофазного потока жидкости в стволе скважины для уточнения переходных процессов является важной частью по снижению неопределенностей при управлении работой скважин.

Точность моделирования переходных процессов в стволе скважины важна для принятия решений по управлению скважины. Такие задачи предполагают моделирование с временными интервалами от нескольких часов до нескольких недель. Этот аспект накладывает ограничения на выбор математических моделей и численных методов, которые можно эффективно использовать в соответствующих симуляторах потока многофазной жидкости. Обычно в таких случаях используют для моделирования многофазных потоков многожидкостные модели[1], модели потока дрейфа[2], модели типа Баера-Нунциато[3] и упрощенные стационарные модели[4].

Одним из основных принципов контроля за работой скважины является определение расхода каждого типа флюида в многофазном потоке. Точные измерения расходов различных фаз, их свойств и динамических характеристик являются неотъемлемой частью оптимального управления скважинами. Недостаточная точность данных может привести к ошибкам в прогнозах, что, в свою очередь, влияет на принятие решений по оптимизации работы скважины. Влияние неопределенности многофазных потоков на параметры работы скважины приводит к необходимости разработки методов для ее снижения. Исследования в этом направлении направлены на разработку адекватных математических моделей, учитывающих разнообразные факторы, такие как геологические особенности, характеристики флюидов, физику течения жидкости и условия эксплуатации. В связи с этим симуляторы многофазных потоков жидкости становятся важным инструментом для улучшения процессов управления, предоставляя возможность проводить виртуальные эксперименты и оптимизировать параметры работы скважины, а также учесть сложные взаимодействия фаз, минимизировать неопределенности и повышать точность прогнозов, что в свою очередь способствует оптимизации работы скважин и повышает экономическую эффективность производства.

В данной работе представлен новый симулятор динамического многофазного потока жидкости в одном измерении – (FS1D) [5], разработанный специально для управления и оптимизации режимов эксплуатации нефтегазовых скважин. В отличие от существующих коммерческих вариантов, этот симулятор использует модель потока дрейфа, что обеспечивает преимущества в снижении сложности и улучшенных возможностях настройки с использованием данных с месторождения.

Моделирование многофазного потока в симуляторе FS1D

Значимость применения численного моделирования многофазного потока в одном измерении для течения в скважинах обусловлена огромным отношением длины к диаметру скважин и трубопроводов. Формулировка симулятора основана на усреднении по времени и пространству уравнений Навье-Стокса, с акцентом на подходе потока дрейфа, что делает его менее зависимым от замыкающих соотношений. Уравнения сохранения массы дискретизированы и решаются численно с использованием устойчивых алгоритмов, обеспечивая применимость модели к широкому спектру задач в нефтегазовой отрасли. Модель потока дрейфа, несмотря на ее упрощенность по сравнению с многожидкостными моделями, играет ключевую роль в повышении вычислительной производительности за счет сокращения количества уравнений, необходимых для решения. Такой подход позволяет сохранить необходимую точность моделирования и получить приемлемое время расчетов. На рисунке 1 ниже представлена схема подхода к идентификации потока в каждой точке сетки моделирования.

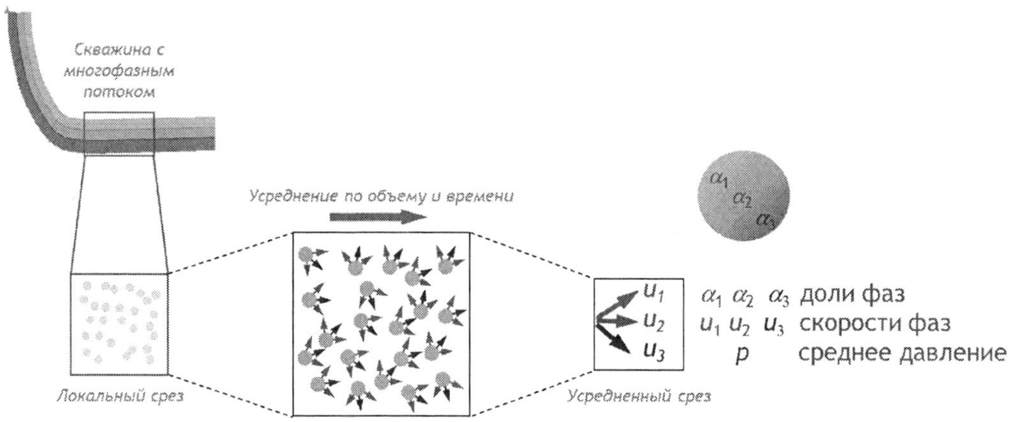

Рисунок 1. *Схема одномерной модели (1D) для расчета многофазного потока в стволе скважины.*

Разработанный симулятор многофазного потока FS1D соответствует широко распространенному в отрасли подходу, при котором вся физика течения многофазного потока аппроксимируется набором одномерных дифференциальных уравнений в сочетании с эмпирическими корреляциями. Область течения флюида, представленная стволом скважины, аппроксимируется сеткой непересекающихся ячеек, и для каждой из этих ячеек численно рассчитываются соответствующие динамические переменные.

Базовый принцип работы в симуляторе основан на логике программного обеспечения для моделирования, где весь процесс разделяется на три этапа. Первый этап - это предварительная обработка, в котором пользователь создает имитационную модель с необходимыми параметрами и начальными данными. На втором этапе подготовленная модель затем передается в решатель. где основные уравнения решаются численно и распределение динамических переменных сохраняется локально. Завершающим этапом является постпроцессор, где полученные результаты могут быть визуализированы в виде графиков или сохранены в подходящем формате. Схема работы и интерфейса симулятора представлен на рисунке 2 ниже.

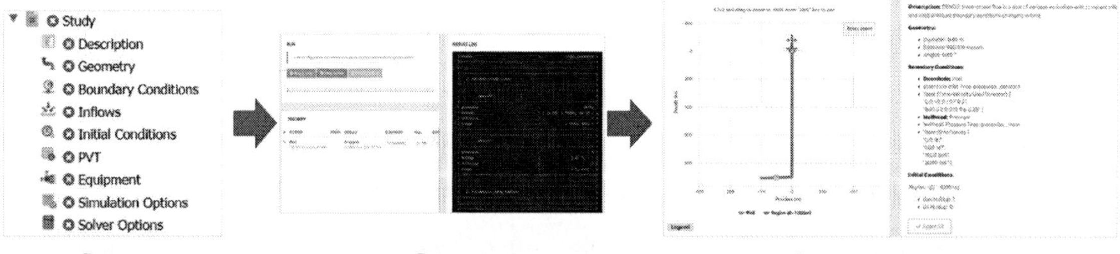

Рисунок 2. *Интерфейс разработанного симулятора скважины*

Основные особенности симулятора:

- Полностью замкнутый в одном программном продукте пре- и пост-процессинг;
- Моделирование переходных процессов в одной скважине всех возможных типов геометрий;
- Полностью неявный численный решатель;
- Учет трехфазного потока флюида: одновременный поток газа, нефти и воды и объемное содержание каждой из фаз;
- Модель учитывает отдельные скорости для каждого из флюидов, разница между этими скоростями моделируется уравнением проскальзывания фаз;
- Реализована модель выделения газа согласно модели черной нефти, позволяющая моделировать равновесное выделение газа и растворение природного газа из/в нефтяную фазу;
- Возможность учета притока из пласта в ствол скважины различными аналитическими методами;
- Возможность учета работы электроцентробежного насоса и штуцера;
- Реализована опция перезапуска расчета с определенного временного шага с возможностью изменения входных данных.

Моделирование утечки газа в насосно-компрессорной трубе нефтегазовой (НКТ) скважины при помощи многофазного симулятора позволяет уточнить параметры работы скважины. В рассматриваемом случае, где скважина исходно добывает воду и нефть, утечка газа в НКТ приводит к преобладанию газового потока. Результаты моделирования на рисунке 3 показывают начальное распределение фаз в скважине (нефть-вода), затем момент прорыва газа в верхней части ствола и конечное распространение флюида(газ-нефть-вода), с преобладающим потоком газа. Прорыв газа вносит изменение на профиль давления вдоль скважины, создавая неравномерный перепад давления в интервале 400–600 м. Данные расчеты позволяют оценить величину утечки и предоставляют данные, которые в совокупности с испытаниями скважины, могут помочь в планировании комплекса работ по устранению утечки. Полученная информация позволяет выбрать оптимальный режим скважины для минимизации влияния притока газа на добычу.

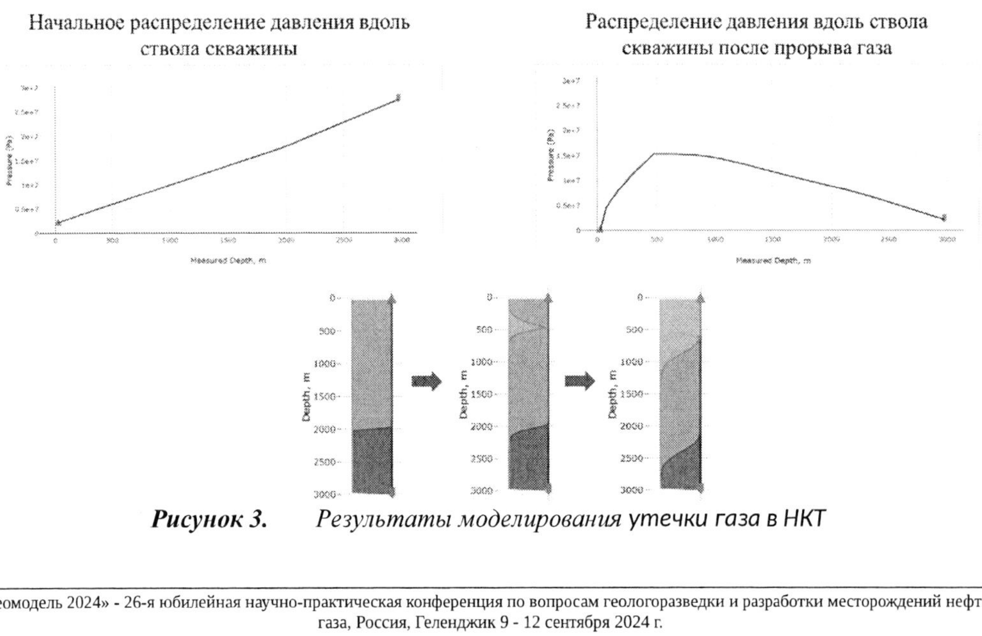

Рисунок 3. *Результаты моделирования утечки газа в НКТ*

Выводы

Уточнение параметров многофазного потока в условиях одновременного движения нефти, воды и газа, имеет ключевое значение при мониторинге разработки месторождений нефти и газа. Моделирование протекания многофазной жидкости в стволе скважины для уточнения переходных процессов является важным элементом снижения неопределенностей и улучшения контроля работы скважины. Точное прогнозирование поведения многофазного потока затруднено неопределенностями в свойствах жидкости, геологии и условиях эксплуатации. Проблемы с измерением параметров работы скважин, в частности точные измерения расходов различных фаз, являются проблемной областью в управлении скважинами. Разработка математических моделей, учитывающих геологические особенности, физические свойства жидкости и условия эксплуатации, становится необходимой для снижения неопределенностей в многофазном потоке. Многофазные симуляторы потока жидкости, такие как FS1D помогают в поддержке принятия решений процессах управления, позволяя проводить виртуальные эксперименты и оптимизировать параметры работы скважины. Использованные подходы в FS1D комбинируют достаточную сложность и гибкость, обеспечивая применимость к широкому спектру задач в нефтегазовой промышленности. Симулятор FS1D позволяет решать широкий спектр задач в области движения многофазной жидкости, которые помогают уточнить состояние скважины и помочь в принятии решений по управлению скважиной.

Библиография / References

1. K. H. Bendiksen, D. Maines, R. Moe, and S. Nuland, The dynamic two-fluid model OLGA: theory and application, SPE (Society of Petroleum Engineers) Production Engineering (United States) 6:2, pp. 171 – 180, 1991. DOI:10.2118/19451-PA.

2. N. Zuber and J. A. Findlay, Average volumetric concentration in two-phase flow systems, Journal of Heat Transfer 87:4, pp. 453 – 468, 1965. DOI: 10.1115/1.3689137.

3. M.R. Baer and J.W. Nunziato, A two-phase mixture theory for the deflagration-to-detonation transition (DDT) in reactive granular materials, International Journal of Multiphase Flow 12:6, pp. 861 – 889, 1986. DOI:10.1016/0301-9322(86)90033-9.

4. M. Jerez-Carrizales, J. E. Jaramillo and D. Fuentes (2015), Prediction of Multiphase Flow in Pipelines: Literature Review, Ingeniería y Ciencia 11(22):213-233, DOI:10.17230/ingciencia.11.22.10

5. A. Gryzlov, S. Safonov, B. Krasnopolsky, M. Arsalan, (2023). Combining Machine Learning and a Multiphase Flow Model for Hybrid Virtual Flow Metering, Paper presented at the ADIPEC, Abu Dhabi, UAE, October 2023, Paper Number: SPE-216672-MS.

Анализ химического состава нефти различных возрастных групп для решения нефтепромысловых задач

М.С. Шипаева* (ФГАОУ ВО К(П)ФУ), В.А. Судаков (ФГАОУ ВО К(П)ФУ), А.А. Шакиров (ООО «Геоиндикатор»)

Введение

Геохимия углеводородов широко применима в нефтяной отрасли и является объектом научных исследований. Изучая молекулярный состав углеводородов, можно определить условия накопления органического вещества, генезис углеводородов, характеристику нефтематеринской породы. Характеристика нефтематеринской породы позволяет установить источник углеводородов и процессы их миграции. Эти данные используются при региональной характеристике нефтегазоносных бассейнов, что помогает в оценке их потенциальной продуктивности.

Второе важное направление геохимических исследований нефти – это поиск отличий в составе углеводородов близко залегающих пластов. Анализ различий в составе нефти помогает установить источник поступления флюида и охарактеризовать его количественно, что позволяет регулировать процессы при разработке месторождений и повысить эффективность добычи. Задачи, решаемые с помощью геохимических методов, следующие: определение профиля притока по нефти в разрезе перфорированных пластов, установление развития трещин ГРП в близко залегающие пласты, определение гидродинамической связности врезовых зон.

Исследования в области геохимии углеводородов включают в себя использование различных методов анализа, таких как хроматография и масс-спектрометрия [1-3]. Эти методы позволяют детально изучить молекулярный состав нефти и выявить присутствие различных компонентов.

Первым результатом геохимических исследований является хроматограмма. В дальнейшем она обрабатывается, ведется подсчет пиков – их высот или площадей, идентификация соединений с использованием библиотек. Ввиду большого количества определяемых компонент создаются современные методы обработки хроматограмм – автоматического расчета пиков и геохимических коэффициентов, кластеризации данных. Исследования в области геохимии углеводородов продолжают развиваться, внедряются новые технологии и методы анализа.

При работе в пределах даже одной нефтегазоносной провинции нужно учитывать, что возраст ловушки, то есть геологической структуры, в которой находится нефть, не всегда совпадает с возрастом самой нефти. Это связано с тем, что нефть может мигрировать из одного места в другое на протяжении миллионов лет. Поэтому даже в пределах одного и того же горизонта нефть может иметь различный химический состав и свойства.

Данная работа посвящена поиску закономерностей состава углеводородов Волго-Уральской нефтегазоносной провинции и внедрению результатов геохимических исследований в практику нефтепромысловых работ.

Теория

Различия в составе нефти одного горизонта могут объясняться несколькими факторами. Во-первых, исходное органическое вещество, из которого образуется нефть, может быть разным. Различные типы органического вещества дают начало различным типам углеводородов. Во-вторых, условия преобразования органического вещества в нефть, такие как температура и давление, могут варьироваться в разных частях горизонта. Эти условия влияют на степень термического преобразования и, соответственно, на состав получаемой нефти.

Миграция нефти и ее направление также играют важную роль в формировании залежей и заполнения ловушки. Нефть может перемещаться из одного пласта в другой, встречая на своём пути различные геологические и химические условия. Это может приводить к изменениям в её составе, например, к обогащению или, наоборот, обеднению определёнными компонентами. Таким образом, даже в пределах одного горизонта, нефть может иметь отличия в молекулярном составе.

Например, в исследовании [4] с помощью анализа конденсатов и легкой фракции нефти были определены показатели фациально-генетических типов исходного органического вещества. В работе [5] исследуется геохимический состав легких фракций нефтей с целью определения катагенетической зрелости и генезиса органического вещества (ОВ). Для решения задачи по разделению добываемой жидкости из скважин совместной добычи на несколько пластов в работах [6] и [7] используются геохимические коэффициенты легких фракций нефти с дальнейшим применением технологии oil fingerprinting.

Углеводороды состоят из атомов углерода и водорода, образуя различные структурные конфигурации. Их строение и свойства могут значительно варьироваться, что определяет их применение в различных отраслях промышленности. Основными характеристиками углеводородов являются плотность, вязкость, фракционный состав по кипению, фракционный состав по методу SARA. Для установления генезиса нефти обычно используется распределение нормальных алканов в масляной фракции, для решения нефтепромысловых задач используются биомаркеры, такие как алканы, и межалкановые пики различных фракций и сырой нефти (рис.1).

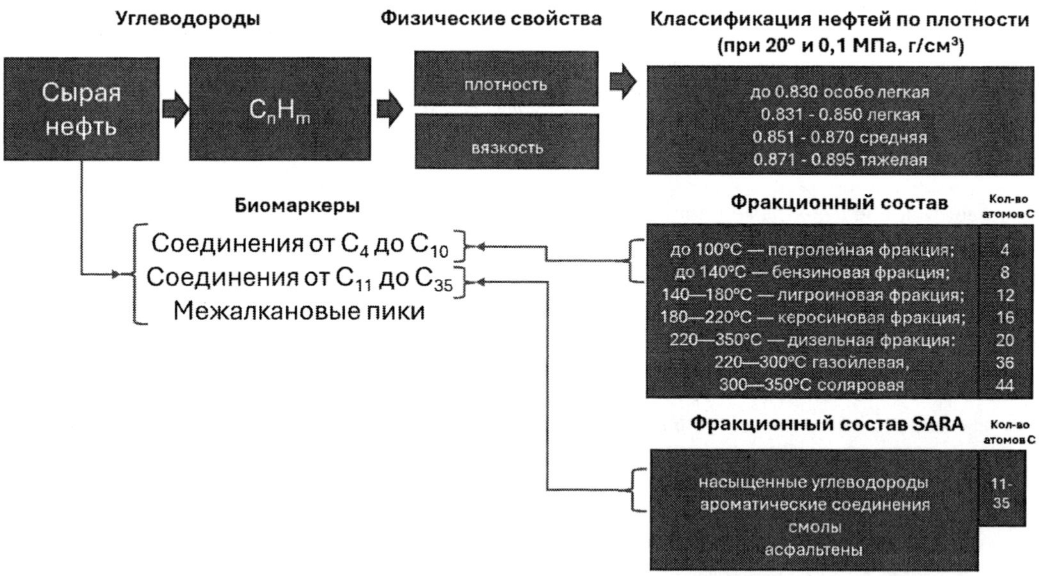

Рисунок 1. *Характеристика нефти и ее биомаркеров*

Примеры

Межалкановые пики – это особенности в спектрах, получаемых при анализе углеводородов методами хроматографии и масс-спектрометрии. Эти пики указывают на присутствие определенных типов углеводородов и их концентрацию. Анализ межалкановых пиков позволяет детализировать состав углеводородной смеси и выявить специфические компоненты, влияющие на её свойства.

В данной работе проводился газовый хромато-масс спектрометрический (ГХМС) анализ фракций образцов нефти девонский и каменноугольных отложений: турнейских, тульских, бобриковских отложений, а также образцы нефти со скважин совместной добычей. Полученные хроматограммы расшифровывались с помощью библиотеки масс-спектров. С помощью программного обеспечения определялись площади пиков выделенных компонентов различных соединений.

В ходе ГХМС анализа были определены геохимические компоненты легкой фракции нефти, представленные алканами, алкенами и ароматическими соединениями. На основе анализа полученных данных было выделено 15 геохимических параметров для выявления отличий перфораций и построены звездные диаграммы (рис.2, рис.3).

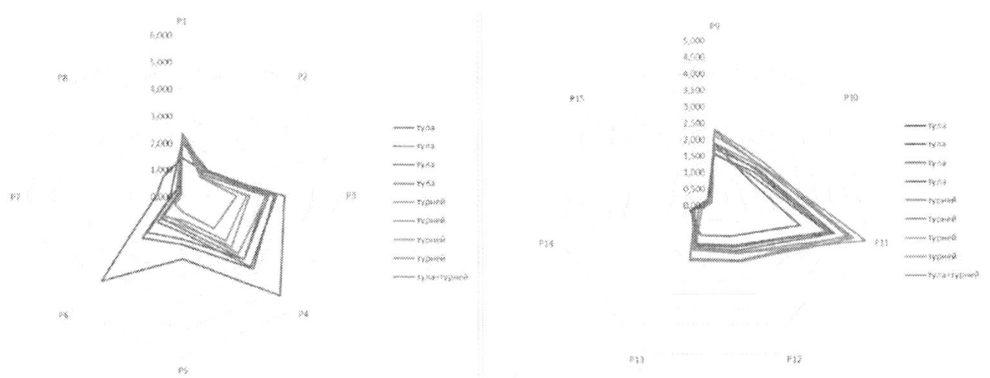

Рисунок 2. *Сравнительная звездная диаграмма геохимических параметров нефти с тульских и турнейских отложений*

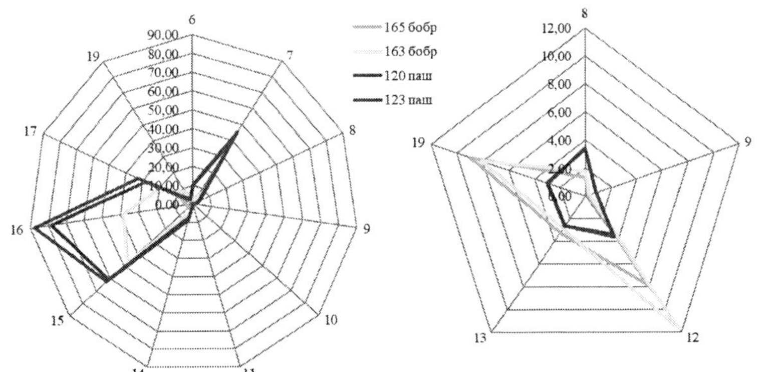

Рисунок 3. *Сравнительная звездная диаграмма геохимических параметров нефти бобриковских и пашийских отложений*

На диаграмме рисунка 2 прослеживается четкое разделение нефтей тульских и турнейских отложений по подобранным параметрам, при этом показатели по нефти скважины с совместной добычей располагаются между ними, что также подтверждают логичность использования этих параметров в работе. На рисунке 3 – подобраны параметры для разделения нефти бобриковского и пашийского терригенных пластов. Данные отличия можно использовать при расчете вклада в совместную добычу обоих пластов.

Разработанный метод в данном эксперименте является удобным и оперативным в решении прикладных задач органической геохимии и может использоваться в качестве аналога более дорогостоящим и сложным методам определения притока в скважине с совместной перфорацией или в скважинах с работами по гидроразрыву пласта.

Выводы

Углеводороды представляют собой разнообразный класс соединений с широким спектром физических и химических характеристик. Их исследование и установление биомаркеров для ловушек различного возраста, позволяет создать геохимический атлас нефти изучаемого региона. При этом, для каждого пласта и каждого месторождения эти характеристик будут уникальными – нет универсальной линейки биомаркеров, подходящей под все пласты, ввиду комплексной истории формирования углеводородов и их техногенного изменения при разработке.

Благодарности

Работа выполнена за счет средств Программы стратегического академического лидерства Казанского (Приволжского) федерального университета (ПРИОРИТЕТ-2030).

Библиография / References

1. Safina R..et al. (2018). Development of an approach to geochemical modeling of super-viscous oil deposits, Tatarstan, Russia. International Multidisciplinary Scientific GeoConference Surveying Geology and Mining Ecology Management, SGEM, Vol. 18, 1.4. P. 389–396.

2. Сафина И.Р., Ибрагимова Д.А., Яушев Э.А., Хисмиев Р.Р. Применение метода SARA-анализа для характеристики нефтяных дисперсных систем // Вестник Казанского технологического университета. - 2014. - С. 212-213.

3. Головко А.К., Камьянов В.Ф., Огороднико В.Д. Физико-химические характеристики и углеводородный состав нефтей Тимано-Печорского нефтегазоносного бассейна // Геология и геофизика. - 2012. - №11. - С. 1580—1594.

4. Большакова М.А., Кирюхина Т.А. Газоконденсаты Штокманского месторождения // Геология нефти и газа. - 2007. - №3. - С. 39-48.

5. Пунанова С. А., Виноградова Т. Л. Геохимические особенности зрелых углеводородных систем и показатели их распознавания // Геохимия. - 2016. - №9. - С. 852–859.

6. Садманова М.В., Тарасова Ю.С., Невестенко М.А. Геохимический мониторинг нефти как инструмент для регулирования работы эксплуатационных скважин // Проблемы разработки месторождений углеводородных и рудных полезных ископаемых: материалы XIV Всерос. науч.-техн. конф. : Пермь, Екатеринбург, 2021. - С. 46-52.

7. Сейтхазиев Е.Ш., Утеев Р.Н., Сарсенбеков Н.Д., Тасеменов Е.Т., Досмухамбетов А.К. Геохимический атлас по «Фингерпринтингу» нефти месторождений АО «Эмбамунайгаз» Том 2, № 2 (2020).

Геомеханическое моделирование как инструмент оптимизаций траекторий в процессе строительства скважин на шельфе Северного Каспия

Е.В. Киреев (ООО «ЛУКОЙЛ-Нижневолжскнефть»), Д.Р. Хамидуллин (ООО «ЛУКОЙЛ-Нижневолжскнефть»), М. Ф. Завляев (ООО «ЛУКОЙЛ-Инжиниринг»), М.Ю. Топольян* (Компания «Шлюмберже»), А.С. Кузнецов (Компания «Шлюмберже»), Р.Д. Газизов (Компания «Шлюмберже»), С.В. Завидяев (Компания «Шлюмберже»)

Введение

Разработка нефтяных месторождений в северной части Каспийского моря представляет собой бурение многоствольных горизонтальных скважин с большим отходом от вертикали в терригенных породах нижнего мела. Месторождения В. Филановского и В.И. Грайфера характеризуются рядом геологических неопределенностей: латеральной изменчивостью отложений, разрывными нарушениями, изменением мощностей и выклиниванием, что обуславливает повышенный уровень неопределенностей и рисков при бурении добывающих скважин. Разрез секций с набором угла представляет собой глинистые породы альбского и аптского ярусов (эксплуатационная секция) и переслаивание песчаных пачек коллекторов с глинисто-алевритистыми перемычками в секции под хвостовик. Опыт строительства скважин показывает, что бурение может сопровождаться следующими признаками нестабильности ствола скважины:

- Обрушения стенок в глинистых отложениях разреза
- Поглощения бурового раствора в естественную трещиноватость
- Гидроразрыв пласта как при бурении, так и спуско-подъемных операциях (СПО) вследствие закупорок КНБК, вызванных скоплением избыточного шлама в скважине

Указанные осложнения могут приводить к увеличению сроков строительства скважины, осложнениям при спусках обсадных колонн/хвостовика, невозможности достижения проектной глубины. Нередко, значительные обвалообразования приводят к механическим прихватам, отстрелам КНБК и ликвидации ствола. Предотвращение поглощений требует дополнительных временных и финансовых затрат на прокачку дополнительных реагентов, в худшем случае установку мостов с дальнейшим перебуриванием секции.

На Рисунке 1 представлена карта скважин на месторождении В.И. Грайфера с отмеченными в ходе бурения осложнениями в виде обвального шлама, закупорок, поглощений и т.д. Красными линиями отмечены разрывные нарушения, интерпретируемые по результатам данных 3D сейсмики. Изображение справа отражает типичный разрез скважины на фоне распространённого свойства гамма-каротажа. Геологическими факторами, осложняющими процесс строительства, являются продолжительный глинистый разрез в секции под эксплуатационную колонну, заложение скважин в азимуте максимального горизонтального напряжения, наличие трещиноватости и разрывных нарушений, истощение продуктивных пластов. С целью безопасного бурения на стадии проектирования скважин необходимо верно определить конструкцию, плотность раствора, подобрать эффективные режимы бурения, оценить буримость траектории. Входной информацией для данных расчетов является геомеханическая модель, которая позволяет определить безопасные границы эквивалентной циркуляционной и статической плотности (ЭЦП и ЭСП), а также провести оптимизацию траектории на начальной стадии планирования с целью расширения безопасного окна плотности бурового раствора.

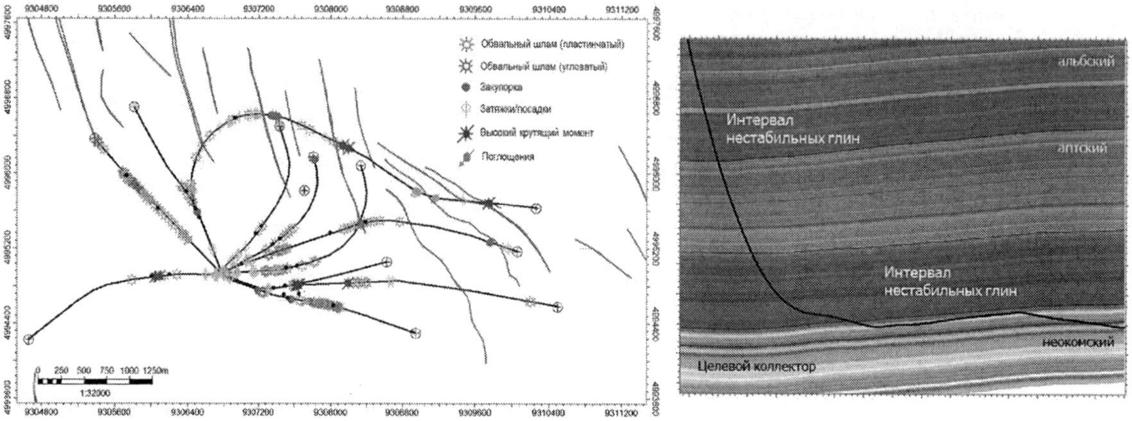

Рисунок 1. *Слева – карта скважин с отмеченными осложнениями в ходе бурения, красными линиями отмечены разрывные нарушения; справа – типичный терригенный разрез горизонтальной скважины (свойство – гамма-каротаж)*

Метод (и/или Теория)

Рассмотрим типичный цикл планирования скважины на проекте Северного Каспия. Геологическим департаментом компании-оператора устанавливаются цели бурения для построения первоначальной версии траектории. Следующим шагом является проведение расчетов на буримость каждой из секций с целью определения плотности растворов, конструкции и режимов бурения. Основой для данных расчётов является постоянно калибрующаяся с учетом поступающих в ходе разработки месторождения данных геомеханическая модель, включающая в себя градиент порового давления, градиенты начала обрушений стенок скважины, поглощений раствора и гидроразрыва пород (ГРП). Инженер-геомеханик рекомендует минимальную плотность бурового раствора с целью исключить риск обрушений стенкой скважины в ходе бурения каждой секции, а также инциденты, связанные с ГНВП.

Дальнейшие расчеты гидравлики с выбранной плотностью направлены на оценку рисков потерь раствора и ГРП путём построения графиков распределения давления гидростатического столба жидкости в динамике в зависимости от различных параметров бурения (эквивалентная циркуляционная плотность, ЭЦП) и статике. Также производится расчет ЭЦП при спуске обсадных колонн, компоновки нижнего заканчивания и при цементировании. Скважина является небуримой при следующих сценариях:

- Расчетная ЭЦП при бурении превышает градиент гидроразрыва пород
- Расчетная ЭЦП при цементировании превышает градиент гидроразрыва пород

Данные сценарии означают потери бурового раствора и требуют дальнейших модернизаций расчетов. Наиболее простым способом решения проблемы является привлечение мер по снижению прогнозируемых ЭЦП, среди которых основными рычагами влияния являются снижение реологических параметров бурового раствора, производительности насосов при бурении, высоты подъема цемента в случае цементирования колонн, плотности бурового раствора. Однако, данные меры могут отрицательно влиять на процесс строительства скважины, приводя к дополнительным осложнениям (недостаточная очистка ствола, обрушения стенок скважины) и не всегда достаточны для достижения ожидаемого результата. Более надежным и безопасным методом оптимизации являются решения по расширению безопасного окна плотности бурового раствора.

Изменения предполагают корректировку азимута бурения ближе к минимальному горизонтальному напряжению для увеличения давления ГРП, зенитного угла прохождения нестабильных глинистых отложений, обход разрывных/трещиноватых зон или, в некоторых случаях, сокращение скважины. При оптимизации траектории скважины необходимо учитывать совокупность многих факторов:

- технологии, применяемой для контроля траектории (РУС или ВЗД), что ограничивает пространственную интенсивность набора параметров кривизны;
- интервалы установки ЭЦН (стабилизации угла и азимута, если применимо)
- ограничения спускаемых в скважину оборудования и приборов;
- характеристики спускаемых обсадных колонн и хвостовиков, а также интеллектуальных систем заканчивания;
- планирование интервалов зарезки боковых стволов, а также узлов разветвлений для скважин с многозабойным заканчиванием;
- риски пересечения скважин.

Это далеко не полный список ограничений траекторий, и следовательно подобная оптимизация – это итерационный процесс: после разработки новой траектории и обновления геомеханической модели, расчеты на буримость производятся заново. В случае, если скважина снова не бурима, необходима новая итерация, которая будет соответствовать как геологическим целям, так и техническим требованиям. В процессе оптимизации траектории скважины не исключаются варианты кардинального изменения подхода к проектированию траектории скважины. Так, например, из-за протяженных нестабильных интервалов скважин с J – профилем, приходится перепланировать в скважину с горизонтальным окончанием, тем самым сократив интервал нестабильных пород. Финальная версия траектории, удовлетворяющая всем требованиям, в обязательном порядке проходит процедуру согласования для разработки проектной документации.

Примеры

В качестве примера далее приведены два случая оптимизации траекторий при планировании скважины. В первом примере была необходима корректировка положения башмака эксплуатационной обсадной колонны – на Рисунке 2 на разрезе (распространённое свойство – гамма-каротаж) оранжевым цветом показана первоначальная траектория, башмак расположен в пределах целевого коллектора. За счет упруго-прочностных свойств пород песчаника согласно геомеханической модели расчетный градиент ГРП в коллекторе ниже, чем в пластичных глинистых отложениях. Расчетные кривые распределения давления при цементировании пересекают градиент ГРП, скважина является небуримой. Выше указанного коллектора расположен глинистый интервал, где градиенты ГРП значительно выше, данные породы являются оптимальными для забоя секции и расположения башмака обсадной колонны. С данной целью была разработана версия траектории №2 с сохранением продолжительности секции и геологических целей.

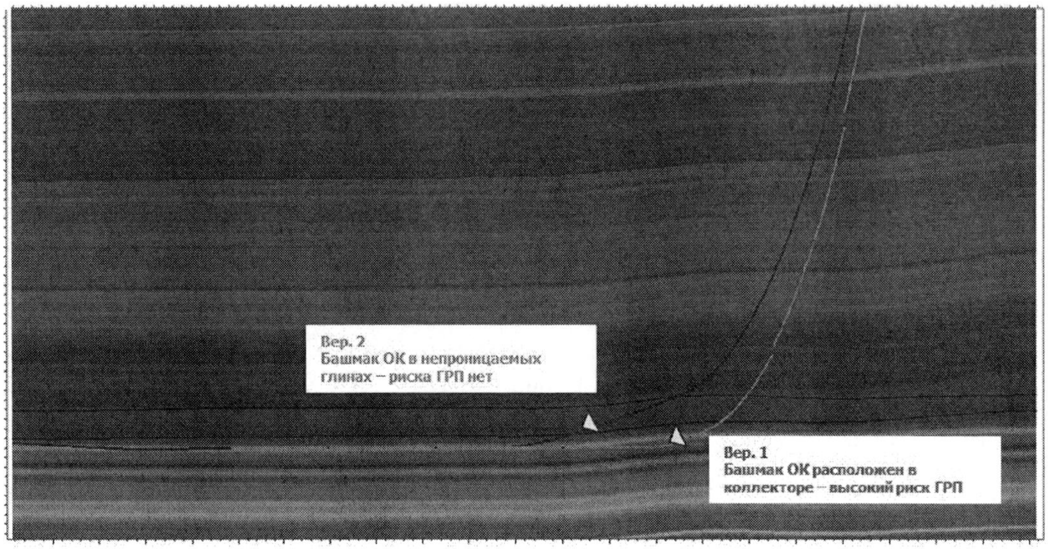

Рисунок 2. *Пример оптимизации траектории с целью корректировки положения долота (свойство – гамма-каротаж)*

Второй пример описывает изменение траектории по азимуту с целью увеличения градиента гидроразрыва пород на забое секции и снижения рисков поглощений при бурении. На Рисунке 3 показаны две версии траектории, из которых Вер. 1 не является буримой – согласно расчетам на левом нижнем графике расчетная ЭЦП при любых реологических параметрах раствора выше градиента ГРП по геомеханической модели (темно-серая заливка). Низкие градиенты ГРП обусловлены азимутом бурения, близкому к максимальному горизонтальному напряжению, разворот траектории Вер. 2 правее ближе к забою обеспечил увеличение градиента ГРП на 0.1 г/см^3, что сделало скважину буримой и обеспечило запас по ЭЦП.

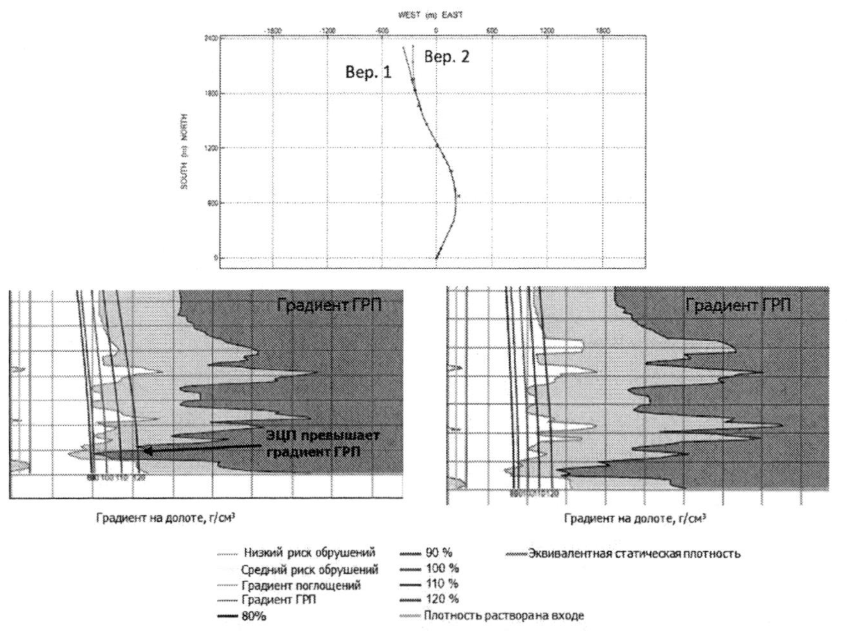

Рисунок 3. *Сверху – два варианта траектории, снизу – расчеты ЭЦП в зависимости от реологических параметров (слева скважина небурима, слева – бурима)*

Выводы

Правильный подход к планированию скважин является главным инструментом рентабельного и безопасного бурения, в особенности на шельфовых месторождениях. Проактивная оценка осложнений посредством применения геомеханического моделирования позволяет снизить геологические и технические осложнения и оптимизировать процесс строительства путем изменения траекторий и своевременного подбора верных параметров бурения.

Благодарности

Авторы благодарят компанию ЛУКОЙЛ-Нижневолжскнефть за предоставленную возможность опубликовать результаты совместной работы.

Подбор эффективной технологии разработки эйфельских отложений с учетом геологической доизученности месторождения содержащего трудноизвлекаемые запасы нефти

Е.Н. Тараскин* (ООО «ЛУКОЙЛ-Инжиниринг), С.Э. Терентьев (ООО «ЛУКОЙЛ-Инжиниринг), А.С. Скворцов (ООО "ЛУКОЙЛ-Инжиниринг", филиал "ПермНИПИнефть" в г. Пермь)

Введение

Наиболее эффективными методами разработки месторождений сверхвязких нефтей и природных битумов в настоящее время являются термические методы воздействия [3]. Одним из наиболее крупных проектов по тепловому воздействию на пласт в РФ является разработка месторождения высоковязкой нефти (ВВН), расположенного в Республике Коми [1, 4, 5]. Структурным подразделением «Лукойл-Коми» проведена масштабная модернизация всей нефтедобывающей структуры месторождения ВВН и работы по освоению площади содержащей трудноизвлекаемые запасы, вязкость которых в пластовых условиях достигает 15300 мПа*с. В 2014 году на площади внедрили инновационный метод добычи тяжелых углеводородов – термогравитационный дренаж пласта (ТГДП) – встречное горизонтально-направленное бурение с тепловым воздействием на пласт. Так же, впервые в мире, был реализован проект встречного ТГДП с длиной ствола до 1 км. На площади завершилось строительство самого мощного из действующих подобных объектов в регионе – парогенераторной установки (ПГУ) мощностью 400 тонн пара в час. В 2017 году построена уникальная для нашей страны водоподготовительная установка дистиллята (ВПУ-700) мощностью 700 м^3 в час. Она была запущена в промышленную эксплуатацию вместе с пунктом подготовки и сбора нефти (ППСН), с которым составляет единый производственный комплекс.

На эффективность разработки площади содержащей ВВН оказывают сильное влияние особенности ее строения, присутствие непроницаемых пропластков представленных аргиллитами в продуктивной толще снижает эффективность процесса ТГДП, так как они экранируют продвижение паровой камеры и приводят к ее пространственной деформации, что может приводить к снижению коэффициента извлечения нефти, снижению темпа разработки залежи, росту паронефтяного отношения (ПНО), а также к повышению неопределенности при прогнозировании технологических показателей [2].

Основные цели работы

- Уменьшение геологической неопределенности;
- Уточнение фильтрационной модели месторождения, содержащего запасы ВВН;
- Поиск эффективной технологии разработки с помощью проведения численных расчетов различных технологических вариантов тепловых МУН на уточненной фильтрационной модели, посредством совершенствования ее качества в результате учета эффекта воздействия температур на глинистые отложения в разрезе продуктивных пластов для повышения достоверности прогнозирования показателей извлечения трудноизвлекаемых запасов углеводородов.

Лабораторные исследования

С учетом проблематики месторождения были инициированы лабораторные исследования для оценки влияния температуры на свойства горных пород на керновом материале эйфельских отложений, было выполнено определение коэффициента вытеснения (Квыт) нефти теплоносителем при ступенчатом увеличении температуры, изучено влияния теплового воздействия на фильтрационно-емкостные свойства (ФЭС) горных пород (низкопроницаемые образцы/глины), слагающих продуктивный пласт с целью сбора новой информации и новых данных используемых в численном моделировании для уточнения прогнозных расчетов.

В состав лабораторных исследований входили 6 этапов. На 1 этапе были определены скважины пласта D2ef изучаемой площади для отбора образцов керна, на 2 этапе выполнена подготовка пластовых флюидов и коллекции образцов для лабораторных исследований, сформировано несколько групп образцов для выполнения исследований, на 3 этапе выполнен обзор исследований влияния непроницаемых пропластков на показатели разработки залежей ВВН и работ по изучению влияния температуры на свойства горных пород, на 4 этапе разработаны методические подходы к выполнению исследований для условий пласта D2ef. В рамках 5-го этапа выполнялись эксперименты по изучению влияния температуры на ФЕС пород неколлекторов рассматриваемой площади, в результате исследований образцов установлено, что с ростом температуры нагрева в целом наблюдается тенденция увеличения проницаемости и пористости, так на одном из исследуемых образцов (с наименьшей проницаемостью) при 150 °С наблюдалось увеличение коэффициента проницаемости (Кпр) почти в 45 раз, что свидетельствует о возможности образовании трещин. На 6 этапе, для получение экспериментальных данных с целью уточнения гидродинамической модели (ГДМ), проводилось определение коэффициента вытеснения нефти теплоносителем, конечный Квыт нефти при ступенчатом повышении температуры с 40 °С до 200 °С составил 0,867 д. ед.

Создание и актуализация гидродинамических моделей

В качестве участков проведения гидродинамических расчетов и формирования геолого-фильтрационной моделей для проектирования разработки были выбраны блоки, наиболее перспективные по содержанию геологических запасов и наилучшим фильтрационным свойствам горизонта D_2ef рассматриваемой площади с учетом их возможного минимального обустройства для реализации в будущем опытно-промышленных работ (ОПР) разработки эйфельского горизонта.

Согласно результатам замеров ФЭС – проницаемость низко-проницаемых коллекторов и глинистых пропластков может увеличиваться в среднем до 5 раз при разогреве до температуры 150 ^{0}С, и до 1.6 раза при 100 ^{0}С, что позволяет сделать ранее не дренируемые области проводимыми. Для задания данной зависимости в симуляторе была задействована опция PERMSHALE позволяющая моделировать разрушение глин либо низко-проницаемого коллектора при его нагревании, проницаемость является функцией температуры и задается таблицей через множитель. Дополнительно для реализации функции в поле замещения пород-неколлекторов осуществлялась трансформация значений пористости (0.116 д.ед), проницаемости (2.3 мДа) и песчанистости (0.1 д.ед) согласно куба LITO - распределения литологии Коллектор/Неколлектор. В повышения точности расчетов гидродинамического моделирования важную роль играет правильное задание/распределение относительных фазовых проницаемостей (ОФП) особенно при использовании термической опции, полученные новые зависимости коэффициентов вытеснения при различной температуре в ходе лабораторных исследований были модифицированы и заложены в термическую опцию симулятора STARS, на рисунке 1 показана трансформация кубов модели и модификация результатов ступенчатого определения коэффициентов вытеснения.

Выбор вариантов технологий разработки

При проводке скважин в геологической модели учитывалась необходимость вскрытия и эксплуатации всех горизонтов. В результате были запроектированы следующие способы воздействия на пластовую систему, отличающиеся технологией разработки, комбинаций вертикальных (ВС) и горизонтальных скважин (ГС), их расположением и конструкцией:
1. Технология разработки термогравитационного дренирования пласта (ТГДП);
2. Технология разработки площадной закачки пара в системе ГС (Steam-Flood);
3. Технология площадной закачки пара в ВС нагнетательных/ добывающих ГС (ASI VW+GW);
4. Технология площадной закачки пара в системе вертикальных нагнетательных с радиальными отводами/горизонтальных добывающих скважин ((ASI VW (Radial Channels) + GW));
5. Технология разработки в режиме пароцикликческих обработок (ПЦО) (Steam Cyclic Injection);
6. Технология разработки с бурением боковых нагнетательных и добывающих горизонтальных стволов из одной материнской скважины (SideTrack ТГДП);

7. Технология разработки разбуриванием элемента типа «рыбья кость» в нагнетательных скважинах и бурением горизонтальных добывающих скважин (FishBone).

Прогноз технологических показателей разработки участков

Для возможности проведения оценки ГДМ - базовой и уточненной актуализированной (с учетом изменения ФЭС от температуры) - осуществлялось сравнение вариантов расчёта до и после задания параметра растрескивания глинистых отложений эйфельского горизонта при разработке блоков тремя различными технологиями с одинаковыми граничными условиями по объемам отбора продукции и закачки, с учетом в качестве рабочего агента для закачки в пласт - насыщенного водяного пара идентичного качества.

При сравнение ключевых показателей по моделям блока Z-19 в среднем прирост КИН с учетом новых лабораторных данных составил 33,8 %, снижение ПНО на 25,0 %, прирост объема паровой камеры в среднем 32,6 %. При сравнение ключевых показателей по моделям блока Z-24 в среднем прирост КИН с учетом новых лабораторных данных составил 29,8 %, снижение ПНО на 23,4 %, прирост объема паровой камеры в среднем 36,0 %. Основные результаты сравнение вариантов расчёта до и после задания параметра растрескивания глинистых отложений и увеличения ФЭС эйфельского горизонта с учетом полученных новых данных по изучению керна в лабораторных условиях - оцененных путем проведения численных расчетов на базовой и актуализированной термогидродинамических моделях участков Z-19 и Z-24.

В результате на уточненной (актуализированной) ГДМ каждого блока были реализованы 7 вариантов запроектированных технологии, - отличавшихся методом разработки, комбинаций, расположением и заканчиванием вертикальных и горизонтальных скважин, а также их конструкцией. Компьютерное моделировании разработки различными технологиями проводилось с одинаковыми граничными условиями по объемам отбора продукции и закачки, с учетом в качестве рабочего агента для закачки в пласт - насыщенного водяного пара идентичного качества (температурой 210^0С и сухостью 80%). Результаты расчетов основных технологических показателей разработки по всем предложенным технологиям представлены на графиках рисунка 2.

Чистый дисконтированный доход проекта (NPV) имеет отрицательное значение по всем рассмотренным вариантам - обусловленным в основном отменой льгот по налогу на добычу полезных ископаемых (НДПИ) с участков недр, содержащих запасы сверхвязкой и высоковязкой нефти, в том числе льгот по экспортным пошлинам.

Выводы

- Выполнен поиск эффективной технологии разработки эйфельских отложений месторождения ВВН посредством проведенных расчетов ключевых технологических параметров: наибольшим добычным потенциалом с меньшим накопленным ПНО обладает вариант №3 - площадной закачки пара в системе ГС и ВС, на втором месте вариант №4 аналогичный ПЗП с бурением радиальных каналов, на третьем месте вариант №2 - технология разработки SteamFlood, на последнем месте вариант №5 - технология разработки ГС в режиме ПЦО с наименьшим конечным КИН и максимальным накопленным ПНО;

- Согласно проведенной технико-экономической оценки эффективности рассмотренных способов извлечения ТРИЗ с учетом инвестиционных расходов на бурение, обустройство и дополнительное оборудование выявило – наименее отрицательным и оптимальным на данный момент является второй вариант разработки с применением площадной закачки пара в системе горизонтальных скважин **SteamFlood** (см. рисунок 3).

- Подготовленный проект на основе результатов численного моделирования с помощью уточненной модифицированной ГДМ и учетом экономической составляющей позволил выделить наиболее эффективные технологии разработки, дальнейшее внедрение которых в качестве проведения опытно-промышленных работ решено реализовать после смены налогового режима со стороны государства для данного актива - содержащего трудноизвлекаемые запасы сверхвязкой нефти, что позволит переопределить в последующем подобранную технологию в рентабельную.

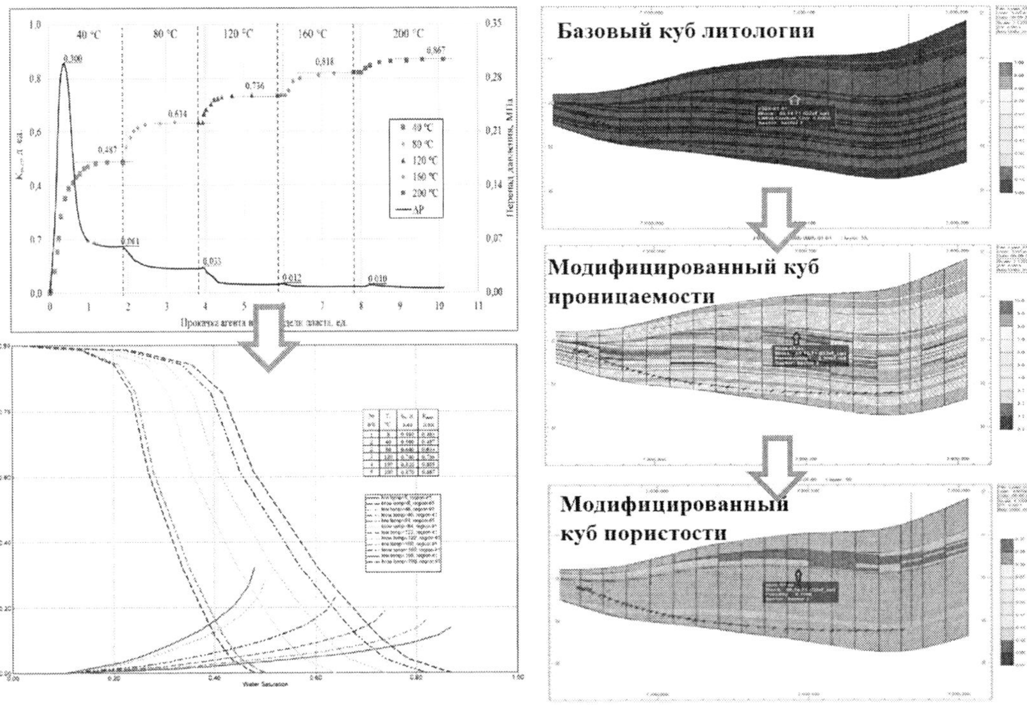

Рисунок 1. *Актуализация гидродинамической модели (слева – ОФП, справа – кубы свойств).*

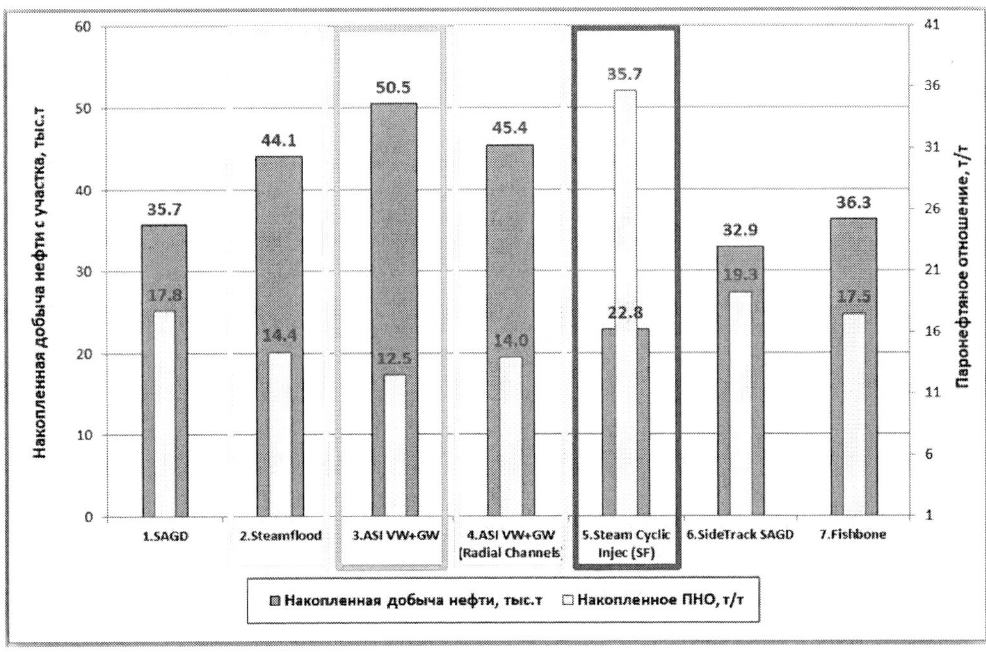

Рисунок 2. *Результаты численного моделирования вариантов технологий разработки.*

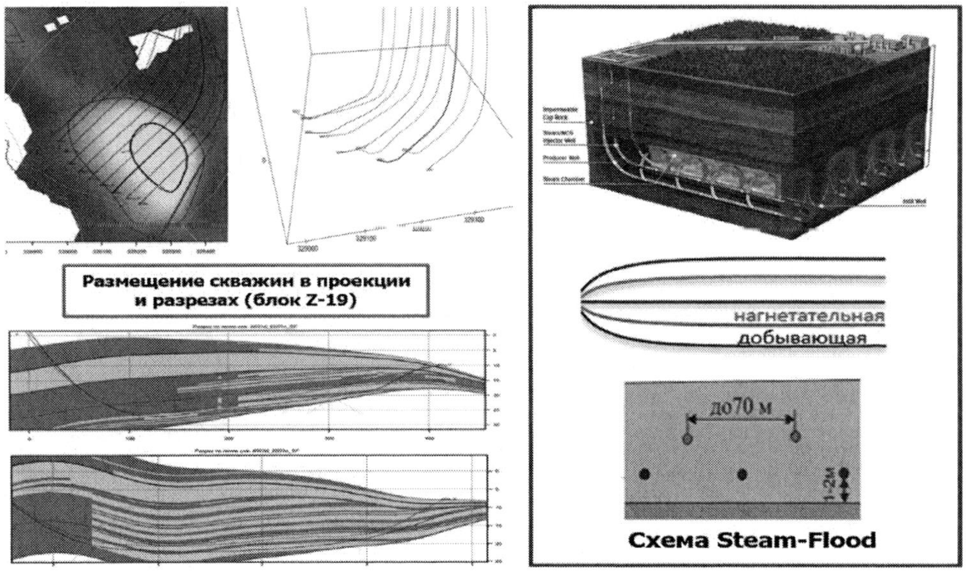

Рисунок 3. *Технология разработки площадной закачки пара в системе горизонтальных скважин (Steam-Flood).*

Библиография

1. Рузин Л. М. и др. Технологические принципы разработки залежей аномально вязких нефтей и битумов. – 2015.
2. Shin, H., Choe, J. Shale Barrier Effects on the SAGD Performance, SPE/EAGE Reservoir Characterization and Simulation Conference, 19-21 October, Abu Dhabi, UAE, 2009.
3. Zhou, Y., Xi, C., Wu, J. Effect of Barriers on the SAGD Performance Result, International Petroleum Technology Conference, 26-28 March, Beijing, China, 2013.
4. Овчаренко Ф.Д. Гидрофильность глин и глинистых материалов / Ф. Д. Овчаренкою. – Киев: Изд. АН УССР, 1961.
5. Рузин Л. М. и др. Изучение механизма фильтрации на месторождениях Тимано-Печорской нефтегазоносной провинции на основе физического моделирования //Нефтяное хозяйство. – 2017. – №. 6. – С. 88-91.

Bibliography

1. Ruzin L.M. at al. Technological principles of development of deposits of abnormally viscous oil and bitumen – 2015.
2. Shin, H., Choe, J. Shale Barrier Effects on the SAGD Performance, SPE/EAGE Reservoir Characterization and Simulation Conference, 19-21 October, Abu Dhabi, UAE, 2009.
3. Zhou, Y., Xi, C., Wu, J. Effect of Barriers on the SAGD Performance Result, International Petroleum Technology Conference, 26-28 March, Beijing, China, 2013.
4. Ovcharenko F.D. Hydrophilicity of clays and clay materials, Kyiv: ed. //Academy of Sciences Ukr. SSR. - 1961.

5. Ruzin L. M. et al. Study of the filtration mechanism in the fields of the Timan-Pechora oil and gas province based on physical modeling // Oil industry. – 2017. – no. 6. - S. 88-91.

Использование результатов испытаний скважин в низкопроницаемых коллекторах

Р.И. Косицын* (НОЦ «Газпромнефть-Политех»), Л.М. Кадочникова (НОЦ «Газпромнефть-Политех»)

Введение

Испытания разведочных скважин проводятся с целью установления промышленной нефтегазоносности, получения данных о геолого-гидродинамических характеристиках пластов и непосредственной оценки их продуктивности. Определение характера насыщения по испытаниям и опробованиям скважин – это одно из не многих прямых исследований на месторождениях и, несмотря на сложности и неоднозначности результатов, имеет большой вес при формировании концепции строения залежи.

Касаемо низкопроницаемых объектов разработки, таких как, например, ачимовская толща (АТ), наблюдается четкая тенденция по характеру обводнения скважин, связанная с их конструкцией и режимом работы. При испытаниях наблюдается большой разброс значений по обводненности скважин от 0 до почти 100%, при запуске и эксплуатации ГС с МГРП получают стабильно высокие значения обводненности выше 60%. Причем при испытаниях скважин зачастую наблюдаются безводные нефтяные притоки в подошве пласта и значительное обводнение продукции в кровле.

Неоднородность обводненности при испытаниях и эксплуатации скважин поднимает вопрос о методах построения и прогнозирования насыщенности такого рода объектов, возможности использования результатов испытания скважин, интерпретации ГИС.

В работе приводится описание концепции насыщения АТ с точки зрения модели переходной зоны, которое хорошо описывает поведение разведочных и эксплуатационных скважин.

Модель переходной зоны

Смешанная картина насыщения характерна для низкопроницаемых коллекторов, для которых обширная зона переходного насыщения, вызванная действием капиллярных сил, может достигать сотен метров. Следовательно, при использовании капиллярных кривых для описания насыщенности, экспериментальные исследования должны покрывать весь диапазон возможного изменения насыщенности.

Для оценки высоты переходной зоны выбран образец со средней проницаемостью k = 0.150 mD.

Поведение кривой капиллярного давления (ККД) выше последней ступени аппроксимируется моделью Кори-Брукса, которая представляет зависимость нормированной водонасыщенности Se от капиллярного давления Pc,

$$S_e = \left(\frac{p_e}{p_c}\right)^{\lambda}$$

$$S_e = \frac{S_w - S_{wi}}{1 - S_{wi}}$$

где λ и pe это настроечные параметры.

Линеаризация модели позволяет установить в каких координатах ККД представляет собой прямую линию,

$$\ln(S_e) = \lambda \cdot \ln(p_e) - \lambda \cdot \ln(p_c)$$

ККД спрямляется в координатах $\ln(S_e) - \ln(p_c)$, что позволяет предположить истинное значение неснижаемой водонасыщенности S_{wi} при асимптотическом стремлении капиллярного давления к бесконечности. Процедура виртуального докручивании ККД, смещает величину S_{wi} с 0.543 до 0.515 (рис. 1).

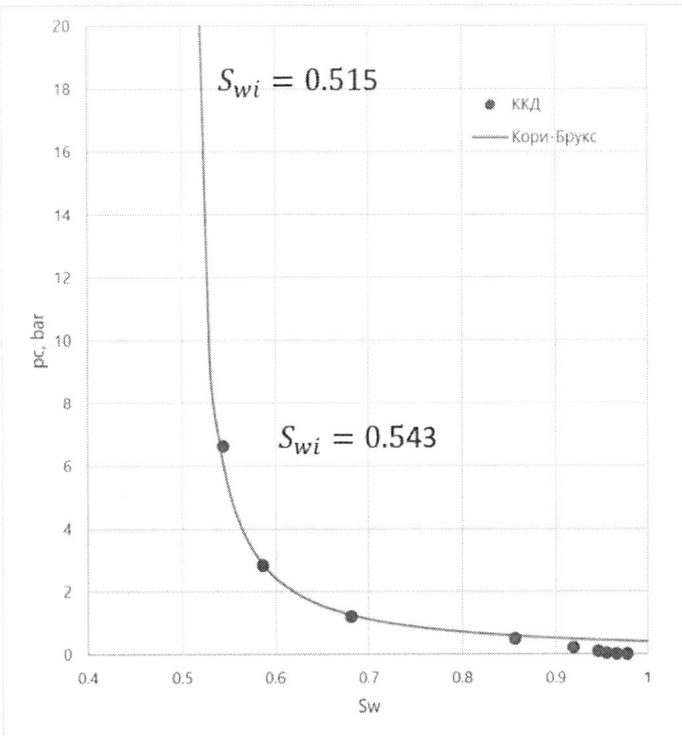

Рисунок 1. *Дополнение кривой капиллярного давления (ККД)*

Исходя из полученной полной ККД переходная зоны составляет 110-150 метров в интервале от Кв* до ВНК и 50 метров от ВНК до уровня ЗСВ.

Уравнение Дарси, записанное для каждой фазы, определяет собственное давление в нефтяной и водонасыщенной фазе,

$$u_w = \frac{-k \cdot k_{rw}(S, \theta)}{\mu_w} \cdot \nabla p_w$$

$$u_o = \frac{-k \cdot k_{ro}(S, \theta)}{\mu_o} \cdot \nabla p_o$$

где капиллярное давление - это разница давления между фазами,

$$p_{cow} = p_o - p_w$$

Исходя из уравнения Дарси депрессия, приложенная к скважине, передается на водонасыщенную фазу с запаздыванием на величину капиллярного давления.

Капиллярное давление в ачимовских пластах может достигать 20 bar, однако при гидродинамических расчетах величина капиллярного давления влияет в основном на начальное распределение нефть-вода и другого влияния на расчетные показатели работы скважин моделирование не обнаруживает.

Причина такого поведения коммерческих симуляторов кроется в формулировании уравнения притока к скважине,

$$q_i = T_{wi} \cdot M_i \cdot (p_i - p_w)$$

где давление pi предполагается одинаковым во всех фазах, предполагая незначительное влияние капиллярных сил. Азиз, Сеттари (1982) описывали концевой капиллярный эффект для низкопроницаемых коллекторов, характеризующихся высоким значением капиллярного давления: «Указанное упрощение граничных эффектов справедливо для большинства задач, связанных с изучением поведения пластов, за исключением низкопроницаемых пластов с очень высоким значением капиллярного давления, а также трещиноватых коллекторов, для которых явление капиллярной пропитки существенно при учете массообмена между трещиной и матрицей».

Для низкопроницаемых коллекторов размер зоны влияния концевого эффекта может достигать несколько десятков метров. Повышение S_w приводит к снижению фазовой проницаемости газа и нефти и известно как явление блокирования воды при проведении ГРП на газовых сланцевых скважинах (SPE 7561, 1979).

Метод моделирования, при котором можно воспроизвести капиллярный эффект описан в работе (Индрупский И.М., Ястребкова К.А., Шупик Н.В. 2015)

Повторяя предложенный метод моделирования, получена следующая зависимость между стартовой обводненностью вертикальной скважины для ачимовского пласта от приложенной депрессии (рисунок 2).

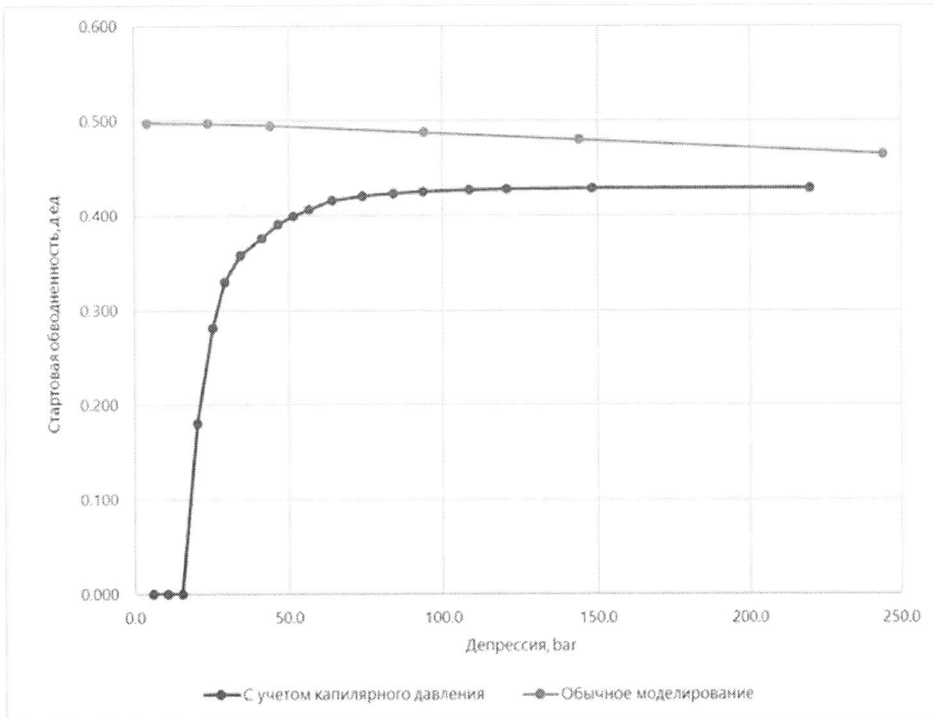

Рисунок 2. *Зависимость между стартовой обводненностью с учетом и без учета капиллярного давления*

Как и следует из уравнения Дарси, наличие капиллярного давления создает начальный сдвиг в продуктивности воды, что создает варианты получения как безводного притока нефти при низкой депрессии, так и обводненности выше 40% из одного и того же испытанного интервала.

Разведочные вертикальные скважины подвержены влиянию значительного загрязнения ПЗП, часто величина скин-фактора достигает +5 и выше до +20. Из уравнения Дарси можно выделить часть потерь давления которая приходится на преодоление зоны загрязнения,

$$\Delta p = \Delta p_f + \Delta p_s = \frac{q \cdot b_o \cdot \ln\left(\frac{r}{r_w}\right)}{2\pi\left(\frac{kh}{\mu_o}\right)} + \frac{q \cdot b_o \cdot S}{2\pi\left(\frac{kh}{\mu_o}\right)}$$

$$\Delta p_s = \frac{q \cdot b_o \cdot S}{2\pi\left(\frac{kh}{\mu_o}\right)}$$

При получении притока в ходе испытания Q = 3.8 m3/day из пласта проницаемостью k = 0.15 mD, зависимость потерь давления на преодоление фильтрационного сопротивления на стенке скважины достигает 120 bar при S = +5.

Высокий скин-фактор уменьшает фактическую приложенную депрессию на пласт Δp_f.

При испытании вертикальных скважин, имеющих приток нефти в 1 – 5 м3/сут из пласта переходного насыщения, безводный приток определяет пласт как чисто нефтенасыщенный, не смотря на то схема переходной зоны предполагает получение высокой обводненности. При гидродинамическом моделировании это приводит к необходимости внесения изменения в положение ВНК, в использовании точки SWCR.

Выводы

Модель переходной зоны, а также наличие концевых капиллярных эффектов в скважинах, вскрывших низкопроницаемые коллектора, хорошо описывает фактическое поведение обводненности разведочного и эксплуатационного фонда скважин АТ.

При прилагаемых депрессиях ниже капиллярного давления в пласте можно наблюдать обводненность скважин ниже максимально возможной по текущей насыщенности. Таким образом, низкая обводненность при испытаниях как раз и объясняется небольшими дебитами.

При эксплуатации ННС с ГРП также наблюдаются низкие значения стартовой обводненности по сравнению с обводненностью ГС с МГРП.

Библиография / References

1. Азиз, Сеттари «Математическое моделирование пластовых систем», Недра, 1982 г:
2. Индрупский И.М., Ястребкова К.А., Шупик Н.В. Международная конференция «Тюмень-2015. Глубокие горизонты науки и недр». Тюмень, 2015

References

3. SPE 7561 Factor affected water blocking and gas flow from hydraulically fractured gas wells, Holditch, 1979.

Способ проведения анализа скважин различной конструкции

Х.Х. Сулейманов* (ООО «РН-БашНИПИнефть»), А.Э. Федоров (ООО «РН-БашНИПИнефть»)

Введение

Истощение традиционных запасов нефти приводит к росту добычи трудноизвлекаемых запасов (ТРИЗ) нефти и большого количества опытно-промышленных работ (ОПР) для их разработки. Для оценки фактической эффективности новых технологий заканчивания или их модификаций в настоящее время широко используется подход сравнения скважин ОПР и базового фонда скважин на конкретном участке. При этом выбор размера участка и скважин базового фонда может быть субъективным [1], так же часто сбор информации и проведение анализа проводится вручную.

Таким образом, для обеспечения унификации проведения анализов и ускорения подготовки данных и визуализации результатов разработан способ проведения анализа скважин различной конструкции с реализацией в корпоративном ПО РН-КИН.Express в виде отдельного модуля.

Разработанный способ проведения анализа

В общем виде, способ проведения анализа представлен ниже:

1. Определение базовых скважин окружения для каждой целевой скважины с учетом ограничений по радиусу поиска, работы на разные объекты/пласты, системы расстановки скважин и пользовательских настроек.

2. Усреднение показателей базовых скважин окружения для целевой скважин (на примере коэффициента продуктивности - PI):

$$PI_{средняя базовая скважина_i} = \frac{\sum_{j=1}^{N_{базовая скважина, i}} PI_{базовая скважина_j}}{N_{базовая скважина_i}}$$

3. Расчет кратности (K_i) показателей каждой целевой скважины относительно средних показателей базовых скважин окружения:

$$K_{PI_i} = \frac{PI_{целевая скважина_i}}{PI_{средняя базовая скважин_i}}$$

4. Расчет средней кратности (K) показателей целевых скважин относительно базовых скважин окружения:

$$K_{PI} = \frac{\sum_{i=1}^{N_{ГС}} K_{PI_i}}{N_{ГС}}$$

где: i – номер целевых скважин, i = {1,..., $N_{целевых скважин}$}; $N_{базовых\ скважин}$ – количество базовых скважин в окружении каждой целевой скважины; $N_{целевых скважин}$ – количество целевых скважин, участвующих в анализе.

Использование подобного подхода позволяет проводить анализ скважин различной конструкции при прочих равных условиях с возможностью гибкого изменения критериев определения скважин окружения.

Для программной реализации описанного способа в виде модуля был разработан алгоритм, в общем виде представленный на рисунке Рисунок 1.

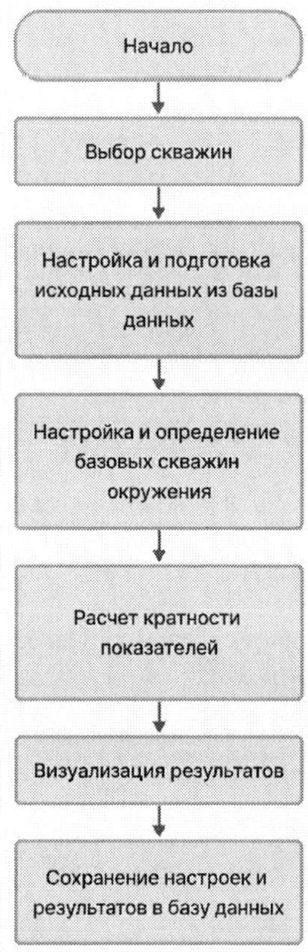

Рисунок 1. *Общее описание алгоритма работы модуля*

Описанный алгоритм позволяет унифицировать и автоматизировать процесс проведения анализа с возможностью оперативной актуализации.

Примеры использования разработанного способа

Пример 1. Применение ГС с МГРП с продольными трещинами ГРП различной длины и с различным числом стадий ГРП.

Оценивалось влияние удельной загрузки проппанта на порт на метр эффективной толщины для горизонтальных скважин (ГС) с многостадийными трещинами гидроразрыва пласта (МГРП). В качестве базовых скважин окружения были выбраны наклонно-направленные скважины (ННС) с ГРП в радиусе двух километров, работающих на те же пласты, что и ГС с МГРП и относящихся к той же системе разработки (рисунок Рисунок 2). Основные выводы по результатам анализа (рисунок Рисунок 3):

- Наблюдается прирост кратности и абсолютных значений удельных коэффициента продуктивности и накопленной добычи жидкости при увеличении кратности и абсолютных значений удельной массы проппанта на стадию.
- В среднем увеличение массы проппанта в 2 раза приводит к увеличению продуктивности и накопленной добычи жидкости в 1,7-2 раз.

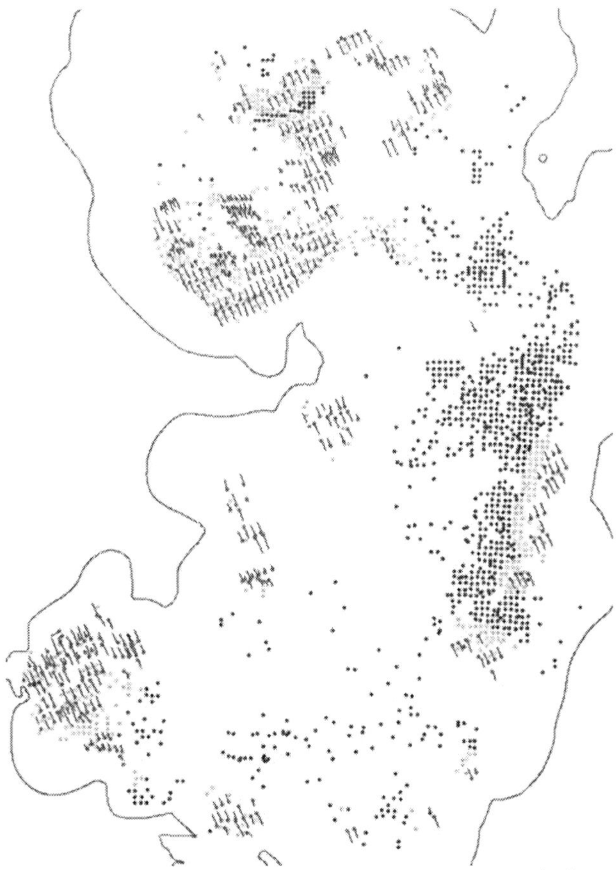

Рисунок 2. *Относительное расположения целевых скважин (ГС) и скважин базового фонда (ННС). Красные точки – ГС с МГРП; зеленые точки – ННС с ГРП, относящиеся к окружению ГС с МГРП; фиолетовые точки – ННС с ГРП, не являющиеся окружением*

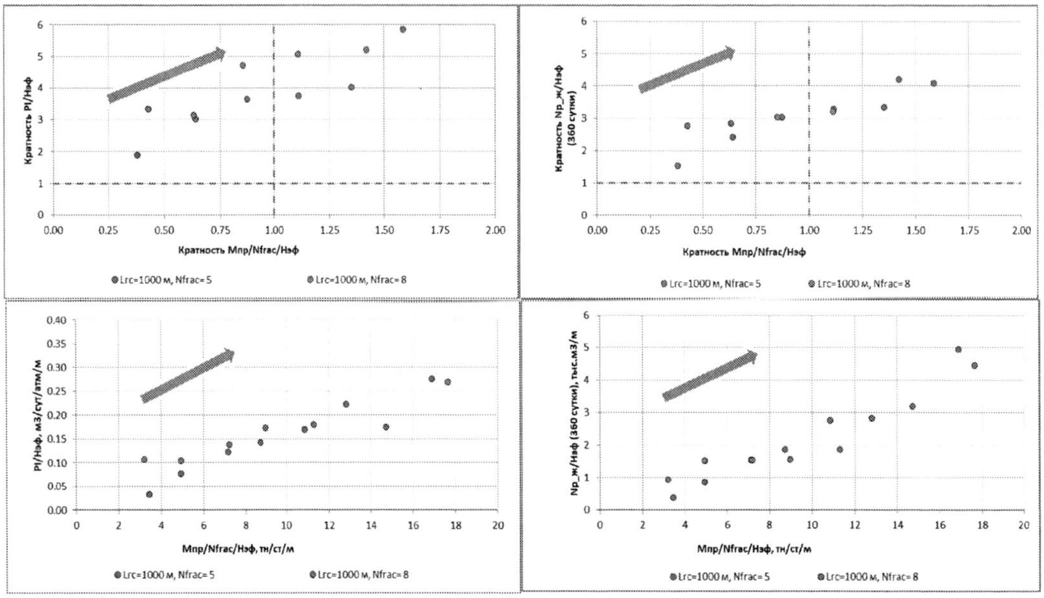

Рисунок 3. *Кроссплоты зависимости показателей добычи от загрузки массы проппанта*

Пример 2. Применение ГС с МГРП с продольными трещинами ГРП различной длины и с различным числом стадий ГРП.

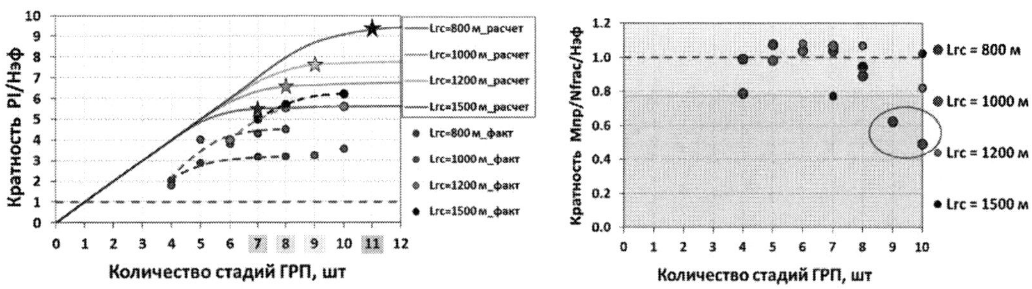

Рисунок 4. *Кроссплоты кратности параметров по ГС с МГРП с разными длинами и количеством портов*

Оценивалось влияние изменение количества портов и длин горизонтальных участков ГС с МГРП. В качестве базовых скважин окружения были выбраны ННС с ГРП в радиусе двух километров, работающих на те же пласты, что и ГС с МГРП и относящихся к той же системе разработки (рисунок Рисунок 2). Основные выводы по результатам анализа (рисунок Рисунок 4):

- С увеличением количества продольных трещин МГРП фактическая кратность запускного коэффициента продуктивности возрастает до «предельного» значения вплоть до достижения расстояния между стадиями МГРП «граничного» значения ~125-150 м. Уплотнение стадий продольных трещин МГРП свыше 150 м нецелесообразно.
- Одновременное увеличение количества стадий ГРП и снижение удельной массы проппанта на порт не целесообразно по причине увеличения затрат и снижения кратности продуктивности и удельной добычи ГС с МГРП.

Выводы

Разработанный способ анализа скважин различной конструкции и программное обеспечение на его основе позволяет унифицировать и автоматизировать процесс проведения анализа эффективности применения различных ОПР, что позволяет эффективно планировать стратегию разработки месторождений.

Возможность сохранения настроек проведения конкретного анализа в корпоративную базу данных обеспечивает прозрачность и возможность оперативного повторения анализа при поступлении новой информации.

Methodology for analyzing the actual ratio of horizontal and directional wells performance indicators

Библиография

1. Мирошниченко А.В. Методика анализа фактической кратности показателей работы горизонтальных скважин с множественными трещинами гидроразрыва относительно показателей работы наклонно направленных скважин / А.В. Мирошниченко, В.А. Коротовских, Т.Р. Мусабиров, А.Э. Федоров. // Нефтяное хозяйство. – 2021. - №11 – с. 42-47

References

1. Miroshnichenko A.V. Methodology for analyzing the actual ratio of horizontal and directional wells performance indicators / Miroshnichenko A.V., Korotovskikh V.A., Musabirov T.R, Fedorov A.E. // Oil Industry. – 2021. - №11 – p. 42-47

Применение кластеризации для выделения механотипов при проектировании дизайнов ГРП

Е.Р. Шамсутдинова* (ООО «РН-БашНИПИнефть»), А.И. Федоров (ООО «РН-БашНИПИнефть»)

Введение

Одной из тенденций последних лет является повышение роли геомеханического моделирования при разработке месторождений [1]. К геомеханическим задачам, помимо классических задач по обеспечению устойчивости ствола скважины при бурении, относятся явления формирования трещин гидроразрыва пласта [2], уплотнения коллекторов [3], реактивации крупномасштабных разломов и микромасштабных систем трещиноватости [4], эффекты самопроизвольного роста трещин гидроразрыва пласта (автоГРП) [5] и многие другие. При решении данных задач специалисты часто сталкиваются с необходимостью автоматизации рутинных операций для скважин всего месторождения или его части.

Эффективную разработку сверхнизкопроницаемых высокорасчлененных коллекторов невозможно осуществлять без применения горизонтальных скважин (ГС) с многостадийным гидроразрывом пласта (МГРП). Современный вектор развития МГРП направлен от индивидуальных работ к интегрированным проектам, объединяющим в себе задачи геологического моделирования, прикладной геомеханики, гидроразрыва пласта и оптимизации разработки.

Важным аспектом интегрированного проектирования является использование интегрированных моделей, что, в частности, предполагает интерпретацию данных геофизических исследований скважин (ГИС) в привязке к геомеханическим данным с выделением как литологических, так и механических типов (механотипов).

В настоящей работе рассматривается интегрированный подход для проектирования дизайна ГРП. В основе лежит модель механических свойств и напряжений, построенная и откалиброванная в рамках разработки проекта бурения.

Задачи кластеризации

Задача кластеризации – это задача разделения объектов одной природы на группы так, чтобы объекты в одной группе обладали одним и тем же набором свойств или были близки друг к другу относительно некоторой выбранной метрики [6, 7]. Использование кластеризации, как инструмента, подразумевает повторяемость работы алгоритма.

Для решения задачи выбраны следующие алгоритмы кластеризации [8]: модель смеси гауссовых распределений с единственной дисперсией, модель смеси гауссовых распределений с единой ковариационной матрицей, спектральная кластеризация, агломеративная иерархическая кластеризация, BIRCH (Balanced Iterative Reducing and Clustering using Hierarchies – иерархическая кластеризация). Кроме того, реализованы две стратегии кластеризации: 1) использование единственного метода кластеризации; 2) метод голосования – комплексирование результатов нескольких разнотипных методов. Для определения количества кластеров использован метод «локтя» [9] как наиболее простой и стабильный.

В основу стратегии, в которой задействовано несколько методов кластеризации, заложено требование устойчивости: устойчивая типология должна сохраняться при изменении метода кластеризации. При выборе стратегии кластеризации под различные задачи алгоритм также предусматривает кластеризацию с учетом стратиграфии (разбиения по зонам и/или литологии), а также ограничение по минимально допустимой толщине интервала с однородной механической фацией по высоте [10].

Кластеризация и дизайн ГРП

Результаты кластеризации могут быть использованы при построении модели усредненных свойств вместо литологической колонки. В работе также показаны результаты кластеризации, выполненной на нескольких скважинах месторождения в автоматическом режиме. Многоскважинная кластеризация позволяет унифицировать механотипы на всем месторождении или его части, а также проследить изменение механических свойств и структуры пород с глубиной (Рисунок 1).

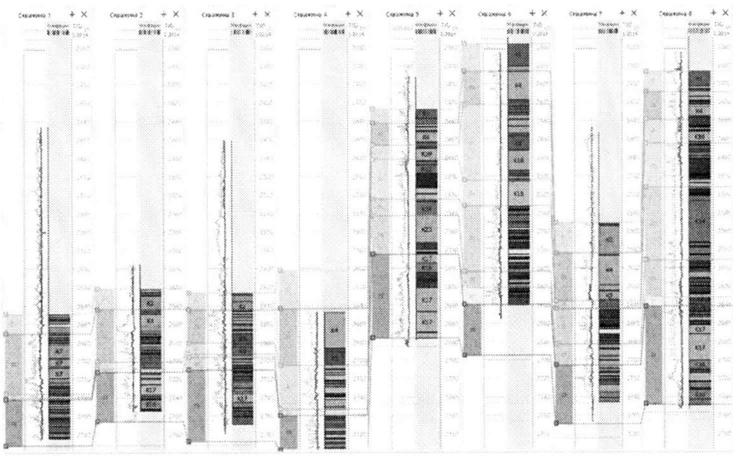

Рисунок 1. *Результат многоскважинной кластеризации.*

Кроме того, методы многоскважинной кластеризации можно использовать для создания библиотеки механических фаций, которая в дальнейшем может быть использована при проектировании дизайнов ГРП (Рисунок 2).

Зона	Фация	Модуль Юнга, ГПа	Коэффициент Пуассона
Z1	1	27,77	0,29
	2	19,83	0,33
	3	21,44	0,33
Z2	4	29,81	0,28
	5	20,43	0,33
	6	57,52	0,27
	7	28,55	0,26
Z3	8	30,68	0,27
	9	20,11	0,33
	10	25,43	0,30
	11	49,38	0,28
Z4	12	26,13	0,26
	13	19,02	0,33
	14	31,43	0,29
	15	26,57	0,30
Z5	24	28,16	0,29
	25	31,37	0,27
	26	43,24	0,27
	27	28,73	0,27
Z6	20	17,53	0,33
	21	31,35	0,28
	22	29,04	0,26
	23	27,40	0,30
Z7	28	30,97	0,28
	29	50,64	0,26
	30	28,14	0,27
Z8	16	23,31	0,32
	17	32,20	0,29
	18	31,61	0,28
	19	17,49	0,33

Рисунок 2. *Библиотека механических свойств.*

В основе интегрированного подхода к проектированию дизайна ГРП лежит модель механических свойств и напряжений, построенная и откалиброванная по событиям в процессе бурения [10]. Модель разбита на участки согласно реализованным алгоритмам выделения механотипов по данным акустического каротажа. На основании модели механических свойств и напряжений в симуляторе ГРП [11] проведено моделирование дизайна гидроразрыва пласта.

Показано сравнение полученного интегрированным методом дизайна с дизайном, полученным классическим способом с разбиением разреза согласно литологии (Рисунок 3).

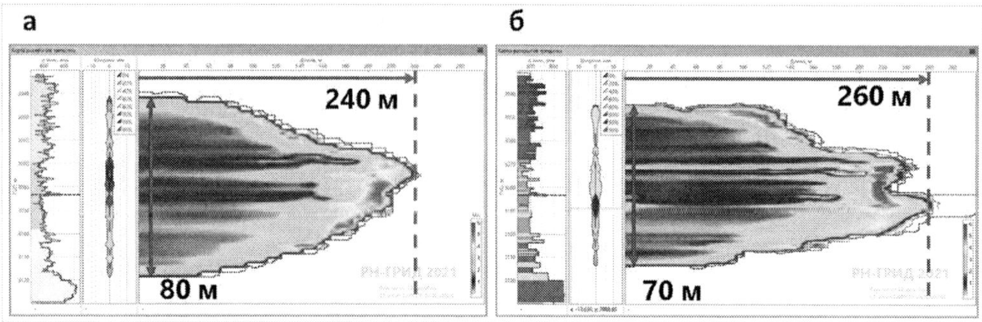

Рисунок 3. *Сравнение дизайнов ГРП (а – без использования механотипов, б – с использованием механотипов).*

Выводы

Применение методов кластеризации при подготовке дизайна ГРП дает возможность подобрать оптимальное разбиение расчетной сетки, учитывающее ключевые особенности распределения механических свойств по разрезу. При стандартном подходе с использованием разбиения по литологическому признаку не всегда удается воспроизвести изменчивость механических свойств разреза, что в итоге может негативно влиять на достоверность результатов моделирования.

Кластеризация позволяет не выполнять дополнительное разбиение в тех областях, в которых механические свойства являются однородными, но при этом учитывать наличие тонких прослоев с контрастными механическими свойствами. Методы многоскважинной кластеризации можно использовать для построения механофациальных моделей или для создания библиотеки механических фаций.

Изложенные в работе уникальные алгоритмы кластеризации реализованы в геомеханическом симуляторе «РН-СИГМА» [12].

Библиография

1. Поляков Д.А., Павлов В.А., Морева В.А., Ельсов П.В., Самойлов М.И., Нечаев А.С. Новый подход к внедрению результатов геомеханического моделирования в производственные процессы добывающих обществ ПАО «НК «Роснефть». Экспозиция Нефть Газ, 2021, №6 (85).
2. Gupta J.K., Zielonka M.G., Albert R.A., Wadood E.R., Burnham H.A., and Nancy H.C. Integrated Methodology for Optimizing Development of Unconventional Gas Resources. SPE Hydraulic Fracturing Technology Conference, The Woodlands, Texas, USA, February 2012.
3. Ghabezloo S., Sulem J., Guedon S., Martineau F. (2008) Effective stress law for the permeability of a limestone. International Journal of Rock Mechanics and Mining Science.
4. Yang X., Pan Y., Fan W., Huang Y., Zhang Y., Wang, L., Wang L., Teng Q., Qiu, K., Feng S. Case Study: 4D Reservoir Geomechanics Simulation of an HP/HT Naturally Fractured Reservoir. SPE Kuwait Oil & Gas Show and Conference, Kuwait City, Kuwait, October 2017.
5. Мальцев В.В., Асмандияров Р.Н., Байков В.А., Усманов Т.С., Давлетбаев А.Я. Исследование развития трещин автоГРП на опытном участке Приобского месторождения с линейной системой разработки. Нефтяное Хозяйство, 2012, №5, Стр.70-73.

6. Николенко С.И., Тулупьев А.Л. Самообучающиеся системы. – М.: МЦНМО, 2009. – 288 с.

7. Мандель И.Д. Кластерный анализ. – М.: Финансы и Статистика, 1988. – 176 с.

8. Lance G.N., Williams W.T. A general theory of classificatory sorting strategies: 1. Hierarchical systems // Comp. J. – 1967. – № 9. – P. 373–380.

9. Integration K-Means Clustering Method and Elbow Method For Identification of The Best Customer Profile Cluster / M.A. Syakur, B.K. Khotimah [et al.]// IOP Conf. Series: Materials Science and Engineering. – 2018. – № 336. – P. 1–6.

10. Ардисламова Д.Р., Кадырова К.Р., Сыпченко С.И., Федоров А.И., Хабиров С.С., Синяков И.В., Михайлов Б.О. Использование методов кластеризации при моделировании гидроразрыва пласта. Нефтяное Хозяйство, 2022, №11, Стр.112-117.

11. https://rn.digital/rngrid/

12. https://rn.digital/rnsigma/

References

1. Polyakov D.A., Pavlov V.A., Moreva V.A., Elsov P.V., Samoilov M.I., Nechaev A.S. A new approach to the implementation of the results of geomechanical modeling in the production processes of the Production Companies of "NK "Rosneft" PJSC. Exposition Oil&Gas, 2021, №6 (85). (In Russ.)

2. Gupta J.K., Zielonka M.G., Albert R.A., Wadood E.R., Burnham H.A., and Nancy H.C. Integrated Methodology for Optimizing Development of Unconventional Gas Resources. SPE Hydraulic Fracturing Technology Conference, The Woodlands, Texas, USA, February 2012.

3. Ghabezloo S., Sulem J., Guedon S., Martineau F. (2008) Effective stress law for the permeability of a limestone. International Journal of Rock Mechanics and Mining Science.

4. Yang X., Pan Y., Fan W., Huang Y., Zhang Y., Wang, L., Wang L., Teng Q., Qiu, K., Feng S. Case Study: 4D Reservoir Geomechanics Simulation of an HP/HT Naturally Fractured Reservoir. SPE Kuwait Oil & Gas Show and Conference, Kuwait City, Kuwait, October 2017.

5. Maltsev V.V., Asmandiyarov R.N., Baikov V.A., Usmanov T.S., Davletbaev A.Ya. Testing of auto hydraulic-fracturing growth of the linear oilfield development system of priobskoe oilfield. Oil Industry, 2012, №5, P.70-73. (In Russ.)

6. Nikolenko S.I., Tulup'ev A.L., Samoobuchayushchiesya sistemy (Self-learning systems), Moscow: Publ. of MTsNMO, 2009, 288 p. (In Russ.)

7. Mandel' I.D., Klasternyy analiz (Cluster analysis), Moscow: Finansy i Statistika Publ., 1988, 176 p. (In Russ.)

8. Lance G.N., Williams W.T. A general theory of classificatory sorting strategies: 1. Hierarchical systems // Comp. J. – 1967. – № 9. – P. 373–380.

9. Integration K-Means Clustering Method and Elbow Method For Identification of The Best Customer Profile Cluster / M.A. Syakur, B.K. Khotimah [et al.]// IOP Conf. Series: Materials Science and Engineering. – 2018. – № 336. – P. 1–6.

10. Ardislamova D.R., Kadyrova K.R., Sypchenko S.I., Fedorov A.I., Khabirov S.S., Siniakov I.V., Mikhailov B.O. Using clustering methods in hydraulic fracturing modeling. Oil Industry, 2022, №11, P.112-117. (In Russ.)

11. https://rn.digital/rngrid/

12. https://rn.digital/rnsigma/

Сервис по геологическому заканчиванию скважин

М.П. Филимонов* (АО «ИГиРГИ»)

Введение

В настоящее время для эффективной разработки месторождений недропользователи все чаще прибегают к бурению горизонтальных скважин, что в свою очередь увеличивает риски и неопределённости, как на стадии строительства, так и при последующей эксплуатации. Ключевым фактором в эффективной разработке месторождений является выбор оптимальной технологии заканчивания скважин с учетом анализа всей имеющейся геолого-геофизической информации.

Методика подбора оборудования для нижнего заканчивания скважин

Методика подбора оптимального оборудования и выдачи рекомендаций по геологическому заканчиванию скважины включает несколько этапов:

I. Предбуровой этап: Анализ технологического режима и схем заканчивания скважин окружения в районе бурения проектной скважины. Выявление причин осложняющих эксплуатацию скважин и достижение плановых показателей, и рисков для проектной скважины.

II. Геологическое сопровождение бурения скважин: Уточнение рисков, выявленных на предбуровом этапе.

III. Комплексирование поступающей информации: Анализ применимости на месторождении эффективных практик по заканчиванию используемых в РФ и мире.

IV. Заканчивание скважины: Разработка оптимальной схемы заканчивания скважин. И ее согласование с Заказчиком.

Типовые конструкции скважин:

Открытый ствол используется в случае отсутствия рисков по прорыву нецелевого флюида в ствол скважины в ближайшей и долгосрочной перспективе, отсутствуют риски обрушения стенок ствола скважины. Ремонтно-изоляционные работы (РИР) трудозатратны и связаны с необходимостью нормализации забоя.

Сегментирующая конструкция используется в случае наличия рисков по прорыву нецелевого флюида в ствол скважины в долгосрочной перспективе, с целью обеспечения возможности проведения РИР в интервале поступления нецелевого флюида. Мероприятия по РИР менее трудозатратны. (2-х пакерные компоновки).

Изолирующая конструкция является разновидностью сегментирующих компоновок. Используется в случае наличия рисков поступления нецелевого флюида в ствол скважины сразу после освоения скважины. Мероприятия по РИР по трудозатратам такие же, как и в случае сегментирующих компоновок.

Муфты контроля притока (МКП) / Муфты гидроразрыва пласта (МГРП) / Устройства Контроля Притока (УКП) / Автономные Устройства Контроля Притока (АУКП).

Используется для организации мероприятий по управлению притоком флюида в ствол скважины без использования дополнительных материально технических ресурсов (МТР) на проведение мероприятий по РИР. Наименее трудозатратный и наименее металлоёмкий вариант для проведения мероприятий по управлению притоком / РИР.

Примеры решенных задач методами заканчивания скважин

I. Применение дополнительных пакеров в газо-/ нефте-/ водонасыщенных зонах (ГНВЗ).

Одним из эффективных способов борьбы с ранними прорывами газа в ГНВЗ в терригенных коллекторах являются мероприятия по посадке башмака эксплуатационной колонны (БЭК) ниже газонефтяного контакта (ГНК) и использование в составе хвостовиков дополнительных заколонных пакеров.

Применение таких пакеров на одном из месторождений в Западной Сибири позволило:
- Исключить преждевременные прорывы газа (Рисунок. 1).
- Исключить выбытие скважин в бездействие по влиянию высокого ГФ.

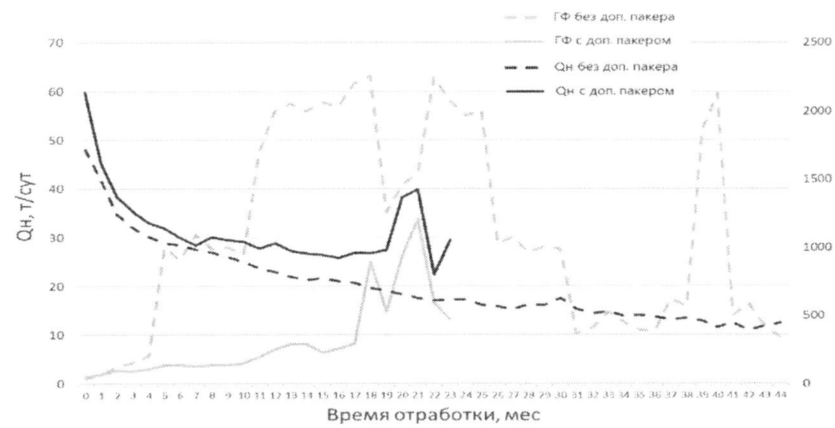

Рисунок 1. *Показатели среднего газового фактора (ГФ) и среднего дебита нефти (Qн) по новым скважинам, введенным в 2021-2023гг..*

II. Применение сегментирующих компоновок для перспективных ГТМ.

На месторождениях, находящихся в начальной стадии разработки для целей управления притоком в ГС при заканчивании предусматривается герметичное деление ГС по заколонному пространству на сегменты. Таким образом, после прорыва нецелевого флюида в ствол скважины есть возможность проведения мероприятий по РИР.

Так, использование 2-х пакерной компоновки в скважине после прорыва воды на месторождении в Восточной Сибири позволило:
- Снизить обводненность продукции скважины без проведения дорогостоящих ГТМ, таких, как зарезка бокового ствола (ЗБС) или бурение новой скважины.
- Продлить эксплуатацию скважины в близком к безводному режиму на 1,5 года.

III. Строительство МЗС / МСС по технологии Taml 1 с использованием сегментирующей компоновки.

При строительстве МЗС для минимизации риска обрушения породы в точке срезки ОС из БС и продления эффекта от прироста дебита нефти (Qн) используется ориентированный проходной клин-отклонитель с негерметичным стыком с ОС. Цель сегментирования – обеспечение избирательного управления притоком в ствол скважины после прорыва нецелевого флюида.

Так, использование проходного клина для срезки из БС в основной ствол на одном из месторождений в Западной Сибири позволило:
- Сократить длину не обсаженной части ГС.
- Минимизировать риск коллапса не обсаженной части ГС.
- Продлить эффект от строительства МЗС приростом Qн среднего.

Прирост Qн ср. от МЗС пробуренных по данной технологии на месторождении в Зап. Сибири по итогам 2022-2023 годов составил 64% (Рисунок 2) .

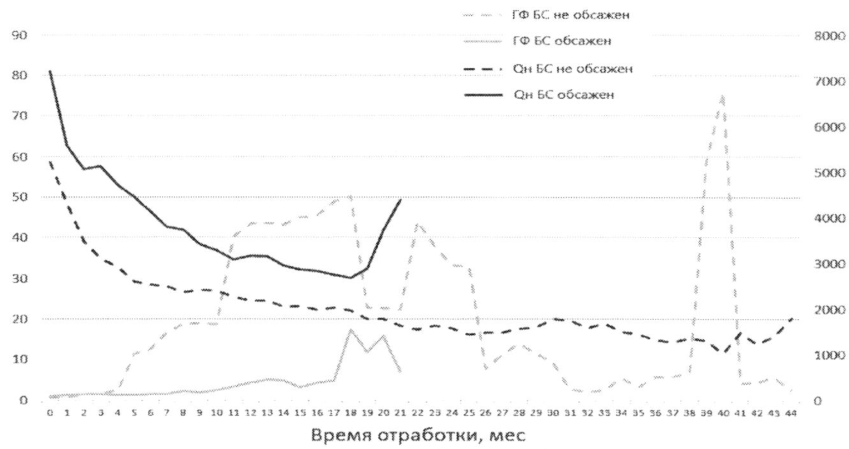

Рисунок 2. *Средние показатели дебита нефти в добывающих скважинах в зависимости от конструкции.*

IV. Применение изоляционных компоновок

На месторождениях в поздней стадии разработки по результатам уплотняющего бурения, подтверждается неравномерная выработка запасов (насыщение) по разрезу и латерали. Для перекрытия промытых интервалов используются изоляционные компоновки заканчивания.

Так, использование при заканчивании скважин изоляционных компоновок на месторождении в Восточной Сибири позволяет:
- Продлить эксплуатацию скважины в близком к безводному режиму на 5-6 мес. на месторождении в Восточной Сибири.
- Увеличить выработку запасов на скважину по вертикали и латерали.

V. Изоляционные компоновки с использованием технологии Taml 3 light для бурения МЗБС.

Для минимизации затрат на бурение новой скважины в районе интенсивной выработки запасов применяется технология Taml 3 light подразумевающая бурение БС и его эксплуатацию без потери добычи из материнского ствола.

Так, использование технологии на месторождении в Восточной Сибири позволило:
- Вовлечь в разработку дополнительные остаточные запасы.
- Минимизировать затраты на проведение ГТМ.
- Увеличить прирост от ЗБС без потери дебита из материнского ствола.

Прирост Qн пускового дебита по одной из скважин месторождения в Восточной Сибири составил 258%.

VI. Применение АУКП в зонах ГНВЗ

Использование АУКП в ГНВЗ на месторождении в Западной Сибири позволило:

- Продлить эксплуатацию скважин без прорывов газа.
- Продлить эксплуатацию скважин без прорыва подошвенной воды. У скважин наблюдается плавный, не прорывной характер обводнения продукции.

Тем самым, увеличить выработку запасов на скважину (Рисунок 3).

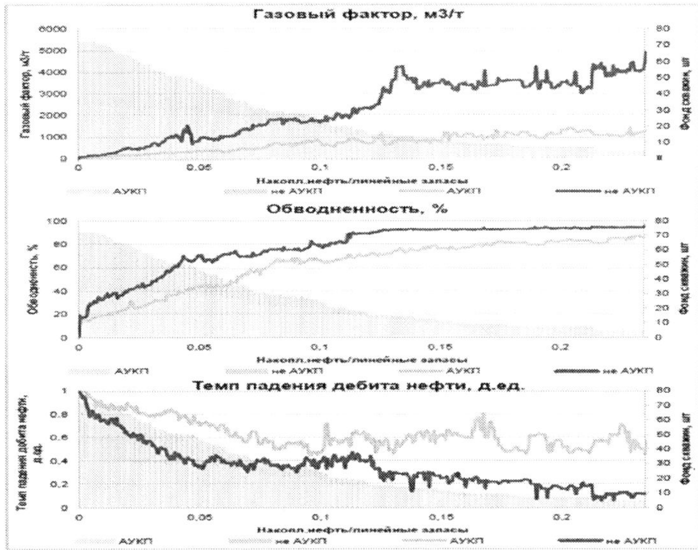

Рисунок 3. *Динамика основных показателей работы скважины с использованием АУКП.*

Выводы

Реализация рекомендаций группы по геологическому сопровождению заканчивания скважин на объектах заказчика позволяет решать комплексные задачи:

- Внедрение лучших практик в периметре Компании.
- Достижение максимального Qн.
- Минимизация ГФ и W%.
- Обобщение опыта, систематизация подхода, каталогизация по направлению заканчивания скважин.

Библиография / References

1. M.. Kuvakina, Y.. Makarov, O.. Zhuravlev. Well Completion Selection to Increase the Efficiency of Contact Reserves Development on Example of Van-Yoganskoye Field, // SPE-176525-MS, https://doi.org/10.2118/176525-MS

2. Oleg Zhuravlev, Roman Shchelushkin. Modeling of Completion Installation That Meets Modern Conditions of Work Performance // SPE-176556-MS, https://doi.org/10.2118/176556-MS

3. S. V. Delia; M. V. Chertenkov; A. V. Zhakovschikov; V. V. Matsashik; O. N. Zhuravlev; R. V. Shchelushkin. Field Tests of a New Generation of Flow Control Unit Able to Prevent the Gas Breakthrough in Oil Wells // SPE-178417-MS, https://doi.org/10.2118/178417-MS

4. Semenov A.A., Islamov R.A., Nukhaev M.T., Design of Inflow Control Devices At Vankor field (in Russian) // Oil Industry, 2009, no. 11, pp. 20-23

5. M.S.Kuvakina. Varyeganneftegaz: Increasing Production with Smart Well Completions // ROGTEC, ROSNEFT Scientific and Technical Newsletter (Nauchno-technicheskiy Vestnik OAO “NK “Rosneft”) No.1, 2015, pp.36. ISSN 2-74-23396.

6. Antonenko D.A., Murdygin R.V., Khatmullina E.I., Amiryan S.L. Estimation of Efficiency of Inflow Control Equipment for Horizontal Wells (in Russian). // Oil Industry, 2007, no. 11, pp. 84-87.

7. Nukhaev M., Zhuravlev O., Shchelushkin R.,Andrianov O. Specific Features of Horizontal Drilling Equipment (in Russian). // Neftagaz, 2014, no. 4, pp. 20-24.

Управление заводнением с использованием методов машинного обучения

М.Н. Харисов (ООО «РН-БашНИПИнефть»)

Введение

Заводнение является одним из основных методов повышения эффективности разработки нефтяных месторождений. Рационализация системы поддержания пластового давления включает проведение геолого-технических мероприятий (ГТМ) по изменению приемистости нагнетательных скважин для увеличения добычи флюида на реагирующем добывающем фонде. Применение методов машинного обучения для поиска скважин на проведение ГТМ способно существенно снизить затрачиваемое на данный процесс время, обеспечивая высокое качество подобранных кандидатов.

Метод

На практике, эффект от заводнения может проявляться не сразу, поэтому в качестве ММО использована рекуррентная нейронная сеть с долговременной краткосрочной памятью (Long Short-Term Memory, LSTM), способная к обучению зависимостям, проявляющимся через длительные промежутки времени [1].

Традиционная рекуррентная нейронная сеть представляет собой цепь повторяющихся элементов нейронной сети, каждый предыдущий элемент которой передает информацию последующему. Обычно, повторяющийся элемент имеет простую структуру и представляет собой один слой с гиперболической функцией активации (рисунок 1).

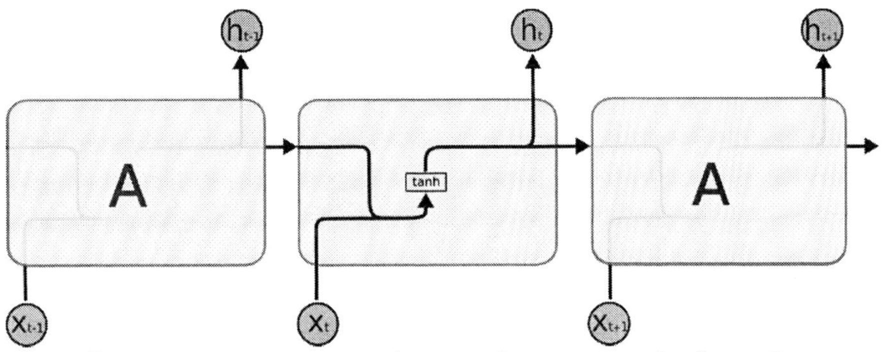

Рисунок 1. *Блок-схема структуры традиционной рекуррентной нейронной сети*

При такой структуре нейронной сети влияние входной информации на x_0, x_1на выходные значения h_{t+1} на больших значениях t становится слабым (рисунок 2).

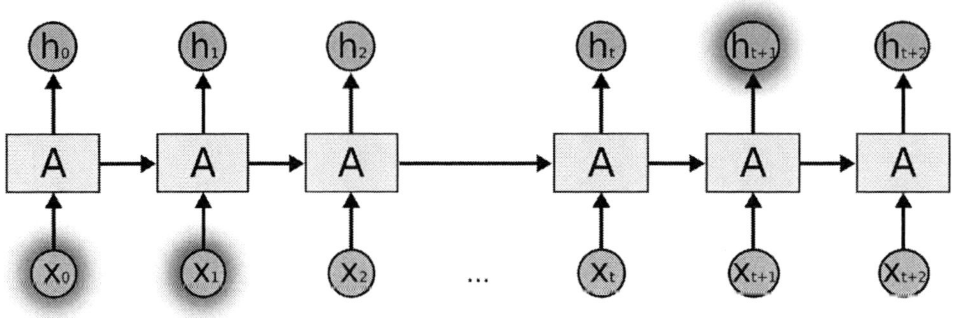

Рисунок 2. *Схема распространения информации в традиционной нейронной сети*

В отличие от традиционной, рекуррентная нейронная сеть с долговременной краткосрочной памятью состоит из повторяющихся элементов с системой фильтров, обеспечивающей передачу полезной информации вдоль всей своей структуры (рисунок 3).

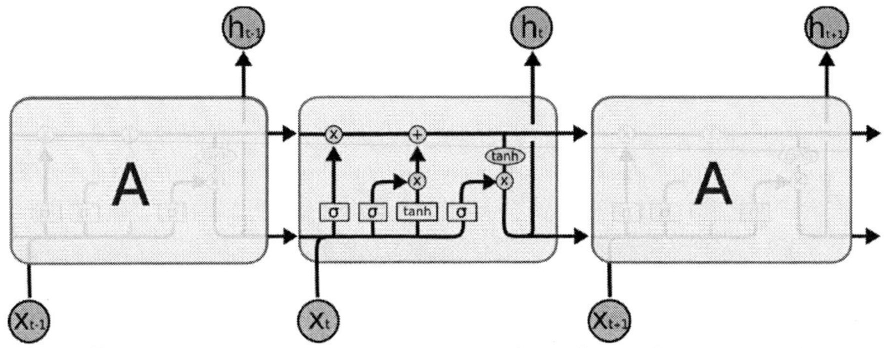

Рисунок 3. *Блок-схема структуры рекуррентной нейронной сети с долговременной краткосрочной памятью*

Примеры

Входные данные для LSTM-модели состоят из:

- матрицы размерностью $125 x 37$, содержащую исторические значения 37-ми геолого-физических и промыслово-технологических характеристик по анализируемой скважине и ее ближайшим добывающим и нагнетательным соседям за 125 последовательных дней.
- матрицы размерностью $50 x 4$, содержащую планируемые значения приемистости по 3-м ближайшим нагнетательным соседям (рисунок 4) и суммарную планируемую приемистость по всем нагнетательным скважинам в радиусе одного километра.

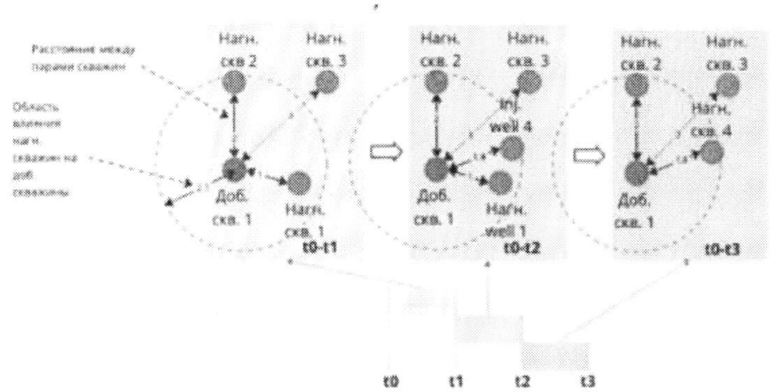

Рисунок 4. *Определение ближайших нагнетательных скважин методом скользящего окна*

Обучение проводилось на исторических данных за период с 2020 г. по 2021 г., для валидации использовались данные за период с 2021 по 2022 г., для тестирования – данные за период с 2022 по 2023 г. $MAPE$ на обучающей выборке составило менее 5 %.

Гистограмма парного коэффициента корреляции между фактическими значениями дебита жидкости по добывающим скважинам и приемистости ближайшей нагнетательной скважины представлена на рисунке 5. Важно отметить, что эффект от увеличения приемистости, на практике, может проявляться как в увеличении дебита жидкости реагирующей добывающей скважины, так и в снижении темпов его падения.

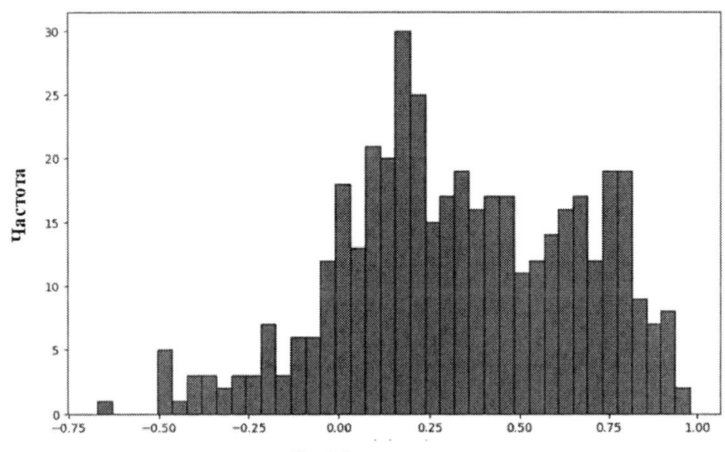

Рисунок 5. *Гистограмма парного коэффициента корреляции между фактическими значениями дебита жидкости по добывающим скважинам и приемистости ближайшей нагнетательной скважины*

Пример ретроспективного прогноза дебита жидкости добывающей скважины при увеличении приемистости нагнетательных скважин ближайшего окружения представлен на рисунке 6. Полученные результаты характеризуются низким значением ошибки, адекватно описывая историческую динамику.

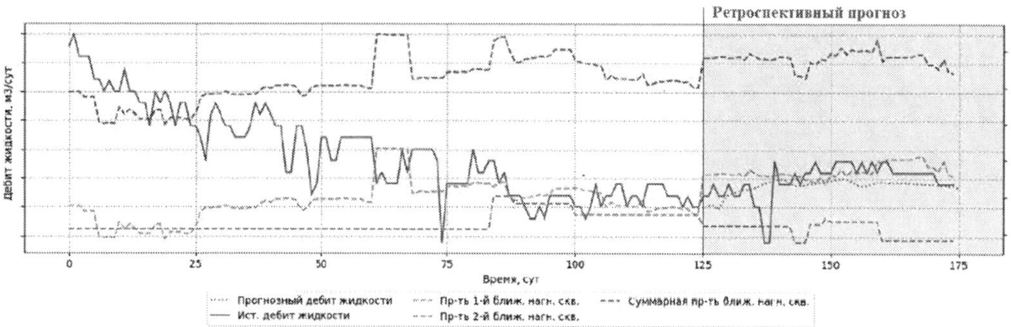

Рисунок 6. *Пример ретроспективного прогноза дебита жидкости*

Выводы

Рассмотренный в рамках настоящей работы способ управления заводнением с использованием методов машинного обучения в условиях анализируемых месторождений позволяет прогнозировать дебит жидкости добывающих скважин при изменении приемистости ближайших нагнетательных соседей с высокой скоростью и достаточной точностью.

Применение рекуррентной нейронной сети с долговременной краткосрочной памятью ограничивает диапазон прогноза сравнительно коротким периодом, для увеличения которого целесообразно применение альтернативных моделей машинного обучения, таких как Autoformer [3].

Библиография / References

1. Hochreiter S., Schmidhuber J. Long Short-Term Memory // Neural Computation. – 1997. – b. 9. – №. 8. – p. 1735-1780.
2. Olah C. et al. Understanding LSTM Networks. – 2015.
3. Wu H. et al. Autoformer: Decomposition Transformers with Auto-Correlation for Long-Term Series Forecasting //Advances in Neural Information Processing Systems. – 2021. – b. 34. – p. 22419-22430.

Геомодель

Экспертная система «ProБА®». Выбор технологических решений для разработки низкопроницаемых турбидитных коллекторов Западной Сибири

И.Р. Мукминов*, А.Ю. Кондратьев, Г.В. Волков, А.С. Рыбакова, А.С. Трушко, Ю.С. Березовский, Д.В. Кириллова (группа компаний «Газпром нефть»), И.А. Жданов (ФГАОУ ВО «НГУ»), С.В. Вахрушев, И.И. Боков (ФГАОУ ВО «СПбПУ»), О.С. Мерега (ФГАОУ ВО «Казанский (Приволжский) федеральный университет»), А.А. Денисенко, Д.И. Ситдиков, И.П. Кузнецов (ООО «Технологии Доверия-Консультирование»).

Введение

Целью работы является создание инструмента, позволяющего выполнять скрининг технологических решений по разработке, бурению, заканчиванию и интенсификации притока, а также определению периметра тиражирования наиболее эффективных решений, построение библиотеки технических решений для группы нефтяных пластов. Работа охватывает огромную по площади территорию (треть площади Западно-Сибирского региона), где происходило накопление осадков рассматриваемых низкопроницаемых турбидитных пластов в меловую эпоху.

Метод (и/или Теория)

В условиях недостаточности входных данных необходима последовательная систематизация и интеллектуальный анализ имеющейся информации. Эта задача решается путем создания экспертной системы, позволяющей интегрировать знания и опыт о целевом объекте на различных уровнях, провести интеллектуальную обработку имеющейся неполной и, зачастую, неточной информации, предложить аналоги и технологические решения, используя алгоритмы машинного обучения и анализа данных.

Работа состоит из трех больших частей. Первая часть заключается в выполнении типизации объектов по геологическим и геомеханическим характеристикам.

Вторая часть - поиск набора подходящих технических решений для добычи нефти из низкопроницаемых, неоднородных нефтяных залежей. Выполнена инженерия разработки, в которой решается задача нахождения оптимального решения в условиях неопределенности среди найденных решений. В заключении происходит оценка влияния геологических и технологических параметров совместно.

Третья – разработка web-приложения для интеграции алгоритмов по типизации, определению оптимальных технологических сценариев в соответствии с заданными свойствами объекта.

Примеры

На рисунке 1 приведен пример интерфейса разработанного web-приложения, состоящего из нескольких разделов. «Карта» - с информацией по залежам, объектам разработки, результатами тестирования технологических решений. «Участки планируемых ОПР» (рисунок 3), где выполняется подбор аналогов (рисунок 2) и технологических сценариев по разработке. «Энциклопедия» (рисунок 4), где содержится информация об объекте, методических подходах, описание технологий.

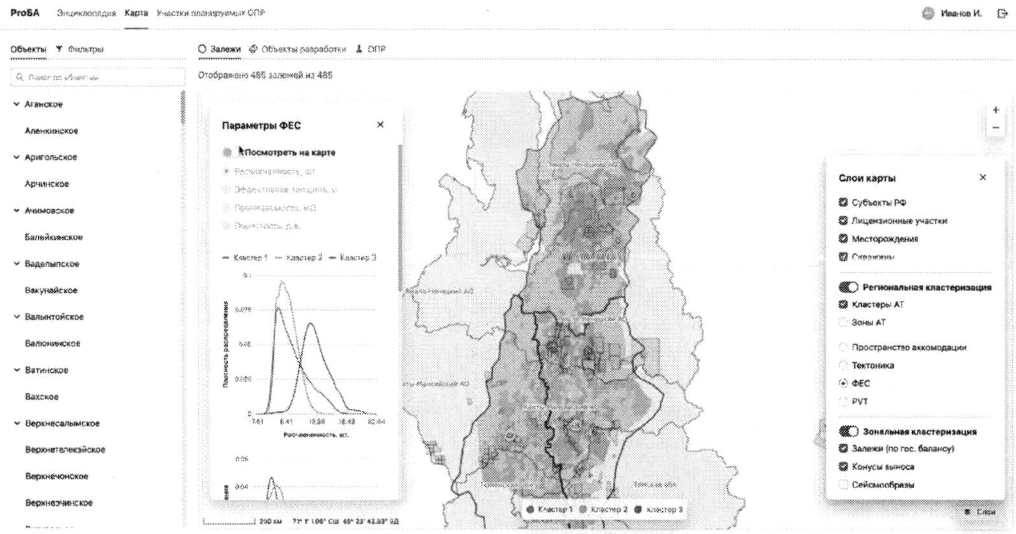

Рисунок 1. *Пример интерфейса экспертной системы Пример интерфейса экспертной системы*

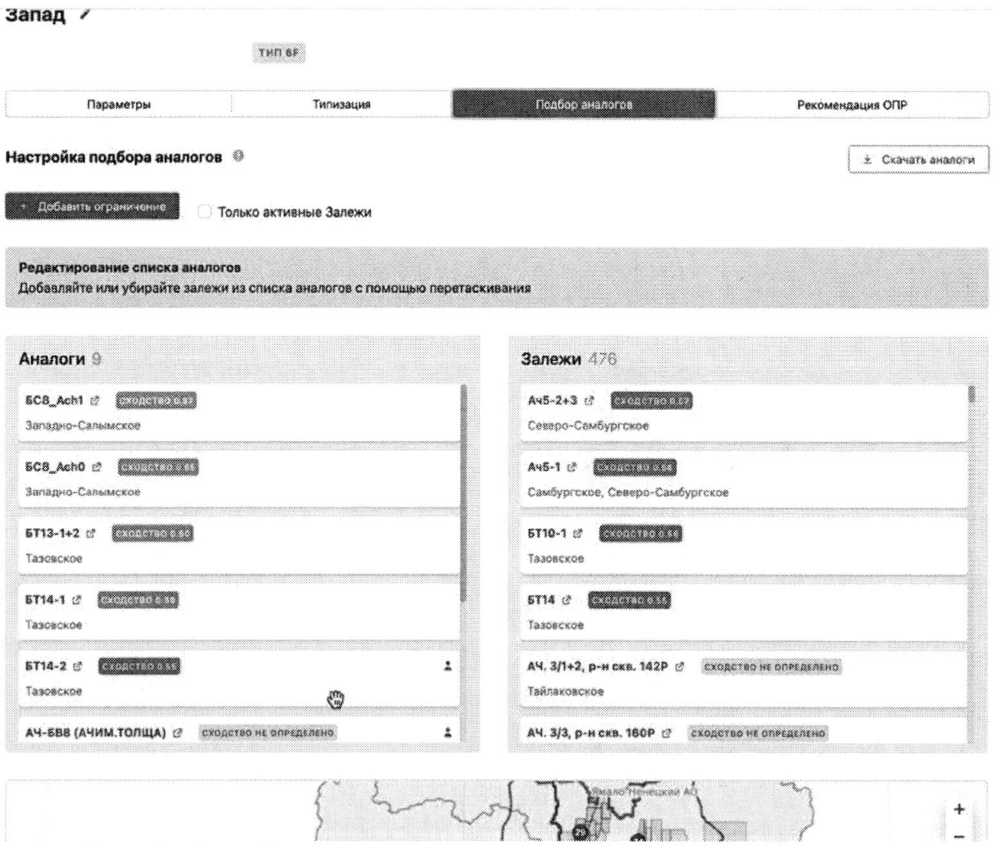

Рисунок 2. *Раздел подбора аналогов*

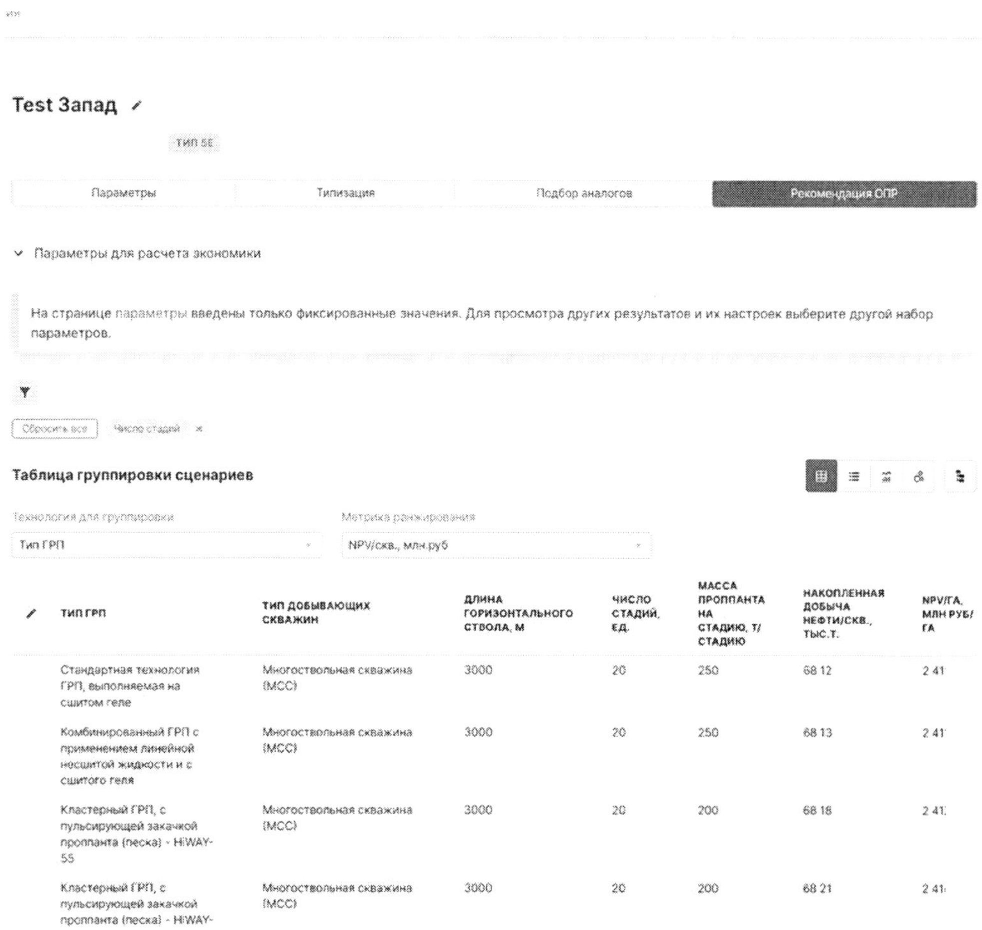

Рисунок 3. *Раздел «Рекомендации ОПР»*

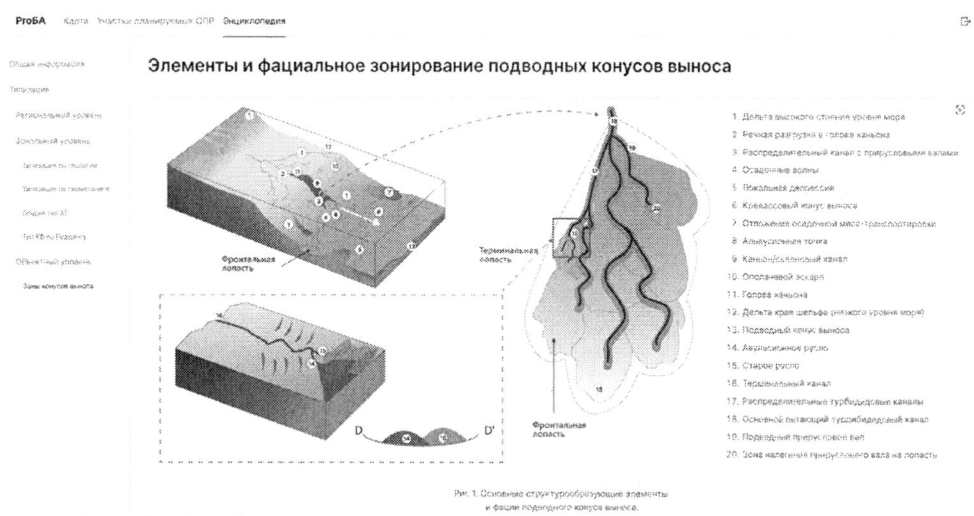

Рисунок 4. *Раздел «Энциклопедия»*

Выводы

В ходе работы выполнен сбор баз знаний, на основе которых проведена типизация объектов на региональном, зональном и объектном уровнях. Анализ разработки типовых объектов из разных зон подтвердил геологическую типизацию, так как месторождения, попавшие в один кластер, характеризуются действительно схожими параметрами разработки, темпами падения, стартовыми дебитами и т.д. В связи с чем предоставляется возможным в будущем тиражировать параметры разработки на неразрабатываемые участки, попавшие в один кластер.

В результате выделено 7 типов низкопроницаемых турбидитных объектов, различающихся по геологии, разработке и 6 типов – по геомеханике. Полученная кластеризация легла в основу приоритизации усилий по планированию и реализации пилотных работ по тестированию технологий в зависимости от потенциального экономического эффекта и объема инвестиций для объектов каждого типа.

Создана экспертная система для выбора оптимальной технологии разработки АТ, в которой пользователь на основе имеющейся у него информации об исследуемом объекте может получить статистику по наиболее схожим объектам (кластер), данные об опыте применения различных технологических решений на таких объектах, а также предложения по наиболее оптимальному технологическому сценарию для рассматриваемых условий. Данное web-приложение позволяет подбирать аналоги для объектов с целью восполнения недостающей информации, а также тиражирования технологий и подходов к разработке.

В работе описывается создание надежного инструмента планирования, пилотирования и разработки группы нефтяных пластов в РФ. Одновременно изучается полный набор технологий, применимых в условиях сложного геологического строения целевой толщи.

Непростые горизонты – системный подход к освоению запасов ачимовской толщи

Д.К. Хакимов* (ООО «СПД»), Д.В. Илюшин (ООО «СПД»), Д.И. Жигулина (Группа Компаний Газпромнефть), В.М. Идрисова (ООО «СПД»)

Введение

Изучаемое месторождение находится на территории Нефтеюганского района Ханты-Мансийского автономного округа – Югры Тюменской области в 140 км к югу-востоку от г. Ханты-Мансийска. Месторождение разрабатывается с 2004 года. Промышленная нефтеносность установлена в пластах черкашинской свиты неокомского яруса («традиционный коллектор»), в отложениях ачимовской толщи («низкопроницаемый» коллектор) и в баженовской свите («нетрадиционный» коллектор).

Ачимовские отложения относятся к трудноизвлекаемым запасам (ТРИЗ) со следующими средними геолого-геофизическими характеристиками – общая нефтенасыщенная толщина 15 метров, проницаемость 0,35 мД, пористость 0.13, нефтенасыщенность 0.4, начальное пластовое давление 295 атм, давление насыщение 170 атм, газосодержание 146 м3/м3, вязкость пластовой нефти 0.4 сП.

В 2022 году компания СПД приступила к реализации Ачимовского проекта, в рамках которого было проведено эксплуатационное бурение на двух участках ОПР и реализована программа ГРР. На первом участке пробурено 2 горизонтальные скважины (ГС) длиной горизонтальной секции 1000 метров с 10 стадийным гидроразрывом пласта (ГРП), на втором участке пробурено 4 ГС с длиной горизонтальной секции до 1500 метров с 15 стадийными ГРП.

Описание объекта

На момент инициации проекта, ачимовские отложения характеризовались относительно высокой степенью изученностью. Вся территория лицензионного участка покрыта сейсморазведкой 3Д, пробурено более 40 вертикальных скважин, вскрывших весь разрез, из них 10 скважин с керном и 20 скважин с испытаниями, на двух скважинах проведено длительное испытание с ГРП и отобраны кондиционные PVT пробы.

В ходе выполнения работ были выявлены следующие геологические особенности:

- Сложность корреляции пластов и прогнозирования развития песчаных тел по сейсмике из-за высокой расчленённости, низких толщин и отсутствия контрастных границ [1]
- Невозможность уверенного прогнозирования нефтенасыщености пласта по ГИС [2]
- Невозможность замерить фазовые проницаемости на керне
- Невозможность отобрать кондиционные PVT пробы на вертикальных скважинах из-за низкой продуктивности и высокого давления насыщения.

По результатам первого этапа работ была выбраны участки под ОПР, ГРР и намечена программа научно-исследовательских работ (НИР).

Дизайн ОПР и программа ГРР

С целью выбора оптимальной системы разработки был проведен анализ месторождений аналогов (Таблица 1). Из проделанной работы видно, что для разработки ачимовских пластов со схожими фильтрационно-емкостными свойствами (ФЕС) применяются две принципиальные различные схемы:

- Разработка ГС с МГРП с поперечными трещинами на истощении

- Разработка ГС с МГРП с продольными трещинами с поддержанием пластового давления (ППД)

Таблица 1. Обзор аналогов систем разработки ачимовской толщи в Западно-Сибири

Параметр	М1	М2	М3	М4	М5	М7	М10	М12	М13	М14	ОПР1	ОПР2
	АС12.3-5	АС12.3-5	АС12.3-5	АС12.3-5	АС12.1	АС12.1	АС10.1-3	БП16	БП17	БП17	**Ач0-6**	**Ач2-5**
Характеристики пласта												
ННТ вовлекаемые, м	11.9	17.2	13.3	17.7	23.6	33.6	8.8	22	11.5	13.7	**24.3**	22.5
Проницаемость, мД	0.35	0.35	0.35	0.35	0.7	0.7	0.45	0.24	0.24	0.32	**0.26**	**0.3**
KH/μ, мД*м/сП	2.9	4.2	3.3	4.4	11.6	16.6	2.5	15.5	8.1	8.9	**16.6**	**17.4**
Пластовое давление, атм	268	268	268	268	268	268	257	324.4	324.4	289.9	**295**	**295**
Гф м3/м3	67.6	67.6	67.6	67.6	67.6	67.6	58.3	86	86	112	**146**	**146**
Конструкция скважины												
Длина ГС, м	932	1031	1153	969	1501	929	1019	995	978	1020	**1680**	**1042**
Кол-во стадий ГРП	6.5	7	8.5	6.5	11.5	6	6	8	8	8.5	**17**	**10**
Высота трещины ГРП, м	52	60	23	35	42	45	45	44	40	45	100	60
Полудлина трещины ГРП, м	75.5	73.5	118	83	64.5	48	98.5	75	75	75	**60**	**60**
Система разработки	рядная по стрессу	рядная по стрессу	рядная перп стресса	рядная по стрессу	рядная перп стресса	рядная по стрессу	рядная по стрессу	рядная по стрессу	рядная по стрессу	рядная перп стресса	**перп/пар стрессу**	**перп. стрессу**
ППД	истощение	истощение	истощение	ППД	истощение	истощение	истощение	истощение	истощение	истощение	**ППД**	**истощение**
Межрядное расстояние, м	250	150	470	260	350	160	250	450	460	300	300	300
Технологические показатели												
Стартовый дебит нефти, т/сут	54	85	71	87	74	57	73	107	83	75	**52**	**70**
Обводнённость, %	33%	34%	33%	31%	66%	68%	35%	69%	71%	66%	**64%**	**46%**
Стартовый дебит жидкости, м3/сут	89	112	119	128	218	169	103	352	294	208	**173**	**159**
Темп падения (12 мес)	82%	70%	70%	68%	81%	84%	81%	82%	70%	78%	**76%**	**75%**
НДН на 1 скв., тыс.тонн	25.9	41.1	42	95.6	49.9	32.1	20.9	50.9	60.1	51.9	**32**	**34**

Для построения матрицы вариантов дальнейшего поиска оптимальной системы на основе 2Д моделирования использовались данные обзора российских и зарубежных аналогов [3]. Было проведено более 1 000 расчетов на 2Д симуляторе с последующим расчетом экономической эффективности каждого из вариантов. В ходе расчетов варьировалась длина горизонтального участка (500-2500м.), расстояние между скважинами (100-600м.), расстояние между портами ГРП (50-150м), тоннаж проппанта на стадию ГРП (50-200 тонн), ориентация скважин по азимуту (вдоль и поперек максимального стресса), режим работы (на истощении и ППД).

Расчет показал привлекательность следующих вариантов разработки:

- Рядная система ГС-ГС с длиной горизонтальной части 1500м, 15 стадиями ГРП, 80 тонн пропанта на стадию, расстояние между рядами 300 метров, с поперечными трещинами на истощении.
- Рядная система ГС-ННС с длиной горизонтальной части 1500м, 12 стадиями ГРП, 80 тонн пропанта на стадию, расстояние между рядами 300 метров, с продольными трещинами с ППД

Для снятия обозначенных неопределенностей была запланирована следующая программа работ:

- ОПР №1: тестирование ППД ГС-ГС (поперечные трещины), ГС-ННС (продольные трещины), скважины 1200-1500м с 12-15 стадиями ГРП, тестирование различного тоннажа от 80 до 120 тонн на стадию.
- ОПР №2: тестирование истощения ГС-ГС (поперечные трещины), скважины 1000-1200м с 10-12 стадиями ГРП, тестирование технологий ГРП – ПАА, высокий расход.
- ГРР: бурение 8 пилотных стволов и двух разведочных скважин.
- НИР: адаптация геолого-гидродинамических моделей (ГДМ) на новые скважины и историю добычи, лабораторные исследования керна, замер ОФП.

Реализация ОПР и ГРР

В 2023-2024 году были реализованы последовательно ОПР №1 (Рисунок 1), ОПР №2 (Рисунок 2), программа ГРР и НИР. Параметры работы скважин приведены в таблице 2.

Таблица 2. Параметры работы скважин ОПР

ОПР	Скважина	Параметры	Запускные параметры					Текущие параметры						Накопленная добыча		Комментарии
			Qж, м3/сут	Qн, т/сут	Обв, %	Рзаб, атм	Кпрод	Дней в работе	Qж, м3/сут	Qн, т/сут	Обв, %	Рзаб, атм	Кпрод	Жидкость, тыс т	Нефть, тыс т	
1	**Скв. 1.1**	1300м, 13 ГРП, 80т., продольные	178	31	79	**105**	**0.9**	**81**	85	17	80	**64**	**0.37**	13.9	2.9	Остановлена из-за высокого ГФ
	Скв. 1.2	1400м, 14 ГРП, 80т., продольные	204	29	83	**105**	**1.1**	**189**	49	6	85	**98**	**0.25**	23.6	2.6	
	Скв. 1.3	1500м, 14 ГРП, 80т., поперечные	193	43	73	**105**	**1**	**91**	52	11	74	**100**	**0.26**	10	2.4	
	Скв. 1.4	1500м, 14 ГРП, 120т., поперечные	68	12	78	74	0.3	71	10	3	80	70	0.04	1.9	0.4	тех. проблемы со скважиной
2	**Скв. 2.1**	1000м, 9 ГРП, 80т., поперечные	209	109	37	**130**	**1.27**	**369**	**32**	24	5	**83**	**0.18**	28.9	18.5	
	Скв. 2.2	1000м, 10 ГРП, 80т., поперечные, ПАА	201	110	34	**107**	**1.07**	**375**	**62**	35	36	**65**	**0.32**	35.3	20.2	высокорасходный ГРП (7 м3/мин)

В ходе строительства скважин наблюдались следующие проблемы: низкая эффективность проходки (40-60%), высокие трения при спуске хвостовика, негерметичность заколонных пакеров, невозможность инициировать ГРП в глинистых интервалах, высокий процент «стопов» (1 стоп на 10 стадий).

При эксплуатации получен быстрый рост ГФ, от 140 м3/м3 до 600 м3/м3 за три месяца и высокий темп падения жидкости более 70-80% за первый год. Также в ходе эксплуатации выявлен факт невозможности заглушить скважину стандартными способами из-за скопления свободного газа в призабойной зоне.

С геологической точки зрения наблюдается значительное несоответствие обводненности полученной по вертикальной скважине с фактической обводненностью в горизонтальной скважине, в районе ОПР №1 при плане 40-50% получено 70-80%, в районе ОПР №2 при плане 10-20% получено 30-40%. Данный факт связан с невозможность количественной интерпретации данных ГИС и нерепрезентативных замеров обводненности при испытании вертикальных скважин из-на низких дебитов.

Карта ННТ по пластам Ач1-2

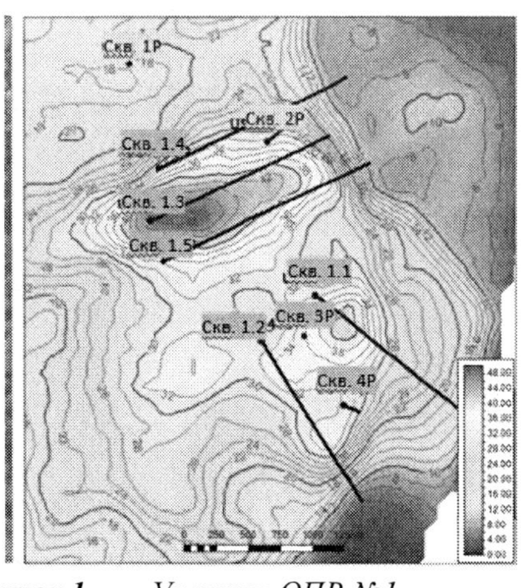

Рисунок 1. *Участок ОПР №1*

Карта ННТ Ач5

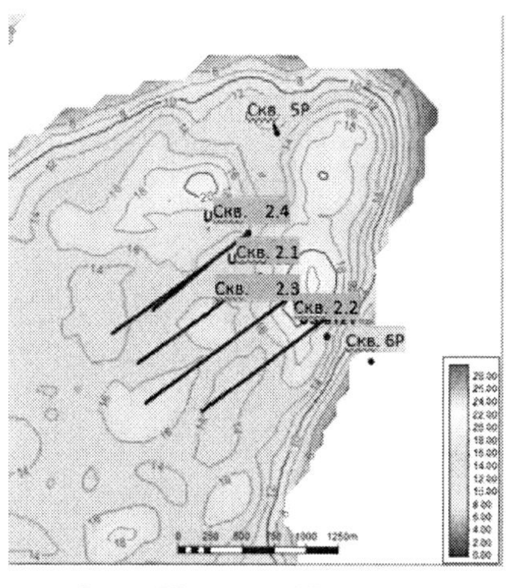

Рисунок 2. *Участок ОПР №2*

Выводы

В ходе реализации программы подготовки Ачимовских запасов к полномасштабной разработке удалось снять следующие неопределенности:

- Подтверждена возможность строительства ГС до 1500м. с 15 стадиями ГРП.
- Значительно снижены неопределённости по геологическим запасам по результатам бурения пилотных стволов.
- Уточнены запускные параметры и темпы падения по целевым скважинам.
- Уточнены прогнозные профиля добычи нефти на адаптированной на факт ГДМ.
- Отобрана кондиционные PVT пробы, замерен ГФ в динамике.

Сохраняющиеся неопределённости:

- Эффективность ППД (эффект ожидается через 1.5-2 года)
- Прогнозирование насыщения по ГИС
- Оптимальный дизайн «идеальной» скважины (бурение и ГРП)
- Эффективность проводки скважин из-за сложного геологического строения
- Уверенное прогнозирование распространения песчаных тел

По результатам проведенных работ к полномасштабной разработке подготовлены 4 ачимовских куста, еще 4 куста будут подготовлены в ближайшие годы после бурения разведочных скважин. Общий объем бурения составит более 200 добывающих скважин. Оставшиеся неопределенности будут сниматься в ходе полномасштабного разбуривания и будут способствовать повышению экономической эффективности последующих скважин.

Благодарности

Авторы выражают благодарность участникам проектной команды: Латышевой Марии, Мохову Григорию, Кашникову Константину, Климову Владимиру за их неоценимый вклад в понимание геологического строения объекта, а также Седневу Алексею, Блинову Андрею за их вклад в непосредственную реализацию проекта.

Библиография

1. Геология и нефтегазоносность ачимовской толщи Западной Сибири, Издательство Академии горных наук, 2000. А.А. Нежданов и др.
2. Важность учета неопределенностей петрофизической и геологической моделей на ранней стадии проектирования и их влияние на профиль добычи объекта, Конференция ПроГГРесс 2023, Сочи. Д.И. Жигулина и др.
3. Повышение эффективности разработки крупного месторождения ТРИЗ в Западной Сибири на основе опыта Канадских месторождений-аналогов, SPE 182572, Конференция SPE 2016, Астана, В. Карпов и др.

References

1. The Geology and Potential of Achimov Formation in West Siberia, Academy of Geosciences, 2000. Nezhdanov et.al.
2. The Importance of Petrophysical and Geological Uncertainty Management at the Early Stage of Development Planning and its Impact on Production Profile, ProGRRess 2023 Conference, Sochi. D.I. Zhigulina, et al.
3. Tight Oil Field Development Optimization Based on Experience of Canadian Analogs, SPE-182572-MS, SPE Annual Caspian Technical Conference & Exhibition, Astana, Kazakhstan, November 2016.

Эффективное использование СО2 - как ключевая составляющая проектов CCUS

Д.Г. Афонин* (ООО «Тюменский нефтяной научный центр), А.А. Ручкин (ООО «Тюменский нефтяной научный центр)

Введение

Согласно открытым публикациям [1], в компании ПАО «НК «Роснефть» в 2020 году уровень рационального использования попутного нефтяного газа с учетом развивающихся и новых месторождений, находящихся на ранней стадии разработки, составил 75 %. Да, цифра достаточно высокая, но не идеальная, и даже при достижении 100% объема утилизации – полного сокращения выбросов углекислого газа не избежать. Тенденции к росту потребления энергии в мире заставляют любую нефтегазодобывающую компанию активизировать не только поддержание, но и рост уровней добычи УВ, что напрямую влечет к активному развитию промышленных предприятий, росту количества обслуживающего транспорта, которые в свою очередь обеспечивают выброс в атмосферу углекислого газа искусственного происхождения. В рамках активно развивающегося в компании ПАО «НК «Роснефть» направления CCUS - Улавливание, использование и хранение углерода, была поставлена цель - из проблемы извлечь пользу: получить дополнительную добычу нефти и сделать практические шаги к сокращению выбросов парниковых газов.

Первым и самым логичным решением является закачка СО2 в пласты-резервуары для временного хранения, с надеждой, что когда-нибудь этот ресурс может пригодиться. Однако, большинство проектов, будь то уже реально осуществлённые в рамках зарубежных компаний (например в Норвегии), или теоретические расчеты российских компаний, подтверждают: во-первых – существует сложность технического оборудования для улавливания и закачки, контроля процесса, лабораторной и проектной проработки, во-вторых – основным ограничивающим фактором реализации можно обозначить чрезвычайно высокие капитальные затраты, достигающие в частных случаях до 800млн$. При этом, доходная часть проекта, если брать РФ – в текущих реалиях не совсем прозрачна. Согласно актуальных расчетов проектов российских компаний цифры удельных затрат на улавливание и закачку СО2 для временного хранения достаточно высоки ≈ 229*- 330$/ 1 тонна СО2. Таким образом, становится совершенно ясно, что утилизация СО2 только с помощью хранения – экономически не эффективна. Таким образом, мы задались вопросом – возможно ли не только решить экологический вопрос с хранением СО2 путем размещения в пластах-резервуарах, но и получить экономическую выгоду от сокращения выбросов СО2?

Сверимся с повесткой дня – согласно прогнозу Международного энергетического агентства (МЭА) [2], от МУН в мире будет добываться 2,5 млн.бар/сут в 2022году и 4,7 млн.бар/сут в 2040, причем доля газовых методов занимает основную долю в структуре МУН (40%) и будет расти до 57%, с основным вкладом от закачки СО2. Таким образом, использование СО2/ПНГ в т.ч. в качестве МУН – стратегически верное направление.

Перед тем, как перейти к практической закачке, любой компании помимо экономики проекта необходимо получить ответы на вопросы: Что влияет на эффективность газовых методов? Как оперативно оценить эффект от газовых методов? Что важно изучить перед реализацией газовых методов? Далее представлено, как эти задачи решила наша проектная команда.

Метод

Для исследований были построены секторные гидродинамические модели (860 шт.), где варьировались следующие параметры: распределение неоднородности пласта, значение его анизотропии, проницаемость по воде при остаточной нефтенасыщенности, обводненность пласта при начале ВГВ и соотношение пластового давления к минимальному давлению смесимости.

На основе серии многовариантных расчетов на секторной гидродинамической модели в сопоставлении с фактическими результатами проведен регрессионный анализ данных, построены четыре регрессионные зависимости прироста КИН, где авторы увязали давление смесимости и ряд ключевых фильтрационных свойств в единую формулу. Отметим, что характер неоднородности по проницаемости является качественным параметром, поэтому для учета его влияния на КИН формулы были разделены на группы (рисунок 1). Полученные авторами новые корреляционные зависимости могут служить основой для первичных оценок перспектив применения газовых методов практически для любых нефтегазовых месторождений. Отметим, что существует доверительный интервал расчетов, поскольку применяются упрощенные формулы, которые не могут в полной мере учесть нюансы гидродинамического моделирования и этот интервал оценивается на уровне 10%, что вполне приемлемо для упрощенных моделей.

ХАРАКТЕР РАСПРЕДЕЛЕНИЯ ПРОНИЦАЕМОСТИ ПО РАЗРЕЗУ	УНИВЕРСАЛЬНЫЕ КОРРЕЛЯЦИОННЫЕ ЗАВИСИМОСТИ ЭФФЕКТИВНОСТИ ГАЗОВЫХ МУН
УВЕЛИЧЕНИЕ К КРОВЛЕ	Y = (1.802-0.105X0+0.004X1-7.935X2-0.093X3+0.375X2X3+0.804X0X2)*EXP(1.796Рпл/Рмдс)
УВЕЛИЧЕНИЕ К ПОДОШВЕ	Y = (4.076+0.008X0-0.006X1+3.975X2-0.836X3+5.848X2X3-0.657X0X2)*EXP(2.109Рпл/Рмдс)
НЕРАВНОМЕРНОЕ РАСПРЕДЕЛЕНИЕ	Y = (2.374-0.009X0-0.001X1-13.022X2-0.224X3+29.755X2X3+0.242X0X2)*EXP(2.201Рпл/Рмдс)
МОНОЛИТНОЕ СТРОЕНИЕ, РАВНОМЕРНОЕ РАСПРЕДЕЛЕНИЕ	Y = (1.141-0.002X1-0.014X2+1.796X3-0.31X2X3)*EXP(1.858Рпл/Рмдс)

X0 - степень неоднородности по проницаемости (соотн. высоко/низко), ед.,
X1- обводненность, %,
X2 - вертикальная анизотропия Kz/Kx, д. ед.,
X3 - относительная фазовая проницаемость по воде при остаточной нефти, д.ед.,
Рпл – пластовое давление;
Рмдс – минимальное давление смесимости;
Y - прирост добычи от ВГВ в % от НГЗ.

Рисунок 1. *Авторские универсальные корреляционные зависимости (формулы) для определения эффективности газовых МУН*

Подходим ко второй из обозначенных выше задач: как оперативно оценить эффект от газовых методов и выбрать объекты для закачки? В условиях, когда необходимо изучить значительное количество потенциальных объектов и вариантов закачки, важно выполнить предварительные верхнеуровневые технико-экономические оценки. Такие оценки должны содержать, во-первых, возможные риски самого применения ВГВ, во-вторых - расчеты предполагаемого технологического эффекта, а в-третьих - оперативно полученные профили добычи, чтобы рассчитать экономическую целесообразность мероприятия. В мире существует достаточное количество экспертных систем оценки прироста КИН от ВГВ (EORgui, Sword, SelecEOR, PRIze, Screening 2.0, IORSys), однако эти системы или малодоступны или используют ограниченный набор данных об объекте. Кроме того, ряд параметров в них взаимосвязан и описывает пространственно-объемную характеристику объекта, но при этом не содержит некоторых ключевых свойств, которые характерны для региональных особенностей месторождений. Руководствуясь в первую очередь задачами Недропользователя, который сталкивается с вопросом выбора и обоснования ЭО для газовых МУН мы решили упростить задачу и разработали самостоятельный Прототип ПО, заложив в него в т.ч. полученные универсальные зависимости. Алгоритм функционирования РН-МУН ГАЗ представлен шестью шагами. Шаг 1: Сбор и подготовка входных данных. Настройка предпосылок расчета. Шаг 2: Расчет добычи базового варианта Шаг 3: Определение режима смесимости. Шаг4:

Технологический расчет варианта газового МУН. Шаг 5: Расчет ТЭП и сравнение результатов по вариантам. Шаг 6: Оценка рисков применения газовых МУН.

В результате, мы создали продукт и получили на него свидетельство о гос.регистрации (рисунок 2). Программа обеспечивает: настройку предпосылок расчета; проверку и контроль корректности входных данных; оперативно выполняет оценку параметров добычи нефти, жидкости и газа для заданного варианта закачки газа; позволяет провести экспресс-оценку технико-экономической эффективности газовых МУН и представить результат в сравнении как с базовым вариантом (заводнение), в виде таблиц и графиков. Т.е. «РН-МУН ГАЗ» - это доступный инструмент позволяющий выполнить экспертное оперативное определение потенциальной возможности закачки газа на объекте (участке) с минимально необходимым количеством вводных данных, обеспечить на выходе предварительную оценку ТЭО.

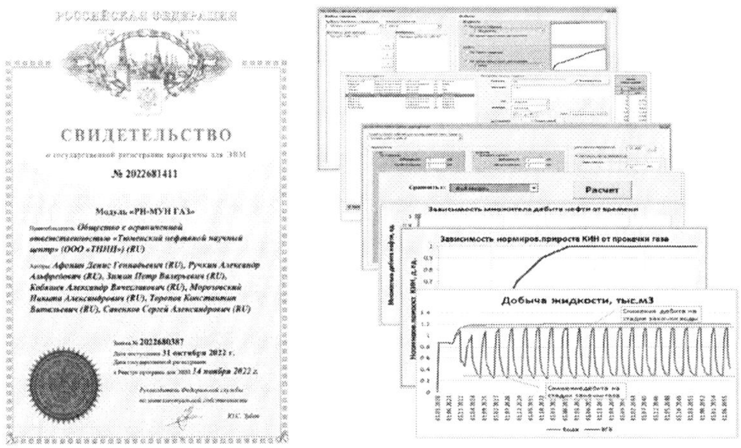

Рисунок 2. *Прототип программного продукта «РН-МУН ГАЗ».*

Оценка корректности работы ПО проводилась по данным фактических проектов газовых МУН, опубликованных в открытом доступе [3, 4] путем сопоставления расчетной и фактической эффективности процесса. Результаты хорошо коррелируют с фактическими данными по мировым проектам, включая Россию (рисунок 3).

Рисунок 3. Кросс-плот сопоставления фактических результатов с расчетами по корреляционным формулам

Выводы

Реализация проектов CCUS возможна, для этого необходимо именно эффективное использование CO2, в частности предложена не просто утилизация (временное хранение), а утилизация с использованием, т.е. закачка с целью МУН и интенсификации добычи.

Если удельные затраты на закачку CO2 только для временного хранения составляют минус 229-330$/ 1 тонна CO2, то при утилизации с опцией МУН, благодаря дополнительной добыче (до 18% прироста КИН) мы получаем уже не затраты, а доход от закачки CO2 ≈ +1580$/ 1 тонна CO2.

Утилизация с опцией МУН – не сравнима с размещением CO2 во временные хранилища, т.к. закачиваемый CO2 по мере достижения объема прокачки 40-60% начинает циркулировать в продукции. Объем утилизации в данном случае составит до 40%.

Закачка CO2 в добывающие скважины не позволяет обеспечить значительный объем утилизации, однако может являться предварительным шагом к масштабной закачке в нагнетательный фонд. Это позволит провести практическую апробацию закачки CO2, подтвердить технические возможности и показатели при закачке CO2, проработать мероприятия по купированию возможных рисков в процессе (включая изучение особенностей реакции, пласта, внутрискважинного оборудования и элементов конструкции скважин и обустройства на высокие концентрации CO2 и продуктов вторичных химических реакций), а также минимизация существующих неопределенностей проекта CCUS на участке от пласта до системы подготовки УВ.

Библиография / References

1. https://www.rosneft.ru/docs/report/2020/ru/results/
2. Grushevenko E. (2021). International Energy Agency (IEA). Prospects for the development of tertiary EOR in the world and in Russia. E. Grushevenko. Text: electronic, skolkovo.ru: [website]. March. Available at: https://energy.skolkovo.ru/downloads/documents/SEneC/Research/SKOLKOVO_EneC_RU_MYN.pdf
3. Review of WAG Field ExperienceJ.R. Christensen,* SPE, and E.H. Stenby, SPE, IVC-SEP,DTU, and A. Skauge, SPE, Norsk Hydro A/S April 2001 SPE Reservoir Evaluation & Engineering97 "
4. Water alternating gas incremental recovery factor prediction and WAG pilot lessons learned Lazreg Belazreg1 · Syed Mohammad Mahmood Journal of Petroleum Exploration and Production Technology (2020) 10:249–269 https://doi.org/10.1007/s13202-019-0694-x

Ускорение гидродинамического моделирования месторождения за счёт прогнозирования в реальном времени начального приближения в итерационном процессе Ньютона-Рафсона

М. Т. Петросянц* (Сколковский институт науки и технологий), В. О. Трифонов (Сколковский институт науки и технологий), Е. А. Илларионов (Сколковский институт науки и технологий, Московский Государственный Университет), Д. А. Коротеев (Сколковский институт науки и технологий)

Введение

Гидродинамическое моделирование месторождений углеводородов — это комплексный инструмент для моделирования многофазных потоков в пористых средах [1]. Расчёт гидродинамической модели, как правило, состоит из решения последовательности систем нелинейных уравнений, полученных в результате дискретизации математической модели, описывающей физические процессы и геологическое строение месторождений углеводородов. Как правило, решение находится численно с помощью соответствую соответствующей итерационной процедуры, например – метода Ньютона-Рафсона [1]. Даже незначительное уменьшение числа нелинейных итераций может заметно ускорить трудоемкие инженерные процессы, такие как оптимизация, оценка неопределенности и адаптация гидродинамических моделей по истории. Известно, что сходимость алгоритма Ньютона-Рафсона существенно зависит от начального приближения [1]. Поэтому важно уметь привлекать дополнительную информацию, которая может быть использована для улучшения начального приближения.

В практике гидродинамического моделирования месторождений распространены два подхода к выбору начального приближения в окрестности решения. В первом случае решение, полученное на последнем временном шаге, рассматривается в качестве начального приближения для следующего временного шага (константная экстраполяция), а во втором случае в качестве начального приближения вычисляется линейная комбинация решений двух предыдущих временных шагов (линейная экстраполяция) [2]. Фактически, это частные случаи полиномиальной экстраполяции [3], исследованной только для линейных уравнений. Важно понять возможно ли обобщить линейную экстраполяцию в случае получения информации из более чем двух предыдущих состояний для нелинейных итерационных процедур.

Быстрый рост и успех методов машинного обучения вызвали интерес к применению этих моделей для построения суррогатных моделей углеводородных месторождений [4], адаптации по историческим данным, а в последнее время и к ускорению нелинейных численных процедур. Хотя результаты выглядят многообещающе, существенным недостатком многих подходов к машинному обучению заключается в том, что прогнозные модели должны быть предварительно обучены на большом наборе подходящих примеров. Генерация набора данных и предварительное обучение прогнозной модели оказываются очень трудоемкими, что ограничивает практическое применение таких подходов. Однако в контексте гидродинамического моделирования месторождений, большие объемы данных могут быть получены непосредственно во время расчёта. Идея нашего исследования [5] заключается в том, чтобы использовать этот источник данных для непрерывного обновления параметров прогнозной модели и её немедленного применения для улучшения начального приближения. В таком подходе нет необходимости в предварительной генерации большого набора данных. В данной работе мы сравниваем базовые методы экстраполяции начальных приближений с их обобщениями, которые используют комбинации двух или более предыдущих состояний и чьи параметры оцениваются непосредственно во время моделирования с помощью метода наименьших квадратов.

Метод

В нашем исследовании мы ограничились случаем постоянного временного шага, который можно индексировать целой переменной k. Пусть s_k^i – состояние пласта (насыщенность или давление) в i-ой ячейке гидродинамической модели в момент времени k. Тогда оценку начального приближения для шага $k+1$, в случае константной экстраполяции можно записать как $\hat{s}_{k+1}^i = s_k^i$. Используя разность состояний в последовательные моменты времени $\Delta s_k^i = s_k^i - s_{k-1}^i$, линейную экстраполяцию можно записать как $\hat{s}_{k+1}^i = s_k^i + \Delta s_k^i$ или $\Delta \hat{s}_{k+1}^i = \Delta s_k^i$. По сути, линейная экстраполяция сводится к предсказанию не состояния а разности состояний.

Основная идея предлагаемого подхода заключается в следующем обобщении последней формулы. Пусть для i-ой ячейки гидродинамической модели в момент времени k доступно n разностей $\Delta s_k^i, \Delta s_{k-1}^i, \ldots, \Delta s_{k-n+1}^i$. Эти разности хранятся в очереди, т. е. самое старое значение удаляется, новое значение добавляется. Таким образом, размер очереди остаётся постоянным с момента накопления достаточного количества разностей (рисунок 1).

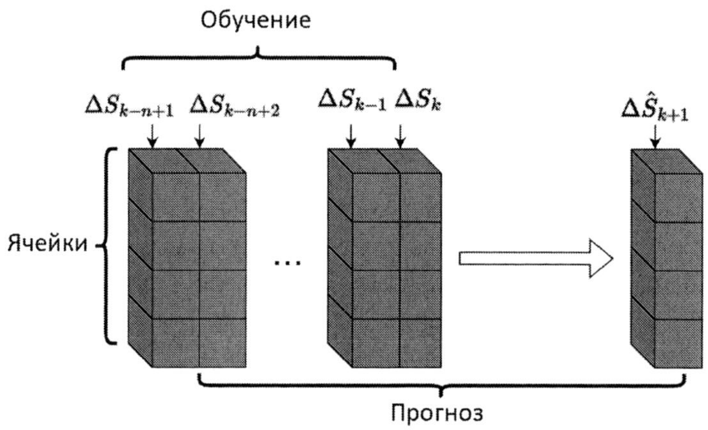

Рисунок 1. *Общая схема обучения и прогноза по набору разностей состояний (насыщенность или давление) пласта.*

Разности состояний $\Delta s_k^i, \Delta s_{k-1}^i, \ldots, \Delta s_{k-n+1}^i$ используются для определения коэффициентов линейной регрессии

$$\Delta \hat{s}_k^i = \sum_{p=1}^{n-1} \alpha_p \Delta s_{k-n+p}^i \quad (1)$$

Эти коэффициенты повторно применяем к набору разностей $\Delta s_k^i, \Delta s_{k-1}^i, \ldots, \Delta s_{k-n+2}^i$ для оценки Δs_{k+1}^i:

$$\Delta \hat{s}_{k+1}^i = \sum_{p=2}^{n} \alpha_{p-1} \Delta s_{k-n+p}^i \quad (2)$$

Тогда начальное приближение можно посчитать по формуле $\hat{s}_{k+1}^i = s_k^i + \Delta \hat{s}_{k+1}^i$.

Главная особенность предложенного метода заключается в том, что вместо экстраполяции состояния, экстраполируется зависимость между ними, которую удаётся извлечь из истории расчёта.

Пример

Для сравнения различных подходов к прогнозированию начального приближения был выбран датасет Egg [6]. Этот датасет является бенчмарком, так как его часто используют для тестирования различных подходов к гидродинамическому моделированию. Датасет Egg состоит из базового месторождения 60×60×7 = 25 200 ячеек с 18 553 активными ячейками, и 100 его геологических вариаций, отличающихся распределением проницаемости.

Режим разработки месторождения - заводнение с восемью нагнетательными и четырьмя добывающими скважинами. Контроль осуществляется по дебитам скважин и забойным давлениям добывающих скважин (рисунок 2).

Вычислительные эксперименты проводились в программе MATLAB Reservoir Simulation Toolbox (MRST) - программном обеспечения с открытым исходным кодом для моделирования месторождений в MATLAB [7]. Моделировался двухфазный поток в пласте

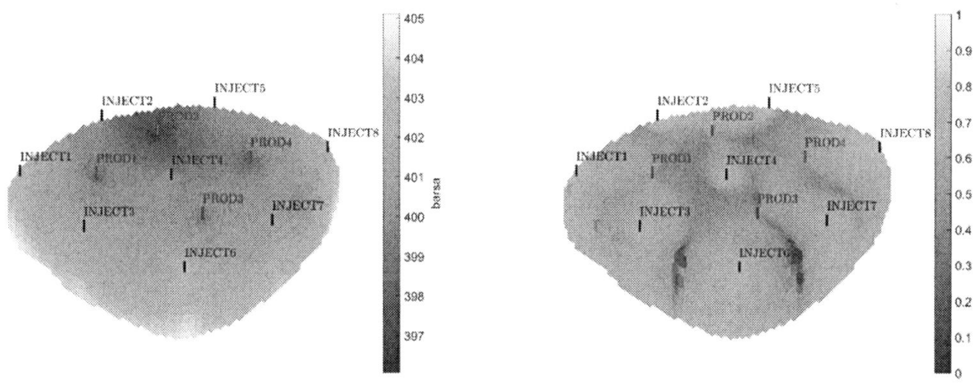

Рисунок 2. *Пример распределения давления (слева) и насыщенности воды (справа) по результатам симуляции модели из бенчмарка Egg.*

Результаты расчётов представлены в таблице 1

Таблица 1 - Усредненные результаты применения экстраполяционных моделей на 101 моделей месторождения из бенчмарка Egg

Размер	Кол-во итераций	Время симуляции, с	Коэфф. уменьшения кол-ва итераций	Коэфф. уменьшения времени симуляции
0	387.58 ± 11.91	155.23 ± 5.02	-	-
1	326.29 ± 12.81	132.54 ± 5	1.19 ± 0.03	1.17 ± 0.03
2	307.83 ± 15.17	126.77 ± 5.6	1.26 ± 0.04	1.23 ± 0.04
3	305.84 ± 13.43	128.85 ± 5.07	1.27 ± 0.03	1.21 ± 0.04
4	301.16 ± 14.2	126.8 ± 5.23	1.29 ± 0.03	1.23 ± 0.04

В первом столбце показан размер обучающего датасета, то есть количество разностей, собранных для определения начального приближения. Во втором и третьем столбцах показаны среднее значение и стандартное отклонение общего числа нелинейных итераций и времени расчёта, усредненные по всем реализациям месторождения из бенчмарка Egg. В последних двух столбцах приведены среднее уменьшения числа нелинейных итераций и ускорения расчёта по сравнению со случаем постоянной экстраполяции. Первые две строки соответствуют линейным экстраполяциям, следующие строки - линейным регрессионным моделям. Из таблицы 1 можно сделать вывод, что даже базовая модель с одним оцениваемым коэффициентом (две разности) уменьшает количество нелинейных итераций в сравнении с линейной экстраполяционной моделью (одна разность).

Выводы

В нашем исследовании мы изучили обобщение метода линейной экстраполяции, который используется в стандартных схемах гидродинамического моделирования. Это обобщение строится естественным образом для предсказания изменения состояния пласта. Коэффициенты этой модели могут быть оценены с помощью метода наименьших квадратов посредством оценки параметров на уже посчитанных состояниях пласта, непосредственно во время процесса симуляции. То есть нет необходимости в предварительном обучении модели.

Таким образом, даже в случае трехмерного многофазного потока в неоднородном пласте линейные прогнозные модели от нескольких стейтов представляют интерес и могут рассматриваться как базовый вариант, прежде чем переходить к более сложным методам машинного обучения.

Благодарности

Благодарю своих соавторов за ценные замечания и экспертную помощь

Библиография / References

1. Zhangxin, C., Guanren, H., Yuanle, M.: Computational Methods for Multiphase Flows in Porous Media. Society for Industrial and Applied Mathematics, Dallas (2006)
2. Lacroix, S., Vassilevski, Y.V., Wheeler, M.F.: Iterative Solvers of the Implicit Parallel Accurate Reservoir Simulator (IPARS), i: Single processor case. Technical report, The University of Texas, Austin, TX (2000)
3. Austin, A.P., Chalmers, N., Warburton, T.: Initial Guesses for Sequences of Linear Systems in a GPU-Accelerated incompressible flow solver. SIAM Journal on Scientific Computing 43, 259–289 (2021)
4. Illarionov, E., Temirchev, P., Voloskov, D., Kostoev, R., Simonov, M., Pissarenko, D., Orlov, D., Koroteev, D.: End-to-end Neural Network Approach to 3D Reservoir Simulation and Adaptation. Journal of Petroleum Science and Engineering 208, 109–332 (2022)
5. Petrosyants, M., Trifonov, V., Illarionov, E. et al. Speeding up the reservoir simulation by real time prediction of the initial guess for the Newton-Raphson's iterations. Comput Geosci (2024). https://doi.org/10.1007/s10596-024-10284-z
6. Jansen, J.D., Fonseca, R.M., Kahrobaei, S., Siraj, M., Essen, G., Hof, P.: The Egg model - a Geological Ensemble for Reservoir Simulation. Geoscience Data Journal 1, 192–195 (2014)
7. Neidinger, R.D.: Introduction to Automatic Differentiation and MATLAB Object-Oriented Programming. SIAM Review 52, 545–563 (2010)

Опыт использования гибридные моделей в группе компаний Газпром нефть

М.В. Симонов* (группа компаний Газпром нефть), Марков Н.С. (группа компаний Газпром нефть), Афанасьев А.А. (группа компаний Газпром нефть), Печко К.А. (Саратовский государственный университет), Бажуков С.П. (Уфимский государственный нефтяной технический университет)

Введение

В настоящее время всё большую актуальность приобретает использование гибридных моделей для нефтедобычи. Это связано с тем, что традиционные методы добычи нефти становятся менее эффективными из-за исчерпания легкодоступных запасов и увеличения сложности разработки месторождений. Гибридные модели позволяют объединить различные технологии и подходы для повышения эффективности добычи нефти. Они могут включать в себя такие элементы, как использование искусственного интеллекта для оптимизации процессов, а также использование алгоритмов математического моделирования физических процессов для повышения эффективности добычи нефти.

Метод

В качестве одного из подходов к построению гибридных моделей предлагается подход, основанный на донастройке результатов расчетов CRM моделей.

В базовой CRM модели, предложенной в работе [1], материальный баланс записывается для порового объема добывающей скважины. Существует модификация модели, называемая CRMIP [2], в которой уравнение материального баланса записывается уже для пары скважин нагнетательная-добывающая. В данной работе представлена модель OmegaCRM, где среди прочего имеется возможность учитывать остановки скважин [3]. В основе модели OmegaCRM, как и в других моделях класса CRM, лежат уравнение материального баланса и уравнение Дюпюи. Однако, при выводе формулы расчета дебита жидкости добывающей скважины, контурное давление не исключается, а, наоборот, является основным параметром расчёта. Такой подход позволяет дифференцировать поведение модели в зависимости от состояния работы скважины, и учитывать процесс восстанавливая давления в случае ее простоя. В OmegaCRM вводится поправка на коэффициент продуктивности после включения скважины на основе модели Чекалюка. Дебит рассчитывается исходя из уравнения Дюпюи в случае включённой скважины, либо полагается нулевым в случае отключённой скважины.

Неизвестные параметры модели определяются путем обучения на исторических данных – дебиты добывающих скважин, закачка на нагнетательных скважинах, забойные давления. Целевая функция задачи оптимизации для модели – сумма среднеквадратичных функций потерь оценки дебита жидкости для каждой скважины. Оптимизируемые параметры в модели схожи с таковыми в CRM. Стартовый коэффициент продуктивности и начальное пластовое давление являются априорной информацией. Таким образом, модель OmegaCRM позволяет учитывать как остановки скважин, так и нестационарные режимы работы скважин, что позволяет применять ее там, где CRM и CRMIP будут давать некорректные результаты.

Для дальнейших исследований в качестве базовых физических моделей будут использованы модели CRM, CRMIP и OmegaCRM, а в качестве результатов работы моделей и параметров, которые будут подаваться на вход модели машинного обучения принимаются прогнозы дебитов жидкости каждой из моделей и взвешенная закачка окружения, посчитанная также, как и из модели поскваженного материального баланса В случае задачи прогнозирования добычи жидкости и нефти за заданный промежуток времени, используется более усовершенствованная версия LSTM, называемая энокодер-декодер LSTM.

Инновацией этой архитектуры является использование внутреннего представления фиксированного размера в самом сердце модели, в которое попадают входные последовательности и из которого считываются выходные последовательности.

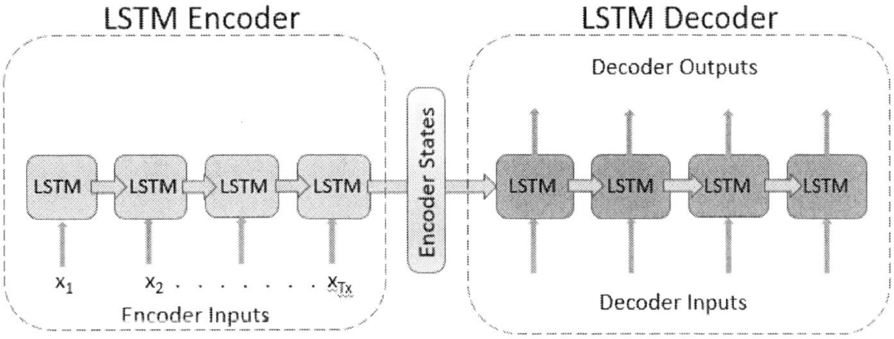

Рисунок 1. *Энкодер-декодер LSTM*

Эта архитектура состоит из двух моделей: первая отвечает за считывание и кодирование входной последовательности в вектор фиксированной длины, а вторая-за декодирование этого вектора фиксированной длины в конечную прогнозируемую выходную последовательность.

- Кодирующая сеть принимает входную последовательность и сопоставляет ее с сжатым представлением последовательности.
- Сеть декодера использует это закодированное представление для генерации выходной последовательности.

Производительность модели оценивается на основе способности модели воссоздать входную последовательность. Модель автоэнкодера использует сложную архитектуру, которая является узким местом всей модели, благодаря которой выполняется реконструкция выходных данных.

Процедура валидации модели

1. Начиная с начала временного ряда, используется минимальное количество выборок в окне для обучения модели.

2. Модель делает прогноз для следующего временного шага.

3. Прогноз сохраняется или оценивается по известному значению.

4. Окно расширяется, чтобы включить известное значение, и процесс повторяется (шаг 1.)

Предложенный подход был протестирован на нескольких активах компании «Газпром нефть». Исходная информация (дебиты жидкости, нефти и забойное давление) была взята из данных месячной и суточный работы скважин. При отсутствии суточных значений в даты работы скважин, эти данные восстанавливались линейной интерполяцией и проводилась проверка того, что суммарная добыча восстановленных данных не превосходила суммарную добычу за месяц. Подготовленные данные подвывались на вход моделям CRM, CRMIP и производился расчет прогнозных дебитов жидкости. Далее прогнозные значения дебита жидкости по двум моделям вместе с информацией о забойных давлениях скважин и суммарной закачкой окружения подавались на вход модели LSTM для ее обучения. Целевая переменная для обучения в данном случае является фактический дебит скважин. Для настройки модели на прогноз дебита нефти использовались те же данные, только целевой переменной является фактический дебит нефти. После обучения LSTM модели, мы получили два набора весов, которые для одной и той же архитектуры позволяли производить расчеты дебита нефти и жидкости по каждой скважине. Предложенный алгоритм был настроен на данных нескольких месторождений. Ниже представлены результаты моделирования добычи жидкости и нефти на период в 90 дней на месторождении X. На графиках представлены кросс-плоты накопленной добычи жидкости и нефти за этот период.

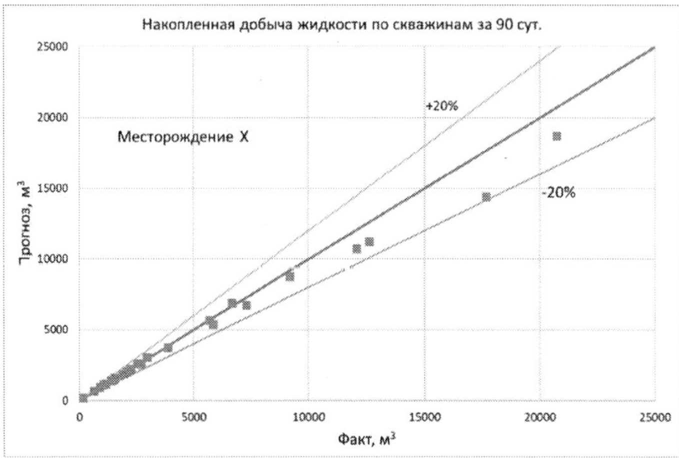

Рисунок 2. *Накопленная добыча жидкости по скважинам за 90 дней. Точки – поскваженные значения (прогноз, факт), синяя линия – тренд единичной кривой, желтая и серая линия - +/- 20% от линии единичного тренда.*

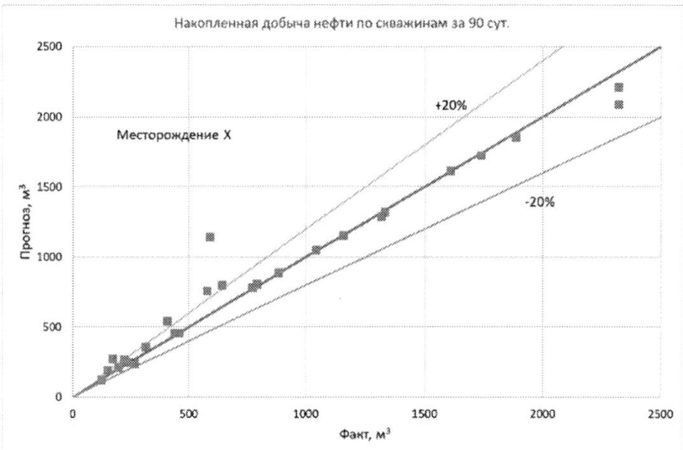

Рисунок 3. *Накопленная добыча нефти по скважинам за 90 дней. Точки – поскваженные значения (прогноз, факт), синяя линия – тренд единичной кривой, желтая и серая линия - +/- 20% от линии единичного тренда.*

Исходя из полученных результатов можно сделать вывод, что предложенная методика дает высокое качество прогноза, которое соответствует требования предъявляемым к полномасштабным 3D моделям.

Выводы

Построенная гибридная модель позволяет решить бизнес вызов посуточного прогнозирования дебитов жидкости для текущего действующего фонда скважин. Учет интерференции при работе окружающего фонда скважин позволяет прогнозировать работу месторождения при значительных изменениях промысловой обстановки, что не позволяет моделировать текущая модель, основанная на статистических методах (темпы падения дебитов не соответствуют значительно изменившимся условиям разработки месторождения).

Предложенный алгоритм не требует большого количества исходной информации, в отличии от полномасштабных 3D моделей. Время настройки алгоритма на данные конкретного актива не превышает 1 рабочего дня с учетом подготовки данных. Данное время может быть сокращено при прямом подключении к базам данных добычи. При этом качество прогнозирования удовлетворяет требования предъявляемым к полномасштабным 3D моделям.

На текущий момент разработанная гибридная модель находится в процессе включения в интегрированную модель оперативного планирования Компании.

Библиография / References

1. Yousef, A. A., Gentil, P. H., Jensen, J. L., & Lake, L. W. (2006, December 1). A Capacitance Model To Infer Interwell Connectivity From Production and Injection Rate Fluctuations. Society of Petroleum Engineers. doi:10.2118/95322-PA
2. Sayarpour, M., Zuluaga, E., Kabir, C. S., & Lake, L. W. (2009). The use of capacitance–resistance models for rapid estimation of waterflood performance and optimization. Journal of Petroleum Science and Engineering, 69(3-4), 227-238
3. Khatmullin I.F., Tsanda A.P., Andrianova A.M., Budenny S.A., Margarit A.S., Lushpeev V.A., Simonov M.V., Perets D.S. (2018) Semi-analytical models for calculating well interference: limitations and applications, Neftyanoe Khozyaystvo - Oil Industry, v. 12, 2018, doi:10.24887/0028-2448-2018-12-38-41
4. Bell, A., & Jones, K. (2015). Explaining Fixed Effects: Random Effects Modeling of Time-Series Cross-Sectional and Panel Data. Political Science Research and Methods, 3(1), 133-153. doi:10.1017/psrm.2014.7
5. James H. Stock, Mark W. Watson (2008) Heteroskedasticity-Robust Standard Errors for Fixed Effects Panel Data Regression. Econometric, 155-174, https://doi.org/10.1111/j.0012-9682.2008.00821.x
6. Box, G.E.P. and Jenkins, G.M. (1976), *Time Series Analysis: Forecasting and Control*, San Francisco: Holden-Day.
7. Hochreiter, Sepp & Schmidhuber, Jürgen. (1997). Long Short-term Memory. *Neural computation.* 9. 1735-80. 10.1162/neco.1997.9.8.1735.
8. Kyunghyun Cho, Bart van Merrienboer, Caglar Gulcehre, Dzmitry Bahdanau, Fethi Bougares, Holger Schwenk, Yoshua Bengio. (2014) Learning Phrase Representations using RNN Encoder-Decoder for Statistical Machine Translation. *EMNLP 2014*
9. Zhdanov, I. A., Andzhukaev, T. V., Margarit, A. S., & Pustovskikh, A. A. (2017, October 16). A Tool for Achieving the Base Production Potential. Society of Petroleum Engineers. doi:10.2118/187790-MS
10. Pechko K.A, Brovin N. M. , Senkin I. S., Belonogov E. V., Acceleration of Calculations of Integrated Fields Using Machine Learning Methods, «EAGE Digital Innovation for a Sustainable Future», 2023.
11. Pechko K.A, Afanasev A.A., Simonov M.V., Application of Machine Learning in Integrated Modeling of the Oil and Gas Fields, «Third EAGE Digitalization Conference and Exhibition», 2023.
12. Temirchev P., Gubanova A., Kostoev R., Gryzlov A., Voloskov D., Koroteev D., Simonov M., (...), Ershov A., Reduced order reservoir simulation with neural-network based hybrid model, «Reduced order reservoir simulation with neural-network based hybrid model», 2020.
13. Temirchev P., Simonov M., Kostoev R., Burnaev E., Oseledets I., Akhmetov A., Margarit A., (...), Koroteev D., Deep neural networks predicting oil movement in a development unit, «Journal of Petroleum Science and Engineering», 2020.
14. Zotkin O., Osokina A., Simonov M., Alla A., Sharifov A., A novel approach to refinment reservoir proxy model using machine-learning techniques, «Society of Petroleum Engineers - SPE Annual Caspian Technical Conference 2019», 2019

Определение остаточной водонасыщенности в породах коллекторах углеводородных залежей

М.Ю. Зубков* (ООО «Западно Сибирский Геологический Центр»)

Введение

При подсчете запасов углеводородов одним из важнейших параметров является величина остаточной водонасыщенности (Кво). Поэтому большое значение имеет качество и достоверность определения этого параметра. Хорошо известны два главных способа определения Кво, которые подразделяются на прямые и косвенные. К прямым методам относится один единственный способ – определение водонасыщенности герметизированных образцов, отобранных из нефтяной зоны залежи при бурении скважины с использованием бурового раствора на нефтяной основе. Гораздо чаще и в больших объемах применяются косвенные методы определения Кво, среди которых наибольшее распространение получил способ оценки Кво по величине капиллярного давления (Рк) с использованием центрифуги или капилляриметра. Существует множество представлений и определений, что представляет собой остаточная водонасыщенность. Например, в геологическом словаре и словаре по геологии нефти и газа дается следующее определение термина «вода остаточная» - вода свободная или связанная, локально сохранившаяся в порах коллектора после того, как он был заполнен нефтью и/или газом» [1]. Ш.К. Гиматудинов дает ей следующее определение – «воду, оставшуюся со времени образования залежи, называют остаточной» [2]. В этой же работе он утверждает: «вода, первоначально заполнявшая породу, не могла быть удалена полностью из пласта при образовании залежи. Часть ее осталась в виде погребенной воды» [2]. Мы видим, что, судя по данным им определениям, остаточная и погребенная вода – суть одно и то же. В учебнике В.М. Добрынина с соавторами дается следующее определение остаточной воды: «Суммарное содержание в породе капиллярно-удерживаемой и физически связанной воды определяют, как остаточную воду, характеризуя содержание ее в объеме пор пород коэффициентом остаточного водонасыщения» [3]. Наиболее простым, понятным и отвечающим сути термина «остаточная вода» является, по нашему мнению, следующее ее определение: **остаточная вода - это вода, оставшаяся в углеводородной залежи после ее формирования**.

Методика и аппаратура

Приведенное выше короткое определение остаточной воды требует некоторых дополнительных разъяснений. Прежде чем их обсудить, рассмотрим модель разреза нефтяной залежи (рис. 1). В разрезе модели нефтяной залежи выделяются две зоны: чисто нефтяная, расположенная в самой верхней ее части, из которой добывается только одна фаза - нефть и присутствующая под ней переходная зона, из которой добываются две фазы – нефть и вода (см. рис. 1). Верхней границей залежи является ее контакт с перекрывающим ее флюидоупором, где в коллекторе отмечается максимальное по величине **Рк** и, соответственно, минимальное значение **Кво**, которое мы обозначим как **$Кво_{(min)}$**. Границей между этими двумя зонами является значение водонасыщенности (**Кв**), равное **Кв*** (критическая величина водонасыщенности, начиная с которой в добываемом продукте появляются первые капли воды). Под нефтяной залежью находится зона с остаточной нефтью, границей между которыми является второй водонефтяной контакт (**$ВНК_2$**). Ему соответствует значение водонасыщенности, равное граничному (**Кв****). Действительно, несмотря на то, что в этом интервале или зоне присутствует остаточная нефть, из него добывается только вода. Ниже, на уровне, соответствующем **Кв = 100%**, расположен первый водонефтяной контакт (**$ВНК_1$**), отвечающий «зеркалу» воды или **Рк = 0**, из которого по определению получают чистую воду. Первым эти два уровня **ВНК** выделил С. Ф. Кнутсен в 1954 году.

Таким образом, если принять предложенное нами определение остаточной воды (**Кво**), то получается, что ее величина может изменяться от **Кв**** на уровне **$ВНК_2$** и до **$Кво_{(min)}$** в самой верхней (апикальной) части залежи (см. рис. 1).

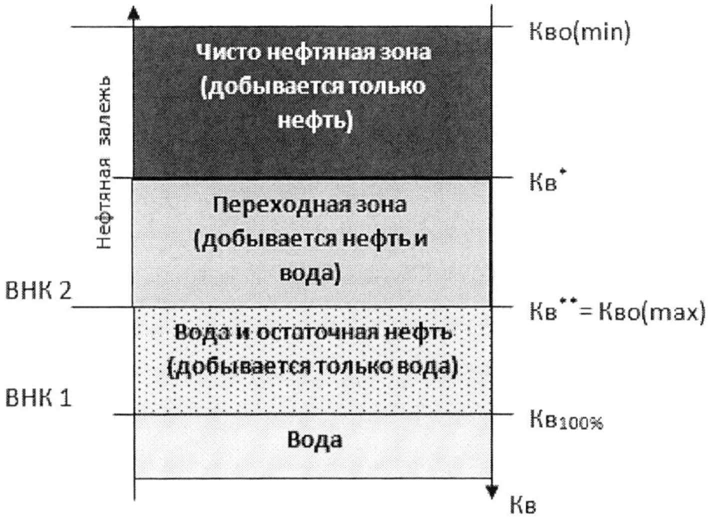

Рисунок 1. *Разрез модели нефтяной залежи*
Условные обозначения: Н – высота залежи; Кв – водонасыщенность; Кво(min) – минимальная остаточная водонасыщенность; Кво(max) – максимальная остаточная водонасыщенность; Кв* - критическое значение водонасыщенности; Кв** - граничное значение водонасыщенности; Кв$_{100\%}$ - 100 % водонасыщенность («зеркало воды).

Очевидно, что в подавляющем большинстве случаев все упомянутые нами выше, а также другие (не цитированные нами) специалисты, занимающиеся петрофизическими исследованиями керна, молчаливо полагают или подразумевают под термином «остаточная вода» именно минимальную величину **Кво**, обозначенную нами выше как **Кво$_{(min)}$**. При проведении подсчета запасов необходимо знать не только величину **Кво$_{(min)}$**, но иметь полное представление о характере изменения значений **Кв** (в данном случае **Кво**) от самой верхней точки залежи до ее подошвы, то есть от **Кво$_{(min)}$** до **Кв**** (см. рис. 1).

Действительно, в соответствии с принятым нами определением остаточной воды на каждом уровне залежи **Кво** будет иметь соответствующее значение, уменьшающееся в направлении снизу-вверх, которое обычно называется просто **Кв**. По этой причине вполне логично значение **Кв**** называть максимально возможной величиной **Кво** или **Кво$_{(max)}$**.

Результаты исследований

Рассмотрим зависимости, существующие между **Кв (Кво)**, **Рк** и высотой углеводородных залежей **(h)**: **Кво = f(Рк$_{пл}$) = f{gh(ρ$_{в}$ - ρ$_{н}$)}.** Между **Рк** и высотой залежи существует следующая простая связь: **Рк$_{пл}$ = gh(ρ$_{в}$ - ρ$_{н}$).** Чтобы результаты определения **Рк**, полученные в лабораторных условиях (**Рк$_{лаб}$**), привести к пластовым условиям, необходимо использовать следующую зависимость: **Рк$_{лаб}$ = {h(ρ$_{в}$ - ρ$_{н}$)σ$_{вг}$}/10·σ$_{вн}$**, где **σ$_{вг}$** и **σ$_{вн}$** – величины поверхностного натяжения на границах вода-газ (лабораторные условия) и вода-нефть (пластовые условия), соответственно. Используя самые общие закономерности в изменении **σ** в зависимости от состава нефти и термодинамических условий, существующих в пласте, получим следующие зависимости капиллярного давления, определенного в лабораторных условиях (**Рк$_{лаб}$**), от высоты залежи **(h),** используя сокращения: т.н. – тяжелая нефть, с.н. – средняя нефть, л.н. – легкая нефть и ж.г. – жирный газ.: **Рк$_{лаб(т.н)}$ = 0.029h**; **Рк$_{лаб(ср.н)}$ = 0.041h**; **Рк$_{лаб(л.н)}$ = 0.048h**; **Рк$_{лаб(ж.г)}$ = 0.092h**. Для наглядности полученные зависимости приведены на графике (рис. 2). На нем хорошо видно, что при одинаковой высоте залежи минимальные значения **Рк** справедливы для тяжелой нефти, затем следует средняя нефть, потом легкая и самая большая величина **Рк** для той же высоты залежи отмечается в залежи «жирного» газа (см. рис. 2). Таким образом, для получения **Кво$_{(min)}$** с использованием капилляриметрического метода для нефтяных залежей достаточно в лабораторных условиях создавать капиллярные давления (в зависимости от плотности нефти) порядка 5-7 атм.

Лишь для газовых залежей для определения **Кво**$_{(min)}$ потребуется создать в лабораторных условиях **Рк** порядка 14 атм.

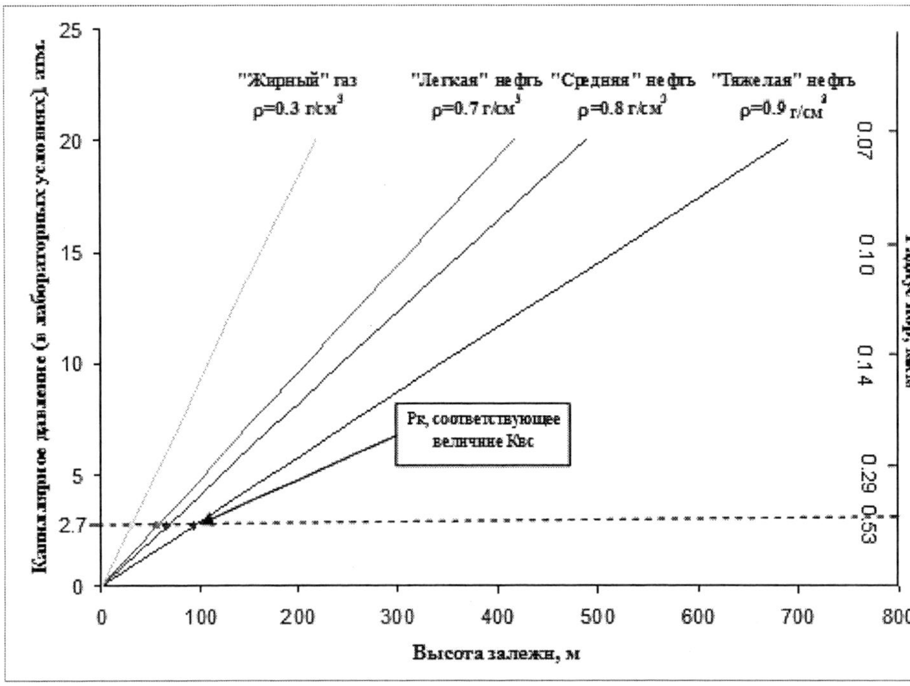

Рисунок 2. *Оценка величины капиллярного давления от высоты углеводородной залежи и соответствующего ему радиуса каналов пор, определенных в лабораторных условиях для нафтидов с различной плотностью.*

Алгоритм расчета величины остаточной водонасыщенности

Таким образом, нет необходимости увеличивать **Рк** до бесконечности. Используя данные о высоте залежи, следует по полученным нами зависимостям (исходя из физико-химических свойств нефти или газа) оценить величину **Рк**, при которой затем определить в лабораторных условиях **Кво**$_{(min)}$ и другие значения **Кво** в интервале от **Кво**$_{(max)}$ до **Кво**$_{(min)}$. На основе полученных результатов предлагается следующая последовательность изучения **Кв** в зависимости от **Рк**:

1) определяется высота углеводородной залежи;

2) определяются физико-химические свойства пластовых флюидов, включая величину $\sigma_{нв}$ (конечно для пластовых условий);

3) на основе полученных данных строят зависимость **Рк**$_{лаб}$ **= f(h)**;

4) с помощью этой зависимости находят величину **Рк**$_{лаб(max)}$, соответствующую апикальной части залежи и соответствующую этому значению **Рк** (**Рк**$_{лаб(max)}$) величину **Кво**$_{(min)}$.

5) комплексируя результаты капиллярометрических исследований и данные по относительным фазовым проницаемостям по нефти и воде или результаты определения коэффициентов вытеснения нефти водой определяют величину **Кво**$_{(max)}$ или, что тоже самое, - **Кв****. Величина **Кво** в углеводородной залежи будет изменяться по направлению от ее подошвы (**ВНК**$_2$) к кровле - от **Кво**$_{(max)}$ до **Кво**$_{(min)}$. Следует также отметить, что описанную экспериментальную процедуру необходимо провести для всех типов или классов коллекторов, входящих в состав углеводородной залежи, так как

для каждого из них будет своя индивидуальная зависимость **Рк-Кв**. Только после этого на основе полученных данных можно проводить подсчет запасов углеводородов, содержащихся в залежи.

Выводы

1. Существующие в настоящее время определения термина «остаточная вода» не имеют четкого физического смысла, а потому на их основе невозможно предложить конкретный метод или способ ее определения.
2. Нами предлагается следующее определение остаточной водонасыщенности: **остаточная вода - это вода, оставшаяся в углеводородной залежи после ее формирования.**
3. Исходя из предложенного нами определения, **Кво** может изменяться по высоте залежи от $\mathbf{Кво_{(max)}}$ или **Кв**** на уровне $\mathbf{ВНК_2}$ до $\mathbf{Кво_{(min)}}$ в кровельной (апикальной) ее части.
4. Для того, чтобы получить или хотя бы оценить значение $\mathbf{Кво_{(min)}}$ необходимо знать высоту залежи, а также величину $\sigma_{нв}$, чтобы на основе полученного уравнения рассчитать максимальную величину **Рк** ($\mathbf{Рк_{(max)}}$) при которой определяется $\mathbf{Кво_{(min)}}$.
5. Значение $\mathbf{Кво_{(max)}}$ или **Кв**** определяется на основе комплексирования результатов потоковых экспериментов, выполненных в условиях, моделирующих пластовые и данных капилляриметрии.
6. Для получения кондиционных результатов, необходимых при подсчете запасов, следует построить зависимости **Кво = f(Рк)** для всех классов пород-коллекторов, входящих в состав залежи в интервале значений **Кво** от $\mathbf{Кво_{(max)}}$ до $\mathbf{Кво_{(min)}}$.

Библиография

1. Геологический словарь (в двух томах). М. «Недра», 1973, том 1, 486 с, том 2, 456 с.
2. Гиматудинов Ш. К. Физика нефтяного и газового пласта. М. «Недра», 1971, 310 с.
3. Добрынин В.М., Вендельштейн Б.Ю., Кожевников Д.А. «Петрофизика».- М.: Недра, 1991.- 368 с.

References

1. Geological dictionary (in two volumes). M. "Nedra", 1973, volume 1, 486 p, volume 2, 456 p.
2. Gimatudinov Sh. K. Physics of oil and gas formation. M. "Nedra", 1971, 310 p.
3. Dobrynin V.M., Vendelstein B.Yu., Kozhevnikov D.A. "Petrophysics". - M.: Nedra, 1991.- 368 p.

2D-карты времен релаксации применительно к определению содержания нефти в водонефтяных смесях

Т.А. Янушенко* (ИНГГ СО РАН, НГУ), М.Й. Шумскайте (ИНГГ СО РАН)

Введение

Качество добываемой нефти и нефтепродуктов наряду с другими показателями определяется содержанием в них влаги. В настоящее время обводненность месторождений увеличивается и продолжает оставаться одной из наиболее серьезных проблем нефтедобывающей отрасли России. По статистике из четырех тонн добываемой пластовой жидкости на чистую нефть приходится только четверть, остальное – вода [5]. При добыче нефти из пласта возникает множество осложнений, одним из которых является возникновение водонефтяных эмульсий, которые можно разделить на два основных типа: «нефть в воде», или прямые, с содержанием воды более 50%, и «вода в нефти», или обратные, с содержанием воды менее 50% [3]. В связи с этим актуальность изучения свойств и состава водонефтяных смесей и определение содержания в них воды/нефти не вызывает сомнений.

В настоящей работе изучение водонефтяных смесей выполняется методом импульсной ЯМР-релаксометрии, в том числе с применением двумерных карт времен релаксации, которые дают информацию не только о структуре порового пространства, занятого флюидом, но и о типе этого флюида.

Материалы и методы

Импульсная ЯМР-релаксометрия – это неинвазивный метод изучения керна, шламового материала и пластовых флюидов, основанный на реакции атомных ядер на воздействие внешнего магнитного поля. Образец известного объема помещается в магнитное поле, после чего на него воздействуют серией импульсов, в результате которых от жидкой фазы получают эхо-сигналы, из которых складывается релаксационная кривая. При стандартных петрофизических исследованиях чаще всего применяют CPMG-последовательность импульсов (Рис. 1А), которая дает возможность получить распределение по временам поперечной релаксации T_2 [1].

На практике возникают задачи по разделению насыщающих керн флюидов, но при помощи CPMG-последовательности — это не всегда возможно сделать. Для решения такой задачи может помочь изучение кривой намагниченности и получение распределения времен продольной релаксации T_1 с последующим построением T_1-T_2 карт. Данный метод основан на IR-CPMG последовательности при разных частотах (Рис. 1Б) [4]. В результате такой обработки флюид можно охарактеризовать не только процессами поперечной, но и продольной релаксации.

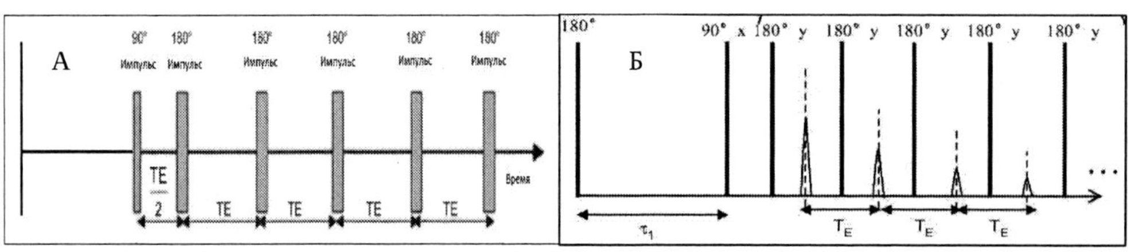

Рисунок 1. *Схема серий импульсов ЯМР экспериментов. А) CPMG-последовательность; Б) IR-CPMG-последовательность. TE – время между соседними 180° импульсами.*

Объектом исследования настоящей работы является смесь дистиллированной воды с тремя пробами нефти, свойства которых представлены в таблице 1. Объем каждой смеси составлял 20 мл.

№ пробы	Плотность, г/см³	Вязкость дин. при 20⁰С	Групповой состав		
			Насыщенные УВ	Ароматические УВ	Смолы+ асфальтены
1	0,8632	6,5137	49,81	37,08	13,11
2	0,8331	5,0311	92,99	5,70	1,31
3	0,9365	34,5267	43,76	39,94	16,30

Таблица 1. *Характеристики проб нефти, используемых для получения водонефтяных смесей*

Для каждой пробы нефти были изучены смеси с содержание нефти 1, 5, 10, 15 и 20% по объему. На каждом этапе эксперимента к образцу добавлялось количество нефти по объему, эквивалентное объему убранной воды. После этого с использованием описанных выше импульсных последовательностей были получены распределения времен продольной и поперечной релаксации и построены карты T_1-T_2.

Результаты и обсуждения

Согласно теории [1, 2], максимум спектра T_2 дистиллированной воды соответствует значениям 2000-2500 мс. Для нефти же это значение может сильно варьироваться в зависимости от ее реологических свойств. Для исследуемых проб (табл. 1) максимум спектра T_2 приходится на времена ~100-200 мс для нефти №1 и №2 и 10 мс – для нефти №3. Ниже представлены спектры времен поперечной релаксации T_2 для смеси воды и нефти №1 (рис. 2) и №3 (рис. 3) при разном объемном содержании нефти в образце. Можно заметить, что уже при 5% содержании нефти амплитуда правой части спектра заметно меньше, чем при 1%. Кроме того, можно отметить, что по мере увеличения содержания нефти в смеси, максимум левой части спектра (предполагаем, что он соответствует нефти) сдвигается в сторону больших времен релаксации и при содержании нефти 10% соответствует временам 100% содержания нефти.

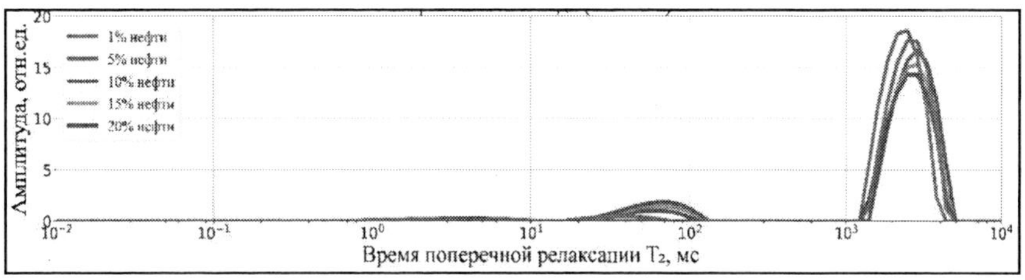

Рисунок 2. *Распределение времен поперечной релаксации T_2 смеси на основе нефти №1 при разном объемном содержании нефти.*

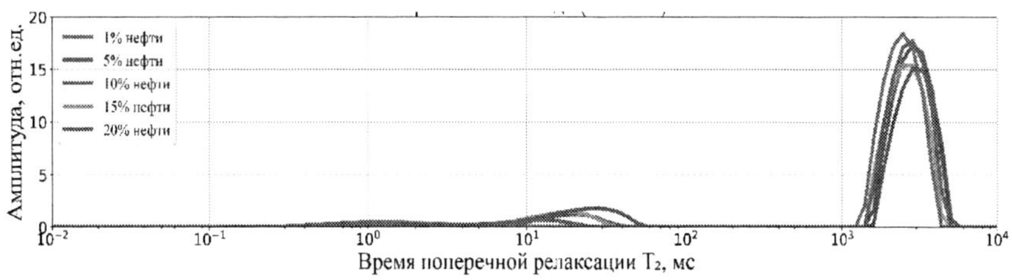

Рисунок 3. *Распределение времен поперечной релаксации T_2 смеси на основе нефти №3 при разном объемном содержании нефти.*

Так как образец представляет собой смесь двух флюидов, можно предположить, что каждая из мод спектра соответствует разным флюидам, что видно и по разнице времен релаксации. Тогда площадь под графиком – количество воды/нефти в смеси, которое можно оценить и сопоставить с реальным содержанием (Рис. 4). Для исследуемых нефтей средние значения содержания нефти в каждой смеси составили 2.12, 4.76, 8.27, 14.61 и 18.37%. Средняя погрешность составила 15-20%. Видно, что ближе всего к фактическому содержанию определяется содержание нефти в смеси на основе нефти №1, самые большие отклонения у смеси на основе нефти №3. Последнее можно объяснить повышенной плотностью и вязкостью этой нефти, что сказывается на технических ограничениях используемого оборудования при распознавании сигналов от смолисто-асфальтеновых соединений, входящих в состав нефти №3.

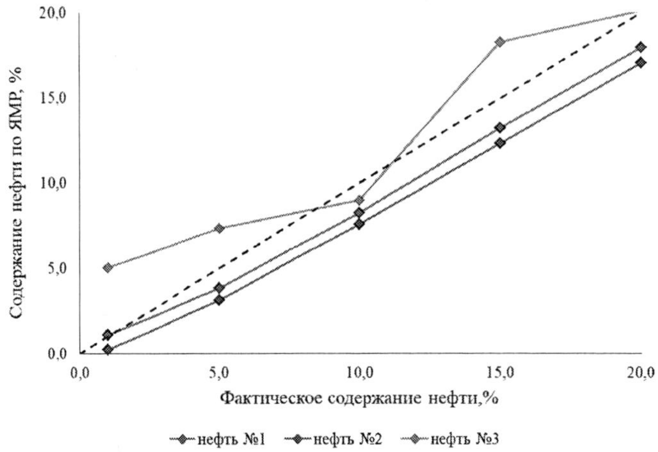

Рисунок 4. *Фактическое и рассчитанное по ЯМР-данным объемное содержание нефти.*

Карты T_1-T_2 для разных смесей приведены на рисунке 5. Максимумы амплитуд для воды и нефти находятся на линии равных значений, что согласуется с теорией. Для смеси на основе всех нефтей характерна область с максимальной амплитудой (красное пятно в правом верхнем углу), соответствующая воде, и бледная область с T_2 от 10 до 100мс, соответствующая разной нефти. Вплоть до объемного содержания нефти 10% амплитуда спектра нефти мала и выделяется на картах еле заметным размытым пятном. Бледная область на картах смеси на основе нефти №1 с ее содержанием 1% с T_2~800 мс и T_1~1мс, предположительно, является артефактом математической обработки.

Анализ карт T_1-T_2 показывает, что область спектра, соответствующая нефти №2, лежит, как и у воды, на линии равных значений, но с более короткими временами релаксации. Спектры нефти №1 и №3 лежат над линией равных значений. По этим данным можно делать выводы о вязкости исследуемого флюида, чем больше отношение T_1/T_2, тем выше вязкость. По спектрам времен продольной релаксации также можно рассчитать содержание воды/нефти в смеси. Результаты расчетов совпадают с расчетами по спектрам времен поперечной релаксации.

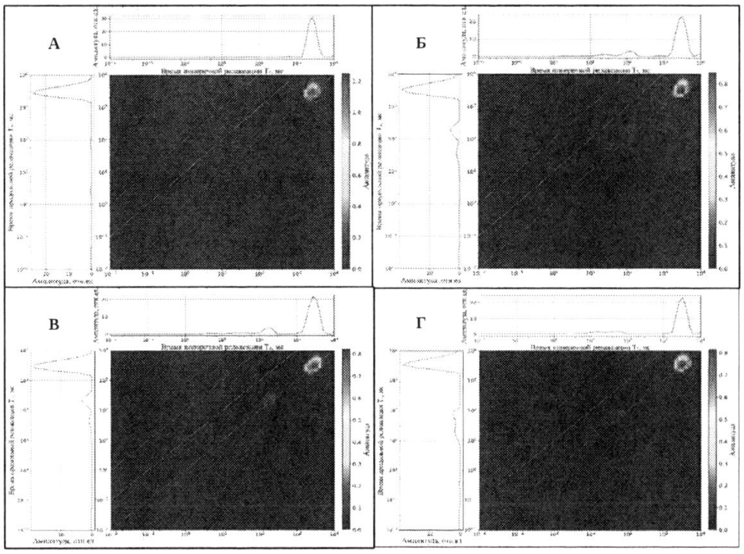

Рисунок 5. *Карты T_1-T_2 для смеси на основе нефти №1 при ее содержании А) 1%; Б) 20%; В) на основе нефти №2 при ее содержании 20%; Г) на основе нефти №3 при содержании 20%.*

Выводы

В рамках исследования методом ЯМР-релаксометрии были изучены водонефтяные смеси на основе нефтей разной плотности, вязкости и группового состава. Экспериментально установлено, что по ЯМР-данным можно оценить содержание нефти в водонефтяной смеси даже при ее минимальной концентрации. При этом для более легких нефтей содержание определяется точнее, что, вероятно, связано с техническими ограничениями используемого оборудования. При содержании нефти больше 10% на спектрах времен релаксации хорошо заметна мода, соответствующая нефти.

Дальнейшие исследования будут направлены на изучение водонефтяных смесей с большим содержанием нефти. К тому же необходимо увеличить выборку по используемым пробам нефти, чтобы построить зависимости от свойств и состава используемой нефти.

Благодарности

Исследование выполнено при финансовой поддержке Правительства Новосибирской области.

References

1. Coates G.R., Xiao L.Z., Prammer M.G. NMR Logging Principles and Applications. Houston, Gulf Publishing Company, 1999. – 342 p.
2. Du Q., Xiao L., Zhang Y., Liao G., Liu H., Guo, J. A novel two-dimensional NMR relaxometry pulse sequence for petrophysical characterization of shale at low field // Journal of Magnetic Resonance. – 2019. – № 310. – p. 1-20.
3. Evdokimov I.N. Structural characteristics of field oil-water emulsions: Textbook for universities. M., Russian State University of Oil and Gas named after I.M. Gubkina, 2012. – 477 p.
4. Ge X., Fan Y., Chen H., Deng S., Cao Y., Zahid M. A. Probing the influential factors of NMR T1 – T2 spectra in the characterization of the kerogen by numerical simulation // Journal of Magnetic Resonanceю – 2015. – №. 260. – p. 54–66.
5. Kasparyants K.S. Design of oil field development. Samara, Samven. 1994. – 133 p.

Оценка геологической неоднородности карбонатных пород с применением современных методов анализа керна и ГИС

О.Р. Привалова* (ООО «РН-БашНИПИнефть», УУНиТ), Ю.А. Питюк (ООО «РН-БашНИПИнефть», УУНиТ), Г.И. Минигалиева (ООО «РН-БашНИПИнефть»)

Введение

Геологическая неоднородность затрудняет оценку коллектора и прогноз характера насыщения карбонатной толщи каширского горизонта, повсеместно распространенного в Волго-Уральской нефтегазовой провинции (1, 2). Неоднородность, в первую очередь, связана со сложным литологическим составом, сложной структурой пустотного пространства и наличием микропоровых пород со значительным количеством связанной воды гипсометрически выше флюидального контакта.

Комплексный подход к оценке неоднородности повысит успешность геолого-технологических мероприятий при вовлечении их в разработку. Алгоритм разработан на примере одного из месторождений, находящемся на поздней стадии разработки по основному терригенному пласту, для которого каширский горизонт является вышележащим возвратным объектом. Потребовалось разработать и выполнить программу доисследования, включающую бурение скважин с отбором керна и расширенным комплексом геофизических методов, чтобы уточнить представление о геологическом строении каширского горизонта, условиях осадконакопления, литотипизировании разреза и петрофизических свойствах.

В представляемой работе рассмотрены история изучения каширского объекта, эволюция петрофизической модели. Показаны результаты многоскважинной кластеризации по данным керна и ГИС для выявления интервалов неоднородности, реализованной в одном из программных продуктов, разработанных в РН-БашНИПИнефть. Рассмотрены результаты оценки фильтрационно-емкостных свойств с помощью технологий "Цифрового керна".

Метод (и/или Теория)

Породы каширо-подольского возраста характеризуются высокой геологической неоднородностью. К особенностям можно отнести полиминеральный скелет пород, многопластовость, высокую расчлененность и высокую изменчивость фильтрационно-емкостных свойств по разрезу. Пористость изменяется от 10 до 35%, проницаемость от сотых долей до нескольких сот миллиДарси. Отмечается обводненность при освоении.

Детальное петрографическое изучение пород позволило выделить основные литотипы согласно классификации Danhema. По пластам C2pd.3, C2ks.1 продуктивная часть представлена кристаллическими доломитами. Встречаемость литотипа доломита около 50% во всей выборке шлифов. В основном известняки представлены прослоями с ухудшенными ФЕС мощностью до 5 м (мадстоун - 10%, вакстоунами – 30%). Продуктивные известняки представленны в разрезе маломощными пропластками (пакстоун, грейнстоун) обладающими низкими емкостными свойствами (коэффициент пористости Кп ~12%), но при этом высокими фильтрационными - с коэффициентом проницаемости Кпр до 350 мД. Выделен также литотип ангидрита, который является неколлектором.

На литотипы значительное влияние оказывают вторичные преобразования. Наиболее развитыми являются процессы доломитизации для известняков, сульфатизации, перекристаллизации (3).

Изучение структуры порового пространства на керне показало, что главная роль в каширо-подольских отложениях принадлежит порам и кавернам, трещиноватость не имеет решающего значения при формировании фильтрационно-емкостных свойств пород. При проведении растровой электронной микроскопии выявлены особенности строения доломитов каширо-подольских отложений. Размеры кристаллов в среднем составляют 5-15 мкм, а межкристаллические поры - 4x6 мкм.

Проведен анализ связи фильтрационно-емкостных свойств с геологическими факторами. Литотипы, радиус пор и наличие вторичной пустотности определены по шлифам. К сожалению, не отмечается устойчивой связи изменения фильтрационно-емкостных свойств (ФЕС) от перечисленных факторов. Представляется, что в описании шлифов заложен значительный субъективизм и человеческий фактор. Анализ шлифов дает диапазон размера пустот, но не распределение пор по размеру. Порометрия по капиллярным исследованиям кроме диапазона позволяет вычислить наиболее встречающееся значение радиуса поровых каналов. Существует тесная связь проницаемости с пористостью и размером проводящих каналов. На рисунке 1 показана зависимость проницаемости стандартных образцов от пористости с градацией по размеру поровых каналов.

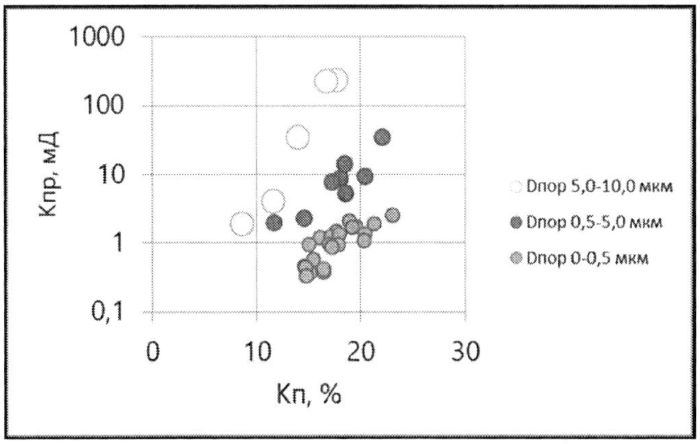

Рисунок 1. *Зависимость проницаемости стандартных образцов от пористости с градацией по размеру поровых каналов.*

Для задач литотипизации выполнены исследования компьютерной томографией с различным разрешением. Более детальная съемка на 10мм образце позволяет увидеть большее количество пустот. На образце 30мм проведена томография на томографе phoenix v tome x m 240 (напряжение рентгеновской трубки 300кВ, пространственное разрешение – 0,5мкм), а на 10 мм образце – микротомография на аппаратуре SkyScan-1172 (напряжение рентгеновской трубки 100кВ, пространственное разрешение – 0,5мкм).Разрешения съемок образцов разного размера отличаются. Для полноразмерного керна разрешение съемки составило 150 мкм, для образцов диаметром 30 мм – 40 мкм, и образцы диаметром 10 мм снимались с разрешением 3 мкм. Разрешение съемки пород во многом определяет точность и достоверность всех расчетных данных, полученных в ходе выполнения данной работы.3D модели пустотного пространства были построены с помощью программы CTan и визуализированы в программе CTvol. Каждый файл включает в себя три вида моделей пустотного пространства: модель пористости (КпCT100), модель каверн (Кпкав), модель максимально связанного объекта. Полная модель пустотного пространства породы построена с отсечкой объектов (пор) равной 100 мкм, на которые закладывается шум. Соответственно, все объекты (поры) меньше 100 мкм отфильтровываются программой. Модель каверновой пористости представляет собой поры размерами больше 1000 мкм. Модель максимально связанного объекта наглядно демонстрирует связанность пустот в породе.

Развитие технологий цифрового керна позволяют анализировать свойства породы неразрушающим методом, меняя условия эксперимента при необходимости. Например, можно провести оценку проницаемости по трем направлениям на одном образце. Для апробации применения технологии цифрового керна результаты ранее выполненной разномасштабной томографии использованы в корпоративном модуле (рисунок 2). Последовательность операций для определения пористости и проницаемости выглядит следующим образом. На вход подается изображение образца. После сегментации мы определили пористость. Данное 3Д сегментированное изображение идет на вход модуля для создания сеточной модели, где получили поросетевую модель с таким количеством пор и каналов. После поросетевого моделирования определяется значение проницаемости.

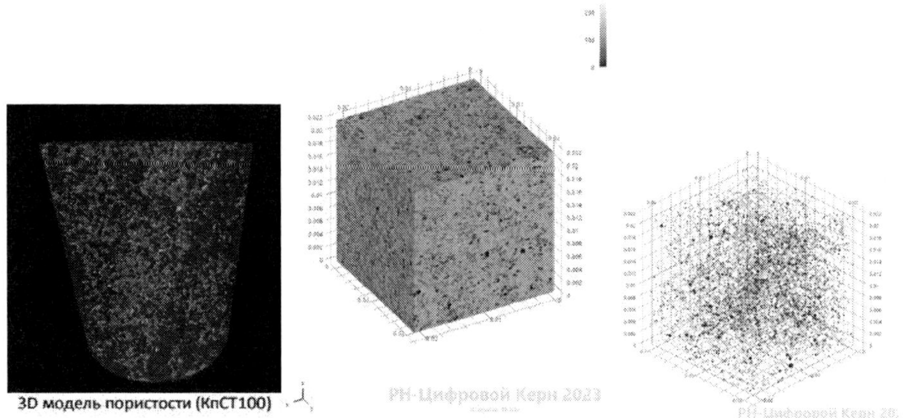

Рисунок 2. *Сопоставление результатов томографии (слева), 3Д изображение ЦК в оттенках серого(в центре),модель связанности ЦК (справа) .*

Для анализа упругих свойств был использован метод кластеризации - разбиение множества объектов на однородные группы. Внутри каждого кластера находятся похожие объекты, а объекты разных кластеров должны быть как можно более различными.

Входными данными для кластерного анализа послужили рассчитанные упругие модули, нейтронная пористость, плотность и интервальное время пробега продольной волны. Методы гамма каротажа и электрометрии не использовались, так как литологическое моделирование и предварительная кластеризация свидетельствуют о слабой релевантности свойств кластеров с естественной радиоактивностью и удельным сопротивлением пород. Причины несоответствия обусловлены связью повышенной радиоактивности не только с глинистостью, но и наличием изотопов урана, приуроченных к интервалам вторичных доломитов. Высокоомные интервалы могут быть связаны с низкими коллекторскими свойствами, насыщением или ангидритизацией.

Использование петроупругих параметров позволило разделить коллектор на высокопроницаемый, среднепроницаемый поровый и микропоровый. На основе статистических данных об открытой пористости, плотности и петроупругим свойствам, определенных внутри каждого кластера, оценено качество коллектора по 5-балльной шкале, где 1 – это лучший коллектор, 5 – худший коллектор. К коллектору относятся интервалы с пористостью выше граничного значения и ниже граничного значения упругих свойств E, K, G. При увеличении радиуса пор параметры E, K, G снижаются. Граничные значения упругих параметров коллектор-неколлектор для поровых и микропоровых коллекторов будут различны.

В одном из программных продуктов, разработанных в Компании, реализован метод многоскважинной кластеризации, который позволяет анализировать геологическую неоднородность сразу по всему массиву данных и прогнозировать зоны коллектора по латерали.

Выводы

Геологическая неоднородность каширо-подольских отложений связана со многими факторами. Учет геологической неоднородности позволяет повысить эффективность подбора кандидатов для геолого-технологических мероприятий, уплотняющего бурения и вовлечения начальных геологических запасов в разработку. По данным керна, ГИС и ПГИ выделены типы пород, различающихся по размерам и структуре пустотного пространства.

Упомянутые выше факторы требуют большой совокупности исследований, направленных на выявление геологических неоднородностей: расширенный комплекс ГИС, специальные исследования керна, статистические методы анализа.

Необходимо учесть тот факт, что разномасштабные исследования керна оценивают пустотность различного размера.

Благодарности (на ваше усмотрение)

Авторы благодарят Артема Николаева за творческий подход в исследованиях керна методом рентгеновской микроскопии и вовлеченность в изучение сложнопостроенных карбонатов; Дмитрия Короста и Василия Белохина за сотрудничество и научный поиск.

Библиография / References

1. ГОСУДАРСТВЕННАЯ ГЕОЛОГИЧЕСКАЯ КАРТА РОССИЙСКОЙ ФЕДЕРАЦИИ масштаба 1 : 200 000 Издание второе Серия Средневолжская Лист О-40-XXXII (Куеда) ОБЪЯСНИТЕЛЬНАЯ ЗАПИСКА
2. Р.В. Мирнов, Т.В. Алексеева «Палеопочвы в отложениях Каширского горизонта на юго-востоке Русской плиты (Республика Башкортостан): характеристика, палеоэкологическая и стратиграфическая значимость», Литосфера, 2022, том22.
3. О.Р. Привалова, А.И. Ганеева, А.В. Леонтьевский, Г.И. Минигалиева «Типизация карбонатных пород среднего карбона по структуре пустотного пространства для задач мониторинга разработки», Нефтяное хозяйство. 2023. № 8. С. 30-35.

DOI: 10.24887/0028-2448-2023-8-30-35

GEOMODEL LLC
119071 Leninsky Prospect 19
Moscow, Russia

CURRAN ASSOCIATES INC.
proceedings
.com

ISBN 979-8-3313-0707-3
9 798331 307073